Lehrbuch der Technischen Mechanik

für Ingenieure und Physiker

Zum Gebrauche bei Vorlesungen
und zum Selbststudium

von

Dr.-Ing. Theodor Pöschl

o. Professor an der Technischen Hochschule
in Karlsruhe

Erster Band

Statik und Dynamik

Dritte, umgearbeitete Auflage

Mit 257 Abbildungen

Springer-Verlag Berlin Heidelberg GmbH

ISBN 978-3-662-01561-2   ISBN 978-3-662-01560-5 (eBook)
DOI 10.1007/978-3-662-01560-5

Aus dem Vorwort zur ersten Auflage.

Die Mechanik nimmt im technischen Unterrichte eine Mittelstellung
ein zwischen den vorbereitenden Gegenständen — Mathematik, dar-
stellende Geometrie und Physik — und den eigentlich technischen,
den verschiedenen Ausgangsfächern. Ihr Studium bereitet erfahrungsgemäß dem Anfänger gewisse Schwierigkeiten, die sich insbesondere
dann einstellen, wenn der Studierende in die Lage kommt, selbständig
mechanische Aufgaben von der Art, wie sie die technische Praxis stellt,
lösen zu müssen. Und gerade hierbei kann sich erst erweisen, ob die
Lehren der Mechanik in ihrer ganzen Bedeutung erfaßt worden sind
oder nicht. Mit der Aneignung und Wiedergabe der allgemeinen Sätze
ist es nicht getan; so einfach diese Sätze auch scheinen mögen, so
schwierig ist es für den Anfänger, ihre Tragweite zu erfassen und sie auf
die mannigfachen Fragen, die die Natur und die technische Praxis stellt,
richtig anwenden zu lernen; wenn irgendwo, so gilt hier das alte Leibniz-
sche Wort, daß die Natur zwar einfach in ihren Prinzipien, aber un-
ermeßlich reich in deren Anwendung ist.

Zur Überwindung der hierbei auftretenden Schwierigkeiten soll
das vorliegende Buch einen Weg weisen. Es will in knapper Form unter
Vermeidung alles irgend Entbehrlichen und unter fortgesetzter Bezugnahme auf die Anwendungen die einfachsten und wichtigsten Lehren
der Mechanik in einem Umfange darbieten, wie sie (ungefähr) von den
Studierenden unserer technischen Hochschulen verlangt werden. Auf
die axiomatische Begründung des Gegenstandes ist dabei bewußt vollständig verzichtet worden. Zur weiteren Pflege der Anwendungen und
zur Einübung des Lehrstoffes möchte ich hier auch auf die im gleichen
Verlage erschienenen „Aufgaben aus der technischen Mechanik" (drei
Bände) von F. Wittenbauer hinweisen. Eine Übersicht über die
wichtigste Literatur, die eine ausführlichere Behandlung der in diesem
Buche oft nur in knappen Worten gestreiften Einzelfragen enthält, ist
am Schlusse zusammengestellt.

Große Sorgfalt wurde auf die genaue Formulierung der Lehrsätze
und Angabe ihrer Geltungsbereiche angewendet. Um die Brücken zu
den Anwendungen zu schlagen, sind vielfach, meist unter Anführung
der verschiedenen auftretenden Möglichkeiten, Hinweise für den Ansatz
von einfachen Aufgaben eingeschaltet worden. Ich habe mich nicht
gescheut, bei solchen Aufgaben auch scheinbar selbstverständliche Dinge
auszusprechen, wenn dadurch eine Förderung des Verständnisses für die
Anwendbarkeit der entwickelten Lehren erwartet werden konnte. Was
der Ingenieur von einer „Mechanik", die ihm von Nutzen sein soll,
verlangt, sind Regeln und Anweisungen, die ihm zeigen, wie er im ein-

zelnen Falle vorzugehen hat; mit solchen ist in diesem Buche nicht gespart worden.

In dem ganzen Buche sind ferner die rechnerischen *und* zeichnerischen Methoden — alle sind praktischen Bedürfnissen entsprungen — unter Angabe ihrer Anwendungsbereiche nebeneinander behandelt worden. Das Verständnis der sachlichen Gleichwertigkeit der Aussagen in beiden Darstellungsarten zu erreichen, ist eine für den Unterricht in der Mechanik wichtige Frage.

Die Bezeichnung für die heute in der Wissenschaft verwendeten Begriffe ist keineswegs einheitlich; die hier verwendeten sind im Einklang mit den auch sonst meist in Gebrauch stehenden und wenigstens bis zu einem gewissen Grade eingebürgerten gewählt worden.

Die Lehren der Mechanik können am einfachsten und natürlichsten in die Gesamtheit unseres Wissens eingeordnet werden, wenn man sich auf den Boden einer vernünftigen realistischen Weltansicht stellt, die im Grunde, ob ausgesprochen oder nicht, die ganze Naturwissenschaft beherrscht und besonders für die Technik als unentbehrlich bezeichnet werden darf. Trotz aller begründeten erkenntnistheoretischen Bedenken und Einwände halte ich es für ausgeschlossen, die *einführende* Vorlesung aus der technischen Mechanik auf Grund eines anderen Standpunktes praktisch erfolgreich zu entwickeln.

Was die Gliederung des Stoffes anlangt, so wurde insbesondere im Hinblick auf die Bedürfnisse unserer technischen Hochschulen die althergebrachte Einteilung in *Statik*, *Kinematik* und *Dynamik* beibehalten. Für die Auswahl und die Art der Darstellung war — unter Ausschaltung aller persönlichen Ansprüche — vorwiegend der *eine* Gesichtspunkt maßgebend, unserer studierenden Jugend nützlich zu sein, für die dieses Buch als Ergänzung der an der Hochschule gehörten Vorlesungen und Übungen in erster Linie bestimmt ist. Wegen des überwiegend praktischen Inhaltes wendet es sich jedoch auch an die fertigen Ingenieure, denen es für eine Reihe von Fragen, die sich mit den einfachen Mitteln der „starren" Mechanik lösen lassen, die hierzu notwenigen Lehrsätze und Methoden in gedrängter Kürze darbieten will.

Prag, am 16. November 1922.

Th. Pöschl.

Vorwort zur dritten Auflage.

Die günstige Aufnahme, die das „Lehrbuch der Technischen Mechanik" seit seinem ersten Erscheinen gefunden hat, läßt erkennen, daß der Verf. die Anforderungen und Bedürfnisse des Mechanikunterrichtes an den technischen Hochschulen im wesentlichen zutreffend beurteilt hat. Die vorliegende dritte Auflage ist umgearbeitet und durch mancherlei Ergänzungen — wie ich annehmen darf — auch verbessert worden. Mehrere Abschnitte wurden anders gefaßt, andere sind ganz neu hinzugekommen. Die Begriffe und Lehrsätze der Mechanik dürften in ihrer Einfachheit und Klarheit die weitestgehenden Abstraktionen darstellen, die in den theoretischen Naturwissenschaften überhaupt gefunden worden sind. Mit dieser (scheinbaren!) Einfachheit steht der umfassende begriffliche Inhalt, der ihnen zukommt, in engstem Zusammenhang, und darin liegen auch die Schwierigkeiten begründet, die die Anwendung dieser Lehrsätze dem Lernenden bereitet.

Den vielen Kollegen und Fachgenossen, die mich für diese Neuauflage auf wünschenswerte Ergänzungen und Verbesserungen aufmerksam gemacht haben, sage ich auch an dieser Stelle aufrichtigen Dank. Insbesondere habe ich dankend die aufopfernde Mitarbeit meiner Assistenten, H. Dr.-Ing. J. Fadle und Dipl.-Ing. J. Clarenbach hervorzuheben, von denen viele Verbesserungsvorschläge im Text und in den Abbildungen herrühren. Auch aus den Kreisen der Studierenden, für die dieses Buch in erster Linie bestimmt ist, ist mir eine große Zahl von Äußerungen und Wünschen zugegangen, die ebenfalls, soweit dies irgend möglich war, Berücksichtigung fanden.

Die unausgesetzt fortschreitende Entwicklung des technischen Hochschulwesens enthält als einmütige Forderung die weitere Ausgestaltung und Vertiefung des Unterrichtes in der technischen Mechanik als der für die gesamte Technik grundlegenden Wissenschaft. Möge das vorliegende Werk auch in seiner neuen Auflage dieser Forderung für den Bereich, den es zu erfassen sucht, gerecht werden und den Studierenden und Ingenieuren bei der Erlernung der grundlegenden Probleme und Methoden ein zuverlässiger Führer sein!

Zum Schluß habe ich noch dem Springer-Verlag zu danken, der trotz der bestehenden Schwierigkeiten das Werk auch diesmal wieder in seiner bekannt vorzüglichen Weise ausgestattet hat.

Karlsruhe, Juni 1949.

Th. Pöschl.

Inhaltsverzeichnis.

Einleitung.

Erster Teil.

Statik der starren Körper.

Inhaltsverzeichnis. **VII**

Zweiter Teil.
Dynamik der Punktmassen.

Dritter Teil.
Kinematik der starren Körper.

Vierter Teil.
Dynamik der starren Körper.

Einleitung.

I. Allgemeines und Grundbegriffe.

1. Mechanik als Naturwissenschaft. Die Hauptaufgabe der theoretischen Naturwissenschaften, zu denen auch die Mechanik gehört, besteht darin, die *Zustände*, in denen sich die Körper unserer Außenwelt befinden, und die *Änderungen*, die sie erleiden, übersichtlich und gesetzmäßig zu ordnen und in möglichst einfacher Weise durch Maß und Zahl zu beschreiben. Voraussetzung für die Erfüllbarkeit dieser Aufgabe ist die aus einer jahrhundertelangen Entwicklung stammende Erkenntnis, daß es solche Gesetze gibt, denen gemäß diese Änderungen verlaufen, und daß es möglich ist, alle Erscheinungen, die wir in der Natur beobachten, aus solchen Gesetzen zu verstehen und zu „erklären". Die Lösung der angegebenen Aufgabe hat zur Ausbildung eines Systems von Begriffen geführt, die in den Naturgesetzen in bestimmter Weise miteinander verknüpft werden, und die diese Erscheinungen mit den Hilfsmitteln der mathematischen Analyse zu verfolgen gestatten. „Erklären" eines Vorganges im Sinne der Mechanik bedeutet demgemäß die Zurückführung auf Einfacheres und auf Bekanntes und die Einordnung in ein allgemeines System von Begriffen, das dieser Wissenschaft eigentümlich ist.

Die einfachsten dieser Änderungen sind jene, bei denen die Körper ihrer geometrischen und physikalischen Beschaffenheit nach gleich bleiben und nur ihren *Ort* und *Bewegungszustand im Raume* verändern. Zu ihrer Kennzeichnung in dem angedeuteten Sinne wurde schon frühzeitig der Begriff der *Kraft* eingeführt, ein Begriff, der in der Folge in mannigfacher Weise ausgestaltet und auf alle Erscheinungen erweitert wurde, in denen es auf die Untersuchung des *Zustandes* und der *Bewegungen* von Körpern oder ihrer Teile ankommt; auf diesem Begriff und einer Reihe daraus abgeleiteter Begriffe hat sich die Wissenschaft der *Mechanik* als besonderer Zweig der Physik entwickelt. Zur vorläufigen Kennzeichnung des Gegenstandes, die es weiterhin mit dem eigentlichen Inhalt zu erfüllen gilt, können wir also sagen:

Die Mechanik ist die Lehre von den Bewegungen der Körper und von den Kräften.

2. Bewegung. Bezugssystem. Koordinaten. Für die Untersuchung der Bewegungen der Körper ist es zunächst erforderlich, daß wir Mittel besitzen, um uns im *Raume* zurechtzufinden, d. h. die *Lage* der Körper in irgendeiner Weise zu kennzeichnen. Diese Kennzeichnung ist stets nur in bezug auf andere Körper — *die Bezugskörper* — möglich und geschieht durch Angabe einer geeigneten Anzahl von Bestimmungsstücken; um sie praktisch auszuführen, denken wir uns mit diesen Bezugskörpern — dem *Bezugssystem* — ein System von rechtwinkligen Koordinatenachsen fest verbunden und haben dann die Aufgabe, die Lage des Körpers gegen dieses Koordinatensystem, und zwar durch Angabe von passend gewählten Bestimmungsstücken (Strecken, Winkeln u. dgl.) festzulegen; diese Bestimmungsstücke heißen die *Koordinaten* des betreffenden Körpers. Für die Messung der Längen dienen *Maßstäbe*, und von diesen setzen wir voraus, daß sie in allen Koordinatensystemen — gleichgültig, wie diese zueinander auch bewegt sein mögen — und nach allen Richtungen eine feste Länge beibehalten sollen.

Die Koordinaten sind bei einer Bewegung *veränderliche* Größen. Von der *Beschreibung einer Bewegung* im Sinne der Mechanik spricht man erst dann, wenn die Werte der Koordinaten mit der *Zeit* in Beziehung gebracht, also eine Verknüpfung ihrer Werte mit der Zeit hergestellt wird. Dies geschieht dadurch, daß sie für alle Werte der Zeit durch eine bestimmte Vorschrift festgelegt werden; oder anders ausgedrückt, wenn sich *die Koordinaten als Funktionen der Zeit* angeben lassen.

Die Zeit wird dabei — für die Zwecke dieses Buches — als eine unabhängige und stetig veränderliche Größe eingeführt, von der die Änderungen anderer Größen, insbesondere der oben erwähnten Koordinaten, abhängig gemacht werden können.

Die beiden Grundbegriffe jeder exakten Wissenschaft, *Raum* und *Zeit*, erscheinen somit naturgemäß auch als die obersten Grundbegriffe der Mechanik: die Erscheinungen, mit denen sich diese beschäftigt, *vollziehen sich im Raum und in der Zeit*. Wie wenig die obigen Festsetzungen über diese beiden „Kategorien unseres Denkens" Naturnotwendigkeiten, geschweige denn Denknotwendigkeiten sind, zeigt die *Relativitätstheorie*, auf Grund welcher sie als weitgehende Einschränkungen erscheinen. Einen Einfluß auf die Form der Naturgesetze erhalten die Ergebnisse dieser Theorie erst dann, wenn Geschwindigkeiten vorkommen, die mit der Lichtgeschwindigkeit vergleichbar sind. Diese Theorie hat jedoch auch für die gewöhnliche (Galilei-Newtonsche) Mechanik, wie wir sie hier treiben, wichtige grundlegende Einsichten geliefert. — Bei der Darlegung der Lehren der Mechanik tritt deutlich der eigentümliche Zirkel zutage, in dem sich jeder befindet, der sie zu lehren oder zu lernen unternimmt, und der darin liegt, daß man eigentlich schon die ganze Mechanik kennen müßte, um ihre Grundlagen zu entwickeln. Man denke etwa an die *Messung der Zeit*, die recht verwickelte Instrumente — die Uhren — erfordert, zu deren Aufbau und Regulierung mannigfache Kenntnisse aus der Mechanik nötig sind, und ähnlich, wenn auch einfacher, liegen die Verhältnisse bei der *Messung* von Längen, Kräften und anderen in der Mechanik auftretenden Größen. — Im folgenden wird daher vieles als bekannt angenommen — aus dem täglichen Leben oder aus der Schule, — was eigentlich noch ausführlicher Erörterung bedürfte.

3. Aufgabe der Mechanik. Die Aufgabe der Mechanik ist jedoch mit einer „Beschreibung", die auch auf mannigfache andere Art (z. B. kinematographisch) erfolgen könnte, keineswegs erschöpft; diese Aufgabe besteht vielmehr darin, die *Gesamtheit der Bewegungen gesetzmäßig zu erfassen* und zu ordnen; das Streben nach logischer Ordnung ihres

Tatsachenmaterials hat die Mechanik mit anderen Wissenschaften durchaus gemeinsam. In der Mechanik geschieht diese Ordnung durch Aufstellung allgemeiner Gesetze, die zwischen den eingeführten Begriffen bestehen, zu denen in erster Linie der Begriff der *Kraft* gehört. Dieser gründet sich auf die Tatsache, *daß die Körper der Außenwelt Wirkungen aufeinander ausüben, die von verschiedenen Umständen, von Bedingungen physikalischer oder chemischer Natur u. dgl. abhängen*, und weiter darauf, daß diese *Wirkungen gemessen und zahlenmäßig als Funktionen der Koordinaten, der Zeit und anderer aus diesen abgeleiteten Größen* (z. B. der Geschwindigkeit) *dargestellt werden können.*

Die Vorstellung einer Kraft wird erleichtert durch Anknüpfung an gewisse mit eigenen Empfindungen verbundene Erfahrungen des täglichen Lebens (Tragen eines Gewichtes, Überwindung eines Widerstandes oder dgl.), für die man passend das Wort „Kraftsinn" geprägt hat. Mit dem Begriffe Kraft verbinden wir stets die Vorstellung einer Tendenz, die einen Körper in Bewegung zu setzen oder seine Bewegung abzuändern strebt. Dieser Kraftsinn wird — in richtiger Weise ausgebildet — dem Ingenieur in vielen Fällen das „Einfühlen" in das betreffende Problem erleichtern; es ist jedoch wesentlich, die einzelnen Probleme im Zusammenhange mit den allgemeinen Gesetzen zu erklären, die in der Mechanik aufgestellt werden.

Die Aufgabe der Mechanik besteht also darin, einerseits die Hilfsmittel anzugeben, die man für die Beschreibung der Bewegungen im oben angedeuteten Sinne verwendet, und andererseits Regeln und Anweisungen zu schaffen, um die Bewegungen im Zusammenhange mit dem jeweils zugehörigen *Kraftgesetz* zu studieren. Dabei ergeben sich von selbst zwei verschiedene Arten von Problemen: entweder es ist die Bewegung (durch Beobachtungen oder dgl.) gegeben und das Kraftgesetz zu ermitteln, oder es ist umgekehrt das Kraftgesetz bekannt, und es sind die Bewegungen zu bestimmen, die diesem zugehören.

Die Lehre von den Kräften wird uns zunächst mit deren zweckmäßiger zeichnerischer und rechnerischer Darstellung bekanntmachen und auf die Frage der *Zusammensetzung* von Kräften führen, wobei sich als für die Anwendung in der Technik wichtigster Sonderfall der des *Gleichgewichtes* ergeben wird. Diese Fragen machen den Inhalt der *Statik* aus. Wir wollen sie den weiteren Entwicklungen voranstellen.

Durch die Einführung des Kraftbegriffes finden gleichzeitig auch die Forderungen der *Einfachheit* und der *Zweckmäßigkeit*, die bei der Ordnung eines Tatsachenmaterials für alle Begriffsbestimmungen und Methoden an die Spitze zu stellen sind, ihre Erfüllung.

Ihre besondere Bedeutung erhalten die Sätze der Mechanik erst durch ihre Anwendung auf die Vorgänge der Technik, soweit diese einer solchen Anwendung zugänglich sind; sie ermöglichen die Festlegung der mechanischen Eigenschaften dieser Vorgänge, wie des Geschwindigkeits- und Beschleunigungsverlaufes, des Kraft- und Energiebedarfes, des Kräftespiels in den Konstruktionen, der Beanspruchung und Dimensionierung, der Untersuchung der Stabilität u. dgl. Wie immer ist es auch hier der Zweck der theoretischen Betrachtungen, diese Aussagen — soweit als irgend möglich — der eigentlichen technischen Ausführung voranzustellen.

4. Einteilung der Mechanik. Die Einteilung der Mechanik ist nach verschiedenen Gesichtspunkten möglich, und zwar:

a) *Nach der Beschaffenheit der Körper.* In der „Mechanik der starren Körper" oder der „Stereomechanik" werden die Körper (mit gewissen Ausnahmen) als *starr*, d. h. die Entfernungen ihrer Teile voneinander als *unveränderlich* angenommen. Der *starre Körper* erweist sich deshalb als verhältnismäßig einfach, weil zur Kennzeichnung seiner Lage eine endliche, und zwar kleine Zahl von Koordinaten erforderlich ist. Mit diesem Teil beschäftigt sich das vorliegende Lehrbuch.

Für andere Arten von Aufgaben ist es notwendig, von diesem Bilde des starren Körpers abzugehen, es zu *erweitern*; dies führt dann zur *Elastizitäts-, Plastizitäts- und Festigkeitslehre* (d. i. die Mechanik der im gewöhnlichen Sinne *festen Körper*) einerseits und zur *Mechanik der flüssigen und gasförmigen Körper* (*Hydro- und Aeromechanik*) andererseits.

Die Gültigkeit der Grundgesetze, die wir im folgenden kennen lernen werden, wird durch die Art des Mediums, auf das sie angewendet werden, nicht beeinflußt; lediglich die *Form* ihrer Anwendung ist für verschieden beschaffene Medien verschieden.

b) *Nach der Beschaffenheit der Probleme* unterscheiden wir:

I. Die *Statik*, d. i. die Lehre von der Zusammensetzung und vom Gleichgewichte der Kräfte (3). Bei den meisten Aufgaben der Statik treten die Kräfte als *unveränderliche* Größen auf; werden sie als *veränderlich* betrachtet, dann sind sie nur Funktionen der Koordinaten. Eine Abhängigkeit von der Zeit tritt nicht auf.

II. Die *Bewegungslehre* oder *Kinematik* befaßt sich mit den geometrischen Hilfsmitteln (Wahl geeigneter Koordinaten u. dgl.), die für die Beschreibung der Bewegungen, also nach dem oben Gesagten für die Herstellung der Verknüpfung der Koordinaten mit der Zeit, erforderlich sind. Dabei begegnen wir den beiden wichtigen Begriffen *Geschwindigkeit* und *Beschleunigung*. In der Bewegungslehre handelt es sich nur um die Beschreibung der Bewegung ohne Rücksicht auf die einwirkenden Kräfte und die bewegten Massen, und zwar entweder für einen bestimmten Zeitpunkt oder für ein bestimmtes Zeitintervall.

III. Die *Dynamik* behandelt die eigentliche Aufgabe der Mechanik, die Bewegung der Körper im Zusammenhang mit den einwirkenden Kräften zu untersuchen, d. h. die Bestimmung der Koordinaten als Funktionen der Zeit, wie sie durch die auf die Körper einwirkenden Kräfte bedingt sind. — Die Statik ist als ein Sonderfall der Dynamik anzusehen.

Ähnliche Unterscheidungen gelten auch für die Mechanik der elastischen, flüssigen und gasförmigen Körper.

5. Grundeinheiten, Dimensionen, Maßsysteme. Der Forderung, für alle Erscheinungen, die gesetzmäßig zu erfassen Aufgabe der Mechanik ist, *zahlenmäßige* Beziehungen anzugeben, können wir nur genügen, indem wir für alle eingeführten Größen gewisse *Einheiten* festlegen, in denen sie gemessen werden; denn jedes Messen ist nur ein Vergleichen mit gewissen als *Einheiten* gewählten Dingen *gleicher Art.* Diese Einheiten sind im Grunde vollkommen willkürlich; sie müssen nur so beschaffen sein, daß wir sie stets mit entsprechender Genauigkeit herstellen können, und daß sie — soweit menschliche Einsicht nur irgend beurteilen kann und physikalische Messungen irgendwelcher Art dies bestätigen — ihre Größe beibehalten. Die verschiedenen Begriffe, die wir in der Mechanik anwenden, machen die Einführung *verschiedener* Einheiten notwendig, da sie Dinge verschiedener Art sind; man sagt, sie haben *verschiedene Dimensionen.* In der Mechanik lassen sich alle vorkommenden Größen durch *drei* von ihnen ausdrücken, für welche die Einheiten, die sog. *Grundeinheiten,* willkürlich gewählt werden können. Für welche Größen man die Einheiten als Grundeinheiten einführen soll, wird wieder nur durch die Forderungen der Einfachheit und Zweckmäßigkeit entschieden; sie müssen selbstverständlich voneinander unabhängig sein. Die Einheiten für alle anderen Größen werden dann als (aus diesen Grundeinheiten) *abgeleitete Einheiten* bezeichnet.

Für die Physik als Ganzes hat es sich herausgestellt, daß es zweckmäßig ist, außer den drei Grundeinheiten der Mechanik noch *zwei* weitere Einheiten einzuführen, durch die dann auch alle anderen in der Wärme- und Elektrizitätslehre auftretenden Größen ausgedrückt werden können.

Da wir Raum und Zeit als grundlegende Begriffe eingeführt haben, werden wir die für sie geltenden Einheiten auf jeden Fall als *zwei* der Grundeinheiten festsetzen. Als *Längeneinheit* dient das *Meter* [m], d. i. die Länge eines nach bestimmten Gesichtspunkten gewählten Normalmaßes, während die Flächen- und die Raumeinheit daraus abgeleitet sind: das Quadratmeter [m^2] und Kubikmeter [m^3] und ihre Vielfachen nach unten und oben, die jedem aus dem täglichen Leben wohl vertraut sind. — Als *Zeiteinheit* dient die *Sekunde mittlerer Sonnenzeit* [s], d. i. der $24 \times 60 \times 60$ste Teil des *mittleren Sonnentages,* und ihre Vielfachen nach oben, die Minute [min], Stunde [h], der Tag und das Jahr.

Wenn es nur auf ihre Sonderart ankommt, wird die Dimension einer Größe durch Einschließung eines sie kennzeichnenden Buchstabens in eckige Klammern angedeutet, also etwa für die Länge [L], für die Zeit [T]; es ist notwendig, die Dimension bei allen physikalischen und mechanischen Rechnungen, und zwar gleich in den verwendeten Einheiten hinzuzuschreiben. Die Umrechnung in die Vielfachen oder Teile der Einheiten derselben Größe (z. B. von m in km bei Längen; von s in h bei Zeiten) geschieht dann durch Division bzw. Multiplikation mit einem Zahlenfaktor.

Es ist klar, daß in jeder Gleichung zu beiden Seiten nur Größen *gleicher Art* stehen können; daher gibt die Beachtung der Dimension sofort ein erstes Kennzeichen — eine erste Kontrolle — für die Richtigkeit eines Ansatzes: *die in einer Gleichung additiv nebeneinander stehenden Größen müssen gleiche Dimension haben.* Der Wert dieses Hinweises reicht jedoch noch viel weiter; in vielen Fällen gelingt es, die *Form* physikalischer Gesetze ohne Rechnung durch bloße „Dimensionsbetrachtungen" anzugeben.

Nicht so unmittelbar naheliegend wie bei Raum und Zeit ist es für welche mechanische Größe — *Kraft oder Masse* — man die dritte Grundeinheit einführen soll.

6. Das technische Maßsystem. Kilogramm als Krafteinheit. Der Begriff der *Kraft* ist, wie schon erwähnt, aus dem Gefühle der Anstrengung hervorgegangen, die wir beim Heben einer Last oder der Überwindung eines Widerstandes fühlen; die Stärke dieser Empfindung kann als das erste, allerdings noch wenig exakte Maß der Kraft dienen. Aus diesem unbestimmten Maße, das uns unser Muskelgefühl gibt, konnte erst dadurch die Grundlage für ein exaktes, wissenschaftlich brauchbares Maß geschaffen werden, daß man für die zu hebende Last das *Gewicht* des betreffenden Körpers setzte und erkannte, daß andere Dinge gleicher Art (wie der Zug einer Feder, der Druck eines Gases oder Dampfes auf einen Kolben oder die bei der Berührung zweier Körper auftretenden Kräfte u. dgl.) *mit Hilfe der Waage* mit solchen Gewichten verglichen werden können.

In der Technik wird (wie im täglichen Leben) als dritte Grundeinheit die *Einheit für die Kraft* gewählt, und zwar das *Kilogramm* [kg], d. i. das *Gewicht* eines Metallstückes (Prototyps) von bestimmter Größe an einem bestimmten Orte unter der Wirkung einer „normalen" Schwerebeschleunigung ($g = 9{,}80665$ ms^{-2}), das in Paris aufbewahrt wird und von dem alle Staaten getreue Kopien besitzen. Ursprünglich war 1 kg definiert als Gewicht der Masse von 1 dm³ reinen Wassers von 4° C unter der Wirkung der normalen Schwerebeschleunigung. Das Dimensionszeichen für die Kraft sei [K]. Die Größe des Gewichtes jedes Körpers ändert sich (wegen der Änderung der Schwerebeschleunigung) mit dem Orte auf der Erde; da diese Änderung aber nur gering ist, wird in der Technik in der Regel darauf keine Rücksicht genommen.

In der Technik ist für das Kilogramm als Krafteinheit auch die Bezeichnung „Kilopond" vorgeschlagen worden, um sie von dem Kilogramm als Masseneinheit zu unterscheiden; doch hat sich diese in der Technik bisher noch nicht einzubürgern vermocht.

Außer dem Kilogramm haben noch Teile und Vielfache davon besondere Namen und Bezeichnungen erhalten, so z. B.

$$\begin{aligned}
0{,}001 \text{ kg} &= 1 \text{ Gramm} = 1 \text{ g},\\
0{,}01 \text{ kg} &= 1 \text{ Dekagramm} = 1 \text{ dkg},\\
1000 \text{ kg} &= 1 \text{ Tonne} = 1 \text{ t},\\
10\,000 \text{ kg} &= 1 \text{ Waggon} = 1 \text{ W} = 10 \text{ t}.
\end{aligned}$$

Die Einheit für die Kraft ist die dritte Einheit des technischen Maßsystems, dessen zwei erste Glieder die Einheiten für die Länge und Zeit sind. Aus diesen Grundeinheiten können, wie oben gesagt, die Einheiten für alle anderen in der Mechanik vorkommenden Größen abgeleitet werden (*abgeleitete Einheiten*).

7. Das dynamische Grundgesetz. Masse. Gewicht. Der heutigen technischen Mechanik liegt das Galilei-Newtonsche System zugrunde; dieses ist auf einer Anzahl von Grundsätzen axiomatischen Charakters aufgebaut, die zum ersten Male von I. Newton formuliert wurden, ihre heutige Bedeutung aber erst viel später erhalten haben. Die

Newtonsche Auffassungsweise wurde indessen schon durch G. Galilei vorbereitet, dem umfangreiche Erörterungen über die Grundbegriffe der Mechanik zu verdanken sind.

Die in **6** erwähnte Bestimmung der Größe einer Kraft mittels der Waage gibt nämlich noch keinerlei Aufschluß darüber, welche Wirkung eine solche Kraft (Anziehung, Feder, Gasdruck) an einem Körper, *der sich bewegen kann* oder in Bewegung begriffen ist, hervorbringt. Die Erfahrung zeigt zunächst nur, daß jede derartige Einwirkung von dem Körper selbst abhängt und von einer Änderung des *Bewegungszustandes* des Körpers begleitet ist; wir haben vorerst zu erklären, was darunter zu verstehen ist.

Die einfachste Bewegungsform, die man sich vorstellen kann, ist die, bei der sich alle Punkte des Körpers in parallelen (kongruenten) Bahnen bewegen und in gleichen Zeiten gleiche Wege zurücklegen; eine solche Bewegung nennt man eine *gleichförmige* und den Weg in 1 s nennt man die *Geschwindigkeit* (Bezeichnung c, v). Unter dem *Bewegungszustand* (Geschwindigkeitszustand) eines Körpers versteht man den Inbegriff der für jeden Zeitpunkt definierten Geschwindigkeiten aller seiner Punkte. Von einer Änderung des Bewegungszustandes eines Körperpunktes spricht man, wenn sich seine Geschwindigkeit nach Größe *oder* Richtung ändert; das Maß für die Änderung der Geschwindigkeit in der Zeiteinheit nennt man *Beschleunigung* (Bezeichnung b). Beide können gemessen und durch Längen und Zeiten dargestellt werden; ihre Einheiten sind daher aus den Längen- und Zeiteinheiten ableitbar und haben folgende Dimensionen:

$$[v] \equiv [\text{Geschwindigkeit}] = [\text{LT}^{-1}], \quad [b] \equiv [\text{Beschleunigung}] = [\text{LT}^{-2}].$$

Die Größe der Bewegungs*änderung*, also der *Beschleunigung* (die z. B. eine Feder an einem Körper hervorbringt), ist nun erfahrungsgemäß durch die Größe der Federkraft (Ausreckung der Feder, Anspannung) bedingt, und zwar ist sie dieser Kraft K [kg] direkt proportional. Dies wird durch einen Versuch bestätigt, bei dem man die Feder (unter möglichster Ausschaltung aller Widerstände) auf den Körper wirken läßt und die entsprechende Beschleunigung mißt; bringt man dann auf den gleichen Körper 2, 3 ... solcher (gleicher!) Federn an, so beobachtet man, daß die entsprechenden Beschleunigungen 2-, 3- ... mal so groß wie die zuerst erhaltenen sind. Nun ändern wir den Versuch in der Weise ab, daß wir ein- und dieselbe Feder nehmen, aber die Stoffmenge des Körpers (z. B. die Eisenmenge) verändern. Man beobachtet dann, *daß mit zunehmender* Menge die entstehende Beschleunigung *abnimmt*, und zwar ist die Beschleunigung der Stoffmenge umgekehrt proportional.

Aus beiden Versuchen wird die Beziehung erschlossen:

$$\boxed{K = m\,b \quad \text{oder} \quad b = K/m,} \tag{1}$$

wobei m eine Größe ist, die der Stoffmenge des Körpers, also natürlich *auch dessen Gewicht proportional ist, aber doch nicht mit dem Gewicht identisch sein kann;* es hätte sonst diese Gleichung keinen Sinn, da eine

Kraft nicht dem Produkt einer Kraft (Gewicht) und einer Beschleunigung gleich sein kann. Die Größe m wird die *Masse* des Körpers genannt; sie ist eine dem betreffenden Körper eigentümliche Größe, deren Dimension (im technischen Maßsystem) aus (1) unmittelbar folgt, da

$$m = K/b \tag{2}$$

ist; also ist

$$[m] \equiv [\text{Masse}] = \frac{[\text{Kraft}]}{[\text{Beschleunigung}]} = \left[\frac{K}{LT^{-2}}\right] = [KL^{-1}\,T^2].$$

Die Masse ist also im technischen Maßsystem aus den anderen Größen abgeleitet (ähnlich wie z. B. Geschwindigkeit aus Weg und Zeit usw.).

Die oben erwähnten Versuche führen zunächst nur zur Proportionalität der Größen m und b mit K. Wesentlich ist, daß der Proportionalitätsfaktor gleich 1 gesetzt wird, wodurch die Einheit für die Masse aus denen für die Kraft und Beschleunigung eindeutig erklärt werden kann.

Was den Zusammenhang der *Masse m* mit dem *Gewicht G* des Körpers betrifft, so erinnern wir an die (zuerst von Galilei beobachtete) Tatsache, daß die „Schwerkraft", d. i. ja das Gewicht, allen Körpern (an einem bestimmten Punkt der Erdoberfläche) die *gleiche* Beschleunigung (und zwar etwa $g = 9{,}81$ ms^{-2}) erteilt; wir erhalten daher die Beziehung:

$$G = m\,g. \tag{3}$$

Als *Einheit der Masse* werden wir folgerichtig jene Stoffmenge ansprechen, die durch die Kraft von 1 kg die Beschleunigung 1 ms^{-2} erhält. Da das Gewicht G dem Körper nicht die Beschleunigung 1, sondern $g = 9{,}81$ ms^{-2} erteilt, so hat ein 9,81 kg schwerer Körper die Masse 1 [kgm^{-1} s^2]; denn nach Gl. (3) ist $m = 1$ für $G = 9{,}81$ kg und $g = 9{,}81$ ms^{-2}; ein Körper, der 1 kg schwer ist, hat die Masse

$$\frac{1}{9{,}81} \approx \frac{1}{10}\ [\text{kgm}^{-1}\,\text{s}^2].$$

Die Gl. (1) ist das sog. *dynamische Grundgesetz* (*II. Newtonsches Gesetz*, 1686); es bildet die Grundlage der ganzen Entwicklung der Dynamik und besagt: *Durch die Größe der einwirkenden Kraft und die Masse des Körpers, auf den sie wirkt, ist dessen Beschleunigung völlig bestimmt; die Beschleunigung ist proportional der Kraft und umgekehrt proportional der Masse und erfolgt* [wie bei der später folgenden Erweiterung der Gl. (1) auf Vektorform noch genauer erklärt werden wird] *in der Richtung der einwirkenden Kraft.*

Dieses Gesetz gilt zunächst für Körper, deren Ausdehnungen klein sind, also für Punktkörper oder, anders ausgedrückt, dann, wenn *Drehbewegungen* keine Rolle spielen. Über seine Erweiterung für Körper von *endlicher* Ausdehnung siehe IV. Teil: Dynamik.

Von der Tatsache, daß die *Masse* ein jedem Körper unserer Außenwelt zukommendes Merkmal darstellt, das vom *Gewicht* völlig verschieden ist, kann man sich durch folgende (von E. Mach angegebene) einfache Versuche unmittelbar überzeugen:

Zum Heben zweier gleicher Lasten G, G muß ihr Gewicht überwunden werden, was wir durch die Muskelanstrengung wahrnehmen können. Knüpft man beide Gewichte an die Enden einer Schnur und führt diese um eine Rolle (Abb. 1), so wird dadurch ihr Gewicht ausgeschaltet und sie widerstehen jeder Bewegungsänderung (Beschleunigung) nur durch ihre *Masse*. Wollen wir beide Massen z. B. im Sinne der Pfeile in Bewegung setzen, so empfinden wir deutlich die Kraft, die wir dazu aufwenden müssen, und die Anstrengung wird um so größer sein, je größer die Massen der Körper sind und je rascher wir die Körper in Bewegung setzen wollen. — Oder: Ein großes Gewicht G, an einem Faden als Pendel (Abb. 2) aufgehängt, kann mit geringer Mühe in einer kleinen Fadenablenkung neben der Gleichgewichtslage erhalten werden; die Kraft, die (bei kleiner Ablenkung) das Pendel in die Gleichgewichtslage zurückzieht, ist sehr klein; trotzdem empfinden wir einen bedeutenden Widerstand, wenn wir das Gewicht rasch seitlich bewegen oder in seiner Bewegung anhalten wollen.

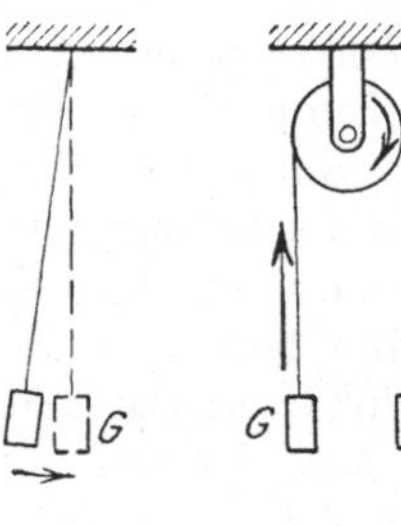

Abb. 1.　　　　Abb. 2.

Die Masse ist also, obwohl dem Gewichte proportional, doch ein vom Gewichte verschiedenes bewegungsbestimmendes Merkmal, das von der stofflichen Beschaffenheit des Körpers abhängt.

Jede in Bewegung befindliche oder in Bewegung zu setzende Masse beeinflußt diese Bewegung durch ihre *Trägheit;* außerdem ist jede Masse *schwer*, d. h. Angriffstelle von Anziehungskräften aller anderen Massen. (Für einen Körper in der Nähe der Erde kommt nur die Anziehung der Erde selbst in Frage, die wir eben als das *Gewicht* bezeichnen.) Beide Eigenschaften, d. h. *Trägheit und Schwere*, sind immer vorhanden, und nur unter bestimmten Voraussetzungen und für bestimmte Zwecke kann von der einen oder anderen — in gewissen Fällen auch von beiden — abgesehen werden.

Der Übergang von der *statischen Methode der Kraftmessung,* die sich auf den Vergleich von Kräften mit Hilfe der Waage gründet, zur *dynamischen* oder *kinetischen,* für die das dynamische Grundgesetz den Ausgangspunkt bildet, und die die entstehenden Beschleunigungen zur Messung heranzieht, ist für die gesamte Entwicklung der Mechanik von grundsätzlicher Bedeutung geworden (9).

8. Das physikalische Maßsystem. Kilogramm als Masseneinheit. Die Beschleunigung der Schwere g hängt erfahrungsgemäß von dem Ort auf der Erdoberfläche und von der Höhe über dieser ab, es muß daher in Gl. (3) mindestens einer der Größen G oder $1/m$ dieselbe Veränderlichkeit zugeschrieben werden. Im Hinblick auf das dynamische Grundgesetz (1), das dieselbe Beziehung für beliebige Kräfte, Massen und Beschleunigungen ausdrückt, wird in der Mechanik der Faktor m als konstant und das Gewicht G zufolge der Gl. (3) als mit g veränderlich *angenommen.*

*Die Masse wird als eine jedem Körper eigentümliche feste Größe ein-
geführt, die sein Verhalten gegenüber beliebigen Kräften, die auf Änderung
seines Bewegungszustandes hinzielen, kennzeichnet.*

Ähnlich wie für Länge und Zeit ist die Konstanz der Masse als eine Näherung
anzusehen, die bei einer allgemeineren Auffassung der Naturerscheinungen (Relativitätstheorie) nicht aufrechterhalten werden kann.

Bei Körpern von endlichen Abmessungen sind, wie im IV. Teil näher ausgeführt wird, außer der Masse noch andere Größen als bestimmend für ihr dyna-
misches Verhalten einzuführen (Trägheitsmomente, Zentrifugalmomente).

Dieser Festsetzung der Unveränderlichkeit der Masse gegenüber ist
es nicht folgerichtig, wenn im technischen Maßsystem als dritte Grundeinheit die Einheit für die *Kraft* und nicht die für die *Masse* genommen
wird. Ein gewichtiger Grund dafür, daß dies dennoch geschieht, liegt
nur in der besonderen Rolle, die die *Statik* in der gesamten Technik und
in ihren geschichtlichen Anfängen (im Altertum) spielt, die sich nur mit
Kräften befaßte und die Bewegungserscheinungen außer acht ließ. Im
Gegensatz hierzu trägt das physikalische Maßsystem dieser Konstanz
der Masse dadurch Rechnung, daß es als dritte Grundeinheit die *Masse*
des in 6 *beschriebenen Prototyps* als *Masseneinheit* einführt.

Unglücklicherweise wird aber die Einheit der Kraft im technischen und die
Einheit der Masse im physikalischen System durch dasselbe Wort — *Kilogramm* —
bezeichnet, und dies ist einer der Hauptgründe für die Verwirrung, die vielfach
noch immer in dieser grundsätzlichen Frage herrscht. — Zur Unterscheidung wird
manchmal das Massengramm mit g^+ und das Massenkilogramm mit kg^+ bezeichnet.
Doch hat sich diese Bezeichnung, wie auch das (schon in 6 erwähnte) Kilopond,
bisher in der Technik nicht einbürgern können.

9. Über das Messen von Massen und Kräften. In 6 wurde schon
auf den Vergleich von Kräften (insbesondere von Gewichten) mit Hilfe
der Hebelwaage hingewiesen; wir sprechen in diesem Falle von der *statischen Methode der Kraftmessung*. Da die Massen der Körper ihren Gewichten proportional sind, so kann *für einen bestimmten Ort der Erde*
die Hebelwaage ebensowohl zum Messen — d. h. Vergleichen — von
Gewichten wie auch von Massen dienen: nimmt man das als Einheit
gewählte Vergleichsstück als *Masse*, so vergleicht man Massen miteinander, nimmt man es als *Gewicht*, so handelt es sich um den Vergleich
von Gewichten.

Ein anderes Hilfsmittel zur statischen Messung von Kräften ist die
Federwaage; bei dieser wird die Zusammendrückung oder Ausreckung
einer Feder als Maß für die Größe der einwirkenden Kraft genommen;
die Federwaage wird durch die als Einheit angenommene Kraft — 1 kg
Gewicht — „geeicht". Nur wird dieses Gewicht, das wir an einem Orte
der Normalschwere als 1 kg bezeichnen, an einem anderen Ort mit
anderem g eine andere Zusammendrückung ergeben, also ein anderes
Gewicht zeigen. An Orten mit größerem g (in tiefen Schächten oder
am Pol) wird die Zusammendrückung größer sein als an Orten mit
kleinerem g (auf Bergspitzen oder am Äquator).

Man beachte jedoch: wenn man die wegen des veränderlichen Wertes von g
erforderlichen Korrektionen berücksichtigt, so könnte man die Federwaage ebensowohl zur Messung von Massen verwenden, wie auch die Hebelwaage zur Messung

von Gewichten — und zwar auch an verschiedenen Punkten der Erde. (Dies ist nicht wesentlich anders als etwa die Temperaturkorrektionen an Maßstäben und Uhren für genaue Längen- und Zeitmessungen.)

Von dieser statischen Meßmethode ist die *dynamische* zu unterscheiden, bei der die *Masse* des gewählten Normalkörpers als Masseneinheit und jene Kraft als Krafteinheit genommen wird, die jenem Körper die Beschleunigung $1\ \mathrm{ms}^{-2}$ erteilt; dies ist das 10^5-fache der *absoluten Krafteinheit* „1 dyn". Die Masse irgendwelcher anderer Körper bestimmt man dann, indem man diese Krafteinheit auf sie wirken läßt und die entstehende Beschleunigung b mißt; wegen der Gl. (2) gibt dann der Kehrwert $1/b$ die gesuchte Masse. — Ebenso wird die Kraft an irgendeiner Stelle eines Kraftfeldes (das von anziehenden Massen herrührt) oder einer Feder oder eines gespannten Fadens dadurch gemessen, daß man die gewählte Masseneinheit an die betreffende Stelle des Feldes bringt oder auf sie die Feder oder den gespannten Faden wirken läßt und wieder die entstehende Beschleunigung b (aus Längen- und Zeitmessungen) ermittelt; diese ist dann wegen der Gl. (1) gleich der dort wirkenden Kraft. Wenn die Kraft an jeder Stelle des Feldes bestimmt ist, dann läßt sich, wie im II. Teil näher erläutert wird, aus der Gl. (1) die endliche Bewegung des Körpers durch Integration, die analytisch, numerisch oder zeichnerisch geleistet werden kann, ermitteln.

Die Hauptsache ist nun die Aussage, daß die nach diesen beiden Methoden gefundenen Größen — die nach der statischen Methode mittels der Waage gefundene (oder durch Fallversuche festgestellte) *schwere Masse* — und die nach der dynamischen Methode gefundene *träge Masse* — tatsächlich dieselben Größen sind und vollständig miteinander übereinstimmen.

Auch diese Aussage ist logisch nicht selbstverständlich, sie ist vielmehr in ihrer vollen Bedeutung für die hier nur skizzierte Grundlegung der Mechanik erst in unserer Zeit (durch die Entwicklung der Relativitätstheorie) hervorgetreten.

10. Zusammenstellung der Dimensionen und Einheiten im technischen und physikalischen Maßsystem. Die folgende Tabelle enthält eine Übersicht über die wichtigsten in der Mechanik auftretenden Größen mit ihren *Dimensionen* und *Einheiten*. Den meisten von ihnen werden wir erst im Laufe der späteren Betrachtungen begegnen. Die Unterscheidung in der Reihe mit der Bezeichnung „Art" — Skalar oder Vektor — kommt in Kapitel II zur Sprache.

Von den zwischen den gleichartigen Größen bestehenden Beziehungen, die sich unmittelbar aus den getroffenen Festsetzungen ergeben, merken wir hier noch die folgenden an:

Kraft . . . . . . $1\ \mathrm{kg} = 9{,}81 \cdot 10^5\ \mathrm{dyn}$,
Arbeit . . . . . . $1\ \mathrm{dyncm} = 1\ \mathrm{erg}$, $1\ \mathrm{kgm} = 9{,}81 \cdot 10^7\ \mathrm{erg} = 9{,}81\ \mathrm{Joule}$,
Leistung . . . . . $1\ \mathrm{Joule} \cdot \mathrm{s}^{-1} = 1\ \mathrm{Watt}$, $1\ \mathrm{kgms}^{-1} = 9{,}81\ \mathrm{Watt} = {}^1\!/_{75}\ \mathrm{PS}$,
$\qquad\qquad\qquad 1\ \mathrm{PS} = 736\ \mathrm{Watt}$.

11. Trägheitsgesetz. Inertialsysteme. Das dynamische Grundgesetz (1) sagt aus (da sicher $m \neq 0$), daß die Aussage $K = 0$ notwendig mit $b = 0$ verknüpft ist; d. h. *bei fehlenden Kräften bewegt sich der Körper*

Dimensionen und Einheiten im technischen und physikalischen Maßsystem.

Größe	Art	Technisches Maßsystem		Physikalisches Maßsystem	
		Dimension	Einheit	Dimension	Einheit
Länge	Vektor	L	1 m	L	1 cm
Zeit	Skalar	T	1 s	T	1 s
Geschwindigkeit	Vektor	LT^{-1}	$1\,ms^{-1}$	LT^{-1}	$1\,cms^{-1}$
Beschleunigung	Vektor	LT^{-2}	$1\,ms^{-2}$	LT^{-2}	$1\,cms^{-2}$
Flächengeschwindigkeit	Vektor	L^2T^{-1}	$1\,m^2s^{-1}$	L^2T^{-1}	$1\,cm^2s^{-1}$
Winkelgeschwindigkeit	Vektor	T^{-1}	$1\,s^{-1}$	T^{-1}	$1\,s^{-1}$
Winkelbeschleunigung	Vektor	T^{-2}	$1\,s^{-2}$	T^{-2}	$1\,s^{-2}$
Kraft	Vektor	K	1 kg	MLT^{-2}	$1\,g\,cm\,s^{-2} = 1\,dyn$
Masse	Skalar	$KL^{-1}T^2$	$1\,kgm^{-1}s^2$	M	1 g
Drehmoment einer Kraft (Moment)	Vektor	KL	1 kgm	ML^2T^{-2}	$1\,dyn\,cm = 1\,erg$
Statisches Moment einer Masse	Skalar	KT^2	$1\,kgs^2$	ML	1 g cm
Trägheits- und Zentrifugalmoment	Tensorkomponente	KLT^2	$1\,kgms^2$	ML^2	$1\,g\,cm^2$
Impuls, Bewegungsgröße	Vektor	KT	1 kgs	MLT^{-1}	1dyn s
Drehimpuls (Impulsmoment, Drall, Schwung)	Vektor	KLT	1 kgms	ML^2T^{-1}	1 dyn cm s
Einheitsgewicht (spez. Gewicht, Wichte)	Skalar	KL^{-3}	$1\,kgm^{-3}$	$ML^{-2}T^{-2}$	$1\,g\,cm^{-2}\,s^{-2}$
Dichte (spezifische Masse)	Skalar	$KL^{-4}T^2$	$1\,kgm^{-4}s^2$	ML^{-3}	$1\,g\,cm^{-3}$
Arbeit, Wucht, Potential, Energie	Skalar	KL	1 kgm	ML^2T^{-2}	$1\,dyn\,cm = 1\,erg$ ($10^7\,erg = 1\,Joule$)
Leistung, Effekt	Skalar	KLT^{-1}	$1\,kgms^{-1}$ ($75\,kgms^{-1} = 1\,PS$)	ML^2T^{-3}	$1\,erg\,s^{-1}$ ($10^7\,erg\,s^{-1} = 1\,Watt$)
Wirkung (= Arbeit $\times$ Zeit)	Skalar	KLT	1 kgms	ML^2T^{-1}	1 erg s

gleichförmig in gerader Bahn. Diese Aussage ist das *Trägheitsgesetz der Newtonschen Mechanik* (*I. Newtonsches Gesetz*); die Bahn eines von äußeren Kräften freien Körpers nennt man eine *Trägheitsbahn.*

Dabei tritt nun folgende grundsätzliche Schwierigkeit auf. Die Aussage, daß sich ein Körper gleichförmig in einer Geraden bewegt, hat naturgemäß — wie jede derartige Aussage — nur dann einen Sinn, wenn man sie auf ein bestimmtes Koordinatensystem bezieht. Jede solche Trägheitsbahn wird, von einem anderen beliebig bewegten Koordinatensystem aus betrachtet, irgendwie gekrümmt oder mit veränderten Geschwindigkeiten durchlaufen erscheinen; wenn das Trägheitsgesetz im ersten System erfüllt war, braucht dies im zweiten nicht mehr der Fall zu sein. Nur in Koordinatensystemen, die sich gegeneinander geradlinig und gleichförmig bewegen, werden Trägheitsbahnen immer wieder als solche (allerdings jedesmal mit veränderter Geschwindigkeit durchlaufen) erscheinen.

Dieser Sachverhalt scheint darauf hinzudeuten, daß in der Natur bestimmte Koordinatensysteme ausgezeichnet sind, in denen das Trägheitsgesetz gilt, gegenüber anderen, denen diese Eigenschaft nicht zukommt. Die Frage ist nun, wie haben wir ein Koordinatensystem anzunehmen, und welche Gewähr haben wir dafür, daß ein solches ausgezeichnetes System ein *Inertialsystem* (inertia = Trägheit) ist? Newton hat diese Frage damit beantwortet, daß er das Vorhandensein eines *absoluten Raumes* angenommen hat, in dem das Trägheitsgesetz gelten soll. Heute müssen wir sagen, daß es kein physikalisches Hilfsmittel, keine Beobachtung und keinen Versuch gibt, der dazu dienen könnte, die Entscheidung zugunsten irgendeines besonderen Systems zu treffen, das dann als Trägheitssystem zu gelten hätte. Wenn wir trotzdem für die Zwecke der rechnerischen Beherrschung der Bewegung der Himmelskörper ein mit dem *Fixsternhimmel* verbundenes Koordinatensystem als Inertialsystem einführen, so liegt der Grund hierfür in dem Umstande, daß die Massen des Fixsternsystems ungeheuer groß gegen die Massen der Himmelskörper (Planeten, Monde, Kometen) sind, deren Bewegungen unserer Beobachtung und Rechnung zugänglich sind.

Aus den gleichen Gründen wird für die Bewegung der Körper auf der Oberfläche der Erde, soweit sie sich nur über kleine Räume und Zeiten erstrecken und kleine Werte der Geschwindigkeiten enthalten, mit hinreichender Genauigkeit die *Erde* selbst als solches Trägheitsystem eingeführt.

12. Arten der Kräfte. Die Kräfte, mit denen wir es in der Mechanik zu tun haben, können nach verschiedenen Gesichtspunkten voneinander unterschieden werden.

a) Nach der Abgrenzung der Körper: in *innere* und *äußere* Kräfte. Innere Kräfte sind solche, die den Zusammenhang der Körper zu einem Ganzen herstellen und immer *paarweise* auftreten; die äußeren dagegen rühren von anderen Körper her, die außerhalb der abgegrenzten liegen. Diese Abgrenzung oder Abtrennung von der Umgebung kommt bei vielen Betrachtungen der Mechanik zur Anwendung. Man spricht dann von einer „Kontrollfläche“, die den abgegrenzten Teil umgibt, an deren Begrenzung alle Kräfte anzubringen sind, die den Einfluß der umgebenden Körper ersetzen (Flüssigkeitsdruck, elastische Kräfte u. dgl.).

b) Nach der Art und Weise, wie die Kräfte verteilt sind, unterscheiden wir *Raumkräfte* und *Flächenkräfte*. Die Raumkräfte (oder Massenkräfte) sind über die ganze Ausdehnung der Körper, also räumlich, verteilt (Beispiele sind: Anziehungskräfte, Gravitation, Trägheitskräfte, insbesondere Fliehkräfte). Dagegen haben die Flächenkräfte ihren Sitz an den Grenzflächen der Körper.

Beispiele für Flächenkräfte: Die Drücke der Körper bei unmittelbarer Berührung, Auflager- und Stützkräfte, Reibung, Dampfdruck usw., oder der Körperelemente: Zu diesen gehören auch die inneren Kräfte oder Spannungen, die den Zusammenhang der Körperteilchen zu einem einheitlichen Ganzen herstellen.

Die Erkenntnis der gemeinsamen Natur dieser aus ganz verschiedenen Erscheinungen hergeleiteten Einflüsse hat einerseits die Ausdehnung der Mechanik auf die „gestützten“ und „geführten“ Systeme ermöglicht, die den Gegenstand der technischen Anwendungen bilden, und hat andererseits zur Entwicklung der „Mechanik der Kontinua“ geführt.

Zur Vereinfachung gewisser Betrachtungen werden *Einzelkräfte* eingeführt, die an einzelnen Punkten der Körper angreifen; doch muß man sich darüber klar sein, daß gerade diese in der elementaren Mechanik am meisten verbreitete Annahme der Wirklichkeit gegenüber die weitestgehende Idealisierung darstellt.

c) Eine weitere Unterscheidung ist die zwischen *eingeprägten* und *Reaktionskräften* (Auflagerkräften). Zu den ersteren rechnen wir die unmittelbar vorgegebenen, in all ihren Bestimmungsstücken bekannten Kräfte, wie Gewichte, die Lasten unserer Bauwerke, Federkräfte, Treibkräfte der Maschinen (Dampfdruck) u. dgl. Nun kommen aber in der Technik und in der Natur fast niemals einzelne Körper mit eingeprägten Kräften allein vor, sondern stets nur in Verbindung oder Berührung mit anderen, auf die sie sich stützen; es ist ein wichtiger, für die Behandlung der *geführten* und *gestützten* Systeme grundlegender Gedanke, den Einfluß jeder derartigen Bedingung stets wieder als eine Kraft einzuführen, die der besonderen Art der Stützung oder Auflagerung entspricht. (In 38 folgen hierüber genauere Angaben.)

Eine besondere Stellung nimmt bei dieser Unterscheidung die *Reibung* ein, die als eine in die Richtung der gemeinsamen Berührungsebene fallende Flächenkraft eingeführt wird. Bei relativer Ruhe der sich stützenden Körper spricht man von *Haftreibung*, sonst von *Bewegungsreibung*. Die Haftreibung, die i. a. nach Größe, Richtung und Sinn als Unbekannte eingeführt werden muß, ist eine Auflagerkraft, während die Bewegungsreibung bis zu einem gewissen Grade bestimmt ist, nämlich stets der Richtung der Bewegung entgegenwirkt, und daher den eingeprägten Kräften zugezählt wird.

d) Eine vierte Einteilung ist die in *kontinuierlich wirkende* und *Momentankräfte*. Zu den ersten gehören die Gewichte, Anziehungskräfte und alle, die mit diesen von gleicher Art sind. Die *Momentankräfte* (oder Stoßkräfte) lassen sich als kontinuierliche Kräfte von großer

Intensität und sehr kurzer Wirkungsdauer auffassen, so daß das Produkt Kraft×Zeit von endlichem Betrage ist.

13. Wechselwirkung. Ein wichtiger Grundsatz, der in den Anwendungen immer wieder benutzt wird, ist das sogenannte *Wechselwirkungsprinzip* oder der *Satz der Gleichheit von Wirkung und Gegenwirkung (III. Newtonsches Gesetz)*. Er besagt, daß die Kräfte in der Natur niemals einzeln, sondern immer nur paarweise auftreten, so daß also mit jeder Kraft, die *auf einen Körper* einwirkt, notwendig eine gleich große und entgegengesetzt gerichtete Kraft *auf einen andern* verknüpft ist (z. B. die Anziehung der Sonne auf die Erde ist gleich und entgegengesetzt der der Erde auf die Sonne, ebenso der Druck eines Körpers auf den Tisch dem des Tisches auf den Körper usw.) Die eigentliche Bedeutung dieses Prinzips für die technischen Anwendungen tritt erst im Zusammenhange mit dem Begriff „Reaktionskraft" klar zutage (**36**).

Dieser Satz von der Gleichheit der Wirkung und Gegenwirkung gilt nicht nur für Kräfte, sondern — nach Einführung des Begriffes des starren Körpers — auch für *Kräftepaare* oder *Momente*: Jedem auf einen Körper einwirkenden Moment entspricht ein gleich großes und entgegengesetztes auf einen zweiten Körper: z. B. ist in einem Flugzeug das vom Motor auf die Luftschraube ausgeübte Drehmoment gleich groß und entgegengesetzt dem auf die Tragzelle wirkenden.

Das Wechselwirkungsprinzip gestattet auch, wie E. Mach gezeigt hat und wie hier im Anschluß an **9** noch bemerkt werden mag, eine von der Kraft selbst unabhängige Definition des Massenbegriffs. Man denke sich zwei Körper von allen übrigen Wirkungen isoliert und nur ihrer gegenseitigen Anziehung ausgesetzt, also etwa an zwei sehr langen Fäden nebeneinander aufgehängt. Die Massen der beiden Körper verhalten sich dann umgekehrt wie die Beschleunigungen, die sie sich bei Loslassung erteilen. Wenn eine der Massen als Einheit genommen wird, so kann auf diese Weise jede andere bestimmt werden. Auf der Anwendung des Wechselwirkungsprinzips beruht die Übertragung der ursprünglich für den freien Massenpunkt ausgesprochenen Sätze der Mechanik auf Körper und Systeme von Körpern.

14. Bemerkungen über die Beschaffenheit der Aufgaben der Mechanik und ihre Behandlung. Um irgendeine Erscheinung der Natur — wozu wir auch die Technik rechnen — im Hinblick auf die dabei auftretenden mechanischen (oder physikalischen) Vorgänge theoretisch zu untersuchen, ist stets eine geeignete *Idealisierung* erforderlich; man versteht darunter die Erfassung der charakteristischen Merkmale uud Eigenschaften und die Abstreifung alles Unwesentlichen und Zufälligen. Diese Unterscheidung ist dabei keineswegs immer eindeutig möglich und hat auch, wie die Geschichte der Wissenschaft lehrt, im Laufe der Zeit vielfache Änderungen erfahren. Der Zweck der Idealisierung ist der, ein Bild der Wirklichkeit herzustellen, das einerseits einfach genug ist, um die Anwendung der Methoden der Mathematik zur Festlegung zahlenmäßiger Beziehungen zu ermöglichen, und das andererseits doch so weitreichend ist, daß die charakteristischen Züge der Erscheinung getreu wiedergegeben werden. Der Ausbau hinsichtlich der behandelten

Probleme, sowie auch die Erweiterung hinsichtlich des Ausmaßes der in Betracht gezogenen Umstände, macht den Fortschritt der Wissenschaft aus.

Die Notwendigkeit der Idealisierung bringt es mit sich, daß über das *Verhalten* der betrachteten Körper und über die zu erfassenden Umstände in jedem einzelnen Falle (bzw. für jede Klasse von Erscheinungen) gewisse *Annahmen* gemacht werden müssen. Es liegt nicht nur im Sinne der Wissenschaftlichkeit, sondern ist auch für die Übersicht und für die Beurteilung des gesamten Tatsachenmaterials wichtig, daß diese Annahmen als solche hervorgehoben und jeweils an die Spitze gestellt werden; dabei ist es vorteilhaft, sich klarzumachen, wie weit sie im einzelnen der Wirklichkeit entsprechen. Ob die Annahmen für die Darstellung einer Erscheinung ausreichen, wird nachträglich durch Vergleich der Ergebnisse mit den dieselbe Erscheinung betreffenden Beobachtungstatsachen entschieden.

Bei der Behandlung irgendeines mechanischen Problems können wir demgemäß folgende drei Schritte unterscheiden:

Der *Ansatz*, die Aufstellung der für ein Problem geltenden Gleichungen, ist der erste Schritt. Diese Gleichungen (auch Ungleichungen in gewissen Fällen) sind in der Statik der starren Körper gewöhnliche lineare Gleichungen in den Kräftekomponenten, in der Statik nicht-starrer (z. B. Fäden, Seile, Stäbe, Platten usw.) und in der Dynamik Differentialgleichungen; ihre *Auflösung*, die — je nach der Aufgabe — in verschiedener Weise, *analytisch*, *graphisch* oder *numerisch*, erfolgen kann, bildet den zweiten Schritt. Jedes Resultat ist endlich noch zu *diskutieren* — dritter Schritt; für das volle Verständnis einer Lösung ist es wichtig, sich klarzumachen, wie sie sich für besondere (z. B. extreme) Werte der gegebenen Größen (Längen, Kräfte, Reibungszahlen usw.) verhält. Diese Diskussion wird natürlich bei den Aufgaben, mit denen wir uns beschäftigen werden, stets ganz einfach ausfallen, kann aber doch schon hier als Vorbereitung für die Behandlung verwickelterer Fälle von Nutzen sein.

Was die *Quellen* betrifft, aus denen die Mechanik ihre Ansätze und Ergebnisse gewinnt, so zeigt ihre Entwicklung, daß dabei sowohl aprioristische als auch empirische Elemente in Frage kommen. Schon der Ansatz eines dynamischen Problems läßt dies deutlich erkennen, wie sich z. B. aus dem Inhalt des dynamischen Grundgesetzes $K = mb$ ergibt. Der Begriff der Beschleunigung ist aus einer Verknüpfung der Begriffe Raum und Zeit hervorgegangen und gehört zweifellos der reinen Mathematik an. Auf der linken Seite steht die gesamte einwirkende Kraft, und diese wird sich als bestimmte Funktion von anderen physikalischen, bei der Bewegung auftretenden Größen, wie z. B. von Längen, Geschwindigkeiten, Dichten, der Zeit usw. darstellen. Die Ausdrücke für diese Kräfte sind teilweise unmittelbar durch physikalische Messungen gewonnen (Fallgesetze, Reibungs-, Widerstandsgesetze usw.), teilweise mittelbar aus Beobachtungen erschlossen worden (Gravitationsgesetz usw.); die Form dieser Funktionen ist also — wenigstens zum Teil — empirischer Natur. Gerade in dieser, im dynamischen Grundgesetz enthaltenen eigentümlichen *Verknüpfung* kommt der zweifache Charakter der Begriffsbildungen der Mechanik deutlich zum Ausdruck. Die durch (Auflösung bzw. Integration) gewonnenen Ergebnisse, die mit Hilfe solcher „Ansätze“ abgeleitet werden, müssen natürlich der nachträglichen Prüfung durch die Erfahrung Stand halten. Sobald also Merkmale physikalisch gegebener Körper in Betracht kommen — und mit solchen hat sich die Technik zu beschäftigen —, sind die betreffenden Ansätze und Aussagen sicher unter Mitwirkung der Erfahrung gewonnen. — Für das Verständnis der Mechanik, die sich teilweise (schon in ihren Grundlagen) als eine eigentümliche Verbindung von mathematischen Begriffsbildungen und aus der Erfahrung gewonnenen Aussagen darstellt, ist die Auffassung des Unterschiedes der Herkunft ihrer Ansätze und Ergebnisse äußerst förderlich.

15. Geschichtliche Anmerkung. Der Ausgangspunkt der neuzeitlichen Mechanik liegt in den grundlegenden Erkenntnissen von Galileo Galilei (1564—1642) über die Fallgesetze und die einfachen Maschinen und von J. Kepler (1571—1630) über die Bewegung der Himmelskörper. Auf diesen fußend gab I. Newton (1643—1727) die exakte, allgemein gültige Formulierung der Grundgesetze der Mechanik. Mit L. Euler (1707—1783) setzt die Entwicklung der analytischen Mechanik ein, die durch A. C. Clairaut (1713—1765), J. le Rond d'Alembert (1717—1783), P. S. Laplace (1749—1827) weitergeführt wurde und in der Mécanique analytique von J. L. Lagrange (1736—1813), sowie in den Arbeiten von C. G. J. Jacobi (1805—1851) und Sir W. R. Hamilton (1805—1865) ihre klassische Vollendung fand. Daneben entstand — ausgehend von den Bernoulli (Jakob 1654—1705, Johann 1667—1748, Daniel 1700—1782) — die technische Mechanik durch P. Varignon (1654—1722), C. A. Coulomb (1736—1806), J. V. Poncelet (1788—1867) und G. G. Coriolis (1792—1843) zunächst nach der dynamischen Seite; der Ausbau der statischen Methoden rührt von C. Culmann (1821—1887) und L. Cremona (1830—1903) her. Für die neuere Zeit ist hier auch O. Mohr (1835—1918) zu nennen.

Für die weitere Entwicklung der Mechanik wurde auch die gleichzeitig einsetzende der mathematischen Physik von Bedeutung, die in Deutschland den großen Leistungen von C. F. Gauss (1777—1855), W. Weber (1804—1890), J. R. Mayer (1814—1878), H. v. Helmholtz (1821 bis 1894), G. Kirchhoff (1824—1887), E. Mach (1838—1916), H. Hertz (1857—1894), in Frankreich J. B. J. Fourier (1768—1830), A. L. Cauchy (1789—1857), L. Poinsot (1777—1857), S. D. Poisson (1781—1840), G. Lamé (1795—1870), L. Foucault (1819—1865), in England G. Green (1793—1841), G. G. Stokes (1819—1903), J. Cl. Maxwell (1831—1879), Sir W. Thomson (Lord Kelvin 1824—1907) u. a. zu verdanken ist.

Die Arbeiten dieser Forscher haben das große Lehrgebäude der Mechanik geschaffen, in das hier nur eine Einführung gegeben werden kann.

II. Vektoralgebra.

16. Skalare, Vektoren, Beiwerte. Nur solche Dinge können zum Gegenstande einer exakten Wissenschaft gemacht werden, die gemessen und durch Zahlen ausgedrückt werden können, also im Sinne der Mathematik *Größen* sind. In der elementaren Mechanik (und Physik) haben wir es mit *drei* Arten von solchen Größen zu tun, die voneinander wohl zu unterscheiden sind:

a) *Skalare* sind solche, die durch einen in bestimmten Maßeinheiten (Dimensionen) ausgedrückten Zahlenwert vollständig gekennzeichnet sind. Hierzu gehören z. B. die Länge eines Kurvenstückes, die Fläche, der Rauminhalt, die Masse, Arbeit, Leistung, Temperatur; ihre Einheiten wurden in **10** angegeben. Für Skalare gelten dieselben Rechengesetze wie für alle „benannten" Zahlen.

b) *Vektoren*, d. s. solche, denen außer der (in einem bestimmten Maßstabe ausgedrückten) Größe noch eine *Richtung* im Raume (Orientierung) zukommt. Für sie sind auch die Bezeichnungen *gerichtete Größen, Strecken, Segmente* (auch „Stäbe") in Gebrauch. Beispiele sind: Kraft, Kräftepaar, Geschwindigkeit, Beschleunigung, Bewegungsgröße (Impuls), Winkelgeschwindigkeit, Moment der Bewegungsgröße (Drall, Impulsmoment), Winkelbeschleunigung, Gradient, Wirbel u. dgl.

Für Vektoren sind die folgenden Merkmale wesentlich: 1. eine bestimmte *Richtung*, 2. ein bestimmter *Sinn* in dieser Richtung, der am einfachsten durch einen angesetzten Pfeil angedeutet wird, und 3. eine bestimmte *Größe*, die der *Betrag* des Vektors heißt.

Vektoren werden meist durch deutsche Buchstaben: $\mathfrak{K}$,... $\mathfrak{r}$,... $\mathfrak{v}$... bezeichnet (Aussprache: k-Vektor!). Bei Verwendung griechischer Buchstaben wird die Vektoreigenschaft durch Überstreichung angegeben; z. B. bedeutet $\bar{\omega}$ die vektorielle Drehgeschwindigkeit. — Der *Betrag* des Vektors wird durch den zugehörigen lateinischen oder griechischen Buchstaben allein, also durch K, r, ω, oder durch $|\mathfrak{K}|$, .. dargestellt. — Bei technischen Zeichnungen werden oft die Kräfte (und andere Vektoren) nur durch lateinische Buchstaben bezeichnet, die zu den Pfeilen hinzugeschrieben werden.

Ein Vektor $\mathfrak{K}$ wird geometrisch durch das von einem Anfangspunkt A zu einem Endpunkt B reichende

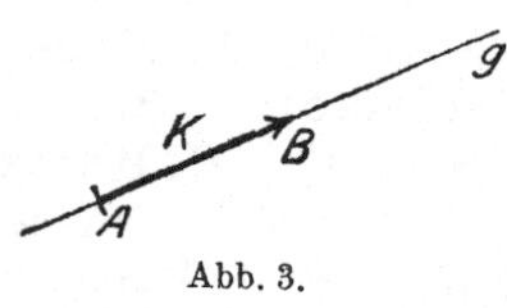

Stück $\overrightarrow{AB}$ einer geraden Linie g dargestellt. Die Gerade selbst, die der *Träger* des Vektors heißt, ist jedoch innerhalb des zugehörigen Parallelenbündels unwesentlich, und ebenso kann auch der Anfangspunkt A auf jeder Geraden beliebig verschoben werden (Abb. 3). Ein Vektor in diesem allgemeinen Sinne gestattet also beliebige Parallelverschiebungen zu sich selbst.

Abb. 3.

Da jede solche Größe auch durch drei Abschnitte (Koordinaten) nach drei Achsen eines Achsenkreuzes angegeben werden kann, so ist ein Vektor in dieser allgemeinen Auffassung nur eine abgekürzte Ausdrucksweise für jede derartige Größe mit drei Bestimmungsstücken anzusehen. Die Einführung als selbständiger Begriff wird durch die große Vereinfachung gerechtfertigt, die sie für viele Gebiete der Mathematik, Mechanik und Physik zur Folge hat.

Dieser allgemeine Vektorbegriff muß zur Darstellung der im Folgenden zu behandelnden Beziehungen gewisse Erweiterungen erfahren, die von Fall zu Fall angegeben werden.

Die Ausdrucksweise „die Kraft ist ein Vektor" will nur besagen, daß die Kraft die genannten Kennzeichen eines Vektors besitzt und ihr daher das Bild eines Vektors zugeordnet werden kann. Der Wert dieser Zuordnung, die durchaus nicht die einzig mögliche ist, erweist sich mit all ihren Folgerungen einerseits durch die Übereinstimmung dieser Folgerungen mit der Erfahrung, andererseits wieder durch ihre besondere Zweckmäßigkeit.

c) Als *Beiwerte* (Koeffizienten, Ziffern, Zahlen) bezeichnet man unbenannte (dimensionslose skalare) Größen, die bei verschiedenen Anlässen eingeführt und passend benannt werden (z. B. Reibungszahl, Stoßzahl, Ausflußzahl, Einschnürungszahl, Beiwert des Auftriebs und des Luftwiderstandes u. dgl.).

Nicht alle in der Mechanik betrachteten Eigenschaften der Körper können durch diese Größen allein dargestellt werden; gewisse Begriffsbildungen verlangen die Einführung von Vektorgrößen höherer Art, der sog. *Tensoren* (Tensoren 2. Stufe, Dyaden), z. B. führt das Studium der Trägheits- und Elastizitätseigenschaften der Körper auf solche Größen. Für die Zwecke des vorliegenden Buches kann jedoch auf ihre explizite Einführung verzichtet werden.

Wir gehen nun dazu über, die einfachsten Regeln für das Rechnen mit Vektoren (Vektoralgebra) kennen zu lernen, die für die folgenden Entwicklungen von grundlegender Bedeutung sind.

17. Addition und Subtraktion von Vektoren. Für die *Addition* von Vektoren gilt das *Parallelogrammgesetz:*

Je zwei Vektoren $\mathfrak{K}_1$ und $\mathfrak{K}_2$ bestimmen eindeutig einen Vektor $\mathfrak{K}$, ihre Summe, auch resultierender Vektor, Summenvektor oder Mittelvektor genannt, der durch die Diagonale des über $\mathfrak{K}_1$ und $\mathfrak{K}_2$ errichteten Parallelogramms gegeben ist. In Zeichen

$$\boxed{\mathfrak{K}_1 + \mathfrak{K}_2 = \mathfrak{K}.} \qquad (4)$$

Dieser „geometrischen Addition" (Abbildung 4) kommen folgende Eigenschaften zu:

1. Die Summe $\mathfrak{K}$ ist unabhängig von der Reihenfolge, in der man die Einzelvektoren $\mathfrak{K}_1$ und $\mathfrak{K}_2$ aneinanderfügt:

$$\mathfrak{K} = \mathfrak{K}_1 + \mathfrak{K}_2 = \mathfrak{K}_2 + \mathfrak{K}_1.$$

Vertauschbarkeitssatz, kommutatives Gesetz der Addition.) Sind die Vektoren parallel, so geht die geometrische Addition in die algebraische über.

2. Die Addition eines dritten Vektors $\mathfrak{K}_3$ zur Summe von $\mathfrak{K}_1$ und $\mathfrak{K}_2$ gibt dasselbe Ergebnis wie die Addition von $\mathfrak{K}_1$ zur Summe von $\mathfrak{K}_2$ und $\mathfrak{K}_3$, also

$$(\mathfrak{K}_1 + \mathfrak{K}_2) + \mathfrak{K}_3 = \mathfrak{K}_1 + (\mathfrak{K}_2 + \mathfrak{K}_3)$$

(assoziatives und distributives Gesetz der Addition).

Die Summe von drei Vektoren, die nicht in einer Ebene liegen, ist die Diagonale des über ihnen errichteten Parallelepipeds (Abb. 5). Allgemein schreiben wir für die Summe von n beliebigen Vektoren

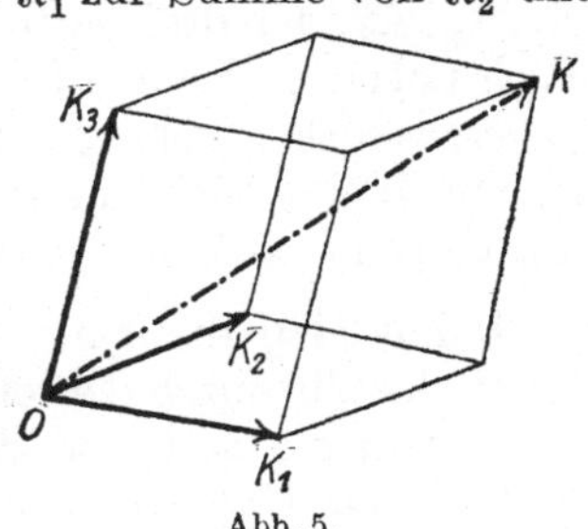

Abb. 5.

$$\boxed{\mathfrak{K}_1 + \mathfrak{K}_2 + \cdots + \mathfrak{K}_n = \sum_{i=1}^{n} \mathfrak{K}_i = \mathfrak{K}.} \qquad (5)$$

Diese Summe $\mathfrak{K}$ ergibt sich, da zur Ermittlung der Summe von zwei Vektoren offenbar die Zeichnung eines Dreieckes genügt, als *Schlußlinie* des Streckenzuges, den man durch Aneinderreihung dieser Vektoren in beliebiger Folge erhält; sie ist vom Anfangspunkt des ersten zum Endpunkt des letzten hin gerichtet. Fällt das Ende des letzten mit dem Anfang des ersten Vektors zusammen, dann ist die Summe Null. Der Nullvektor ist also jener, bei dem der Endpunkt mit dem Anfangspunkt zusammenfällt.

Der Betrag der Summe von n Vektoren ist stets kleiner als die Summe der Beträge der Komponenten oder höchstens gleich dieser, also

$$K \leq K_1 + K_2 + \cdots + K_n \equiv \sum_{i=1}^{n} K_i, \tag{6}$$

und das Gleichheitszeichen gilt offenbar nur, wenn alle Vektoren zueinander parallel sind.

Subtraktion. Sind umgekehrt $\mathfrak{K}$ und $\mathfrak{K}_1$ gegeben, so gibt es einen Vektor $\mathfrak{x}$, für den

$$\mathfrak{K}_1 + \mathfrak{x} = \mathfrak{K}, \text{ also } \mathfrak{x} = \mathfrak{K} - \mathfrak{K}_1 = \mathfrak{K} + (-\mathfrak{K}_1) \equiv \mathfrak{K}_2$$

ist; $\mathfrak{x} = \mathfrak{K}_2$ heißt die (vektorielle) *Differenz* von $\mathfrak{K}$ und $\mathfrak{K}_1$.

Der Vektor $-\mathfrak{K}_1$ ist vom gleichen Betrage wie $\mathfrak{K}_1$, aber mit entgegengesetztem Pfeil.

Für beliebig viele Vektoren der angegebenen Art (z. B. von Kräften durch einen Punkt) sind in dem Parallelogrammgesetz und seinen Folgerungen alle Aussagen enthalten, die die Zusammensetzung und Zerlegung betreffen. Für Größen jedoch, die nicht die Beschaffenheit von Vektoren dieser Art haben, z. B. für die auf einen starren Körper wirkenden Kräfte, die zueinander parallel oder *beliebig* im Raume verteilt sind, sind für die Ausführung einer derartigen „Addition" noch weitere Festsetzungen notwendig, insbesondere muß der Begriff des *starren Körpers* eingeführt werden, auf dem sich dann die „starre Mechanik" aufbaut (**30**).

18. Zerlegung. Umgekehrt ergibt sich nach Abb. 4 und 5 unmittelbar, daß jeder Vektor $\mathfrak{K}$ *eindeutig* nur in folgender Weise zerlegt werden kann: a) In *zwei* Teilvektoren $\mathfrak{K}_1$ und $\mathfrak{K}_2$ nach *zwei* beliebigen, mit $\mathfrak{K}$ in einer Ebene liegenden Richtungen (Abb. 4), und b) in *drei* Teilvektoren $\mathfrak{K}_1$, $\mathfrak{K}_2$, $\mathfrak{K}_3$ nach drei gegebenen, voneinander und von $\mathfrak{K}$ unabhängigen Richtungen im Raume (Abb. 5). Diese Teilvektoren heißen auch *Komponenten* des gegebenen Vektors nach diesen Richtungen. Die Zerlegung ergibt sich durch Zeichnung des Parallelogramms bzw. Parallelepipeds nach den gegebenen Richtungen.

Damit sind die Fälle *eindeutiger* Zerlegung eines Vektors in Vektoren, die alle durch denselben Punkt gehen, erschöpft. Wird Zerlegung nach mehr als *zwei* bzw. *drei* Richtungen durch éinen Punkt verlangt, so kommen Unbestimmtheiten ins Spiel, die durch besondere Festsetzungen behoben werden müssen.

19. Projektionssatz. Unter der *Projektion* eines Vektors $\mathfrak{K}$ auf eine Achse x versteht man das auf x gemessene Stück X zwischen den Fußpunkten der Senkrechten, die vom Anfangs- und Endpunkt von $\Re$ auf x gefällt werden, also wenn $\sphericalangle\,(\Re,\,x)=\alpha$, so ist (Abb. 6)

$$\boxed{X = K\cos\alpha.}\qquad(7)$$

Für $\alpha = 0$ ist $X = K$, für $\alpha = \pi/2$ ist $X = 0$.

Werden also die Winkel von $\Re$ gegen die zueinander rechtwinkligen $(x,\,y,\,z)$-Achsen mit $(\alpha,\,\beta,\,\gamma)$ bezeichnet, so sind die Projektionen von $\Re$ gegeben durch

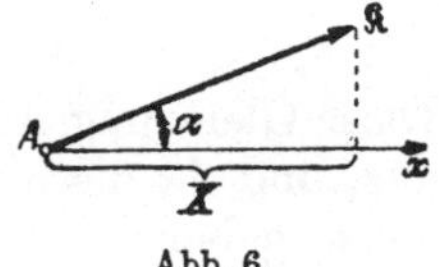

Abb. 6.

$$X = K\cos\alpha,\quad Y = K\cos\beta,\quad Z = K\cos\gamma;\qquad(8)$$

durch zweimalige Anwendung des pythagoräischen Lehrsatzes folgt, da $\cos^2\alpha + \cos^2\beta + \cos^2\gamma = 1$ ist:

$$K = \sqrt{X^2 + Y^2 + Z^2}.\qquad(9)$$

Man beachte, daß nur im Falle rechtwinkliger Achsen die *Projektionen* auf diese Achsen mit den *Komponenten* nach ihnen zusammenfallen. Von „Komponenten" kann man daher i. a. nur mit Bezug auf drei Richtungen (bzw. zwei in der Ebene) sprechen; die „Projektion" ist dagegen für jede einzelne Richtung bestimmt.

Einen Vektor vom Betrage „1" bezeichnen wir als „Einheitsvektor" mit $\mathfrak{E}$ oder $\mathfrak{a}^{(0)}$. Wenn er mit den Achsen die Winkel $\alpha,\,\beta,\,\gamma$ einschließt, so sind seine Komponenten unmittelbar gleich $\cos\alpha$, $\cos\beta$, $\cos\gamma$.

Für die Projektion eines Vektors $\Re$ auf eine Gerade g, die durch ihre Richtungswinkel $(\lambda,\,\mu,\,\nu)$ gegen die Achsen $(x,\,y,\,z)$ gegeben ist (Abb. 7), also für

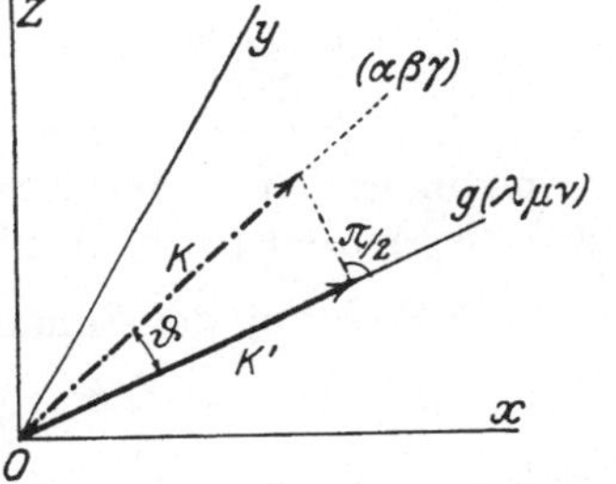

Abb. 7.

$K\cos\vartheta$, erhalten wir folgenden Ausdruck: Der Winkel ϑ zwischen den beiden Geraden $g\,(\lambda,\,\mu,\,\nu)$ und $\Re\,(\alpha,\,\beta,\,\gamma)$ ist nach einer bekannten Formel der analytischen Geometrie des Raumes gegeben durch

$$\cos\vartheta = \cos\alpha\cos\lambda + \cos\beta\cos\mu + \cos\gamma\cos\nu,\qquad(10)$$

woraus sich durch Multiplikation mit K und Benützung der Gln. (8) der folgende Ausdruck für die Projektion K' von $\Re$ auf g ergibt

$$\boxed{K' = K\cos\vartheta = X\cos\lambda + Y\cos\mu + Z\cos\nu.}\qquad(11)$$

Durch Verwendung des Projektionsbegriffes kann das Gesetz der Addition von Vektoren in eine Form gebracht werden, die bei allen rechnerischen Anwendungen benützt wird, aber dasselbe bedeutet wie das ohne Beziehung auf ein Koordinatensystem ausgesprochene „Parallelogrammgesetz". Aus Abb. 4 ist nämlich unmittelbar zu sehen, daß für jede beliebige Richtung x die Gl. (4) der folgenden Aussage gleichwertig ist

$$X_1 + X_2 = X;$$

oder allgemein für n Vektoren $\Re_1, \Re_2, \ldots, \Re_n$, deren Projektionen auf x mit $X_1, X_2, \ldots, X_n$ bezeichnet werden,

$$X_1 + X_2 + \cdots + X_n \equiv \sum_{i=1}^{n} X_i = X. \tag{12}$$

Diese Gleichung macht den Inhalt des *Projektionssatzes* für die Achse x aus, und da diese vollständig willkürlich ist, so können wir diesem die Form geben:

Die Projektion X der Summe $\Re$ von n Vektoren $\Re_1, \Re_2, \ldots, \Re_n$ auf irgendeine Richtung x im Raume ist gleich der Summe der Projektionen $X_1, X_2, \ldots, X_n$ der Einzelvektoren auf diese Richtung.

Ein Vektor wird *in der Ebene durch zwei, im Raume durch drei* Bestimmungstücke festgelegt; als solche können seine Projektionen nach ebenso vielen Achsen eines beliebigen rechtwinkeligen Koordinatensystems dienen. In Übereinstimmung damit ist die Vektorgleichung (5) in der Ebene *zwei*, im Raume *drei* skalaren Gleichungen vom Typus (12) für ebenso viele Achsenrichtungen gleichwertig, die dann lauten

$$\sum_{i=1}^{n} X_i = X, \qquad \sum_{i=1}^{n} Y_i = Y, \qquad \sum_{i=1}^{n} Z_i = Z, \tag{13}$$

wenn in leichtverständlicher Ausdrucksweise die Projektionen von $\Re_i$ auf die Achsen (x, y, z) mit (X_i, Y_i, Z_i) bezeichnet werden.

Die Richtung der Summe K ist durch die drei Gleichungen gegeben

$$\cos \alpha = X/K, \qquad \cos \beta = Y/K, \qquad \cos \gamma = Z/K, \tag{14}$$

wobei wieder $K = \sqrt{X^2 + Y^2 + Z^2}$ ist.

Der Betrag K der Summe $\Re$ von nur *zwei* Vektoren $\Re_1$ und $\Re_2$ und ihre Lage gegen $\Re_1$ und $\Re_2$ ergibt sich auch unmittelbar (d. h. ohne Bezugnahme auf ein Achsensystem) durch die aus der Trigonometrie als Kosinus- und Sinussatz bekannten und im Folgenden oft benutzten Beziehungen (Abb. 4):

$$K^2 = K_1^2 + K_2^2 + 2K_1 K_2 \cos \alpha, \tag{15}$$

$$K_1 : K_2 : K = \sin \alpha_2 : \sin \alpha_1 : \sin \alpha; \text{ insbes. } K_1 \sin \alpha_1 = K_2 \sin \alpha_2 \tag{16}$$

ferner gibt der Projektionssatz für die Richtung von K unmittelbar

$$K = K_1 \cos \alpha_1 + K_2 \cos \alpha_2. \tag{17}$$

20. Multiplikation von Vektoren. Arbeits- und Momentenprodukt. Während die geometrische Addition zweier Vektoren nur auf *eine* Weise ausführbar ist, kennen wir *zwei* Arten von Produkten, die beide für die Mechanik von Wichtigkeit sind: a) das *skalare, innere* oder *Arbeitsprodukt* und b) das *vektorielle, äußere* oder *Momentenprodukt*. Wir geben die Erklärungen wieder sogleich in der Form, wie sie später gebraucht werden.

a) Das *Arbeitsprodukt* **A** zweier Vektoren $\mathfrak{K}\ (X,\ Y, Z)$ und $\mathfrak{s}\ (x,\ y,\ z)$ ist gegeben durch das Produkt der Beträge der beiden Vektoren[1] mit dem Kosinus des von ihnen eingeschlossenen Winkels ϑ, also durch $Ks \cos \vartheta$. Wir bezeichnen es durch Nebeneinanderschreiben $\mathfrak{K}\mathfrak{s}$, ohne Punkt dazwischen. Klammern sollen (wie. auch beim äußeren Produkt) nicht zum Produktsymbol selbst gehören, sondern werden in der Regel nur bei mehreren Faktoren zur Zusammenfassung verwendet.

Für das innere Produkt gilt das kommutative Gesetz: $\mathfrak{K}\mathfrak{s} = \mathfrak{s}\mathfrak{K}$.

Durch Heranziehung der oben benützten Gl. (10), in der wir

$$\cos \alpha = \frac{X}{K}, \qquad \cos \beta = \frac{Y}{K}, \qquad \cos \gamma = \frac{Z}{K},$$

$$\cos \lambda = \frac{x}{s}, \qquad \cos \mu = \frac{y}{s}, \qquad \cos \nu = \frac{z}{s}$$

zu setzen haben, ergibt sich:

$$\boxed{\mathbf{A} = \mathfrak{K}\mathfrak{s} = Ks \cos \vartheta = Xx + Yy + Zz.} \tag{18}$$

Dieses Produkt ist eine allein von den Vektoren und ihrer Lage gegeneinander abhängige *skalare* Größe; es kann auch als Produkt jedes Vektors mit der Projektion des anderen auf ihn erklärt werden. Für $\vartheta = \pi/2$ ist $\mathbf{A} = 0$, d. h. die Vektoren $\mathfrak{K}$ und $\mathfrak{s}$ stehen aufeinander senkrecht, wenn

$$\mathbf{A} = \mathfrak{K}\mathfrak{s} = Xx + Yy + Zz = 0 \tag{19}$$

ist. Für das innere Produkt gilt das „distributive Gesetz"

$$(\mathfrak{K}_1 + \mathfrak{K}_2)\,\mathfrak{s} = \mathfrak{K}_1\mathfrak{s} + \mathfrak{K}_2\mathfrak{s}. \tag{20}$$

Bezeichnen $\alpha_1, \alpha_2, \alpha$ die Winkel von $\mathfrak{K}_1, \mathfrak{K}_2$ und $\mathfrak{K}$ gegen $\mathfrak{s}$, so folgt nach der Definition des inneren Produktes für die rechte Seite der Gl. (20)

$$\mathfrak{K}_1\mathfrak{s} + \mathfrak{K}_2\mathfrak{s} = K_1 \cos \alpha_1\,s + K_2 \cos \alpha_2\,s = K \cos \alpha\,s = (\mathfrak{K}_1 + \mathfrak{K}_2)\,\mathfrak{s}.$$

Bei der wichtigsten Anwendung dieses Satzes bedeuten $\mathfrak{K}_1, \mathfrak{K}_2$ Kräfte und $\mathfrak{s}$ eine Verschiebung; der Satz besagt dann, daß *die Arbeit der Summe einer Kräftegruppe gleich der Summe der Arbeiten der Einzelkräfte bei jeder Verschiebung des gemeinsamen Angriffspunktes ist.*

Der *Betrag* eines Vektors $\mathfrak{K}$ ist gegeben durch

$$K = |\mathfrak{K}| = |\sqrt{\mathfrak{K}\mathfrak{K}}|, \tag{21}$$

und die Projektion K' von $\mathfrak{K}$ auf eine Richtung $\mathfrak{s}$ durch

$$K' = K \cos \vartheta = \mathfrak{K}\mathfrak{s}°, \tag{11a}$$

wenn mit $\mathfrak{s}°$ der Einheitsvektor in Richtung $\mathfrak{s}$ bezeichnet wird, also $|\mathfrak{s}°| = 1$ ist.

---

[1] Die Bezeichnungen sind im Hinblick auf die später zu gebenden Anwendungen gewählt. — Skalare Größen wie das Arbeitsprodukt werden oft auch mit stärkeren geraden Lettern bezeichnet, z. B. **A**. Für die Masse wird jedoch außer **M** oft auch das kleine m verwendet.

b) Unter dem *Momentenprodukt*[1] (auch *äußeres* oder *vektorielles Produkt* genannt), zweier von O ausgehender Vektoren $\mathfrak{r}$ und $\mathfrak{K}$, die den Winkel ϑ miteinander einschließen, verstehen wir einen Vektor $\mathfrak{M}$, der auf der Ebene von $\mathfrak{r}$ und $\mathfrak{K}$ senkrecht steht, und dessen Betrag gleich der Fläche des von $\mathfrak{r}$ und $\mathfrak{K}$ als Seiten aufgespannten Parallelogramms ist; in Zeichen

$$\boxed{\mathfrak{M} = \mathfrak{r} \times \mathfrak{K}, \quad M = rK \sin \vartheta.} \tag{22}$$

Es ist also $\mathfrak{M} = 0$, wenn $\mathfrak{r} = 0$, oder $\mathfrak{K} = 0$, oder $\sin \vartheta = 0$ oder π, d. h. wenn einer der Vektoren $\mathfrak{r}$ und $\mathfrak{K}$ verschwindet oder diese gleiche oder entgegengesetzte Richtung haben. — Insbesondere ist $\mathfrak{r} \times \mathfrak{r} = 0$.

Eine besondere Festsetzung ist nötig über die *Richtung*, in der $\mathfrak{M}$ — senkrecht zur Ebene von $\mathfrak{r}$ und $\mathfrak{K}$ — aufzutragen ist. Für diese Festsetzung ist eine bestimmte Zuordnung dreier nicht in einer Ebene liegender Richtungen erforderlich. Wir treffen hier die Verabredung, $\mathfrak{M}$ nach jener Seite der Ebene von $\mathfrak{r}$ und $\mathfrak{K}$ aufzutragen von der aus gesehen $\mathfrak{r}$ durch Drehung auf kürzestem Wege mit $\mathfrak{K}$ zur Deckung gebracht werden kann. Erfolgt diese Drehung im Gegensinn des Uhrzeigers, so haben wir damit ein sog. „*Rechtssystem*" gewählt. In Übereinstimmung damit wählen wir auch das Cartesische Koordinatensystem (x, y, z), wo es gebraucht wird, als Rechtssystem (s. Abb. 8).

Diese Bezeichnung rührt davon her, daß die Richtung des ersten und zweiten Faktors $\mathfrak{r}$ und $\mathfrak{K}$ in Gl. (22) und des Produktvektors $\mathfrak{M}$ in dieselbe gegenseitige Lage gebracht werden wie Daumen, Zeigefinger und Mittelfinger der *rechten* Hand in gespreizter Haltung. Der Name Rechtssystem ist auch gewählt worden im Anschluß an den Begriff der rechtsgängigen Schraube, bei der die Drehung in der Ebene senkrecht zur Schraubenachse dem Übergang des ersten Vektors in den zweiten auf kürzestem Wege und die Bewegung längs dieser Schraubenachse der Richtung des Produktes zugeordnet ist. Im Gegensatz hierzu kennzeichnen Daumen, Zeigefinger und Mittelfinger der linken Hand und eine Linksschraube ein sog. *Linkssystem*.

Das Vektorprodukt ist nicht kommutativ, es kommt auf die Anordnung an, in der die beiden Faktoren $\mathfrak{r}$ und $\mathfrak{K}$ aufeinanderfolgen, und zwar ist

$$(\mathfrak{r} \times \mathfrak{K}) = -(\mathfrak{K} \times \mathfrak{r}). \tag{23}$$

Wenn in einem Cartesischen Koordinatensystem die Vektoren $\mathfrak{r}$ und $\mathfrak{K}$ die Komponenten (x, y, z) und (X, Y, Z) haben, dann ergibt sich für den Betrag von $\mathfrak{M}$

$$M = rK \sin \vartheta = rK \sqrt{1 - \cos^2 \vartheta}$$
$$= \sqrt{(x^2 + y^2 + z^2)(X^2 + Y^2 + Z^2) - (xX + yY + zZ)^2}$$
$$= \sqrt{(yZ - zY)^2 + (zX - xZ)^2 + (xY - yX)^2}.$$

---

[1] Die Bezeichnungen sind wieder im Hinblick auf die später zu gebenden Anwendungen gewählt.

Daraus entnimmt man, daß die Komponenten von $\mathfrak{M}$ nach den Achsen (x, y, z) durch die Ausdrücke gegeben sind:

$$\boxed{M_x = yZ - zY, \qquad M_y = zX - xZ, \qquad M_z = xY - yX,}\qquad (24)$$

Aus diesen ist sofort erkennbar, daß der Vektor $\mathfrak{M}$ auf $\mathfrak{r}$ und auf $\mathfrak{K}$ senkrecht steht; denn es ist

$$\mathfrak{r}\mathfrak{M} = xM_x + yM_y + zM_z = 0, \quad \text{(d. h. } \mathfrak{M} \perp \mathfrak{r)}$$

und $\mathfrak{K}\mathfrak{M} = XM_x + YM_y + ZM_z = 0.$ (d. h. $\mathfrak{M} \perp \mathfrak{K}$).

In Übereinstimmung mit dem früheren tragen wir daher $\mathfrak{M}$ senkrecht zur Ebene $\mathfrak{r}$, $\mathfrak{K}$ so auf, daß die drei Vektoren $\mathfrak{r}$, $\mathfrak{K}$, $\mathfrak{M}$ (in dieser Folge!) ebenso zueinander liegen wie die positiven Richtungen x, y, z des gewählten Achsensystems (Abb. 8). (Man beachte übrigens, daß diese Festsetzung unabhängig ist von der Art des gewählten Achsensystems.)

Auch für das Momentenprodukt gilt das „distributive Gesetz"

$$\mathfrak{r} \times (\mathfrak{K}_1 + \mathfrak{K}_2) = (\mathfrak{r} \times \mathfrak{K}_1) + (\mathfrak{r} \times \mathfrak{K}_2),\qquad (25)$$

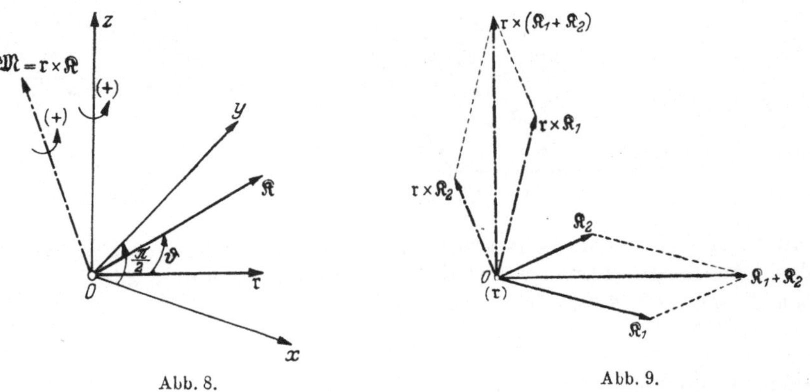

Abb. 8.   Abb. 9.

dessen geometrische Bedeutung ähnlich wie die des entsprechenden bei der skalaren Multiplikation leicht einzusehen ist. Wir legen hierzu am einfachsten den Vektor $\mathfrak{r}$ senkrecht zur Zeichenebene und beachten, daß die Beträge der Vektoren $\mathfrak{r} \times \mathfrak{K}_1$ und $\mathfrak{r} \times \mathfrak{K}_2$ durch die Parallelogramme dargestellt sind, die durch $\mathfrak{r}$ und $\mathfrak{K}_1$ und $\mathfrak{r}$ und $\mathfrak{K}_2$ gebildet werden (Abb. 9); von ihrer Summe ist zu zeigen, daß ihr Betrag der von $\mathfrak{r}$ und $\mathfrak{K}_1 + \mathfrak{K}_2$ aufgespannten Fläche gleich ist. Verwandeln wir nämlich die Parallelogramme über $\mathfrak{r}$, $\mathfrak{K}_1$ und $\mathfrak{r}$, $\mathfrak{K}_2$ durch Projektion der Endpunkte von $\mathfrak{K}_1$ und $\mathfrak{K}_2$ auf die Zeichenebene in flächengleiche Rechtecke, dann sind die Vektoren $\mathfrak{r} \times \mathfrak{K}_1$ und $\mathfrak{r} \times \mathfrak{K}_2$ den Projektionen von $\mathfrak{K}_1$ und $\mathfrak{K}_2$ proportional, und daher ist auch ihre Summe dem Produkte $\mathfrak{r} \times (\mathfrak{K}_1 + \mathfrak{K}_2)$ proportional.

Die wichtigste Anwendung dieses Satzes liegt in dem sog. *Momentensatz*, der besagt, *daß das Moment einer Summe von Vektoren in bezug auf einen Punkt gleich ist der Summe der Momente der einzelnen Vektoren* (22).

21. Moment eines Vektors $\mathfrak{K}$ in bezug auf eine Achse und in bezug auf einen Punkt. Bisher haben wir angenommen, daß die Vektoren sämtlich durch denselben Punkt hindurchgehen. Wenn dies jedoch nicht der Fall ist, so brauchen wir ein Mittel, das uns gestattet, einen beliebig gegebenen Vektor in bezug auf ein Achsensystem festzulegen. Das einfachste derartige Hilfsmittel wird gerade durch das *Momentenprodukt* oder kurz *Moment* geliefert, das z. B. für eine Kraft $\mathfrak{K}$ (in beliebiger Wirkungslinie) das *Maß der Drehwirkung* um eine Achse oder um einen Punkt darstellt.

Wir wollen zunächst erklären, was unter dem *Moment M_z eines Vektors $\mathfrak{K}$*, der durch den Punkt A geht, *in bezug auf eine Achse z* zu verstehen ist (Abb. 10). Hierzu projizieren wir $\mathfrak{K}$ auf die Ebene (O, x, y),

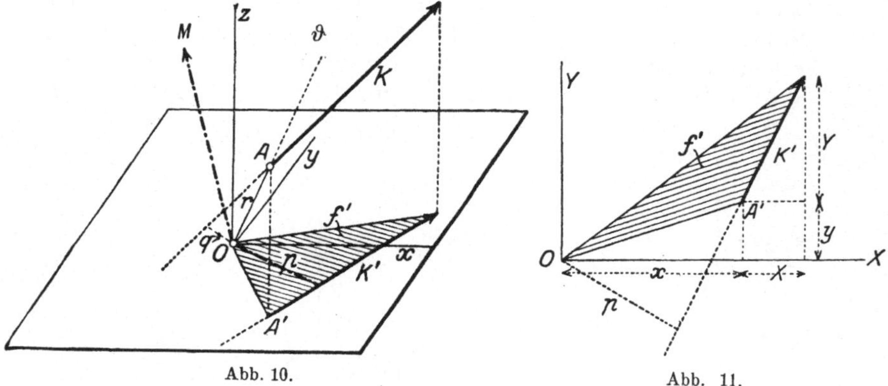

Abb. 10.   Abb. 11.

die zur z-Achse senkrecht steht, erhalten $\mathfrak{K}'$, und fällen auf $\mathfrak{K}'$ von O das Lot, dessen Länge p sei; dann verstehen wir unter dem *Moment von $\mathfrak{K}$ um die z-Achse* den Ausdruck

$$M_z = K'p = 2f', \tag{26}$$

also die doppelte Fläche des schraffierten Dreiecks in der x-y-Ebene. In Abb. 11 ist diese Fläche in die Zeichenebene umgelegt. Sind wieder (X, Y, Z) die Komponenten von $\mathfrak{K}$ nach den Achsen, $\overrightarrow{OA} = \mathfrak{r}$ der Ortsvektor von A mit den Koordinaten (x, y, z), so folgt durch Betrachtung der Abb. 11:

$$\tfrac{1}{2} M_z = f' = \tfrac{1}{2}(x + X)(y + Y) - \tfrac{1}{2} xy - \tfrac{1}{2} XY - yX = \tfrac{1}{2}(xY - yX).$$

Fügen wir noch die Momente von $\mathfrak{K}$ um die x- und y-Achsen hinzu, so erhalten wir für die Momente von $\mathfrak{K}$ um die Achsen x, y, z gerade die drei symmetrisch gebauten Ausdrücke (24), die wir schon in **20** erhalten haben.

Da $r \sin \vartheta = q$, dem Abstand des Vektors $\mathfrak{K}$ von O gesetzt werden kann (Abb. 10), so erhält man auch

$$M = rK \sin \vartheta = Kq, \tag{27}$$

und man bezeichnet $\mathfrak{M}$ als das *Moment von $\mathfrak{K}$ um den Punkt O*. Der

Vektor $\mathfrak{M}$ steht auf der durch $\mathfrak{r}$ und $\mathfrak{K}$ bestimmten Ebene senkrecht, sein Betrag ist gleich dem Produkte aus K und dem von O auf $\mathfrak{K}$ gefällten Lot q. *Die Projektion von $\mathfrak{M}$ auf irgendeine Achse durch O ist gleich dem Momente von $\mathfrak{K}$ um diese Achse.*

Über die Richtung, nach der $\mathfrak{M}$ aufzutragen ist, gelten die in **20**b) getroffenen Festsetzungen: $\mathfrak{M}$ liegt demnach so zu $\mathfrak{r}$ und $\mathfrak{K}$ wie die Achse Oz zu Ox und Oy. Für den hier gewählten Drehsinn, bei dem — von Oz aus gesehen — die Achse y zur Linken von x liegt, erscheint ein Moment dann als *positiv,* wenn es im *Gegensinn* des Uhrzeigers, und als *negativ,* wenn es *in dessen Sinn* dreht.

Wichtig ist die Umkehrung dieser Zuordnung, daß nämlich durch den Vektor $\mathfrak{K}$ (der ohne nähere Bestimmung als ein Vektor durch O angenommen werden müßte) und $\mathfrak{M}$ auch die *Lage* von $\mathfrak{K}$ im Raume (d. h. seine Wirkungslinie) festgelegt ist.

22. Momentensatz. Der Umstand, daß die Ausdrücke (24) für die Komponenten des Momentes in den Kräftekomponenten (X, Y, Z) *linear* sind, und daß sich nach dem Projektionssatze die Komponenten der Summe $\mathfrak{K}$ einer beliebigen Anzahl von Vektoren $\mathfrak{K}_1, \mathfrak{K}_2, \ldots, \mathfrak{K}_n$ gleichfalls linear zusammensetzen, führt auf einen einfachen Zusammenhang des Momentes von $\mathfrak{K}$ um irgendeine Achse des Raumes mit den Momenten der Einzelvektoren um dieselbe Achse, wobei diese Einzelvektoren zunächst durch denselben Punkt A hindurchgehen mögen. Mit der bisher verwendeten Bezeichnung der Komponenten von $\mathfrak{K}_1 (X_1, Y_1, Z_1)$ usw. und von (M_{1x}, M_{1y}, M_{1z}) für die Komponenten von $\mathfrak{M}_1$ usw. und (x, y, z) als Koordinaten von A folgt z. B. für das Moment von $\mathfrak{K}_1$ um die z-Achse:

$$M_{1z} = x\,Y_1 - y\,X_1$$

ebenso für das Moment von $\mathfrak{K}_2$ um diese Achse

$$M_{2z} = x\,Y_2 - y\,X_2,$$

usw. für alle vorhandenen Vektoren. Da nach dem Projektionssatze (12) $\Sigma X_i = X,\ \Sigma Y_i = Y,\ \Sigma Z_i = Z$ die Komponenten der Summe $\mathfrak{K} = \Sigma\,\mathfrak{K}_i$ nach den Achsen sind, so folgt durch Addition

$$M_{1z} + M_{2z} + \cdots = \sum_{i=1}^{n} M_{iz} = x\,(Y_1 + Y_2 + \cdots) - y\,(X_1 + X_2 + \cdots)$$

$$= x\,Y - y\,X = M_z, \tag{28}$$

also gleich dem Momente der Summe $\mathfrak{K}$ um die z-Achse.

Da die Lage der z-Achse in keiner Weise bevorzugt ist, so folgt der *Momentensatz* mit folgendem Wortlaut:

Das Moment der Summe $\mathfrak{K}$ einer beliebigen Anzahl von Vektoren $\mathfrak{K}_1, \mathfrak{K}_2, \ldots, \mathfrak{K}_n$, die durch denselben Punkt A gehen, um jede beliebige Achse des Raumes ist gleich der Summe der Momente der Einzelvektoren um diese Achse.

Werden also für einen beliebigen Punkt O des Raumes und die durch einen Punkt A hindurchgehenden n Vektoren $\mathfrak{K}_1, \mathfrak{K}_2, \ldots, \mathfrak{K}_n$ die Momentenvektoren $\mathfrak{M}_1, \mathfrak{M}_2, \ldots, \mathfrak{M}_n$ gezeichnet, so stellt deren Summe

$$\mathfrak{M}_1 + \mathfrak{M}_2 + \cdots + \mathfrak{M}_n \equiv \sum_{i=1}^{n} \mathfrak{M}_i = \mathfrak{M}, \qquad (29)$$

d. h. die Schlußlinie des Polygons der Momentenvektoren $\mathfrak{M}_1, \ldots, \mathfrak{M}_n$, das Moment des Vektors $\mathfrak{K} = \sum_{i=1}^{n} \mathfrak{K}_i$ um O dar. Der Momentensatz bringt, wie ersichtlich, nichts anderes als das distributive Gesetz für das Vektorprodukt zum Ausdruck (s. 20 b).

Einen Sonderfall des Momentensatzes bildet die folgende Aussage: Wenn die gegebene Achse a den Summenvektor $\mathfrak{K}$ schneidet (das Moment von $\mathfrak{K}$ um a also Null ist), so ist auch die Summe der Momente der Teilvektoren $\mathfrak{K}_1, \mathfrak{K}_2, \ldots, \mathfrak{K}_n$ von $\mathfrak{K}$ um a gleich Null.

Der Momentensatz gilt auch noch, wie sich später ergeben wird, wenn der gemeinsame Punkt A im Unendlichen liegt, die Kräfte also alle zueinander parallel sind.

Beispiel 1. Geschwindigkeit bei der Drehbewegung eines Körpers um eine Achse. Wenn sich ein Körper mit der Winkelgeschwindigkeit $\overline{\omega}$ um eine Achse a dreht (Abb. 12), so steht der Vektor der Geschwindigkeit $\mathfrak{v}$ eines beliebigen Punktes A auf der Ebene durch $\mathfrak{r}$ und $\overline{\omega}$ senkrecht und ist vom Betrage $r\omega \sin \vartheta$: Wir schreiben daher, indem wir die Zuordnung wie zuvor festsetzen,

$$\mathfrak{v} = \overline{\omega} \times \mathfrak{r}. \qquad (30)$$

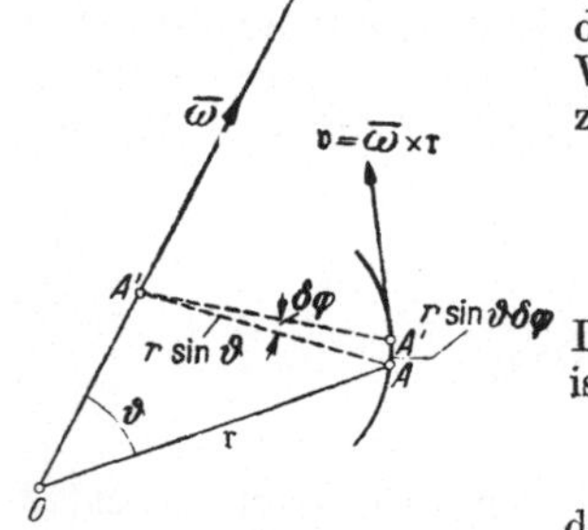

Abb. 12.

Die Verschiebung δs des Punktes A bei einer Drehung um den kleinen Winkel $\delta\varphi$ um die Achse a ist demgemäß

$$\overline{\delta s} = \overline{\delta\varphi} \times \mathfrak{r}, \quad |\delta s| = \mathfrak{r} \sin \vartheta\, \delta\varphi; \qquad (30a)$$

dabei wird $\delta\varphi$ ebenfalls als ein in der Achse a liegender Vektor aufgefaßt.

23. Produkte von drei Vektoren. Von Produktbildungen von drei Vektoren sind die beiden folgenden zu erwähnen:

a) Der Ausdruck $\mathfrak{K}_1\,(\mathfrak{K}_2 \times \mathfrak{K}_3)$ bedeutet, wie man sofort erkennt, den Rauminhalt des von den drei Vektoren $\mathfrak{K}_1, \mathfrak{K}_2, \mathfrak{K}_3$ gebildeten Parallelflaches; denn das Vektorprodukt $(\mathfrak{K}_2 \times \mathfrak{K}_3)$ ist gleich der Größe des von $\mathfrak{K}_2$ und $\mathfrak{K}_3$ aufgespannten Parallelogrammes, und das skalare Produkt des zugehörigen Vektors mit $\mathfrak{K}_1$ bedeutet das Produkt aus jener Fläche und der Höhe des genannten Parallelflaches. Aus dieser Bedeutung ergibt sich unmittelbar die Richtigkeit der folgenden zyklischen Vertauschungen:

$$\mathfrak{K}_1\,(\mathfrak{K}_2 \times \mathfrak{K}_3) = \mathfrak{K}_2\,(\mathfrak{K}_3 \times \mathfrak{K}_1) = \mathfrak{K}_3\,(\mathfrak{K}_1 \times \mathfrak{K}_2). \qquad (31)$$

Man nennt diesen Ausdruck das *Spatprodukt* der drei Vektoren $\mathfrak{K}_1, \mathfrak{K}_2, \mathfrak{K}_3$ und bezeichnet es kurz mit $(\mathfrak{K}_1, \mathfrak{K}_2, \mathfrak{K}_3)$.

Bezeichnen (X_i, Y_i, Z_i) die Komponenten von $\Re_i$ (für $i = 1, 2, 3$), so ist dieses Produkt durch die Determinante aus diesen 9 Größen gegeben:

$$(\Re_1, \Re_2, \Re_3) = \Re_1\,(\Re_2 \times \Re_3) = \begin{vmatrix} X_1, Y_1, Z_1 \\ X_2, Y_2, Z_2 \\ X_3, Y_3, Z_3 \end{vmatrix}. \tag{32}$$

Man beachte, daß das Spatprodukt mit einem Vorzeichen behaftet erscheint; denn es ist

$$\Re_1\,(\Re_2 \times \Re_3) = -\,\Re_1\,(\Re_3 \times \Re_2),\ \text{usw.}$$

Das Verschwinden des Spatprodukts, $(\Re_1, \Re_2, \Re_3) = 0$, bedeutet, daß die drei Vektoren $\Re_1, \Re_2, \Re_3$ in einer Ebene liegen.

b) Das zweite Beispiel für das Produkt aus drei Vektoren bildet der sog. *Entwicklungssatz*:

$$\Re_1 \times (\Re_2 \times \Re_3) = \Re_2\,(\Re_3\,\Re_1) - \Re_3\,(\Re_1\,\Re_2). \tag{33}$$

Da der Vektor $(\Re_2 \times \Re_3)$ sowohl auf $\Re_2$ als auch auf $\Re_3$ senkrecht steht, so liegt der Vektor $\Re_1 \times (\Re_2 \times \Re_3)$ in der Ebene von $\Re_2$ und $\Re_3$, läßt sich also linear durch $\Re_2$ und $\Re_3$ darstellen, wobei diese Vektoren mit passenden skalaren Faktoren multipliziert und dann addiert werden. Daß diese Faktoren gerade die in der Gl. (33) angegebenen Werte $(\Re_3\,\Re_1)$ und $-\,(\Re_1\,\Re_2)$ haben, ergibt sich am einfachsten durch Ausrechnung der Komponente des linksstehenden Produktvektors etwa nach der x-Richtung des Achsensystems; diese hat den Betrag

$$Y_1\,(X_2\,Y_3 - X_3\,Y_2) - Z_1\,(Z_2\,X_3 - Z_3\,X_2).$$

Erweitern wir diesen Ausdruck durch die beiden sich aufhebenden Glieder $X_1\,X_2\,X_3 - X_1\,X_2\,X_3$, so folgt

$$X_2\,(X_3\,X_1 + Y_3\,Y_1 + Z_3\,Z_1) - X_3\,(X_1\,X_2 + Y_1\,Y_2 + Z_1\,Z_2)$$
$$= X_2\,(\Re_3\,\Re_1) - X_3\,(\Re_1\,\Re_2).$$

Da dies für jede beliebige Richtung gilt, so ist dadurch die Richtigkeit der Gl. (33) erwiesen.

Weitere Entwicklungen über Vektoren folgen in jenen Abschnitten, in welchen sie besondere Verwendung finden.

Erster Teil.

Statik der starren Körper.

Dieser Teil behandelt die rechnerischen und zeichnerischen Methoden für die Zusammensetzung und Zerlegung von Kräften und das Gleichgewicht an starren Körpern, ferner die Stützungen, die Fachwerke, die Reibung fester Körper, einiges aus der Theorie der Seil- und Stützlinien und das Prinzip der virtuellen Arbeiten.

I. Kräftegruppen durch einen Punkt.

24. Mittelkraft und Gleichgewicht. In der technischen Mechanik und allen ihren Anwendungen hat es sich als vorteilhaft erwiesen, die Kräfte als wirkende Qualitäten besonderer Art anzusehen und den Umstand unmittelbar zu verwerten, daß sie gerade jene Kennzeichen besitzen, die wir oben als den Vektoren eigentümlich erkannt haben: Größe, Richtung, Sinn. Nachdem die Zulässigkeit dieser Zuordnung Kraft → Vektor und die Richtigkeit aller daraus ableitbaren und für die Beurteilung des „Kräftespiels" in unseren Bauwerken und Maschinen wichtigen Folgerungen festgestellt ist, laufen alle hierher gehörigen Entwicklungen auf die Anwendung der in 16 bis 20 gegebenen Aussagen hinaus. Wir fassen diese in die folgenden Sätze zusammen:

Die Summe einer beliebigen Anzahl von Kräften einer Kräftegruppe durch einen Punkt A oder die Mittelkraft ist durch die Schlußlinie des Streckenzuges gegeben, der durch Aneinanderreihung der gegebenen Kräfte in beliebiger Folge entsteht; diesen Streckenzug bezeichnet man als Krafteck. Hat diese Schlußlinie die Länge Null, fällt also der Endpunkt der letzten mit dem Anfangspunkt der ersten Kraft zusammen, dann sprechen wir von Gleichgewicht.

Für das Gleichgewicht *zweier* Kräfte (wie wir in der Folge kurz statt Gleichgewicht eines Körpers unter dem Einfluß zweier Kräfte sagen wollen) ist sonach notwendig und hinreichend, daß diese gleich groß und entgegengesetzt sind. Drei Kräfte im Gleichgewicht müssen, nach Größe, Richtung und mit Pfeil aneinandergefügt, ein geschlossenes Dreieck bilden usw. Die *notwendigen und hinreichenden* Bedingungen für das Gleichgewicht einer *räumlichen* Kräftegruppe $\mathfrak{K}_i\,(X_i,\,Y_i,\,Z_i)$, $(i = 1, 2, \ldots, n)$ durch einen Punkt sind durch die Gleichungen gegeben:

$$X = \sum_{i=1}^{n} X_i = 0, \quad Y = \sum_{i=1}^{n} Y_i = 0, \quad Z = \sum_{i=1}^{n} Z_i = 0. \tag{34}$$

Wenn die Kräfte alle in einer Ebene liegen, so spricht man von einer *ebenen* Kräftegruppe und die Gleichgewichtsbedingungen reduzieren sich auf die zwei

$$X = \sum_{i=1}^{n} X_i = 0, \quad Y = \sum_{i=1}^{n} Y_i = 0. \tag{35}$$

Beispiel 2. Über zwei glatte Stifte A und B läuft ein Seil, das an den Enden mit den Gewichten P und Q und dazwischen mit G belastet ist. Man bestimme die Gleichgewichtslage der Gewichte und gebe die Bedingungen dafür an, daß Gleichgewicht möglich ist.

Der Punkt O ist unter dem Einflusse der drei Kräfte P, Q, G im Gleichgewichte, die daher ein geschlossenes Dreieck bilden müssen; dadurch ist die Lage des Seiles und die von O bestimmt. — Mit den Bezeichnungen der Abb. 13 ist $p = h\,\mathrm{tg}\,\alpha$, $q = h\,\mathrm{tg}\,\beta$, daher aus dem Kräftedreieck (mit Benützung des Sinus- und Cosinussatzes)

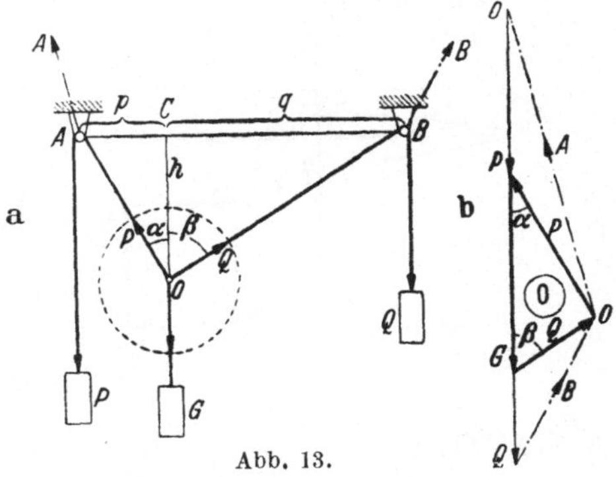

Abb. 13.

$$\frac{p}{q} = \frac{\mathrm{tg}\,\alpha}{\mathrm{tg}\,\beta} = \frac{\sin\alpha\cos\beta}{\sin\beta\cos\alpha} = \frac{G^2 + Q^2 - P^2}{G^2 + P^2 - Q^2}.$$

Gleichgewicht ist nur möglich, sobald $\mathrm{tg}\,\alpha > 0$ und $\mathrm{tg}\,\beta > 0$, d. h. es müssen Zähler und Nenner des Bruches positiv sein. Dies bedeutet, daß sich aus drei Strecken, deren Längen G, P, Q proportional sind, ein Dreieck mit zwei spitzen Winkeln an G bilden lassen muß.

Beispiel 3. Flugzeug. Bei der gleichförmigen Bewegung des Flugzeuges in gerader Bahn besteht Gleichgewicht zwischen dem Eigengewicht G, den Luftkräften mit den Komponenten: dem Auftrieb A senkrecht zur Bewegungsrichtung und dem Luftwiderstand W entgegen zu dieser und der Zugkraft der Luftschraube Z. In Abb. 14 sind (in einfachster Auffassung) die Kräftepläne für die folgenden stationären Flugzustände angegebenen:

1. Waagrechter Flug: $G = A$, $Z = W$.

2. Steigflug unter dem Steigwinkel α: $G = \dfrac{A}{\cos\alpha}$, $Z = W + G\sin\alpha$.

3. Gleitflug mit dem Gleitwinkel ε: $G = \dfrac{A}{\cos\varepsilon} = \dfrac{W}{\sin\varepsilon}$, $\mathrm{tg}\,\varepsilon = \dfrac{W}{A}$.

4. Kräfteplan für den Kurvenflug: In der Ebene senkrecht zur Längsachse des Flugzeuges besteht Gleichgewicht zwischen dem Eigengewicht G, dem Auftrieb A und der Fliehkraft $F = \dfrac{G}{g}\dfrac{v^2}{R}$, wenn v die Fluggeschwindigkeit und R den Krümmungshalbmesser der Bahnkurve von S bezeichnet. Sei β der Neigungswinkel des Flugzeuges, dann gilt: $G = A\cos\beta = F\,\mathrm{ctg}\,\beta$.

25. Auflager- und Führungskräfte. Bei den Anwendungen liegt die Fragestellung fast immer so, daß *nicht alle* einwirkenden Kräfte als „eingeprägt" (im Sinne der Erklärung in **12**b) gegeben sind, und daß die betrachteten Körper nicht unter dem Einflusse dieser eingeprägten

Kräfte (Gewichte, Lasten der Bauwerke, Winddruck, Federkräfte, Seilkräfte usw.) für sich allein im Gleichgewichte sind. Andererseits kommt hinzu, daß die Lage des gemeinsamen Angriffspunktes aller Kräfte und späterhin die Lagen der betrachteten Körper, die als Angriffsobjekte der eingeprägten Kräfte zu betrachten sind, nicht völlig frei sind; der Angriffspunkt A und diese Körper sind vielmehr in gewisser Weise *unterstützt* oder *geführt*, d. h. sie sind mit anderen Körpern in Berührung, wodurch die Gesamtheit der möglichen Lagen für das Gleichgewicht

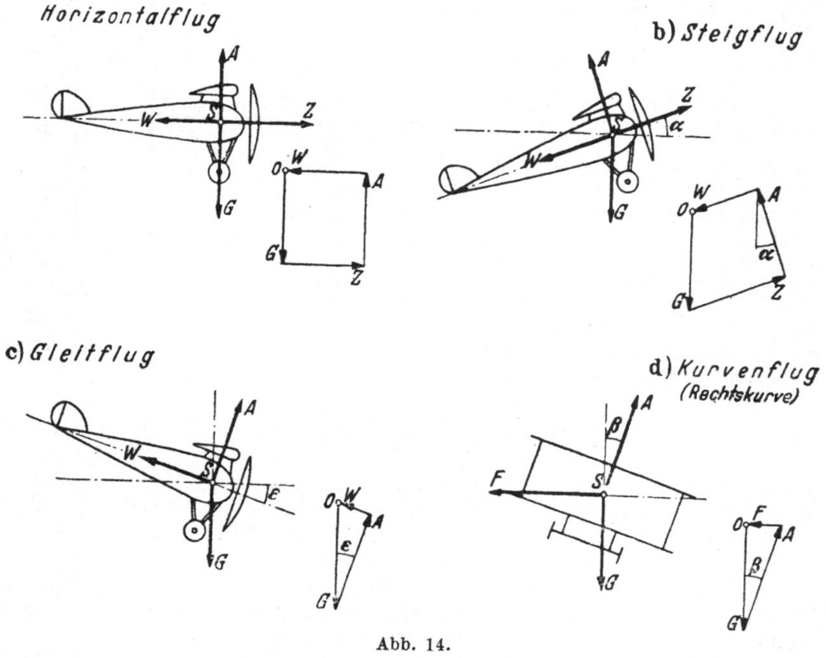

Abb. 14.

gewisse Einschränkungen erleidet. Um den Einfluß dieser Unterstützungen bzw. Führungen auf die möglichen Gleichgewichtslagen oder auf die für eine bestimmte Gleichgewichtslage erforderlichen eingeprägten Kräfte zu berücksichtigen, dient die auch für alles Folgende wichtige Bemerkung, *daß alle derartigen Stützungen oder Führungen stets wieder unter dem Bilde von Kräften* in Rechnung gestellt werden. Für *glatte Berührungsflächen*, die wir zunächst zu betrachten haben, ist der Einfluß zweier Körper aufeinander lediglich als eine in der *Richtung der Normalen* zur gemeinsamen Berührungsebene der Körper liegende Kraft anzusehen, da doch in diese Ebene selbst, wegen der vorausgesetzten Glattheit der Berührungsflächen, kein Teil dieser Kraft fallen kann. Diese in der Richtung der Normalen liegende Kraft nennt man die *Auflagerkraft N* oder *Auflagerreaktion* oder *Führungskraft; ihre Größe ist zunächst noch unbekannt und wird erst durch die* Gln. (34) oder (35) *für die unter Hinzunahme von N zu den eingeprägten Kräften ergänzte Kräftegruppe bestimmt.*

Für *ebene Kräftegruppen* können dann nur die folgenden zwei Fälle eintreten:

1. Beim ersten Fall ist *eine Bedingung*, d. h. für die Lage des Angriffspunktes A ist eine Kurve C vorgeschrieben, längs der er gleiten kann. Da zur Angabe von A auf der Kurve nur *eine* Koordinate, etwa der Abstand von einem festen Punkt der Kurve oder dgl. ausreicht, und in (35) *zwei* Gleichungen zur Verfügung stehen, erkennt man unmittelbar, daß durch diese Gleichungen sowohl die Lage von A, als auch die Größe der unbekannten Auflagerkraft N der Führungskurve C bestimmt sind. Ist dagegen die Gleichgewichtslage vorgeschrieben, so liefern die Gln. (35) die unbekannte Auflagerkraft N und die zur Herstellung des Gleichgewichts zu der gegebenen hinzuzufügende Kraft.

Diese „Abzählung" der Unbekannten und der verfügbaren Gleichungen gibt unmittelbar Aufschluß über die eindeutige Lösbarkeit jeder Aufgabe und hat in jedem Falle, wo diese Lösbarkeit zweifelhaft ist, der eigentlichen Lösung vorauszugehen. In der Statik spricht man von *statischer Bestimmtheit*, wenn die Anzahl der Unbekannten gleich der der verfügbaren Gleichgewichtsbedingungen ist, sonst von *statischer Unbestimmtheit.*

Die Gleichgewichtsaufgaben in der Statik treten in den beiden vorhin genannten Formen auf: bei der ersten handelt es sich um die Aufsuchung von Gleichgewichtsstellungen — man nennt sie *Stellungsaufgaben* —, bei der zweiten ist die Gleichgewichtstellung von vornherein gegeben, und es sind die *Kräfte* zu bestimmen, die das Gleichgewicht herstellen.

Bei vielen praktischen Aufgaben sind Körper durch *Stäbe* oder *Seile* mit festen Punkten oder anderen Körpern verbunden, und es entsteht die Frage, die Kräfte zu bestimmen, die in diesen Stäben oder Seilen als Folge der gegebenen Kräfte auftreten. Man nennt sie *innere Kräfte* und verbindet damit die Vorstellung, daß sie den inneren Zusammenhang der Körper herstellen und die Übertragung der Lasten bis zu den Festpunkten bewirken. — Das Verfahren, das zu ihrer Bestimmung dient, ist ebenso einfach wie fruchtbar: Jeder Punkt, an dem Stäbe oder Seile befestigt sind, wird durch einen *Kontrollschnitt* (in der Fachwerktheorie als „Ritterscher Schnitt" bezeichnet) abgetrennt; an den Schnittstellen werden Kräfte von solcher Größe angebracht, wie es die Gleichgewichtsbedingungen vorschreiben. In Stäben oder Seilen, die nur zur Übertragung von Zug- oder Druckkräften dienen, werden diese inneren Kräfte als reine Längskräfte in den Stäben eingeführt. In späteren Abschnitten werden wir sehen, daß bei stabförmigen Körpern, die auch auf Biegung beansprucht sind, und die auch Biegemomente und Querkräfte übertragen können, an den Kontrollschnitten auch solche Kraftwirkungen eingeführt werden müssen.

Dasselbe Verfahren kommt auch bei dem allgemeinen Problem der Ermittlung der *inneren Spannungen* zur Anwendung, das der Elastizitäts- und Festigkeitslehre zugrunde liegt (s. Technische Mechanik, Bd. II).

Beispiel 4. Schiefe Ebene mit dem Neigungswinkel α, auf ihr ein kleiner Körper vom Gewichte G, das wir als eine lotrecht nach unten gerichtete Kraft ansehen können. Die Gln. (35) geben für die Kraft K zur Herstellung des Gleichgewichts und für die Normalkraft N

$$K = G \sin \alpha, \qquad N = G \cos \alpha, \tag{36}$$

die man auch unmittelbar aus dem zugehörigen Kräftedreieck abliest (Abb. 15).

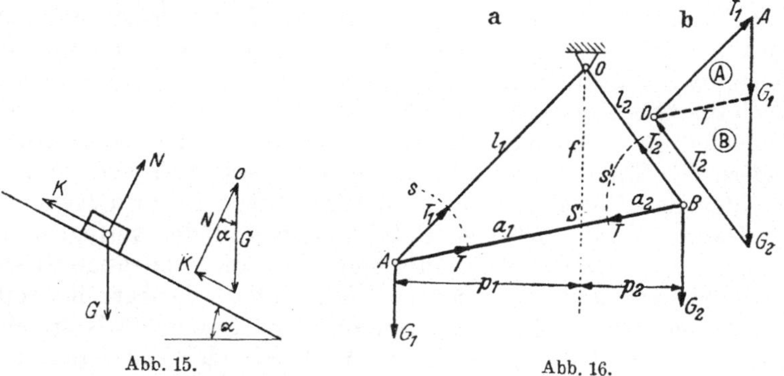

Abb. 15.　　　　　　　　　　　　　　　Abb. 16.

Beispiel 5. Zwei Gewichte G_1 und G_2 sind durch zwei Fäden $\overline{AO} = l_1$ und $\overline{BO} = l_2$ an einem Punkt O aufgehängt, zwischen A und B wird ein gewichtloser Stab $\overline{AB} = a$ eingelegt; man finde die Gleichgewichtslage des Stabes, sowie die Kräfte T_1, T_2 in den Fäden und T im Stab (Abb. 16).

Sei S der Punkt, der in der Gleichgewichtslage lotrecht unter O liegt, dann folgt aus der Ähnlichkeit der Kräftedreiecke (rechts) mit den im „Lageplan" (links) auftretenden Dreiecken für die Kontrollschnitte um die Punkte A und B:

$$\frac{G_1}{T} = \frac{f}{a_1}, \quad \frac{G_2}{T} = \frac{f}{a_2};$$

daraus ergibt sich

$$\boxed{G_1 a_1 = G_2 a_2.}$$

Führt man statt a_1, a_2 die senkrechten Abstände der Kräfte von O ein, setzt also $a_1 : a_2 = p_1 : p_2$, so folgt

$$\boxed{G_1 p_1 = G_2 p_2.}$$

Diese Gleichung bestimmt die Gleichgewichtslage des Stabes und stellt den „Momentensatz" für den Punkt O als Bezugspunkt dar (s. **21** und **36**).

Da $a_1 + a_2 = a$ ist, erhält man

$$a_1 = \frac{G_2}{G_1 + G_2}\, a, \quad a_2 = \frac{G_1}{G_1 + G_2}\, a,$$

und mittels elementarer Beziehungen aus der Dreiecksgeometrie

$$f = \frac{\sqrt{(G_1 + G_2)\,(G_1 l_1^2 + G_2 l_2^2) - G_1 G_2\, a^2}}{G_1 + G_2}.$$

Daraus folgen schließlich die Stab- und Seilkräfte

$$T = G_1 a_1 / f = G_2 a_2 / f,$$

und

$$T_1 = T l_1 / a_1 = G_1 l_1 / f, \qquad T_2 = T l_2 / a_2 = G_2 l_2 / f.$$

Auf diese Weise sind die gesuchten Größen a_1, a_2, T, T_1, T_2 durch die gegebenen G_1, G_2, l_1, l_2, a ausgedrückt.

2. Im zweiten möglichen Fall sind für die Lage des Angriffspunktes A *zwei Bedingungen* vorgeschrieben. Dies bedeutet geometrisch die Festlegung des Punktes A, er besitzt keinerlei Bewegungsmöglichkeit mehr. Die Auflagerkräfte der beiden Kurven, die für die Lage des Punktes A vorgeschrieben sind und in deren Schnittpunkten A liegen muß, sind durch die beiden Gln. (35) oder durch das ihnen gleichwertige Kräftedreieck gegeben.

Beispiel 6. Ein Körper liegt auf einer schiefen Ebene und wird durch ein Seil gehalten, das an einem festen Punkte B befestigt ist (Abb. 17). — Die praktische Lösung ist durch das Kräftedreieck gegeben. Rechnerisch folgt aus den Gleichgewichtsbedingungen parallel und senkrecht zur schiefen Ebene:

$$\begin{cases} S \cos \beta = G \sin \alpha, \quad S = G\dfrac{\sin \alpha}{\cos \beta} \\[2ex] N = G \cos \alpha - S \sin \beta = G\dfrac{\cos (\alpha + \beta)}{\cos \beta}. \end{cases}$$

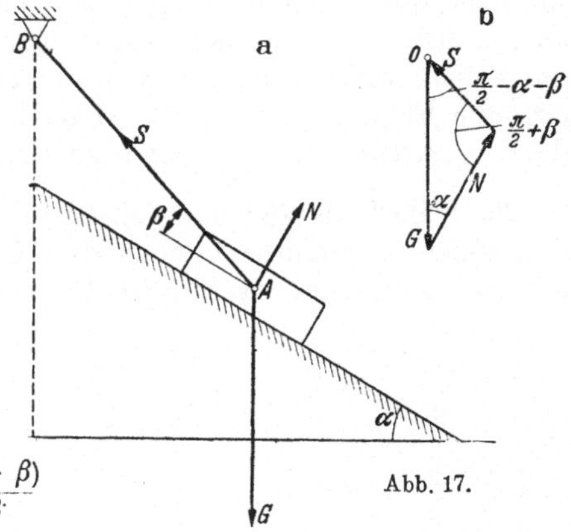

Abb. 17.

Derartige Probleme treten immer dann auf, wenn an dem Körper zwei gewichtslose Fäden oder Stäbe angebracht sind, deren andere Enden festliegen. Die Auflagerkräfte sind in diesen Fällen, wie schon oben gesagt, durch Kräfte gegeben, die in der Richtung der betreffenden Fäden (oder Stäbe) anzunehmen sind; wir sprechen von *Zugkräften*, wenn sie das betreffende Stabstück zu verlängern, von *Druckkräften*, wenn sie es zu verkürzen suchen.

Das zeichnerische Kennzeichen für den einen oder anderen Fall bekommen wir, wenn wir für den um den betrachteten Knotenpunkt

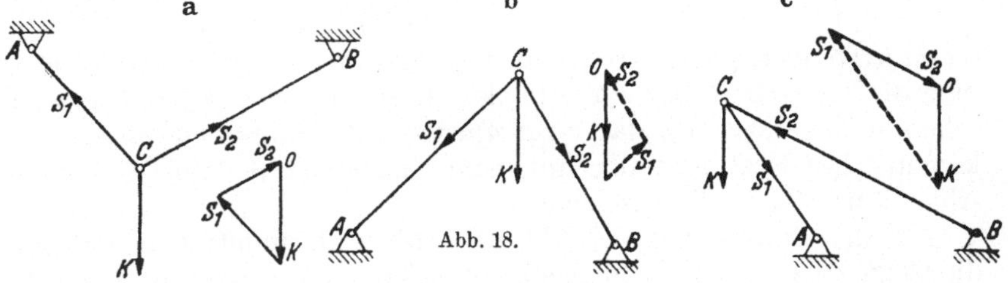

Abb. 18.

gelegten Kontrollschnitt die unbekannten Seilkräfte durch Pfeile darstellen, die wir *vom Angriffspunkt weggerichtet* einsetzen und das zugehörige Kräftedreieck mit jenem Umlaufsinn versehen, den die eingeprägte Kraft vorschreibt: stimmen dann für eine Seilkraft die beiden so zusammengehörigen Pfeile überein, dann haben wir *Zug*, im anderen Falle *Druck*. Die drei möglichen Fälle, die dabei auftreten können, sind in Abb. 18a), b), c) dargestellt. S_1 in a), S_2 in a) und c) sind *Zugkräfte*, S_1 in b) und c), S_2 in b) *Druckkräfte* (diese sind im Kräftedreieck gestrichelt angegeben). Selbstverständlich kann bei Auftreten von Zugkräften der betreffende Bauteil ein Seil *oder* ein Stab sein, während bei Druckkräften ein steifer Stab erforderlich ist.

Werden diese Überlegungen für mehrere Punkte durchgeführt, die durch (gewichtslos gedachte) Seile oder Stäbe miteinander verbunden sind, dann werden die zugehörigen Kraftecke vorteilhaft gleich so angeordnet, daß sie längs der Kräfte in diesen Verbindungsstücken aneinanderliegen, so daß jede solche Kraft in diesem „Kräfteplan" *nur einmal* vorkommt. Die weitere Anwendung dieses Vorganges führt auf eine Figur, die unter der Bezeichnung *Seileck* bekannt ist und für die sog. *ebenen Kräftegruppen* besondere Wichtigkeit besitzt (s. II.Kap.).

26. Seileck als Gleichgewichtsfigur. Durch die im vorigen Abschnitte erhaltenen Ergebnisse können die Kräfte, die in jedem Stücke eines unter eingeprägten Kräften im Gleichgewichte befindlichen Seiles auftreten, dessen Gestalt bekannt ist, durch Zeichnung von Kräftedreiecken ermittelt werden. Das Seil wird nach Anbringung der Kräfte so behandelt, als ob es starr wäre (*Erstarrungsprinzip*).

Für jeden Kraftangriffspunkt A_i ($i = 1, 2, \ldots$) muß sich das aus den drei Kräften, deren Wirkungslinien durch ihn hindurchlaufen, gebildete Dreieck schließen (Abbildung 19); diese Kräfte sind die eingeprägten K_i und die Seilkräfte in den Stücken, die die A_i mit den Nachbarpunkten verbinden. Da die Seilkräfte, die durch ein Seilstück auf die beiden Punkte übertragen werden, die

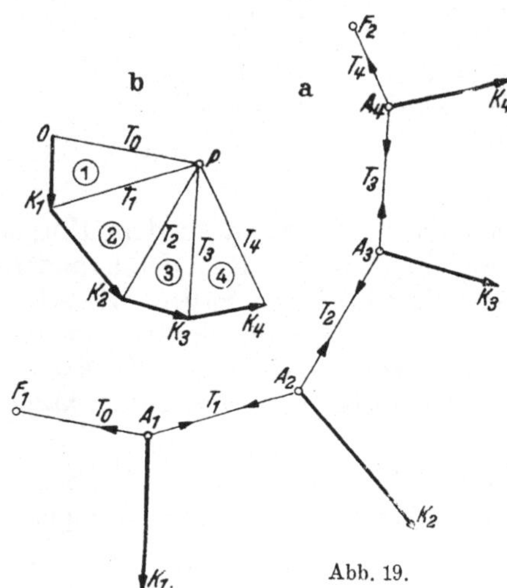

Abb. 19.

dieses verbindet, gleich groß und entgegengesetzt sein müssen, wird man die Kräftedreiecke für alle Punkte A_i so zusammenlegen (wie auch schon in **25** geschehen), daß *im Kräfteplan jede Seilkraft nur einmal* vorkommt. Die Kräfte in den aufeinanderfolgenden Seilstücken sind in Abb. 19 mit $T_0, \ldots T_4$ bezeichnet.

Aus der Betrachtung der Abb. 19 ergibt sich unmittelbar, daß nur die *Größe einer* Kraft K_i vorgegeben werden kann, sobald die *Form des Seileckes* und die *Richtungen* aller Kräfte K_i bekannt sind — die Größen der anderen Kräfte und auch die der Seilkräfte sind dann festgelegt. Wenn dagegen die Größen und Richtungen aller K_i und die Richtung einer Seileckseite bekannt sind, so sind dadurch die Form des ganzen Seileckes und die Seilkräfte bestimmt.

Das in **25** angegebene Kennzeichen liefert in Abb. 19 *Zug* für alle Teile des Seiles. Würde in der gezeichneten Lage z. B. K_3 in umgekehrter Richtung wirken, dann müßten die Seilkräfte T_2, T_3 Druck ergeben, während von K_2 aus T_2 ein Zug bleiben müßte, das Gleichgewicht in der gezeichneten Form der Seillinie wäre daher unmöglich. Werden jedoch alle Kräfte $K_1 \ldots K_4$ in ihrer Richtung umgekehrt, dann haben wir in allen Seilstücken *Druck* und Gleichgewicht kann wieder stattfinden; man spricht in diesem letzteren Falle von einer *Drucklinie* oder *Stützlinie*.

Sind *die Endstücke frei*, so müssen in ihnen die Kräfte T_0 bzw. T_4 wirken, damit das ganze betrachtete Seil im Gleichgewicht sein kann; sind sie an zwei Punkten F_1, F_2 befestigt, dann sind die Auflagerkräfte in diesen Punkten gerade durch die im ersten und letzten Stück wirkenden Seilkräfte gegeben.

Für ein *geschlossenes* Seileck führt die Anwendung dieser Sätze auf gewisse (notwendige und hinreichende) Bedingungen, die die die eingeprägten Kräfte und die Gestalt des Seiles im Falle des Gleichgewichtes zu erfüllen haben, und die aus der Betrachtung der Abb. 20, die ein geschlossenes Seilviereck darstellt, unmittelbar abzulesen sind:

a) Das Krafteck der eingeprägten Kräfte muß geschlossen sein.

b) Es muß ein Punkt P existieren, so daß jede Seite des Seilecks $\overline{A_i A_{i+1}}$ zur Verbindungslinie $\overline{PQ_i}$ von P mit jenem Punkte Q_i parallel ist, in dem K_i und K_{i+1} aneinanderstoßen.

Dadurch haben wir ein Verfahren gewonnen, dessen Wirksamkeit weit über das Gebiet der

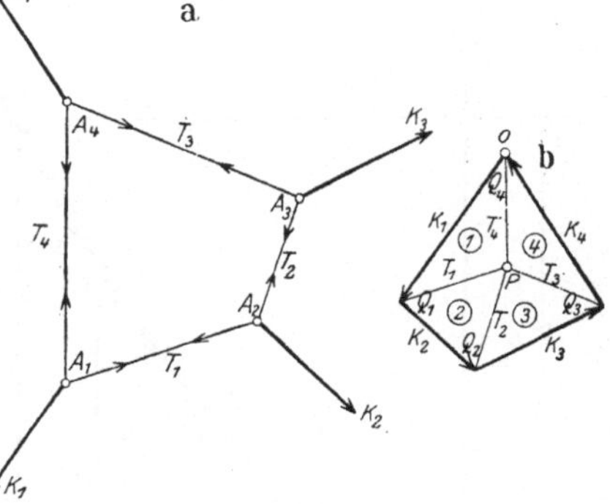

Abb. 20.

Gleichgewichtsfiguren von Seilen hinausreicht, und das das wesentliche Hilfsmittel für die graphische (geometrische) Theorie der *ebenen* Kräftegruppen darstellt (s. **30** bis **35**).

Eine ähnliche Darstellung von Vektoren (durch Ansetzen an einen Punkt P) werden wir später bei den *Geschwindigkeits-* und *Beschleunigungsplänen* wiederfinden (s. II. Teil).

Bei den Anwendungen sind die Kräfte K_i in vielen Fällen Gewichte, also parallel zueinander, und fallen daher im Kräfteplan in eine Gerade zusammen. Mittels des Projektionssatzes für die Senkrechte zu dieser Geraden folgt sofort:

Wenn die auf ein (unausdehnbares und vollkommen biegsames) *Seil wirkenden Kräfte parallel sind, so sind die Projektionen der Seilkräfte auf die zu diesen Kräften senkrechte Richtung gleich groß. Überdies liegt in diesem Falle die Gleichgewichtslinie des Seiles in einer Ebene.*

Die beiden für die Praxis wichtigsten Fälle, die hierbei auftreten können, sind durch die beiden folgenden Beispiele gekennzeichnet.

27. Parabolische Kettenlinie. *Das Seil einer gleichförmigen Hängebrücke* sei in gleichen waagerechten Zwischenräumen a [m] mit gleichen Gewichten G [kg] belastet; man ermittle die Gleichgewichtsform. Das Mittelstück OA_1 sei waagerecht angenommen, die x-Achse damit zusammenfallend, dann sind nach den Bezeichnungen der Abb. 21 die Koordinaten der einzelnen Lastpunkte

$$A_1 \begin{cases} x_1 = a/2, \\ y_1 = 0 \end{cases} \quad A_2 \begin{cases} x_2 = a/2 + a = 3\,a/2, \\ y_2 = a\,\mathrm{tg}\,\alpha_1, \end{cases} \quad A_3 \begin{cases} x_3 = 5a/2 \\ y_3 = a\,(\mathrm{tg}\,\alpha_1 + \mathrm{tg}\,\alpha_2) \end{cases} \text{usw.}$$

und des n-ten Punktes

$$A_n \begin{cases} x_n = (2n - 1)\,a/2, \\ y_n = a\,(\mathrm{tg}\,\alpha_1 + \mathrm{tg}\,\alpha_2 + \cdots + \mathrm{tg}\,\alpha_{n-1}). \end{cases}$$

Aus dem zugehörigen Kräfteplan folgt, wenn $H, T_1 \ldots T_n$ die Kräfte in den einzelnen Seilstücken sind,

$$\mathrm{tg}\,\alpha_1 = \frac{G}{H}, \quad \mathrm{tg}\,\alpha_2 = \frac{2\,G}{H}, \quad \ldots \quad \mathrm{tg}\,\alpha_{n-1} = \frac{(n-1)\,G}{H}; \quad (37)$$

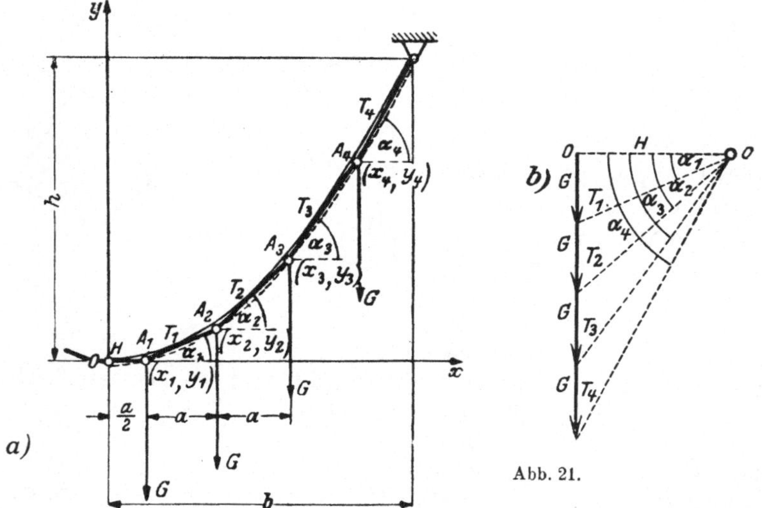

Abb. 21.

daher sind die Koordinaten des n-ten Punktes [da $1 + 2 + \cdots + n - 1 = n\,(n-1)/2$],

$$A_n \begin{cases} x_n = (2\,n - 1)\,a/2, \\ y_n = a\,\dfrac{G}{H}\,(1 + 2 + \cdots + n - 1) = a\,\dfrac{G}{H}\,\dfrac{n\,(n-1)}{2} \end{cases} \quad (38)$$

Durch Elimination von n folgt daraus

$$y_n = a\,\frac{G}{2\,H}\,\frac{x_n + a/2}{a}\,\frac{x_n - a/2}{a} = \frac{G}{H}\,\frac{x_n^2 - (a/2)^2}{2\,a}. \quad (39)$$

Die Punkte A_n liegen sonach auf einer Parabel (in Abb. 21 a punktiert).

Aus den Gln. (37) findet man

$$\mathrm{tg}\,\alpha_2 - \mathrm{tg}\,\alpha_1 = \mathrm{tg}\,\alpha_3 - \mathrm{tg}\,\alpha_2 = \cdots = G/H; \quad (37\,\mathrm{a})$$

eine ähnliche Beziehung gilt auch, wenn die am Seil hängenden Lasten verschieden voneinander sind; d. h.: *Der Sprung in den Neigungen der*

Tangenten des Seiles ist ein Maß für die Größe der an den Knickpunkten angreifenden Kräfte.

Die Konstante H wird dadurch bestimmt, daß die Lage irgendeines Punktes A des Parabelastes vorgeschrieben wird, z. B. für A_n selbst: $x_n = b$, $y_n = h$, dann ist

$$H = G \frac{b^2 - (a/2)^2}{2\,a\,h} \tag{40}$$

Die Seilkraft im n-ten Stück ergibt sich unmittelbar aus dem Kräfteplan

$$T_n = \sqrt{H^2 + n^2\,G^2}\;. \tag{41}$$

Läßt man die Lastpunkte A_n immer näher aneinanderrücken, also a fortgesetzt abnehmen, und verkleinert hierbei auch den Wert von G, so daß jedoch $G/a = p\,\mathrm{kg/m}$ (das als Belastung auf $1\,\mathrm{m}$ der waagerechten Projektion — also *längs einer Strecke verteilt* — gedeutet werden kann), *endlich* bleibt, so folgt für $\lim a \to 0$ aus Gl. (38), wenn wir die Zeiger weglassen, für die Seilkurve die Parabelgleichung in der gewöhnlichen Form

$$\boxed{y = \frac{p}{2\,H}\,x^2}\;, \quad \text{wobei} \quad \boxed{H = \frac{p\,b^2}{2\,h}}\;. \tag{42}$$

(Diese Parabel ist in Abb. 21a dünn ausgezogen.)

Diesen Grenzübergang kann man auch mit Benützung der Gl. (37a) ausführen. Setzt man diese für den Punkt A_n an, so lautet sie

$$\frac{y_{n+1} - y_n}{a} - \frac{y_n - y_{n-1}}{a} = \frac{G}{H} \tag{43}$$

oder

$$\frac{y_{n+1} - 2\,y_n + y_{n-1}}{a^2} = \frac{G}{a\,H}\;.$$

Auch durch Gl. (38) kann diese Form unmittelbar bestätigt werden. Hier steht links der „zweite Differenzen-Quotient" als Differenz zweier „erster Differenzen-Quotienten". — Lassen wir nun die lotrechten Kräfte G immer kleiner werden und immer näher aneinanderrücken, so daß mit $a \to 0$, $G/a \to p$ endlich bleibt, dann geht die letzte Gleichung in die Differentialgleichung über:

$$\frac{d^2\,y}{d\,x^2} = y'' = \frac{p}{H}\,, \tag{44}$$

deren Integral für $p/H = $ konst. (mit den zugehörigen Randbedingungen $y = 0$ und $y' = 0$ für $x = 0$) wieder die Gl. (42) gibt.

Die Seilkraft an irgendeiner Stelle x der parabolischen Kettenlinie ist [entweder aus dem Kräfteplan oder durch den Grenzübergang $a \to 0$, aber $na \to x$ aus Gl. (41)] gegeben durch

$$T = \sqrt{H^2 + p^2 x^2} = \sqrt{\frac{p^2\,b^4}{4\,h^2} + p^2 x^2} = \frac{p}{2h}\sqrt{b^4 + 4h^2 x^2}\;. \tag{45}$$

Beispiel 7. Man ermittle den Durchhang f und die Scheitelkraft H einer *flachen* Kettenlinie von der Länge $2l$, die gleichförmig mit p kg/m auf die waagrechte Projektion belastet und zwischen zwei gleich hoch liegenden Punkten A, B in der Entfernung $2b$ ausgespannt ist (Abb. 22).

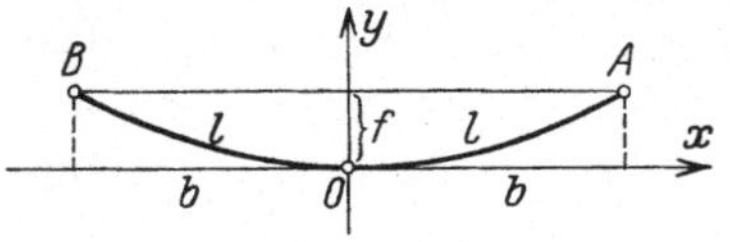

Die Länge des Parabelbogens OA ist

$$l = \int_0^b \sqrt{1 + y'^2}\, dx = \int_0^b \sqrt{1 + \left(\frac{px}{H}\right)^2}\, dx;$$

Abb. 22.

wenn wir annehmen, daß der größte Wert des neben 1 stehenden Gliedes px/H gegen 1 klein ist, so können wir die Quadratwurzel in eine Taylorsche Reihe entwickeln und beim zweiten Gliede abbrechen; wir erhalten dann angenähert

$$l \approx \int_0^b \left[1 + \frac{1}{2}\left(\frac{px}{H}\right)^2\right] dx = \left[x + \frac{p^2}{2H^2}\frac{x^3}{3}\right]_0^b = b + \frac{p^2}{2H^2}\frac{b^3}{3}.$$

Daraus rechnen wir (angenähert)

$$H = pb\, \sqrt{\frac{b}{6\,(l-b)}} \tag{46}$$

und aus der Parabelgleichung (42)

$$f = \frac{p\,b^2}{2H} \approx \frac{1}{2}\sqrt{6b\,(l-b)}. \tag{47}$$

Die Seilkraft an einer beliebigen Stelle x ergibt sich mit derselben Annäherung nach Gl. (45)

$$T = H\sqrt{1 + \frac{p^2 x^2}{H^2}} \approx H\left[1 + \frac{1}{2}\frac{p^2 x^2}{H^2}\right];$$

ihr größter Wert tritt an den Enden A, B für $x = \pm\, b$ auf.

28. Die gemeine Kettenlinie entsteht, wenn das Seil in gleichen Abständen c längs *seiner eigenen Länge* mit gleichen Gewichten G belastet ist. Ganz ebenso wie im vorigen Beispiel erhält man die Gleichgewichtsform des Seiles durch Zeichnung der aufeinanderfolgenden Kräftedreiecke im Kräfteplan, wobei aber jetzt *längs der einzelnen Seilstücke* die Länge c aufzutragen ist, um jeweils zum nächsten Lastpunkt zu kommen. Dabei ist die Kraft im tiefsten Seilstücke H zunächst wieder unbekannt, zu ihrer Festlegung ist eine weitere Bedingung (Festlegung des Endpunktes oder dgl.) erforderlich.

Wollte man zur Aufsuchung der *Gleichung der Seilkurve* wie zuvor vorgehen, so käme man zu unbequemen Summationen, die man vermeidet, wenn man sogleich eine längs der ganzen Seillänge *gleichförmig* verteilte Last voraussetzt, wie sie dem *gleichförmigen schweren* Seil zukommt: q kg/m sei der auf 1 m der Seillänge entfallende Betrag. Die Gesamtbelastung auf dem Stücke $s = P_0 P$ bis zum Punkte P, in dem die Seilkraft T heißen möge, ist daher qs, und aus dem in Abb. 23 b gezeichneten Kräftedreieck lesen wir unmittelbar ab

$$T \cos \varphi = H, \qquad T \sin \varphi = qs. \tag{48}$$

Da die Seilkraft T die Richtung der Tangente zur Seilkurve hat, so erhalten wir durch Division unmittelbar die „Differentialgleichung

der Seilkurve"
$$\operatorname{tg}\varphi = \frac{qs}{H} = \frac{dy}{dx} \quad \text{oder} \quad \boxed{y' = \frac{s}{a}}\;, \tag{49}$$

wenn $H/q = a$ gesetzt wird. Durch diese Eigenschaft, daß die Ableitung y' an jeder Stelle proportional der Bogenlänge ist, ist die *gemeine Ketten-*

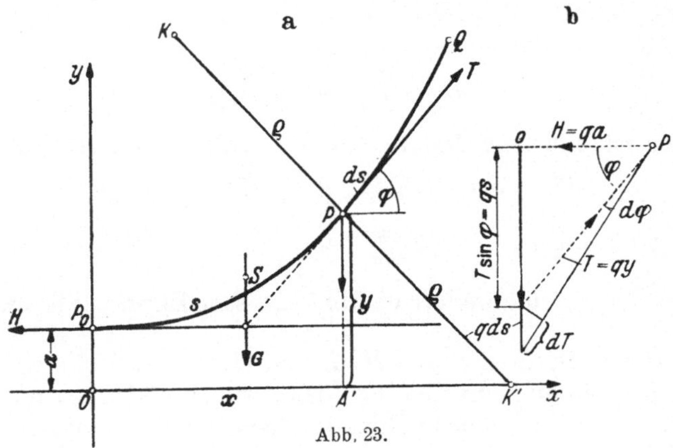

Abb. 23.

linie gekennzeichnet. Zur Integration der Gl. (49) beachte man, daß definitionsgemäß für s der Ausdruck

$$s = \int\limits_0^x \sqrt{1 + y'^2}\, dx$$

einzusetzen ist, womit

$$y' = \frac{1}{a}\int\limits_0^x \sqrt{1 + y'^2}\, dx$$

folgt; um das Integral wegzuschaffen, hat man die ganze Gleichung. nach x abzuleiten und erhält

$$\frac{dy'}{dx} = \frac{1}{a}\sqrt{1 + y'^2}\,, \quad \text{oder} \quad \frac{dy'}{\sqrt{1 + y'^2}} = \frac{dx}{a}\,,$$

in der die Veränderlichen y' und x getrennt sind. Die Integration liefert mit der Anfangsbedingung $y' = 0$ für $x = 0$:

$$\mathfrak{Ar}\,\mathfrak{Sin}\,y' = \frac{x}{a} \quad \text{oder} \quad y' \equiv \frac{dy}{dx} = \mathfrak{Sin}\,\frac{x}{a}\,. \tag{50}$$

Eine nochmalige Integration mit $y = a$ für $x = 0$ ergibt schließlich

$$\boxed{y = a\,\mathfrak{Cos}\,\frac{x}{a}\,,} \tag{51}$$

die endliche Gleichung der gemeinen Kettenlinie. Die x-Achse nennt man ihre *Leitlinie* und a den Parameter.

    Aus diesen Gleichungen folgt auch die Beziehung $s^2 + a^2 = y^2$, und da nach dem Kräfteplan

$$q^2 s^2 + H^2 = T^2, \quad \text{also} \quad s^2 + a^2 = (T/q)^2 = y^2 \tag{52}$$

ist, so ist

$$T = qy, \tag{53}$$

d. h. die Seilkraft in jedem Punkte P ist durch das Gewicht eines bis zur x-Achse reichenden, frei herabhängenden Seilstückes PA' gegeben.

Die Seilkraft H im tiefsten Punkte ist wieder durch die Angabe der Koordinaten eines Punktes Q $(x = b, y = h)$ festgelegt, durch den die Kettenlinie hindurchgehen soll, und folgt durch Auflösung der für Q geltenden Gl. (51): $h = a \operatorname{\mathfrak{Cof}} b/a$ nach a.

Aus Gl. (49) folgt auch

$$y'' = \frac{q}{H}\frac{ds}{dx} = \frac{q}{H\cos\varphi}. \tag{54}$$

Ferner ist aus dem Kräfteplan Abb. 23 b) unmittelbar abzulesen:

$$dT = q\,ds\sin\varphi = q\,dy, \quad \text{also} \quad T = qy,$$

und

$$T\,d\varphi = q\,dx, \qquad T\frac{d\varphi}{ds} = q\frac{dx}{ds}, \qquad \frac{q\,y}{\varrho} = q\cos\varphi,$$

also $y = \varrho\cos\varphi$, eine weitere charakteristische Eigenschaft der Kettenlinie.

Da endlich die drei Kräfte H, T und G, das Gewicht des Stückes $P_0 P$ der Kettenlinie, eine Gleichgewichtsgruppe bilden, so müssen sich ihre Wirkungslinien in einem Punkte schneiden; dies gibt eine einfache Konstruktion einer Schwerlinie eines beliebigen Stückes der Kettenlinie.

29. Beispiele. *Beispiel 8.* Ein gleichförmiges Seil von gegebener Länge $2\,l = 120\,\mathrm{m}$ ist zwischen zwei in derselben Waagrechten liegenden Punkten A und B, die in der Entfernung $2\,b = 100\,\mathrm{m}$ voneinander liegen, ausgespannt. Man ermittle den Parameter der Kettenlinie, in der das Seil durchhängt, und die Seilkraft im Scheitel.

Setzt man in der Gleichung für die Länge der Kettenlinie für den Punkt A

$$l = a \operatorname{\mathfrak{Sin}}(b/a): \quad b/a = u, \text{ also } a = b/u,$$

so erhält man

$$\operatorname{\mathfrak{Sin}} u/u = l/b.$$

Da l und b gegeben sind, so hat man jenen Wert u zu suchen, der dieser Gleichung genügt, was am einfachsten (angenähert) durch Benutzung der Tafeln[1] für die Funktion $\operatorname{\mathfrak{Sin}} u$ und Aufzeichnung eines Schaubildes geschehen kann. Hat man den Wert gefunden, der dieser Gleichung genügt — er sei u_1 —, so ist der gesuchte Parameter

$$a = b/u_1 \quad \text{und weiter ist} \quad H = aq.$$

Für die angegebenen Zahlenwerte ist $l/b = 1{,}2$. Man findet $u_1 = 1{,}065$, also

$$a = \frac{50}{1{,}065} \approx 47\,\mathrm{m}.$$

Die Höhe der Aufhängepunkte über der Leitlinie ergibt sich zu

$$h = \sqrt{a^2 + l^2} \approx 76{,}2\,\mathrm{m}$$

und daher ist der Durchhang in der Mitte

$$f = h - a = 29{,}2\,\mathrm{m}.$$

Beispiel 9. Bestimme den Durchhang f und die Scheitelkraft H einer *flachen* (gemeinen) Kettenlinie, die die Länge $2l$ und die Entfernung der Aufhängepunkte $2\,b$ hat und mit q kg/m belastet ist.

---

[1] S. das „Taschenbuch für Bauingenieure", „Taschenbuch für Maschinenbau", „Hütte", K. Hayashi, Fünfstellige Funktionentafeln, u. dgl.

Man beachte, daß der Parameter a durch Verkürzung der Länge der Kettenlinie immer größer wird. Nimmt man daher in der Gleichung der Kettenlinie a gegenüber dem größten vorkommenden Werte von x sehr groß an, und setzt demgemäß

$$y' = \mathfrak{Sin}\, x/a \approx x/a,$$

so wird ähnlich wie in Beispiel 7 die Länge angenähert gegeben durch

$$l = \int_0^b \sqrt{1 + y'^2}\, dx \approx \int_0^b \left[1 + \frac{1}{2}\frac{x^2}{a^2}\right] dx = b + \frac{b^3}{6 a^2}\, ;$$

daraus ergibt sich

$$a = b\sqrt{\frac{b}{6\,(l-b)}} \quad \text{und} \quad H = qa = qb\sqrt{\frac{b}{6\,(l-b)}}\, .$$

Sodann folgt aus der Gleichung für die Kettenlinie $y = a\,\mathfrak{Cos}\,(x/a)$, indem man nur die quadratischen Glieder in der Entwicklung beibehält,

$$h \approx a\left(1 + \frac{b^2}{2a}\right)$$

und daher ist der Durchhang

$$f = h - a \approx \frac{b^2}{2a} = \frac{1}{2}\sqrt{6b\,(l-b)}\, ;$$

f ist also durch denselben Ausdruck (47) gegeben wie bei der parabolischen Kettenlinie, was deshalb klar ist, weil durch die angegebene Vernachlässigung die gemeine Kettenlinie gerade durch eine Parabel angenähert wird.

Beispiel 10. Die Gleichungen der Seilkurve in natürlicher Darstellung. Als natürlich mit einer ebenen Kurve verbundene Richtungen bezeichnet man die der Tangente $\mathfrak{t}$ und der Normalen $\mathfrak{n}$. Das Wort „natürlich" soll heißen: der Kurve selbst eigentümlich, frei von jeder Bezugnahme auf ein Achsensystem.

Betrachtet man in Abb. 24 ein Stück einer Seillinie, und sind $\mathfrak{T}$ und $\mathfrak{T} + d\mathfrak{T}$ die Seilkräfte an den Enden eines Teilchens von der Länge ds, qds die eingeprägte Kraft auf dieses Stück, φ der Winkel gegen die Normale $\mathfrak{n}$, so lauten die Gleichgewichtsbedingungen für die Richtungen $\mathfrak{t}$ und $\mathfrak{n}$:

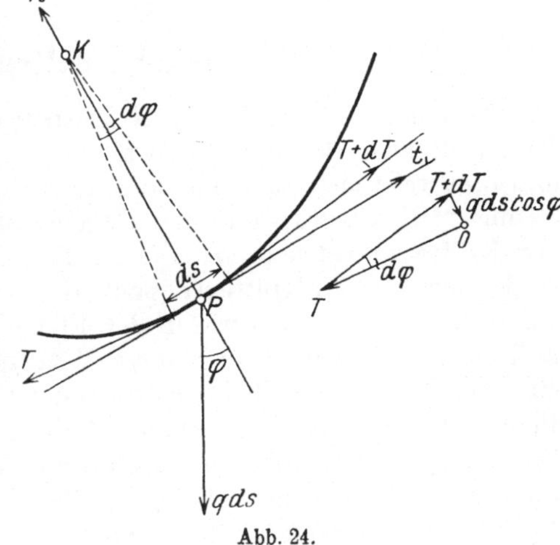

Abb. 24.

$$\begin{aligned}
\frac{dT}{ds} &= q \sin \varphi, \\[2mm]
T\frac{d\varphi}{ds} &= q \cos \varphi.
\end{aligned} \qquad (55)$$

Die erste besagt, daß die Komponente der Belastung in Richtung der Tangente $qds \sin \varphi$ einer Zunahme dT der Seilkraft entsprechen muß, die zweite, daß die Komponente $qds \cos \varphi$ durch die in Richtung $\mathfrak{n}$ entfallenden Komponenten der Seilkräfte aufgenommen werden muß.

Die Division der beiden Gleichungen liefert

$$\frac{dT}{T\,d\varphi} = \operatorname{tg}\varphi;$$

diese Gleichung gibt integriert, wenn für $\varphi = 0$, $T = H$ sein soll:

$$\ln T = -\ln \cos \varphi + \ln H \quad \text{oder} \quad T = H/\cos \varphi, \qquad (56)$$

unabhängig von q. — Sodann folgt aus der zweiten der Gln. (55)

$$ds = \frac{T\,d\varphi}{q\cos\varphi} = \frac{H}{q}\frac{d\varphi}{\cos^2\varphi}$$

und integriert, wenn für $s = 0$, $\varphi = 0$ ist,

$$s = \frac{H}{q}\,\mathrm{tg}\,\varphi = a\,\mathrm{tg}\,\varphi, \tag{57}$$

eine Eigenschaft der gemeinen Kettenlinie, die schon in den früher gegebenen Gln. (48) und (49) enthalten ist.

    Beispiel 10a. Der Kreisbogen als Seillinie. Die eben gefundenen Beziehungen gestatten unmittelbar die Beantwortung der Frage, nach welchem Gesetz die Belastung längs einer Kurve verteilt sein muß, damit diese nach einem Kreise durchhängt.

    Gemäß der Definition für den Krümmungshalbmesser r einer Kurve erhalten wir mittels der Gln. (55) und (56)

$$r = \frac{ds}{d\varphi} = \frac{T}{q\cos\varphi} = \frac{H}{q\cos^2\varphi} = \text{konst.},$$

und daher ist

$$q = \frac{H}{r}\frac{1}{\cos^2\varphi} = \frac{\text{const}}{\cos^2\varphi} \tag{58}$$

das gesuchte Verteilungsgesetz. Man beachte, daß für $\varphi = \pi/2$ die Belastung $q = \infty$ wird. Die Konstante H ist durch den Wert q_0 von q im tiefsten Punkte ($\varphi = 0$) bestimmt: $H = q_0 r$.

II. Ebene Kräftegruppen.

    30. Summe einer ebenen Kräftegruppe. Starre Körper. Für die Mechanik ausgedehnter Körper, der wir uns nunmehr zuzuwenden haben, erweist sich als notwendig, über die bisherige Annahme „punktförmiger" Kräftegruppen hinauszugehen und allgemeinere Verteilungen der Kräfte zu betrachten. Der nächste Fall, der sich hier darbietet, ist der der „ebenen Kräftegruppen", d. s. solche, bei denen die Wirkungslinien der Kräfte irgendwie in der Ebene verteilt sind. Um für diesen Fall zu dem Begriff ihrer „*Summe*" zu gelangen, ist eine Festsetzung über die Beschaffenheit des Körpers notwendig, der ihnen als „Träger" dient. Die einfachste Annahme ist die des *starren Körpers*; d. h. alle Teile sollen unveränderliche Entfernung voneinander haben und diese auch bei Einwirkung beliebig großer Kräfte unverändert behalten. Annähernd sind solche „starre" Körper durch die im gewöhnlichen Sinne *festen* Körper verwirklicht.

    Diese Annahme führt zu zwei wichtigen Folgerungen: 1. Die Unwesentlichkeit des *Angriffspunktes* der Kräfte, d. h. zwei gleich große und gleich gerichtete Kräfte auf derselben Wirkungslinie sind gleichwertig, und 2. Je zwei Kräfte können summiert werden, und zwar — wenn sich die Wirkungslinien im Endlichen schneiden — nach dem Parallelogrammgesetz (**17**); und wenn sie sich im Unendlichen schneiden (d. h. parallel sind), durch einen sogleich anzugebenden Kunstgriff. Schneiden sie sich im Endlichen, so werden beide Kräfte an den gemeinsamen Schnittpunkt (gleichgültig, ob dieser dem Körper angehört oder nicht) verschoben und wie üblich summiert. Sind sie parallel, wie $\mathfrak{K}_1$ und $\mathfrak{K}_2$ in Abb. 25, so füge man zwei beliebige gleich große und entgegengesetzt gerichtete Kräfte $\mathfrak{T}$, $-\mathfrak{T}$ in einer beliebigen Transversalen hinzu und bilde die Summen $\mathfrak{Q}_1 = \mathfrak{K}_1 + \mathfrak{T}$; $\mathfrak{Q}_2 = \mathfrak{K}_2 - \mathfrak{T}$; dann ist

$$\mathfrak{Q}_1 + \mathfrak{Q}_2 \equiv \mathfrak{K}_1 + \mathfrak{K}_2 = \mathfrak{K} \quad \text{und} \quad \boxed{K_1 + K_2 = K,} \tag{59}$$

wodurch der Betrag von $\mathfrak{K}$ als algebraische Summe von K_1 und K_2 gegeben ist. Die Ähnlichkeit der beiden in Abb. 25 gleichsinnig schraf-

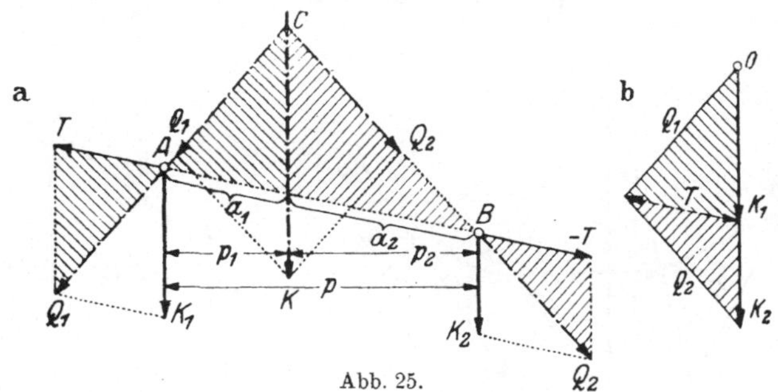

Abb. 25.

fierten Dreieckspaare liefert sogleich die Beziehung

$$\frac{K_1}{K_2} = \frac{a_2}{a_1} = \frac{p_2}{p_1}, \quad \text{oder} \quad \boxed{K_1 p_1 = K_2 p_2.} \tag{60}$$

Diese Beziehung ist (wie die in Beispiel 5) nichts anderes als der Momentensatz für irgendeinen Punkt von $\mathfrak{K}$. Durch (59) und (60) sind Größe und Ort der *Summe* $\mathfrak{K}$ der beiden parallelen Kräfte $\mathfrak{K}_1$ und $\mathfrak{K}_2$ gegeben.

Während also die Zeichnung des Kräftedreiecks für parallele Kräfte unmöglich wird, behalten der Projektions- und der Momentensatz unverändert ihre Geltung, worauf ihre Bedeutung für die Statik der ebenen Kräftegruppen beruht.

31. Das Seileck. Das eben beschriebene Verfahren würde bei einer größeren Anzahl von Kräften unübersichtlich werden und wird daher praktisch durch das folgende ersetzt, wobei die schon in **26** besprochene Seileckfigur herangezogen wird. Das Verfahren ist durch Abb. 26 gegeben. Größe und Richtung der Summe $\mathfrak{K}$ einer Anzahl von Kräften ist, wie man unmittelbar durch Zeichnung der aufeinanderfolgenden Kräftedreiecke erkennt, durch die Schlußlinie des *Kraftecks* gegeben, das seitlich als eine besondere Figur — der *Kräfteplan* — angelegt wird; für die Größe und Richtung der Summe von n Kräften gilt jedenfalls die Vektorgleichung

$$\boxed{\mathfrak{K} = \mathfrak{K}_1 + \mathfrak{K}_2 + \cdots + \mathfrak{K}_n = \sum_{i=1}^{n} \mathfrak{K}_i,} \tag{61}$$

genau so, als ob die Kräfte alle durch einen Punkt gehen würden.

Zur Festlegung der Lage von $\Re$ im *Lageplan* (links) ist die Kenntnis *eines* Punktes der Wirkungslinie von $\Re$ notwendig, der sich in folgender Weise ergibt. Man wähle im Kräfteplan einen Punkt P als *Pol* und zerlege jede Kraft $\Re_1$, $\Re_2$, ... usw. in zwei Teilkräfte, die nach den Verbindungslinien der Eckpunkte 0, 1, 2, ... mit P wirken, hat also nach den Bezeichnungen der Abb. 26

$$\Re_1 = \mathfrak{T}_0 + \mathfrak{T}_1, \quad \Re_2 = -\mathfrak{T}_1 + \mathfrak{T}_2, \quad \Re_3 = -\mathfrak{T}_2 + \mathfrak{T}_3, \quad \Re_4 = -\mathfrak{T}_3 + \mathfrak{T}_4;$$

dann folgt zunächst

$$\Re = \Re_1 + \Re_2 + \Re_3 + \Re_4 = \mathfrak{T}_0 + \mathfrak{T}_4. \tag{62}$$

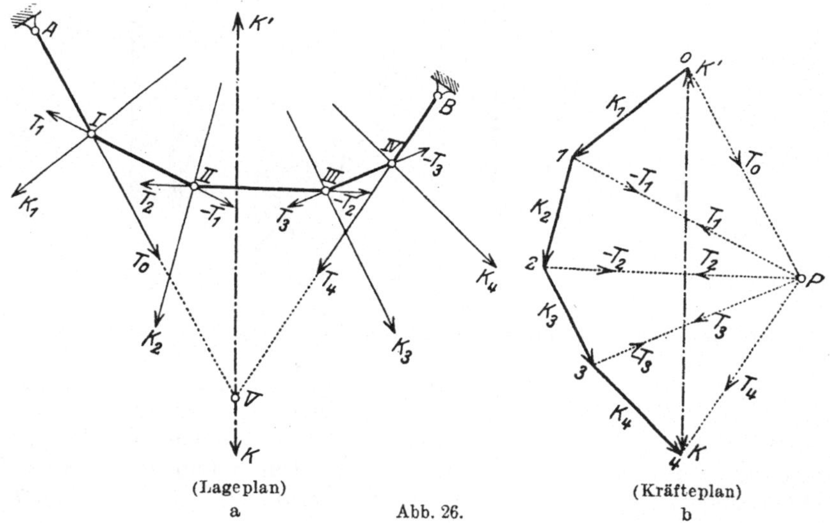

Abb. 26.

Soll jede Kraft $\Re_i$ durch je zwei solche Teilkräfte $-\mathfrak{T}_{i-1}$, $\mathfrak{T}_i$ tatsächlich ersetzt werden, so müssen sich diese im Lageplan auf $\Re_i$ schneiden und zu den bez. Kräften des Kräfteplans parallel sein. Man wähle daher auf $\Re_1$ einen beliebigen Punkt I und ziehe nacheinander die Parallelen zu den Strahlen des Kraftecks, wodurch man das „*Seileck*" I, II, III, IV und im Schnitt von $\mathfrak{T}_0$ und $\mathfrak{T}_4$ einen Punkt der Summe $\Re$ erhält, da sich die anderen Teilkräfte paarweise tilgen. Man erkennt unmittelbar, daß der in Abb. 26 stark gezogene Linienzug die Gleichgewichtsfigur eines Seiles darstellt, das in den Punkten I, II, III, IV durch die Kräfte $\Re_1, \Re_2, \Re_3, \Re_4$ belastet ist und dessen in den Endstrahlen liegenden Stücke in irgendwelchen Punkten A und B befestigt sind.

Dieses Verfahren bleibt auch für parallele Kräfte unverändert in Geltung, nur fällt für solche das Krafteck 0, 1, 2, ... in eine einzige Gerade zusammen.

Ein besonderes Seileck ergibt sich, wenn man den Pol P, dessen Lage ja vollständig willkürlich ist, mit dem Anfangspunkt 0 des Kräfteplans zusammenfallen läßt. Die einzelnen Seilstrahlen $\overline{01}, \overline{02}, \overline{03}, \ldots$ geben dann offenbar die Teilsummen $\Re_1, \Re_1 + \Re_2, \Re_1 + \Re_2 + \Re_3, \ldots$ an, und das zugehörige Seileck enthält in seinen

Seilstrahlen gerade die Wirkungslinien dieser Teilsummen. Solche Seilecke werden als *Mittelkraftlinien* bezeichnet und in der Baustatik verwendet.

32. Kräftepaar und Moment. Die einzige Ausnahme, bei der das Verfahren des Seilecks *nicht* zu einer bestimmten Summe führt, tritt ein, wenn zwei gleich große, entgegengerichtete Kräfte zusammenzusetzen sind, die ein sog. *ebenes Kräftepaar* bilden (Abb. 27). Das Krafteck für solche Kräfte ist zwar geschlossen, die ersten und letzten Strahlen des Seilecks für irgendeinen Pol P sind aber parallel zueinander. Es wird also das gegebene Kräftepaar $\mathfrak{K}$, $-\mathfrak{K}$ mit Hilfe der Seileck-Konstruktion durch zwei andere Kräfte $\mathfrak{T}_0$, $-\mathfrak{T}_0$ ersetzt, die wieder ein ebenes Kräftepaar bilden, das dem ursprünglichen gleichwertig ist. Die Ähnlichkeit der beiden schraffierten Dreiecke in Abb. 27 liefert sofort die Gleichung

$$\boxed{Ka = T_0\, b = M\,.} \tag{63}$$

Das Produkt Ka wird als das *Moment M des Kräftepaares* bezeichnet; bildet man die Summe der Momente der beiden Kräfte $\mathfrak{K}$, $-\mathfrak{K}$ dieses Paares für irgendeinen Punkt der Ebene, so erhält man immer den gleichen Wert. Wir zählen dieses Moment *positiv*, wenn sein Drehsinn der

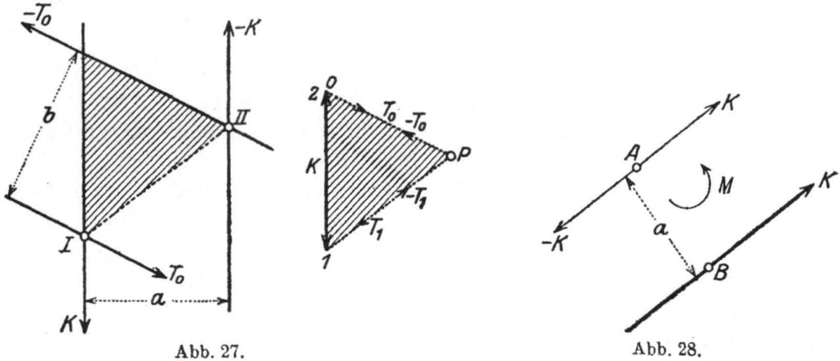

Abb. 27.   Abb. 28.

positive ist (wie in Abb. 27), sonst negativ. Aus der Gl. (63) können wir daher schließen, daß aus dem gegebenen Kräftepaar (je nach der Wahl der Punkte P und I) ∞^3 weitere Kräftepaare abgeleitet werden können, die alle mit den gegebenen gleichwertig sind, wofür lediglich die Gleichheit der Momente (einschließlich des Vorzeichens!) maßgebend ist.

Hat man die Summe aus einer Kraft $\mathfrak{K}$ und einem Kräftepaar vom Momente M zu bilden (Abb. 28), so genügt es, M durch zwei Kräfte $\mathfrak{K}$, $-\mathfrak{K}$ darzustellen, deren Größe gleich der gegebenen Einzelkraft ist, und zwar so, daß $M = Ka$, also $a = M/K$ wird. Durch Verdrehung dieses Kräftepaares in die Lage nach Abb. 28 ergibt sich mittelbar, daß das Hinzutreten des Kräftepaares eine Parallelverschiebung von $\mathfrak{K}$ um den Abstand $a = M/K$ mit sich bringt, und zwar — im Sinne von $\mathfrak{K}$ gesehen — nach *rechts, wenn M positiv ist.*

Ferner folgt unmittelbar: *Beliebig viele Kräftepaare in der Ebene geben wieder ein Kräftepaar, dessen Moment der algebraischen Summe der Momente der gegebenen Kräftepaare gleich ist.*

Die praktische Ausführung dieser Summation von Kräftepaaren erfolgt in der Weise, daß jedes der gegebenen Kräftepaare ($\mathfrak{K}_i$, $-\mathfrak{K}_i$) durch ein anderes ersetzt wird, die alle den gleichen Arm a haben, also gemäß der Gleichung

$$K_i a_i = K_i' a, \quad \text{woraus} \quad K_i' = K_i a_i / a$$

folgt. Die Kräfte $\mathfrak{K}_i'$ liegen dann in zwei parallelen, zu a senkrechten Geraden und können in jeder Geraden zu den (gleichgroßen) Summen

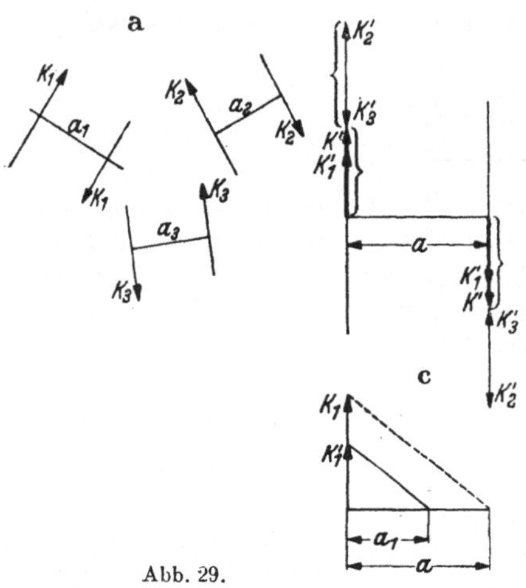

Abb. 29.

$K' = \sum K_i'$ algebraisch addiert werden. ($\mathfrak{K}_i'$, $-\mathfrak{K}_i'$) mit dem Arm a ist dann das gesuchte Kräftepaar. In Abb. 29 ist die Ausführung dieser Konstruktion angedeutet.

33. Zeichnerische Bedingungen für Gleichgewicht. Wenn zu den vier Kräften der Abb. 26 eine fünfte Kraft $\mathfrak{K}'$ hinzugefügt wird, die ihre Summe $\mathfrak{K}$ aufhebt, so sind offenbar die fünf Kräfte $\mathfrak{K}_1, \ldots, \mathfrak{K}_4, \mathfrak{K}'$ im Gleichgewicht. Aus dem Kräfteplan ergibt sich, daß die Kräfte, mit ihren Pfeilen aneinandergefügt, ein *geschlossenes Krafteck* bilden, während das Seileck so beschaffen ist, daß — *für alle Kräfte* — je zwei Seilstrahlen sich auf der zugehörigen Kraftwirkungslinie schneiden, das Seileck also selbst ebenfalls eine *geschlossene* Figur bildet (26). Durch Erweiterung auf eine beliebige (endliche) Zahl von Kräften ergibt sich unmittelbar die Aussage:

Eine ebene Kräftegruppe ist im Gleichgewicht, wenn sowohl das zugehörige Krafteck als auch das zugehörige Seileck für irgendeinen (und daher für jeden beliebigen) Pol P geschlossene Figuren sind.

Das Schließen des Kraftecks bedeutet das Nullsein der Summe der Kräfte, das Schließen des Seilecks das Verschwinden der Momente; für Gleichgewicht muß beides erfüllt sein.

34. Mannigfaltigkeit der Seilecke für eine bestimmte Kräftegruppe. Ist das Krafteck für eine bestimmte Kräftegruppe mit einer bestimmten Reihenfolge der Kräfte festgelegt, so gibt es noch ∞^3 Seilecke, die dazu gezeichnet werden können und die, wie leicht einzusehen, alle auf dieselbe Mittelkraft führen müssen. Denn es kann einerseits der Pol P des Seilecks jede beliebige der ∞^2 Lagen in der Ebene einnehmen, andererseits (wenn der Pol festliegt) noch ein beliebiger Seilstrahl des Seilecks auf ∞^1 Arten gewählt werden. Erst dann sind alle anderen Seilstrahlen bestimmt. Diese für eine bestimmte Kräftegruppe möglichen Seilecke stehen in gewissen Beziehungen zueinander, die wir jetzt kennenlernen wollen.

a) *Seilecke für denselben Pol.* Die eben erwähnte, in der Wahl der ersten (oder irgendeiner anderen) Seileckseite liegende Willkür führt zu ∞^1 verschiedenen Seilecken, deren entsprechende Seiten paarweise parallel sind. Die Schnittpunkte des ersten und letzten Seilstrahls liegen für alle Seilecke auf der Wirkungslinie der Summe $\mathfrak{K}$ der Kräftegruppe.

b) Für *Seilecke*, die für *verschiedene Pole* gezeichnet werden können, gilt der folgende Satz: *Entsprechende Seiten zweier Seilecke, die zwei beliebigen Polen P, P′ des Krafteckes* (Abb. 30 b) *zugehören, schneiden sich*

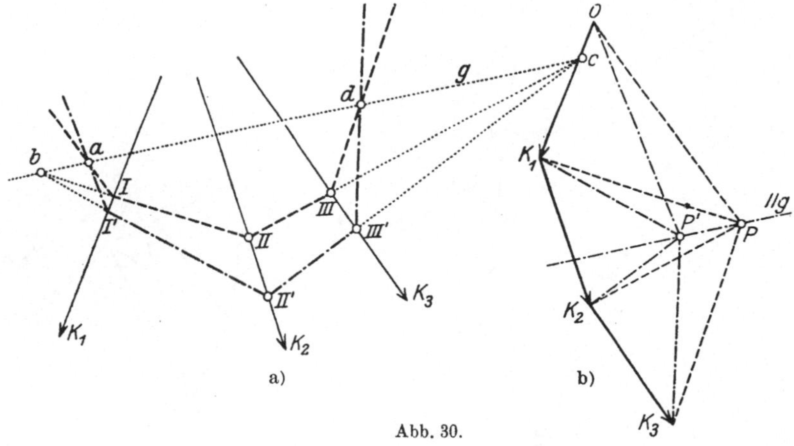

a)   b)

Abb. 30.

in Punkten a, b, c usw., die auf einer zu $\overline{PP'}$ parallelen Geraden g liegen; diese nennt man die zu den Punkten P und P′ gehörige Polare (oder Culmannsche Gerade). Die Strecke $\overline{PP'}$ nennt man die zu den beiden Seilecken gehörige Polverschiebung.

Die Richtigkeit dieses Satzes folgt durch Betrachtung der „vollständigen" Vierecke in Abb. 30, die paarweise zueinander ähnlich sind, wie z. B. das Viereck $OK_1P'P$ rechts zu $II'ba$ links. In beiden Vierecken sind *fünf* Seiten zueinander parallel, daher müssen (wie leicht einzusehen) auch die *sechsten* Seiten parallel sein, also $\overline{ab} \parallel \overline{PP'}$; in ähnlicher Weise folgt für die anderen Kräfte $K_2, K_3, \ldots$ $\overline{bc} \parallel \overline{PP'}$, $\overline{cd} \parallel \overline{PP'}$ usw., d. h. die Punkte $a, b, c, d \ldots$ liegen in einer zu $\overline{PP'}$ parallelen Geraden g.

35. Seileck durch drei vorgegebene Punkte. Die Kenntnis dieses Satzes ermöglicht es, ein Seileck durch drei gegebene, nicht in einer Geraden liegende Punkte A, B, C zu legen, eine Aufgabe, die in den Anwendungen (**43**, Beispiel 23, Dreigelenk) auftritt. Zur eindeutigen Kennzeichnung dieser Aufgabe ist dabei nötig, die Zuordnung der Seilstrahlen zu den Punkten A, B, C festzulegen, d. h. festzusetzen, daß etwa der *erste*

Strahl des gesuchten Seileckes durch A, der *zweite* durch B, der *letzte* durch C gehen soll.

Die Lösung der Aufgabe geschieht nach Zeichnung des Krafteckes durch zweimalige Anwendung des eben bewiesenen Satzes nach folgender Vorschrift, die für eine beliebige Anzahl von Kräften entsprechend zu ergänzen ist (Abb. 31):

1. Der Pol P wird beliebig gewählt und das zugehörige Seileck I, II, III so gezeichnet, daß der erste Strahl durch A geht.

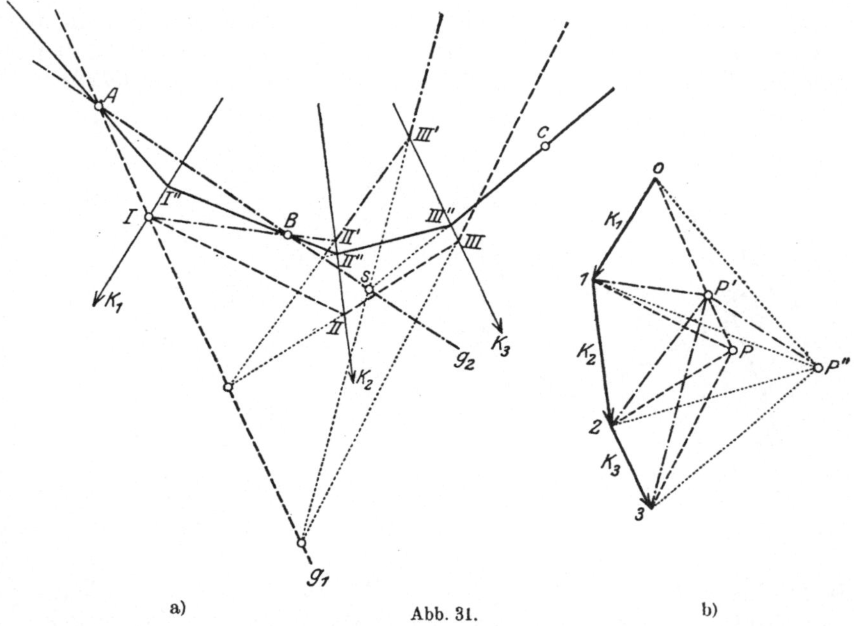

a)   Abb. 31.   b)

2. Durch A wird die „Polare" g_1 beliebig angenommen, am einfachsten mit $\overline{AI}$ zusammenfallend, ferner das Seileck I, II' III' so gezeichnet, daß der Strahl I, II' durch B geht. Die zugehörige „Polverschiebung" ist $\overline{PP'} \parallel g_1$.

3. Durch A und B wird eine zweite Polare g_2 gelegt und ein drittes Seileck so gezeichnet, daß dessen letzter Seilstrahl durch C und den Schnittpunkt s des entsprechenden Strahles des zweiten Seileckes mit g_2 geht, die zugehörige Polverschiebung ist $\overline{P'P''} \parallel g_2$. Das Seileck III'', II'', I'' (in dieser Folge zu zeichnen!) ist das gesuchte, und P'' ist der zugehörige Pol.

Andere Lösung: Sind zunächst nur zwei Kräfte $\Re_1$, $\Re_2$ vorgegeben, so zeichnen wir ihre Summe $\Re$, und es läuft die Aufgabe, das Seileck durch die drei Punkte A, B, C zu legen, auf die folgende elementargeometrische Frage hinaus (Abb. 32): Gegeben drei Gerade $\Re_1$, $\Re_2$, $\Re$, die sich in einem Punkte O schneiden, und drei Punkte A, B, C; es ist ein Dreieck zu zeichnen, dessen Seiten durch je einen Punkt A, B, C

hindurchgehen und sich paarweise auf den gegebenen Geraden $\mathfrak{K}_1$, $\mathfrak{K}_2$, $\mathfrak{K}$ schneiden.

Die in Abb. 32 dargestellte Lösung ergibt sich am einfachsten durch die folgende räumliche Deutung (Abb. 33): $\mathfrak{K}_1$, $\mathfrak{K}_2$, $\mathfrak{K}$ seien die drei Achsen

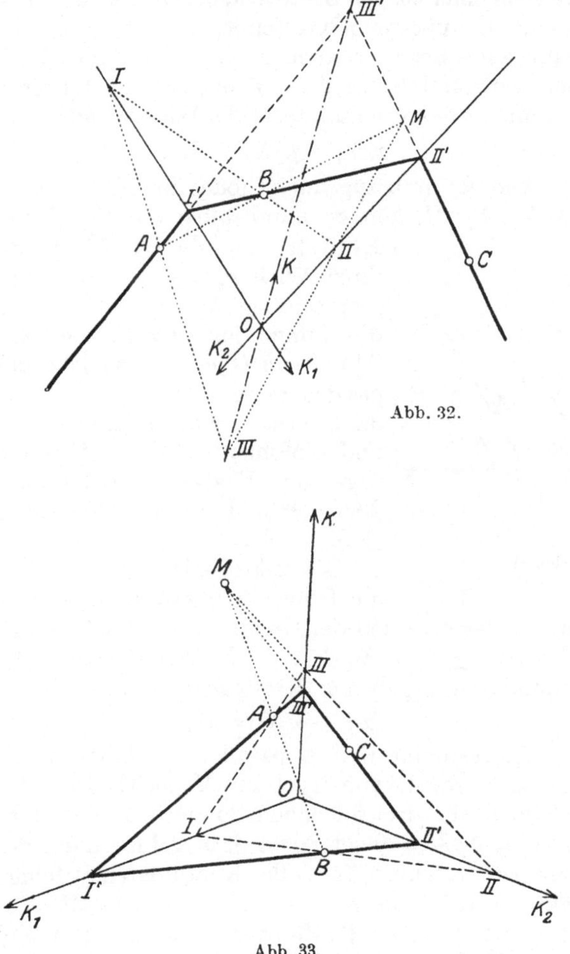

Abb. 32.

Abb. 33.

eines Dreikants und A, B, C drei Punkte in den Ebenen dieses Dreikants in axonometrischer Projektion. Die Spuren der durch A, B, C gelegten Ebene bilden das gesuchte Seileck. Man lege zuerst durch A und B eine beliebige Ebene und zeichne ihre Spuren $III - I$, $I - II$, $II - III$. Die Spur $II - III$ schneidet die Gerade AB in einem Punkt M, und M mit C verbunden gibt den durch C gehenden Strahl $II' - III'$ des gesuchten Seilecks. Die anderen Strahlen $II' - B$ und $III' - A$ müssen sich auf $\mathfrak{K}_1$ (in I') schneiden.

In Abb. 33 ist diese Konstruktion für die Kräfte $\mathfrak{K}_1$, $\mathfrak{K}_2$ unter Anwendung derselben Bezeichnungen wie in Abb. 32 wiederholt.

4*

Bezüglich der Anwendungen dieser Konstruktionen, die leicht für eine beliebige Anzahl von Kräften erweitert werden können, insbesondere für das Dreigelenk vgl. **43**, Beispiel 23.

36. Rechnerische Ermittlung der Resultierenden und Bedingungen für das Gleichgewicht einer ebenen Kräftegruppe. Die rechnerische Ermittlung der Summe einer Gruppe von n Kräften $\mathfrak{K}_1, \ldots, \mathfrak{K}_n$ in der Ebene erfordert die Einführung eines Bezugssystems O, x, y nach Abb. 34. Seien (X_i, Y_i) die Komponenten von $\mathfrak{K}_i$ ($i = 1, 2, \ldots, n$) nach diesen Achsen und x_i, y_i die Koordinaten eines beliebigen Punktes A_i der Wirkungslinie von $\mathfrak{K}_i$; dann ist

$$x_i Y_i - y_i X_i = M_i, \tag{64}$$

das Moment von $\mathfrak{K}_i$ in bezug auf O (oder in bezug auf die z-Achse). Die Größen X_i, Y_i, M_i können unmittelbar als die „Koordinaten der

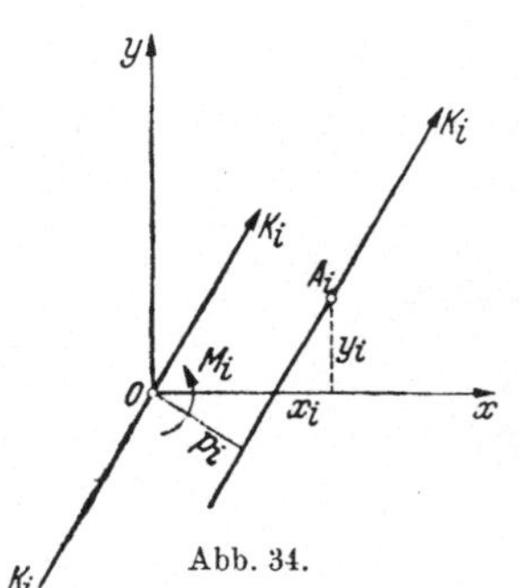

Abb. 34.

Kraft $\mathfrak{K}_i$" und die Gl. (64) als die Gleichung ihrer Wirkungslinie in den rechtwinkligen Koordinaten X_i, Y_i betrachtet werden. Um die Summation auszuführen, füge man nach Abb. 34 in O je zwei (gleiche und entgegengesetzt gerichtete) Kräfte $- \mathfrak{K}_i$, $\mathfrak{K}_i$ hinzu, dann erhält man n Kräfte $\mathfrak{K}_1, \ldots, \mathfrak{K}_n$ in O und n Momente $M_1, \ldots, M_n$ um O; die Addition der Kräfte in O liefert eine Kraft $\Sigma \mathfrak{K}_i = \mathfrak{K}$ und die der Momente ein Moment $\Sigma M_i = M$.

Die vektorielle Addition der Kräfte $\mathfrak{K}_i$, die früher im Kräfteplan geleistet wurde, ist gleichwertig mit der Addition der Komponenten nach den Richtungen x und y; es ist also $\Sigma X_i = X$, $\Sigma Y_i = Y$. Die Gleichung der Wirkungslinie der Summe der gegebenen Kräftegruppe lautet daher

$$xY - yX = M, \tag{65}$$

sie liegt zur Kräftesumme $\mathfrak{K}$ in O parallel, im Abstande M/K von ihr entfernt, und zwar rechts von $\mathfrak{K}$, wenn M positiv ist (**32**).

Hierbei können die drei folgenden Sonderfälle eintreten:

1. Wenn $\mathfrak{K} \neq 0$, $M = 0$ ist, so ist $\mathfrak{K}$ in O die Summe der gegebenen Kräfte; dies tritt offenbar für alle Koordinatensysteme ein, deren Anfangspunkte O auf $\mathfrak{K}$ liegen. — 2. Ist $\mathfrak{K} = 0$, $M \neq 0$, so ist die gegebene Kräftegruppe einem Kräftepaare vom Momente M gleichwertig.

3. Wenn endlich $\mathfrak{K} = 0$ und $M = 0$, d. h. verschwindet sowohl die Einzelkraft als auch das Moment für einen Punkt O, dann haben wir den Fall des *Gleichgewichts* und erhalten den Satz:

Eine ebene Kräftegruppe ist im Gleichgewicht, wenn die Summen der Komponenten der Kräfte nach zwei beliebigen Richtungen und die Summe der Momente um irgendeinen Punkt O der Ebene verschwinden. In Zeichen:

$$\boxed{\begin{aligned} X &\equiv \sum_{i=1}^{n} X_i = 0, \qquad Y \equiv \sum_{i=1}^{n} Y_i = 0, \\ M &\equiv \sum_{i=1}^{n} M_i \equiv \sum_{i=1}^{n} (x_i Y_i - y_i X_i) = 0. \end{aligned}} \tag{66}$$

Wenn nämlich die Bedingungen $X = 0$, $Y = 0$ für irgendein Paar von Achsen in der Ebene erfüllt sind, so besteht die gleiche Bedingung auch für jede andere Gerade der Ebene als Achse, wie man durch Projektion auf diese Gerade leicht feststellt. Und wenn M die Summe der Momente für den Punkt O ist, dann ist sie für einen Punkt O' mit den Koordinaten (a, b)

$$M' = M + bX - aY, \tag{67}$$

wenn daher die. Gln. (66) erfüllt sind, so ist auch $M' = 0$ für jeden anderen Punkt O' der Ebene.

Die drei „Gleichgewichtsbedingungen" (66) gestatten *drei* unbekannte Größen zu bestimmen. Sind bei einer vorgegebenen Aufgabe ebenso viele Unbekannte vorhanden, so reichen die Gln. (66) aus, und wir haben ein „statisch bestimmtes" System vor uns. Ist die Zahl der Unbekannten größer als die Zahl der zur Verfügung stehenden Gleichungen, so spricht man von „statisch unbestimmten" Systemen. Zu deren Behandlung reicht die Statik der starren Körper nicht aus, es müssen weiter reichende Hilfsmittel, und zwar die der Elastizitätstheorie herangezogen werden. — Wenn die Gleichgewichtsstellung *bekannt* ist, so sind die Unbekannten nur *Kräfte*, und zwar einerseits solche, die zur Herstellung des Gleichgewichts erforderlich sind, andererseits *Auflagerkräfte*. Ist jedoch die Gleichgewichtsstellung unbekannt, so sind die Unbekannten *sowohl Lagenkoordinaten* der Körper (Längen, Koordinaten, Winkel u. dgl.) *als auch Auflagerkräfte*, die der Art der Auflagerung entsprechend einzuführen sind. Bei statisch bestimmten Systemen können Auflagerkräfte nur bei Vorhandensein von eingeprägten Kräften auftreten.

37. Eindeutige Zerlegungsaufgaben. Die Zerlegung einer Kraft $\mathfrak{K}$ in Teilkräfte ist nur in den folgenden Fällen eindeutig bestimmt:

a) *Zerlegung in zwei Teilkräfte*, deren Richtungen gegeben sind und sich auf $\mathfrak{K}$ schneiden. Liegt der Schnittpunkt der zwei Kräfte, in die $\mathfrak{K}$ zerlegt werden soll, im Endlichen, so ergeben sich die Teilkräfte durch Zeichnung des Kräftedreiecks nach Abb. 4. Wenn jedoch der Schnittpunkt ins Unendliche fällt, die zu suchenden Teilkräfte also zur gegebenen Summe parallel sind, dann versagt diese einfache Zerlegung, und es müssen diese Teilkräfte auf andere Weise, etwa mit Hilfe des Seilecks durch Umkehrung der in **30** gegebenen Konstruktion oder

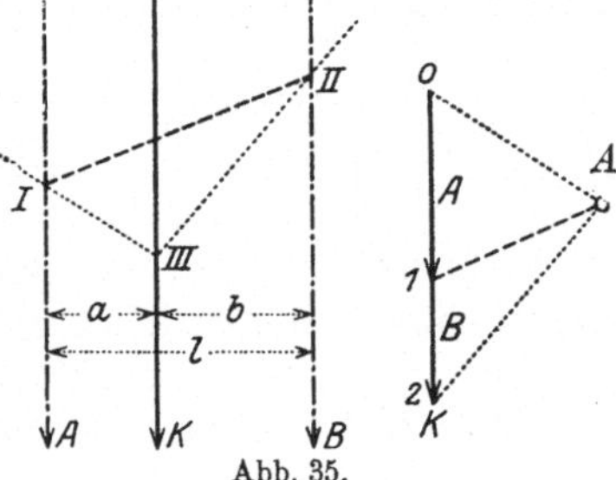

Abb. 35.

durch Rechnung gefunden werden. Hierzu mache man in Abb. 35 $\overline{0\,2} = \mathfrak{K}$ und ziehe mit Hilfe eines beliebig gewählten Poles P die Parallelen zu den Strahlen $\overline{P0}$ und $\overline{P2}$ durch einen auf $\mathfrak{K}$ willkürlich gewählten Punkt III. Diese treffen die gegebenen Wirkungslinien in I und II, und die Parallele zu $I - II$ durch P schneidet auf $\overline{0\,2}$ die Teilkräfte $\mathfrak{A}$ und $\mathfrak{B}$ aus. Und zwar ist im Kräfteplan $\mathfrak{A}$ jene Strecke auf $\mathfrak{K}$, für welche die Parallelen zu den Verbindungsstrahlen der Endpunkte mit P sich im Lageplan auf der Wirkungslinie $\mathfrak{A}$ schneiden, es ist also $\overline{0\,1} = A$ und $\overline{1\,2} = B$. Diese Methode ist auch dann ohne weiteres anwendbar, wenn die *Summe einer Gruppe von beliebig vielen Parallelkräften* $\mathfrak{K}_i$ in zwei parallele Teilkräfte $\mathfrak{A}$ und $\mathfrak{B}$ in gegebenen Wirkungslinien zu zerlegen ist.

Ein Weg, um diese Zerlegung ohne Seileck zeichnerisch durchzuführen, ist in Abb. 36 dargestellt. Man trage $\mathfrak{K}$ auf der eigenen Wirkungslinie (in einem passend gewählten Maßstabe) auf und ziehe durch die Endpunkte zwei beliebige Parallele. Jede Diagonale in dem so entstehenden Parallelogramm schneidet auf K die Teilkräfte A und B aus; die Verwertung der Ähnlichkeit der entstehenden Dreiecke führt unmittelbar zum Beweis für die Richtigkeit dieser Konstruktion, und zwar auf den Momentensatz für einen auf A oder B gelegenen Momentenpunkt.

Mit Hilfe dieses Momentensatzes für einen Punkt auf B oder A ergeben sich nach den Bezeichnungen der Abb. 35 die Teilkräfte aus der

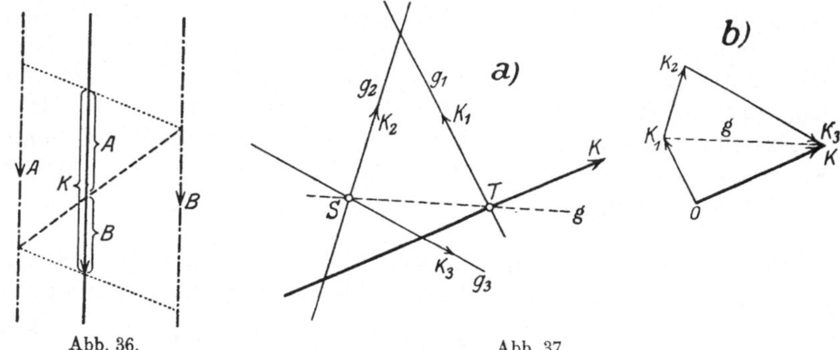

Abb. 36.   Abb. 37.

Forderung der Gleichwertigkeit (Äquivalenz) durch Rechnung in der Form

$$\boxed{A = K\,\frac{b}{l}, \qquad B = K\,\frac{a}{l}}, \qquad A + B = K. \tag{68}$$

b) *Zerlegung in drei Teilkräfte* nach drei Wirkungslinien, die nicht durch einen (im Endlichen oder Unendlichen liegenden) Punkt gehen.

Sind g_1, g_2, g_3 in Abb. 37a) die gegebenen Geraden, nach denen die gegebene Kraft $\mathfrak{K}$ zu zerlegen ist, und bezeichnet man die gesuchten Kräfte in diesen Linien mit $\mathfrak{K}_1$, $\mathfrak{K}_2$, $\mathfrak{K}_3$, so hat man nur zu beachten, daß die Summe $\mathfrak{K}_{23} \equiv \mathfrak{K}_2 + \mathfrak{K}_3$ durch den Schnitt S von g_2 und g_3 hindurchgehen muß. Da aber $\mathfrak{K}_{23} + \mathfrak{K}_1 = \mathfrak{K}$ sein soll, hat man $\mathfrak{K}$ nach g_1 und der Verbindungslinie g von T (Schnitt von K und g_1) und S zu zerlegen, um zunächst $\mathfrak{K}_1$ und $\mathfrak{K}_{23}$ und durch weitere Zerlegung von $\mathfrak{K}_{23}$ nach den Richtungen g_2 und g_3 auch $\mathfrak{K}_2$ und $\mathfrak{K}_3$ selbst zu erhalten.

Jede Zerlegung in mehr als drei Teilkräfte ist unbestimmt und erfordert jeweils weitere Festsetzungen.

Beispiel 11. Man zeige, daß die Zerlegung b) auf dreifache Weise ausführbar ist und daß sich dabei immer dieselben Werte für $\Re_1$, $\Re_2$ und $\Re_3$ ergeben.

Beweis: Angenommen, es gäbe zwei verschiedene Zerlegungen, dann müßte ihre Differenz einer Kraft Null gleichwertig, also im Gleichgewichte sein; für drei Kräfte, deren Wirkungslinien nicht durch einen Punkt gehen, ist dies unmöglich.

38. Auflagerkräfte. Formen der Auflager. Für die in der technischen Mechanik vorkommenden Probleme, die stets *gestützte* oder *geführte* Körper betreffen, handelt es sich nicht nur um die Auffindung der *Gleichgewichtslagen*, sondern außerdem noch um die Ermittlung der auftretenden *Auflagerkräfte*, die durch gegebene eingeprägte Kräfte (Lasten) hervorgerufen werden. In vielen Fällen ist die Gleichgewichtslage von vornherein gegeben, und es handelt sich dann nur um die Bestimmung von Auflagerkräften.

Zur Kennzeichnung der an jeder Auflagerstelle entstehenden Reaktion ist die Angabe von *einer, zwei* oder *drei* Größen (Kräftekomponenten oder Momente) erforderlich. — In Abb. 38 1) bis 22) ist eine Übersicht über die auftretenden Möglichkeiten gegeben; es sind dabei die folgenden Fälle zu unterscheiden:

I. Die Auflagerkraft D ist *durch eine Größe gegeben.*

a) *Bewegliche Auflagerung.* Die Abb. 38 1) bis 4) gelten für die *Stützungen* (Berührungen) *glatter Körper*, die dadurch gekennzeichnet sind, daß in der Richtung der gemeinsamen Berührungsebene keinerlei

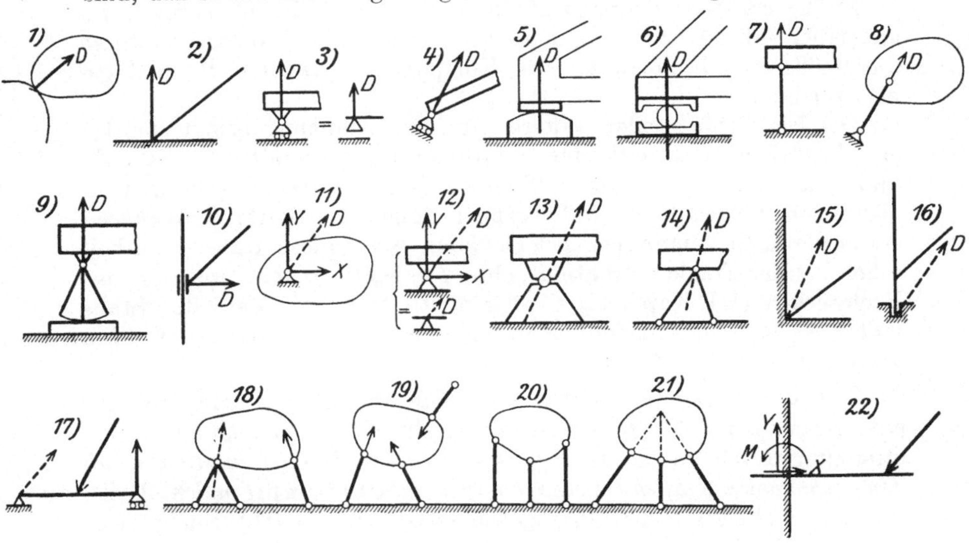

Abb. 38.

Kräfte auftreten können: *D ist also in allen diesen Fällen senkrecht zur gemeinsamen Berührungsebene anzusetzen.* 5) und 6) geben solche Formen dieser Auflagerung, wie sie technischen Ausführungen entsprechen, und zwar nennt man 5) ein *Gleitlager*, 6) ein *Rollenlager*.

b) *Pendelstütze* nach 7) und 8), technische Ausführung nach 9): D ist in der Richtung der Stütze anzunehmen.

c) *Gleithülse* (Ringlager, Halslager) nach 10): D fällt in die Normale zur Verschiebungsrichtung der Hülse.

II. *D ist durch zwei Größen gegeben.*

d) *Gelenk* nach 11) und 12), technische Ausführung nach 13). Die Gelenkkraft wird durch zwei Teilkräfte, etwa nach der Waagerechten und Lotrechten (X, Y), angegeben; sie ist in den Abbildungen gestrichelt angegeben. Ebenso

e) Die *Doppelstütze* nach 14), die

f) *Eckenstützung* nach 15) und

g) *die Stützung in einem Zapfen* (Fußlager) nach 16) verhalten sich statisch wie Gelenke.

III. *Feste Stützungen.* Da die Zahl der Gleichgewichtsbedingungen drei beträgt, so bedeutet das Hinzutreten einer dritten Auflagerbedingung bereits die vollkommene *Festlegung* des Körpers.

h) Ein *Gelenk und ein bewegliches Auflager* nach 17).

i) *Dreifache Pendel*stützung nach 18) und 19); die Zerlegung einer Kraft nach diesen drei Stützen ist möglich, wenn die Richtungen dieser drei Stützen nicht durch einen Punkt hindurchgehen. Ist diese Bedingung nicht erfüllt, so erhalten wir eine „wackelige" (labile) Stützung nach 20) und 21), die bei technischen Ausführungen zu vermeiden ist (vgl. **43**).

k) Die *Einspannung* nach 22) kann als Grenzfall von 17) für ineinanderrückende Stützpunkte angesehen werden und wird statisch durch die Größen X, Y, M, d. h. zwei Komponenten und ein Moment gekennzeichnet.

Die Einführung jeder weiteren Auflagerbedingung bringt für den einzelnen Körper bereits eine „statische Unbestimmtheit" mit sich, und zwar spricht man von *äußerer* statischer Unbestimmtheit, wenn diese von überzähligen Auflagerbedingungen herrührt; von *innerer* statischer Unbestimmtheit jedoch dann, wenn diese Unbestimmtheit schon bei der Tragkonstruktion „ohne Auflager" besteht, was z. B. bei Fachwerken (III. Kap., **44**) dann eintritt, wenn die Zahl der Stäbe *größer* ist, als zur Verbindung der Knoten zu einem starren Ganzen unbedingt erforderlich wäre.

Sind die Auflagerkräfte mit einer der Art der einzelnen Auflager entsprechenden Zahl von Unbekannten eingeführt, so folgt deren Bestimmung durch die Forderung, *daß diese Unbekannten zusammen mit den eingeprägten Kräften* (Lasten) *eine Gleichgewichtsgruppe bilden.* Dabei kommen rechnerisch die Gleichgewichtsbedingungen (66), zeichnerisch die in **26** gegebenen Verfahren zur Anwendung. Ist die Gleichgewichtstellung unbekannt, so kommt i. a. für die Lösung *nur die Rechnung*, bei bekannter Gleichgewichtstellung dagegen kommen beide Methoden in Frage.

39. Beispiele. In *Beispiel 5* ergibt der Momentensatz für den Punkt Q unmittelbar die Bedingung $G_1 a_1 = G_2 a_2$ für das Gleichgewicht des Stabes. Ebenso kann man die Beziehungen $Tl = G_1 a_1 = G_2 a_2$ aus dem Momentensatz um O als Bedingungen für das Gleichgewicht der in A bzw. B angreifenden Kräfte anschreiben, aus denen T folgt.

Beispiel 12. Ein Stab $\overline{AB}$ vom Gewichte G stützt sich auf zwei unter α, β geneigte glatte Ebenen (Abb. 39); gegeben ist ferner $\overline{AS} = a$, $\overline{SB} = b$. Man ermittle den Winkel φ für Gleichgewicht und die Stützkräfte D_1 und D_2.

Eingeprägt ist hier nur das im Schwerpunkte S angreifende Gewicht G. Die Auflagerkräfte D_1, D_2 stehen zu den Ebenen senkrecht, die Gleichgewichtstellung ist durch die Bedingung gekennzeichnet, daß G durch den Schnittpunkt O hindurchgeht. Aus

$$OS = \frac{a \sin (\varphi - \alpha)}{\sin \alpha} = \frac{b \sin (\varphi + \beta)}{\sin \beta}$$

folgt dann unmittelbar

$$\operatorname{ctg} \varphi = \frac{a \operatorname{ctg} \alpha - b \operatorname{ctg} \beta}{a + b} ,$$

und aus dem Kräftedreieck

$$D_1 = G \sin \beta / \sin (\alpha + \beta),$$
$$D_2 = G \sin \alpha / \sin (\alpha + \beta).$$

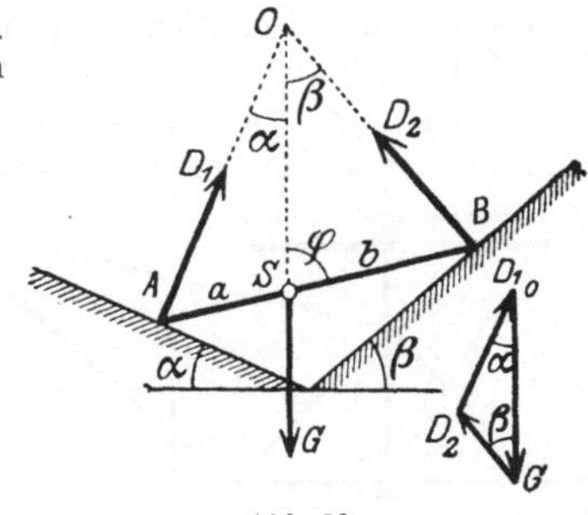

Abb. 39.

Beispiel 13. Freiaufliegender Träger mit $K_1, \ldots, K_n$ belastet, wie z. B. Abb. 40 für drei Kräfte.. Die Auflagerkräfte A, B, die beide lotrecht gerichtet sind, ergeben sich rechnerisch mit Hilfe des Momentensatzes für die Punkte B und A

$$A = \frac{1}{l} \sum_{1}^{n} K_i (l - a_i); \quad B = \frac{1}{l} \sum_{1}^{n} K_i a_i ; \qquad (69)$$

zeichnerisch durch Ermittlung der Summe mit Hilfe des Seilecks und Zerlegung nach **32**. Bezüglich der Bedeutung des Seilecks als Momentenlinie s. **35**. Es ist

$$A + B = \sum_{1}^{n} K_i.$$

Beispiel 14. Als *Zweigelenk* bezeichnet man einen in zwei Gelenken A, B gestützten Körper (Abb. 41); es ist das einfachste Beispiel eines einfach (äußerlich)

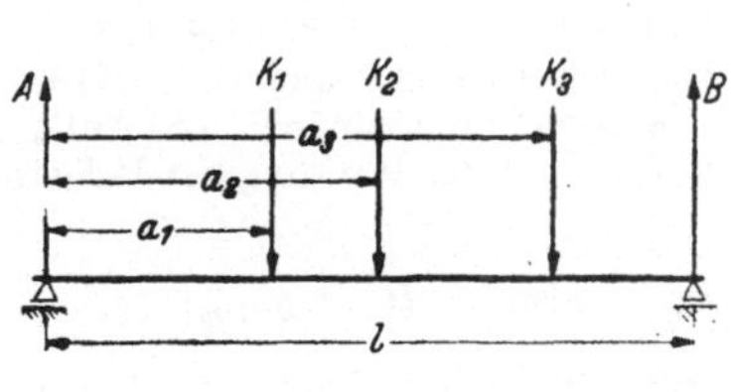

Abb. 40.

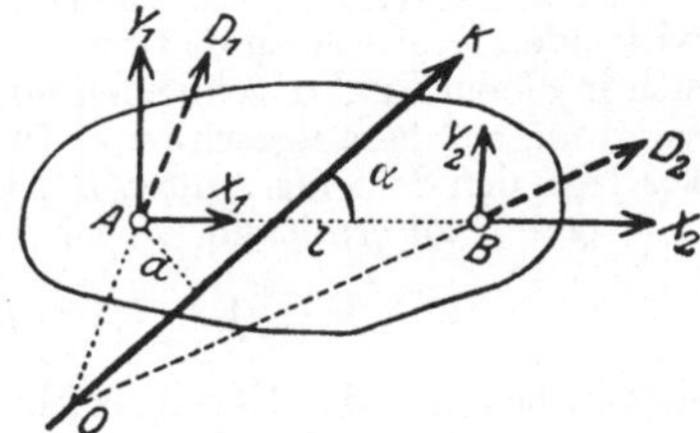

Abb. 41.

statisch unbestimmt gestützten Körpers. Die Gelenkkräfte in A und B sind durch *vier* Komponenten (X_1, Y_1), (X_2, Y_2) dargestellt. Die drei Gleichgewichtsbedingungen

$$\sum X_i = X_1 + X_2 + K \cos \alpha = 0,$$
$$\sum Y_i = Y_1 + Y_2 + K \sin \alpha = 0,$$
$$\sum M_i = K a + Y_2 l = 0$$

geben

$$Y_2 = - K a / l,$$
$$Y_1 = - K \sin \alpha + K a / l,$$

aber nur

$$X_1 + X_2 = - K \cos \alpha ;$$

sie reichen daher *nicht* aus, um alle vier Komponenten der Gelenkkräfte zu bestimmen. Für die *in* der Verbindungslinie $\overline{AB}$ liegenden Komponenten erhalten wir nur den Wert ihrer Summe, aber nicht die einzelnen Summanden. Geometrisch zeigt sich diese Unbestimmtheit darin, daß die Zerlegung von K in zwei Teilkräfte, die durch A und B laufen, für alle möglichen Zerlegungen (je nach Wahl von O auf $\Re$ auf dieselben Werte von $X_1 + X_2$, Y_1, Y_2 führt; diese Größen ($X_1 + X_2$, Y_1, Y_2) nennt man *Invarianten* in bezug auf alle diese möglichen Zerlegungen.

Beispiel 15. Das Gerüst des in Abb. 42 gezeichneten fahrbaren *Krans* ist um eine Säule drehbar, an welche es sich in dem Zapfen B und dem lotrechten

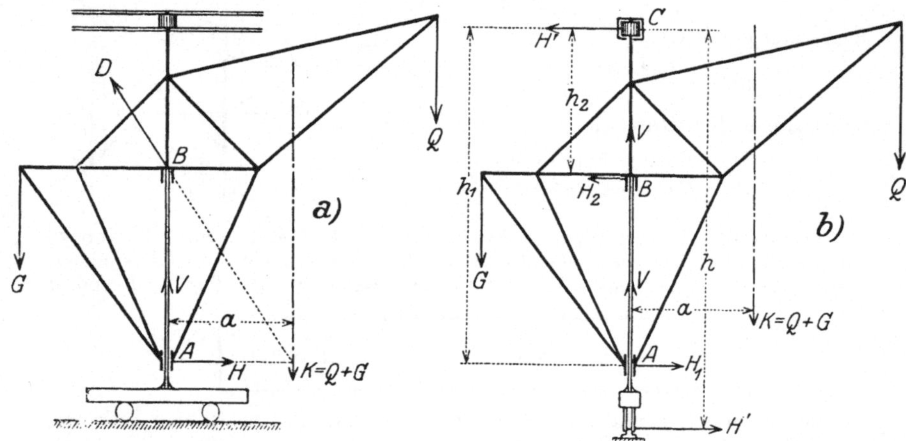

Abb. 42.

Halslager A stützt; der Kran ist mit der Nutzlast Q und dem Gegengewicht G belastet. Die Säule ist auf einen Wagen aufgesetzt, der auf einer Schiene läuft, während das Gerüst oben mittels einer Rolle zwischen zwei $\sqsubset$-Trägern geführt wird.

Steht der Kran parallel zu den Schienen, Abb. 42a, dann sind die auf das Gerüst wirkenden Kräfte so zu bestimmen, daß die Kräfte $K = Q + G$, H in A und D in B sich in einem Punkte schneiden und ein geschlossenes Dreieck bilden. — Wird der Kran um $\pi/2$ herausgeschwenkt (Abb. 42b), dann hat man zunächst die Auflagerkräfte in den Schienen: unten H', V und oben H' unter der Wirkung der Belastung $K = Q + G$ zu ermitteln, wobei

$$V = K = Q + G, \qquad H'h = Ka, \qquad \text{also} \qquad H' = Ka/h;$$

sodann hat man das Gleichgewicht des Auslegers für sich zu betrachten, der in A und B gestützt und außer durch K noch durch H' in C belastet ist. Der Projektionssatz für die Waagerechte und der Momentensatz für C geben die Gleichungen

$$H_1 - H_2 = H' = Ka/h, \qquad H_1 h_1 - H_2 h_2 = Ka.$$

Ihre Auflösung nach H_1, H_2 liefert

$$H_1 = \frac{h - h_2}{h_1 - h_2}\,\frac{a}{h}\,K \quad \text{und} \quad H_2 = \frac{h - h_1}{h_1 - h_2}\,\frac{a}{h}\,K.$$

Die Auflagerkräfte auf das Krangerüst sind dann $-H_1$ in A und $-H_2$, $-V$ in B. Beachte, daß dann auch der Wagen mit der Kransäule AB unter der Wirkung der waagerechten Kräfte $-H_2$ in B, $-H_1$ in A und H' an der unteren Schiene und der lotrechten Kräfte $-V$ in B und V an der unteren Schiene im Gleichgewichte ist. Zeichne die Kräftepläne!

Beispiel 16. Kurbelpresse, Abb. 43. Der Kurbelmechanismus $OABC$ wird zum Antrieb einer Presse verwendet, die zur Herstellung von Näpfen, Hülsen, Flaschen u. dgl. aus Stahl und anderen Werkstoffen dient. In der Abb. 43 ist die Frage gelöst, die Größe der Verformungskraft K zu bestimmen, die einer konstanten Umfangskraft P am Kurbelzapfen A entspricht. — Der Momentensatz für die an der Schubstange $\overline{AB}$ angreifenden Kräfte bezüglich des Drehpunkts Ω liefert die Gleichung

$$PR = KR_1, \quad \text{also} \quad \boxed{K = PR/R_1.}$$

Um die Größe der Kraft K durch Konstruktion zu ermitteln, trage man im $\triangle A\,\Omega\,B$ die Größe von P auf der Seite $\overline{B\Omega}$ auf, ziehe durch den Endpunkt die Parallele zu $\overline{BA}$ und erhält auf der Seite $\overline{A\Omega}$ die Größe von K. In b) ist der Kräfteplan

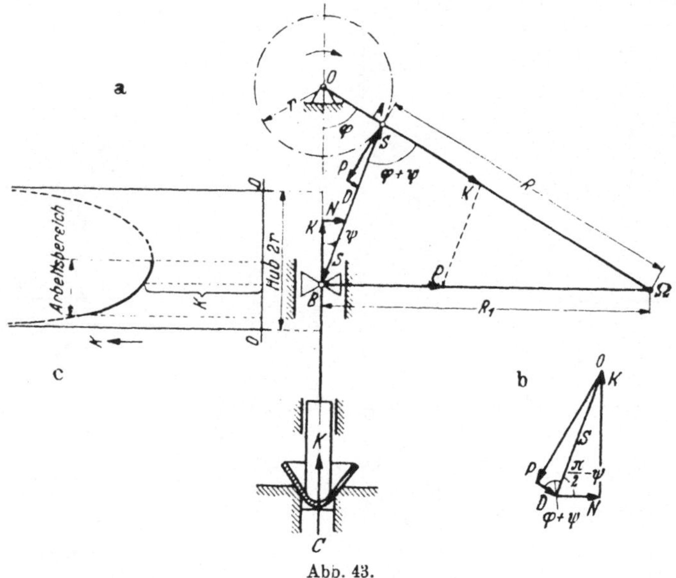

Abb. 43.

gezeichnet, überdies sind auch in a) die beiden Kräftedreiecke für die Punkte A und B in verkleinertem Maßstabe angedeutet. Der Werteverlauf der Preßkraft K in Abhängigkeit von der Lage des Punktes B ist im Schaubild c) aufgetragen. Der eigentliche Arbeitsvorgang setzt etwa in der Mitte des Hubes ein, da von dort an die Verformungskraft K zunimmt.

Aus den Kräftedreiecken erhält man nach Einführung der Winkel φ und ψ:

$$P = S \sin (\varphi + \psi), \quad S = K/\cos \psi,$$

und daraus

$$\frac{P}{K} = \frac{\sin (\varphi + \psi)}{\cos \psi} = \frac{R_1}{R},$$

wie zuvor.

40. Querkraft und Biegemoment. Die Bestimmung der Auflagerkräfte, die wir in den vorhergehenden Abschnitten kennen gelernt haben, stellt den ersten Schritt dar, um die „Beanspruchung eines Trägers" in allen seinen Teilen zu ermitteln. Jede Tragkonstruktion, die in der Technik Verwendung findet, sei es ein Dachstuhl, eine Brücke, ein Kran, Fahrzeug, eine Maschine u. dgl. m., muß so durchgebildet werden, daß der innere Zusammenhang der einzelnen Teile bei allen auftretenden Belastungen gesichert ist; dies wird erreicht, wenn an keiner Stelle der Tragkonstruktion die „Festigkeit des Materials" überschritten wird uud wenn gegen den Eintritt des Bruches noch eine ausreichende „Sicherheit" vorhanden ist.

Zur Entscheidung dieser Frage ist es notwendig, festzustellen, wie die eingeprägten Kräfte — die Lasten — in Verbindung mit der Auflagerung — durch das ganze Bauwerk hindurch übertragen werden. Die Beantwortung führt auf den Begriff der „inneren Kräfte" oder

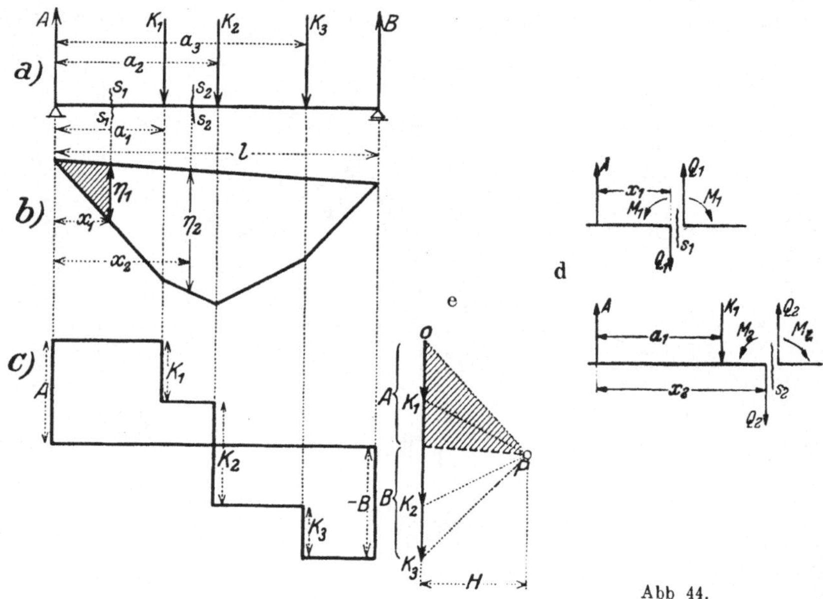

Abb. 44.

„Spannungen", die auf jedes Teilchen der Konstruktion wirken. Die Statik der starren Körper allein kann diese Aufgabe nicht lösen; wohl aber vermag sie, gewisse Summen dieser inneren Kräfte und ihrer Momente über jeden Querschnitt eines stabförmigen Körpers anzugeben, durch die, wie man sagt, dieser Querschnitt „belastet" ist. Wir gelangen so zu den Begriffen *Querkraft* und *Biegemoment*.

Zur Erklärung dieser Begriffe dient die folgende Betrachtung: Man denke sich den stabförmigen Körper (Abb. 44) durch einen „Kontrollschnitt" s_1 in zwei Teile geteilt und das Gleichgewicht jedes Teiles durch Anbringung der hierzu erforderlichen, an der Schnittfläche angreifenden „inneren Kräfte" wieder hergestellt. Diese Bedingung ermöglicht es, die *Resultierende* der längs des Querschnitts übertragenen Kräfte zu bestimmen, aber natürlich nicht deren Verteilung über die Fläche dieses Schnittes[1].

---

[1] Die Bestimmung der inneren Kräfte oder „Spannungen" selbst ist Aufgabe der Festigkeitslehre.

Für den lotrecht belasteten und waagerecht verschieblich gelagerten Träger nach Abb. 44a pflegt man die folgenden Festsetzungen einzuführen:

1. Als *Querkraft* Q_1 bezeichnet man die Summe der in der Ebene des Schnittes wirkenden äußeren Kräfte (und zwar der eingeprägten *und* Reaktionskräfte), die auf den Trägerteil links vom Schnitt wirken; wegen der Gleichgewichtsbedingungen für den abgeschnittenen Trägerteil ist sie offenbar gleich uud entgegengesetzt der Summe der *in* der Querschnittsfläche wirkenden Spannungen. Wir rechnen die Querkraft dann als *positiv*, wenn sie auf den rechten Trägerteil wirkend nach aufwärts gerichtet ist; auf den linken Trägerteil wirkt sie dann nach dem Wechselwirkungsgesetz nach abwärts. Positive Querkräfte werden in der Zeichnung nach aufwärts aufgetragen (Abb. 44c).

2. Als *Biegemoment* M_1 an der Schnittstelle s_1 bezeichnet man die Summe der statischen Momente der links vom Querschnitt wirkenden äußeren Kräfte (wieder der eingeprägten und Reaktionskräfte) mit Bezug auf den Schwerpunkt des Querschnitts von s_1. Dieses muß gleich sein der Summe der Momente der *normal* zu den einzelnen Flächenelementen des Querschnittes übertragenen Spannungen mit Bezug auf den Mittelpunkt (Schwerpunkt) der betreffenden Querschnittsfläche. Das Biegemoment wird dann als *positiv* bezeichnet, wenn es vom linken auf den rechten Trägerteil nach rechts drehend wirkt; auf den linken Trägerteil wirkt ein positives Moment linksdrehend. In der Zeichnung werden positive Momente nach abwärts aufgetragen (Abb. 44b).

Für die Ermittlung der Beanspruchung ist der Verlauf der Querkräfte und Biegemomente längs des ganzen Trägers von Interesse, die durch die *Querkraftlinie* (Q-Linie) und die *Momentenlinie* (M-Linie) gegeben werden. Für ihre Aufzeichnung hat man wie folgt vorzugehen:

Zunächst werden die Auflagerkräfte A, B in der früher dargelegten Weise bestimmt; also entweder durch Zeichnung mittels des Seilecks oder durch Rechnung mittels des Momentensatzes; weiterhin werden die Auflagerkräfte A, B ganz so wie eingeprägte Kräfte behandelt.

Für den nach Abb. 44a durch die Kräfte K_1, K_2, K_3 belasteten Träger ergibt sich somit für den Schnitt s_1 im ersten Felde:

die Querkraft $Q_1 = A$ und das Biegemoment $M_1 = A x_1$.

Für den Schnitt s_2 im zweiten Felde ist:

die Querkraft $Q_2 = A - K_1$ und das Biegemoment

$$M_2 = A x_2 - K_1(x_2 - a_1) = Q_2 x_2 + K_1 a_1, \text{ usw.}$$

(Die Belastung dieser beiden Schnitte ist in Abb. 44d) besonders herausgezeichnet. Allgemein erhält man für den Schnitt s_n durch das „n-te Feld":

$$Q_n = A - \sum_{i=1}^{n-1} K_i, \tag{70}$$

$$M_n = A x_n - \sum_{i=1}^{n-1} K_i(x_n - a_i) = Q_n x_n + \sum_{i=1}^{n-1} K_i a_i. \tag{71}$$

Für Einzellasten ist die Q-Linie nach Abb. 44 eine unstetige, treppenartige Kurve, deren Ordinate an jeder Laststelle um den Betrag der betreffenden Kraft „springt"; man kann daher für den Fall der Belastung durch Einzelkräfte nur von einer *Querkraft „knapp links"* oder *„knapp rechts"* von der Einzellast sprechen.

Nun gilt der wichtige Satz, daß die M-Linie gar nicht besonders konstruiert zu werden braucht, sondern unmittelbar durch das Seileck gegeben ist, das zur Ermittlung der Auflagerkräfte A, B gedient hat, und zwar durch die lotrechten Ordinaten (η) der durch die Seileckfigur und ihre Schlußlinie begrenzten Fläche. Diese Beziehung folgt unmittelbar aus der Ähnlichkeit der in Abb. 44a) und e) schraffierten Dreiecke.

Es sei hier noch bemerkt, daß auch im *allgemeinen* Fall, d. h. bei beliebiger räumlicher Verteilung der äußeren Kräfte, solche Kontrollschnitte betrachtet und bei der Bildung der auf den Querschnittsschwerpunkt bezogenen Resultierenden weitere Kräfte- und Momentensummen — und zwar *Längskraft und Drehmoment um die Stabachse* — eingeführt werden müssen.

41. Einführung der Maßstäbe.   Um aus diesen Strecken $\eta, \ldots$ die Biegemomente abzulesen, ist die Festsetzung des *Maßstabes* erforderlich, mit dem diese „Strecken" zu multiplizieren sind, um „Biegemomente" zu ergeben. Hierbei ist zu bemerken, daß die Trägerfigur selbst — der Lageplan — in einem bestimmten *Längenmaßstab*, und der Kräfteplan in einem *Kräftemaßstab* zu zeichnen sind; ferner ist die Polweite H in cm von geeigneter Größe zu wählen. Die Größen x, A selbst und ihre Darstellungsgrößen $X, \underline{A}$, sind dann durch die *Maßstabsgrößen* m_L, m_K miteinander verknüpft, und zwar ist

$$x = m_L X., \quad A = m_K \underline{A};$$

Die Maßstabsgrößen sind dabei durch Ausdrücke von folgender Form gegeben

$$m_L = \frac{\ldots \mathrm{cm}}{1\,\mathrm{cm}}, \quad m_K = \frac{\ldots \mathrm{kg}}{1\mathrm{cm}}; \tag{72}$$

sie geben die Anzahl der Einheiten der betreffenden Größe an, die in der Zeichnung durch 1 cm dargestellt wird. (Die Darstellungsgrößen, die *immer* in cm ausgedrückt sind, werden mit großen Buchstaben, oder, falls diese schon verbraucht sind, durch *Unterstreichen* bezeichnet.)

Aus der Ähnlichkeit der schraffierten Dreiecke im Kräfteplan und Seileck (Abb. 44b und e) folgt (da die geometrischen Ähnlichkeiten nur für die Darstellungsgrößen gelten!):

$$\underline{A} : H = Y_1 : X_1, \quad \text{daher} \quad \underline{A} X_1 = H Y_1.$$

Das Biegemoment ist dann gegeben durch

$$M_1 = A x_1 = m_K \underline{A} \cdot m_L X_1 = m_K m_L H Y_1 = m_M Y_1. \tag{71'}$$

Der *Momentenmaßstab*, mit dem die zu den Kräften parallelen Strecken Y im Seileck zu multiplizieren sind, um die Momente zu ergeben, ist daher gegeben durch

$$\boxed{m_M = H m_L m_K;} \tag{73}$$

m_M hat (wie jede solche Maßstabsgröße) die Form

$$m_M = \frac{\ldots \, \mathrm{kgm}}{1\,\mathrm{cm}}.$$

Man könnte auch $H m_K = H^* \,\mathrm{kg}$ setzen und erhielte dann den Momentenstab in der Form:

$$m_M = H^* m_L. \tag{73'}$$

Beispiel 17: $m_L = \dfrac{1\,\mathrm{m}}{1\,\mathrm{cm}}$, $m_M = \dfrac{2\,\mathrm{t}}{1\,\mathrm{cm}}$, $H = 5\,\mathrm{cm}$; dann folgt nach Gl. (13)

$$m_K = \frac{10\,\mathrm{tm}}{1\mathrm{cm}}.$$

Eine Strecke von $Y_1 = 3\,\mathrm{cm}$ Länge bedeutet daher ein Moment 30 tm.

Die Strecke η_1 im Seileck ist daher ein Maß für das Biegemoment an dieser Stelle. Für den Schnitt s_2 folgt ganz ähnlich

$$M_2 = A\,x_2 - K_1(x_2 - a_1) = H\,\eta_2, \tag{71''}$$

wobei η_2 als Differenz zweier Strecken erscheint, die einzeln das Moment von A und von K_1 um den Mittelpunkt des Querschnittes s_2 angeben, usw.

Die *Fläche* zwischen den einzelnen Seilstrahlen und dem Schlußstrahle, die *Momentenlinie* (in Abb. 44 b stark umrandet), gibt mithin sofort die ganze Verteilung der Biegemomente an. Der größte Wert von η entspricht dem *größten auftretenden Biegemomente*, das also *bei Einzellasten in der Regel unter einer Last auftritt* (es kann auch vorkommen, daß ein Strahl des Seilecks zur Schlußlinie parallel läuft, dann ist in dem betreffenden Felde das Biegemoment konstant). Die Kenntnis dieses größten Wertes ist wichtig für die Bestimmung der Abmessungen des Trägers; die Stelle, an der er auftritt, nennt man den *Bruchquerschnitt* und das größte Moment das *Bruchmoment*. —

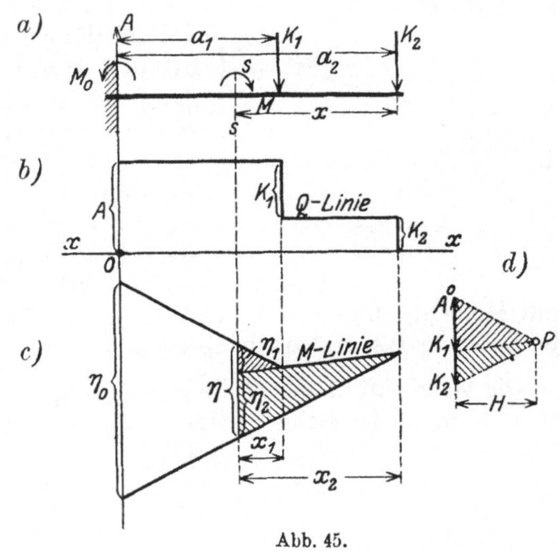

Abb. 45.

Beispiel 18. Einseitig eingespannter Träger, durch Kräfte K_i belastet, Abb. 45. Die Einspannung wird durch Anbringung einer Auflagerkraft A und eines Einspannmomentes M_0 verwirklicht. Aus den Gleichgewichtsbedingungen ergibt sich mit den Bezeichnungen der Abb. 45a

$$A = K_1 + K_2 + \cdots = \sum_{i=1}^{n} K_i, \qquad M_0 = \sum_{i=1}^{n} K_i a_i. \tag{74}$$

Die Q-Linie und die M-Linie sind in b) und c) eingetragen. Die M-Linie erhält man wieder unmittelbar durch das Seileck für einen beliebigen Punkt P als Pol, und beweist ganz so wie früher, daß die lotrechten Ordinaten der Seileckfläche den Biegemomenten an der betreffenden Stelle proportional sind. So ergibt sich für den Schnitt $s - s$ aus den beiden Paaren von ähnlichen Dreiecken, die in der Abbildung gleichsinnig schraffiert sind, für zwei Kräfte K_1, K_2

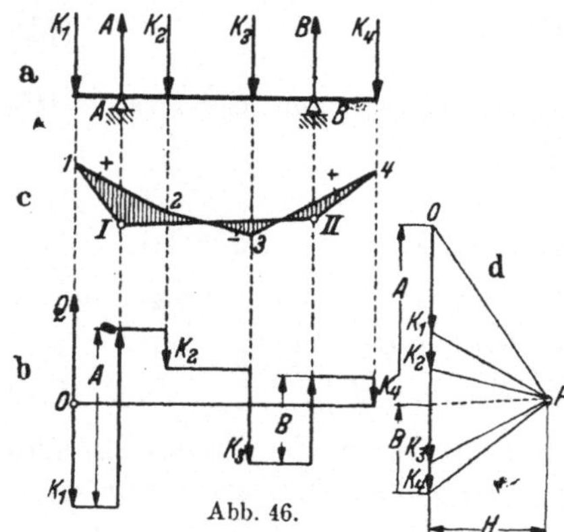

Abb. 46.

$$M = K_1 x_1 + K_2 x_2 \qquad (75)$$
$$= m_M \, (\eta_1 + \eta_2) = m_M \, \eta,$$

insbesondere ist $M = m_M \, \eta_0$.

Beispiel 18a. Träger mit überhängenden Enden, mit 4 Kräften $K_1 \ldots K_4$ belastet (Abb. 46). Um die Auflagerkräfte A, B zu bestimmen, zeichne man das Krafteck und Seileck, zunächst ohne die Auflager zu beachten. Die Schlußstrahlen des Seilecks bringe man mit den Lotrechten durch die Auflager in I, II zum Schnitt und ziehe durch den Pol P die Parallele zur Linie I, II. Die Momentenfläche ist in der Abb. 46 schraffiert, die Querkraftlinie in b) angegeben.

42. Erweiterung auf Streckenlasten. Diese Begriffe lassen sich unmittelbar auf den Fall *beliebiger* (stetiger oder unstetiger) *Belastung* $q = q\,(\xi)$ längs des Trägers, etwa nach Abb. 47, übertragen. Durch

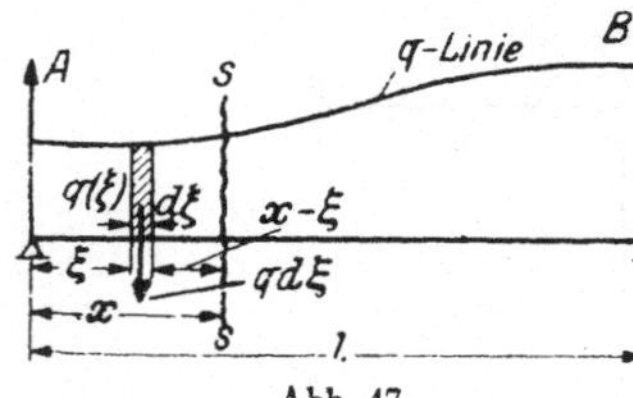

Abb. 47.

Teilung der ganzen Trägerlänge in schmale Streifen von der Breite $d\xi$ und Vereinigung der in den einzelnen Streifen wirkenden, ausgebreiteten Lasten zu Einzellasten, die in den Mittelpunkten (Schwerpunkten) der einzelnen Lastenstreifen angreifen, kann man begrifflich sogleich den eben besprochenen Fall wiederherstellen und erhält dadurch Querkraft- und Momentenlinie durch Ausführung der betreffenden Summationen, die dabei in Integrationen übergehen.

Die Querkraft an der Stelle x ist demnach, wenn wir die Integrationsvariable mit ξ bezeichnen, eine Funktion von x, und zwar

$$Q = A - \int_0^x q\,(\xi)\,d\xi = - \left[B - \int_x^l q\,(\xi)\,d\xi \right]; \qquad (76)$$

das Biegemoment an dieser Stelle x ergibt sich ebenfalls als eine Funktion von x, und zwar ist

$$M = A\,x - \int_0^x q\,(\xi)\,(x - \xi)\,d\xi = Q\,x + \int_0^x q\,(\xi)\,\xi\,d\xi. \qquad (77)$$

Zwischen Querkraft und Biegemoment besteht ein wichtiger Zusammenhang, der sich durch Differentiation der Gl. (77) nach x ergibt. Es folgt nämlich nach der bekannten Regel für die Differentiation eines Integrals nach der oberen Grenze und mit Rücksicht auf (76)

$$\frac{dM}{dx} = Q + \frac{dQ}{dx}\,x + q\,(x)\,x = Q - q\,(x)\,x + q\,(x)\,x,$$

daher

$$\boxed{\frac{dM}{dx} = Q\,,} \tag{78}$$

d. h. *die Ableitung des Moments nach x ist gleich der Querkraft an der betreffenden Stelle.*

Da die Querkraft für Einzellasten an den Laststellen unstetig ist, folgt daraus in Übereinstimmung mit dem früher Bemerkten, daß die Momentenlinie unter den Einzellasten als Funktion von x zwar stetig ist, aber einen Knick (unstetige Änderung des Differentialquotienten) erfährt, uud zwar ist die Größe des Knicks ein Maß für den Sprung in der Querkraft, d. h. für die betreffende Einzellast. Extreme Werte von M ergeben sich dort, wo die Querkraftlinie $Q(x)$ durch Null geht, d. i. also fürEinzellasten z. B. in Abb. 46 jedenfalls unter einer Last oder auf der Strecke zwischen zwei benachbarten Lasten. Denn nach Gl. (78) ist $Q = 0$ mit $dM/dx = 0$ notwendig verbunden.

Aus den Gln. (76) und (78) ergibt sich durch nochmalige Differentiation

$$\frac{dQ}{dx} = -q, \quad \text{und somit} \quad \boxed{\frac{d^2 M}{dx^2} = \frac{dQ}{dx} = -q}\,. \tag{79}$$

Umgekehrt erhält man daraus durch Integration

$$M = \int\limits_0^x \int\limits_0^x q\,(x)\,dx\,dx + C\,x + C',\tag{80}$$

wobei C und C' Integrationskonstante sind; d. h. der Übergang von der gegebenen „Belastungskurve" $q(x)$ zur M-Linie mittels des Seilecks (wie er etwa in Abb. 46 für Einzelkräfte ausgeführt ist), kommt auf die Ausführung einer zweifachen Integration hinaus; umgekehrt erhält man die q-Linie aus der M-Linie durch zweimalige Differentiation.

Da der zweite Differentialquotient im wesentlichen die *Krümmung* der Kurve M angibt, so besagt die Gl. (79) wegen des negativen Vorzeichens von q, daß die M-Linie für *positive* (d.h. nach unten gerichtete) Belastungen q gegen die x-Achse *konkav*, für *negative q konvex* gekrümmt ist.

Die zweifache Integration in Gl. (80) läßt sich aber, wie der Vergleich mit Gl. (77) zeigt, stets durch eine einfache ersetzen, der die Momentenbildung unmittelbar zum Ausdruck bringt.

Das Seileck liefert demnach ein zeichnerisches Verfahren zur Integration von Differentialgleichungen von der Form

$$\frac{d^2 y}{dx^2} = f\,(x)$$

mit vorgegebenen Randbedingungen, wobei $f(x)$ eine beliebige, zeichnerisch festgelegte Funktion bedeutet.

Von praktischer Wichtigkeit ist insbesondere der Fall $q = \text{konst.}$, d. h. die *gleichförmige Belastung* über ein Stück oder den ganzen Träger; aus den Gln. (76) und (77) folgt, daß hierfür die *Querkraft geradlinig* und *das Biegemoment in Form einer Parabel* verläuft.

Von den Gln. (78) und (79) wird in der Festigkeitslehre bei der Berechnung der Durchbiegungen der Träger eine bedeutungsvolle Anwendung gemacht (Mohrscher Satz).

Aus Gl. (78) erhält man durch Integration zwischen den Grenzen x_1 und x_2

$$[M]_{x_1}^{x_2} = \int_{x_1}^{x_2} Q\, dx;$$

also ist für zwei Stellen x_1 und x_2, in denen das Biegemoment Null ist:

$$\int_{x_1}^{x_2} Q\, dx = 0,$$

d. h. die Summe der Querkraftflächen zwischen zwei solchen Stellen ist Null.

Beispiel 19. Der Träger von der Länge l sei von $x = a$ bis $x = a + 2b$ mit q kg/m belastet (Abb. 48). Die Auflagerkräfte werden mittels des Seilecks gefunden, wobei die gleichförmig verteilte Last durch ihre Summe $2qb$ im Mittelpunkte der gleichförmigen Last ersetzt werden kann. Durch Rechnung finden wir

$$A = 2\,qb\,(l - a - b)/l, \quad B = 2\,qb\,(a + b)/l.$$

Ferner erhalten wir nach den Gln. (70) und (71)

von $x = 0$ bis $x = a$:

$$Q_1 = A, \qquad M_1 = A x,$$

von $x = a$ bis $x = a + 2b$:

$$Q_2 = A - q\,(x - a),$$

$$M_2 = A x - q\,(x - a)^2/2,$$

von $x = b$ bis $x\ l$:

$$Q_3 = A - 2\,qb = -B,$$

$$M_3 = -B\,(l - x).$$

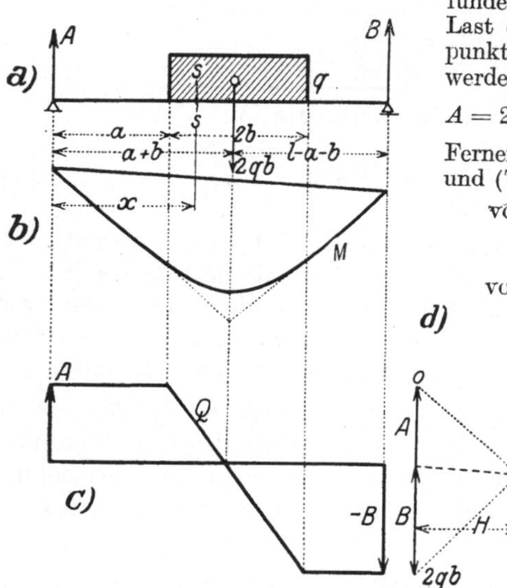

Abb. 48.

Die Q-Linie ist hier *stetig*, da keine Einzellasten vorkommen; daher berührt auch hier die Linie des Biegungsmomentes, die unter der gleichförmigen Last ein Parabelstück ist und außerhalb davon aus Stücken von geraden Linien besteht, die beiden Seilstrahlen, die zur Bestimmung von A und B gedient haben.

Wenn längs des Trägers außer Einzelkräften auch äußere Momente einwirken würden, so würde die M-Linie entsprechende Unstetigkeiten aufweisen. Dieser Fall ist aber praktisch von geringer Bedeutung.

43. Mehrere Körper. Dieselben Sätze, die wir im vorhergehenden für den einzelnen Körper gefunden haben, finden sinngemäß Anwendung, wenn es sich um das Gleichgewicht *mehrerer*, sich aufeinander stützender

Körper handelt. Für jeden Körper sind einzeln die Gleichgewichtsbedingungen anzusetzen. Außer den eingeprägten Kräften sind an allen Stützpunkten entsprechend der Art der Stützungen die Auflagerkräfte anzubringen, und zwar immer paarweise nach dem Wechselwirkungsgesetz. Sind n Körper vorhanden, dann gibt es $3\,n$ Gleichgewichtsbedingungen, durch welche $3\,n$ unbekannte Größen (Lagenkoordinaten und Stützkräfte) bestimmt werden können. Wenn die Lagen aller Körper von vornherein bekannt sind, kann zur Ermittlung der Auflagerkräfte entweder die rechnerische oder auch — was meist vorteilhafter ist — die zeichnerische Methode angewendet werden; bei unbekannten Lagen führt in der Regel nur die Rechnung zum Ziele.

Beispiel 20. Die Achse einer zylindrischen Walze ist durch ein Seil mit einem festen Punkt O verbunden, auf die Walze stützt sich ein Brett OB vom Gewicht G, Abb. 49.

Die Auflagerkräfte D_1 und D_2 und die Seilkraft T ergeben sich unmittelbar durch Zeichnung der Kräftedreiecke für die beiden im Gleichgewicht befindlichen Kräftegruppen (G, D, D_1) am Stab AB und $(-D_1, D_2, T)$ an der Walze.

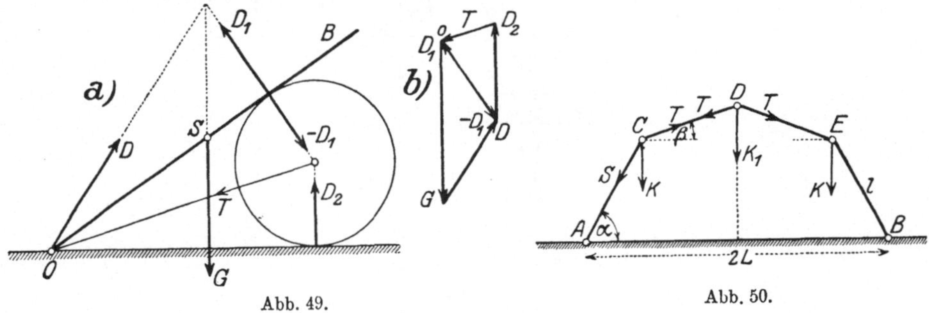

Abb. 49.   Abb. 50.

Beispiel 21. Vier gleiche, gelenkig verbundene Stäbe von der Länge l sind nach Abb. 50 in A und B gelenkig gelagert ($\overline{AB} = 2L$) und in C, D, E mit den Kräften K, K_1, K symmetrisch belastet. Man ermittle die Winkel α und β für Gleichgewicht.

Die Kräfte in den Stäben sind als Unbekannte S, T einzuführen, dann liefern die Gleichgewichtsbedingungen für die Punkte D und C

$$D) \qquad 2\,T \sin \beta = -K_1, \qquad \text{also} \qquad T = -K_1/2 \sin \beta \qquad \text{(Druck)}$$

$$C) \quad \begin{cases} S \cos \alpha = T \cos \beta, & \text{also} \qquad S = -K_1 \cos \beta / 2 \sin \beta \cos \alpha \qquad \text{(Druck)} \\ T \sin \beta - S \sin \alpha = K. \end{cases}$$

Durch Einsetzen von T und S in die letzte Gleichung folgt als Gleichgewichtsbedingung

$$\frac{tg\,\alpha}{tg\,\beta} = \frac{2K + K_1}{K_1}.$$

Zur Berechnung der Winkel α und β selbst ist diese Gleichung mit der geometrischen Gleichung für die Spannweite: $L = l\,(\cos \alpha + \cos \beta)$ zu verbinden.

Beispiel 22. Fliehkraftregler. Für das Gestänge eines Fliehkraftreglers nach Abb. 51 mit dem Schwunggewicht G und dem Muffengewicht Q liegt die Aufgabe vor, die Kraft C zu ermitteln, die im Mittelpunkt der Schwungkugeln nach außen wirken muß, um das Gleichgewicht herzustellen. Wir kümmern uns zunächst nicht um die Herkunft dieser Kraft C, bemerken nur, daß sie ihre Entstehung der Drehung der ganzen Vorrichtung um die lotrechte Reglerachse verdankt (Fliehkraft).

Die am Gesamtsystem angreifenden eingeprägten Kräfte G, Q und C stehen mit der lotrecht nach oben wirkenden Auflagerreaktion A im Gleichgewicht.

Auf die als einzelne starre Körper betrachteten Teile des Systems wirken die Kräfte:

Muffe M:	Q, S, S'	
Gelenkstange S:	S	(ebenso S')
Pendelstange P:	G, S C, D	(ebenso P')
Reglerachse R:	A, D, D'	

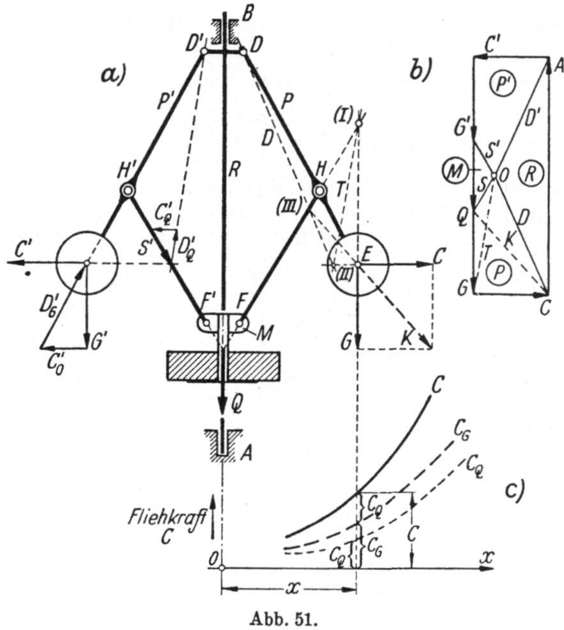

Die für die einzelnen Körper gültigen Gleichgewichtsbedingungen führen zu den im Kräfteplan b) dargestellten Kräftevielecken.

In c) ist auch die Fliehkraft C in Abhängigkeit vom Abstand des Mittelpunktes E der Schwungmasse von der Reglerachse angegeben. Diese Kurven sind in der Reglertheorie als „C-Kurven" bekannt. In der Reglertheorie wird die gesamte Fliehkraft C aufgeteilt in die beiden Teile C_Q und C_G, dies sind die Fliehkräfte, die das Muffengewicht Q und das Schwungkugelgewicht G für sich erfordern.

Beispiel 23. Das Dreigelenk (Abb. 52) besteht aus zwei Körpern 1, 2, die miteinander durch ein Gelenk C verbunden sind, und von denen jeder außerdem durch ein weiteres Gelenk A und B fest gelagert ist. Die Kräfte K_1 und K_2, die auf die beiden Körper 1 und 2 wirken, sind gegeben, man ermittle die Gelenkkräfte A, B, C.

Den $2 \times 3 = 6$ unbekannten Komponenten der Gelenkkräfte entsprechen $3 \times 2 = 6$, also ebenso viele Gleichgewichtsbedingungen, die Aufgabe ist daher (im allgemeinen) statisch bestimmt. Ihre Lösung kann auf verschiedene Arten erhalten werden.

a) *Zeichnerisch* durch Bestimmung der Auflagerkräfte, die jede Kraft K_1 und K_2 für sich allein hervorrufen würden. Wäre z. B. K_1 allein da, so würden in den Gelenken B und C nur Kräfte in der Richtung $\overline{BC}$ auftreten können, wodurch mittels des Schnittpunktes O_1 auch die Richtung und Größe der Komponente A'

von A und des entsprechenden Teiles C' von C bestimmt sind, die von K_1 allein herrühren. Dasselbe gilt für das alleinige Vorhandensein von K_2, das die Komponenten B'' und C'' liefern würde. Die gesamten Gelenkkräfte A, B, C sind durch die vektoriellen Summen der entsprechenden Komponenten gegeben, $\mathfrak{A} = \mathfrak{A}' + \mathfrak{C}''$, $\mathfrak{B} = \mathfrak{C}' + \mathfrak{B}''$ (Abb. 52 b).

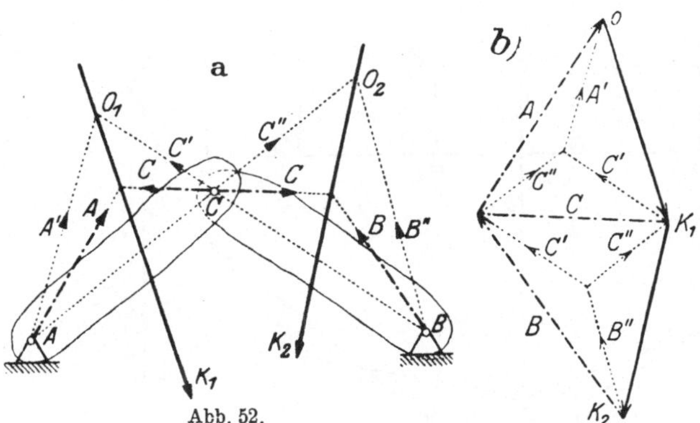

Abb. 52.

b) Eine zweite Methode besteht in der Anwendung des in **30** angegebenen Verfahrens, das zu K_1 und K_2 gehörige Seileck zu zeichnen, das durch die drei Punkte A, B, C hindurchgeht. Die Richtungen der Seilstrahlen und die in ihnen wirkenden Kräfte geben die gesuchten Gelenkkräfte.

c) *Rechnerisch* werden die Gelenkkräfte durch die Gleichgewichtsbedingungen der beiden Körper für ein System zueinander rechtwinkliger Achsen gefunden.

Sind *beide* Körper des Dreigelenks belastet, dann geht man so vor, daß man für jede Kraft einzeln die in den Gelenken auftretenden Kräfte bestimmt; die gesamten Gelenkkräfte ergeben sich dann wegen des linearen Charakters der Gleichgewichtsbedingungen durch Addition.

Wenn die Belastung nur aus lotrechten Kräften besteht (wie in Abb. 53), so erhält man für die links wirkende Last K zunächst die lotrechten Komponenten der Gelenkkräfte (hier mit A, B bezeichnet) durch Zerlegung

$$A = K\,(l - p)/l, \qquad B = K p/l = V,$$

während der Momentensatz für den Punkt C, auf den rechten Körper angewendet, unmittelbar die Beziehung liefert

$$H h = B b, \text{ also } H = B b/h = K p b/l h,$$

durch die auch die waagrechten Komponenten bestimmt sind.

Eine Unbestimmtheit tritt nur ein, wenn die drei Punkte A, C, B in einer Geraden liegen; man erhält dann eine „wackelige Stützung".

Beispiel 24. Gerber-*Träger.* a) Ein auf drei Auflagern A, B, C ruhender „durchlaufender" oder „kontinuierlicher" Träger wäre äußerlich statisch un-

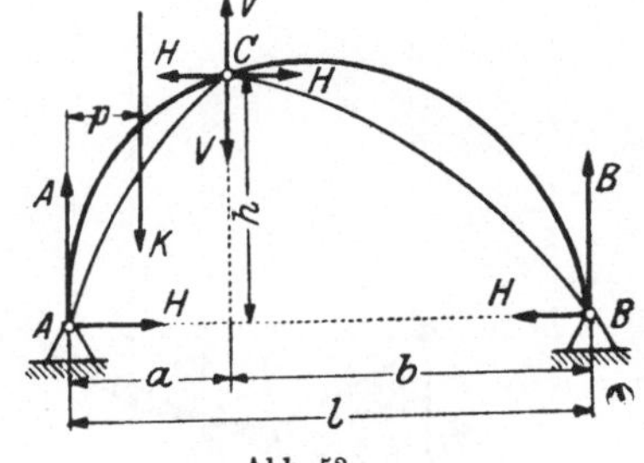

Abb. 53.

bestimmt, da die Auflagerkräfte durch die Gleichgewichtsbedingungen allein nicht bestimmbar sind. Wenn ein solcher Träger jedoch (Abb. 54) durch ein Zwischengelenk D in zwei Körper geteilt wird, so kommt die Bedingung hinzu, daß in D kein Biegemoment für die gegebenen Kräfte K_1, K_2, ... übertragen werden kann, wohl aber eine lotrechte Gelenkkraft D; der Momentensatz für den linken Träger um D gibt dann unmittelbar $A = K_1 p/a$, wodurch dann auch B und C bestimmt sind.

Zeichnerisch geschieht die Bestimmung der Auflagerkräfte in der Weise, daß man zunächst — ohne die Auflager und das Zwischengelenk zu beachten — mit dem willkürlich gewählten Pol P ein Seileck a, I, II, c zeichnet, sodann D auf diesen Linienzug nach d hinunterprojiziert und d mit a verbindet, bis b unter B verlängert und von da den Strahl bc zieht. Die Parallelen durch P zu ab und bc

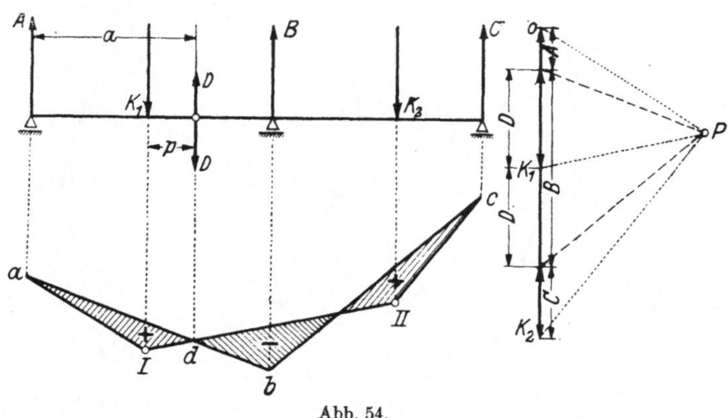

Abb. 54.

liefern dann im Kräfteplan auf der Lotrechten die Stützkräfte A, B, C. Die Momentenfläche ist in Abb. 54 schraffiert und mit den Vorzeichen versehen, die jeweils den Drehsinn der Momente angeben.

Beachte, daß die Differenzen $K_1 - A$ und $B + C - K_2$ gleich groß sind und die in D auftretende, lotrecht gerichtete Gelenkkraft bedeuten, die auf die beiden Trägerteile mit gleichem Betrage, aber in entgegengesetzten Richtungen wirkt.

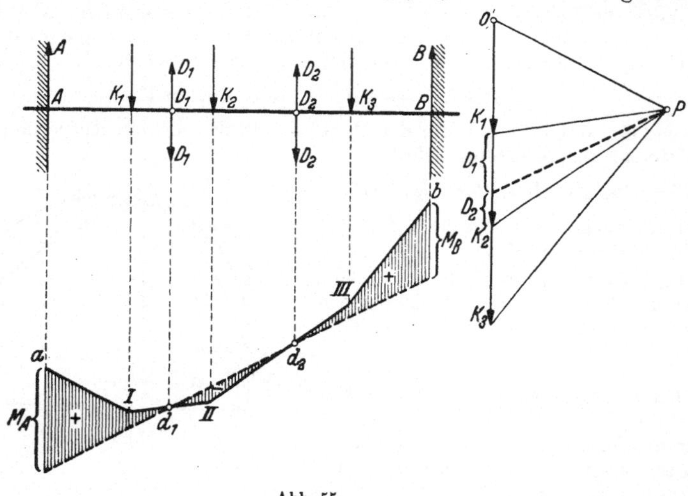

Abb. 55.

b) Ein beiderseits eingespannter Träger (Abb. 55) muß zwei Zwischengelenke D_1, D_2 erhalten, um statisch bestimmt zu werden. Die Konstruktion verläuft ähnlich wie zuvor, der Kräfteplan liefert die beiden Gelenkkräfte D_1, D_2 und die Auflagerkräfte A, B, das Seileck die Auflagermomente M_A, M_B.

III. Ebene Fachwerke.

44. Bedingungen für die Starrheit eines Fachwerkes. Cremonaplan.
Unter einem *Fachwerk* versteht man ein aus starren „Stäben“ oder
„Gliedern“ bestehendes Gebilde, bei dem diese Stäbe in „Knoten“ oder
„Gelenken“ reibungslos miteinander verbunden sind. Wenn ein derartiges Gebilde als Schema für ein technisch verwendbares Bauwerk
dienen soll, so muß dieses zunächst in sich die erforderliche *Starrheit*
(*Stabilität*) besitzen und für die aufzubringenden Belastungen eine entsprechend einfache Berechnung zulassen. Für die Berechnungsweise,
mit der wir uns hier beschäftigen, erweist es sich als zweckmäßig, die
Lasten entweder von vornherein in den Knotenpunkten anzunehmen
oder sie jeweils nach statischen Gesetzen auf die beiden der Laststelle
zunächst liegenden Knoten zu verteilen. Als Lasten kommen in Betracht:
Nutzlast, Eigengewicht, Schnee- und Winddruck. Jeder einzelne Knoten
wird dann unter dem Einflusse der auf ihn wirkenden „Last“ und jener
Stabkräfte im Gleichgewicht gehalten, die in den Richtungen der in ihm
zusammentreffenden Stäbe übertragen werden. Die Ermittlung dieser
Stabkräfte ist für die „Dimensionierung“ der Stäbe notwendig, und
ist das Problem, das wir hier zu behandeln haben.

Das einfachste Fachwerk, das möglich ist, erhalten wir, wenn wir
etwa eine der Abb. 18 durch Hinzunahme eines dritten Stabes $\overline{AB}$
ergänzen, und beliebige Kräfte K_1, K_2, K_3 in den drei Knotenpunkten
I, II, III wirken lassen (Abb. 56); diese Kräfte sollen nur der einen

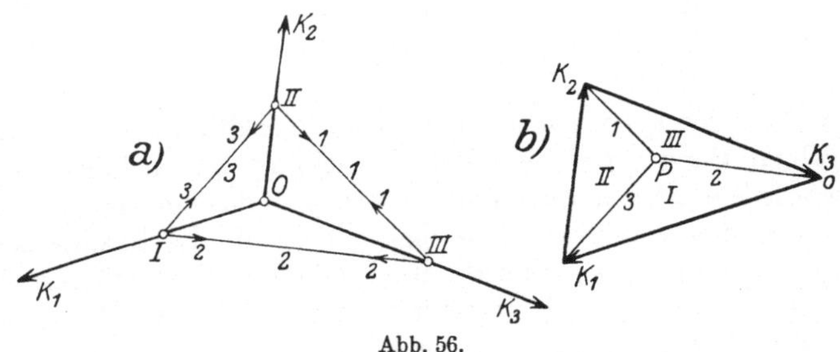

Abb. 56.

Bedingung genügen, eine Gleichgewichtsgruppe zu bilden (wenn eine
davon eine „Last“ ist, dann sind die beiden andern die nach den bekannten Regeln zu bestimmenden Auflagerkräfte). Um die Stabkräfte
zu ermitteln, legen wir um jeden Knoten I, II, III einen *Ringschnitt*
(„Kontrollschnitt“) und zeichnen für jeden das Kräftedreieck, das jedesmal die in dem betreffenden Knoten zusammentreffenden Stabkräfte
(2, 3 in I; 3, 1 in II; 1, 2 in III) liefert[1]. Die drei Kräftedreiecke
können sodann aneinander geschoben und zu einem „Cremona*schen
Kräfteplan*“ vereinigt werden (wie es in Abb. 56b geschehen ist), der

---

[1] Der Kürze halber werden in den folgenden Abbildungen die Stabkräfte einfach durch die Nummer des betreffenden Stabes bezeichnet.

schon alle Kennzeichen aufweist, die wir späterhin für solche Kräftepläne wiederfinden werden; wir heben zunächst davon hervor, daß sich die beiden Figuren a und b durch Parallelismus zusammengehöriger Linien entsprechen, und zwar derart, daß je drei durch einen Punkt gehenden Linien links ein geschlossenes Dreieck rechts entspricht und umgekehrt, ferner, daß jede Kraft K_i und jede Stabkraft 1, 2, 3 im Kräfteplan *nur einmal* vorkommt. Die linke Figur, welche die geometrische Gestalt des Fachwerks gibt, nennt man den *Lageplan*. Man nennt solche Figuren auch *reziproke Kräftepläne*.

Auf Grund dieser Beziehung wird die Kraft in einem Stab des Lageplans durch die dazu parallele Strecke des Kräfteplans gegeben. Diese Beziehung ist aber nicht vollständig umkehrbar, wie etwa aus dem unten folgenden Beispiel 26 mit Abb. 61 zu entnehmen ist, da den Endpunkten der Kräfte $K_1, K_2 \ldots$ in b) keine „geschlossenen" Polygone in a) entsprechen würden. — Es läßt sich zeigen, daß eine notwendige Bedingung dafür, das eine Figur von Punkten mit ihren verbindenden Geraden eine reziproke besitzt, so beschaffen ist, daß beide Figuren — Lageplan und Kräfteplan — die Orthogonalprojektionen ebener Vielflache sind, die im Raume durch bestimmte geometrische Beziehungen einander zugeordnet sind. Auf die interessanten geometrischen Entwicklungen, die sich hier anschließen, können wir nicht eingehen.

Die einfachste *Bildungsweise* eines Fachwerkes besteht darin, von einem Dreieck I, II, III auszugehen und das Fachwerk durch Hinzunahme von je zwei weiteren Stäben für jeden weiteren Knoten „aufzubauen". Zur gegenseitigen Festlegung der Lagen dreier Punkte I, II, III sind drei Stäbe erforderlich. Vier Knoten würden dann fünf Stäbe erfordern, und allgemein wäre die kleinste notwendige Stabzahl für n Knoten

$$\boxed{s = 2n - 3}$$

(81)

Auf diese Beziehung wird man auch durch Abzählung der Koordinaten der einzelnen Punkte geführt. Die Festlegung von n Punkten in der Ebene würde $2n$ „Bedingungen" erfordern; soll das entstehende Gebilde aber nur in sich starr sein — ohne gleichzeitig mit der Bezugsebene fest verbunden zu sein —, so muß es die Freiheiten einer starren Scheibe haben, das sind *drei* (zwei Verschiebungen nach zwei Richtungen in der Ebene und eine Drehung um eine dazu senkrechte Achse). Wenn daher zwischen den $2n$ Koordinaten der n Punkte $2n-3$ geeignete Bedingungen eingeführt werden, so besitzt das Punktsystem die Beweglichkeit einer starren Scheibe. Gl. (81) gibt also auch nach dieser Abzählung die Zahl der *notwendigen Stäbe*.

Das Gleichgewicht dieser n Punkte würde das Bestehen von $2n$ Bedingungen verlangen; da die eingeprägten Kräfte, die eine ebene Kräftegruppe darstellen, aber für sich im Gleichgewichte sind, was drei Gleichungen erfordert, so bleiben $2n-3$ unabhängige Gleichungen zur Bestimmung von ebensoviel Stabkräften übrig. Daraus sieht man, daß jedenfalls zunächst für Fachwerke von der angegebenen einfachen Art die statische Bestimmtheit mit der kinematischen zusammenfällt. Solche Fachwerke bezeichnen wir als *einfache Fachwerke*, sie sind also durch die Eigenschaft gekennzeichnet, „*aus Dreiecken aufbaubar und abbaubar*" zu sein. Fachwerke, die diese Eigenschaft nicht besitzen, nennt man *zusammengesetzt*[1].

Wenn $s > 2n - 3$, so hat man es mit einem *innerlich statisch unbestimmten* System zu tun. Ein einfaches Beispiel hierfür ist in Abb. 57 dargestellt. Das Viereck mit *beiden* Diagonalen enthält offenbar einen „überzähligen" Stab ($s = 6$, $n = 4$). Wir würden statische Bestimmtheit erhalten, wenn wir irgendeinen Stab, etwa den Stab $\overline{AB}$ weglassen würden; wenn die Länge dieses Stabes (zwischen den Mittelpunkten der Gelenke) nicht genau gleich der Entfernung dieser beiden Punkte wäre, so müßten durch ihn (auch bei fehlenden Lasten) in allen Stäben Kräfte auftreten, entsprechend dem Umstande, daß der Stab entweder verkürzt oder verlängert werden müßte, um zwischen A und B Platz zu finden. Ist er zu kurz, so wird er die Punkte A, B zusammenziehen, und zwar mit Kräften S, $-S$; die durch seine elastischen Eigenschaften bedingt sind; die dadurch in

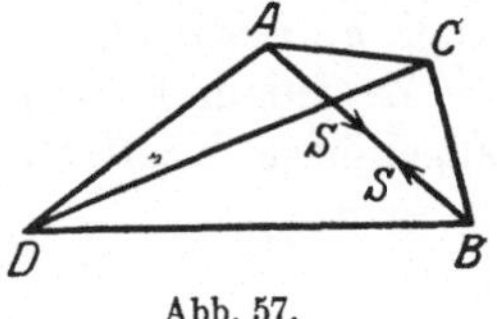

Abb. 57.

allen Stäben hervorgerufenen Stabkräfte werden S proportional sein. Daß ein solcher Stab die Verteilung der Stabkräfte auch im belasteten Zustande beeinflussen wird, liegt auf der Hand. Wenn ein solches *überbestimmtes* Fachwerk ursprünglich von inneren Spannungen frei wäre, würden auch durch ungleichmäßige Erwärmung solche Spannungen entstehen. Auf die weitere Behandlung solcher Systeme, die Hilfsmittel aus der Elastizitätslehre verlangt, können wir erst im 2. Bande des Werkes eingehen. — Auch für statisch-unbestimmte Fachwerke gibt es reziproke Kräftepläne, nur sind sie nicht mehr durch alleinige Verwendung der Gleichgewichtsbedingungen — und geometrisch durch Auftragen der Kräfte und Ziehen von Parallelen — zu erhalten.

Ein Fachwerk, bei dem die Gl. (81) erfüllt und das in sich starr ist, wird durch *drei* Auflagerbedingungen mit einer festen Ebene verkettet, so daß also zur völligen Festlegung der n Knoten tatsächlich $2n - 3 + 3 = 2n$ Bedingungen erforderlich sind. Es werden jedoch manchmal auch Tragkonstruktionen verwendet, die für sich (ohne Auflager) nicht starr sind, und es ist klar, daß für jeden Stab, der dem Fachwerk zur Starrheit in sich fehlt, eine weitere Auflagerbedingung hinzukommen muß. Derartige Konstruktionen sind also *nichtstarre Fachwerke*, die erst durch die Auflagerung starr werden.

Beispiel 25, Abb. 58, liefert ein hierher gehöriges Beispiel. Für die Tragkonstruktion allein ist $n = 10$, $s = 15$, jedoch sind 5 Auflagerbedingungen (ein Gelenk A, ein verschiebliches Auflager B, zwei Stäbe C, D) vorhanden, so daß wieder $15 + 5 = 20 = 2n$, wodurch die zur Festlegung notwendige Zahl erreicht ist.

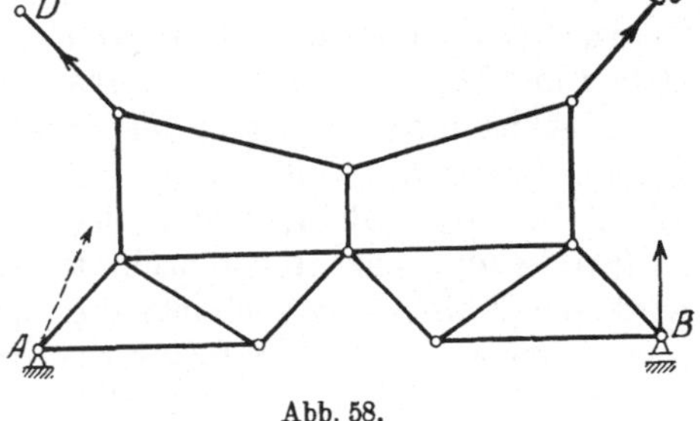

Abb. 58.

---

[1] Die Bezeichnung in der Literatur ist nicht einheitlich. Im folgenden werden die Dreiecksfachwerke als e i n f a c h, die Fachwerke mit Grundfigur als z u s a m m e n g e s e t z t bezeichnet. Eine Unterscheidung dieser beiden Arten ist nützlich und könnte auch durch die Bezeichnung e r s t e r u n d z w e i t e r Art geschehen. Manchmal werden alle statisch bestimmten Fachwerke als einfach, die statisch unbestimmten als zusammengesetzt bezeichnet u. dgl. mehr.

Es muß noch bemerkt werden, daß den Fachwerken mit den hier angegebenen Eigenschaften, deren Stäbe nur Zug- oder Druckkräfte aufzunehmen vermögen, aber nicht auf Biegung beansprucht sind, wohl theoretisch interessante Beispiele für die Anwendung der Gleichgewichtsbedingungen der Statik abgeben, daß aber ihre praktische Bedeutung gering ist.

45. Einfache Fachwerke. Im vorhergehenden Abschnitte haben wir erkannt, daß die Gl. (81) jedenfalls eine *notwendige* Bedingung für statisch bestimmte Fachwerke darstellt. Für einfache Dreieckfachwerke ist diese Bedingung für die kinematische und statische Bestimmtheit auch *hinreichend*.

Zu jedem Knoten eines einfachen Fachwerkes denken wir uns das zugehörige Krafteck gezeichnet; wegen der Bildungsweise des Fach-

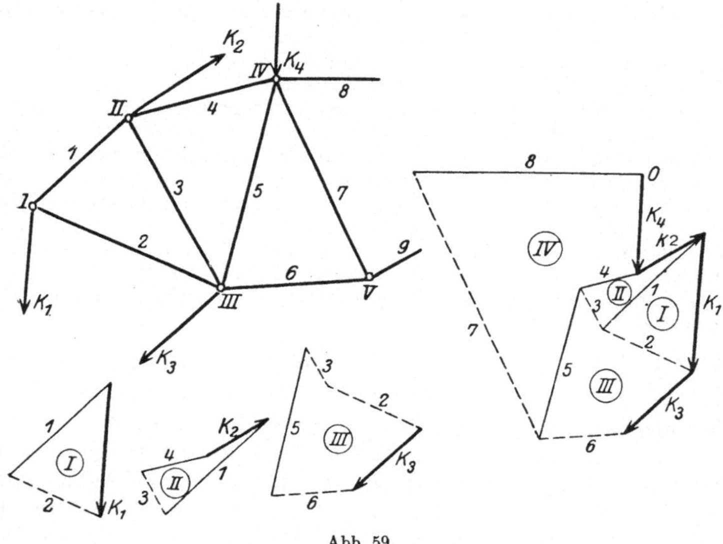

Abb. 59.

werkes gibt es wenigstens einen Knoten (tatsächlich muß es immer wenigstens zwei solche geben), von dem nur *zwei* Stäbe ausgehen wie etwa *I* in Abb. 59. Durch die Aufbauordnung (oder wie man auch sagen kann: Abbauordnung) ist in der Regel eine bestimmte Reihenfolge der Knoten gegeben, in der man vorzugehen hat. In Abb. 59 ist *I, II, III, IV*... diese Reihenfolge. Jeder Knoten wird nun durch einen „*Ringschnitt*" (oder „Knotenschnitt") abgetrennt, isoliert und für ihn wird das Krafteck gezeichnet; dies ist, wie nochmals hervorgehoben werden möge, bei Dreieckfachwerken immer möglich, da jeder Schnitt nur immer zwei neue unbekannte Stabkräfte hinzubringt. Die so erhaltenen Kraftecke sind in der Abb. 59 zunächst einzeln gezeichnet, wobei dieselbe Vorzeichenregel für die Stabkräfte zu beachten ist, die schon in **25** aufgetreten ist. Ursprünglich werden die Pfeile für alle Stabkräfte von den Knoten *weg*gerichtet eingezeichnet; der durch die eingeprägte Kraft in dem Krafteck des betreffenden Knotens festgelegte Umlaufsinn entscheidet sodann über das Vorzeichen der betreffenden Stabkraft: *Übereinstimmung der Pfeile bedeutet Zug, Nichtübereinstimmung Druck*. Die Druckkräfte sind in den Kräfteplänen der Abbildungen durch gestrichelte Linien gekennzeichnet.

Nun kommt der für die Anlage des Kräfteplans entscheidende Schritt. Die auf die oben beschriebene Weise erhaltenen einzelnen Kräftedreiecke können so aneinandergeschoben werden, daß die paarweise auftretenden Stabkräfte übereinander zu liegen kommen, so daß tatsächlich jede Stabkraft *nur einmal* gezeichnet zu werden braucht. Die Bedingung, daß die eingeprägten Kräfte mit den Auflagerkräften für sich (ohne Stabkräfte) eine Gleichgewichtsgruppe bilden müssen, führt dann von selbst, wenn dieses Verfahren bis zum letzten Knoten fortgeführt wird, zu einer *geschlossenen Figur*. Die Seiten des Kräftedreieckes für den *letzten* Knoten — der wieder ein zweifacher ist — sind übrigens nach „Auflösung" der vorherigen im Kräfteplan schon vorhanden und geben, da sie ein geschlossenes Dreieck bilden müssen, eine Kontrolle für die Richtigkeit der Zeichnung.

Es läßt sich demnach unmittelbar einsehen, daß jedenfalls für jedes *einfache* Fachwerk ein solcher „Cremona*plan*" gezeichnet werden kann. Hierzu ist die Einhaltung gewisser Regeln notwendig, die hier sogleich im Zusammenhange mit einigen die praktische Ausführung betreffenden Bemerkungen angegeben werden sollen:

1. Die eingeprägten Kräfte (Nutzlasten, Gewichte, Winddruck usw.) sind zusammen mit den Auflagerkräften so anzubringen, daß sie eine Gleichgewichtsgruppe bilden.

Jedes Fachwerk dient in der Technik als Tragkonstruktion, ist daher in bestimmten Punkten aufzulagern; die Auflagerung geschieht in einzelnen Knoten des Fachwerkes, und für die Bestimmung der an ihnen auftretenden Stützkräfte wird unter Beachtung der in **38** gegebenen Möglichkeiten die ganze Fachwerkfigur als *starre Scheibe* betrachtet. Weiterhin werden die Auflagerkräfte und Lasten vollkommen gleichartig behandelt.

2. Im Kräfteplan sind die sämtlichen äußeren Kräfte (also Lasten *und* Auflagerkräfte!) in *der* Reihenfolge aneinanderzufügen, wie die Knoten, an denen die Kräfte angreifen, *am Umfange der Fachwerkfigur* aufeinanderfolgen.

Diese Regel läßt sich bei den meisten der praktisch verwendeten Fachwerke unmittelbar einhalten, denn diese bestehen aus einem Obergurt, einem Untergurt und aus Diagonalen, die diese verbinden, und die Kräfte greifen nur an außen liegenden Knoten an. In jenen Fällen, wo eine eingeprägte Kraft an einem Gelenk *im Innern* der Fachwerkfigur angreift, lassen sich die Stabkräfte ebenfalls zeichnerisch ermitteln, nur muß dann auf die (unten folgende) Forderung 5. verzichtet werden[1].

3. Die Ermittlung der Stabkräfte hat an einem der (bei Dreieckfachwerken stets vorhandenen) Knotenpunkte zu beginnen, von denen *nur zwei* unbekannte Stabkräfte ausgehen, und ist der Abbauordnung entsprechend fortzusetzen.

---

[1] Dies folgt auch aus der allgemeinen Theorie der reziproken Figuren, die hier nicht entwickelt werden kann. Einige Bemerkungen hierüber sind in **47** enthalten.

4. Die Kraft in einem Stabe, der zwei am Umfange aufeinanderfolgende Knoten verbindet, ist im Kräfteplan durch jenen Punkt zu zeichnen, in dem die an jenen Knoten angreifenden Kräfte aneinander angesetzt sind.

5. Jede äußere Kraft und jede Stabkraft darf im Kräfteplan nur einmal vorkommen (nur bei Dreieckfachwerken erfüllbar!).

6. Die sämtlichen Kräfte, die im Lageplan durch einen Punkt gehen, bilden im Kräfteplan ein geschlossenes Vieleck, und

7. die Kräfte in den Stäben, die im Fachwerk ein Dreieck bilden, gehen im Kräfteplan durch einen Punkt.

8. Die Reihenfolge, in der die Kräfte in den Kraftecken aufeinanderfolgen, entspricht dem Sinne beim Umlaufen um den betreffenden Knoten. Dieser Sinn ist für alle Knoten derselbe und ist auch der gleiche, der für die Aufeinanderfolge der äußeren Kräfte im Kräfteplan gewählt wurde. Dabei ist die Wirkungslinie für jede an einem Umfangsknoten angreifende Kraft von der Fachwerkfigur *nach außen* gerichtet oder von außen einwirkend anzunehmen.

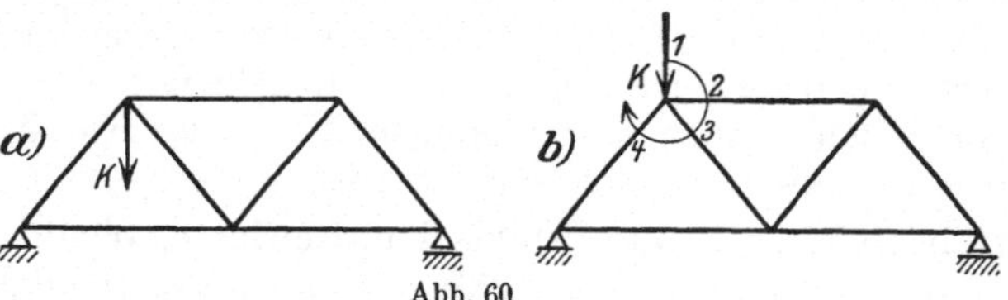

Abb. 60.

Z. B. ist in Abb. 60 die Kraft K nicht nach a), sondern nach b) einzuführen.

9. Einer symmetrischen Fachwerkfigur mit symmetrischer Belastung entspricht ein symmetrischer Kräfteplan, wobei die Symmetrieachsen um $\pi/2$ gegeneinander verdreht sind.

Für die Anwendung dieser Regeln mögen die beiden folgenden einfachen Beispiele dienen. (In den Kräfteplänen sind, wie bisher, Zugkräfte durch volle Linien, Druckkräfte gestrichelt angedeutet.)

Beispiel 26. Der Brückenträger nach Abb. 61a ist in II und IV mit den Kräften K_1, K_2 belastet, in I waagrecht beweglich und in VI gelenkig gelagert. —

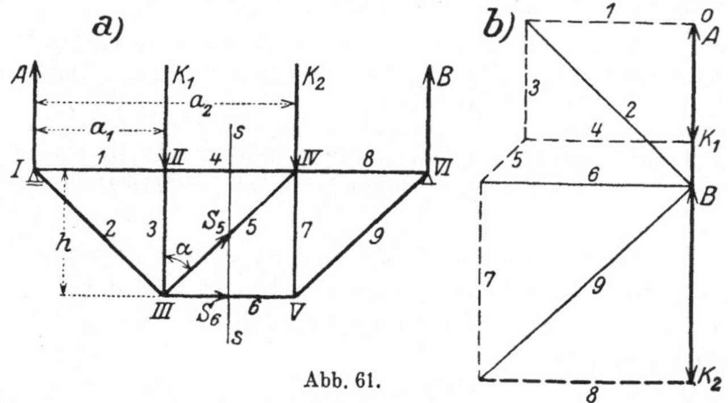

Abb. 61.

Wir haben es mit einem einfachen Fachwerk zu tun ($s = 9$, $n = 6$); nach Ermittlung der Auflagerkräfte A, B entsteht durch Zeichnen der Kräftedreiecke für die Knoten in der durch $I, II, …, V$ gegebenen Reihenfolge der Kräfteplan Abb. 61 b.

Beispiel 27. Das *Krangerüst* mit den Abmessungen nach Abb. 62a ist bei A in fester Einspannung gelagert (wobei nur Drehungen um waagrechte Achsen, nicht um die Lotrechte behindert sein sollen), rechts an einem Ausleger mit der (größten) Nutzlast $Q = 6\,t$, links mit dem Gegengewichte $G = 5{,}273\,t$ belastet. Die Größe des Gegengewichtes wird dabei durch die Forderung bestimmt, daß das größte auftretende Biegungsmoment an der Einspannung der Kransäule für den belasteten und unbelasteten Kran gleich groß (und entgegengesetzt gerichtet) ausfällt. Diese Forderung führt hier auf $Q \cdot 5{,}8 - G \cdot 3{,}3 = G \cdot 3{,}3$ und damit auf den angegebenen Wert von G.

Die Bestimmung der Auflagerkräfte des belasteten Krans liefert $V = 11{,}27\,t$, $M = 17{,}4\,mt$ nach links herum für den belasteten, nach rechts für den unbelasteten Kran.

Da die Kräfte Q, G und das Moment M zunächst nicht an Knoten angreifen, müssen sie erst durch solche Kräfte ersetzt werden, die dies tun; dies geschieht,

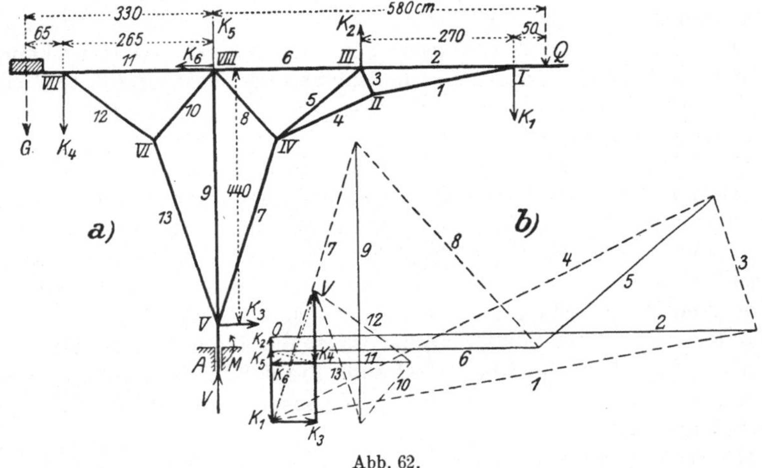

Abb. 62.

wie schon erwähnt, für jede Kraft durch Aufteilung auf jene beiden Knoten, die der betreffenden Kraft zunächst liegen. Dieser Vorgang liefert an Stelle von

Q die Kräfte $K_1 = 7{,}11\,t$ in I, $\qquad K_2 = 1{,}11\,t$ in III,

G „ „ $K_4 = 6{,}57\,t$ „ VII, $\qquad K_5 = 1{,}29\,t$ „ VIII,

B „ „ $K_3 = 3{,}96\,t$ „ V, $\qquad K_6 = -K_3$ „ VIII

in den gezeichneten Richtungen. Das „Einspannungsmoment" M wird dabei durch das Kräftepaar $K_6 - K_3$ ersetzt.

(Inwieweit die von diesen „*Ersatzlasten*" hervorgerufenen Stabkräfte mit den von den ursprünglichen erzeugten übereinstimmen, muß durch eine besondere Untersuchung entschieden werden; in erster Näherung darf jedenfalls angenommen werden, daß — von den Biegungen abgesehen — die Zug- und Druckkräfte in den Stäben in beiden Fällen nicht merklich voneinander abweichen werden.)

Für diese so gefundenen Kräfte $K_1, K_2, \ldots, K_6$ wird der Kräfteplan (Abb. 62b) gezeichnet, und zwar so, wie die Kräfte am Umfang der Fachwerkfigur aufeinanderfolgen: $K_1\,K_3\,V\,K_4\,K_6\,K_5\,K_2$. Sodann werden die Stabkräfte durch „Auflösung" der Knoten in der durch $I, II, III, \ldots, VIII$ gegebenen Reihenfolge ermittelt.

Über die Abänderung obiger Regeln für belastete Innenknoten s. 47.

46. Rittersche Schnittmethode. Zur *rechnerischen* Ermittlung der Stabkräfte denken wir uns von einem Fachwerk irgendein zusammenhängendes Stück durch einen die Knoten vermeidenden „Schnitt" abgetrennt und an den Schnittstellen der getroffenen Stäbe die Stabkräfte als äußere Kräfte angebracht; dann erhält man als Gleichgewichtsbedingungen für die auf das abgetrennte Fachwerkstück einwirkende Kräftegruppe, die aus den äußeren Kräften *und* den Stabkräften in den geschnittenen Stäben besteht, für jeden solchen Schnitt *drei* Gleichungen, aus denen ebenso viele unbekannte Stabkräfte ermittelt werden können. Um eine bestimmte Stabkraft zu finden, hat man den Schnitt so zu führen, daß der betreffende Stab durch den Schnitt getroffen wird. Wenn außer diesem nur *zwei* weitere Stäbe mitgetroffen werden, so gibt der Momentensatz für den Schnittpunkt dieser letzteren sofort eine Gleichung, aus der die gesuchte Stabkraft folgt; für die Diagonale zwischen parallelen Gurten ist an Stelle des Momentensatzes der Projektionssatz für die zu den Gurten senkrechte Richtung zu verwenden. Während also bei der zeichnerischen Methode alle vorhergehenden Knoten „aufgelöst" werden müssen, um zu einer bestimmten Stabkraft zu gelangen, liefert die Rechnung (in der Regel) die Kraft in jedem Stabe durch eine einzige Gleichung.

Diese Methode liefert auch die Vorzeichen der einzelnen Stabkräfte, und zwar bedeutet auch hier das positive Vorzeichen eine Zugkraft, das negative eine Druckkraft. Die Überlegung, die zu dieser Festsetzung führt, entspricht genau der bei den Knotenschnitten angegebenen: Zunächst werden die Pfeile in den einzelnen Stäben so eingeführt, als ob in allen Stäben Zugkräfte wirken würden, d. h. mit Pfeilen, die *zum Schnitt hin* gerichtet sind. Ergibt dann die Rechnung ebenfalls ein positives Vorzeichen für die betreffende Stabkraft, so bleibt es bei der Zugkraft, ergibt sie ein negatives Vorzeichen, so tritt im Stab eine Druckkraft auf.

Dieses Verfahren wird auch für zusammengesetzte Fachwerke angewendet, für welche der Dreieckabbau unmöglich ist, sowie auch für Fachwerke mit belasteten inneren Knotenpunkten.

Die zur Ermittlung der Stabkräfte benützten Ring- und Trennschnitte sind Sonderfälle eines allgemeineren Verfahrens, durch das die Existenz eines reziproken Kräfteplans zu einem gegebenen Fachwerke nachgewiesen werden kann. Legt man den Schnitt um die ganze Fachwerkfigur herum, so erhält man die Gleichgewichtsbedingungen für alle äußeren (d. s. die eingeprägten und Auflager-) Kräfte. Für ein Fachwerk, das unter dem Einfluß äußerer Kräfte im Gleichgewicht ist, muß jeder Fachwerksteil, wie immer er herausgeschnitten werden mag, im Gleichgewicht sein, wenn an den Schnittstellen mit den Stäben und den Wirkungslinien der äußeren Kräfte die dort wirkenden Kräfte angebracht werden. Die Verwertung dieser Forderung liefert alle Bedingungen für die Existenz eines reziproken Kräfteplans, soferne überhaupt ein System von Stabkräften mit den angegebenen Eigenschaften vorhanden ist; dies gilt auch, wie gesagt, für die in den folgenden Abschnitten behandelten Erweiterungen der bisher behandelten einfachen Fachwerke.

Beispiel 26a. Für das Fachwerk Abb. 61 ergibt sich für den Schnitt $s—s$ gemäß der Gleichgewichtsbedingung nach der Lotrechten für die auf den linken Teil wirkenden Kräfte

$$A - K_1 + S_5 \cos \alpha = 0, \quad \text{also} \quad S_5 = -(A - K_1)/\cos \alpha; \qquad \text{(Druck)}$$

ferner liefert der Momentensatz für den Punkt IV:

$$A a_2 - K_1 (a_2 - a_1) - S_6 h = 0, \quad \text{und daraus} \quad S_6 = [A a_2 - K_1 (a_2 - a_1)]/h \quad \text{(Zug)}.$$

47. Fachwerke mit belasteten Innenknoten. Die in **45** gegebenen Regeln müssen teilweise abgeändert und erweitert werden, wenn es sich um Fachwerke handelt, die belastete *innere* Knoten enthalten, wie dies z. B. bei den Anwendungen im Kranbau vorkommt. Dieser Fall läßt sich jedoch durch Einführung *idealer Stäbe* und *idealer Gelenke* auf den früheren zurückführen. Dabei ist folgender Weg einzuschlagen. Von dem belasteten Innenknoten wird in der Richtung der betreffenden Knotenlast K ein *idealer Stab i* gezogen, der von dem Knoten bis zum Umfang der Fachwerkfigur reicht, und wird dort in einem *idealen Knoten* an den Fachwerkstab angeschlossen, den er trifft und der dadurch in zwei Teile zerlegt wird; an diesem idealen Knoten wird die Last in der ursprünglichen Größe und Richtung als neue Kraft K' ($= K$) angesetzt, während die Innenkraft K entfernt wird. Diese Kraft K' wird gerade so behandelt wie die schon ursprünglich am Fachwerkumfang wirkenden, wogegen die Belastung des inneren Knotens durch die Kraft in dem hinzugefügten idealen Stab ersetzt wird. Dadurch wird neuerdings eine bestimmte Ordnung für die äußeren Kreise geschaffen, die durch die Innenlast zunächst verloren schien. Die Kraft in dem Stabe, in dem das ideale Gelenk eingesetzt wird, kommt dann im Kräfteplan *zweimal* (natürlich von gleicher Größe!) vor, hierzu kommt noch die Kraft im idealen Stab und die zusätzliche Knotenlast. Die Ausführung dieses Gedankens möge an Hand der beiden folgenden Beispiele verfolgt werden.

Beispiel 28. Fachwerk nach Abb. 63 in den Innenknoten *II*, *III* mit den Kräften K, K belastet. Die Auflagerkräfte in *I*, *IV* sind $A = B = K$. Die idealen Stäbe *II II'*, *III III'* führen zu den idealen Knoten *II'* und *III'*, an denen die

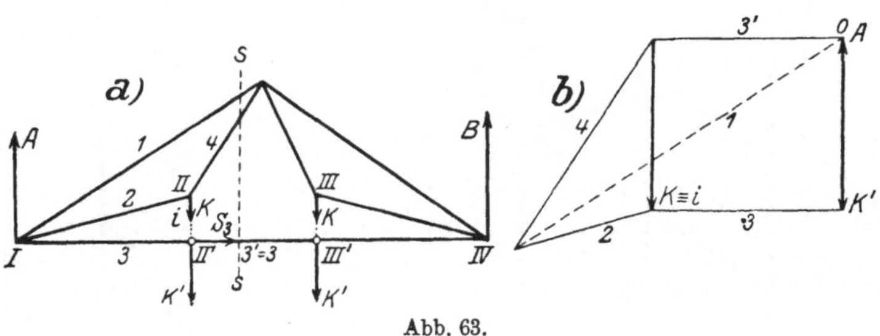

Abb. 63.

Lasten K', K' angebracht werden. Der Schnitt $s - s$ führt sofort zur Kenntnis der Stabkräfte in *1, 4, 3'*. Die Zeichnung des Kräfteplanes mittels der Kräfte K', K', B, A und der Knoten in der Reihenfolge *I, II, III* geschieht nun ganz so wie früher. Wegen der Symmetrie genügt die Aufzeichnung einer Hälfte, Abb. 63 b.

Beispiel 28a. Das *Krangerüst* nach Abb. 64a ist im Knoten *VII* mit der Last $Q = 4$ t und in *I* mit dem Gegengewicht $G = 3$ t belastet, ferner an dem innenliegenden Zapfen $B \equiv IV$ und an dem die Kransäule umschließenden Halslager A gestützt. Nach Bestimmung der Auflagerkräfte A und B wird die Kraft B bis zum Umriß verlängert, der ideale Stab $i \equiv IV\ IV'$ eingesetzt und in *IV'* die neue Kraft B' ($= B$) angebracht. Durch diesen idealen Stab i wird die Fachwerkfigur ergänzt, und der Kräfteplan für die Kräfte G, B', Q, A kann genau nach den früheren Regeln gezeichnet werden. Die Knoten sind wieder in der Folge beziffert, in der das Fachwerk aufgelöst wird. Die Stabkräfte 6 und $B \equiv i$ kommen im Kräfteplan je *zweimal* vor.

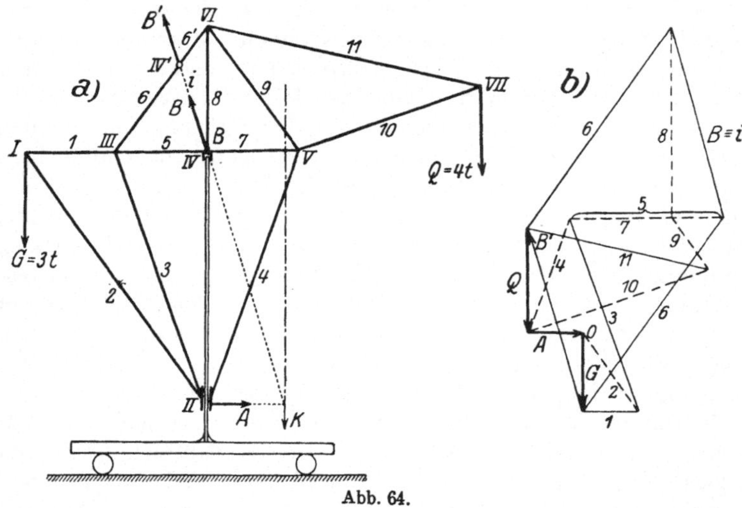

Abb. 64.

48. Zusammengesetzte Fachwerke.

48. Zusammengesetzte Fachwerke. Während bei Dreiecksfachwerken die Frage nach der Starrheit unmittelbar beantwortet werden kann, verlangt deren Erledigung bei nicht-einfachen Fachwerken eine besondere Untersuchung. Daß außer den Dreieckfachwerken andere stabile Fachwerke überhaupt möglich sind, zeigt z. B. der in Abb. 65

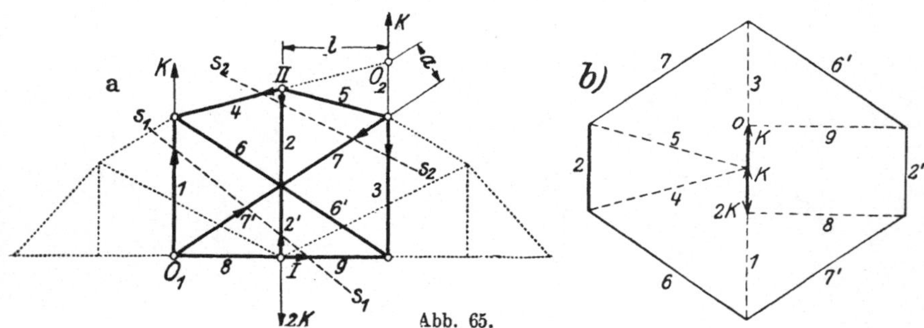

Abb. 65.

dargestellte Brückenträger, für den $n = 12$, $s = 21$ und die Gl. (81) mithin erfüllt ist. Trotzdem ist der Dreieckabbau nur bis zu der stark ausgezogenen Figur fortsetzbar; diese läßt eine weitere Auflösung auf dieselbe Art nicht zu, da von jedem ihrer Knoten *drei* Stäbe ausgehen. Eine solche Figur, die von einem Fachwerke übrig bleibt, wenn man alle ihre „zweistäbigen Knoten" wegnimmt, für die also nach dem Dreieckschema keine weitere Vereinfachung mehr möglich ist, nennt man die *Grundfigur des Fachwerks*. In dem Beispiel der Abb. 65 ist für diese Grundfigur $s = 9$, $n = 6$ und $s = 2n - 3$; sie enthält also jedenfalls keine überzähligen Stäbe.

Wenn eine solche Figur als Bestandteil einer Tragkonstruktion in Betracht kommen soll, so muß sie a) in sich *starr* (stabil) sein und muß b) die Ermittlung der Stabkräfte aus den Knotenlasten zulassen. Beide Forderungen stehen in engstem Zusammenhange miteinander, wie durch Heranziehung kinematischer Betrachtungen gezeigt werden kann, worauf wir indessen hier nicht eingehen können.

Will man die Stabkräfte in der gezeichneten sechseckigen Grundfigur berechnen, an deren Knoten irgendwelche Kräfte angreifen mögen, so geht dies, wie man gleich sieht, durch *einen* Schnitt nicht, wohl aber durch *zwei* Schnitte, von denen jeder dieselben zwei Stäbe i, k und außerdem nur noch je zwei andere Stäbe trifft. Durch Bildung der Momente um die Schnittpunkte dieser letzteren Paare von Stäben erhält man *zwei* Gleichungen, aus denen *zwei* Stabkräfte in i und k berechnet werden können.

Beispiel 29. Die Grundfigur der Abb. 65a sei durch die drei Kräfte $K, K, 2K$ belastet; führt man die beiden Schnitte $s_1 - s_1$ und $s_2 - s_2$ und nimmt die Momente um O_1 bzw. O_2, so erhält man

$$S_2' = 2K \quad \text{(Zug)},$$

$$S_2 l = S_7 a, \qquad S_7 = S_6 = S_2 l/a = 2Kl/a \quad \text{(Zug)}.$$

(Bei der vorausgesetzten Form sind übrigens die beiden Schnitte unnötig, da sich $S_2 = 2K$ für den Knoten I unmittelbar ablesen läßt, weil die Stäbe 8 und 9 auf der Kraft $2K$ senkrecht stehen.) Damit können auch alle anderen Stabkräfte gerechnet oder gezeichnet werden; sie lassen sich zu dem in Abb. 65b gegebenen Kräfteplan zusammenschließen, in dem allerdings die Stabkräfte in den sich übergreifenden Stäben *zweimal* vorkommen, wie $S_2 = S_2'$, $S_6 = S_6'$, $S_7 = S_7'$. Durch Zerlegung von S_2 ergeben sich S_4 und S_5 usw., wodurch der Kräfteplan vervollständigt werden kann. Dem „*idealen Gelenk*" im Innern der Grundfigur entspricht das Umfangsechseck des Kräfteplans.

Beispiel 30. In dem *Fachwerk* nach Abb. 66 mit den drei parallelen Stäben $1, 2, 3$ führt ein lotrecht geführter Schnitt $s - s$ und die Gleichgewichtsbedingung nach der Lotrechten für den abgetrennten Fachwerkteil unmittelbar zur Kenntnis der Stabkraft S_4 im Stab 4; damit wird die Zeichnung des Kräfteplans möglich.

Beispiel 31. Bei dem Fachwerk Abb. 67a wird durch einen Ringschnitt s, der die *drei* nicht durch einen Punkt gehenden Stäbe 1, $2, 3$ trifft, der Mittelteil des Fachwerkes herausgeschält. Da die auf den Knoten VI wirkende Kraft $i = K$ gegeben ist, so liefert die Zerlegung der Kraft i in dem idealen Stabe nach diesen drei Stäben (nach **37**b) die in diesen wirkenden Stabkräfte S_1, S_2, S_3.

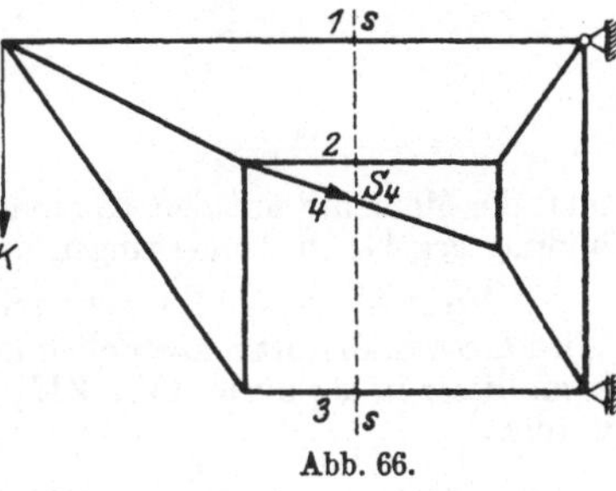

Abb. 66.

Der Kräfteplan ist in Abb. 67b gegeben. Die punktierten Linien dienen nur zur Bestimmung der Stabkräfte $1, 2, 3$ mittels des Ringschnittes s. Sodann kann ausgehend von 0 für den Knoten I das Kräftedreieck für den Punkt I und weiter der ganze Kräfteplan gezeichnet werden.

Aufgaben von dieser Art können oft auch nach der „Methode des unbestimmten Maßstabes" gelöst werden. Man zeichnet für irgendeinen dreistäbigen Knoten, etwa V in Abb. 67, das Krafteck in beliebiger Größe und ergänzt den Kräfteplan für die übrigen Knoten, wodurch man die anderen Kräfte durch bestimmte Strecken dargestellt erhält; da K bekannt ist, ist damit der Maßstab für den ganzen Kräfteplan nachträglich festgelegt.

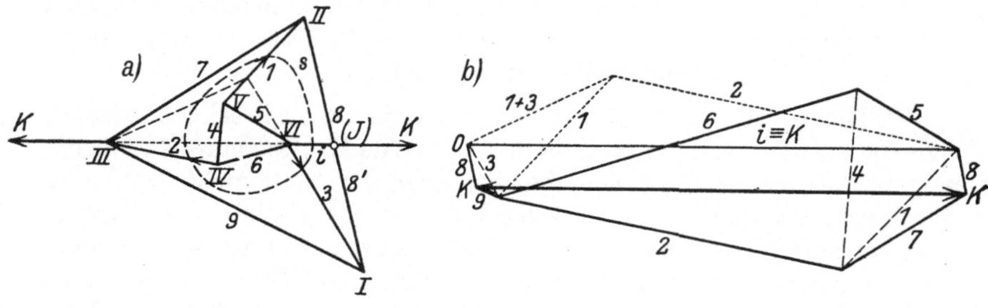

Abb. 67.

Beispiel 32. Der zusammengesetzte Polonceau-Dachstuhl besitzt eine Grundfigur, die in Abb. 68 durch stärkere Linien hervorgehoben ist. Für den aus abbaubaren Dreiecken bestehenden Teil, d. i. für die Stäbe *1* bis *6* läßt sich der Kräfteplan in gewöhnlicher Weise zeichnen. Für die Grundfigur wird mit Hilfe des Schnittes $s-s$ etwa die Kraft im Stab *14 durch Rechnung* bestimmt, indem

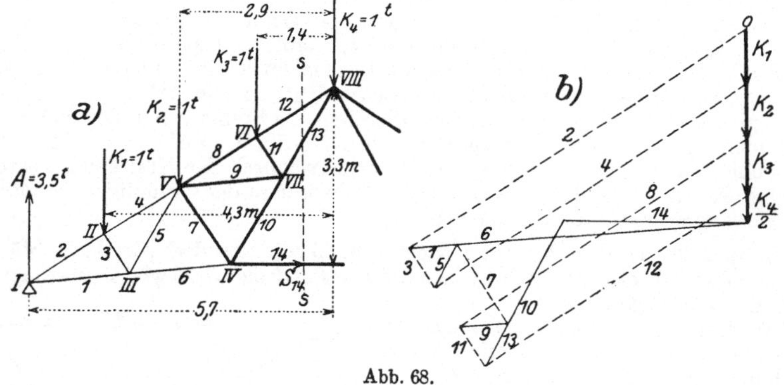

Abb. 68.

man die Momente um den Knoten *VIII* nimmt; man findet mit den in der Abbildung gegebenen Abmessungen und Lastwerten

$$S_{14} \cdot 3,3 = 3,5 \cdot 5,7 - 1 \cdot \{4,3 + 2,9 + 1,4\}, \quad S_{14} = 3,44 \text{ t} \quad (\text{Zug}).$$

Wird diese Stabkraft maßstäblich in den Kräfteplan (Abb. 68b) eingetragen, dann kann dieser in der durch *IV…VIII* gegebenen Folge ohne weiteres vervollständigt werden.

49. Stabvertauschung.

Eine andere Methode für die Berechnung von zusammengesetzten Fachwerken (insbesondere ihrer Grundfiguren), die manchmal in einfacher Weise zum Ziele führt, ist die (von L. Henneberg herrührende) *Stabvertauschung.* Wenn es gelingt, ein solches zusammengesetztes Fachwerk mit der Stabzahl $s = 2n - 3$ dadurch auf ein einfaches zurückzuführen, daß man einen Stab p herausnimmt und dafür zwischen zwei anderen Knoten einen neuen Stab q einsetzt, ohne die sonstige Gestalt des Fachwerks zu verändern und ohne daß das Fachwerk seine Starrheit verliert, dann wende man zur Ermittlung der Stabkräfte folgende Schritte an:

a) Nach vollzogener Vertauschung ermittle man die Stabkräfte in allen Stäben unter den gegebenen Lasten, sie seien

$$S_p' = 0 \text{ in } p, \qquad S_q' \text{ in } q, \qquad S_i' \text{ in den übrigen Stäben } i.$$

b) Auf das „vertauschte" Fachwerk lasse man an den Endpunkten des Stabes p in der Richtung von p zwei gleich große und entgegengesetzte Zugkräfte von der Größe 1 wirken, denke sich die früheren Lasten entfernt und berechne abermals die Stabkräfte; es möge sich ergeben

$$1 \text{ in } p, \qquad S_q'' \text{ in } q, \qquad S_i'' \text{ in den } i,$$

oder wenn man längs p statt der Kraft 1 die Kraft λ kg wirken läßt,

$$\lambda \text{ in } p, \qquad \lambda S_q'' \text{ in } q, \qquad \lambda S_i'' \text{ in den } i,$$

wobei dann S_q'', S_i'' reine Zahlenfaktoren sind.

c) Läßt man nun beide Belastungen gleichzeitig wirken, so addieren sich wegen der linearen Beschaffenheit der Gleichgewichtsbedingungen die Stabkräfte in allen Stäben, uud diese werden

$$\lambda \text{ in } p, \qquad S_q' + \lambda S_q'' \text{ in } q, \qquad S_i' + \lambda S_i'' \text{ in den Stäben } i.$$

d) Die Entfernung des hinzugefügten Stabes q geschieht nun durch die Forderung, λ so zu bestimmen, daß die Kraft im Stabe q verschwindet, also

$$S_q' + \lambda S_q'' = 0, \quad \text{oder} \quad \lambda = - S_q'/S_q'',$$

so daß die gesuchten Stabkrä te die Werte erhalten:

$$- S_q'/S_q'' \text{ in } p, \qquad 0 \text{ in } q, \qquad \begin{vmatrix} S_i' & S_i'' \\ S_q' & S_q'' \end{vmatrix} : S_q'' \text{ in den übrigen Stäben } i,$$

wodurch die Kräfte in allen Stäben gefunden sind.

50. Wackelige Fachwerke. Eine Tragkonstruktion oder Stützung bezeichnet man als *wackelig*, wenn sie in sich oder in ihrer Verbindung mit den Auflagern kleine Bewegungen ohne Änderung der Stablängen zuläßt, genauer gesagt, wenn Bewegungen möglich sind, bei denen sich die Stablängen nur um Größen höherer Ordnung im Vergleich zu den Wegstrecken ändern. Ein einfaches Beispiel für ein solches Fachwerk ist ein Dreieck, dessen Seiten in eine Gerade zusammenfallen; auch die labilen Stützungen *20* und *21* in Abb. 38 gehören hierher. Daß eine solche „infinitesimale" Beweglichkeit (wie natürlich auch eine endliche) zu vermeiden ist, erhellt daraus, daß bei Belastung solcher beweglicher

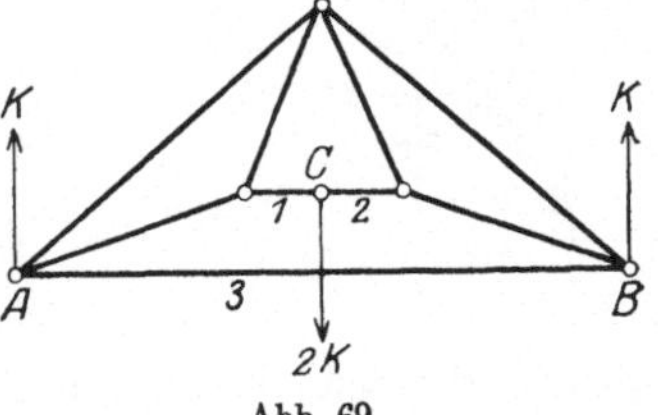
Abb. 69.

Knoten sehr große (theoretisch unendlich große) Kräfte in den angrenzenden Stäben auftreten müßten; so kann in dem Fachwerk der Abb. 69 die Belastung von C durch die Stäbe *1, 2* nur dadurch aufgenommen werden, daß in diesen sehr große Kräfte auftreten. In anderer Form kann man dieses Vorkommnis auch dadurch ausdrücken, daß man beachtet, daß infinitesimale Beweglichkeit auftritt, wenn die Länge eines Stabes einen kleinsten oder größten Wert annimmt, der unter den gegebenen Umständen möglich ist (für die gestreckte Lage der Stäbe *1* und *2* in Abb. 69 erhält die Länge von *3* einen größten Wert).

Für das Vorhandensein infinitesimaler Beweglichkeit kann man auch ein analytisches Kriterium in Form des Verschwindens einer gewissen Determinante angeben, in der die Stablängen als Funktion der Koordinaten der Knoten vorkommen, was nur hier erwähnt bleiben möge (A. F ö p p l).

Wir können nunmehr die Entwicklungen dieses Kapitels in folgende Aussage zusammenfassen:

Von dem Ausnahmefall der Wackeligkeit abgesehen, sind Dreieckfachwerke mit $s = 2n - 3$ Stäben stets stabil und statisch bestimmt. Für zusammengesetzte Fachwerke, bei denen diese Bedingung ebenfalls erfüllt ist, verlangt die Entscheidung der Frage der Starrheit und der statischen Bestimmtheit eine besondere Untersuchung. Im ersten Fall läßt sich die ganze graphische Berechnung des Fachwerkes auf die Auflösung zweistäbiger Knoten zurückführen. Im zweiten ist meist der rechnerische Weg einzuschlagen, der auf der Verwendung eines oder mehrerer „Ritterscher Schnitte" beruht, während der zeichnerische nur in gewissen Sonderfällen gangbar ist.

IV. Räumliche Kräftegruppen.

51. Summe einer räumlichen Kräftegruppe. Für die Zusammensetzung von Kräften, die im Raume beliebig verteilt sind, ist, wie auch in der Ebene, die Vorstellung des verbindenden starren Körpers wesentlich.

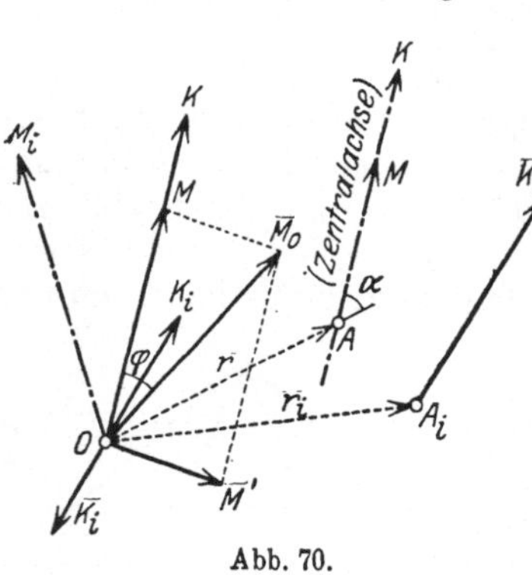

Abb. 70.

Die einfachste Form, in der man die *Summe* einer räumlichen Kräftegruppe darstellen kann, erhält man auf folgende Weise: Von den gegebenen Kräften sei $\mathfrak{K}_i$ am Angriffspunkt A_i (Abb. 70) als Vertreter ausgewählt. Man wähle irgend einen Punkt O des Raumes als Bezugspunkt und „verlege" oder „reduziere" alle Kräfte $\mathfrak{K}_i$ nach O hin; dies geschieht dadurch, daß in O zwei gleich große und entgegengesetzt gerichtete Kräfte $\mathfrak{K}_i, -\mathfrak{K}_i$ angesetzt werden, die für sich die Summe Null geben und daher nicht stören, die jedoch mit der gegebenen Kraft $\mathfrak{K}_i$ in A_i zu der Kraft $\mathfrak{K}_i$ in O und dem Kräftepaare vom Momente $\mathfrak{M}_i = \mathfrak{r}_i \times \mathfrak{K}_i$ zusammengefaßt werden können; $\mathfrak{r}_i$ bedeutet dabei den Ortsvektor $\overline{OA}_i$. Der Momentenvektor $\mathfrak{M}_i$ wird nach den in **20** und **21** getroffenen Festsetzungen mit dem Pfeil nach jener Seite hin aufgetragen, daß für eine in Richtung des Pfeils stehende Person das zugehörige Kräftepaar im positiven Sinn (d. i. im Gegensinn des Uhrzeigers) dreht.

Nachdem diese Verlegung nach O hin für alle Kräfte $\mathfrak{K}_i$ ausgeführt ist, stellt sich die Aufgabe ein, alle $\mathfrak{K}_i$ in O und alle $\mathfrak{M}_i$ in O zusammenzusetzen. Da die $\mathfrak{K}_i$ alle durch den Punkt O gehen, ist ihre geometrische Addition nach dem Parallelogrammgesetz unmittelbar erlaubt und führt auf einen Vektor $\mathfrak{K}$, der durch die Gleichung bestimmt ist

$$\mathfrak{K} = \sum_{i=1}^{n} \mathfrak{K}_i. \tag{82}$$

Ebenso führt eine geometrische Addition aller $\mathfrak{M}_i$ zu einem Vektor $\mathfrak{M}_0$, in Zeichen

$$\mathfrak{M}_0 = \sum_{i=1}^{n} \mathfrak{M}_i \equiv \sum_{i=1}^{n} (\mathfrak{r}_i \times \mathfrak{K}_i), \tag{83}$$

dessen Richtung im allgemeinen nicht mit der von $\mathfrak{K}$ übereinstimmen wird; der Winkel zwischen beiden sei φ. Dabei beachte man, daß $\mathfrak{K}$ von der Wahl des Bezugspunktes O unabhängig, $\mathfrak{M}$ dagegen von O abhängig ist, was durch den angesetzten Zeiger O zum Ausdruck gebracht ist.

Daß die Vektoren $\mathfrak{M}_i$ durch geometrische Addition zusammengesetzt werden können, kann man sich klar machen, indem man zwei Kräftepaare in geneigten oder parallelen Ebenen annimmt und zeigt, daß ihre Zusammensetzung durch die der zugeordneten Vektoren ersetzt werden kann.

Wir können also sagen: *Kräftepaare werden summiert, indem man die ihnen zugeordneten Vektoren im Raume geometrisch addiert. Umgekehrt kann jeder Momentenvektor in beliebig viele Teilvektoren zerlegt werden, die selbst Kräftepaare mit den entsprechenden Freiheiten* (Willkürlichkeit der Größe von Kraft und Abstand bei Erhaltung des Produktes — einschließlich des Vorzeichens!) *darstellen.*

Zur weiteren Zusammensetzung von $\mathfrak{K}$ und $\mathfrak{M}_0$ wird $\mathfrak{M}_0$ in zwei Komponenten $\mathfrak{M}$, $\mathfrak{M}'$ zerlegt, so daß also $\mathfrak{M}_0 = \mathfrak{M} + \mathfrak{M}'$, wobei $\mathfrak{M} \parallel \mathfrak{K}$, $\mathfrak{M}' \perp \mathfrak{K}$ ist, dann kann (umgekehrt wie früher bei der Reduktion) $\mathfrak{M}'$ in zwei Kräfte $\mathfrak{K}$, $-\mathfrak{K}$ zerlegt und zu einer Parallelverschiebung von $\mathfrak{K}$ verbraucht werden. Hierzu rechne man aus $M' = Ka$ die Größe dieser Parallelverschiebung a aus: $a = M'/K$ und erhält dann durch Zusammenfassung von $\mathfrak{M}'$ und $\mathfrak{K}$ in O eine Verschiebung von $\mathfrak{K}$ in einer senkrecht zu $\mathfrak{M}'$ durch $\mathfrak{K}$ gelegten Ebene; dies führt auf die Kraft $\mathfrak{K}$ in einem Angriffspunkte A; in diese Gerade kann auch $\mathfrak{M}$ als *freier*, zu $\mathfrak{K}$ paralleler Vektor hineinverlegt werden.

Ein solches Gebilde, das aus einer Einzelkraft $\mathfrak{K}$ und einem parallel dazu liegenden Momente $\mathfrak{M}$ besteht, nennt man eine *Dyname* und die auf die angegebene Art gefundene Wirkungslinie von $\mathfrak{K}$ die *Zentralachse* der gegebenen Kräftegruppe. Wir erhalten somit den Satz:

Die Summe einer räumlichen Kräftegruppe führt daher auf eine Dyname $(\mathfrak{K}, \mathfrak{M})$.

Durch Rechnung können die die Dyname bestimmenden Größen in folgender Weise ermittelt werden: Wir denken uns ein System von Cartesischen Koordinatenaxen O, x, y, z gewählt und die Reduktion für den Punkt O ausgeführt; wir erhalten dadurch die folgenden Werte für die Komponenten der Kraft $\mathfrak{K}$ und des Momentes $\mathfrak{M}_0$

$$\mathfrak{K}\begin{cases} X = \varSigma X_i, \\ Y = \varSigma Y_i, \\ Z = \varSigma Z_i, \end{cases} \qquad \mathfrak{M}_0\begin{cases} M_x = \varSigma (y_i Z_i - z_i Y_i), \\ M_y = \varSigma (z_i X_i - x_i Z_i), \\ M_z = \varSigma (x_i Y_i - y_i X_i). \end{cases} \tag{84}$$

Dann ist zunächst die Größe der Kraft K gegeben durch

$$K = \sqrt{X^2 + Y^2 + Z^2}. \tag{85}$$

Die Gleichung der Zentralachse ist durch die Bedingung bestimmt, daß für jeden ihrer Punkte $\mathfrak{K}$ und $\mathfrak{M}$ in eine Gerade fallen. Wenn daher ξ, η, ζ die laufenden Koordinaten eines Punktes A der Zentralachse sind, so haben die Komponenten des Momentenvektors $\mathfrak{M}'$ für ihn die Werte [vgl. Gl. (67)]

$$\left.\begin{aligned}
M'_x &= M_x + \zeta Y - \eta Z, \\
M'_y &= M_y + \xi Z - \zeta X, \\
M'_z &= M_Z + \eta X - \xi Y.
\end{aligned}\right\} \tag{86}$$

Sollen die Vektoren $\mathfrak{M}'$ und $\mathfrak{K}$ parallel sein, so müssen nach Einführung eines Proportionalitätsfaktors λ die Gleichungen bestehen

$$M'_x = \lambda X, \qquad M'_y = \lambda Y, \qquad M'_z = \lambda Z,$$

woraus nach Entfernung von λ die Gleichungen der Zentralachse in den laufenden Koordinaten ξ, η, ζ hervorgehen

$$\frac{M_x + \zeta Y - \eta Z}{X} = \frac{M_y + \xi Z - \zeta X}{Y} = \frac{M_z + \eta X - \xi Y}{Z}. \tag{87}$$

Der Betrag von $\mathfrak{M}$ folgt durch Projektion von $\mathfrak{M}_0$ auf die Richtung $\mathfrak{K}$

$$M = M_0 \cos \varphi = \frac{X M_x + Y M_y + Z M_z}{K}. \tag{88}$$

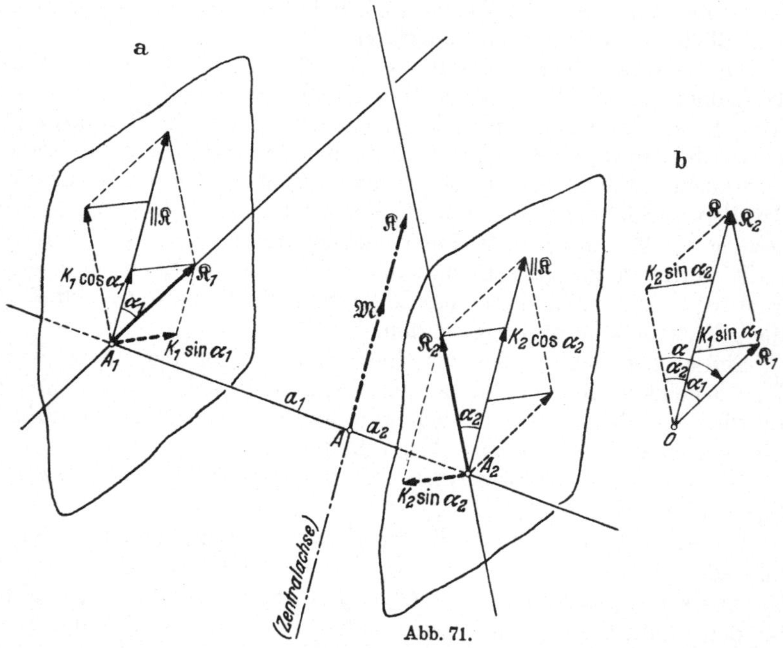

Abb. 71.

Beispiel 33. Für ein sog. *Kraftkreuz*, d. i. für zwei windschiefe Kräfte $\mathfrak{K}_1$, $\mathfrak{K}_2$ mit dem kürzesten Abstand $a = \overline{A_1 A_2}$ (Abb. 71a) läßt sich die gleichwertige Dyname — ihre Summe — unmittelbar angeben. Man zeichne in Abb. 71b von irgendeinem Punkte O die Summe: $\mathfrak{K}_1 + \mathfrak{K}_2 = \mathfrak{K}$ und zerlege $\mathfrak{K}_1$ in A_1 und $\mathfrak{K}_2$ in A_2 je in zwei Komponenten parallel und senkrecht zu $\mathfrak{K}$: Die beiden zu $\mathfrak{K}$ senkrechten

Komponenten sind gleich groß:

$$K_1 \sin \alpha_1 = K_2 \sin \alpha_2, \quad \text{so daß} \quad K_1/K_2 = \sin \alpha_2/\sin \alpha_1.$$

Die zu $\mathfrak{K}$ parallelen Komponenten $K_1 \cos \alpha_1$ und $K_2 \cos \alpha_2$ fassen wir im Lageplan zur Summe $\mathfrak{K}$ zusammen, die den kürzesten Abstand a im Verhältnis teilt [Gl.(60)]

$$\frac{a_1}{a_2} = \frac{K_2 \cos \alpha_2}{K_1 \cos \alpha_1} = \frac{\sin \alpha_1 \cos \alpha_2}{\sin \alpha_2 \cos \alpha_1} = \frac{\text{tg}\,\alpha_1}{\text{tg}\,\alpha_2}, \quad a_1 + a_2 = a.$$

Die beiden Komponenten $K_1 \sin \alpha_1$ und $K_2 \sin \alpha_2$ geben ein Kräftepaar. Der diesem zugeordnete Momentenvektor $\mathfrak{M}$ ist parallel zu $\mathfrak{K}$ gerichtet, und sein Betrag ergibt sich (wobei abermals der Sinussatz benutzt wird) zu

$$M = K_1\, a \sin \alpha_1 = K_1\, a\, \frac{K_2 \sin \alpha}{K} = \frac{K_1 K_2}{K}\, a \sin \alpha,$$

wobei $\alpha = \alpha_1 + \alpha_2$. Größe und Ort der zu dem gegebenen Kraftkreuz gehörigen Dyname ist daher durch die Ausdrücke bestimmt:

$$\boxed{K = K_1 \cos \alpha_1 + K_2 \cos \alpha_2, \quad M = \frac{K_1 K_2}{K}\, a \sin \alpha, \quad a_1/a_2 = \text{tg}\,\alpha_1/\text{tg}\,\alpha_2.} \tag{89}$$

Umgekehrt lassen sich mehrfach unendlich viele solche Kraftkreuze $\mathfrak{K}_1, \mathfrak{K}_2$ angeben, die zur selben Dyname ($\mathfrak{K}, \mathfrak{M}$) führen, oder, mit anderen Worten, die Dyname ($\mathfrak{K}, \mathfrak{M}$) läßt sich in mannigfacher Weise in die zwei Kräfte eines Kraftkreuzes *zerlegen*: Durch Wahl von $\mathfrak{K}_1$ ist das zugehörige $\mathfrak{K}_2$ bestimmt. Man braucht nur die obige Konstruktion in umgekehrter Reihenfolge auszuführen. Rechnet man den Rauminhalt V des Parallelepipedes, das durch die Kanten $\mathfrak{K}_1, \mathfrak{a}, \mathfrak{K}_2$ bestimmt ist, durch das Produkt aus Grundfläche $K_1 K_2 \sin \alpha \times$ Höhe a, so folgt

$$V = K_1 K_2\, a \sin \alpha = M K,$$

d. h. der Rauminhalt aller so erhaltenen Parallelepipede, die allen möglichen Zerlegungen entsprechen, ist eine Invariante. Der Rauminhalt des durch $\mathfrak{K}_1, \mathfrak{a}, \mathfrak{K}_2$ bestimmten *Tetraeders* (Vierflachs) beträgt $^1/_6\, V$.

Die Wahl von $\mathfrak{K}_1$ ist ganz frei — bis auf die Einschränkung, daß $\mathfrak{K}_1$ die Zentralachse g nicht schneiden darf, da dann die Zerlegung unbestimmt würde. Diese für die Zerlegung ausgeschlossenen Linien nennt man *Nullinien* und ihre Gesamtheit ein *Nullsystem*, und versteht darunter den Inbegriff aller eine Gerade g schneidenden Geraden. Auf die interessanten geometrischen Eigenschaften dieses Gebildes und ihren weiteren Nutzen für die Theorie der räumlichen Kräftegruppen und darüber hinaus können wir hier nicht eingehen.

Wir können also sagen: für sämtliche Kraftkreuze, die einer gegebenen Dyname gleichwertig sind, ist der Rauminhalt der durch sie bestimmten Tetraeder eine feste Zahl, die nur von $\mathfrak{K}$ und $\mathfrak{M}$ abhängt.

52. Gleichgewicht einer räumlichen Kräftegruppe. Wie zuvor werden wir eine räumliche Kräftegruppe als im *Gleichgewicht* befindlich bezeichnen, wenn *für jeden Reduktionspunkt* O sowohl $\mathfrak{K} = 0$ als auch $\mathfrak{M}_0 = 0$ wird; da bei der oben besprochenen Zurückführung einer räumlichen Kräftegruppe auf eine Dyname die Kraft $\mathfrak{K}$ offenbar für alle Reduktionspunkte O den gleichen Wert erhält und $\mathfrak{M}$ die Projektion von $\mathfrak{M}_0$ auf $\mathfrak{K}$ darstellt, so folgt, daß, wenn die Bedingungen $\mathfrak{K} = 0$, $\mathfrak{M}_0 = 0$ für *einen* Reduktionspunkt O im Raume erfüllt sind, sie von selbst und identisch auch für *jeden anderen* bestehen müssen. In rechtwinkeligen Koordinaten geschrieben lauten diese Gleichgewichtsbedingungen

$$\mathfrak{K} = 0 \begin{cases} X \equiv \varSigma\, X_i = 0, \\ Y \equiv \varSigma\, Y_i = 0, \\ Z \equiv \varSigma\, Z_i = 0, \end{cases} \quad \mathfrak{M}_0 = 0 \begin{cases} M_x \equiv \varSigma\, (y_i Z_i - z_i Y_i) = 0, \\ M_y \equiv \varSigma\, (z_i X_i - x_i Z_i) = 0, \\ M_z \equiv \varSigma\, (x_i Y_i - y_i X_i) = 0, \end{cases} \tag{90}$$

wenn $(X_i,\ Y_i,\ Z_i)$ die Komponenten von $\mathfrak{R}_i$ nach den Achsen $x,\ y,\ z$ und $(x_i,\ y_i,\ z_i)$ die Koordinaten eines Punktes A_i auf $\mathfrak{R}_i$ sind.

53. Arten der räumlichen Stützungen. Die Probleme der Raumstatik sind ganz ähnlich denjenigen, die in der Ebene auftraten, nur ist zu beachten, daß alles entsprechend der höheren Dimensionenzahl verwickelter wird; der Zahl *drei* der Gleichgewichtsbedingungen in der Ebene entspricht im Raum die Zahl *sechs* usw. Für die Einsicht in die auftretenden Beziehungen ist es sehr förderlich, sich zu jedem Problem der Ebene das zugehörige im Raum zu suchen, eine Aufgabe, die sich durchführen läßt und den Inhalt der folgenden Betrachtungen bilden wird, die jedoch diese Aufgabe keineswegs vollständig erledigen sollen.

Wie in der Ebene haben auch im Raume *nur gestützte* Körper technische Bedeutung. Bezüglich der Arten der Stützungen gelten ganz ähnliche Angaben, wie sie in **38** gemacht wurden, die nur wegen ihrer Geltung für den Raum sinngemäß erweitert werden müssen. Einige der dabei zu unterscheidenden Fälle enthält Abb. 72.

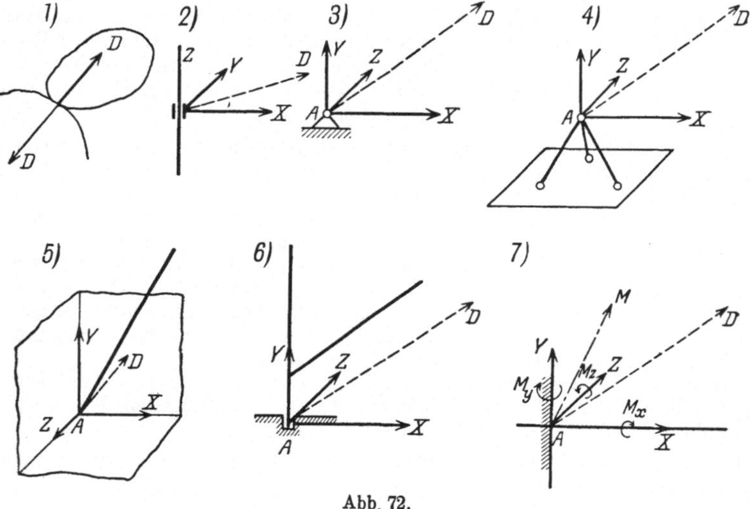

Abb. 72.

I. *D durch eine Größe gegeben.* Dieser Fall tritt auf bei der Berührung zweier glatter Körper nach 1), *bei beweglicher Auflagerung* u. dgl. wie bei ebenen Stützungen.

II. *D durch zwei Größen gegeben.* Beispiel: das *Halslager* nach 2).

III. *D durch drei Größen gegeben.* Beispiele: 3) *das räumliche Gelenk* (Kugelgelenk, Kugellager), 4) die gelenkige Stützung durch drei Stäbe, 5) die *Eckenstützung*, 6) das *Fußlager*.

IV. *Von festen Stützungen* ist in 7) die räumliche *Einspannung* angedeutet, die den Körper unverschieblich festlegt und in statischer Hinsicht durch sechs Größen $(X,\ Y,\ Z;\ M_x,\ M_y,\ M_z)$ gekennzeichnet ist.

Zur Lösung der Gleichgewichtsaufgaben werden für jede einzelne Stützung die zugehörigen Auflagerkräfte je nach der Art der Stützung angebracht und für sie im Verein mit den eingeprägten Kräften (den Lasten) die *sechs* Gleichgewichtsbedingungen in der Form (90) angesetzt; aus diesen können *sechs* unbekannte Größen (Lagenkoordinaten und Auflagerkräfte) ermittelt werden. Ist die Stützung so beschaffen, daß *mehr* als sechs Unbekannte auftreten, so erhält man ein *räumlich-statisch-unbestimmtes* System.

Beispiel 34. Ein *Torflügel* vom Gewichte G, dessen Achse unter dem Winkel α gegen die Lotrechte geneigt ist (Abb. 73), wird durch eine senkrecht zu seiner Ebene in A angreifende Kraft K aus der lotrechten Ebene um einen Winkel φ herausgedreht. Man suche die Beziehung zwischen K und φ, und die in den beiden als Gelenke anzusehenden Türangeln auftretenden Auflagerkräfte. Gegeben sind ferner $\overline{OA} = a$, $\overline{OS} = l$, $\overline{OB_1} = \overline{OB_2} = b$.

Da die Gelenkkräfte durch B_1 und B_2 laufen, liefert die Momentengleichung um die Z-Achse unmittelbar die gesuchte Beziehung zwischen K und φ; die Teilkräfte von K und G nach den Achsen x, y, z sind (beachte, daß die x-Achse waagerecht ist)

$$\Re\,(K\cos\varphi,\ -K\sin\varphi,\ 0),$$
$$\mathfrak{G}\,(0,\ G\sin\alpha,\ -G\cos\alpha)$$

mit den Angriffspunkten A $(a\sin\varphi,$ $a\cos\varphi,\ 0)$ und S $(l\sin\varphi,\ l\cos\varphi,\ 0)$. Die letzte der Gln. (89) gibt dann

$$Ka \doteq Gl\sin\alpha\sin\varphi.$$

Werden noch die Komponenten der Gelenkkräfte in B_1 und B_2, nämlich $\mathfrak{D}_1\,(X_1,\,Y_1,\,Z_1)$ und $\mathfrak{D}_2\,(X_2,\,Y_2,\,Z_2)$ und die Koordinaten ihrer Angriffspunkte $B_1\,(0,\,0,\,b)$ $B_2\,(0,\,0,\,-b)$ eingeführt, so liefern die übrigen Bedingungen (90) *fünf* Gleichungen zur Bestimmung der *sechs* Unbekannten. Z_1 und Z_2 bleiben einzeln unbestimmt, es ergibt sich nur ihre Summe $Z_1 + Z_2 = G\cos\alpha$, ähnlich wie beim ebenen Zweigelenk in **39**, Beispiel 14.

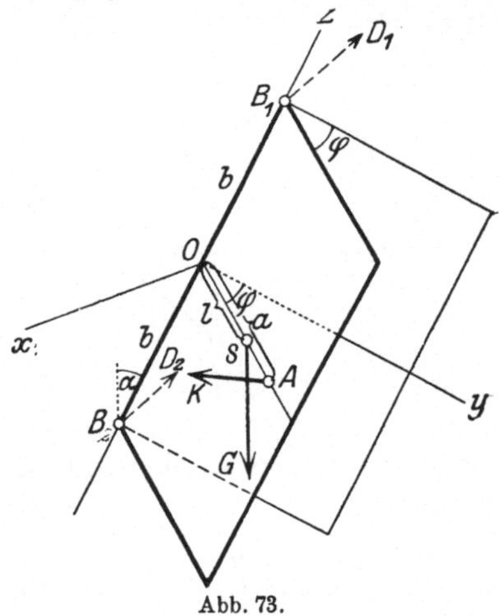

Abb. 73.

54. Eindeutige Zerlegungsaufgaben im Raume. Wie in der Ebene, gibt es auch im Raume im wesentlichen nur *zwei* Fälle, in denen die Zerlegung einer Kraft $\Re$ in Komponenten in eindeutiger (statisch bestimmter) Weise möglich ist.

a) *Die Zerlegung von $\Re$ in drei Komponenten, die durch einen Punkt A auf $\Re$ gehen und nicht in einer Ebene liegen*: die Komponenten sind durch die Kanten des Parallelepipedes gegeben, das über $\Re$ nach diesen Richtungen gezeichnet werden kann (wie in Abb. 5).

Die zeichnerische Ausführung erfordert die Anwendung eines Abbildungsverfahrens der gegebenen Raumfigur; das bekannteste ist die *Orthogonalprojektion* auf zwei Ebenen mit darauffolgender Umlegung in die Zeichenebene. Für die Anwendbarkeit dieses Verfahrens in der Statik ist das Entscheidende, daß dabei die vektorielle Addition der Kräfte im Raum ersetzt wird durch die vektorielle Addition ihrer bezüglichen Projektionen auf zwei Projektionsebenen.

Beispiel 35. Auf diese Weise können z. B. die Stabkräfte in einem aus drei Stäben *1, 2, 3* gebildeten *Gerüste* (Abb. 74) bestimmt werden, das durch $\Re$ belastet ist. Im Aufriß ergibt sich unmittelbar: $\Re'' = \Re_1'' + \Re''$, daraus durch das Herabloten auf die Mittellinie zwischen $2'$ und $3'$: $\Re_1' = \Re_2' + \Re_3'$. Aus zwei Projektionen sind die wahren Größen der Kräfte leicht erhältlich.

Beispiel 36. Einen ähnlichen Aufbau zeigt auch das in Abb. 75 dargestellte *Stabgerüst*, bei dem durch Zerlegung von K zuerst die Stabkräfte in *1, 2, 3*, sodann weiter durch Zerlegung der Stabkraft in *3* die Stabkräfte in *4, 5, 6* folgen.

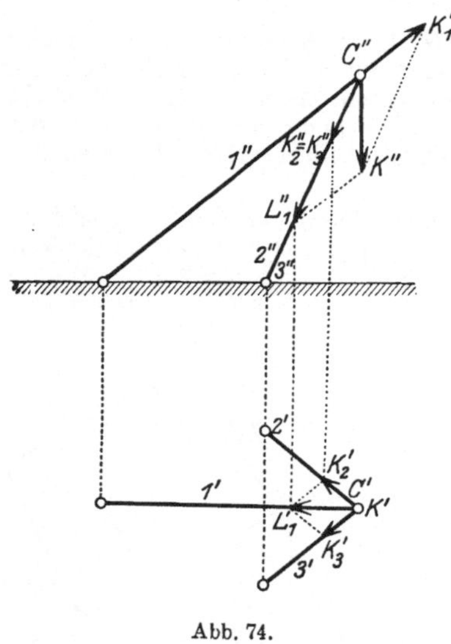

Die Ausführung dieser Zerlegung ist auch bei beliebigen Richtungen der Kräfte ohne weiteres möglich; selbstverständlich wird man sich in allen Fällen die Vorteile besonderer Lagen zunutze machen.

Diese Eindeutigkeit bleibt auch bestehen, wenn der gemeinsame Schnittpunkt ins Unendliche rückt, $\Re$ also in drei zu $\Re$ parallele Kom-

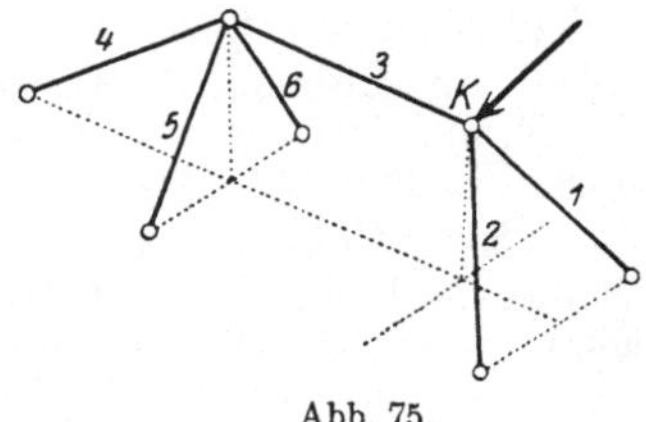

Abb. 74.   Abb. 75.

ponenten zerlegt werden soll, die natürlich nicht in einer Ebene liegen dürfen.

Beispiel 37. Eine dreieckige Platte vom Gewichte G hängt waagerecht an drei lotrechten Schnüren, die an den Ecken A, B, C befestigt sind; wie groß sind die in diesen wirkenden Kräfte K_1, K_2, K_3? Mit den Bezeichnungen der Abb. 76 ergibt sich durch Zerlegung

$$K_1 = Gb/(a + b), \quad K_2 + K_3 = Ga/(a + b)$$

und durch abermalige Zerlegung des zweiten Teiles

$$K_2 = Gaq/(a + b)(p + q),$$
$$K_3 = Gap/(a + b)(p + q).$$

S kann als der „Mittelpunkt" dreier Massen betrachtet werden, die in den Ecken der Dreiecksplatte angebracht und den Kräften K_1, K_2, K_3 proportional sind.

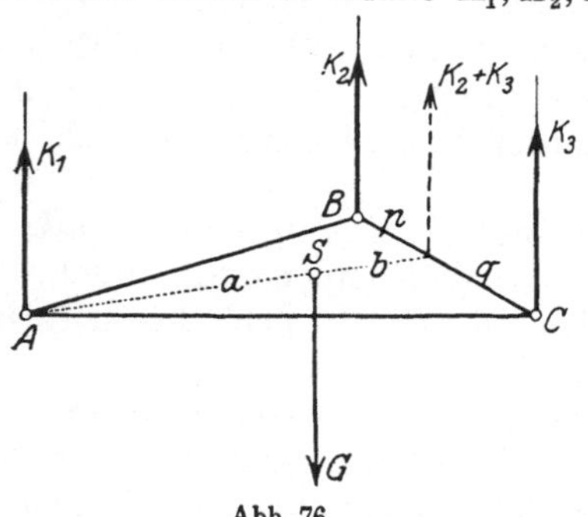

Abb. 76.

b) *Die Zerlegung von* $\Re$ *in sechs Teilkräfte* $\Re_1 \ldots \Re_6$, *von deren Wirkungslinien nicht mehr als drei in einer Ebene liegen und nicht mehr als drei durch einen Punkt gehen.*

Für den einfachsten Fall, wo drei von den sechs gegebenen Linien durch einen Punkt A gehen und die anderen drei in einer Ebene ε liegen, ist die Lösung sehr einfach. Man suche den Schnitt S von $\Re$ mit der

Ebene ε und zerlege $\mathfrak{K}$ in zwei Teilkräfte, von denen die eine $\mathfrak{K}_1$ in der Richtung $\overline{SA}$ läuft, die andere $\mathfrak{K}_2$ in ε liegt. Die Zerlegung von $\mathfrak{K}_1$ nach den drei Linien durch A und von $\mathfrak{K}_2$ nach den drei Linien in ε (nach **37** b) liefert die gesuchten sechs Kräfte.

Daß diese Zerlegungsaufgabe auch bei allgemeiner Lage der sechs Linien bestimmt ist, erkennt man durch folgende einfache Abzählung. Die Bedingungen, daß die Summe der sechs gesuchten Kräfte $\mathfrak{K}_1, \ldots, \mathfrak{K}_6$ mit der gegebenen Kraft $\mathfrak{K}$ gleichwertig ist, werden durch die Gleichheit der Projektion von $\mathfrak{K}$ mit der Summe der Projektionen von $\mathfrak{K}_1, \ldots, \mathfrak{K}_6$ nach drei Achsen, und durch die Gleichheit der Momente von $\mathfrak{K}$ mit der Summe der Momente von $\mathfrak{K}_1, \ldots, \mathfrak{K}_6$ um drei Achsen des Raumes ausgedrückt. Dies sind zusammen *sechs* Gleichungen für die *sechs* Unbekannten $K_1, \ldots, K_6$. Diese Methode macht somit die Auflösung von *sechs* linearen Gleichungen mit *sechs* Unbekannten notwendig. Bekanntlich ist die Auflösung eines Systems von linearen, nicht-homogenen Gleichungen nur möglich, wenn ihre Determinante von Null verschieden ist

Vereinfacht wird die Ausführung der Zerlegung durch passende Wahl der Achsen, um die man die Gleichheit der Momente ansetzt. Wenn es eine Gerade gibt, die *fünf* der gegebenen Linien schneidet, so liefert die Gleichheit der Momente für diese Gerade als Achse die sechste Kraft $\mathfrak{K}_6$ durch *eine* Gleichung mit $\mathfrak{K}_6$ als *einziger* Unbekannten. Es ist jedoch im allgemeinen *nicht* möglich, eine solche Gerade zu ziehen. Indessen gibt es immer zwei Gerade, die *vier* gegebene Linien im Raume schneiden. Durch drei beliebige, sich nicht schneidende Gerade ist nämlich eine Regelschar zweiten Grades bestimmt: jede vierte Linie schneidet diese Fläche in zwei Punkten (die auch imaginär sein können), durch die zwei Strahlen der konjugierten Schar hindurchgehen; diese zwei Strahlen schneiden auch die drei Linien, von denen wir ausgingen, schneiden somit *vier* der gegebenen Linien. Die Momentengleichungen für diese beiden geben *zwei* lineare nicht-homogene Gleichungen für die übrig bleibenden *zwei* Kräfte. Die zeichnerische Durchführung dieses einfachen Gedankenganges ist im allgemeinen recht umständlich, doch treten manchmal leicht ersichtliche Vereinfachungen ein. So lassen sich im folgenden Beispiele die beiden Schnittgeraden, von denen jede dieselben *vier* von den gegebenen Linien trifft, unmittelbar angeben, wodurch eine wesentliche Vereinfachung der Lösung gewonnen ist.

Bezüglich der Anwendungen beschränken wir uns auf den Fall, in dem die Festlegung eines Körpers durch sechs Stäbe geschieht, durch die dieser mit dem festen Bezugssystem verbunden ist. Die in diesen Stäben auftretenden Kräfte sind dann die Unbekannten, die es zu bestimmen gilt. Ähnlich wie in der Ebene ist auch im Raum die eindeutige Lösung der Zerlegungsaufgabe mit der unverschieblichen Festlegung (und zwar unverschieblich auch im infinitesimalen Sinne!) des betrachteten Körpers verknüpft.

Es möge nur noch bemerkt werden, daß ähnliche Zerlegungen wie a) und b) auch für ein gegebenes Kräftepaar $\mathfrak{M}$ möglich sind.

Beispiel 38. Die Platte in Abb. 77 ist durch sechs Stäbe *1 ... 6* gestützt und durch die Kraft *K* belastet. Die beiden Geraden, die *vier* von den sechs Stäben, und zwar *1, 2, 3, 4* schneiden, lassen sich unmittelbar angeben: sie sind g_1 und g_2.

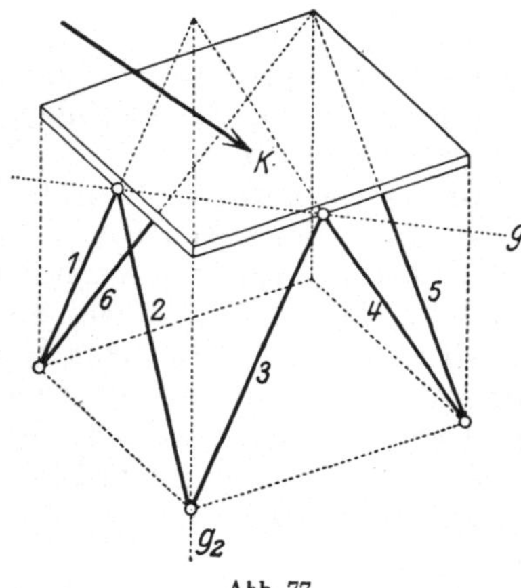

Abb. 77.

Setzt man um sie die Gleichheit der Momente für *K* einerseits, für die Stabkräfte *5* und *6* andererseits an, so erhält man *zwei* lineare Gleichungen, aus denen S_5 und S_6 berechnet werden können.

55. Bemerkungen über Raumfachwerke. Wenn schon für ebene Fachwerke — wie im III. Kapitel an mehreren Beispielen erläutert, allerdings nicht in allen Einzelheiten dargelegt wurde — verschiedene Arten („Strukturen") von Fachwerken möglich sind, so kann es nicht überraschen, daß die möglichen Gestalten für Raumfachwerke noch weit mannigfaltiger ausfallen werden. Diesen vermehrten Mannigfaltigkeiten gegenüber müssen wir uns hier auf ganz wenige Bemerkungen beschränken.

Die kleinste Stabzahl *s*, die für die starre Verbindung von *n* Knotenpunkten erforderlich ist, ergibt sich durch eine Abzählung, ähnlich wie in der Ebene. Zur gegenseitigen Festlegung von *drei* Knoten braucht man *drei* Stäbe, und jeder folgende Knoten wird durch *drei* weitere Stäbe an die vorhandenen angeschlossen. Zur gegenseitigen starren Verbindung von *n* Knoten brauchen wir daher mindestens Stäbe in der Anzahl

$$s = 3n - 6. \tag{91}$$

Die einfachste Bildungsweise des Raumfachwerkes besteht gerade in dem Aufbau aus lauter solchen „dreistäbigen" Knoten. Ähnlich wie in der Ebene ist für derartige Fachwerke (wenn von dem Ausnahmefall der „Wackeligkeit" abgesehen wird) von vornherein mit ihrer Starrheit auch über ihre statische Bestimmtheit entschieden, da für ihre Berechnung kein anderer Vorgang in Betracht kommt als die fortgesetzte Anwendung der in 54a) gegebenen Zerlegung einer Kraft nach drei Richtungen des Raumes. Solche Fachwerke werden sinngemäß als *Vierflach-(Tetraeder-)Fachwerke* bezeichnet.

Raumfachwerke dieser Art kommen jedoch nur selten zur Anwendung. Die meisten der in Kuppeln, Türmen usw. verwendeten Fachwerke sind *Flechtwerke* und *Netzwerke*, das sind Dreiecknetze, die über einen ringförmigen Teil einer Fläche (Kugel, Zylinder u. dgl.) ausgebreitet sind. Sofern diese als Ganzes nicht schon an sich starr sind, müssen sie erst durch entsprechende Versteifungen oder Vermehrung der Auflagerbedingungen zu stabilen Konstruktionen gemacht werden. Für die statische Berechnung stehen die Gleichgewichtsbedingungen (90) und die in 54 gegebenen Zerlegungssätze zur Verfügung, wobei man sich wieder die Vorteile zunutze machen wird, die aus besonderen Lagen entspringen. Zur graphischen Berechnung solcher Raumfachwerke können die Abbildungsverfahren der Darstellénden Geometrie herangezogen werden. Auf Einzelheiten dieses umfangreichen Gebietes kann hier nicht eingegangen werden.

V. Massenmittelpunkt.

56. Mittelpunkt paralleler Kräfte. Für die nunmehr zu gebenden Entwicklungen ist eine weitere Einschränkung des bisher benutzten Vektorbegriffes erforderlich, die darin besteht, daß die Vektoren *an* bestimmte Punkte des Raumes oder eines Raumstückes gebunden anzunehmen sind. Wir sprechen dann von *angehefteten* oder *Feldvektoren*. Das wichtigste Beispiel dieser Art von Vektoren tritt auf, wenn es sich um Kräfte handelt, die an bestimmten Punkten ihrer Wirkungslinien „angeheftet" sind; dies ist bei den *Massenkräften* der Fall, wozu auch die *Gewichte* gehören; das sind die Anziehungskräfte der Erde auf die von Materie erfüllten Raumelemente. Kennzeichnend für Kräfte dieser Art ist gerade ihre „raumhafte" Verteilung.

Die Gewichte der einzelnen Teile der betrachteten Körper setzen wir als zueinander parallel und alle lotrecht nach abwärts gerichtet voraus. Für diese parallelen Kräfte folgt dann die Existenz des *Mittelpunktes* aus folgendem Satz:

Die Summe $\Re$ von beliebig vielen parallelen Kräften $\Re_i$ mit festgegebenen Angriffspunkten A_i im Raume geht ($\Re \neq 0$ vorausgesetzt!) bei beliebigen Richtungen dieser Kräfte durch einen festen Punkt S hindurch, der durch die $\Re_i$ und die Koordinaten der A_i (x_i, y_i, z_i) bestimmt ist. S nennt man den Mittelpunkt der gegebenen Kräfte.

Einen solchen Mittelpunkt kann es nur für solche Kräftegruppen geben, die eine Einzelkraft als Summe besitzen, also außer bei parallelen nur noch für *ebene* Kräftegruppen, die nicht einem Kräftepaare gleichwertig sind; doch hat er nur im ersteren Falle weiterreichende Bedeutung.

Nach dem Wortlaut des obigen Satzes wird die Addition der lotrechten Kräfte bei beliebiger Lage des Punkthaufens A_i ersetzt durch die Addition der entsprechend gedrehten Kräfte bei fester Lage des Körpers; beides kommt offenbar auf dasselbe hinaus, die letztere Auffassung vereinfacht aber nicht nur den Beweis des Satzes, sondern wird auch bei der zeichnerischen Aufsuchung von Mittelpunkten, wie wir sie alsbald kennen lernen werden, tatsächlich immer in Anwendung gebracht.

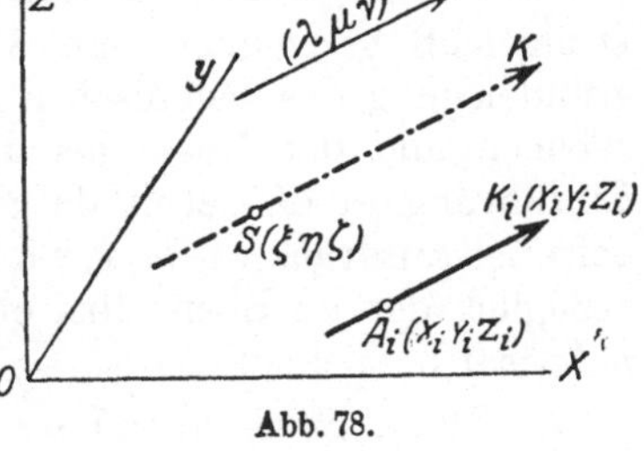

Abb. 78.

Die Größe der Summe der parallelen Kräfte ist dann für alle Richtungen dieser Kräfte die gleiche: $K = \sum\limits_{i=1}^{n} K_i$. Bezeichnet man die gemeinsamen Richtungskosinus für eine beliebige Richtung der Kräfte (Abb. 78) mit (λ, μ, ν), dann sind für diese Richtung die Komponenten von

$$\Re_i \, (X_i = \lambda K_i, \; Y_i = \mu K_i, \; Z_i = \nu K_i)$$

und die ihrer Summe

$$\Re \; (X = \lambda K, \; Y = \mu K, \; Z = \nu K).$$

Sei also zunächst (ξ, η, ζ) ein beliebiger Punkt auf $\Re$, dann folgt aus der Gleichheit der Momente von $\Re$ mit der Momentsumme aller $\Re_i$ etwa um die z-Achse

$$M_z \equiv \Sigma \, (x_i Y_i - y_i X_i) = \xi Y - \eta X,$$

also

$$\mu \Sigma K_i x_i - \lambda \Sigma K_i y_i = \mu K \xi - \lambda K \eta$$

und daraus

$$\frac{K\xi - \Sigma K_i x_i}{\lambda} = \frac{K\eta - \Sigma K_i y_i}{\mu} = \frac{K\zeta - \Sigma K_i z_i}{\nu},$$

indem wir sogleich den dritten Ausdruck anfügen, der durch Bildung der Momente um die x- oder y-Achse noch hinzutritt: es sind dies die *Gleichungen der Wirkungslinie von* $\Re$. Für jede andere Richtung (λ', μ', ν') der Kräfte würde sich eine analoge Kette von Ausdrücken mit (λ', μ', ν') in den Nennern ergeben. Für einen Punkt $S\,(\xi, \eta, \zeta)$, der die Zähler dieser Gleichungen zu Null macht, bestehen diese Gln. offenbar für beliebige (λ, μ, ν), dieser Punkt gibt also den gemeinsamen Schnittpunkt der $\Re$ für alle Richtungen (λ, μ, ν). Es ist dies der gesuchte *Mittelpunkt S*, und seine Koordinaten sind

$$\boxed{\xi = \Sigma K_i x_i / K, \qquad \eta = \Sigma K_i y_i / K, \qquad \zeta = \Sigma K_i z_i / K.} \qquad (92)$$

Aus dieser Betrachtung sieht man, daß der Punkt S *gar nicht* von der Orientierung des Körpers im Schwerfelde abhängt; für seine Bestimmung ist der Richtungscharakter der $\Re_i$ ganz unwesentlich, und es kann jedes $\Re_i$ durch irgendeine skalare Größe ersetzt werden, die K_i proportional ist. Sind die Kräfte $\Re_i$ Gewichte, so sind solche skalare Größen gerade die *Massen* m_i zufolge des dynamischen Grundgesetzes Gl. (1) oder (3). Setzen wir daher $\Re_i = m_i \mathsf{g}$, $\Re = \mathsf{M}\mathsf{g}$, wobei $\mathsf{M} = \Sigma m_i$ ist, dann gehen dadurch die Gln. (92) in die folgenden über

$$\boxed{\xi = \Sigma m_i x_i / \mathsf{M}, \qquad \eta = \Sigma m_i y_i / \mathsf{M}, \qquad \zeta = \Sigma m_i z_i / \mathsf{M}.} \qquad (93)$$

Demgemäß bezeichnet man S auch als *Massenmittelpunkt*. Der Zugrundelegung des technischen Maßsystems mit der Kraft als der gegebenen und der Masse als der abgeleiteten Größe entspricht seine Einführung in der eben dargelegten Weise. Ein von der Richtung befreiter Ausdruck wie $m_i x_i$ wird auch als *statisches Moment* der Masse m_i bezüglich der y-z-Ebene (bei ebenen Massenverteilungen bezüglich der y-Achse) bezeichnet.

Der Punkt S, der auch kurz als *Schwerpunkt* bezeichnet wird, ist vom gewählten Koordinatensystem (O, x, y, z) unabhängig, d. h. man gelangt immer zu demselben Punkt, wie dieses auch gewählt wird. Diese Unabhängigkeit wird dazu benützt, um die Wahl der Achsen für eine gegebene „Massengruppe" so anzuordnen, daß die Ausführung der Summation in den Gln. (93) so einfach als irgend möglich wird.

Den Gln. (93) liegt die Annahme einzelner — *diskreter* — Massen zugrunde. Für eine *kontinuierliche Massenverteilung* treten an Stelle der

Massen m_i die Massenelemente dm und an Stelle der Summe das über die gegebenen Massen erstreckte bestimmte Integral. Wird auch jetzt wieder $\int dm = \mathsf{M}$ gesetzt, so folgt

$$\boxed{\xi = \int x\,dm/\mathsf{M}, \qquad \eta = \int y\,dm/\mathsf{M}, \qquad \zeta = \int z\,dm/\mathsf{M}.} \tag{94}$$

Für ebene Massenbelegungen ist S schon durch zwei Koordinaten (ξ, η) allein bestimmt.

57. Hilfssätze. Für die Ermittlung des Schwerpunktes von gegebenen Linien, Flächen oder Körpern erweisen sich die folgenden einfachen Hilfssätze als nützlich:

a) *Gruppensatz: Der Mittelpunkt eines Systems von Kräften* (Massen, Linien, Flächen, Räumen) *kann auch so gefunden werden, daß man eine beliebige Anzahl der Kräfte* (Massen usw.) *zu Gruppen zusammenfaßt, von jeder solchen Gruppe einzeln den Mittelpunkt sucht und von allen diesen den Gesamt-Mittelpunkt bestimmt.*

Auf diesem Satze beruht die Anwendbarkeit der zeichnerischen Methoden z. B. für die aus einzelnen Teilflächen zusammengesetzte Fläche, wobei die Teilflächen so gewählt werden, daß ihre Schwerpunkte von vornherein angegeben werden können.

Der Beweis für diesen Satz folgt einfach aus dem linearen Charakter der Gln. (93). Bezeichnet man die einzelnen Gruppen mit 1, 2, ..., also mit $\boldsymbol{\Sigma}_1, \boldsymbol{\Sigma}_2, \ldots$ die über die einzelnen Gruppen erstreckten Summen, mit $\xi_1, \xi_2, \ldots$ die x-Koordinaten der Einzelmittelpunkte usw., so kann man die erste dieser Gleichungen auch so schreiben

$$\mathsf{M}\xi = \boldsymbol{\Sigma}\, m_i x_i = \boldsymbol{\Sigma}_1 m_i x_i + \boldsymbol{\Sigma}_2 m_i x_i + \cdots$$

und dies ist auch

$$= (\boldsymbol{\Sigma}_1 m_i)\,\xi_1 + (\boldsymbol{\Sigma}_2 m_i)\,\xi_2 + \cdots$$

und ebenso für η, ζ, womit der Beweis erbracht ist.

b) *Symmetralensatz. Besitzt eine Belegung* (Linie, Fläche oder Körper) *eine Symmetrieebene* bzw. *Symmetrielinie, so liegt der Schwerpunkt auf dieser.*

Ist z. B. die y-z-Ebene eine Symmetrieebene, so bedeutet dies, daß jedem m_i in $A_i(x_i, y_i, z_i)$ ein gleiches m_i in dem zu dieser Ebene symmetrisch gelegenen Punkte A_i', $(-x_i, y_i, z_i)$ entspricht, es ist daher

$$\mathsf{M}\xi = \boldsymbol{\Sigma}\, m_i x_i = 0, \qquad \text{also} \qquad \xi = 0,$$

d. h. S liegt in der y-z-Ebene.

Eine durch S gehende Ebene (oder Gerade) nennt man eine *Schwerebene* (oder *Schwerlinie*). Werden die normal zu einer Schwerebene (bzw. -Linie) gemessenen Abstände mit p_i bezeichnet, so ist also das Kennzeichen für eine Schwerebene (Schwerlinie)

$$\boldsymbol{\Sigma}\, m_i p_i = 0. \tag{95}$$

Selbstverständlich ist nicht jede Schwerebene (oder -Linie) notwendig eine Symmetrieebene (oder -Linie).

Für raumhafte Massenverteilungen mit drei Symmetrieebenen und ebene Massenverteilungen mit zwei Symmetrielinien liegt der Schwerpunkt in deren Schnittpunkt; für solche Flächen und Körper ist also der Schwerpunkt als bekannt anzusehen.

c) Einen Anhaltspunkt für die Lage des Schwerpunktes liefert die folgende Betrachtung: Man denke sich den Körper (oder die Fläche oder Linie), dessen Schwerpunkt man bestimmen will, so durch eine um ihn berührend herumgelegte Ebene umhüllt, daß er immer auf einer Seite dieser Ebene bleibt; auf diese Weise entsteht der „kleinste konvexe (besser gesagt: nirgends konkave) Körper", der den gegebenen Körper umschließt; ebenso erhält man für eine „ebene Massenverteilung" die kleinste konvexe Fläche durch Herumführung einer Geraden. (Sie ist z. B. für das Profil in Abb. 79 durch Punktierung angedeutet.) Dann gilt der Satz:

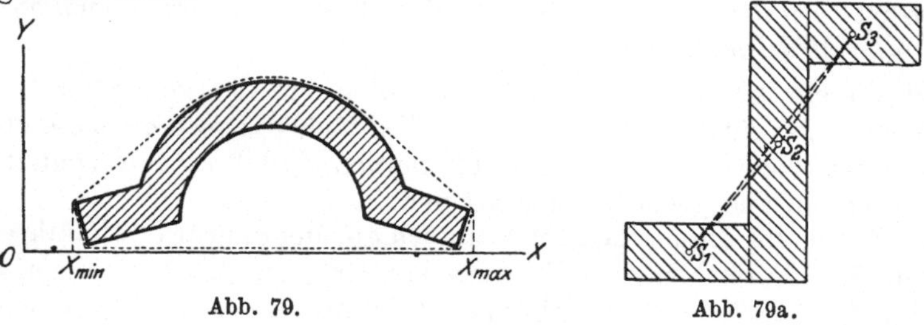

Abb. 79. Abb. 79a.

Der Schwerpunkt irgendeiner Massenbelegung liegt innerhalb des kleinsten konvexen Körpers, der um die Belegung herumgelegt werden kann.

Setzt man nämlich etwa in der ersten der Gln. (93) $\mathsf{M}\,\xi = \varSigma m_i x_i$ auf der rechten Seite an Stelle aller x_i einmal das größte auftretende x_i, also $x_{\max}$, dann wird die rechte Seite offenbar vergrößert, und das andere Mal für alle x_i das kleinste, $x_{\min}$, so wird sie verkleinert; daher ist notwendig

$$\mathsf{M}\,x_{\min} < \mathsf{M}\,\xi < \mathsf{M}\,x_{\max},$$

also

$$x_{\min} < \xi < x_{\max};$$

da dies für *jede* Richtung $O\,x$ gilt, so liegt in dieser Gleichung der Beweis für den oben ausgesprochenen Satz. —

Es ist wichtig, zu bemerken, daß dieser Satz in Verbindung mit dem Gruppensatz manchmal eine sehr scharfe Einschränkung für die Lage des Schwerpunktes ergibt. So muß z. B. für das Z-Eisen der Abb. 79a der Schwerpunkt S innerhalb des eingezeichneten Dreieckes liegen, das durch die drei Teilschwerpunkte S_1, S_2, S_3 gebildet wird.

d) Die Gln. (93) und (94) bestimmen auch dann einen bestimmten Punkt S, wenn die Massen m_i ihre Lagen zueinander im Laufe der Zeit ändern; die Bedeutung des so definierten „Massenmittelpunktes" wird erst in der Dynamik (III. Teil) hervortreten. Man sieht sogleich aus der Gestalt dieser Gleichungen, daß S nur für einen *starren* Körper ein in diesem fester Punkt ist. —

e) *Gleichförmige Verteilungen.* Wir wollen nunmehr die Gln. (94) für die Ermittlung des Schwerpunktes für einzelne vorgegebene Linien, Flächen und Körper ansetzen; dabei machen wir die Annahme *gleichförmiger* (homogener) *Verteilungen,* d. h. die Linien- (μ_1), Flächen- (μ_2), oder Raumdichte (μ_3) soll jeweils eine Konstante sein. Aus den Gln. (94) fällt dann jedesmal diese Dichte heraus, da wir setzen können

a) für Linien: $\qquad dm = \mu_1 dl; \qquad \mathsf{M} = \mu_1 \int dl \ = \mu_1 l,$

b) für Flächen: $\qquad dm = \mu_2 dF; \qquad \mathsf{M} = \mu_2 \int dF = \mu_2 F,$

c) für Räume: $\qquad dm = \mu_3 dV; \qquad \mathsf{M} = \mu_3 \int dV = \mu_3 V,$

indem wir mit l die gesamte Länge der gegebenen Linie, mit F die Fläche, mit V den Rauminhalt bezeichnen. Dadurch wird auch noch das Merkmal der Dichte von den Gln. (94) abgestreift und der Schwerpunkt mit dem *geometrischen Mittelpunkt* der betreffenden Figuren identisch. Die Gln. (94) nehmen in den drei angeführten Fällen die Formen an

$$
\boxed{
\begin{array}{llll}
\text{a) für Linien:} & \xi = \int x\, dl/l, & \eta = \int y\, dl/l, & \zeta = \int z\, dl/l, \qquad (96) \\
\text{b) für Flächen:} & \xi = \int x\, dF/F, & \eta = \int y\, dF/F, & \zeta = \int z\, dF/F, \qquad (97) \\
\text{c) für Räume:} & \xi = \int x\, dV/V, & \eta = \int y\, dV/V, & \zeta = \int z\, dV/V. \qquad (98)
\end{array}
}
$$

Bei *ebenen* Linienzügen und ebenen Flächen ist in den Gln. (96) und (97) eine der drei Gleichungen entbehrlich.

58. Mittelpunkt von Linien. a) Für einen *gleichförmigen Linienzug,* der sich aus geraden Stücken zusammensetzt, liegen die Teilschwerpunkte für alle Stücke in deren Mitten, und ihr Gesamtschwerpunkt ist identisch mit dem Schwerpunkt des Linienzuges. Auf diese Weise ist das Problem für den kontinuierlichen Linienzug zurückgeführt auf die Bestimmung des Schwerpunktes einzelner Punkte (Gruppensatz). Die zeichnerische Durchführung geschieht nach den in 57e) gegebenen Formeln.

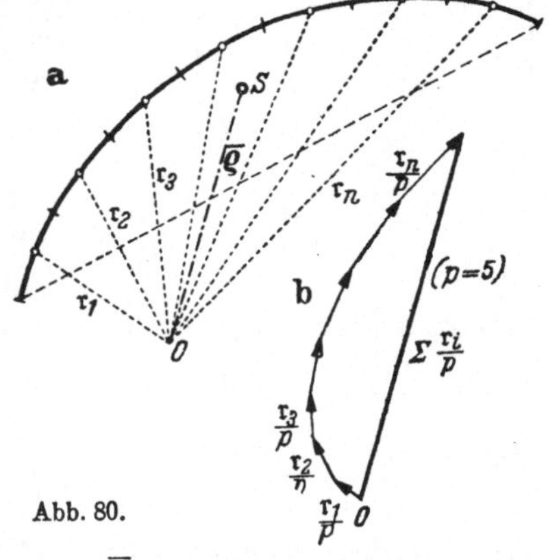

Abb. 80.

b) Für eine *ebene krumme Linie,* die etwa wie in Abb. 80 vorgezeichnet gegeben ist, ist es praktisch, den Vorgang zur Ermittlung des Schwerpunktes in folgender Weise abzuändern: Die Gln. (96) lassen sich, wenn $\overline{\xi} + \overline{\eta} = \overline{\varrho}$, $\mathfrak{x}_i + \mathfrak{y}_i = \mathfrak{r}_i$ gesetzt wird, für jede beliebige krumme Linie in die eine Vektorgleichung zusammenfassen

$$
\overline{\varrho} = \sum_{i=1}^{n} \frac{\mathfrak{r}_i l_i}{l}. \tag{99}
$$

Teilt man die gegebene krumme Linie in n gleiche Stücke $l_i = l/n$ und denkt sich die Länge l_i jedes Stückes in dessen Mittelpunkt vereinigt, dann können wir schreiben

$$\overline{\varrho} = \frac{1}{n}\sum_{i=1}^{n} \mathfrak{r}_i = \frac{p}{n}\sum_{i=1}^{n}\frac{\mathfrak{r}_i}{p}, \tag{100}$$

wobei p eine passend gewählte Zahl (> 1) ist, die eingeführt wird, um nicht die geometrische Addition mit den Strecken $\mathfrak{r}_i$ selbst ausführen zu müssen (was einen großen Zeichenraum erfordern würde), sondern nur mit gewissen Bruchteilen von $\mathfrak{r}$. Setzen wir insbesondere $p = n$, machen also die Anzahl der Teile n gleich der „Verjüngungszahl" p; dann folgt wieder ei facher

$$\boxed{\overline{\varrho} = \sum_{i=1}^{n}\frac{\mathfrak{r}_i}{n}.} \tag{101}$$

Die geometrische Addition der Strecken $\mathfrak{r}_i/n$ führt dann unmittelbar zu $\overline{\varrho} = \overline{OS}$ und damit zu dem gesuchten Schwerpunkt.

Wenn jedoch die Gestalt der krummen Linie durch eine Gleichung in einfacher Form angebbar ist, ist der rechnerische Weg vorzuziehen.

c) *Kreisbogen vom Halbmesser r und dem Zentriwinkel $2\widehat{\alpha}$* (Abb. 81).

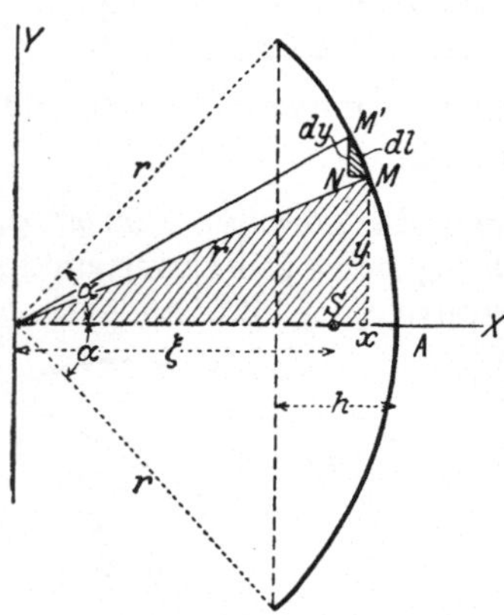

Wegen der Symmetrie reicht eine der Gln. (96) zur Angabe von S $(\xi, 0)$ hin. Aus der Ähnlichkeit der in Abb. 81 schraffierten Dreiecke folgt $dl : dy = r : x$, also

$$\xi = \frac{1}{l}\int x\,dl = \frac{1}{l}\int r\,dy = \frac{rb}{l} = \frac{r\sin\alpha}{\widehat{\alpha}}, \tag{102}$$

wenn $b = 2r\sin\alpha$ die Sehne und $l = 2r\widehat{\alpha}$ die Länge des Kreisbogens bedeuten. Für die Halbkreislinie ($\widehat{\alpha} = \pi/2$) ist insbesondere

$$\xi = \frac{2r}{\pi} \approx 0{,}6366\,r. \tag{103}$$

Für einen *flachen Kreisbogen* mit der „Pfeilhöhe" h erhält man daraus durch Entwicklung von $\sin\alpha$ und $\cos\alpha$ nach Potenzen von α, da $r - h = r\cos\alpha$, $h = r(1 - \cos\alpha) \approx r\alpha^2/2$,

$$\xi = \frac{r\sin\alpha}{\widehat{\alpha}},\ \xi \approx \frac{r(\widehat{\alpha} - \widehat{\alpha}^3/6)}{\widehat{\alpha}} = r\left(1 - \frac{\alpha^2}{6}\right),$$

oder

$$r - \xi \approx \frac{r\alpha^2}{6} \approx \frac{h}{3}, \tag{104}$$

Abb. 81.

d. h. der Schwerpunkt S liegt (etwa) um $h/3$ vom Scheitel A entfernt.

59. Mittelpunkt von Flächen. I. *Ebene Flächen.* a) *Dreieck.* Der Schwerpunkt S (ξ, η) liegt im Schnitt der drei „Mittellinien", die Schwerlinien sind, auf jeder im ersten Höhendrittel von der Basis gemessen. Sind die Koordinaten der Eckpunkte in bezug auf irgendein Achsensystem in der Ebene (x_1, y_1; x_2, y_2; x_3, y_3), so ist auch

$$\xi = (x_1 + x_2 + x_3)/3, \qquad \eta = (y_1 + y_2 + y_3)/3. \tag{105}$$

b) *Trapez* (Abb. 82). Die Verbindungslinie der Mittelpunkte $\overline{MN}$ der parallelen Seiten ist eine Schwerlinie. Zur Bestimmung von $S\,(\xi,\eta)$ auf dieser Linie zieht man eine Diagonale, etwa $\overline{AC}$, dann erhält man die Ordinate η aus den Ordinaten der Schwerpunkte S_1, S_2 der beiden so entstehenden Dreiecke (Gruppensatz)

$$\frac{a+b}{2}\,h\,\eta = \frac{ah}{2}\,\frac{h}{3} + \frac{bh}{2}\,\frac{2h}{3}\,, \qquad \eta = \frac{h}{3}\,\frac{a+2b}{a+b}\,, \qquad \eta' = h-\eta,$$

daher
$$\eta/\eta' = (a+2b)/(2a+b); \qquad\qquad (106)$$

daraus folgt die in Abb. 82 angegebene Konstruktion durch Auftragen von b und a auf den Verlängerungen der beiden parallelen Seiten: Man

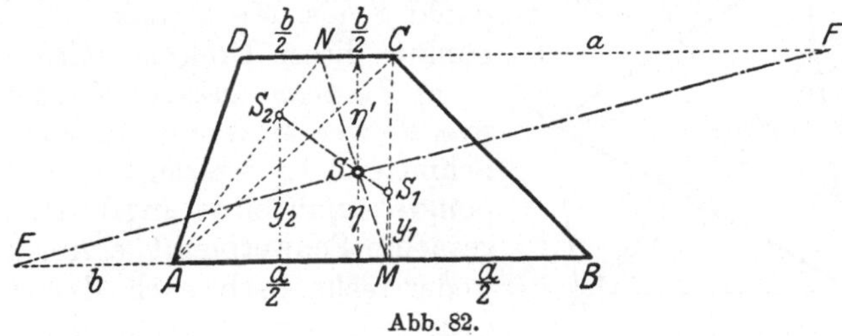

Abb. 82.

macht $\overline{AE}=b$, $\overline{CF}=a$, dann schneidet die Verbindungslinie $\overline{EF}$ die Schwerlinie $\overline{MN}$ im gesuchten Schwerpunkte S.

Die Konstruktion benötigt einen Raum, der über die Fläche hinausreicht. Will man *innerhalb* der Fläche bleiben, so ziehe man nach Abb. 83a die Parallelen in den Höhen $h/3$ und $2h/3$ und die Linien $\overline{BD}$ und $\overline{GH}$, dann liefert ihr Schnittpunkt s die Höhenlage von S.

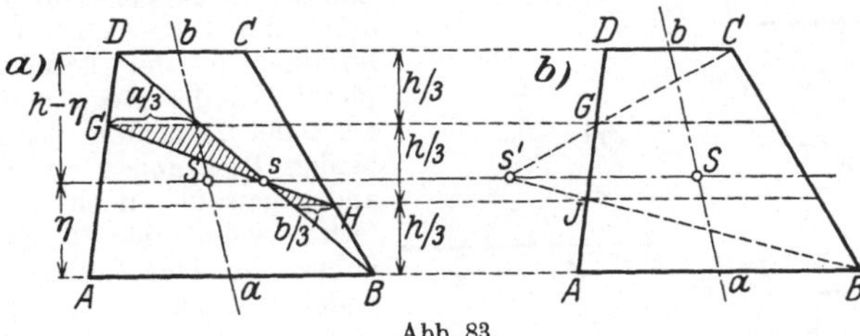

Abb. 83.

Aus der Ähnlichkeit der beiden schraffierten Dreiecke folgt nämlich
$$\frac{\eta - h/3}{b/3} = \frac{h-\eta-h/3}{a/3}$$

und daraus
$$\eta = \frac{h}{3}\,\frac{a+2b}{a+b}\,,$$

wie verlangt.

Oder man ziehe (Abb. 83b) die Linien $\overline{CG}$ und $\overline{BJ}$, dann gibt deren Schnittpunkt s' ebenfalls die Höhenlage des Schwerpunktes S der Trapezfläche an.

c) Für das (allgemeine) *Viereck ABCD* sind mehrere Konstruktionen des Schwerpunktes bekannt. Man erhält ihn entweder durch Zerlegung in zwei Paare von Dreiecken mit Hilfe der beiden Diagonalen oder nach der in Abb. 84 (ohne Beweis) gegebenen Konstruktion, die nur das Ziehen von Parallelen und *keine* Teilung verlangt. Durch die Parallelen zu den Diagonalen entsteht ein Parallelogramm $EFGH$, dessen Ecken mit dem Diagonalenschnittpunkt M verbunden werden. Die Schnittpunkte J, K, L, N dieser Linien mit den Seiten des Vierecks mit den gegenüberliegenden Ecken E, F, G, H verbunden, geben vier *Schwerlinien;* ebenso ist die Verbindungslinie $\overline{MP}$ der Diagonalenschnittpunkte der beiden benützten Vierecke eine Schwerlinie.

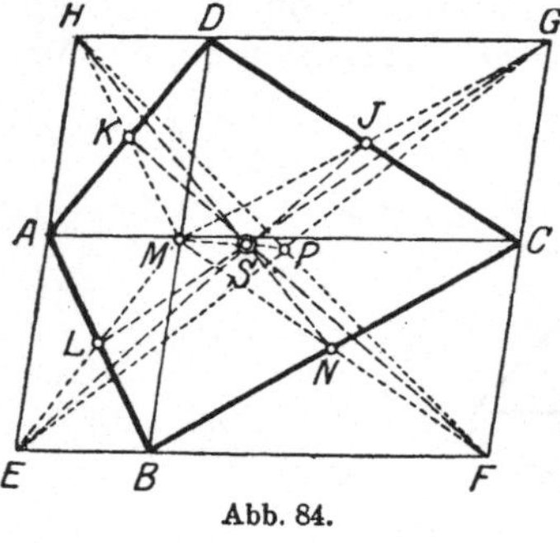

Abb. 84.

d) Für ein beliebiges Vieleck liefert die Zerlegung in Dreiecke den Schwerpunkt S als Mittelpunkt der Schwerpunkte dieser Dreiecke (Gruppensatz).

e) *Zusammengesetzte* (Träger-) *Querschnitte* werden durch passend geführte Schnitte in Teile zerlegt, deren Schwerpunkte unmittelbar angebbar sind. Der gesuchte Schwerpunkt ergibt sich entweder rechnerisch nach den Gln. (97) oder zeichnerisch nach der Methode des Seilecks.

Beispiel 39. Die Fläche in Abb. 85 wird durch die beiden Schnitte a—b und c—d in drei Rechtecke zerlegt, deren Flächen F_1, F_2, F_3 auf parallelen Vektoren an den bezüglichen Mittelpunkten angesetzt werden. Hierzu ist ein bestimmter *Flächenmaßstab* zu wählen (etwa $m_F = 10 \text{ cm}^2/1 \text{ cm}$) und die Summe jener Vektoren mittels des Seilecks zu bestimmen. Für jede Richtung dieser Kräfte gibt die Wirkungslinie ihrer Summe eine Schwerlinie an. Es genügt daher, diese Summe für zwei Richtungen zu bilden, der Schnitt der Wirkungslinien der Summen ist der gesuchte Schwerpunkt. In der Regel werden behufs einfacher Zeichnung der Seilecke die beiden Richtungen unter $\pi/2$ zueinander gewählt, doch ist manchmal (etwa wenn die Teilschwerpunkte nahezu in einer Geraden liegen) ein anderer Winkel ($\pi/4$ oder $\pi/6$) aus zeichnerischen Gründen vorzuziehen.

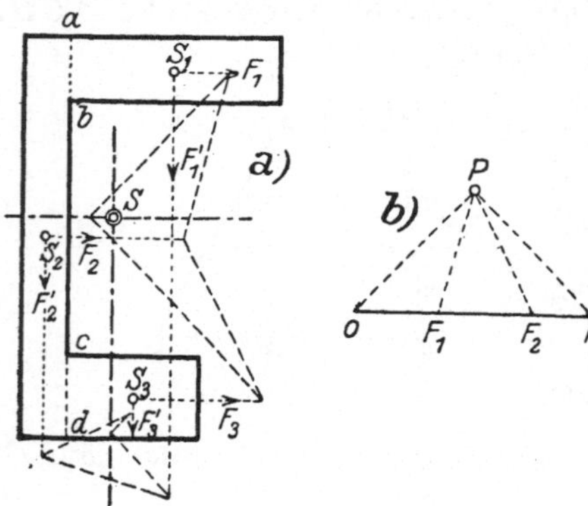

Abb. 85.

Dasselbe Verfahren wird auch angewendet, wenn es sich um die angenäherte Bestimmung des Schwerpunktes einer beliebigen *krummlinig begrenzten* Fläche handelt, deren Umriß analytisch nicht in einfacher geschlossener Form darstellbar ist. Man zerlegt dann die gegebene Fläche (Abb. 86) durch parallele, am besten gleichweit entfernte Schnitte in Teilflächen, die man *angenähert* als Rechtecke oder Trapeze auffassen und durch Kräfte in den Teilschwerpunkten $s_1 \ldots s_n$ ersetzen kann. Die Summe dieser Kräfte, die wieder durch ein Seileck erhalten werden kann, liefert wie früher für jede gemeinsame Richtung der Kräfte eine Schwerlinie.

Für Flächen und Begrenzungen, die nach einfachen analytischen Gesetzen verlaufen, ist auch hier die Rechnung vorzuziehen.

f) *Kreissektor* (Abb. 87). Durch Zerlegung in lauter kleine gleiche Dreiecke ergibt sich sein Schwerpunkt als identisch mit dem Gesamtschwerpunkt der Schwerpunkte dieser Dreiecke. Die letzten erfüllen aber gleichförmig einen Kreisbogen vom Halbmesser $2r/3$, der Sehne

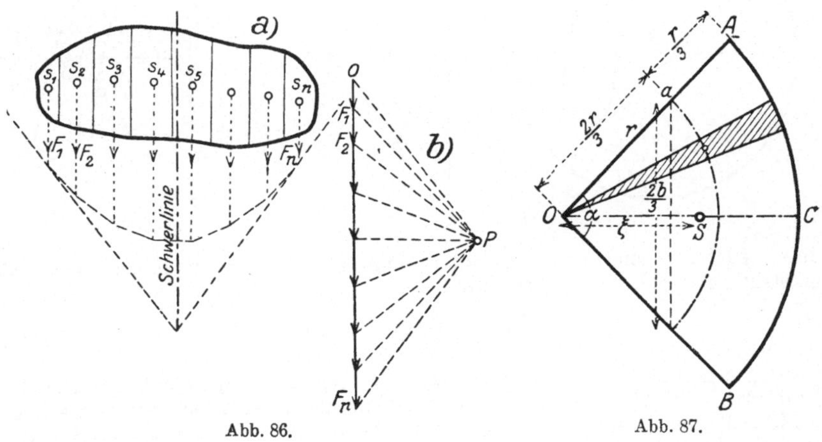

Abb. 86. Abb. 87.

$2b/3$ und der Länge $2l/3$, daher können wir nach Gl. (102) unmittelbar schreiben

$$\xi = \frac{2r}{3}\frac{b}{l} = \frac{2}{3}\frac{r\sin\alpha}{\widehat{\alpha}}. \tag{107}$$

Für die Halbkreisfläche ist $\widehat{\alpha} = \pi/2$ und daher

$$\xi = \frac{4r}{3\pi} \approx 0{,}4244 r. \tag{108}$$

g) *Flächen mit Ausnehmungen* werden so behandelt, daß der Schwerpunkt S_1 (x_1, y_1) der vollen Fläche F_1 und der Schwerpunkt S_2 (x_2, y_2) des „Loches" F_2 ermittelt wird. Der Schwerpunkt der Differenzfläche $F = F_1 - F_2$ ergibt sich sodann durch die Gleichungen

$$\xi = \frac{F_1\,x_1 - F_2\,x_2}{F_1 - F_2}, \qquad \eta = \frac{F_1\,y_1 - F_2\,y_2}{F_1 - F_2}, \tag{109}$$

die aus den Gln. (93) dadurch hervorgehen, daß die nicht vorhandene Fläche mit negativem Vorzeichen genommen wird. Die zeichnerische Ermittlung benutzt dieselbe Tatsache, indem sie die Kraft, die der nicht vorhandenen Fläche entspricht, in entgegengesetzter Richtung einführt. In Abb. 88 ist dies für die Fläche eines Vollkreises durchgeführt, die mit einem rechteckigen Loche versehen ist. Da die Verbindungslinie von S_1 und S_2 eine Schwerlinie ist, so folgt der gesuchte Schwerpunkt S, wie in Abb. 88 angedeutet, durch *ein* Seileck (*I, II, III*).

Beispiel 40. Guldinsche Regel. Die Kenntnis des Schwerpunktes einer ebenen Kurve oder Fläche kann dazu dienen, die *Oberfläche* und den *Rauminhalt* der *Drehfläche* bzw. des *Drehkörpers* zu ermitteln, die von der betreffenden Kurve oder Fläche als Meridian erzeugt wird. Die *Oberfläche* des Teiles der *Drehfläche*, die

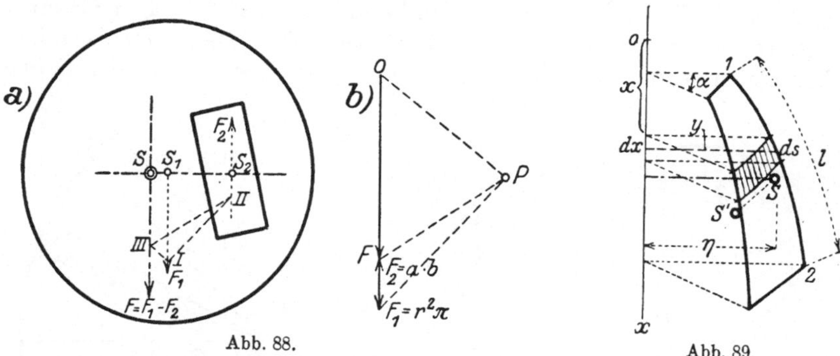

Abb. 88.   Abb. 89.

durch Drehung einer Kurve $y = y(x)$ um die x-Achse durch den Winkel $\widehat{\alpha}$ entsteht (Abb. 89), ist gegeben durch

$$O = \widehat{\alpha} \int\limits_{(1)}^{(2)} y\, ds = \widehat{\alpha}\, \eta\, l, \tag{110}$$

wenn η den Abstand des Schwerpunktes der gegebenen Meridiankurve von der Drehachse, l die Länge der Kurve bedeutet und die Integrationsgrenzen die Endpunkte (1) und (2) der gegebenen Meridiankurve sind. Für den *Rauminhalt* des *Drehkörpers* erhält man analog (Abb. 90)

$$V = \widehat{\alpha} \int\limits_{(1)}^{(2)} y\, dF = \widehat{\alpha}\, \eta'\, F, \tag{111}$$

wenn η' der Abstand des Schwerpunktes der Fläche F von der Drehachse ist, die von der Meridiankurve, der Achse und den Endordinaten durch (1) und (2) ein-

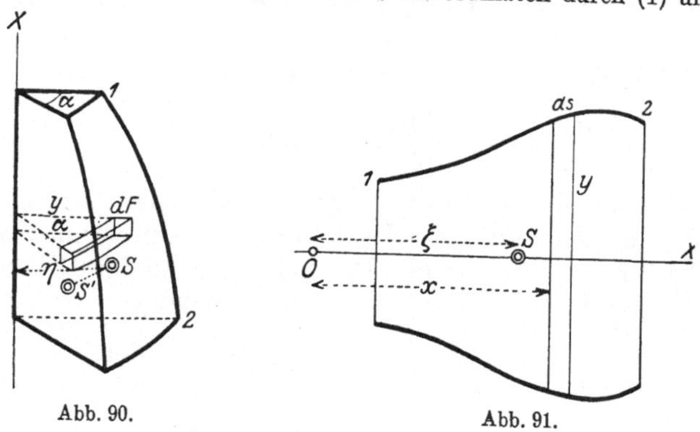

Abb. 90.   Abb. 91.

geschlossen wird. Für die volle Umdrehung ist $\widehat{\alpha} = 2\pi$ zu setzen. Im besonderen folgt mit Benutzung der Gln. (103) und (110) für die Oberfläche einer Vollkugel der bekannte Wert

$$O = 2\pi\, \frac{2r}{\pi}\, r\pi = 4r^2\pi,$$

und ebenso nach Gln. (108) und (120) für den Rauminhalt einer Vollkugel

$$V = 2\pi\, \frac{4r}{3\pi}\, \frac{r^2\pi}{2} = \frac{4}{3}\, r^3\, \pi.$$

II. *Drehflächen.* Von räumlichen Flächen beschränken wir uns hier auf die Schwerpunktbestimmung von *Drehflächen*; da der Schwerpunkt aus Symmetriegründen auf der Drehachse liegt, genügt zu seiner Bestimmung die Angabe der Entfernung $\overline{OS} = \xi$ von einem festen Punkte O der Achse. Sei ds das Bogenelement des Meridians (Abb. 91), so ist das Element der Oberfläche $dF = 2\pi\, y\, ds$, und nach Gl. (97) folgt

$$\xi = \frac{\int x\, dF}{\int dF} = \frac{\int\limits_{(1)}^{(2)} x\, y\, ds}{\int\limits_{(1)}^{(2)} x\, ds}. \tag{112}$$

Beispiel 41. Für die Oberfläche der *Kugelzone* verwendet man am besten Polarkoordinaten $x = r\cos\varphi$, $y = r\sin\varphi$, $ds = r\, d\varphi$ und erhält (Abb. 92)

$$\xi = r\frac{\int\limits_{\varphi_1}^{\varphi_2}\cos\varphi\sin\varphi\, d\varphi}{\int\limits_{\varphi_1}^{\varphi_2}\sin\varphi\, d\varphi} = \frac{r}{2}\frac{\cos^2\varphi_1 - \cos^2\varphi_2}{\cos\varphi_1 - \cos\varphi_2} = \frac{r}{2}(\cos\varphi_1 + \cos\varphi_2) = \frac{a_1 + a_2}{2}. \tag{113}$$

Der Schwerpunkt der Oberfläche der Kugelzone und auch der Kugelkappe ($a_1 = r$) liegt also in der Mitte ihrer Höhe.

Beispiel 42. Der Schwerpunkt eines geraden Kegel- oder Pyramiden*mantels* liegt auf der Achse *im ersten Höhendrittel* (von der Basis gerechnet); der Kegelmantel kann nämlich aus lauter kleinen Dreiecken gebildet angesehen werden, und für alle Dreiecke liegen die Schwerpunkte in dieser Höhe.

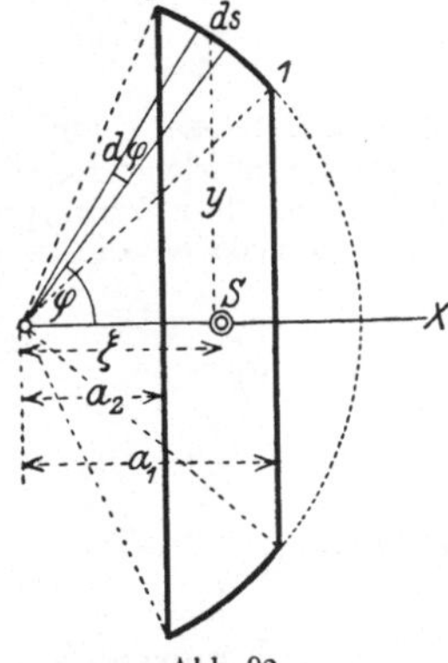

Abb. 92.

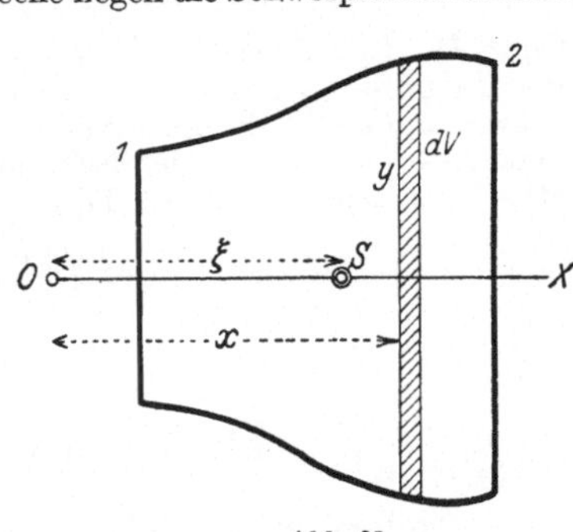

Abb. 93.

60. Mittelpunkt von Körpern. a) Für *Pyramide* und *Kegel* mit beliebiger Grundfläche liegt der Schwerpunkt *im ersten Viertel der Höhe*, von der Grundfläche aus gerechnet. Die Verbindungslinie der Spitze mit dem Mittelpunkte der Grundfläche (der nach **59d**) zu bestimmen ist) ist eine Schwerlinie.

b) Für *Drehkörper* ist der Schwerpunkt S durch seine Entfernung $\overline{OS} = \xi$ (Abb. 93) von einem festen Punkte O der Achse gegeben. Nach Gl. (98) ist dann, da $dV = y^2\pi\, dx$,

$$\xi = \frac{\int\limits_{(1)}^{(2)} x\, dV}{\int\limits_{(1)}^{(2)} dV} = \frac{\int\limits_{x_1}^{x_2} x\, y^2\, dx}{\int\limits_{x_1}^{x_2} y^2\, dx}. \tag{114}$$

Beispiel 43. Für eine *Kugelzone* (Abb. 94) zwischen den Parallelkreisen in den Abständen a_1 und a_2 von O ist zu setzen: $x^2 + y^2 = r^2$, nach Ausführung der Integration in Gl. (114) folgt der Schwerpunktsabstand

$$\xi = \frac{3}{4} \frac{(a_1 + a_2)(2r^2 - a_1^2 - a_2^2)}{3r^2 - (a_1^2 + a_1 a_2 + a_2^2)} \cdot \tag{115}$$

Für die Kugelkappe ist $a_1 = r$, daher

$$\xi = \frac{3}{4} \frac{(r + a_2)^2}{2r + a_2} \cdot \tag{116}$$

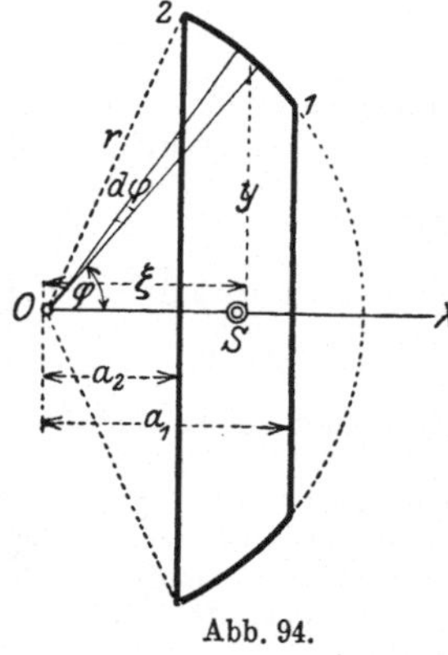

Abb. 94.

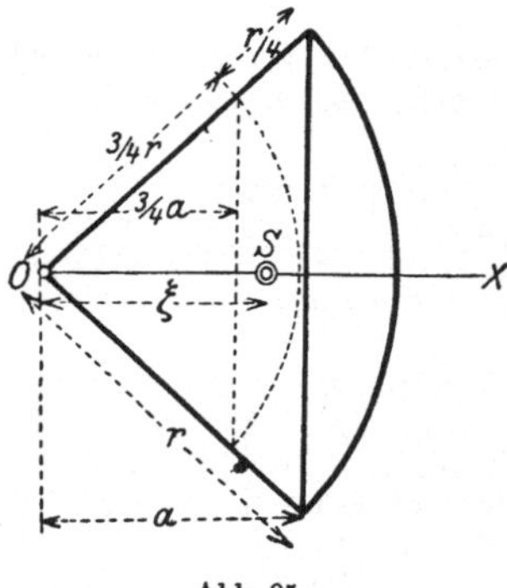

Abb. 95.

Beispiel 44. Den *Kugelausschnitt* (Abb. 92) vom Halbmesser r und der Entfernung a des größten Kreises von O denken wir uns in lauter kleine Kegel zerlegt, deren Schwerpunkte alle die Entfernung $3r/4$ von O haben. Der Schwerpunkt des Kugelausschnittes ist dann identisch mit dem der Oberfläche dieses „Kugelabschnittes" und daher nach Gl. (113)

$$\xi = \frac{1}{2}\left(\frac{3a}{4} + \frac{3r}{4}\right) = \frac{3}{8}(r + a). \tag{117}$$

VI. Theorie der Reibung.

61. Die Coulombschen Reibungsgesetze. Die Reibungserscheinungen betreffen eine Gruppe von Eigenschaften der in der physikalischen Wirklichkeit vorgegebenen Körper, deren Untersuchung besondere Verfahren und Versuchseinrichtungen erfordert. Der dabei zur Sprache kommende Einfluß der Oberflächenbeschaffenheit und deren eindeutige Kennzeichnung gehören zu den wichtigsten und schwierigsten Fragen der Mechanik überhaupt.

Auf Grund der bisher getroffenen Annahmen war die gegenseitige Einwirkung der Körper bei Berührung als eine in der Richtung der Normalen wirkende Kraft anzusehen. Für eine Reihe von Problemen erweist sich diese Annahme als ausreichend, während sie zahlreichen anderen Tatsachen gegenüber zu Widersprüchen führt. So bleibt z. B. ein auf einer Ebene liegender schwerer Körper auch im Gleichgewichte, wenn man diese Ebene neigt, sofern diese Neigung nur nicht eine gewisse

Grenze überschreitet, und dergleichen mehr. Tatsachen dieser Art (von technischen Erscheinungen sei vor allen auf die Widerstände bei der Bewegung der Zapfen in den Lagern der Maschinen und bei der Rollbewegung der Fahrzeuge hingewiesen) lassen sich durch Einführung von Normalkräften nicht allein erklären und führen mit Notwendigkeit dazu, außer dem normalen auch noch einen *tangentialen*, d. h. in der gemeinsamen Tangentialebene liegenden Teil für die gegenseitige Einwirkung der Körper aufeinander anzunehmen. Diesen tangentialen Teil der gegenseitigen Einwirkung der Körper aufeinander bezeichnet man als *Reibungskraft* oder kurz als *Reibung*, und spricht von *Haftreibung* bei relativer Ruhe, und von *Bewegungsreibung* bei Vorhandensein einer relativen Bewegung der Körper gegeneinander. *Reibung tritt immer auf, wenn Körper unter Druck miteinander in Berührung stehen.* Die Haftreibung ist als Teil der unbekannten Auflager(Reaktions-)kraft selbst eine solche, während die Bewegungsreibung wegen ihrer teilweisen Bestimmtheit — sie wirkt offenbar immer der relativen Bewegung entgegen — und weil sie bei der Bewegung Arbeit verbraucht, als eingeprägte Kraft anzusehen ist. Nach der Art dieser Bewegung unterscheidet man eine *gleitende, rollende* und *bohrende* Reibung. Ferner spricht man je nach der Beschaffenheit der in Berührung stehenden Körper von *Reibung fester, flüssiger und gasförmiger Körper*; zwischen „*trockener Reibung*" (d. i. Reibung fester Körper ohne Zwischentreten einer Flüssigkeitsschicht) einerseits und „*Flüssigkeits- und Gasreibung*" andererseits bestehen wesentliche Unterschiede, die sich auch in den Gesetzen äußern, die für sie Geltung haben.

Als Ursache dieser Reibungskraft ist in allen Fällen die physikalische Beschaffenheit der berührenden Flächen anzusehen (die wie gesagt, stets durch irgendwelche eingeprägte Kräfte gegeneinander gepreßt angenommen werden), und zwar ist naturgemäß die *Rauhigkeit* dieser Flächen für die gesamten Reibungserscheinungen bestimmend. Der Umstand, daß wir noch kein geeignetes Mittel besitzen, den „*Grad der Rauhigkeit*" mit hinreichender Schärfe, und zwar so zu kennzeichnen, daß die Wiederherstellung derselben Flächenbeschaffenheit auch nur mit einiger Bestimmtheit möglich ist, ist die Ursache für die große Unsicherheit, die sämtlichen Zahlenangaben, die sich auf die Reibung beziehen, heute noch anhaftet.

Die oben erwähnte Beobachtung an der schiefen Ebene enthält trotz ihrer Einfachheit schon die wesentlichen Eigenschaften dieser Erscheinung und führt auf eine einfache Aussage über die Größe der Reibungskraft, die ungeachtet ihrer Mängel für das ganze Gebiet der trockenen Reibung die maßgebende geblieben ist.

Bezeichnet man mit R die auf den Körper vom Gewicht G parallel zur schiefen Ebene nach oben wirkende, durch Reibung entstehende Kraft (die in derselben Weise wirkt wie K in Abb. 14) und N die Normalkraft, so liefern die Gleichgewichtsbedingungen (ähnlich wie in Beispiel 2)

$$R = G \sin \alpha, \qquad N = G \cos \alpha,$$

und daraus folgt für jedes α

$$\operatorname{tg} \alpha = R/N. \tag{118}$$

Nun lehren die Beobachtungen, wie oben gesagt, daß Gleichgewicht immer möglich ist, sobald der Winkel α der schiefen Ebene gegen die Waagrechte kleiner bleibt als ein bestimmter Grenzwinkel ϱ_0, oder $\operatorname{tg} \alpha \leqq \operatorname{tg} \varrho_0 \equiv f_0$, indem wir für die Tangente dieses Grenzwinkels ϱ_0 das Zeichen f_0 einführen; daraus folgt mit Benutzung der zuvor erhaltenen Gleichung unmittelbar

$$\boxed{|R| \leqq f_0 N.} \tag{119}$$

Die Zahl $f_0 \equiv \operatorname{tg} \varrho_0$ bezeichnet man als die *Reibungszahl für die Haftreibung* und ϱ_0 als den zugehörigen *Reibungswinkel*, beide hängen von der Beschaffenheit der in Berührung befindlichen Körper ab. Die Reibung vermag mithin den Eintritt des Gleitens der Körper nach unten zu verhindern, solange ihr Betrag nicht größer zu sein braucht als das f_0-fache der betreffenden Normalkraft N. Wenn jedoch zur Herstellung des Gleichgewichtes ein größerer Betrag als $f_0 N$ erforderlich wäre, so tritt Abwärtsbewegung ein. Im vorliegenden Falle ist die Richtung der auftretenden Reibung bestimmt, doch lassen sich leicht Fälle angeben (s. u. Beispiel 45), wo die Richtung zunächst unbestimmt bleibt und erst durch die eingeprägten Kräfte festgelegt wird, d. h. der Ausdruck (119) bezieht sich nur auf den absoluten Betrag der Reibungskraft und gibt keine Aussage über die *Richtung* der Haftreibung in der gemeinsamen Berührungsebene (was durch die Doppelstriche bei R in Gl. (119) angedeutet ist). Genau der gleiche Sachverhalt gilt nun überhaupt für alle Fälle, in denen Haftreibung ins Spiel tritt, so daß wir zu den folgenden Aussagen geführt werden, die als die Coulombschen Reibungsgesetze bezeichnet werden:

I. *Die Haftreibung tritt immer gerade in solcher Größe auf, als erforderlich ist, um ein Gleiten der Körper gegeneinander zu verhüten, kann aber nicht über einen gewissen Grenzbetrag hinaus anwachsen.* Wenn also ohne Überschreitung dieses Grenzbetrages das Gleichgewicht der Körper durch Anbringung der Reibungskräfte hergestellt werden kann, so tritt es auch tatsächlich ein.

II. *Die absolute Größe dieses Grenzbetrages hängt von der Beschaffenheit der Körper (ϱ_0) und von der Größe der auftretenden Normalkraft N ab und ist durch Gl. (119) (mit dem Gleichheitszeichen!) gegeben.*

Das Vorhandensein eines solchen Grenzbetrages, wie wir ihn hier für die Haftreibung kennen lernen, ist als ein Merkmal vieler mechanischer Eigenschaften der Körper anzusehen, die wir in der technischen Wirklichkeit vor uns haben. Etwas Ähnliches gilt für die Eigenschaften der Elastizität, der bildsamen Verformungsfähigkeit u. v. a.

Als Hauptunterschied gegen die bisher erhaltenen Ergebnisse tritt dabei folgende Besonderheit auf. Bei fehlender Reibung ergeben sich für Gleichgewicht immer *ganz bestimmte* Werte (für jede Kraft einer oder höchstens *endlich* viele) für die Kräfte, bzw. für die Lagenkoordinaten der Körper. Bei Vorhandensein von Reibung sind es dagegen immer ganze *Bereiche* für die möglichen Gleichgewichtslagen, oder für die eingeprägten Kräfte, die Gleichgewicht herzustellen vermögen. Dies kommt daher, weil die Größe der auftretenden Reibung nicht durch eine *Gleichung*, sondern durch eine *Ungleichung* (119) geregelt wird.

Der *Reibungswinkel* ϱ_0 hat übrigens eine unmittelbar anschauliche Bedeutung. Denkt man sich um die Normale zweier in Berührung befindlicher rauher Körper einen Drehkegel mit dem halben Öffnungswinkel ϱ_0 gelegt, so geben die Erzeugenden dieses Kegels die Grenzlagen für die eingeprägten Kräfte an, für die Gleichgewicht der Körper eintreten kann. Liegt die eingeprägte Kraft außerhalb dieses „Reibungskegels", dann ist Gleichgewicht nicht möglich. Die Verwendung für die Lösung von Reibungsaufgaben wollen wir sogleich an einfachen Beispielen erläutern, bei denen stets f_0 als bekannt vorausgesetzt wird.

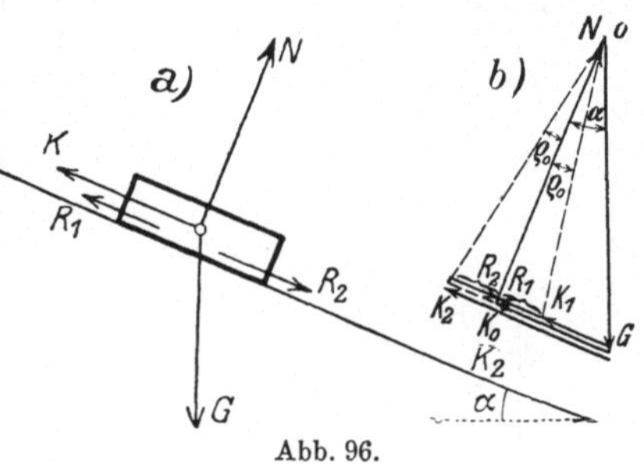
Abb. 96.

Beispiel 45. Auf einer rauhen schiefen Ebene ($\alpha > \varrho_0$) liegt der Körper vom Gewichte G, man bestimme die Kraft K parallel zu ihr für Gleichgewicht (Abb. 96). Ohne Inanspruchnahme der Reibung war die notwendige Kraft $K_0 = G \sin \alpha$. Macht man $K < K_0$, so wird der Körper nicht sofort abzurutschen beginnen, sondern es wirkt diesem Sinken nach der Aussage I die Reibung R_1 — aufwärts gerichtet — entgegen und ist imstande, von K_0 den Betrag $R_1 \doteq f_0 N = G \operatorname{tg} \varrho_0 \cos \alpha$ zu übernehmen — mehr nicht! Für die Grenze sei $K = K_1$, und es ist dann

$$K_1 + R_1 = G \sin \alpha = K_1 + G \operatorname{tg} \varrho_0 \cos \alpha,$$

daher

$$K_1 = G \frac{\sin (\alpha - \varrho_0)}{\cos \varrho_0}.$$

Umgekehrt hört das Gleichgewicht auch nicht sofort auf, wenn man K von K_0 aus zunehmen läßt, es kommt dann vielmehr von selbst die Reibung R_2 — jetzt nach unten gerichtet — zur Wirkung, und führt in der Grenze $K = K_2$ zu der Gleichung

$$K_2 - R_2 = G \sin \alpha = K_2 - G \operatorname{tg} \varrho_0 \cos \alpha, \quad \text{also} \quad K_2 = G \frac{\sin (\alpha + \varrho_0)}{\cos \varrho_0}.$$

Bezeichnet daher K irgendeinen zwischen K_1 und K_2 liegenden Wert, so ist stets Gleichgewicht möglich, sobald

$$\frac{G \sin (\alpha - \varrho_0)}{\cos \varrho_0} \leq K \leq G \frac{\sin (\alpha + \varrho_0)}{\cos \varrho_0}. \tag{120}$$

Für die Kraft K im Gleichgewichtsfalle ergibt sich also ein *endlicher Bereich* von Werten, nicht eine einzige Lösung — als Folge der *Ungleichung* (120). Der zugehörige Kräfteplan ist in Abb. 96b angefügt — aus ihm ergeben sich dieselben Ausdrücke für K_1 und K_2. Die Grenzwerte der Summe der eingeprägten Kräfte $\mathfrak{G} + \mathfrak{K}_1$ und $\mathfrak{G} + \mathfrak{K}_2$ fallen in die Erzeugenden des Reibungskegels.

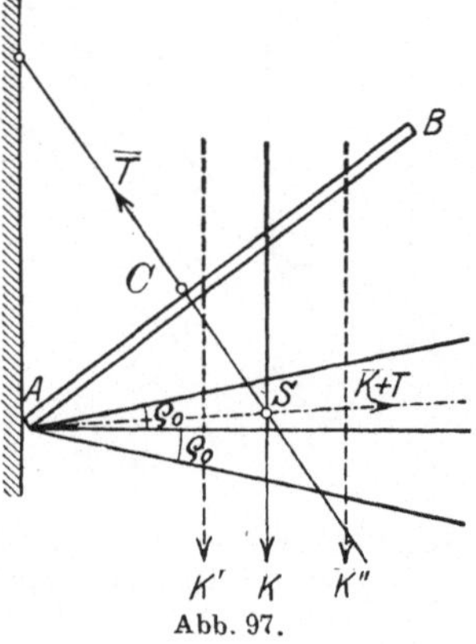
Abb. 97.

Beispiel 46. Der *Stab* $\overline{AB}$ (Abb. 97) wird in C durch das Seil T gehalten und stützt sich bei A an eine rauhe Wand (ϱ_0). Für die Belastung K des Stabes fällt der Schnitt S von K und der Seilkraft T innerhalb des Reibungskegels und macht eine solche Zerlegung möglich, daß die Summe $\mathfrak{K} + \mathfrak{T}$ selbst innerhalb des Reibungskegels liegt. Für $\mathfrak{K}$ tritt also Gleichgewicht tatsächlich ein —, dagegen wäre für $\mathfrak{K}'$ und $\mathfrak{K}''$ kein Gleichgewicht möglich.

Beispiel 47. Die *Leiter* $\overline{AB}$ (Abb. 98) stützt sich auf einen rauhen Boden und an eine rauhe Wand, man ermittle die Belastungen, für die Gleichgewicht besteht. Maßgebend ist hier der gemeinsame (schraffierte) Teil der beiden Reibungskegel für die Berührungsstellen A und B. Für die Kraft K ist hier nicht nur eine, sondern es sind unendlich viele Zerlegungen möglich — entsprechend den sämtlichen Punkten der Strecke $\overline{ab}$; welche davon tatsächlich eintritt, läßt sich rein statisch nicht entscheiden. K' ist die Grenzlage, für die die Reibungen an Boden *und* Wand die größtmöglichen Werte haben, also beide voll ausgenützt werden, und K'' liegt sicher außerhalb des Gleichgewichtsbereiches.

Beispiel 48. Die Führungsleiste in Abb. 99, die längs der Schiene s durch die lotrechte Kraft K bewegt werden soll, wird sich jedenfalls bei Einwirkung von K an den Stellen A und B an die Schienen anlegen und dort Reibung erzeugen.

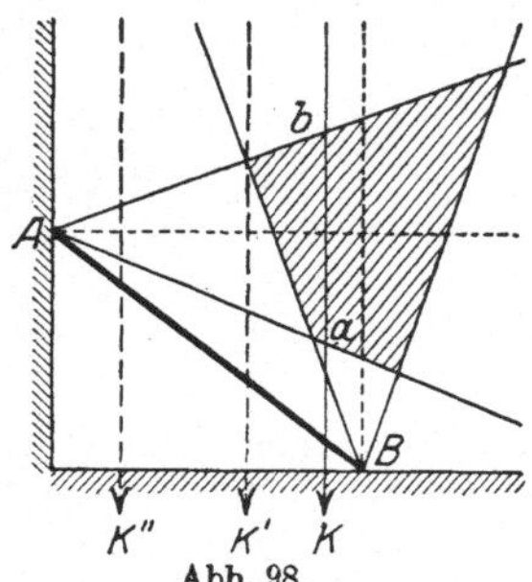
Abb. 98.

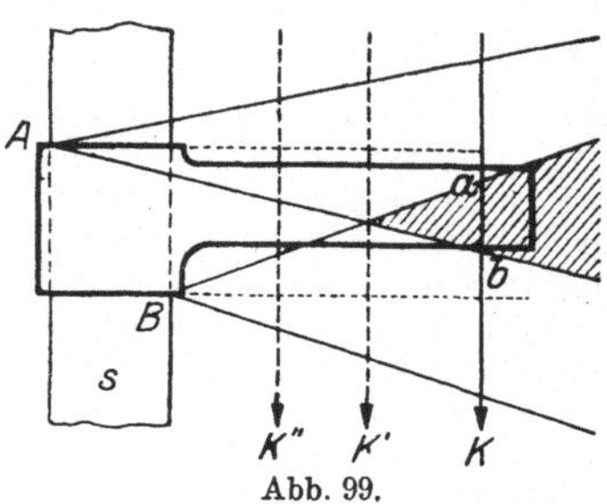
Abb. 99.

Zeichnet man die Reibungskegel, so gibt der gemeinsame (schraffierte) Teil den Bereich, für den ein „Klemmen" eintritt, mit welchem Worte hier das Gleichgewicht bezeichnet wird. Für K ist mithin Gleichgewicht möglich, K' ist die Grenzlage, und K'' würde die Leiste bewegen.

Bei Aufgaben, in denen die Gleichgewicht*stellung* rauher Körper gesucht wird, sind zu den Auflagerkräften *an allen Berührungsstellen* die Reibungen in den bezüglichen Tangentialebenen als Unbekannte hinzuzunehmen und für die so erweiterte Kräftegruppe die Gleichgewichtsbedingungen anzusetzen. — Die Grenzlagen ergeben sich durch Verwendung des Gleichheitszeichens in Gl. (119): $R = f_0 N$.

Beispiel 49. Ein gleichförmiger Stab $\overline{AB}$ von der Länge $2l$ (Abb. 100) und dem Gewichte G ist in A in einem reibungslosen Gelenk gehalten und stützt sich bei B an eine lotrechte rauhe (f_0) Wand ε. Wie groß ist der größte Winkel φ für Gleichgewicht? — Bezeichnet man die an der Stützungsstelle B auftretende Normalkraft mit N, also den Grenzwert der dort auftretenden Reibungskraft mit $f_0 N$, so ergibt die Momentengleichung um die lotrechte z-Achse durch A, wenn noch $\overline{OB} = r$, $\overline{OA} = a$ gesetzt wird:

$$N r \sin \varphi = f_0 N \cos \varphi \cdot a$$

und daraus folgt mit $\operatorname{tg} \alpha = r/a$:

$$\operatorname{tg} \varphi = f_0 a/r = f_0 \operatorname{ctg} \alpha.$$

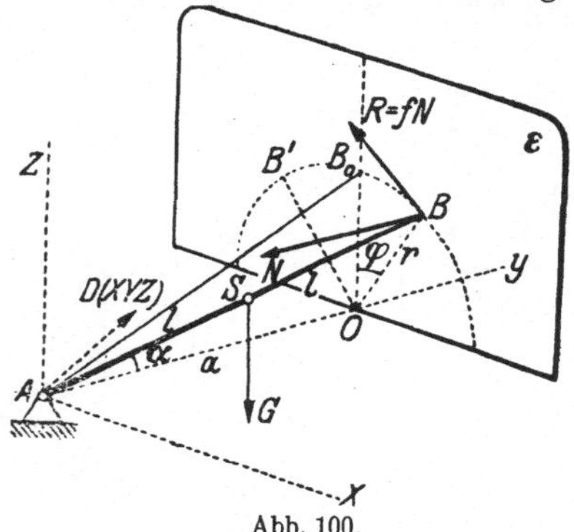
Abb. 100.

Die Grenzlagen des Gleichgewichtes sind unabhängig von G. Die anderen fünf Gleichgewichtsbedingungen geben die fünf Größen (X, Y, Z), N, R für jede Lage des Stabes innerhalb des Gleichgewichtsbereiches B, B', entsprechend dem Winkel $\pm \varphi$. In den Grenzlagen B, B', für die nur vier Unbekannte vorhanden sind, nämlich X, Y, Z, N — die Reibung erreicht ihren Grenzwert $f_0 N$ — zeigt man leicht, daß die beiden Momentengleichungen für die x- und y-Achse auf dieselbe Gleichung für die Normalkraft N

$$N = \frac{aG}{2\sqrt{r^2 + f_0^2 a^2}}$$

führen, während die Projektionsgleichungen nach den drei Achsen die Komponenten X, Y, Z der Gelenkkraft D liefern.

62. Bewegungsreibung. Während die Haftreibung in der Regel zunächst nach Größe und Richtung unbestimmt ist — für ihre Größe ist nur ein Grenzwert festgelegt —, ist die Bewegungsreibung eine Kraft, die naturgemäß stets der Bewegung entgegenwirkt; ihre Größe wird an jeder Stelle der an der Reibungsstelle herrschenden Normalkraft proportional gesetzt, wobei sich der Proportionalitätsfaktor f, die *Reibungszahl für Bewegung, kleiner* herausstellt als die der größten Haftreibung für dieselben Stoffe; dies ist auch sehr verständlich, weil bei der Bewegung das Ineinandergreifen der Flächenrauheiten der Körper behindert wird. Wir erhalten damit die folgende Aussage:

III. *Die Bewegungsreibung ist immer eine der Bewegung entgegengerichtete Kraft; ihre Größe hängt außer von dem Material der Körper vor allem von der Größe der Normalkraft N zwischen den Körpern ab und steigt (etwa) proportional mit dieser*

$$\boxed{R = fN}, \qquad \text{wobei} \quad (f < f_0). \tag{121}$$

Die drei Aussagen I, II, III bezeichnet man als die Coulombschen Reibungsgesetze.

Beispiele 50. Der *Unterschied zwischen Haft- und Bewegungsreibung* läßt sich durch folgende Versuche deutlich machen: a) An einem Körper, der auf einer rauhen waagerechten Ebene ruht, denken wir uns einen zur Ebene parallelen schwachen Gummifaden befestigt, der für sich nicht stark genug sein soll, die zur Überwindung der Haftreibung notwendige Kraft auf den Körper zu übertragen, durch den allein es also nicht möglich sein soll, den Körper in Bewegung zu setzen. Wird jedoch der Körper längs der Ebene in einer Richtung senkrecht zum Faden bewegt, so ist an Stelle der Haftreibung die Bewegungsreibung getreten, die entgegen der Bewegung gerichtet ist und es gelingt mittels des Gummifadens leicht, und zwar durch eine beliebig kleine Kraft, den Körper aus seiner Bahn seitlich abzulenken. Die Summe aus der bewegenden Kraft und der kleinen seitlichen Fadenkraft ist gegen die erstere etwas geneigt und in der Richtung dieser Summe wird fernerhin das Gleiten eintreten; ist diese Summe wieder konstant und gleich fN, so erfolgt auch das Gleiten in der abgelenkten Richtung gleichförmig. — b) Ein schwerer Körper liege auf einer rauhen schiefen Ebene, durch die auftretende Reibung werde ein Herabgleiten verhindert. Wird jedoch der Körper in waagrechter Richtung bewegt, so tritt sofort ein Abwärtsgleiten in Richtung der Fallinie ein. Durch die Bewegung in waagrechter Richtung tritt nämlich die Reibung sofort in der zu dieser entgegengesetzten, ebenfalls waagrechten Richtung auf, so daß in Richtung der Fallinie keine Reibungskomponente mehr vorhanden ist, die das Herabgleiten verhindern könnte. — c) Ein gut sitzender Flaschenkork kann leichter in den Flaschenhals eingeführt werden, wenn er gleichzeitig gedreht wird. — d) Ein Treibriemen kann nur im laufenden Zustand von der Leerscheibe auf die benachbarte Mitnehmerscheibe geschoben werden. — e) Ebenso kann ein Kraftwagen beim Bremsen leichter auf einer seitlich abfallenden Straße abgleiten als bei gleichmäßiger Fahrt; beim Bremsen tritt in der Fahrtrichtung ein Gleiten auf und die Reibung ist diesem Gleiten entgegengesetzt gerichtet. Eine Reibungskomponente, die ein seitliches Abgleiten verhindern könnte, ist nicht mehr vorhanden.

Will man mit diesem Ansatz (121) rechnen, so kommt es wieder wesentlich auf die Kenntnis von f an. Dabei tritt nun folgender Sachverhalt zutage. Für „trockene Reibung" führt dieser Ansatz zu Ergebnissen, die die Beobachtungen noch befriedigend wiedergeben; es ist jedoch wegen der Einwirkung der Körper aufeinander infolge der Zerstörung der Berührungsflächen praktisch unmöglich, für irgendeine kontinuierliche Bewegung trockene Reibung zuzulassen. Man ist vielmehr genötigt, zur Verminderung der Reibung und zur Vermeidung der abschleifenden Wirkungen auf die Oberflächen *Schmiermittel* zu verwenden; dann tritt aber an die Stelle der trockenen Reibung die *Schmiermittelreibung*, und diese ist nicht ein Problem der „starren" Mechanik, sondern der Hydromechanik. An Stelle des Coulombschen tritt das Newtonsche Reibungsgesetz, und dieses besagt (wie hier nur angegeben werden kann), daß bei großer Geschwindigkeit und kleinen Drucken die Reibung, die bei der Bewegung zweier Körper mit der relativen Geschwindigkeit U gegeneinander auftritt, dieser Geschwindigkeit und der Größe der benetzten Fläche F direkt und der Dicke h der Flüssigkeitschicht verkehrt proportional gesetzt werden kann, also

$$\boxed{R = \varkappa F U/h} \tag{122}$$

$\varkappa$ bedeutet das „Zähigkeitsmaß" oder die „Reibungszahl" der Flüssigkeit. Der Ansatz, den man für den „Widerstand" gefunden hat, der sich der Bewegung eines Körpers in einer Flüssigkeit oder einem Gas entgegensetzt, ist von ähnlicher Art, nur kommt bei größerer Geschwindigkeit U nicht in der ersten, sondern einer höheren Potenz (≈ 2) vor[1].

Wir müssen uns hier darauf beschränken, auf die Unterschiede hinzuweisen, die in den Ansätzen für die trockene Reibung einerseits und der Flüssigkeitsreibung andererseits bestehen, und zwar soll diese Gegenüberstellung im Zusammenhange mit einer kurzen Übersicht über die Ergebnisse geschehen, die in der Reibungsfrage, insbesondere bezüglich der Gleitreibung über die Ansätze (119) und (121) hinaus vorliegen; bei praktischen Rechnungen werden diese wegen ihrer Einfachheit auch heute noch vielfach verwendet, sind aber nur als erste Annäherungen an die wirklich beobachteten Verhältnisse zu betrachten.

63. Hauptergebnisse der Versuche über die Reibung. Nach den Gln. (119) und (121) werden die Reibungszahlen (f_0 und f) nur abhängig gemacht vom Material (mit eingeschlossen von der Beschaffenheit der Oberflächen), und die Reibung selbst außerdem noch lediglich von der Normalkraft, mit der die Körper aufeinander gepreßt werden; nach diesem Ansatz wird die Reibung insbesondere unabhängig vorausgesetzt von der Größe der Berührungsflächen und von der Geschwindigkeit.

a) *Die Größe von* f_0 und f kann nur durch unmittelbare physikalische Messung bestimmt werden, wobei als mißlich der schon erwähnte

---

[1] Siehe des Verfassers „Lehrbuch der Hydraulik". Berlin: Julius Springer 1923. (Neue Auflage in Vorbereitung.)

Umstand auftritt, daß wir nur in ganz unvollkommener Weise imstande sind, die Oberflächenbeschaffenheit in eindeutiger und reproduzierbarer Weise zu beschreiben. Die Worte „trocken" und „geschmiert" erweisen sich für eine solche Kennzeichnung als viel zu ungenau und verursachen die großen Spielräume in den Angaben der folgenden *Zahlentafel*, die nur als ungefähre Anhaltspunkte aufzufassen sind:

Reibungszahlen.

Stoffpaar	f_0 (Haftreibung)			f (Bewegungsreibung)		
	trocken	ge-schmiert	mit Wasser	trocken	ge-schmiert	mit Wasser
Stahl auf Eisen	0,15	0,1	—	0,10	0,009	—
Flußeisen auf Guß-eisen oder Bronze	0,18	0,1	—	0,16	0,01	—
Flußeisen auf Schweißeisen	0,5	0,13	0,65	0,44	—	0,22
Metall auf Holz ...	0,6—0,5	0,1	—	0,5—0,2	0,08—0,02	0,26—0,22
Holz auf Holz	0,65	0,2	0,7	0,4—0,2	0,16—0,04	0,25
Leder auf Metall (Dichtungen)	0,6	0,25	0,62	0,25	0,12	0,36
Holz auf Stein	bis 0,7	0,4	—	0,3	—	—
Stahl auf Eis	0,027	—	—	0,014	—	—

Aus den Versuchen hat sich u. a. auch ergeben, daß Körper aus gleichem Material größere Reibungszahlen aufweisen als solche aus verschiedenem. Die Versuche wurden früher durch Verwendung einer schiefen Ebene oder eines belasteten Schlittens ausgeführt, wobei die Ingangsetzung und die gleichförmige Bewegung beobachtet wurden. Vertauschung des Materials der Unterlage und des Gleitkörpers ändert die Verhältnisse wesentlich.

b) Diese Zahlentafel soll auch den *Einfluß der Oberflächenbeschaffenheit* zum Ausdrucke bringen. Zunächs haben sorgfältige Versuche gezeigt, daß die Reibungserscheinung bei sorgfältiger Glättung, Reinigung und Trocknung für eine Reihe von Stoffen (z. B. Messing) nahezu vollständig verschwindet, insofern, als sich eine untere Grenze des zum Eintritt der Bewegung nötigen Neigunswinkels der Versuchsebene nicht angeben läßt. Ferner ist darauf hinzuweisen, daß bei Verwendung von Schmiermitteln die Reibungszahlen für alle Stoffe merklich gleich werden, weil dann eben die Reibung des Schmiermittels seinerseits die ganze Erscheinung beherrscht. Die Schmiermittel wirken reibungsvermindernd in folgender Reihe: Talg, trockene Seife, Schweinefett, Olivenöl.

Weiter entnimmt man aus den Zahlenwerten, daß die Verwendung von Wasser (in der Regel) eine Vergrößerung der Reibung mit sich bringt, weshalb Wasser nach diesen Versuchen als *Gegen-Schmiermittel* anzusprechen ist. Man hat demnach vorgeschlagen, die Flüssigkeiten hinsichtlich der Reibung in zwei Klassen zu teilen: in *aktive*, die eine Verminderung der Reibung herbeiführen können (wozu die Fette und Öle gehören) und in *inaktive* (dazu gehören Benzin, Ammoniak, Terpentin), die diese Eigenschaft nicht besitzen; das Wasser vermag aktiven Flüssigkeiten die Eigenschaft der Aktivität zu nehmen.

Feinere Untersuchungen haben auch ergeben, daß schon ganz *dünne* Flüssigkeitsschichten (Flüssigkeitsfilme), *Häute* oder *Tröpfchen*, die sich um Staubpartikel bilden, die Größe der Reibung von Grund aus verändern können.

Obwohl es, wie gesagt, nicht möglich ist, an dieser Stelle in eine Begründung der Gesetze einzugehen, soll das Verhalten der trockenen und Flüssigkeitsreibung durch eine Gegenüberstellung der Hauptmerkmale deutlich gemacht werden.

Gemäß den allgemeinen theoretischen Ansätzen ergibt sich die Reibungskraft pro Flächeneinheit bei:

trockener Reibung	*Flüssigkeitsreibung*
proportional der Normalkraft	unabhängig von der Normalkraft,
unabhängig von der Geschwindigkeit,	proportional der Geschwindigkeit,
abhängig von der Rauhigkeit der Gleitflächen,	unabhängig von der Rauhigkeit der benetzten Flächen,
größer für den Anfang der Bewegung.	gleich Null für den Anfang der Bewegung.

Daraus ist zu verstehen, daß sich Widersprüche gegen die Beobachtungen ergeben müssen, wenn die Ansätze der trockenen Reibung für die Erscheinungen der Schmiermittelreibung verwendet werden; trotzdem geschieht dies heute bei technischen Rechnungen noch nahezu ausschließlich.

c) *Abhängigkeit des f von der Geschwindigkeit.* Die älteren Versuche, die nur kleinere Geschwindigkeiten betrafen, zeigten entweder vollständige Unabhängigkeit von der Geschwindigkeit (wie es der elementaren Theorie entspricht) oder erst ein mäßiges Ansteigen bis zu einem Höchstwert und darauf folgenden Abfall. Für größere Geschwindigkeiten wurden umfangreiche Versuche insbesondere im Interesse der Eisenbahntechnik ausgeführt; als Ergebnis dieser (älteren) Versuche wurde für die Reibung zwischen dem umlaufenden Rad und dem Bremsklotz oder zwischen dem festgebremsten Rad und der Schiene (durch Poirée und

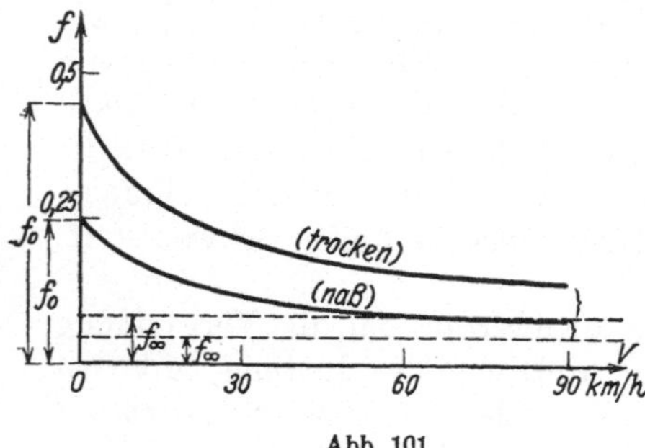

Abb. 101.

Bochet) für Geschwindigkeiten $V = 14$ bis 80 km/h eine Formel aufgestellt, die vom Verein deutscher Eisenbahnverwaltungen auf Grund der Versuche von Wichert bis $V = 90$ km/h in der folgenden Form zur Annahme gelangte

$$f = f_0 \frac{1 + 0{,}0112\,V}{1 + 0{,}06\,V}, \qquad (123)$$

mit $f_0 = 0{,}45$ für trockene und $f_0 = 0{,}25$ für nasse Reibungsflächen.

Diese Gleichung gibt eine nach Abb. 101 verlaufende Kurve. (Diese Zahlen lassen die oben für Wasser erwähnte Eigenschaft, die Reibung unter gewissen Verhältnissen zu vergrößern, nicht erkennen.) In besonders großem Maßstabe wurden derartige Versuche auch in England (durch Galton) ausgeführt.

Die Abnahme von f mit zunehmender Geschwindigkeit ist leicht zu verstehen, da die Oberflächen, deren Beschaffenheit durch die Reibungszahl beschrieben werden soll, um so rascher abgeschliffen und geglättet werden, je größer V ist. Doch kommen auch Fälle vor, in denen f mit wachsender Geschwindigkeit *zunimmt*, z. B. für Leder auf Eisen, ein Fall, der in der Maschinentechnik wegen seiner Anwendung auf Riemenscheiben und Dichtungen von Wichtigkeit ist.

d) *Sonstige Einflüsse.* Des weiteren zeigt sich die Reibungszahl abhängig von der *Struktur* des Materials (Faserrichtung von Holz, Walzrichtung bei Walzeisen), von der *Berührungsdauer*, da eine gewisse Zeit notwendig ist, bis die Unebenheiten ineinander eindringen; von dem *Druck auf die Flächeneinheit* der berührenden Flächen, was auch leicht verständlich ist, da bei großen Drucken die Körper Formänderungen erleiden.

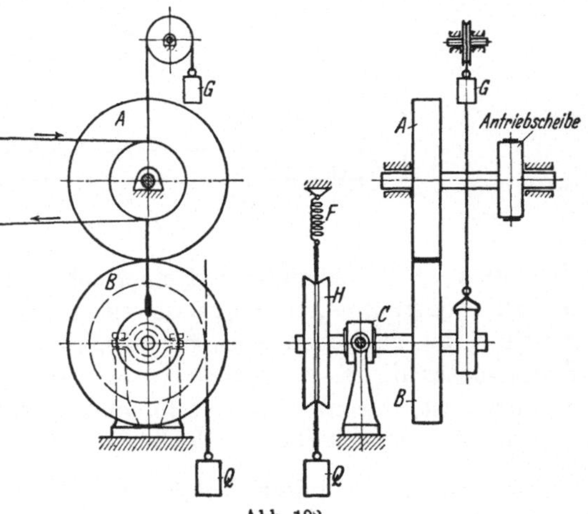

Abb. 102.

e) Bei den *neueren Versuchen* zur Ermittlung der Reibungsgesetze wurden meistens *Reibräder* benutzt, und zwar entweder Kegelräder (H. Bonte 1915) oder Stirnräder (G. Sachs 1924). Die von G. Sachs verwendete Anordnung ist in Abb. 102 schematisch wiedergegeben. Die Versuchsräder A und B bestehen aus dem zu untersuchenden Stoffpaar. Das Rad A wird angetrieben, und das Rad B, dessen Achse in einer Gabel C drehbar gelagert ist, wird unter einer veränderlichen, durch das Gewicht G bewirkten Kraft N gegen A gedrückt. Die von A auf B übertragene Reibungskraft R wird als Umfangskraft am Rade H, über das ein Seil herumgelegt ist, dynamometrisch gemessen, und zwar als Differenz zwischen den Kräften am Ende des Seils, d. i. dem Gewicht Q und der Federkraft F. Abb. 103 zeigt das wichtigste Ergebnis dieser Versuche, das darin besteht, daß die Reibungskraft nicht mehr durch den Coulombschen, sondern durch einen erweiterten Ansatz

$$R = R_0 + f_\infty N \tag{124}$$

dargestellt werden muß, der als Schaulinie eine nicht durch O gehende [in der Abbildung mit (R) bezeichnete] gerade Linie ergibt. Wird daher die Reibungszahl wie beim Coulombschen Ansatz $R = f_0 N$ definiert, so ergibt sich f_0 nicht mehr unabhängig von N, sondern in der Form

$$f_0 = f_\infty + \frac{R_0}{N}\,, \tag{125}$$

nimmt also einen hyperbolischen Verlauf (in Abb. 100 gestrichelt eingetragen), der auch schon von H. Bonte festgestellt wurde.

Diesem verwickelten Sachverhalt gegenüber steht die heutige Theorie der Reibung, die eines der wichtigsten Fragengebiete der gesamten

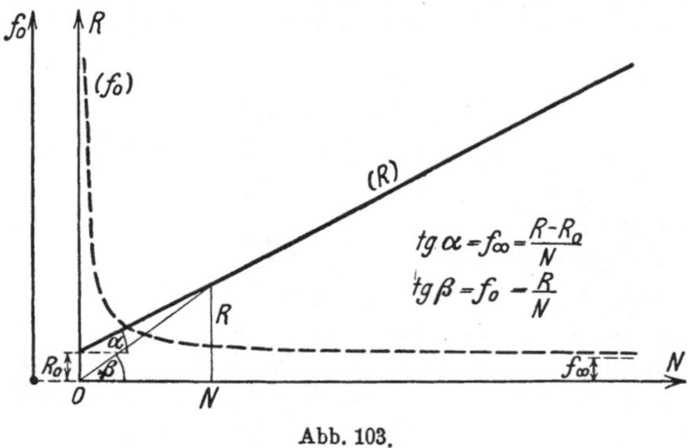

Abb. 103.

Technik betrifft, jedenfalls auf einer sehr primitiven Stufe. Es ist nur in den großen inneren Schwierigkeiten des Problems begründet, daß man mit den einfachen Ansätzen durchkommen mußte und mit einem Zahlenmaterial, das zwar teilweise aus sorgfältigen Versuchen hervorgegangen ist, das aber — der fehlenden Reproduzierbarkeit der Versuchsbedingungen halber — doch als unzureichend anzusehen ist.

64. Einige technische Reibungsprobleme. Einfache Maschinen.
a) *Zapfen.* Für ruhende zylindrische Zapfen, die mit dem umgebenden Lager in enger Berührung sind (Abb. 104), könnte man die Reibung durch Addition der Teilreibungen dR auf die einzelnen Flächenelemente berechnen, wenn die *Verteilung* der Kräfte dN längs des Zapfenumfanges bekannt wäre. Wird die Reibungszahl als konstant angenommen, so kann das zur Überwindung der sämtlichen am Umfange des Zapfens vom Halbmesser r auftretenden Haftreibungen $dR = f_0\,dN$ notwendige *Zapfenreibungsmoment* allgemein in der Form angesetzt werden

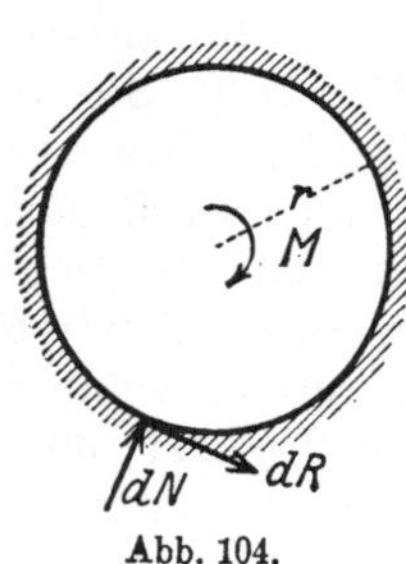

Abb. 104.

$$M_1 = \int r\,dR = f_0 r \int dN;$$

dabei ist das Integral als *gewöhnliche* (nicht-vektorielle) Summe aller dieser Teilkräfte dN aufzufassen. Solange man die Kräfteverteilung nicht anzugeben vermag, kann von dieser Summe nur gesagt werden, daß sie größer als die Gesamtbelastung Q des Zapfens sein muß, da die Summe der Seiten für ein Krafteck immer größer (genau gesagt: niemals kleiner) ist als die Länge der Schlußlinie. Setzt man daher

$$\int dN = \alpha Q, \quad \text{wobei} \quad \alpha > 1, \quad \text{und} \quad \alpha f_0 = f_1,$$

wobei f_1 die *Zapfenreibungszahl* heißt, so folgt für da Zapfenreibungsmoment

$$M_1 = f_1 r Q. \tag{126}$$

Wenn das Lager sehr *spannt*, der Zapfen also von dem Lager eng umschlossen wird, so kann das zur Drehung erforderliche Moment sehr groß werden, wobei Q selbst klein sein kann

Auch beim „leichtlaufenden" Zapfen (mit trockener Reibung) ergibt sich eine Gleichung von derselben Form dadurch, daß man eine Berührung zwischen Zapfen und Lager längs einer Erzeugenden annimmt (Abb. 105). In diesem Falle hat man Normalkraft und Reibung nur an einer Stelle und findet für die Gleichgewichtsstellung ein „Auflaufen" des Zapfens im Gegensinn der Drehung des Zapfens; die Gleichgewichtsbedingung nach der Lotrechten gibt

$$Q = N \cos \varrho + R \sin \varrho$$

und das Zapfenreibungsmoment wird

$$M_1 = Qr \sin \varrho = f_1 r Q = r_1 Q, \tag{127}$$

wobei jetzt $\sin \varrho = f_1$ und $f_1 r = r_1$ gesetzt wurde. Q wird also in der Gleichgewichtslage einen Kreis vom Halbmesser $r_1 = r \sin \varrho = f_1 r$ berühren — den sog. *Reibungskreis.* Für Haftreibung (also relative Ruhe des Zapfens gegen das Lager) wäre $M_1 < r_1 Q$, und die an der Berührungsstelle auftretende Kraft Q würde den Reibungskreis schneiden.

In der Technik wird die Gl. (126) auch zur Berechnung der „geschmierten" Zapfenreibung verwendet, obwohl dabei, wie schon hervorgehoben, ganz andere Verhältnisse herrschen und die Gleichung durch einen Ausdruck von der Form (122) ersetzt werden müßte; und zwar kann für große Geschwindigkeiten und kleine

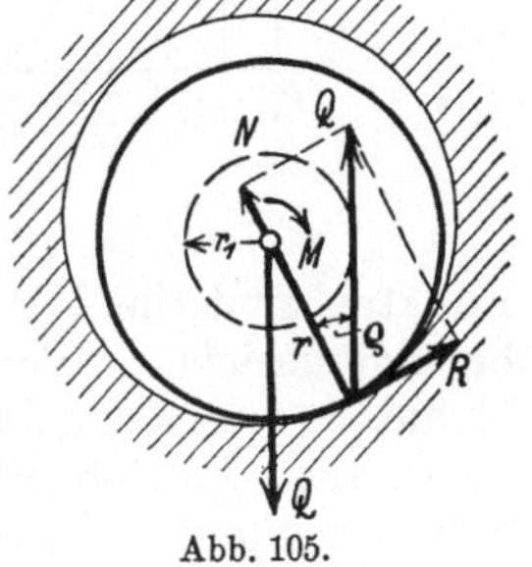

Abb. 105.

Drücke für das Reibungsmoment bei einem Zapfen von der Länge l und der benetzten Mantelfläche $F = 2\pi r l$, wenn noch h die mittlere Dicke der Flüssigkeitsschicht bedeutet,

$$M_1 = \varkappa \, 2\pi \, r^2 l \, U / h \tag{128}$$

gesetzt werden; für kleine Geschwindigkeiten und große Drücke ergeben sich verwickeltere Ausdrücke. Die Summe der auf den Zapfen wirkenden Kräfte und Reibungen muß für die Gleichgewichtsstellung des Zapfens eine der Belastung Q entgegengesetzt gleiche Kraft lotrecht nach oben ergeben, die ebenfalls von der Zähigkeit $\varkappa$ des Schmiermittels und der Umfangsgeschwindigkeit U abhängen wird. Die weitere Ausführung dieses Ansatzes ergibt in besserer Übereinstimmung mit den Beobachtungen (auch bezüglich der Stellen größter Abnutzung in den Lagern) eine Verschiebung des Zapfens gegen das Lager im *Sinne* des Wellenumlaufs. Durch Elimination von $\varkappa U / h$ aus den Gleichungen für M_1 und Q folgt ein Ausdruck, der zwar wieder in der Form (126) angesetzt werden kann, in dem aber f_1 keine Konstante mehr ist, sondern abhängig gefunden wird: 1. von der „mittleren Lagerbelastung auf die Flächeneinheit", d. i. bei Tragzapfen (Belastung senkrecht zur Zapfenachse) von der Größe $p = Q/2rl$, bei Stützzapfen (Belastung parallel zur Zapfenachse) von der Größe $p = Q/r^2\pi$; 2. von der Umfangsgeschwindigkeit U des Zapfens; 3. von der Art und dem Material des Lagers und des Zapfens. Einen Überblick über den Verlauf von f_1 für die „*Beharrungstemperaturen*" des Lagers von 20° Außentemperatur gibt Abb. 106. Als Abszissen sind die Umfangsgeschwindigkeiten U, als Ordinaten die Reibungszahlen f aufgetragen. Die Kurven beziehen sich auf konstante Belastung für die Flächeneinheit der Projektion der Lagerfläche, und zwar für $Q/ld = 1, 3$ und 5 kg/cm². An einzelnen

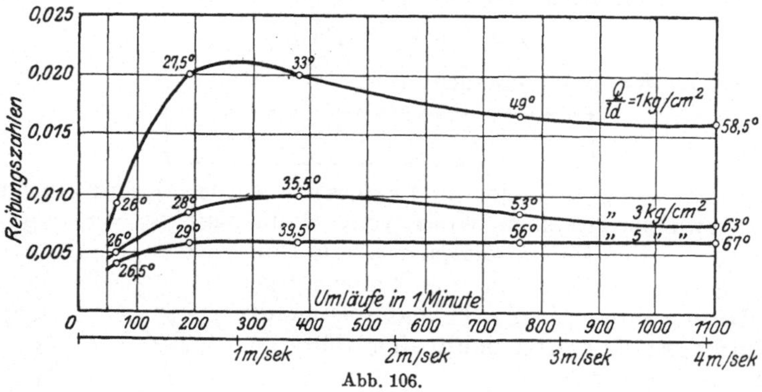

Abb. 106.

Punkten sind die Werte der entsprechenden Beharrungstemperaturen hinzugeschrieben. Bei den Versuchen von Stribeck, die für diese technisch außerordentlich wichtige Frage von größtem Werte sind und denen auch die Abb. 106 entnommen ist, hat sich übrigens auch ergeben, daß sich für den Grenzfall $U = 0$ die „Reibungszahl der Ruhe" unabhängig von der Pressung und nahezu unabhängig von der Temperatur herausstellt (und zwar $\sim 0,14$). In der Nähe von $U = 0$ erfolgt also ein starker Anstieg von f_1 (dieser Teil der Kurven ist in der Abbildung nicht eingetragen). Als Anhaltspunkte können bei ununterbrochener Schmierung für *Stahl auf Weißmetall* die Zahlenwerte gelten: $f_1 = 0,01$ bis $0,04$.

Eine ausführlichere Behandlung dieser Frage an der Hand des vorliegenden Versuchsmaterials wird in der *Hydrodynamik* gegeben.

b) *Riemen und Seil.* Eine andere wichtige Anwendung der Reibung betrifft die Bewegungsübertragung durch *Riemen- und Seilscheiben*. Um in die hier bestehenden Verhältnisse Einblick zu gewinnen, sehen wir zunächst von einer Bewegung vollständig ab und betrachten die Reibung eines eine feststehende Trommel oder Walze längs eines endlichen Stückes umschließenden Riemens oder Seiles (Abb. 107). Hierbei muß wegen der Reibung die Kraft im Seile von der Auflaufstelle A an der Lastseite (Q) bis zur Ablaufstelle B an der Kraftseite (K) kontinuierlich zunehmen. Das Gesetz für diese Zunahme bekommen wir, wenn wir beachten, daß nach den Gleichgewichtsbedingungen der Unterschied der Seilkräfte dS an den Enden eines Elementes gerade gleich sein muß der längs dieses Elementes auftretenden Reibung:

$$dS = dR = f_0 dN,$$

während sich für die Richtung senkrecht zum Seil die Beziehung ergibt

$$dN = 2S \sin \frac{d\varphi}{2} \approx S\, d\varphi;$$

die Anpressung des Seiles an die Rolle rührt demgemäß von der Richtungsänderung oder der Krümmung der aufeinanderfolgenden Seilelemente her. Aus beiden Gleichungen folgt

$$dS = S f_0 d\varphi, \quad \text{und daraus durch Integration:} \quad S = C\, e^{f_0 \varphi},$$

wenn C eine Integrationskonstante ist. Wenn diese Gleichung für die Stelle A angewendet wird, so ist zu setzen $\varphi = 0$, $C = Q$, und sie

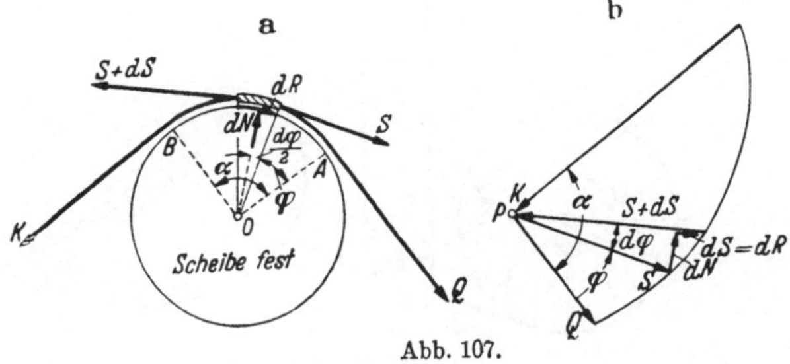

Abb. 107.

ergibt dann für die Ablaufstelle $B\ (\varphi = \alpha)$:

$$\boxed{K = Q e^{f_0 \alpha},} \tag{129}$$

während die gesamte am Umfang auftretende Reibung die Größe hat

$$R = K - Q = Q\,(e^{f_0 \alpha} - 1) = K\,(e^{f_0 \alpha} - 1)/e^{f_0 \alpha}. \tag{130}$$

Durch Auftragen von S für jeden Winkel φ von einem festen Punkte P aus erhält man als „Kräfteplan" eine logarithmische Spirale (Abb. 107b), aus der man für jeden Winkel φ die zugehörige Seilkraft S ablesen kann.

Beispiel 51. Bei einem *Riemen-* oder *Seiltrieb* wird die Haftreibung zwischen Riemen oder Seil und Scheibe dazu benutzt, um auf die Achse der Scheibe vom Halbmesser r ein Drehmoment zu übertragen, das zum Heben eines Gewichtes G, zum Antrieb einer Arbeitsmaschine u. dgl. dienen kann. Soll dies erreicht werden, so muß das Moment der am Umfange der Scheibe (Abb. 108) auftretenden Reibung R dem belastenden Moment $G r_1$ mindestens gleich sein; aus

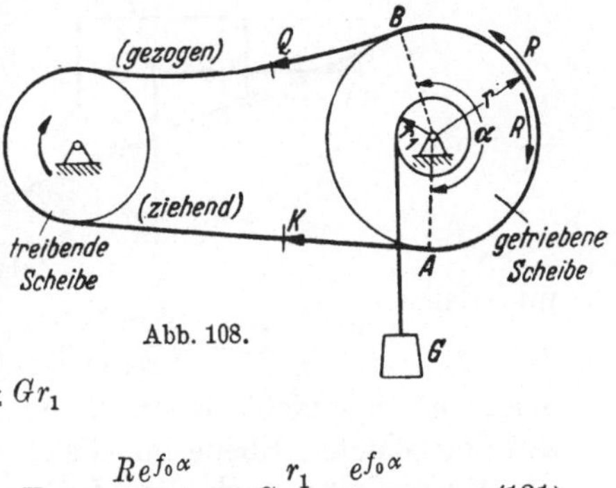

$$Rr \geqq G r_1$$

folgt nach Gl. (130)

Abb. 108.

$$Q = \frac{R}{e^{f_0 \alpha} - 1} \geqq G\, \frac{r_1}{r} \frac{1}{e^{f_0 \alpha} - 1}, \quad \text{und} \quad K = \frac{R e^{f_0 \alpha}}{e^{f_0 \alpha} - 1} \geqq G\, \frac{r_1}{r} \frac{e^{f_0 \alpha}}{e^{f_0 \alpha} - 1}. \tag{131}$$

Damit also eine Bewegungsübertragung stattfinden kann, ist mindestens die Kraft Q im gezogenen und mindestens die Kraft K im ziehenden Riemenstück notwendig.

Beispiel 52. Ähnliche Beziehungen gelten für die *Bandbremse*, wie sie bei Kraftwagen, Fördermaschinen usw. angewendet wird. Auch hier wird die Größe der am Umfang aufzubringenden und hier als vorgegeben zu betrachtenden Reibung R durch besondere Forderungen bestimmt, wie durch die Länge des Auslaufweges u. dgl. Das Band wird an die Scheibe mittels eines Hebels nach Abb. 109 gepreßt; in den Bezeichnungen dieser Abbildung, die eine *Differentialbremse* darstellt, folgt die notwendige Kraft H am Handhebel aus dem Momentensatze für den Drehpunkt O des Hebels:

$$H h = K k - Q q$$

und nach Gl. (131) ist

$$H = \frac{k \, e^{f_0 \alpha} - q}{h \, (e^{f_0 \alpha} - 1)} . \tag{132}$$

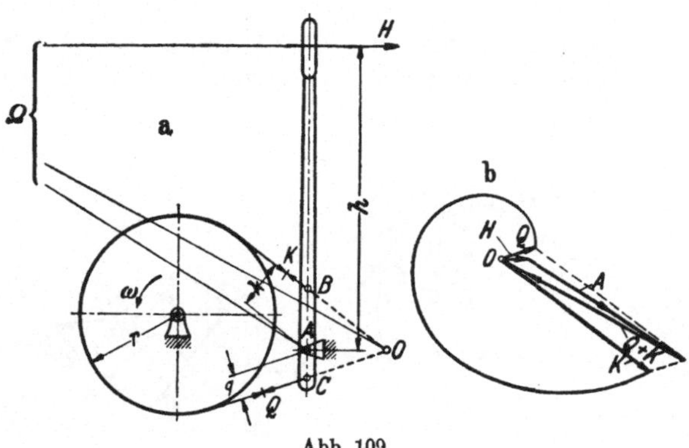

Abb. 109.

c) *Keil.* Die Gleichgewichtsbedingungen der Kräfte am Keil ergeben sich aus den bekannten Gleichungen für die schiefe Ebene, wobei wir die Kraft K waagrecht annehmen wollen. Aus Abb. 110 finden wir die notwendige Kraft für das „Anheben" des Keiles (mit $f_0 = \operatorname{tg} \varrho_0$)

$$K \cos \alpha = Q \sin \alpha + f_0 N = Q \sin \alpha + \operatorname{tg} \varrho_0 \, (K \sin \alpha + Q \cos \alpha)$$

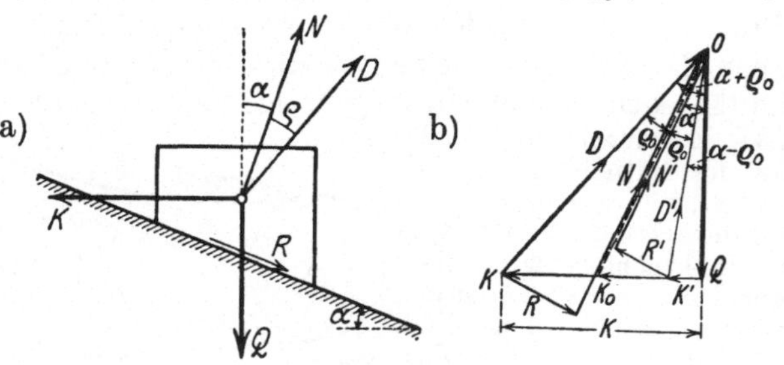

Abb. 110.

und daraus

$$K = Q \frac{\sin (\alpha + \varrho_0)}{\cos (\alpha + \varrho_0)} = Q \operatorname{tg} (\alpha + \varrho_0). \tag{133}$$

Wenn es sich nicht darum handelt, die Last zu heben, sondern nur auf der schiefen Ebene im Gleichgewicht zu „halten", so kann hierzu die Haftreibung nach dem früher Gesagten ausgenützt werden; diese ist dann nach oben gerichtet anzunehmen, wodurch im Ergebnis $- \varrho_0$

statt $+\varrho_0$ zu stehen kommt. Es ist daher die „Kraft zum Halten"

$$K' = Q \operatorname{tg}(\alpha - \varrho_0). \tag{134}$$

Für $\alpha < \varrho_0$ wird $K' < 0$, d. h. es wäre eine nach rechts, also im Sinne der Abwärtsbewegung des Körpers gerichtete Kraft nötig, um die Haftreibung zu überwinden. Diese Eigenschaft bezeichnet man als *Selbstsperrung* oder *Selbsthemmung*.

Beispiel 53. Bei den praktischen Anwendungen des *Keiles* wird die Anordnung so abgeändert, wie es schematisch Abb. 111 zeigt. Die schiefe Ebene *1* wird beweglich angeordnet und soll dazu dienen, durch eine auf sie wirkende Kraft K den auf ihr liegenden, mit Q belasteten Körper *2*, der selbst in lotrechter Richtung geführt wird, anzuheben. An allen Berührungsstellen treten Reibungen auf, die alle

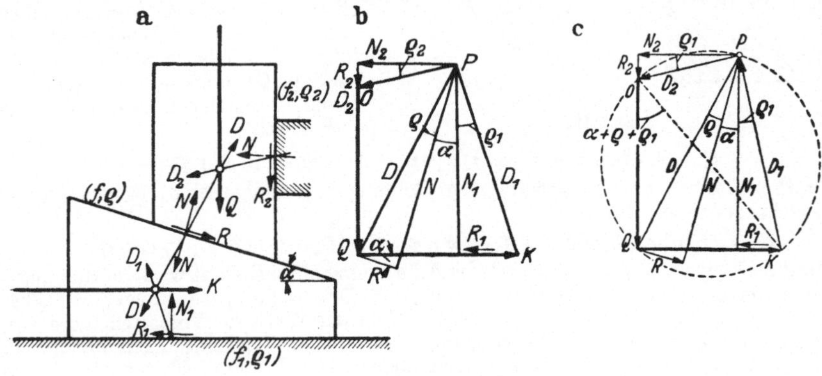

Abb. 111.

der relativen Bewegungsrichtung entgegen wirken, für das „Anheben" mithin die aus der Abbildung zu entnehmenden Richtungen haben. Mit Hilfe der Definitionsgleichungen für die Reibungen an den Stützflächen: $R = N \operatorname{tg}\varrho$, $R_1 = N_1 \operatorname{tg}\varrho_1$, $R_2 = N_2 \operatorname{tg}\varrho_2$ entnimmt man dem Kräfteplan Abb. 111b (oder direkt aus den Gleichgewichtsbedingungen) die Gleichungen

$$\begin{cases} N_1 = N \cos\alpha - R \sin\alpha = N \dfrac{\cos(\alpha + \varrho)}{\cos\varrho}, \\[2mm] N_2 = N \sin\alpha + R \cos\alpha = N \dfrac{\sin(\alpha + \varrho)}{\cos\varrho}, \end{cases}$$

ferner für das Gleichgewicht beider Körper zusammen

$$K = N_2 + R_1 = N \frac{\sin(\alpha + \varrho)}{\cos\varrho} + N \frac{\cos(\alpha + \varrho)}{\cos\varrho} \operatorname{tg}\varrho_1 = N \frac{\sin(\alpha + \varrho + \varrho_1)}{\cos\varrho \cos\varrho_1},$$

$$Q = N_1 - R_2 = N \frac{\cos(\alpha + \varrho + \varrho_2)}{\cos\varrho \cos\varrho_2}$$

und daraus endlich

$$K = Q \frac{\sin(\alpha + \varrho + \varrho_1)}{\cos(\alpha + \varrho + \varrho_2)} \frac{\cos\varrho_2}{\cos\varrho_1}. \tag{135}$$

Um die zum „Halten der Last" Q nötige Kraft K' zu bekommen, sind die Reibungen, oder, was auf dasselbe hinauskommt, die Vorzeichen der $\varrho, \varrho_1, \varrho_2$ umzukehren, so daß man findet

$$K' = Q \frac{\sin(\alpha - \varrho - \varrho_1)}{\cos(\alpha - \varrho - \varrho_2)} \frac{\cos\varrho_2}{\cos\varrho_1};$$

die Bedingung für Selbstsperrung $K' < 0$ ergibt hier $\alpha < \varrho + \varrho_1$.

Für $\varrho_1 = \varrho_2$ folgt $\qquad K = Q \operatorname{tg}(\alpha + \varrho + \varrho_1),$

und die Punkte $0\,Q\,K\,P$ liegen auf einem Kreise (Abb. 111c), da die Winkel bei Q und P rechte sind. — Wenn Q gegeben ist, so mache man $\sphericalangle\,Q\,0\,K = \alpha + \varrho + \varrho_1$ und erhält K, ferner $\sphericalangle\,Q\,0\,P = \pi/2 + \varrho_1$ und findet den Punkt P, wodurch der ganze Kräfteplan festliegt. — Insbesondere folgt für $\varrho = \varrho_1 = \varrho_2$:

$$K = Q\,\mathrm{tg}\,(\alpha + 2\varrho) \quad \text{und} \quad K' = Q\,\mathrm{tg}\,(\alpha - 2\varrho). \tag{136}$$

Hierfür ist die gleiche Konstruktion anwendbar, die eben angegeben wurde.

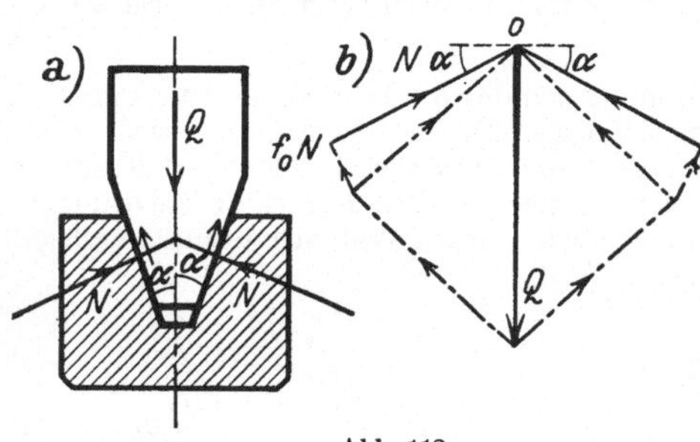

Abb. 112.

Beispiel 54. Keilnut. In manchen Fällen der Kraftübertragung, durch Räder u. dgl., erweist es sich als wünschenswert, die Reibung zwischen zwei Körpern künstlich zu vergrößern; dies geschieht durch Anbringung einer keilförmigen Vertiefung zwischen den Körpern, einer *Keilnut.* Sei (Abb. 112) der Neigungswinkel der Keilebenen 2α und die Belastung Q, dann sind die Kräfte N auf die Seitenflächen des Keiles gegeben durch

$$Q = 2N\,(\sin\alpha + f_0\cos\alpha), \quad \text{also} \quad N = Q/2\,(\sin\alpha + f_0\cos\alpha),$$

mithin ist die zur Überwindung der Reibung notwendige Kraft (senkrecht zur Zeichenebene gerichtet):

$$K = 2f_0 N = Qf_0/(\sin\alpha + f_0\cos\alpha) = f'Q, \quad f' = f_0/(\sin\alpha + f_0\cos\alpha), \tag{137}$$

und für kleine α ist $f' > f_0$. Durch die Anbringung einer Keilnut wird die Reibungszahl von f_0 auf $f_0/(\sin\alpha + f_0\cos\alpha)$ erhöht, z. B. für $\alpha = 15$, $f_0 = 0{,}1$ folgt $f' = 0{,}384$.

Beispiel 55. Gewölbe als Keilsystem. Für das statische Verhalten eines Gewölbes ist die Mitwirkung der Reibung in sämtlichen Trennungsfugen wesentlich. Denken wir uns ein Keilsystem etwa von der in Abb. 113 gezeichneten Anordnung durch die eingeprägten Kräfte K_1, K_2, ... belastet, so müssen für Gleichgewicht die folgenden Bedingungen erfüllt sein:

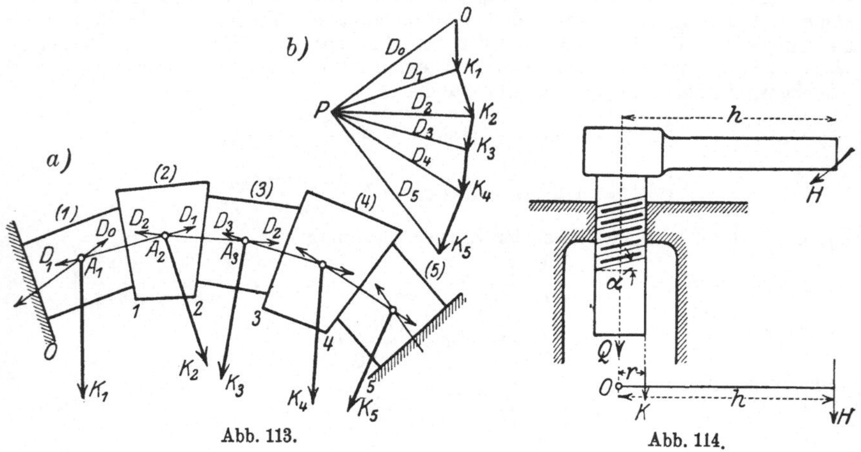

Abb. 113.　　　　　　　　　　Abb. 114.

1. Je drei Kräfte K_i, D_{i-1}, D_i müssen im Gleichgewichte sein, d. h. durch einen Punkt gehen und ein geschlossenes Dreieck bilden.

2. Die Normalkräfte zwischen den Körpern müssen Druckkräfte sein, die die Berührungsflächen im Innern durchsetzen.

3. Die gesamten Berührungskräfte D_0, D_1, ... dürfen von den bezüglichen Normalen auf die Trennungsflächen um nicht mehr als den Reibungswinkel abweichen.

Es muß sich also zu dem Krafteck der Lasten $K_1, K_2, \ldots$ ein Pol P so finden lassen, daß das zugehörige Seileck, welches durch die Kräfte $D_0, D_1, \ldots$ gebildet wird — das man auch als *Stützlinie* des Gewölbes bezeichnet — die Bedingungen 1., 2., 3. erfüllt. —

d) *Schraube.* Die für die schiefe Ebene erhaltene Gl. (133) gibt auch das Gesetz für das Gleichgewicht an der *Schraube* an. Wir setzen dabei eine *flachgängige* oder *Bewegungsschraube* voraus, und für sie eine gleichförmige Verteilung der Belastung Q auf die sämtlichen mit dem Muttergewinde in Berührung stehenden Schraubengänge. Der Kraft H am Arme h (Abb. 114) entspricht eine Kraft K am Umfang des Schraubenkörpers, beide sind durch den Momentensatz um die Schraubenachse miteinander verknüpft: $Hh = Kr$. Wenn wir nun die Schraube auf die Ebene abgewickelt denken, so erhalten wir eine Reihe von schiefen Ebenen übereinander, auf denen, wie wir annehmen wollen, die lotrechte Last Q gleichförmig verteilt ruht. Die Gl. (133) liefert daher unmittelbar die Schraubengleichung

$$H = Kr/h = Q \operatorname{tg}(\alpha + \varrho_0)\, r/h. \tag{138}$$

Flachgängige Schrauben werden erzeugt durch Herumführen eines Rechteckes längs einer Schraubenlinie. Nimmt man an Stelle des Rechteckes ein Dreieck, so erhält man die *scharfgängigen* Schrauben, die wegen der dabei auftretenden größeren Reibung als Befestigungsschrauben Verwendung finden.

Schiefe Ebene, Keil und Schraube bezeichnet man als *einfache Maschinen* und rechnet zu diesen auch den *Hebel*, die *Rolle* und das *Wellrad*. Die Gleichgewichtsbedingungen für diese letzteren werden einfach durch den Momentensatz geliefert, wie ja gerade der Hebel in der Geschichte der Mechanik den Ausgangspunkt für den Begriff des Momentes gebildet hat. Die Rollen werden oft nicht einzeln verwendet, sondern zu mehreren Stücken in *Flaschenzügen* vereinigt.

e) Als *Seilsteifheit* bezeichnet man den Widerstand, den ein Seil beim Auflaufen auf eine Rolle und bei der Rückstreckung in die gerade Form darbietet. Für diesen Widerstand sind empirische Formeln angegeben worden. Die Seilsteifheit ist nicht eine Erscheinung der Reibung in dem Sinne, wie wir diesen Begriff bisher verwendet haben; sie rührt vielmehr von der unvollkommenen *Biegsamkeit des Seiles* her, die eine Folge der inneren, molekularen Spannungen und der Reibung zwischen den einzelnen Drähten und Litzen ist, aus denen das Seil besteht. Um diese unvollkommene Biegbarkeit ohne Inanspruchnahme der Elastizitätslehre zahlenmäßig einzuschätzen, sucht man einen Ansatz für die Differenz der Seilspannungen an den beiden Enden eines um eine Rolle herumgelegten Seiles zu gewinnen. Der Widerstand, den das steife Seil der Biegung entgegensetzt, kann so erklärt werden, daß bei dem Herumführen des Seiles um die Rolle vom Halbmesser r_1 der *Kraftarm* auf $r_1 - \xi$ verkleinert und der *Lastarm* auf $r_1 + \xi$ vergrößert angesetzt wird; der Momentensatz liefert dann

$$K(r_1 - \xi) = Q(r_1 + \xi), \quad \text{daher } K = Q\left(1 + \frac{2\,\xi}{r_1}\right), \tag{139}$$

wenn ξ/r_1 als klein betrachtet wird. Der Teil $2Q\,\xi/r_1$ gibt dann ein Maß für die Größe der Seilsteifheit.

Für *Hanfseile* rechnet man mit $2\,\xi = 0,03\,d^2$ bis $0,06\,d^2$, für *Draht-seile* (wofür weniger Versuche vorliegen) mit etwa $2\,\xi = 0,06\,d^2$ bis $0,09\,d^2$, je nach der Herstellungsart und dem Stoff der Seile. In Gl. (139) und in diesen Angaben sind d und r in cm einzusetzen.

Wird auch die Zapfenreibung an der Rolle berücksichtigt, so kommt ihr Moment lastvergrößernd hinzu, und da dieses Moment nach Gl. (126) einer Umfangskraft $M/r_1 = 2f_1 Q r/r_1$ (die Belastung des Zapfens kann bei parallelen Seilen $\approx 2Q$ gesetzt werden) entspricht, so erhalten wir

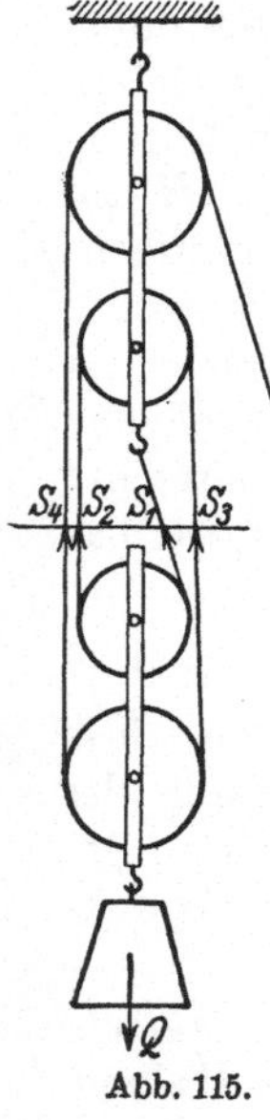

$$K = Q\left(1 + \frac{2\,\xi}{r_1} + 2f_1\,\frac{r}{r_1}\right) = \zeta Q \qquad (\zeta > 1), \qquad (140)$$

wobei $\zeta = 1 + \dfrac{2\,\xi}{r_1} + 2f_1\dfrac{r}{r_1}$ als *Rollenziffer* bezeichnet wird.

Beispiel 56. Bei dem *gemeinen* oder *Produkt-Flaschenzug* nach Abb. 115 werden je n Rollen in einer „Flasche" untereinander oder nebeneinander angeordnet, die obere Flasche wird befestigt, an der unteren hängt die Last Q. Ein Seil ist in der gezeichneten Weise um die Rollen herumgeführt, ein Ende ist an der oberen Flasche angeheftet, auf das andere wirkt die Kraft K ein.

Bei fehlenden Widerständen ($\zeta = 1$) ist die Spannung S im Seile überall gleich, d. h. $S = K$, und da die Last an $2n$ Seilen hängt, so folgt für Gleichgewicht $2n\,S = Q = 2n\,K$, also

Abb. 115.

$$K = Q/2n. \qquad (141)$$

Mit Berücksichtigung der Widerstände (Seilsteifheit und Zapfenreibung) wäre für $n = 2$ nach Abb. 115 zu setzen

$$K = \zeta S_4, \qquad S_4 = \zeta S_3, \qquad S_3 = \zeta S_2, \qquad S_2 = \zeta S_1$$

und daher

$$Q = S_1 + S_2 + S_3 + S_4 = (1 + \zeta + \zeta^2 + \zeta^3)\,S_1, \qquad K = \zeta^4 S_1,$$

woraus durch Ausscheidung von S_1 folgt

$$K = \frac{\zeta^4\,(\zeta - 1)}{\zeta^4 - 1}\,Q;$$

und ähnlich für $2n$ Rollen

$$K = \frac{\zeta^{2n}\,(\zeta - 1)}{\zeta^{2n} - 1}\,Q. \qquad (142)$$

65. Roll- und Bohrreibung. a) Auch bei der R o l l r e i b u n g gehen wir von der Erfahrungstatsache aus, daß — abgesehen vom Luftwiderstand — eine gewisse Kraft notwendig ist, um die Bewegung eines Rades oder einer Walze über eine waagrechte Unterlage zu bewirken (beim Rad erfolgt die Belastung mittels einer Achse, bei der Walze liegt sie unmittelbar auf dem Körper der Walze auf); diese Kraft ist durch die auftretende *Rollreibung* bedingt, und diese rührt davon her, daß sich das Rad an der jeweiligen Berührungsstelle ein wenig abplattet, in diesem Zustande in die Unterlage einsinkt und aus der so entstehenden Vertiefung während der Bewegung gewissermaßen fortwährend wieder herausgehoben wird, so daß die Einsenkung entgegen der Festigkeit des Materials fortgesetzt neu hervorgerufen werden muß. Die erzeugten

Vertiefungen werden, soweit sie elastisch sind, nach der Entlastung wieder zurückgehen; ein Teil der Einsenkungen wird aber plastisch in dem Material verbleiben, so daß das Rad, wie aus Abb. 116 zu ersehen, nur an der vorderen Hälfte auf der Unterlage aufruht und die Auflagerkraft Q vorne an S vorbeigeht. Es bleibt dabei ein Moment M übrig, das der Drehung um den momentanen Berührungspunkt entgegenwirkt und das für die Aufrechterhaltung der Bewegung dauernd überwunden werden muß; dieses wird als *Rollreibungsmoment* bezeichnet. Natürlich wird dieses Moment um so kleiner sein, je weniger stark die Formänderungen (insbesondere die bleibenden) der Körper sein werden, d. h. aus je härterem Stoff die Körper bestehen.

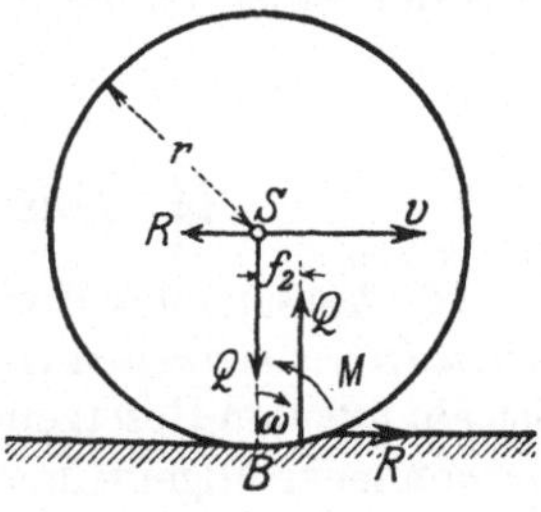

Abb. 116.

Die Größe dieses Rollreibungsmomentes hängt außer von den Stoffen, aus denen Rad und Unterlage bestehen, im wesentlichen von der Belastung Q des Rades ab. Die im Momentenprodukt vorkommende Länge kann dann als jene Strecke gedeutet werden, um die die Auflagerkraft der Schiene gegen den Berührungspunkt B nach vorwärts (im Sinne der Bewegungsrichtung) verschoben ist (Abb. 116). Die Länge dieser Strecke f_2 nennt man die *Rollreibungszahl* und schreibt

$$\boxed{M_2 = f_2 Q.} \tag{143}$$

f_2 hat im Gegensatz zu den anderen Reibungszahlen die Dimension einer Länge. Wird dieses Moment durch zwei Kräfte R am Arme r (r = Halbmesser des Rades) dargestellt, so kann man schreiben $M_2 = Rr$ und erhält

$$R = Q f_2 / r, \tag{144}$$

und man kann auch sagen, daß die zur Bewegung eines Rades notwendige, an dessen Mittelpunkt anzubringende Kraft der Belastung direkt und dem Halbmesser des Rades verkehrt proportional ist. *Rollen* tritt nur ein, wenn dieses R unterhalb des größten Wertes der an der Berührungsstelle möglichen Haftreibung liegt, also wenn $R \leqq f_0 Q$, oder $f_2/r < f_0$.

Für die Größe von f_2 mögen die folgenden Zahlenangaben dienen:

Eisenbahnräder auf Schienen	$f_2 = 0{,}05$ cm
Pockholz auf Pockholz	$= 0{,}05$ cm,
Ulmenholz auf Pockholz	$= 0{,}08$ cm,
Gummiräder auf Wiesengrund	$= 1$ bis $1{,}5$ cm.

Der Umstand, daß die Rollreibung wesentlich kleiner ausfällt als die Gleitreibung, wird bei den *Kugellagern* verwertet; neuere Versuche haben gezeigt, daß f_2 dabei nicht als konstant zu betrachten ist, sondern mit zunehmender Belastung abnimmt, dagegen von der Geschwindigkeit wenig abhängig ist.

b) *Bohrreibung* tritt bei der Berührung rauher Körper auf, die sich um ihre gemeinsame Normale drehen können oder gedreht werden.

Die unter Druck einander berührenden Körper werden sich tatsächlich etwas abplatten und sich nicht in einem Punkte, sondern in einer kreisförmigen Fläche berühren. Den bei der Drehung um die Normale auftretenden Widerstand kann man wieder als der Bewegung entgegenwirkendes Moment M_3 in der Form ansetzen

$$\boxed{M_3 = f_3 Q,} \tag{145}$$

wenn f_3 die *Bohrreibungszahl* bedeutet, die vom Material und vom mittleren Radius der Berührungsfläche abhängt und wieder die Dimension einer Länge hat.

VII. Das Prinzip der virtuellen Arbeiten.

66. Aussage des Prinzips für Kräftegruppen durch einen Punkt. Das *Prinzip der virtuellen Arbeiten* oder *Prinzip der virtuellen Verschiebungen* ist ein aus den Gesetzen für die Addition von Kräften am starren Körper gewonnener allgemeiner Ansatz, der (ähnlich wie das d'Alembertsche Prinzip, davon aber ganz unabhängig) in den einfacheren Fällen wohl auf Grund jener Entwicklungen ableitbar, in seinem weitesten Umfange jedoch nicht vollständig beweisbar ist. Diesem Sachverhalt wird durch die Bezeichnung „Prinzip" Rechnung getragen, die hier andeuten soll, daß es über das unmittelbar Bewiesene hinaus als richtig anzusehen ist und sich in allen seinen Folgerungen restlos bewährt hat. Dieses Prinzip ist zugleich eines der bedeutungsvollsten Ergebnisse der Mechanik und hat nicht nur für die Statik der starren, sondern auch der *elastischen* Körper, insbesondere in der Statik der Baukonstruktionen (bei denen die elastischen Formänderungen als virtuelle Verschiebungen betrachtet werden) und auch für die Formulierung der Gleichungen der *Dynamik der Systeme* große Bedeutung erlangt.

Um zu einem analytischen Ausdruck für dieses Prinzip zu gelangen, betrachten wir zunächst eine Kraft $\Re$ mit den Komponenten (X, Y, Z) und eine kleine Verschiebung $\delta\mathfrak{s}$ eines auf ihrer Wirkungslinie liegenden Punktes A, die nach den drei Richtungen eines rechtwinkligen Achsenkreuzes die Komponenten $(\delta x, \delta y, \delta z)$ haben soll. Als Arbeit von $\Re$ bei dieser Verschiebung $\delta\mathfrak{s}$ bezeichnen wir nach der Definitionsgleichung (18) des Arbeitsproduktes, wenn $\vartheta = \sphericalangle (\Re, \delta\mathfrak{s})$, den Ausdruck:

$$\boxed{\delta\mathbf{A} = \Re\,\delta\mathfrak{s} = K\,\delta s\cos\vartheta = X\,\delta x + Y\,\delta y + Z\,\delta z.} \tag{146}$$

Verschiebungen dieser Art, wie wir sie hier betrachten, sind also nicht etwa Wirkungen oder Folgen der einwirkenden Kräftegruppe, sondern nur *gedachte* Lagenänderungen der Punkte und Körper, die nur so beschaffen sein müssen, daß sie die geometrischen oder physikalischen Bedingungen der Führungen und Auflagerungen nicht verletzen. Derartige Verschiebungen werden daher als *virtuell* (virtus = Fähigkeit, Möglichkeit) bezeichnet.

Das Beiwort *virtuell* ist im Hinblick auf die weitreichende Bedeutung des Prinzips eigentlich zu eng gefaßt. Es sollte nämlich damit, wie gesagt, zum Ausdruck gebracht werden, daß nur Verschiebungen zugelassen werden, bei denen die einzelnen Körper ihren geometrischen Zusammenhang und die Auflagerbedingungen (Verbindungen, Berührungen usw.) bewahren. Wir werden sehen, daß Verschiebungen dieser besonderen Art einzuführen sind, wenn die Gleichgewichts*stellung* gefunden werden soll. Für die Aufsuchung der *Auflagerkräfte* können jedoch die Verschiebungen *ganz beliebig* erfolgen, gegebenenfalls auch die Unterstützungen oder Führungen durchdringend.

Aus der Form der Gl. (146) folgt sofort die Richtigkeit des folgenden (übrigens schon in 20 ausgesprochenen) *Hilfssatzes: Wenn die n Kräfte* $\Re_1, \Re_2, \ldots, \Re_n$ *durch einen Punkt O hindurchgehen (Kraftbündel) und* $\Re = \Sigma \Re_i$ *ihre Summe ist, so ist für jede Verschiebung $\delta\mathfrak{z}$ von O die Arbeit von $\Re$ gleich der Summe der Arbeiten der $\Re_i$.* Denn es ist die Arbeit von $\Re$, weil $X = \Sigma X_i$ usw.

$$\delta\mathbf{A} \equiv \Re\,\delta\mathfrak{z} = K\,\delta s\,\cos\vartheta = X\,\delta x + Y\,\delta y + Z\,\delta z \qquad \left.\begin{array}{c}\\ \\\end{array}\right\} \quad (147)$$
$$= (\Sigma X_i)\,\delta x + (\Sigma Y_i)\,\delta y + (\Sigma Z_i)\,\delta z = \Sigma\,\delta\mathbf{A}_i.$$

Daraus folgt weiter: *Wenn die Kräfte $\Re_i$ eine Gleichgewichtsgruppe bilden, also $\Re = \Sigma \Re_i = 0$ ist, so ist die Summe der von den $\Re_i$ bei jeder beliebigen Verschiebung $\delta\mathfrak{z}$ von O geleisteten Arbeit gleich Null.*

Dies ist der Ausdruck des „Prinzips" für den Fall des „*Kräftebündels*"; für dieses ist es also eine unmittelbare Folge der gewöhnlichen Gleichgewichtsbedingungen der Statik. Für das Kräftebündel besteht daher das Prinzip nur in einer veränderten Formulierung des Satzes über die geometrische Addition der Kräfte und bringt daher keinen unmittelbaren Gewinn. Da die $\delta x, \delta y, \delta z$ willkürlich sind, so folgt aus $\delta\mathbf{A} = 0$ unmittelbar $X = 0$, $Y = 0$, $Z = 0$, d. h. die Gleichgewichtsbedingungen in der gewöhnlichen Form.

67. Begründung des Prinzips für starre Körper. Die eigentliche Bedeutung des Prinzips beruht darauf, daß es auch für beliebige ebene und räumliche Gleichgewichtsgruppen gilt, d. h. für *ausgedehnte starre Körper* (und nach angemessener Erweiterung auch für nicht-starre, worauf wir hier aber nicht eingehen). Für den einzelnen starren Körper können wir es in folgender Form aussprechen:

Wenn ein starrer Körper im Gleichgewichte ist, so ist die Summe der Arbeiten der eingeprägten Kräfte bei jeder virtuellen Verschiebung des Körpers gleich Null.

Das Wort virtuell soll jetzt lediglich andeuten, daß es sich um eine *mögliche*, mit der Starrheit des Körpers verträgliche Verschiebung handelt, i. a. also um eine solche, bei der der Körper als Ganzes beliebig verschoben und verdreht wird.

Um durch Verwendung dieses Prinzips die Gleichgewichstbedingungen des starren Körpers zu erhalten, werden wir in ähnlicher Weise vorgehen wie bei der Kräftegruppe des Punktes und zuerst eine beliebige Bewegung einer ebenen Scheibe voraussetzen, die als Träger der Kräftegruppe dient. Es ist leicht einzusehen und wird in der Bewegungslehre ausführlicher dargelegt, daß jede ebene Bewegung durch die Schiebungen (Translationen) $\delta x, \delta y$ irgendeines Punktes O des Körpers parallel zu zwei zueinander senkrechten Richtungen x, y in Verbindung mit einer Drehung $\delta\varphi$ um den Anfangspunkt des Koordinatensystems O dargestellt werden kann, welche Größen wir sämtlich als beliebig klein ansehen können. Die Verschiebungen eines Punktes $A_i\,(x_i, y_i)$ sind dann (Abb. 117)

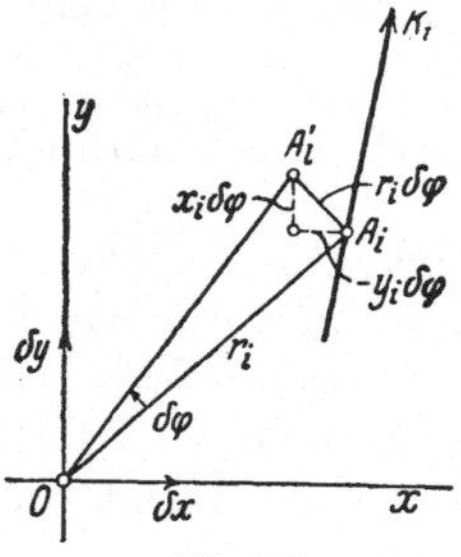

$$\left.\begin{aligned} \delta u_i &= \delta x - y_i\,\delta\varphi, \\ \delta v_i &= \delta y + x_i\,\delta\varphi; \end{aligned}\right\} \qquad (148)$$

die Arbeit der Kraft, deren Wirkungslinie durch den Punkt A_i hindurchgeht, ist daher

$$\begin{aligned} \delta\mathbf{A}_i &\equiv X_i\,\delta u_i + Y_i\,\delta v_i \\ &= X_i\,\delta x + Y_i\,\delta y + (x_i Y_i - y_i X_i)\,\delta\varphi, \qquad (149) \end{aligned}$$

Abb. 117.

daher ist die Summe der Arbeiten aller Kräfte, da δx, δy und $\delta\varphi$ für alle Kräfte dieselben sind,

$$\boldsymbol{\Sigma}\,\delta A_i \equiv (\boldsymbol{\Sigma} X_i)\,\delta x + (\boldsymbol{\Sigma} Y_i)\,\delta y + [\boldsymbol{\Sigma}\,(x_i Y_i - y_i X_i)]\,\delta\varphi.$$

Für eine Gleichgewichtsgruppe, für die also

$$X = \boldsymbol{\Sigma} X_i = 0, \quad Y = \boldsymbol{\Sigma} Y_i = 0, \quad M = \boldsymbol{\Sigma}\,(x_i Y_i - y_i X_i) = 0 \qquad (150)$$

ist, folgt also für beliebige Werte der δx, δy, $\delta\varphi$

$$\boxed{\delta\mathbf{A} \equiv \boldsymbol{\Sigma}\,\delta\mathbf{A}_i \equiv X\,\delta x + Y\delta y + M\,\delta\varphi = 0.} \qquad (151)$$

Umgekehrt liefert das Bestehen dieser Gleichung für willkürliche Werte von δx, δy und $\delta\varphi$ die bekannten Gleichgewichtsbedingungen (150). Denn für beliebige Werte von δx, δy, $\delta\varphi$, kann $\mathbf{A}$ nur null sein, wenn deren Koeffizienten X, Y und M einzeln verschwinden.

Dasselbe Verfahren würde für den Fall des im Raume frei beweglichen starren Körpers die Darstellung der Verschiebungen δu_i, δv_i, δw_i eines Kraftangriffspunktes A_i nach drei Achsen x, y, z mittels der drei Schiebungen δx, δy, δz längs x, y, z und der drei Drehungen $\delta\psi$, $\delta\chi$, $\delta\varphi$ um x, y, z in der Form ergeben:

$$\left.\begin{aligned} \delta u_i &= \delta x + z_i\delta\chi - y_i\delta\varphi \\ \delta v_i &= \delta y + x_i\delta\varphi - z_i\delta\psi \\ \delta w_i &= \delta z + y_i\delta\psi - x_i\delta\chi \end{aligned}\right\}. \qquad (152)$$

Bilden wir nun die Arbeit $\mathbf{A}_i$ der Kraft $\Re_i\,(X_i, Y_i, Z_i)$ und addieren über alle Kräfte K_i, so erhalten wir den Ausdruck

$$\delta\mathbf{A} \equiv \boldsymbol{\Sigma}\,\delta\mathbf{A}_i = X\,\delta x + Y\,\delta y + Z\,\delta z + M_x\delta\psi + M_y\delta\chi + M_z\delta\varphi,$$

wobei

$$X = \boldsymbol{\Sigma} X_i,\,\ldots \qquad M_x = \boldsymbol{\Sigma}\,(y_i Z_i - z_i Y_i),\,\ldots$$

und $\boldsymbol{\Sigma}\,\delta\mathbf{A}_i$ ist vermöge der bekannten Gleichgewichtsbedingungen ($X = 0$ usw.) für alle virtuellen Bewegungen des starren Körpers gleich Null; und umgekehrt, wenn $\delta\mathbf{A} = 0$, so folgen daraus die Gleichgewichtsbedingungen des starren Körpers.

Aus diesen Betrachtungen tritt die Richtigkeit des folgenden Satzes hervor, der die Einsicht in die Natur der hier auftretenden Beziehungen wesentlich zu fördern geeignet ist: *Die Anzahl der Bewegungsmöglichkeiten (oder Freiheitsgrade) ist identisch mit der Anzahl der notwendigen Gleichgewichtsbedingungen;* diese können auch als *Bedingungen gegen Verschiebung* und *gegen Drehung* bezeichnet werden. —

Um das Prinzip zu beweisen, kann man auch unmittelbar das für den einzelnen Punkt erhaltene Ergebnis heranziehen und auf den Körper übertragen, der dann als ein *Punkthaufen* zu betrachten ist. Wie auch die inneren Kräfte beschaffen sein mögen, so muß man doch annehmen, daß sie im Körper stets paarweise von gleicher Größe und entgegengesetzter Richtung auftreten; sie bilden also jedenfalls für sich genommen für den ganzen Körper eine Gleichgewichtsgruppe, und wir können zeigen, daß für je zwei paarweise gleiche und entgegengesetzt gerichtete Kräfte die Arbeit bei jeder virtuellen Verschiebung verschwindet.

Durch diese Betrachtung wird es verständlich, daß die Arbeit der äußeren Kräfte von der der inneren vollständig getrennt werden kann und im Gleichgewichtsfalle jede für sich verschwindet. Man kann auch sagen, das Prinzip der virtuellen Arbeiten für starre Körper besteht gerade in der Aussage, daß *die Summe der Arbeiten der inneren Kräfte für sich allein verschwindet,* woraus auch das Verschwinden der Arbeiten der äußeren Kräfte folgt.

Um die Aussage des Prinzips auf einen *gestützten* Körper und sodann auch *auf mehrere* sich gegenseitig stützende Körper zu übertragen, haben wir an jedem Körper 1. die eingeprägten Kräfte und 2. die Auflagerkräfte zwischen ihm und den festen Auflagern (Gelenken usw.) und zwischen den Körpern untereinander anzubringen. Wenn wir dem System aller dieser Körper, als Ganzes betrachtet, eine solche Verschiebung erteilen, daß die Auflager nicht verlassen werden (die Auflagerkräfte also keine Arbeit leisten, und wenn Reibungen vorhanden sind, kein Gleiten parallel zu den Stützflächen zugelassen wird), so werden dabei die unter 2. genannten Auflagerkräfte die Arbeit Null leisten. Wir können daher das Prinzip so aussprechen:

Erteilt man einem im Gleichgewicht befindlichen System von Körpern, die sich gegenseitig stützen, solche Verschiebungen, daß die gegenseitigen Berührungen erhalten bleiben (und daß bei Auftreten von Reibungen keine Arbeiten der Reibungskräfte auftreten), so ist die Summe der Arbeiten der eingeprägten Kräfte für sich gleich Null.

Wir fügen noch hinzu, daß das Verschwinden der virtuellen Arbeiten auch eine *hinreichende* Bedingung für das Gleichgewicht einer Kräftegruppe darstellt, so daß auch die Umkehrung gilt: *Wenn die Summe der Arbeiten einer Kräftegruppe bei jeder virtuellen Verschiebung der Körper verschwindet, so ist die Kräftegruppe im Gleichgewicht.*

68. Die Form des Prinzips für Gewichte als eingeprägte Kräfte. Für den technisch wichtigsten Fall sind die eingeprägten Kräfte die *Gewichte* der einzelnen Körper und lotrecht gerichtete Lasten; nehmen wir die gemeinsame Richtung der Kräfte als z-Achse und diese positiv nach oben gerichtet an, dann haben wir zu setzen: $X_i = 0$, $Y_i = 0$, $Z_i = -G_i$, und in dem Ausdruck für das Prinzip der virtuellen Arbeiten treten nur die Verschiebungen δz_i ein; es kommt also

$$\Sigma\,\delta A_i = -\,\Sigma\,G_i\delta z_i = 0; \tag{153}$$

da die Höhenlage des Schwerpunktes des ganzen Systems durch Gl. (92) gegeben ist

$$\zeta = \frac{\Sigma\,G_i z_i}{\Sigma\,G_i}, \quad \text{so ist} \quad \delta\zeta = \frac{\Sigma\,G_i\delta z_i}{\Sigma\,G_i}, \tag{154}$$

so reduziert sich der Ausdruck des Prinzips auf die Aussage

$$\boxed{\delta\zeta = 0 \quad \text{oder} \quad \Sigma\,G_i\delta z_i = 0.} \tag{155}$$

In diesem besonderen Fall besagt also das Prinzip: *Ein System von sich stützenden Körpern, die lediglich unter dem Einfluß von Gewichten stehen, ist im Gleichgewichte, wenn sich bei irgendeiner virtuellen Verschiebung die Höhenlage des Schwerpunktes nicht ändert.* Wenn sich der Schwerpunkt bei der Verschiebung überhaupt bewegt, so kann er sich nur in waagrechter Richtung bewegen.

Die Gl. (155) kann auch in integrierter Form geschrieben werden:

$$\Sigma\,G_i z_i = \text{konst.} \tag{156}$$

Die Größe $G_i z_i$ bezeichnet man auch als die zu dem System gehörige *potentielle Energie* oder *Energie der Lage.* Für Gleichgewicht ist daher die potentielle Energie konstant, d. h. sie ändert sich bei einer virtuellen Verschiebung der Körper *nicht*. Da jedoch bei Anwendung des Prinzips die Verschiebungen auf eine nahe Umgebung der betrachteten Gleichgewichtslage beschränkt sind, so bedeutet diese Konstanz nur, daß der Schwerpunkt des Systems für die Gleichgewichtslage einen tiefsten oder höchsten Punkt seiner Bahn einnimmt; die potentielle Energie ist dann ein *Minimum* bzw. ein Maximum und das Gleichgewicht bezeichnet man im ersten Fall als *stabil*, im zweiten als *labil*, im Grenzfall spricht man von *indifferentem* Gleichgewicht

69. Anwendungen. Für den freien Körper liefert das Prinzip ebenso viele voneinander unabhängige Gleichungen, als der Körper Freiheitsgrade besitzt; aus diesen Gleichungen können — je nach der Frage — entweder die Gleichgewicht*stellung* oder die für Gleichgewicht notwendigen *Kräfte* ermittelt werden. Für einen gestützten Körper scheiden je nach der Art der Stützung ebenso viele Freiheitsgrade aus, als Auflagerbedingungen hinzutreten, und die virtuellen Verschiebungen, die diese Auflagerbedingungen nicht verletzen, geben stets ebenso viele Gleichungen, als unbekannte Koordinaten oder unbekannte Kräfte übrigbleiben. Wird die Anzahl der Auflagerbedingungen größer als die Anzahl der Freiheitsgrade, so erhält man ein statisch-unbestimmtes System, wie wir schon in **38** durch eine andere Art der Abzählung festgestellt haben.

Bei verbundenen Systemen mit *einem* Freiheitsgrad und bei mehreren symmetrisch angeordneten Körpern, die sich wie solche mit einem Freiheitsgrad verhalten (Beispiel 63), reicht die *einmalige* Anwendung des Prinzips zusammen mit den „geometrischen Bedingungen" des Problems hin, um die Gleichgewichtstellung oder die zur Herstellung des Gleichgewichts notwendige Kraft zu ermitteln. — Die geometrischen Bedingungen bestehen etwa in der konstanten Länge eines die Körper verbindenden Fadens, eines Stabes u. dgl.; derartige Verbindungen werden durch die Koordinaten ihrer Endpunkte ausgedrückt und geben differenziert *die* Bedingungen, die zwischen den Änderungen der Koordinaten — d. h. eben den virtuellen Verschiebungen — bestehen.

Das Prinzip kann jedoch auch dazu dienen, die *Auflagerkräfte*, und zwar jede einzelne Komponente derselben, für sich zu bestimmen. Hierzu denke man sich zunächst die Gleichgewichtstellung in der vorhin dargelegten Weise gefunden und verschiebe den Körper oder das System von Körpern neuerlich in der Weise, daß alle Auflagerbedingungen erfüllt bleiben bis auf die eine, für welche die Auflagerkraft ermittelt werden soll. Die Anwendung des Prinzips für *diese* Verschiebung gibt *eine* Gleichung, in der die betreffende Auflagerkraft als einzige Unbekannte auftritt und daher berechnet werden kann. Eine Gelenkkraft oder die in einer Eckenstützung (33) auftretende Kraft wird in der Ebene durch *zwei* Komponenten bestimmt und verlangt die zweimalige Anwendung des Prinzips für *zwei* Verschiebungen, da jede Komponente für sich ermittelt werden muß.

Zur Kennzeichnung der Art und Weise, wie das Prinzip anzuwenden ist, mögen die folgenden einfachen Beispiele dienen. Die ersten von ihnen betreffen die sog. einfachen Maschinen, an denen das Prinzip zuerst — allerdings in ganz spezieller Form — erkannt wurde.

Beispiel 57. Hebel. Die Drehung $\delta\varphi$ um den Drehpunkt O des Hebels AOB liefert für Gleichgewicht die Gleichung (Abb. 118)

$$K a\, \delta\varphi \cos\alpha + Q b\, d\varphi \cos\beta = 0, \qquad \text{d. h.} \qquad \boxed{K k = Q q}, \qquad (157)$$

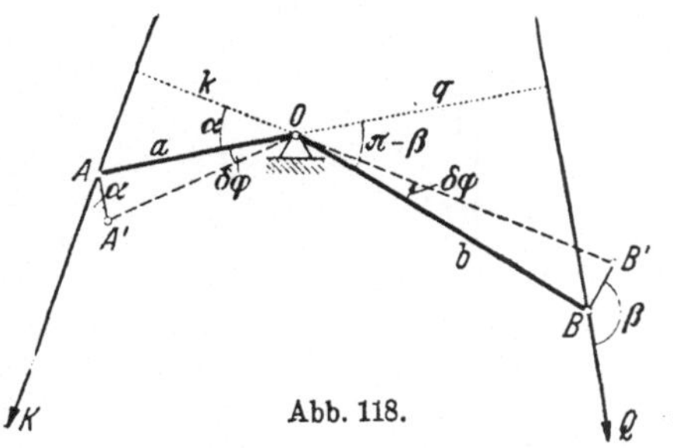

Abb. 118.

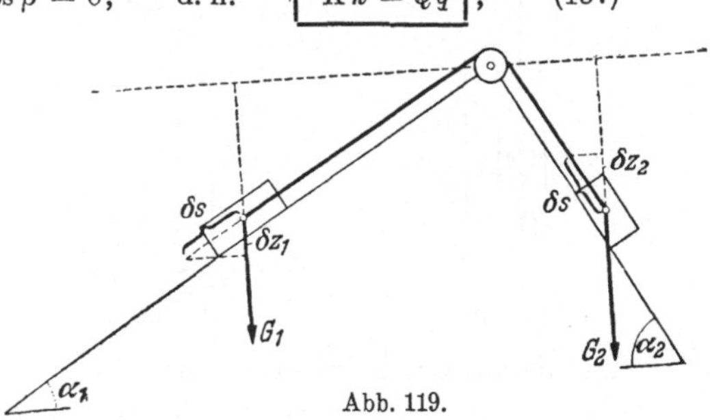

Abb. 119.

wenn mit k und q die Lote von O auf die Wirkungslinien von K und Q bezeichnet werden.

Beispiel 58. Schiefe Ebene nach Abb. 119. Die Verschiebung der beiden Gewichte G_1 und G_2 um δz_1 und δz_2 in lotrechter Richtung liefert die Gl. (155)

$$G_1 \delta z_1 + G_2 \delta z_2 = 0,$$

und da $\delta z_1 = \delta s \sin\alpha_1$, $\delta z_2 = -\delta s \sin\alpha_2$, so folgt

$$G_1 \sin\alpha_1 = G_2 \sin\alpha_2. \qquad (158)$$

Beispiel 59. Für die *Robervalsche Waage* nach Abb. 120 gilt die Beziehung $Pa = Qb$ unabhängig von den Stellen, an denen die Gewichte hängen.

Bezeichnen δz_1, δz_2 die lotrechten Verschiebungen der Waagebalken bei einer virtuellen Drehung $\delta\varphi$, bei der die um O, O_1 drehbaren Hebel mit den Verbindungsstäben ein Gelenkparallelogramm bilden und die Waagetische waagrecht bleiben,

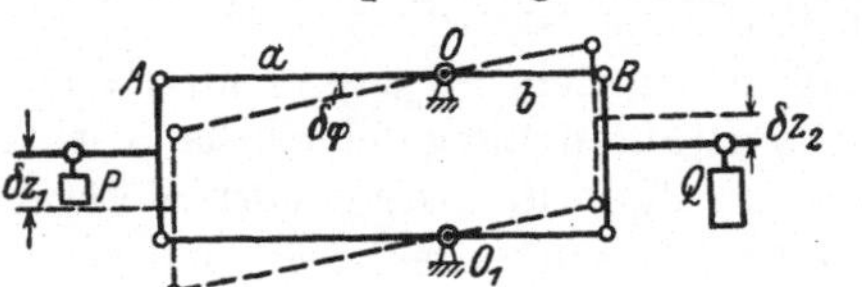

so erhält man nach dem Prinzip die Gleichung

$$P\,\delta z_1 + Q\,\delta z_2 = 0,$$

die wegen $\delta z_1 = a\,\delta\varphi$, $\delta z_2 = -\,b\,\delta\varphi$ unmittelbar auf die Beziehung $Pa = Qb$ führt.

Abb. 120.

Beispiel 60. Flaschenzüge. a) Bei dem im Beispiel 56 besprochenen *gemeinen Flaschenzug* (Abb. 121) bringt die Verschiebung der Last Q um das Stück δz eine Verschiebung der Kraft K um das Stück $4\,\delta z$, und im allg. $2\,n\,\delta z$ hervor, wenn n die Anzahl der Rollen in einer Flasche ist; das Prinzip liefert daher (für $\zeta = 1$) unmittelbar die (ohne Berücksichtigung der Widerstände geltende) Gl. (141):

$$K = Q/2n. \tag{159}$$

b) Für den *Potenzflaschenzug* nach Abb. 122 bringt die Verschiebung von K um ds eine Verschiebung von A_1 um $\delta s/2$, von A_2 um $\delta s/4$ usf. hervor, so daß bei n „beweglichen" Rollen (ohne Widerstände) die Gleichung folgt

$$K = Q/2^n. \tag{159'}$$

Beispiel 61.   Gleichgewicht zweier Körper mit den Gewichten G_1, G_2, von denen nach Abb. 123 G_2 in einer lotrechten Führung beweglich und durch ein dünnes Seil über eine Rolle mit G_1 verbunden ist.

In der durch das Prinzip gelieferten Gleichung $G_1\,\delta z_1 + G_2\,\delta z_2 = 0$ besteht zwischen z_1 und z_2, also auch zwischen δz_1 und δz_2 ein geometrisch bedingter Zusammenhang, der durch die konstante Länge l des Fadens gegeben ist; es ist

$$z_2^2 + a^2 = (l - z_1)^2$$

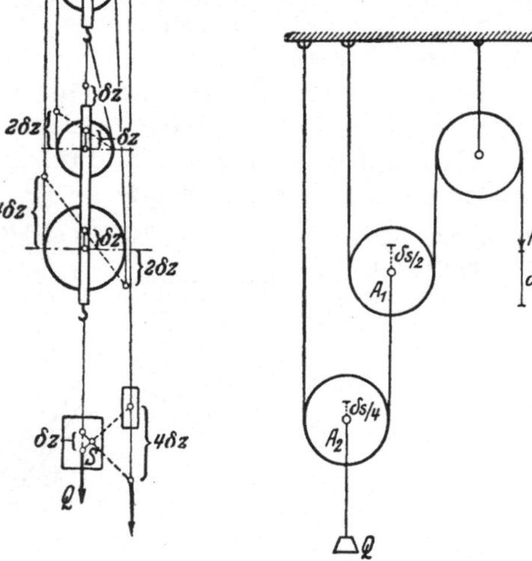

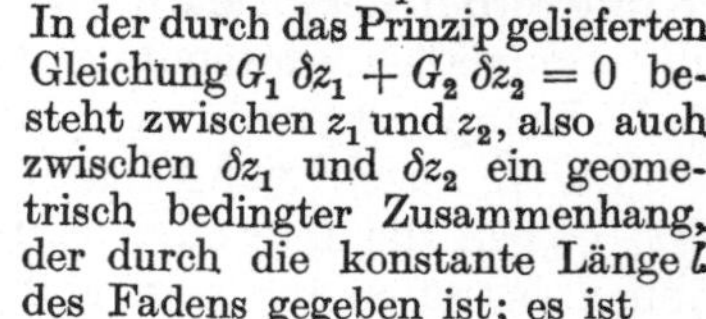

Abb. 121.   Abb. 122.   Abb. 123.

und daraus durch Differentiation

$$z_2\,\delta z_2 = -\,(l - z_1)\,\delta z_1$$
$$= -\,\sqrt{z_2^2 + a^2}\,\delta z_1.$$

Durch Elimination von δz_1 und δz_2 aus den beiden Gleichungen folgt

$$G_1 z_2 = G_2 \sqrt{z_2^2 + a^2} \quad \text{oder} \quad G_1 \cos\alpha = G_2, \tag{160}$$

welche Gleichung sich auch unmittelbar hätte anschreiben lassen. Daraus folgt für die Gleichgewichtsstellung

$$z_2 = G_2 a/\sqrt{G_1^2 - G_2^2}, \qquad l - z_1 = G_1 a/\sqrt{G_1^2 - G_2^2}. \tag{161}$$

Damit eine reelle Gleichgewichtsstellung existiert, muß $G_1 > G_2$, $l > a$ sein.

Beispiel 62. Gewichtsausgleichung. Eine Kurve C von der Form $r = r(\varphi)$ ist so zu bestimmen, daß ein auf ihr verschiebbares Gewicht G_1 den damit durch eine Schnur von der Länge l verbundenen, um eine waagrechte Achse drehbaren Stab von der Länge $\overline{AB} = a$ vom Gewichte $G_2(\overline{AS} = s)$ in jeder Lage im Gleichgewichte hält (Abb. 124). — Das Prinzip liefert sofort

$$G_1\,\delta z_1 + G_2\,\delta z_2 = 0 \quad \text{oder integriert:} \quad G_1 z_1 + G_2 z_2 = \text{konst.}$$

Nach den Bezeichnungen der Abb. 124 ist

$$z_1 = r\cos\varphi, \quad z_2 = h - s\cos\vartheta = h - s\,\frac{a^2 + h^2 - (l-r)^2}{2ah}\,.$$

Setzt man dies ein, so erhält man, wenn der Punkt C $(r = 0)$ auf der gesuchten Kurve liegen soll

$$G_1 r\cos\varphi + G_2\left[h - s\,\frac{a^2 + h^2 - (l-r)^2}{2ah}\right] = G_2\left[h - s\,\frac{a^2 + h^2 - l^2}{2ah}\right],$$

und daraus folgt die Gleichung der gesuchten Kurve

$$r = 2l\,\frac{G_1}{G_2}\,\frac{2ah}{s}\cos\varphi. \tag{162}$$

Diese Kurve läßt sich übrigens auch unmittelbar durch Benützung der Gleichung $G_1 z_1 + G_2 z_2 = \text{konst.}$ punktweise konstruieren.

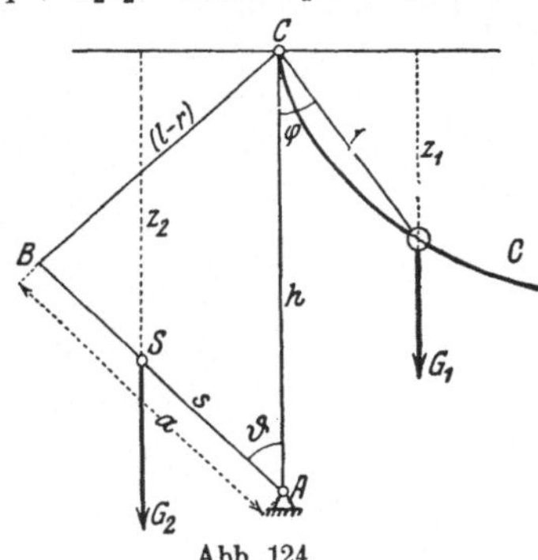

Abb. 124.

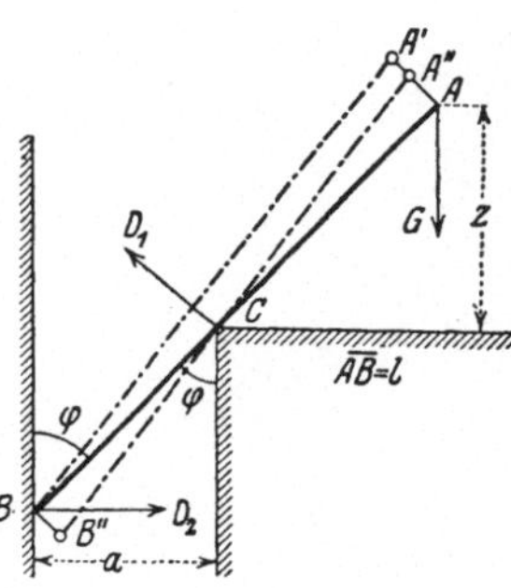

Abb. 125.

Beispiel 63. Stabverbindung des Beispiels 21 in **43**. Werden die Entfernungen der Punkte C, D, E in Abb. 50 von der Waagrechten durch die Punkte A, B mit z, z_1, z bezeichnet, so liefert das Prinzip für die Hebung von D in lotrechter Richtung um δz_1 und von C, E um δz die Gleichung

$$2K\,\delta z + K_1\,\delta z_1 = 0.$$

Wenn ferner a die Länge der Stäbe und $\overline{AB} = 2L$ ist, so folgt

$$z = a\sin\alpha, \quad z_1 = a\,(\sin\alpha + \sin\beta),$$

daher

$$\delta z = a\cos\alpha\,\delta\alpha, \quad \delta z_1 = a\,(\cos\alpha\,\delta\alpha + \cos\beta\,\delta\beta),$$

und die vorhergehende Gleichung nimmt die Form an:

$$(2K + K_1)\cos\alpha\,\delta\alpha + K_1\cos\beta\,\delta\beta = 0.$$

Ferner folgt aus $\overline{AB} = 2L = 2a\,(\cos\alpha + \cos\beta)$ durch Differentiation

$$\sin\alpha\,\delta\alpha + \sin\beta\,\delta\beta = 0;$$

wenn man aus beiden die von Null verschiedenen Größen $\delta\alpha$, $\delta\beta$ ausscheidet, erhält man dieselbe Gleichung wie in Beispiel 21

$$\frac{\operatorname{tg}\alpha}{\operatorname{tg}\beta} = \frac{2K + K_1}{K_1}\,. \tag{163}$$

Beispiel 64. Für das Gleichgewicht eines an eine Wand und eine Mauerecke gestützten Stabes $\overline{AB} = l$, der nach Abb. 125 bei A mit G belastet ist, folgt für die Gleichgewichtstellung, wenn z die Höhe von A über der festen

Waagrechten durch C bezeichnet: $\delta z = 0$. Da $z = l \cos \varphi - a \operatorname{ctg} \varphi$, also $\delta z = [- l \sin \varphi + a/\sin^2 \varphi]\, \delta \varphi = 0$, so erhält man daraus (da $\delta \varphi \neq 0$)

$$\sin \varphi = \sqrt[3]{\frac{a}{l}}. \tag{164}$$

Um die Kraft D_1 in C zu berechnen, betrachten wir die Drehung des Stabes um den Winkel $\delta \varphi$ von $\overline{BA}$ nach BA' aus dieser nunmehr bekannten Gleichgewichtsstellung heraus, dann ist die Summe der Arbeiten der Kräfte bei dieser Verschiebung

$$D_1 \frac{a}{\sin \varphi}\, \delta \varphi - Gl\, \delta \varphi \sin \varphi = 0$$

und daraus

$$D_1 = G\, \frac{l}{a} \sin^2 \varphi = \frac{G}{\sin \varphi} = G \sqrt[3]{\frac{l}{a}}. \tag{165}$$

Ebenso ergibt sich durch Ansatz der Arbeiten bei der Drehung des Stabes um den Winkel $\delta \varphi$ von $\overline{AB}$ nach $\overline{A'' B''}$ um C

$$D_2 \frac{a}{\sin \varphi}\, \delta \varphi \cos \varphi - G\left(l - \frac{a}{\sin \varphi}\right) \delta \varphi \sin \varphi = 0,$$

woraus

$$D_2 = G \operatorname{ctg} \varphi.$$

Zweiter Teil

Dynamik der Punktmassen.

Dieser Teil behandelt die Grundbegriffe der Bewegungslehre: *Geschwindigkeit* und *Beschleunigung* und ihre Darstellung in verschiedenen Koordinatensystemen. Darauf folgen die wichtigsten Aufgaben aus der Punktdynamik, soweit sie physikalische und technische Bedeutung haben, wobei auch die graphische Integration Berücksichtigung findet. Als Einteilung wurde gewählt: freie, geführte und relative Bewegung.

I. Geschwindigkeit und Beschleunigung.

70. Geschwindigkeit in Cartesischen Koordinaten. Geschwindigkeitsplan. Schon in der Einleitung wurde hervorgehoben, daß die *gleichförmige* Bewegung eines Körpers in gerader Linie in bezug auf ein „Trägheitssystem" — d. i. also eine „Trägheitsbewegung" — dadurch gekennzeichnet ist, daß auf den Körper keinerlei Kräfte wirken; die *nicht-gleichförmigen* Bewegungen werden dagegen mit Kräften in Zusammenhang gebracht, die die Abweichungen von den Trägheitsbewegungen hervorrufen. Zur anschaulichen Kennzeichnung des augenblicklichen Bewegungszustandes dienen die Begriffe *Geschwindigkeit* und *Beschleunigung*, die nur Beziehungen zwischen Raum- und Zeitgrößen sind, jedoch keinerlei Abhängigkeit von der Beschaffenheit des bewegten Körpers selbst (insbesondere von seiner *Masse*) aufweisen.

Zunächst beschränken wir uns auf den Fall, daß der bewegte Körper entweder kleine Abmessungen hat und von vornherein als Punkt betrachtet werden kann, der sich so bewegt, daß alle seine Punkte *kongruente* Bahnen beschreiben; man erkennt unmittelbar, daß dieser Fall vorliegt, sobald der Körper *zu sich selbst* parallel bleibt, also Drehbewegungen des Körpers um im Endlichen liegende Achsen ausgeschlossen sind. Für einen so bewegten Körper ist durch die Bewegung eines einzelnen Punktes auch die Bewegung jedes anderen festgelegt. So kann z. B. die Bewegung eines Eisenbahnzuges für gewisse Betrachtungen unter dem Bilde der Bewegung eines einzelnen Punktes dargestellt werden, wobei freilich von der Bewegung der Räder und von dem veränderlichen Einfluß der Drehung der Wagen in den Gleiskrümmungen vorerst abgesehen werden muß; diese „sekundären" Erscheinungen müssen sodann besonders untersucht werden.

Die Bewegung eines Punktes wird erst dann im Sinne der Mechanik als beschrieben angesehen, wenn nicht nur die *Bahnkurve* festgelegt ist, sondern wenn zu jedem Punkt dieser Bahnkurve auch noch die *Zeit* gegeben ist, zu der er von dem Körperpunkte gedeckt wird; in der Sprache der Mathematik heißt dies, daß etwa die drei Cartesischen Koordinaten x, y, z eines solchen Punktes für alle Werte der Zeit eines bestimmten Intervalls durch Gleichungen von der Form gegeben sind

$$x = x(t), \quad y = y(t), \quad z = z(t); \tag{166}$$

diese Gleichungen bezeichnet man als die *Bewegungsgleichungen in integrierter Form*, oder auch als die *endlichen Bewegungsgleichungen des Punktes;* sie können als die *Parameterdarstellung der Bahnkurve* angesehen werden, wobei das Besondere darin besteht, daß die Zeit selbst der Parameter ist; sie können auch in die ihnen gleichwertige Vektorgleichung zusammengefaßt werden

$$\mathfrak{r} = \mathfrak{r}(t) \qquad (r = \sqrt{x^2 + y^2 + z^2}). \tag{167}$$

Die Geschwindigkeit $\mathfrak{v}$ gibt das Maß der Änderung dieses Vektors $\mathfrak{r}$ oder seiner Koordinaten x, y, z mit der Zeit an. Sie ist selbst ein Vektor, und ihre Komponenten v_x, v_y, v_z nach den Achsen sind durch die ersten Ableitungen der drei Funktionen (166) nach der Zeit gegeben

$$\boxed{v_x = \dot{x} = \dot{x}(t), \quad v_y = \dot{y} = \dot{y}(t), \quad v_z = \dot{z} = \dot{z}(t),} \tag{168}$$

wobei wir von der Bezeichnung der Zeitableitungen durch über die Funktionszeichen gesetzte Punkte Gebrauch machen; genauer können die Gln. (168) in der Form geschrieben werden

$$v_x = \lim_{\Delta t \to 0} \frac{x(t + \Delta t) - x(t)}{\Delta t} = \frac{dx}{dt} \text{ usw.}; \tag{169}$$

wir sprechen von Geschwindigkeiten als Zeitableitungen der Koordinaten dann, wenn diese Grenzwerte bestehen. In eine Vektorgleichung zusammengefaßt lauten die Gln. (168)

$$\boxed{\mathfrak{v} = \lim_{\Delta t \to 0} \frac{\Delta \mathfrak{r}}{\Delta t} = \frac{d\mathfrak{r}}{dt} = \dot{\mathfrak{r}}(t)} , \quad (v = \sqrt{v_x^2 + v_y^2 + v_z^2}). \tag{170}$$

Der Vektor $\mathfrak{v}$ hat an jeder Stelle eine Richtung, die durch die Verhältnisse $dx : dy : dz$ gegeben ist, also mit der Tangente zur Bahnkurve übereinstimmt (Abb. 126).

Wenn wir die Vektoren $\mathfrak{v}$ für alle Punkte der Bahn von einem festen Punkte, P, aus auftragen, so erhalten wir eine Kurve, die man als *Geschwindigkeitsplan*, $\mathfrak{v}$-*Plan* (*Hodograph* der Geschwindigkeit) für die betrachtete Bewegung bezeichnet, und die den Verlauf der Geschwindigkeit während der ganzen Bewegung angibt. P heißt der *Pol* des Geschwindigkeitsplanes. Für Bewegungen in gerader Linie würde der $\mathfrak{v}$-Plan in eine Gerade durch P ausarten; bei diesen empfiehlt es sich daher, die Geschwindigkeiten senkrecht zur Raumgeraden aufzutragen, wodurch man v ebenfalls als Funktion des längs der Bahn zurückgelegten Weges erhält.

Die Dimension der Geschwindigkeit ist $[LT^{-1}]$, ihre Einheit im technischen Maßsystem: 1 m/s; sie ist aus der Längen- und Zeiteinheit *abgeleitet*. Im physikalischen Maßsystem ist ihre Einheit 1 cm/s.

70a. Beschleunigung. Ganz ähnlich wie die Geschwindigkeit $\mathfrak{v}$ als Grenzwert der vektoriellen Änderung $\Delta \mathfrak{r}$ von $\mathfrak{r}$ eingeführt wurde,

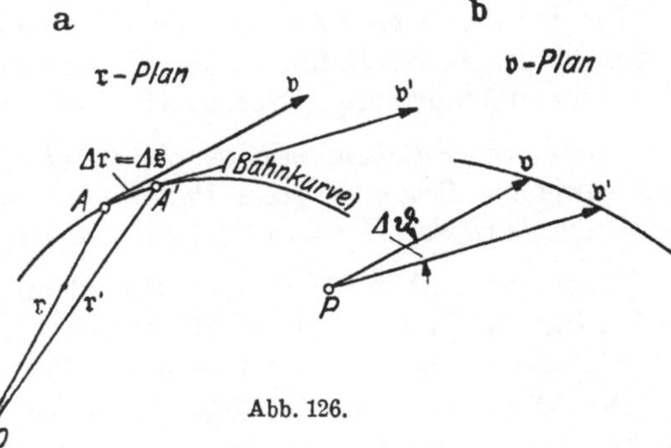

Abb. 126.

definieren wir die Beschleunigung $\mathfrak{b}$ als Grenzwert des Quotienten aus der vektoriellen Änderung $\Delta \mathfrak{v}$ von $\mathfrak{v}$ und der Zeit Δt, in der diese Änderung erfolgt; wenn wir noch die Definition für $\mathfrak{v}$ nach Gl. (170) verwenden, können wir also schreiben

$$\mathfrak{b} = \lim_{\Delta t \to 0} \frac{\Delta \mathfrak{v}}{\Delta t} = \dot{\mathfrak{v}}\,(t) = \ddot{\mathfrak{r}}\,(t). \tag{171}$$

$\mathfrak{b}$ ist also ein Vektor mit den Komponenten

$$b_x = \lim_{\Delta t \to 0} \frac{v_x\,(t + \Delta t) - v_x\,(t)}{\Delta t} = \lim_{\Delta t \to 0} \frac{\Delta v_x}{\Delta t} = \frac{dv_x}{dt} = \dot{v}_x, \quad \text{usw.,}$$

also

$$\boxed{b_x = \dot{v}_x\,(t) = \ddot{x}\,(t), \quad b_y = \dot{v}_y\,(t) = \ddot{y}\,(t), \quad b_z = \dot{v}_z\,(t) = \ddot{z}\,(t),} \tag{172}$$

und sein Betrag ist

$$b = \sqrt{b_x^2 + b_y^2 + b_z^2}\,.$$

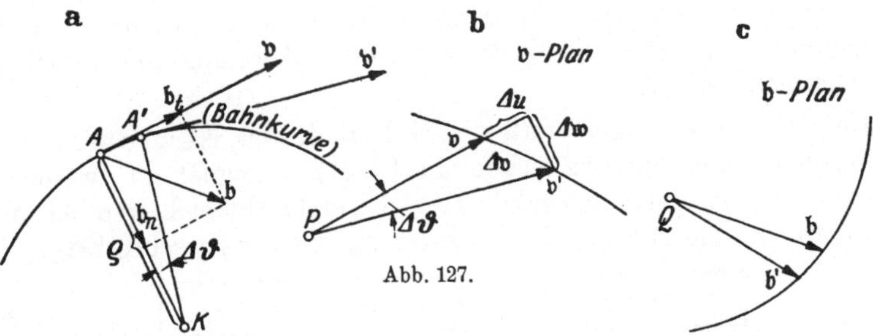

Abb. 127.

Wenn $\mathfrak{v}$ die Geschwindigkeit im Punkte A (Abb. 127) ist, so ist die Geschwindigkeit $\mathfrak{v}'$ nach der Zeit Δt, also in A', durch die Gleichung gegeben

$$\mathfrak{v}' = \mathfrak{v} + \Delta \mathfrak{v}; \tag{173}$$

daher liegt der Vektor $\Delta \mathfrak{v}$, sowie auch $\Delta \mathfrak{v}/\Delta t$ in der Grenze für $\Delta t \to 0$ in der Ebene, die durch zwei benachbarte Bahntangenten bestimmt ist;

$\mathfrak{b}$ liegt also in der *Schmiegungsebene* des betreffenden Punktes der Bahnkurve (d. i. die Grenzlage der Ebene zweier benachbarter Tangenten) und ist stets nach der *hohlen* Seite dieser Bahnkurve gerichtet, kann aber im übrigen jede beliebige Größe und Richtung haben.

Die hiergegebene Definition der Beschleunigung $\mathfrak{b}$ ist ganz analog der in **69** gegebenen Definition der Geschwindigkeit $\mathfrak{v}$: derselbe Schritt, der von $\mathfrak{r}$ zu $\mathfrak{v}$ führte, führt von $\mathfrak{v}$ zu $\mathfrak{b}$. Daraus ergibt sich sofort der Satz:

Die Geschwindigkeit, mit der der Geschwindigkeitsplan (Hodograph) für irgendeine Bewegung eines Punktes bei dessen Bewegung durchlaufen wird, ist gleich der Beschleunigung der Bewegung.

Trägt man (Abb. 127c) den Beschleunigungsvektor $\mathfrak{b}$ von einem festen Punkte Q aus auf, so erhält man den *Beschleunigungsplan*, $\mathfrak{b}$-*Plan* (zweiter *Hodograph*), Q nennt man den Pol des $\mathfrak{b}$-Planes.

Die Dimension der Beschleunigung ist $[LT^{-2}]$, ihre Einheit im technischen Maßsystem 1 m/s² und im physikalischen 1 cm/s².

71. Die Bewegungsgleichungen der Punktdynamik. Nach der Erklärung der Begriffe Geschwindigkeit und Beschleunigung gehen wir sogleich dazu über, die Art und Weise kennen zu lernen, wie diese in der Punktdynamik zum Anssatz der Bewegungsgleichungen führen, deren Integration sodann die zu dem Ansatz gehörigen endlichen Bewegungen liefert. Unter „Punkten" verstehen wir hier, wie schon früher erwähnt, solche Körper, deren Bewegung unter dem Bilde eines einzelnen Punktes dargestellt werden kann; diese Körper sind dann entweder an sich klein oder so bewegt, daß Drehungen keine Rolle spielen. Exakter gesprochen handelt es sich dabei, wie später noch bewiesen werden wird, einfach um die Bewegung des *Schwerpunktes* der betreffenden Körper.

Da bei derartigen Bewegungen der bewegte Körper selbst nur durch seine *Masse* (m) wirkt, die als skalarer Faktor in der Bewegungsgleichung erscheint, so kann man die Bewegungsgleichungen entweder für die *Beschleunigungen* oder für die *Kraft* formulieren. Wesentlich ist nur die *Deutung* der beiden Glieder der Bewegungsgleichung, die erklärender Bemerkungen bedarf.

Zunächst ist zu sagen, daß die Gültigkeit der Newtonschen Bewegungsgleichung, die uns schon in Gl. (1) begegnet ist, wesentlich weiter reicht, als dort angegeben ist. Sie erstreckt sich nämlich auch auf die zugehörige Aussage in Vektorform, die wir so schreiben:

$$\boxed{\mathfrak{K} = m\mathfrak{b},} \qquad \text{oder} \qquad \boxed{\mathfrak{b} = \dot{\mathfrak{v}} = \mathfrak{K}/m = \mathfrak{b}_e,} \qquad (174)$$

und die Grundlage aller folgenden Betrachtungen ausmacht. Diese Gleichung besagt, daß die *vektorielle Änderung des Geschwindigkeitsvektors* $\mathfrak{v}$ *in der Zeiteinheit in der Richtung der eingeprägten Kraft* $\mathfrak{K}$ *(oder der eingeprägten Beschleunigung* $\mathfrak{b}_e$*) erfolgt und dieser Kraft proportional* (bzw. mit der eingeprägten Beschleunigung identisch) *ist*. In dieser Gleichung bedeutet die linke Seite $\mathfrak{b}$ die zweite Ableitung des Ortsvektors $\mathfrak{r}$ nach der Zeit t, ist also ein durch eine ganz bestimmte Operation aus $\mathfrak{r}$ abgeleiteter Ausdruck, den wir auch als die *kinematisch definierte Beschleunigung* bezeichnen können. Die rechte Seite $\mathfrak{b}_e$, die wir die *eingeprägte Beschleunigung* nennen, ist als eine Funktion der anderen bei der Bewegung auftretenden veränderlichen Größen $\mathfrak{r}$, $\mathfrak{v}$ und t aufzufassen und enthält außerdem gewisse Konstante, die bei jedem besonderen Problem bestimmte Zahlenwerte und Dimensionen besitzen. Die obige Gleichung stellt sich also im allgemeinen in der folgenden Form dar

$$\mathfrak{b} \equiv \dot{\mathfrak{v}} \equiv \ddot{\mathfrak{r}} = \mathfrak{b}_e(\mathfrak{r}, \mathfrak{v}, t) \tag{175}$$

oder in Komponenten geschrieben, für den *Raum*

$$b_x \equiv \dot{v}_x \equiv \ddot{x} = b_{ex}(x, y, z, v_x, v_y, v_z, t), \text{ usw.} \tag{176}$$

und für die *Ebene*

$$b_x \equiv \dot{v}_x \equiv \ddot{x} = b_{ex}(x, y, v_x, v_y, t), \text{ usw.} \tag{177}$$

mit entsprechenden Ausdrücken für die anderen Komponenten.

Die Gl. (174) ist demnach keineswegs eine nichtssagende Identität; sie bietet uns vielmehr die Möglichkeit, alle vorkommenden Bewegungen aus gewissen eingeprägten Beschleunigungen $\mathfrak{b}_e$ zu bestimmen und hinsichtlich des jeder von ihnen eigentümlichen Ausdrucks für diese Beschleunigung $\mathfrak{b}_e$ zu unterscheiden und in eine gewisse Ordnung zu bringen. Hierzu bemerken wir vor allem, daß sich viele Bewegungen, und zwar gerade jene, die uns am meisten vertraut sind, durch einfache Ausdrücke für die zweiten Differentialquotienten der Koordinaten nach der Zeit — also eben der Beschleunigungen $\mathfrak{b}$ — darstellen lassen. Zu diesen Bewegungen gehören z. B. die Bewegungen im Schwerefeld der Erde und die Zentralbewegungen der Planeten um die Sonne: für jene kann (in erster Näherung) ein nach Größe und Richtung konstant bleibender Wert der Beschleunigung angesetzt werden; diese erfolgen nach dem *Newtonschen Anziehungsgesetze*, das besagt, daß die anziehende Beschleunigung proportional dem Kehrwert des Quadrates der Entfernung der Planeten von der Sonne ist. Aus diesen Aussagen kann — zusammen mit gewissen Festsetzungen über einen *Anfangszustand* — der ganze Verlauf der Bewegung durch den Prozeß der *Integration* abgeleitet werden.

Diese Auffassung, deren Ursprung auf die klassischen Fallversuche von *Galilei* zurückgeht, soll weiterhin für alle Bewegungen maßgebend sein: *Der Ausdruck für die Kraft $\mathfrak{K}$ oder für die Beschleunigung $\mathfrak{b}_e$ in Abhängigkeit von den anderen bei der Bewegung auftretenden veränderlichen Größen ($\mathfrak{r}$, $\mathfrak{v}$, t) kennzeichnet die Art der betrachteten Bewegung.* (Wenn kein Irrtum möglich, verwenden wir weiterhin auch für die eingeprägte Beschleunigung einfach den Buchstaben $\mathfrak{b}$.)

Der einfachste Fall, der uns dabei zunächst entgegentritt, ist der, daß die Beschleunigung $\mathfrak{b}$ (oder ihre Komponenten b_x, b_y, b_z) als Funktion der Zeit t allein bekannt ist. Gemäß der Definition von $\mathfrak{b}$ ergeben sich Geschwindigkeit und Koordinaten — indem wir den früheren Gedankengang umkehren — durch zweimalige Integration (Quadratur). Dieser Fall tritt aber praktisch selten auf; bei den meisten Anwendungen hängt $\mathfrak{b}$ von den anderen Veränderlichen $\mathfrak{r}$ und $\mathfrak{v}$ (entweder einzeln oder von beiden) ab. Und zwar ist diese Abhängigkeit derart, daß sie sich zumeist als eine *Summe* von einzelnen Gliedern anschreiben läßt, deren jedes eine bestimmte äußere (oder eingeprägte) Einwirkung wiedergibt. Dieser Summe, die physikalisch die gemeinsame Wirkung aller dieser Einflüsse bedeutet, entspricht geometrisch die vektorielle Addition; die gesamte eingeprägte Beschleunigung erscheint somit als Summe einzelner Ausdrücke, von denen jedem eine ganz bestimmte Bedeutung zukommt, ein Vorgang, der in vielen, auch verwickelteren Fällen die methodische Grundlage für die theoretische Behandlung der Aufgaben der Mechanik darstellt.

So ordnet sich einerseits *begrifflich* die Addition der eingeprägten Beschleunigungen den schon früher aufgestellten Gesetzen der vektoriellen Addition der Kräfte unter, andererseits gewinnen wir *physikalisch* die Möglichkeit, jedes Bewegungsproblem zu verstehen als eine Summenwirkung von einzelnen eingeprägten Beschleunigungen, von denen jede ihr Entstehen gewissen physikalischen oder geometrischen Bedingungen verdankt. Gerade dieser Vorgang wird in den folgenden einfachen Beispielen deutlich hervortreten.

Entsprechend der Definition der Beschleunigung sind die Bewegungsgleichungen Differentialgleichungen zweiter Ordnung, in denen die Koordinaten die abhängige und die Zeit als unabhängig Veränderliche auftreten. Bei ihrer Integration treten *Integrationskonstanten* auf, und zwar zwei für jede Koordinate. Diese Konstanten sind in der Regel durch gewisse *Anfangsbedingungen* zu bestimmen, denen die Lösungen zu genügen haben und anzupassen sind. Die tatsächlich eintretende Bewegung wird also bedingt durch die eingeprägten Beschleunigungen und durch die Festsetzung eines gewissen Anfangszustandes.

II. Bewegung in gerader Linie.

72. Einfachste Fälle. Für die geradlinige Punktbewegung genügt die Angabe *einer* Koordinate, man sagt, die Bewegung *hat einen Freiheitsgrad;* wir legen die gerade Bahnkurve in eine Koordinatenachse und lassen die Zeiger der Einfachheit halber fort.

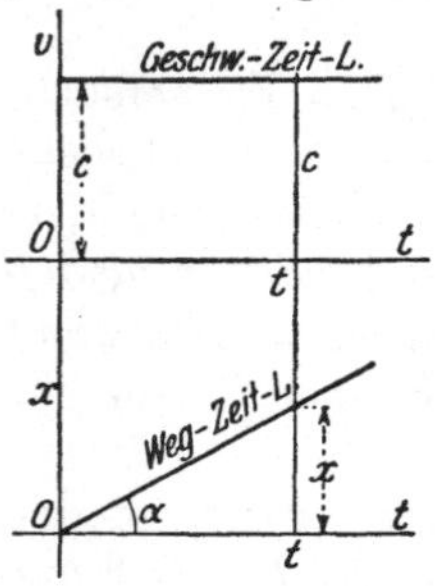

a) Die *gleichförmige Bewegung* ist gekennzeichnet durch den Ansatz: $b \equiv \dot{v} = 0$. Es folgt $v =$ konst. $= c$ und $x = ct$, wenn c den konstanten Wert der Geschwindigkeit bedeutet und für $t = 0$ auch $x = 0$ sein soll, d. h. wenn zu Anfang der Zeitzählung auch der Weg mit $x = 0$ zu zählen begonnen wird. Zur anschaulichen Darstellung werden diese Gleichungen $v = c$ und $x = ct$ als *Geschwindigkeit-Zeit-* (v-t-) und *Weg-Zeit-* (x-t-) *Linie* dargestellt (Abb. 128); die Neigung der letzteren ist ein Maß für die Geschwindigkeit $\operatorname{tg}\alpha = x/t =$ konst. $= c$.

Abb. 128.

In dieser Form ist die Beziehung jedoch ungenau, weil nicht zu sehen ist, wie $\operatorname{tg}\alpha$ die Dimension einer Geschwindigkeit erhalten soll. Tatsächlich gelten die geometrischen Beziehungen nur für die Darstellungsgrößen. Wählt man daher für die Auftragung der Schaulinien für Weg und Zeit die „Maßstäbe m_x und m_t", so gilt

$$x = m_x X, \quad t = m_t T$$

und es ist

$$\operatorname{tg} \alpha = \frac{X}{T} = \frac{x/m_x}{t/m_t} = \frac{m_t x}{m_x t} = \frac{m_t}{m_x} c;$$

daraus folgt

$$c = \frac{m_x}{m_t} \operatorname{tg} \alpha \,. \tag{178}$$

Um daher aus $\operatorname{tg} \alpha$ den Wert der Geschwindigkeit c in einem x-t-Schaubild zu erhalten, hat man $\operatorname{tg} \alpha$ mit dem Maßstabverhältnis m_x/m_t zu multiplizieren.

Beispiel 65. Die gleichförmige Geschwindigkeit eines Körpers ist c m/s, wie groß ist die Geschwindigkeit C in km/h? Es ist

$$C\ [\text{km/h}] = c \cdot 60 \cdot 60/1000 = 3{,}6 \cdot c \quad (c \text{ in m/s}). \tag{179}$$

Für einen D-Zug mit $C = 108$ km/h ist $c = 30$ m/s.

Beispiel 66. Die im Eisenbahnbetriebe verwendeten *graphischen Fahrpläne* enthalten die Weg-Zeit-Linien für die einzelnen Züge, deren *wirkliche* Bewegung dabei durch ihre *mittlere* ersetzt wird, die von Station zu Station als *gleichförmig* behandelt wird. Die Neigung der einzelnen Linien ist jeweils ein Maß für diese mittlere Geschwindigkeit. Den Aufenthalten in den Stationen entsprechen zur t-Achse parallele Linienstücke. — Man entwerfe einen solchen Fahrplan für irgendeine Strecke eines Kursbuches!

b) *Gleichförmig beschleunigte Bewegung:* $b = \dot v = \text{konst.}$ Wird für $t = 0$ etwa $v = v_0$ und $x = 0$ vorgeschrieben, so liefert die zweimalige Integration der Gleichung $\dot v = b = \text{konst.}$:

$$v = v_0 + bt, \quad x = v_0 t + \tfrac{1}{2} b t^2 = (v_0 + v)\, t/2. \tag{180}$$

Die Schaulinien sind in Abb. 129 gegeben. Die Geschwindigkeit-Zeit-Linie ist eine Gerade, die Weg-Zeit-Linie eine Parabel, wobei

$$\operatorname{tg} \beta = (v - v_0)/t = b, \quad \operatorname{tg} \alpha_0 = v_0, \quad \operatorname{tg} \alpha = v,$$

wobei ähnliche Maßstabs-Festsetzungen zu beachten sind wie zuvor.

Aus den Gln. (180) folgt durch Elimination von t

$$v^2 = v_0^2 + 2bx. \tag{181}$$

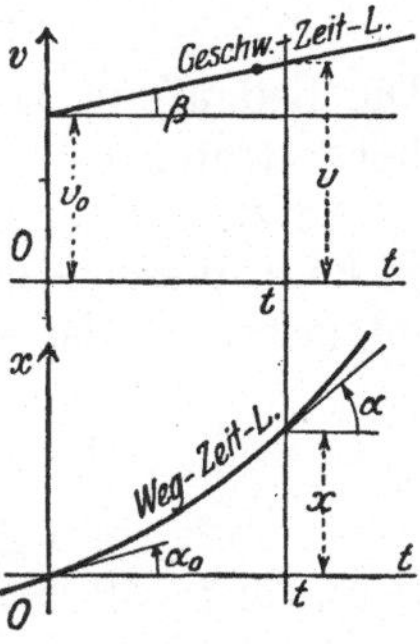

Abb. 129.

Für $b = g = 9{,}81$ m/s² ergeben sich daraus die Gesetze des *freien Falles* (ohne Widerstände).

Beispiel 67. Wurf nach aufwärts: Wenn die Richtungen von v und $b = \text{konst.}$ einander entgegengesetzt sind, so erhält man eine *gleichförmig verzögerte Bewegung;* die hierfür geltenden Gleichungen folgen aus (180), wenn das Vorzeichen von b umgekehrt wird. Insbesondere folgen für $b = -g$ die Gesetze für den „Wurf nach aufwärts"

$$v = v_0 - gt, \quad x = v_0 t - \tfrac{1}{2} g t^2, \quad v^2 = v_0^2 - 2gx. \tag{182}$$

Die zur Erreichung des höchsten Punktes erforderliche *Steigzeit* T und die *Steighöhe* H erhält man hieraus für $v = 0$

$$T = v_0/g, \quad H = v_0^2/2g. \tag{183}$$

H wird auch als *Geschwindigkeitshöhe* bezeichnet. Nach Erreichen der höchsten Stelle seiner Bahn fällt der Körper wieder gleichförmig beschleunigt nach abwärts.

Diese beiden Fälle a) und b) sind Sonderfälle des folgenden:

c) *b ist als eine Funktion von x allein gegeben:* $b = b(x)$. In diesem Falle liegt es nahe, auch v als Funktion von x anzusehen; da x selbst wieder eine Funktion von t ist, so erhält man nach der Kettenregel für die Differentiation

$$\frac{dv}{dt} \equiv \frac{dv}{dx}\frac{dx}{dt} \equiv v\frac{dv}{dx} \equiv \frac{1}{2}\frac{dv^2}{dx} = b(x),$$

und daraus folgt, wenn für $x = 0$: $v = v_0$ sein soll, durch Integration

$$v^2 - v_0^2 = 2 \int_0^x b(x)\, dx. \tag{184}$$

Wenn wir also von der Beschleunigung wissen, daß sie von der Koordinate (dem „Wege") x allein abhängt, so läßt sich ein Integral der Bewegungsgleichung $\ddot{x} = b(x)$ *allgemein* [d. h. für beliebige Funktionen $b(x)$] angeben, und zwar ist durch Gl. (184) die Geschwindigkeit v als Funktion des Weges bestimmt: $v = v(x)$. Daraus folgt durch Multiplikation mit $m/2$ die *Energiegleichung* der Bewegung des Massenpunktes; den links auftretenden Ausdruck $mv^2/2$ bezeichnet man nämlich als

kinetische Energie T, den rechtsstehenden $\int_0^x m\,b(x)\, dx = \int_0^x K(x)\, dx$ als

mechanische Arbeit A, und nennt $-A = U$ die *potentielle Energie*. Wird die Konstante $mv_0^2/2 = T_0 = h$ gesetzt, so ist die Gl. (184) mit einer der folgenden Formen gleichwertig

$$T - T_0 = A \quad \text{oder} \quad T + U = h. \tag{185}$$

Die Bedeutung des Energieintegrals wird in der Dynamik noch stärker hervortreten (IV. Teil).

Setzt man für die aus Gl. (184) erhaltene Funktion $v = v(x) = dx/dt$, so kann diese Gleichung abermals durch Trennung der Veränderlichen integriert werden und gibt

$$dt = \frac{dx}{v(x)}, \quad \text{also} \quad t = \int_0^x \frac{dx}{v(x)} = t(x), \tag{186}$$

wenn für $t = 0$: $x = 0$ verlangt wird; durch Auflösung dieser Gleichung nach x ergibt sich dann $x = x(t)$, wodurch die Integration vollendet ist.

Beispiel 68. Freier Fall aus großer Höhe auf die Erdoberfläche. Die Fallbewegung eines Körpers aus großer Höhe gegen die Erde erfolgt nach dem Newtonschen Gravitationsgesetze, das aussagt, daß sich irgend zwei Körper gegenseitig mit einer Kraft anziehen, die ihren Massen direkt, dem Quadrat der Entfernung ihrer Mittelpunkte x umgekehrt proportional und nach der Verbindungslinie dieser Mittelpunkte gerichtet ist; die hierbei als Proportionalitätsfaktor auftretende *Gravitationskonstante* hat für das verwendete Maßsystem einen bestimmten Zahlenwert und eine leicht angebbare Dimension. Wenn wir zum Ausdruck bringen, daß die Beschleunigung an der Erdoberfläche (d. h. für $x = R$) g ist, so können wir zur Ausschaltung der Massen und der Gravitationskonstante die Proportion ansetzen

$$b : g = 1/x^2 : 1/R^2,$$

erhalten also $b = gR^2/x^2$.

Sei a die Entfernung des Ausgangspunktes vom Erdmittelpunkt und $v_0 = 0$, dann ist die Geschwindigkeit v an der Stelle x nach Gl. (184) gegeben, wobei $b = -gR^2/x^2$ (weil b nach den *abnehmenden* x zu gerichtet ist), und die Grenzen des Integrals sind gleich a und x zu setzen

$$v^2 = 2gR^2\left(\frac{1}{x} - \frac{1}{a}\right).$$

Daraus folgt weiter

$$v \equiv \frac{dx}{dt} = -\sqrt{\frac{2gR^2}{a}}\sqrt{\frac{a-x}{x}},$$

die v-x-Linie ist in Abb. 130b eingetragen; ferner ist nach Gl. (186)

$$t = \int\limits_a^x \frac{dx}{v(x)} = -\sqrt{\frac{a}{2gR^2}} \int\limits_a^x \sqrt{\frac{x}{a-x}}\, dx;$$

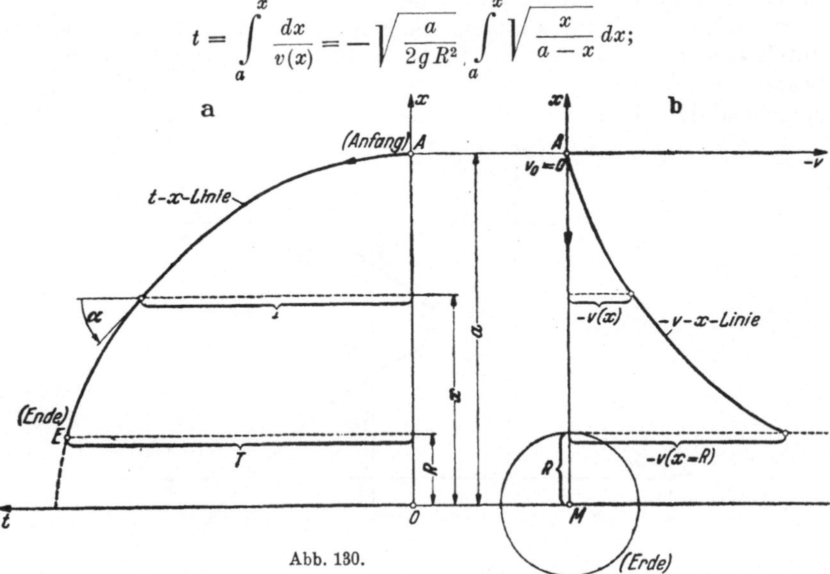

Abb. 130.

dabei ist wieder berücksichtigt, daß x mit wachsendem t kleiner wird, dx also negativ sein muß. Durch die Substitution $x = a\cos^2\varphi$ folgt endlich

$$\sqrt{\frac{2gR^2}{a_2}}\, t = \arccos\sqrt{\frac{x}{a}} + \sqrt{\frac{x}{a}\left(1 - \frac{x}{a}\right)}. \tag{187}$$

Diese Gleichung ist nicht nach x auflösbar. Um ein Bild über den Verlauf der Bewegung zu erhalten, ist in Abb. 130a die t-x-Linie aufgezeichnet, und diese gibt, von der t-Linie aus gesehen, auch unmittelbar die x-t-Linie. Beachte die Zunahme der Geschwindigkeit (oder von $\operatorname{tg}\alpha$) vom Anfang A bis zum Ende E der Bewegung.

Würde der Körper aus dem Unendlichen ($a = \infty$) zur Erde fallen, dann würde für die Größe der Geschwindigkeit beim Auftreffen auf die Erde für $x = R = 6{,}37 \cdot 10^6$ m folgen

$$v_{(x=R)} = \sqrt{2gR} \approx 11180\ \text{m/s}.$$

Für einen aus dem Weltraum zur Erde fallenden Meteor wird allerdings die Geschwindigkeit durch die Lufthülle der Erde erheblich abgebremst, bleibt aber gleichwohl außerordentlich groß, woraus sich die beobachteten großen Eindringtiefen der Meteore erklären.

73. Graphische Differentiation und Integration. Bei den technischen Anwendungen tritt häufig der Fall ein, daß die endliche Bewegung eines Punktes nicht durch einen analytischen Ausdruck, sondern durch

Zeichnung, d. i. als „empirisch gegebene Kurve" $x = x(t)$ vorliegt. Aus dieser wird die Geschwindigkeit durch *graphische Differentiation* und die Beschleunigung durch eine zweite Differentiation erhalten. Wenn umgekehrt der Fall vorliegt, daß die Beschleunigung (oder Kraft) als Funktion von t oder x durch eine solche empirische Kurve gegeben ist, dann wird die endliche Bewegungsgleichung durch *graphische Integration* erhalten. Für alle zeichnerischen Verfahren ist die Frage nach der Festlegung des Maßstabes für die erhaltene Integralkurve von Wichtigkeit, und dieser hängt von den Maßstäben ab, in denen die gegebene Kurve gezeichnet ist.

a) *Graphische Differentiation.* Die Kurve $y = y(x)$ sei nach Abb. 131 durch Zeichnung vorgegeben, die Maßstäbe (wie in 41 erklärt) für die beiden Achsen sind m_x und m_y. Die Ableitung y' im Punkte A (entsprechend der Abszisse x) erhält man auf folgende Weise: Man zeichne

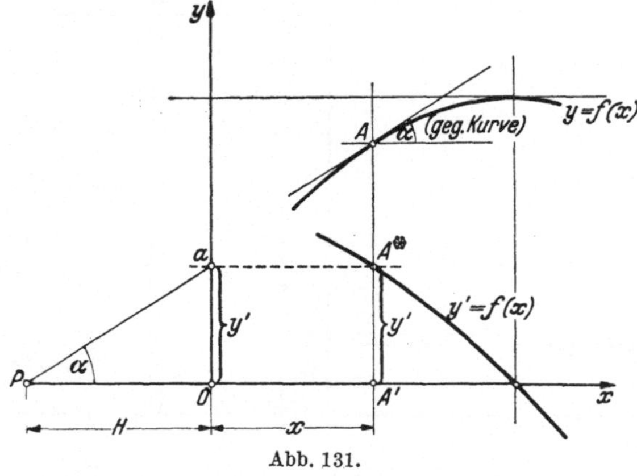

Abb. 131.

in A die Tangente, ziehe durch einen „Pol" P in der „Polweite" $\overline{OP} = H$ (cm) auf der x-Achse hierzu eine Parallele und durch deren Schnitt a mit der y-Achse eine Parallele zur x-Achse. Dann ist $A'A^*$ die Darstellungsgröße Y' für die gesuchte Ableitung.

Zufolge der Konstruktion ist

$$\operatorname{tg}\alpha = \frac{\Delta Y}{\Delta X} = \frac{Y'}{H}.$$

Darin ist zu setzen:

$$\Delta y = m_y \Delta Y, \quad \Delta x = m_x \Delta X,$$

und weiter

$$y' = m_{y'} Y' = \frac{\Delta y}{\Delta x} = \frac{m_y}{m_x}\frac{\Delta Y}{\Delta X} = \frac{m_y}{m_x}\frac{Y'}{H},$$

so daß der gesuchte Maßstab für die Differentialkurve y' in der Form folgt

$$m_{y'} = \frac{1}{H}\frac{m_y}{m_x}. \tag{188}$$

b) *Graphische Integration.* Für die zeichnerische *Ermittlung der Fläche*, die zwischen *einer empirisch gegebenen Kurve*, der x-Achse und zwei begrenzenden Ordinaten eingeschlossen wird, sind verschiedene

Verfahren im Gebrauch: entweder man benutzt hierfür einen der dazu
geeigneten Apparate, einen *Planimeter*, einen *Integraphen*, oder man
zeichnet die Kurve auf ein *Millimeterpapier* und erhält die Fläche durch
Abzählung der Quadrate zwischen je zwei entsprechend nahe gewählten
Ordinaten. Eine einfache und sehr verwendbare Methode ist die *graphische Integration*, die in Abb. 132a und b in zwei Anwendungsformen
dargestellt ist. Die Integralkurve K einer gegebenen Kurve k ist definitionsgemäß gegeben durch

$$f = \int_0^x y\,dx, \quad \text{d. h.} \quad df = y\,dx, \quad \text{oder } \frac{df}{dx} = y.$$

Die Ordinate y der gegebenen Kurve k gibt daher im wesentlichen die
Tangentenneigung der gesuchten Kurve K an der betreffenden Stelle x.
Um diesen Zusammenhang zeichnerisch zu verwerten, teilt man die
Fläche zwischen k und der x-Achse in eine entsprechende Anzahl von

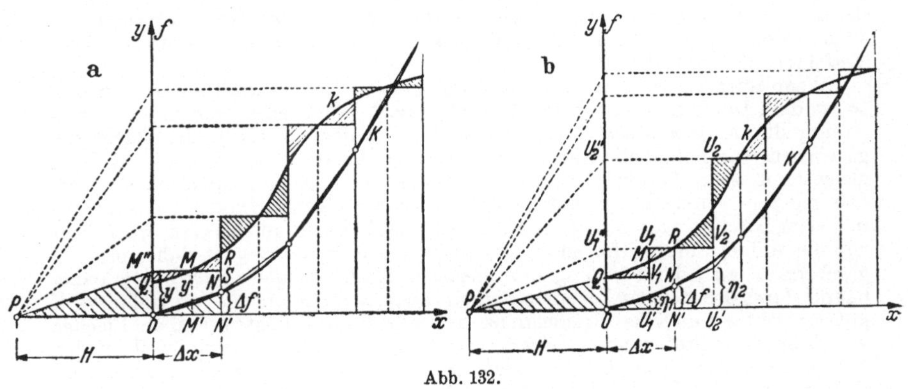

Abb. 132.

Streifen (nicht notwendig von derselben Breite) parallel zur y-Achse.
Bei schwach gekrümmten Kurven kann man die Streifen breiter, bei
stärker gekrümmten schmäler wählen; die Randordinaten lege man
stets durch die Maxima und Minima von k. Sodann zieht man nach
Abb. 132a in jedem Streifen eine „Mittelordinate" $y = \overline{MM'}$, so daß
$y\Delta x$ (nach guter Schätzung) die Fläche des betreffenden Streifens
darstellt. (In Abb. 132a sind die schraffierten Flächen paarweise
gleich gemacht.) Dann wählt man einen „Pol" P auf der x-Achse
($\overline{OP}$ = Polweite = H cm), projiziert M nach M'', verbindet P mit M''
und zieht $\overline{ON} \parallel \overline{PM''}$; dann setzt man $\overline{N'N} = \Delta f$ und findet aus der
Ähnlichkeit von $\triangle ON'N \sim \triangle POM''$, da die Ähnlichkeit nur für die
Darstellungsgrößen gilt, die Beziehung

$$\Delta F : \Delta X = Y : H, \quad Y\Delta X = H\Delta F.$$

Benützt man auch hier wieder die Beziehung zwischen den Größen
selbst, den Maßstäben und den Darstellungsgrößen in der Form

$$y = m_y Y, \quad \Delta x = m_x \Delta X, \quad \Delta f = m_f \Delta F = y\Delta x$$

und setzt diese in die vorhergehende Gleichung ein, so folgt der Maßstab
für die Integralkurve

$$\boxed{m_f = H\, m_x\, m_y}\,,\tag{189}$$

d. h. die Ordinate der so stückweise entstehenden Kurve K in cm
ausgedrückt gibt mit m_f multipliziert, für jede Stelle x den Wert des
gesuchten Integrals der Kurve k. — Diese Gleichung kann übrigens
auch unmittelbar aus der vorhergehenden Gl. (188) abgelesen werden.

Bei dieser Art der graphischen Integration, die man „Integration durch mittlere
Ordinaten" nennt, wird die gegebene Kurve durch eine Stufenkurve ersetzt, die
mit ihr an jeder einzelnen Streifengrenze gleichen Inhalt hat; an den Streifengrenzen sind aber die Ordinaten der gegebenen (k) und der Stufenkurve verschieden.
Die durch Zeichnung gefundene Integralkurve K und die genaue Integralkurve,
die gesucht wird, haben daher an den Streifengrenzen gleiche Ordinaten (weil die
Flächen selbst richtig erfaßt sind), aber nicht die gleiche Neigung (weil die durch
Zeichnung gefundene Integralkurve K in jedem Streifen eine Neigung hat, die
der *mittleren* Ordinate entspricht, während die Neigung der richtigen Integralkurve an der Streifengrenze durch die Endordinate gegeben ist). Die durch
dieses Verfahren gefundene Integralkurve K ist ein *Sehnen*polygon der richtigen.
Wenn es nur auf den gesamten Inhalt eines Flächenstückes ankommt, ist dieses
Verfahren zu empfehlen.

Wenn aber die Integralkurve in ihrem ganzen Verlauf ermittelt werden soll,
so ist die „Integration durch mittlere Abszissen" vorzuziehen, die in Abb. 132b
dargestellt ist. Bei dieser wird in jedem der Streifen, in welche die Fläche der
gegebenen Kurve k geteilt wurde, eine „mittlere Abszisse" so eingepaßt, daß die
gleichsinnig schraffierten Dreieckspaare QV_1M und MU_1R inhaltsgleich sind.
Die gegebene Kurve k wird auf diese Weise durch eine Stufenkurve ersetzt, die
in jedem Streifen *zwei* Stufen zeigt, wobei die Endstufe auf gleicher Höhe liegt
wie die Anfangstufe im folgenden Streifen. Die Stufenkurve hat daher mit der
gegebenen k an jeder Streifengrenze gleichen Inhalt *und* gleiche Ordinate, daher
hat die durch den gleichen Zeichnungsvorgang wie zuvor gefundene Integralkurve K
mit der richtigen an jeder Streifengrenze sowohl gleiche Ordinaten (weil die Flächen
von k und der Stufenkurve gleich sind) als auch gleiche Neigung (weil an den
Streifengrenzen auch die Ordinaten von k und der Stufenkurve übereinstimmen).
Die nach diesem Verfahren gefundene Integralkurve K ist ein *Tangenten*polygon
zu der richtigen, wobei überdies die Berührungspunkte auf den Grenzordinaten
liegen und durch das Verfahren exakt geliefert werden. *In* dieses Tangenten-
polygon läßt sich die richtige Integralkurve mit viel größerer Genauigkeit ein-
zeichnen als *um* das Sehnenpolygon in Abb. 132a.

Eine Anwendung hiervon ist im folgenden Beispiel ausgeführt.

Beispiel 69. Die Beschleunigung als Funktion des Weges x, also $b = b\,(x)$,
sei nicht durch einen analytischen Ausdruck, sondern *empirisch* gegeben, wie
z. B. die Dampfkraft durch das „Indikatordiagramm" als Funktion des Kolbenweges oder die der *Tangentialkraft* (oder Drehkraft) einer Dampfmaschine entsprechende Beschleunigung als Funktion des Kurbelweges $r\widehat{\varphi}$ (Abb. 133). Die
Kurve $b(x)$ ist so angenommen, wie sie etwa der Tangentialkraft einer einfachwirkenden Dampfmaschine entspricht. Damit die Bewegung periodisch wird,
also nach Zurücklegung eines bestimmten Weges (etwa einer Kurbelumdrehung)
die Geschwindigkeit den gleichen Wert erreicht wie zuvor, muß b selbst diese
Periode haben, und überdies muß das in Gl. (184) auftretende Integral, über diese
Wegperiode erstreckt, Null geben; d. h. die x-Achse ist so zu verlegen, daß die
Flächenstücke der b-Linie *über* und *unter* der x-Achse gleich groß ausfallen. Die
Konstante v_0 ist den Anfangsbedingungen entsprechend zu wählen (wir werden
in der Dynamik der Maschine sehen, daß hierbei eine eigentümliche Schwierigkeit
vorliegt); dann liefert die Ausführung der Integration nach Gl. (184) v^2 als Funktion
von x, wodurch auch $v\,(x)$ und $1/v(x)$ gegeben sind. Die Fläche dieser letzteren
Kurve, vom Anfangspunkt gemessen, liefert nach Gl. (186) $t = t(x)$ und damit

auch $x = x(t)$, wobei die Wegachse x_1 waagrecht gerichtet ist. Bei Ausführung dieser Konstruktion ist darauf zu achten, daß für alle vorkommenden Größen verschiedener Art (b, v^2, v, $1/v$, t) passende Maßstäbe gewählt werden, die von der angestrebten Genauigkeit abhängen und eine angemessene Unterbringung auf der verfügbaren Zeichenfläche zulassen.

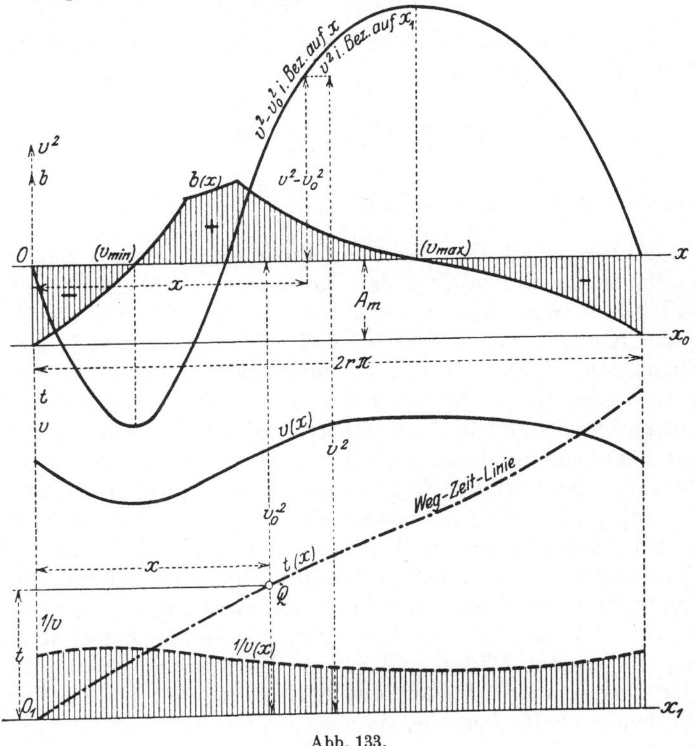

Abb. 133.

74. Bewegung unter dem Einflusse eines von der Geschwindigkeit abhängigen Widerstandes. d) Die eingeprägte Kraft sei eine Funktion von v allein, und dasselbe gelte auch für die Beschleunigung:

$$b \equiv b(v) = \frac{dv}{dt}.$$

In diesem Falle folgt durch Trennung der Veränderlichen (wenn für $t = 0$, $v = v_0$ verlangt wird) die folgende Gleichung:

$$t = \int_{v_0}^{v} \frac{dv}{b(v)} = t(v) \tag{190}$$

und durch Umkehrung $v = v(t) = \dfrac{dx}{dt}$, woraus sich durch abermalige Trennung der Veränderlichen (wenn für $t = 0$, $x = 0$ sein soll)

$$x = \int_{0}^{t} v(t)\, dt \tag{191}$$

als die Gleichung für die Bewegung $x = x(t)$ in endlicher Form ergibt.

Man kann auch (ähnlich wie in Fall c) v als Funktion von x erhalten, indem man v als Funktion von x ansieht und ansetzt

$$\frac{dv}{dx} \equiv \frac{dv}{dx}\frac{dx}{dt} \equiv v\,\frac{dv}{dx} = b(v);$$

daraus folgt dann, wenn für $x = 0$, $v = v_0$ sein soll, wieder durch Trennung der Veränderlichen,

$$x = \int\limits_{v_0}^{v} \frac{v\,dv}{b(v)} = x(v) \tag{192}$$

und durch Umkehrung $v = v(x)$.

Die Abhängigkeit der Beschleunigung (oder Kraft) von der Geschwindigkeit kommt vor bei der Bewegung von Körpern unter dem Einfluß des *Widerstandes des umgebenden Mittels* (Luft oder Wasser). Wie jeder Körper, der mit anderen in Berührung ist, von diesen an den Berührungsstellen Druck- und Reibungskräfte erfährt, so wird auch ein in Luft oder Wasser bewegter Körper durch die umgebende Flüssigkeit solche Druck- und Reibungskräfte erfahren, die teils die Bewegung unserer Fahrzeuge hindernd beeinflussen, teils zu Nutzzwecken dienen, wie der „Auftrieb" bei den Flugzeugen. Sehen wir von dieser nützlichen Verwertung ab, so haben wir uns auf die Erfahrung zu stützen, daß man zur gleichförmigen Bewegung eines Körpers in Luft oder Wasser dauernd eine Kraft nach vorwärts aufwenden muß, und dies deutet darauf hin, daß die Summe der Druck- und Reibungskräfte auf den bewegten Körper im wesentlichen eine Kraft *im Gegensinne zur Bewegungsrichtung* ergibt; von diesem Widerstand zeigen die Messungen, daß er außer von der Dichte und Zähigkeit des Mittels und der Größe, Form und Oberflächenbeschaffenheit des Körpers im wesentlichen — und darauf kommt es hier allein an — von der *Geschwindigkeit* abhängt, und zwar hat sich ergeben, daß die Beobachtungen in vielen Fällen befriedigend dargestellt werden können, wenn der Widerstand mit dem *Quadrat der Geschwindigkeit* wachsend angenommen wird. Wir können dann die diesem Widerstande entsprechende Beschleunigung in der Form ansetzen: $b_w = -kv^2$, wobei k die erstgenannten Eigenschaften (Dichte und Zähigkeit des Mittels, Größe und Form des Körpers) in sich enthält (Näheres hierüber siehe *Hydraulik*). Dieser Ansatz wird meist verwendet, wenn es sich um die Berücksichtigung des Widerstandes des umgebenden Mittels handelt; bei *kleinen* Geschwindigkeiten begnügt man sich jedoch mit dem linearen Ansatz für die Geschwindigkeit: $b_w = -kv$, weil dies eine große Vereinfachung der Rechnung bedeutet und in vielen Fällen ausreichende Ergebnisse liefert.

Beispiel 70. Der Widerstand, den ein Körper bei seiner Bewegung erfährt, sei der ersten Potenz der Geschwindigkeit proportional, $b_w = -kv$; man bestimme die Bewegung, wenn die Anfangsgeschwindigkeit v_0 gegeben ist. Die Bewegungsgleichung lautet in diesem Fall

$$\frac{dv}{dt} = b_w = -kv;$$

daraus folgt $\dfrac{dv}{v} = -\,kdt$, also durch Integration $v = v_0\,e-kt = \dfrac{dx}{dt}$ und durch

nochmalige Integration die endliche Bewegungsgleichung

$$x = \frac{v_0}{k}\,(1 - e-kt).$$

Beispiel 71. Freier Fall mit Berücksichtigung des Luftwiderstandes. Wenn
außer der Beschleunigung g der Schwere noch der Luftwiderstand mit der Beschleunigung $b_w = -\,kv^2$ wirkt, so haben wir unter Berücksichtigung des in **71**
Gesagten zu setzen

$$b \equiv \frac{dv}{dt} = g - b_w = g - kv^2 \tag{193}$$

und erhalten mit der abkürzenden Bezeichnung $k/g = 1/c^2$ und durch Einführung
der neuen Veränderlichen $v/c = w$:

$$dt = \frac{dv}{g - kv^2} = \frac{1}{g}\,\frac{dv}{1 - (v/c)^2} = \frac{c}{g}\,\frac{dw}{1 - w^2}\,.$$

Die Ausführung der Integration erfolgt durch Partialbruchzerlegung und liefert:

$$t = \frac{c}{2g}\int_0^w \left(\frac{1}{1+w} + \frac{1}{1-w}\right) dw = \frac{c}{2\,g}\,\ln\frac{1+w}{1-w}\,.$$

Daraus erhält man durch Auflösung nach $w = v/c$:

$$v = c\,\frac{e^{2\,g\,t/c} - 1}{e^{2\,g\,t/c} + 1} = c\,\frac{\mathfrak{Sin}\,gt/c}{\mathfrak{Cof}\,gt/c} = c\,\mathfrak{Tg}\,\frac{gt}{c}\,, \tag{194}$$

und aus $v = dx/dt$ endlich (wenn für $t = 0$, $x = 0$ sein soll) als endliche Bewegungsgleichung

$$x = \frac{c^2}{g}\,\ln \mathfrak{Cof}\,\frac{gt}{c}\,. \tag{195}$$

Nach Gl. (192) ergibt sich auch direkt $v = v(x)$; denn es ist (für $x = 0$, $v_0 = 0$)

$$x = \int_{v_0}^{v} \frac{v\,dv}{b(v)} = \int_0^v \frac{v\,dv}{g - kv^2} = -\,\frac{1}{2\,k}\,\ln\left(\frac{g - kv^2}{g}\right) = -\,\frac{1}{2\,k}\,\ln\left(1 - \frac{v^2}{c^2}\right)$$

und daraus durch Umkehrung

$$v = c\,[1 - e^{-2\,g\,x/c^2}]^{1/2} = c\,[1 - e^{-2\,k\,x}]^{1/2}, \tag{196}$$

eine Gleichung, die sich aus den vorhergehenden durch Elimination von t ergibt.
Für $t \to \infty$ wird $v = c = \sqrt{g/k}$, d. h. nach theoretisch unendlich langer (praktisch
oft jedoch nur wenige Sekunden betragender) Zeit nähert sich v dem konstanten
Wert c, der durch den Beiwert k in dem Ansatz für den Luftwiderstand und durch
g gegeben ist; die Bewegung nähert sich demnach *asymptotisch*, d. h. für $t \to \infty$,
einer gleichförmigen Bewegung mit dieser *Grenzgeschwindigkeit c*.

Um dies auch aus den Gleichungen abzuleiten, rechnen wir zunächst aus
Gl. (194)

$$\lim_{t\to\infty} v = \lim_{t\to\infty} c\,\frac{e^{g\,t/c} - e^{-g\,t/c}}{e^{g\,t/c} + e^{-g\,t/c}} = c\,\lim_{t\to\infty}\frac{1 - e^{-2\,g\,t/c}}{1 + e^{-2\,g\,t/c}} = c$$

und ebenso folgt aus Gl. (195)

$$\lim_{t\to\infty} x = \frac{c^2}{g}\,\lim_{t\to\infty}\ln\frac{1}{2}\,(e^{g\,t/c} + e^{-g\,t/c}) \approx \frac{c^2}{g}\left[\ln\frac{1}{2} + \ln e^{g\,t/c}\right]$$

$$\approx \frac{c^2}{g}\,\ln\frac{1}{2} + \frac{c^2}{g}\,\frac{gt}{c} = \frac{c^2}{g}\,\ln\frac{1}{2} + ct.$$

Daher ergibt sich auch für den Weg asymptotisch — d. h. für große t — die für die gleichförmige Bewegung geltende Gleichung $x_0 + ct$. In Abb. 131a, b ist die v-t-Linie und die x-t-Linie für diese Bewegung eingetragen. —

Für den *lotrechten Wurf nach aufwärts* im lufterfüllten Raume.ist — bei nach oben gerichteter x-Achse — zu setzen:

$$b = \frac{dv}{dt} = -g - kv^2;$$

die Integration verläuft nach dem gleichen Schema wie zuvor. —

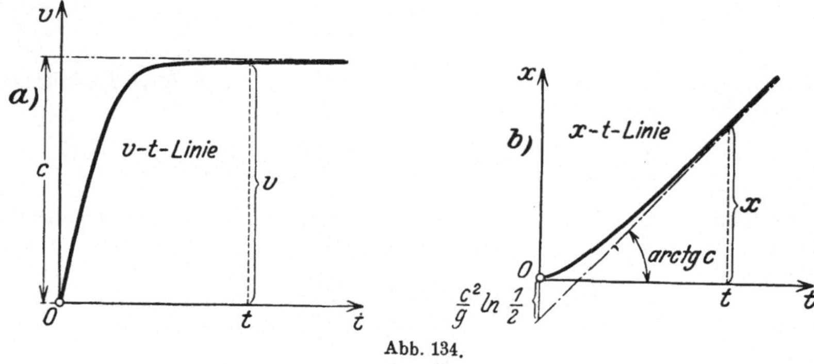

Abb. 134.

75. Einfache, harmonische Schwingungen.

Wenn b eine *beliebige* Funktion der drei Argumente x, v, t ist, so läßt sich die Integration der Bewegungsgleichungen *nicht* allgemein durchführen. Es gibt jedoch noch einige Fälle, die praktisch wichtige Bewegungsformen betreffen und die vollständig gelöst werden können; zu diesen gehören die freien und erzwungenen Schwingungen mit linearem Kraft- und Dämpfungsgesetz.

1. *Harmonische ungedämpfte Schwingungen.* Die auf den Körper A wirkende Kraft K sei stets gegen einen festen Punkt O gerichtet (Abb. 135a) und wie bei einer elastischen Feder der Entfernung $\overline{OA} = x$ direkt proportional.

Die Bewegungsgleichung lautet demgemäß

$$mb = -cx. \tag{197}$$

Wir setzen $c/m = \omega^2$ und erhalten die entsprechende Gleichung für die Beschleunigung:

$$b \equiv \frac{dv}{dt} \equiv v\frac{dv}{dx} = -\omega^2 x. \tag{198}$$

Wenn für $x = a$ die Geschwindigkeit $v = 0$ sein soll, so liefert Gl. (184)

$$v^2 = -2\omega^2 \int\limits_a^x x\,dx = \omega^2(a^2 - x^2),$$

also

$$v = \pm\,\omega\,\sqrt{a^2 - x^2}, \tag{199}$$

wobei das $+$-Zeichen für die Bewegung nach rechts, das $-$-Zeichen für die Bewegung nach links Geltung hat. Aus $v = dx/dt$ folgt dann, wenn für $t = 0$, $x = a$ sein soll,

$$t = -\frac{1}{\omega} \int_a^x \frac{dx}{\sqrt{a^2 - x^2}} = \frac{1}{\omega} \arc\cos \frac{x}{a},$$

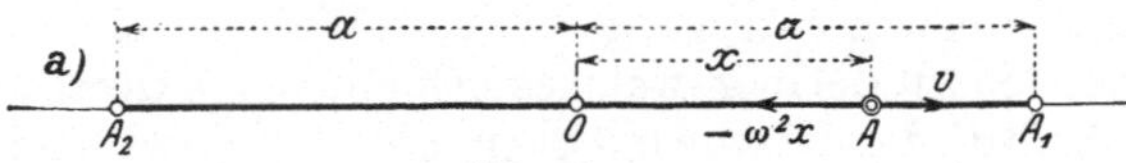

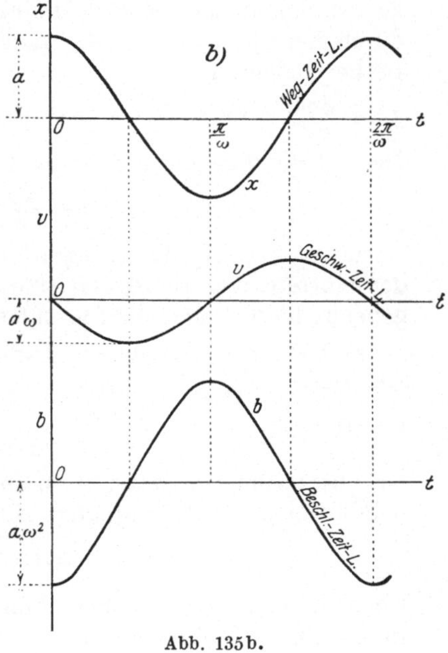

Abb. 135a.

also

$$\boxed{x = a \cos \omega t, \quad v = -a\omega \sin \omega t, \quad b = -a\omega^2 \cos \omega t = -\omega^2 x.} \tag{200}$$

Eine solche Bewegung nennt man eine *einfache harmonische Schwingung*. Die durch diese Gleichungen gegebenen Kurven, nämlich die x-t-Linie, v-t-Linie und b-t-Linie sind in Abb. 135b gezeichnet.

Aus der Form dieser Ausdrücke ersieht man, daß immer nach Ablauf der Zeit

$$\boxed{T = 2\pi/\omega = 2\pi \sqrt{m/c}} \tag{201}$$

dieselben Werte von x, v, b wiederkehren. Diese Zeit nennt man die *periodische Zeit* oder kurz die *Periode* oder auch aus einem später noch deutlicher hervortretenden Grunde die *Dauer der Eigenschwingung;* sie ist vom Ausschlag a unabhängig und allein durch die Konstanten m und c bestimmt, die in der Bewegungsgleichung vorkommen. — Die Anzahl der Schwingungen in 1 s nennt man die *Schwingzahl* oder *Frequenz* (Häufigkeit) und bezeichnet sie mit n, da $nT = 1$ ist, so folgt

$$\boxed{n = 1/T = \omega/2\pi.} \tag{202}$$

Abb. 135b.

Die Einheit für die Schwingzahl, d. h. eine Schwingung in 1 s wird als 1 *Hertz* (H) bezeichnet, so daß 1 *Kilohertz* (kHz) = 1000 Hz.

Unter der *Kreisfrequenz* eines Schwingungsvorganges versteht man dagegen die *Anzahl der Schwingungen in* 2π *Sekunden*. Nach Gl. (202) ist diese gegeben durch

$$\boxed{\omega = 2\pi n = 2\pi/T;} \tag{203}$$

die in der Bewegungsgleichung auftretende Konstante ω stellt also unmittelbar die Kreisfrequenz dar.

In Beispiel 75 wird gezeigt, daß diese Kreisfrequenz nichts anderes ist als die Winkelgeschwindigkeit eines auf einem Kreise vom Halbmesser a gleichförmig umlaufenden Punktes, dessen Projektion auf einen Durchmesser gerade diese einfache harmonische Schwingung ausführt.

Eine Zusammenstellung von einfachen Schwingungsaufgaben, die in ihrem Ansatz und Verlauf dieselben Eigenschaften zeigen, sind in der Tafel „Einfache Schwinger" in **120** angegeben.

76. Gedämpfte Schwingungen. Wenn außer der „Federkraft" $= \omega^2 x$ noch ein der Bewegung entgegengerichteter Widerstand — eine *Dämpfung* — vorhanden ist, die hier (wenn es sich um kleine Geschwindigkeiten handelt, nach **74**d) der Geschwindigkeit $v \equiv \dot{x}$ proportional und in der Form $- k\dot{x}$ angenommen werden soll, so lautet die Bewegungsgleichung

$$mb = m\ddot{x} = - cx - k\dot{x}, \qquad (204)$$

und wenn $k/m = 2\lambda$ und wieder $c/m = \omega^2$ gesetzt wird, nimmt diese Gleichung die Form an:

$$\ddot{x} + 2\lambda\,\dot{x} + \omega^2 x = 0; \qquad (205)$$

2λ nennt man die *Dämpfungskonstante*. Die Integration wird geleistet durch den Ansatz: $x = A e^{pt}$ und liefert nach Einsetzen für p die quadratische Gleichung

$$p^2 + 2\lambda p + \omega^2 = 0, \quad \text{deren Wurzeln sind:} \quad p_{1,\,2} = -\lambda \pm \sqrt{\lambda^2 - \omega^2}.$$

Die vollständige Lösung lautet daher

$$x = A_1 e^{p_1 t} + A_2 e^{p_2 t}, \qquad (206)$$

worin A_1 und A_2 die Integrationskonstanten bedeuten. Für die Art der eintretenden Bewegung sind die Zahlenwerte von λ und ω maßgebend; hierbei sind die folgenden drei Fälle zu unterscheiden:

a) *Schwache Dämpfung* $\lambda < \omega$; wir setzen $\sqrt{\lambda^2 - \omega^2} = i\nu$ und erhalten

$$e^{p_{1,2} t} = e^{-\lambda t}\, e^{\pm i\nu t} = e^{-\lambda t} (\cos \nu t \pm i \sin \nu t),$$

so daß

$$x = e^{-\lambda t}\, [(A_1 + A_2) \cos \nu t + i\, (A_1 + A_2) \sin \nu t]. \qquad (207)$$

Um die Lösung in *reeller* Form zu erhalten, müssen wir A_1 und A_2, die willkürlich sind, als konjugiert-komplexe Größen annehmen und setzen

$$A_1 = \tfrac{1}{2}\,(a_1 - a_2 i), \qquad A_2 = \tfrac{1}{2}\,(a_1 + a_2 i),$$

wobei a_1 und a_2 reell sind. Führen wir zwei weitere Konstante a, α mittels der Gleichungen ein

$$A_1 + A_2 = a_1 = a \sin \alpha, \qquad i\,(A_1 - A_2) = a_2 = a \cos \alpha,$$

so erhält man die endliche Bewegungsgleichung in der eingliedrigen Form

$$\boxed{x = a e^{-\lambda t} \sin (\nu t + \alpha),} \qquad (208)$$

wobei a und α die Integrationskonstanten sind. α nennt man die *Phase* der Schwingung und $e^{-\lambda t}$ den *Dämpfungsfaktor*.

Da der Sinus zuerst nach der Zeit $t = \left(\dfrac{\pi}{2} - \alpha\right)\big/\nu$ und sodann nach jeder *Halbperiode*

$$\boxed{\dfrac{T}{2} = \dfrac{\pi}{\nu} = \dfrac{\pi}{\sqrt{\omega^2 - \lambda^2}}} \qquad (209)$$

die Grenzen ± 1 annimmt und dazwischen je einmal verschwindet, so verläuft x in Abhängigkeit von t in aufeinanderfolgenden Wellen, für die die Höchstwerte in gleichen Zeitintervallen aufeinanderfolgen, aber nicht auf den beiden durch die Gleichungen $x = \pm\, a e^{-\lambda t}$ gegebenen Exponentialkurven liegen (Abb. 136).

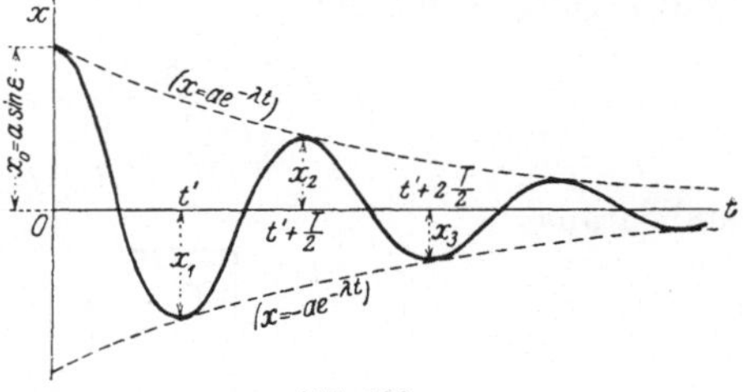

Abb. 136.

Die Periode T ist *größer* als die der ungedämpften Schwingung, d. h. die Schwingungen verlaufen bei der gedämpften Schwingung *langsamer*. Die aufeinanderfolgenden Maxima und Minima treten ein, sobald

$$\dot{x} = a e^{-\lambda t}\,[-\lambda \sin (vt + \alpha) + v \cos (vt + \alpha)] = 0,$$

d. h. für alle t, für die

$$\operatorname{tg} (vt + \alpha) = v/\lambda$$

ist. Wenn diese Gleichung etwa für $t = t'$ befriedigt ist, so trifft dasselbe zu für die Werte

$$t', \quad t' + \frac{T}{2}, \quad t' + 2\,\frac{T}{2}, \quad t' + 3\,\frac{T}{2}, \; \ldots$$

Die diesen Zeiten entsprechenden Wege sind

$$x_1 = a e^{-\lambda t'} \sin (vt' + \alpha), \quad x_2 = -\,a e^{-\lambda t' - \lambda T/2} \sin (vt' + \alpha) \text{ usw.,}$$

und es folgt für das Verhältnis je zweier aufeinanderfolgender Ausschläge (abgesehen vom Vorzeichen)

$$\boxed{\frac{x_1}{x_2} = \frac{x_2}{x_3} = \cdots = \text{konst.} = e^{\lambda T/2};} \tag{210}$$

dies nennt man das *Dämpfungsverhältnis* und den natürlichen Logarithmus davon, also die Größe $\ln x_1 - \ln x_2 = \lambda T/2 = \delta$ (nach Gauß)

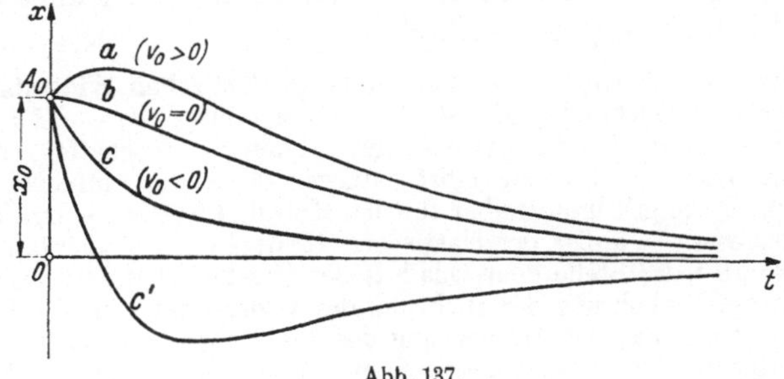

Abb. 137.

das *logarithmische Dekrement;* wir erhalten also das Ergebnis, daß die logarithmische „Abnahme" der Schwingungsweiten eine längs des ganzen Schwingungsverlaufes konstante Größe besitzt.

Aus Gl. (209) folgt mit $\omega = 2\pi/T_0$ und $\lambda = 2\delta/T_0$, wenn T_0 die Schwingsdauer der mit der Frequenz ω verlaufenden ungedämpften Schwingung bedeutet:

$$\frac{T}{2} = \frac{\pi}{\sqrt{\dfrac{4\pi^2}{T_0^2} - \dfrac{4\delta^2}{T_0^2}}} = \frac{T_0/2}{\sqrt{1 - \dfrac{\delta^2}{\pi^2}\,\dfrac{T_0^2}{T^2}}},$$

und daraus

$$\boxed{\frac{T}{T_0} = \sqrt{1 + \frac{\delta^2}{\pi^2}}\,.} \tag{211}$$

Durch diese Gleichung ist die Schwingdauer des gedämpften Schwingers (T) durch die des ungedämpften (T_0) und durch das logarithmische Dekrement (δ) ausgedrückt.

b) *Starke Dämpfung* $\lambda > \omega$, $\sqrt{\lambda^2 - \omega^2} > 0$. Die endliche Bewegung wird dargestellt durch die Gleichung

$$x = A_1 e^{(-\lambda - \sqrt{\lambda^2 - \omega^2})t} + A_2 e^{(-\lambda + \sqrt{\lambda^2 - \omega^2})t}. \tag{212}$$

Da beide Exponenten der e-Funktionen reell sind und $\lim\limits_{t \to \infty} x \to 0$, so verläuft die Bewegung ohne Schwingungen asymptotisch gegen die Lage $x = 0$. Die besondere Form der x-t-Linie hängt von dem Werte der Geschwindigkeit v_0 für $t = 0$ ab; je nachdem $v_0 \gtreqless 0$ ist, erhält man die drei in Abb. 137 gegebenen Formen.

Wenn $v_0 < 0$, also zu Anfang eine nach O hinweisende Geschwindigkeit vorhanden und genügend groß ist, dann kann die x-t-Linie die t-Achse *einmal* schneiden und von unten her zur Ruhelage $x = 0$ hinkriechen (Abb. 137c').

c) Für den *Grenzfall* $\lambda = \omega$ erhält man die vollständige Lösung durch eine Grenzbetrachtung in der Form

$$x = (A + Bt)\, e^{-\lambda t}, \tag{213}$$

x verläuft hier ebenfalls ohne Schwingungen gegen Null.

Die hier und in **75** und **77** betrachteten Fälle bezeichnet man auch als „freie" Schwingungen des Punktes.

77. *Beispiel 72.* **Schwingungen nach dem quadratischen Widerstandsgesetz**[1]. In der Bewegungsgleichung (207) ist das Widerstandsglied $- 2\lambda v$ wegen der auftretenden e r s t e n Potenz der Geschwindigkeit so beschaffen, daß es die Richtung des Widerstandes von selbst entgegen der von v einführt, d. h. diese Bewegungsgleichung gilt unmittelbar für den Hin- und Rückgang der Schwingung. Wenn dagegen — außer der elastischen Kraft — ein Widerstand einwirkt, dessen Größe an jeder Stelle dem Quadrat der Geschwindigkeit proportional ist, so muß man die Umkehrung der Richtung des Widerstandes bei Umkehrung der Bewegungsrichtung, also bei Umkehrung des Vorzeichens von v, besonders zum Ausdruck bringen. Die Bewegungsgleichung ist demgemäß in der Form anzuschreiben (die Konstanten sind mit Rücksicht auf die folgenden Rechnungen gewählt)

$$b \equiv \dot{v} = - 2\alpha^2 x \pm k v^2, \tag{214}$$

---

[1] Vgl. Physik. Z. Bd. 29, S. 938. 1928.

wobei das obere Vorzeichen für den Rückgang (d. i. gegen die Stelle $x = 0$ hin),
das untere Vorzeichen für den Hingang (d. i. von der Stelle $x = 0$ weg) gelten
soll. In diesem Fall liegt es (ähnlich wie in 72c) nahe, auch die Geschwindigkeit
als Funktion von x zu betrachten und demgemäß die Bewegungsgleichung in
der Form anzuschreiben

$$\frac{1}{2}\frac{dv^2}{dx} \mp kv^2 = -2\alpha^2 x.\qquad(214a)$$

Dies ist eine lineare Differentialgleichung in v^2, und ihr Integral läßt sich, wenn
für $x = x_0$, $v = 0$ sein soll, für den Rückgang in der Form anschreiben:

$$v = -\frac{\alpha}{k}\sqrt{1 + 2kx - (1 + 2kx_0)\,e^{-2k(x_0 - x)}}.\qquad(215)$$

Die Stellen $v = 0$ geben die x-Koordinaten der auftretenden Umkehrpunkte
x_1, x_2, x_3 usw. an. Diese Bedingung ($v = 0$) läßt sich auch in der Form schreiben

$$\frac{e^{2kx_0}}{1 + 2kx_0} = \frac{e^{2kx_1}}{1 + 2kx_1} = \cdots.$$

Zeichnet man daher (Abb. 138) die Kurve

$$y = 2kx - \ln(1 + 2kx),\qquad(216)$$

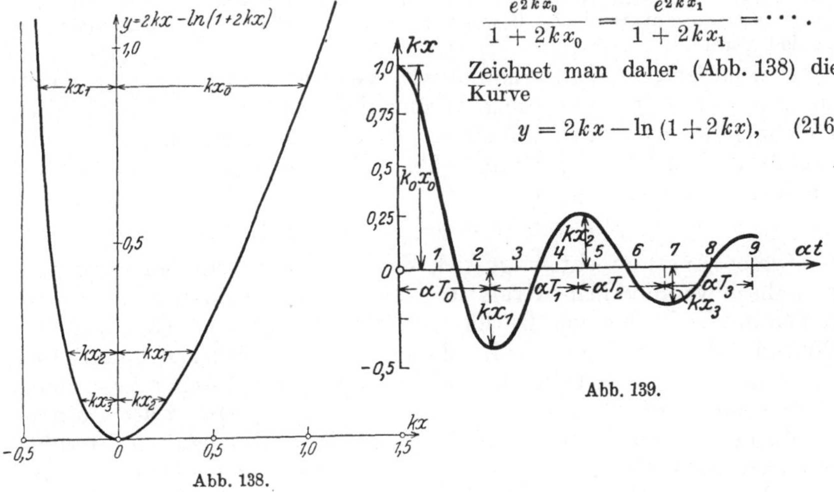

Abb. 138.

Abb. 139.

indem man als Abszisse die Größe kx aufträgt, so sind je zwei aufeinanderfolgende
Werte von x die Abszissen, die zu den gleichen Werten von y gehören. Aus dieser
Kurve sind daher, sobald der Anfangswert x_0 gegeben ist, die für die aufeinanderfolgenden Umkehrpunkte geltenden Werte kx_0, kx_1 usw. unmittelbar in der aus
aus der Abbildung ersichtlichen Weise zu entnehmen.

Zur angenäherten Berechnung der Umkehrpunkte entwickle man die in v
auftretende Exponentialfunktion für $x = x_0$ nach Potenzen von $x_0 - x$ und setze
darin $x = x_1$; dann erhält man, wenn man in der Klammer als erste Näherung nur
die Glieder zweiter Ordnung berücksichtigt, nach einigen leichten Kürzungen
$x_1 = -x_0$. Geht man mit dieser Näherung in die Glieder dritter Ordnung in der
letzten Gleichung, so erhält man als zweite Näherung den Ausdruck

$$x_1 = -x_0\,\frac{1 - \tfrac{2}{3}kx_0}{1 + \tfrac{2}{3}kx_0},\ \text{usw.}\qquad(217)$$

der auch für die folgenden Umkehrpunkte gilt und diese für nicht zu große k mit
ausreichender Näherung zu berechnen gestattet.

Die Dauer der aufeinanderfolgenden Schwingungen läßt sich nur angenähert
berechnen; als x-t-Linie (bzw. kx-αt-Linie) ergibt sich die in Abb. 139 gezeichnete Kurve. Wir erhalten also wieder einen schwingungsähnlichen Verlauf, nur
sind die aufeinanderfolgenden Schwingzeiten T_0, T_1, T_2, ... nicht gleich, sondern
nehmen zu; auch das Gesetz über die Konstanz des logarithmischen Dekrements
der Schwingungen behält nicht mehr seine Gültigkeit.

78. Erzwungene Schwingungen. Resonanz. Wir wollen nunmehr annehmen, daß außer der „Federkraft" $-cx$ und der „Dämpfungskraft" $-k\,\dot{x}$ noch eine mit der Zeit *periodisch* veränderliche eingeprägte Kraft vorhanden sei, die also in einem bestimmten „Rhythmus" auf den schwingungsfähigen Punktkörper einwirkt. Derartige periodische Kräfte spielen nicht nur im Gebiete der technischen Mechanik eine große Rolle (man denke an die Bewegungen, die durch die periodisch verlaufenden Massenkräfte von Maschinen in diesen selbst und in Gebäuden oder Fahrzeugen aller Art auftreten, in denen Maschinen eingebaut sind), sie sind auch für alle anderen Zweige der Physik, wie Akustik, Elektrizitätslehre (Radiotechnik), Optik usw. von außerordentlicher Bedeutung.

Es sei noch bemerkt, daß diese Betrachtungen nur für *schwache* Dämpfung, also für $\lambda < \omega$ gelten, wenn also die Eigenschwingung eine wirkliche Schwingung und keine aperiodische Bewegung ist, die in **76**b) und c) besonders behandelt wurde.

Den einfachsten Fall erhalten wir, wenn wir die periodische Kraft als mit der Zeit sinusförmig veränderlich annehmen, also die Beschleunigung etwa $R \sin \Omega\, t$ setzen, so daß die Bewegungsgleichung, nachdem auch hier die Größen $k/m = 2\lambda$ und $c/m = \omega^2$ eingeführt werden, die Form annimmt

$$\ddot{x} + 2\,\lambda\,\dot{x} + \omega^2\,x = R \sin \Omega\, t. \tag{218}$$

Dieser Ansatz rechtfertigt sich dadurch, daß man jede beliebige periodisch veränderliche Kraft in eine nach trigonometrischen Funktionen des Vielfachen von $\Omega\,t$ fortschreitende Reihe entwickeln und den Einfluß jedes einzelnen Gliedes dieser Reihe untersuchen kann. Das von t abhängige Glied auf der rechten Seite der Bewegungsgleichung (218) nennt man *Störungsglied*, und Ω die *Kreisfrequenz der Störung*.

Wenn in einem Kraftwagen der Motor läuft, nehmen wir Erschütterungen wahr, die im „Tempo" der Motorbewegung erfolgen. Aus allen derartigen Erscheinungen schließen wir, daß die eintretende Bewegung ebenfalls eine mit t periodisch veränderliche sein wird, und zwar von derselben Kreisfrequenz Ω wie die der „erregenden" oder „eingeprägten" Kraft; wir setzen daher, indem wir die „Phasenlage" dieser erzeugten Schwingung gegen die erregende Beschleunigung offen lassen

$$x \equiv x_1 = C \sin (\Omega\, t - \alpha), \tag{219}$$

wobei C und α jedoch nicht willkürliche Integrationskonstante, sondern durch die Differentialgl. (218) selbst bestimmt sind. Soll der Ansatz (219) die Gl. (218) identisch erfüllen, so müssen die Koeffizienten von $\sin (\Omega\, t - \alpha)$ und $\cos (\Omega\, t - \alpha)$ zu beiden Seiten der Gleichung übereinstimmen; hierzu setzen wir in Gl. (218) rechts $\Omega\, t = (\Omega\, t - \alpha) + \alpha$ und erhalten:

$$-\Omega^2\, C \sin (\Omega\, t - \alpha) + 2\lambda\,\Omega\, C \cos (\nu\, t - \alpha) + \omega^2\, C \sin (\Omega\, t - \alpha)$$
$$= R\,[\sin (\Omega\, t - \alpha) \cos \alpha + \cos (\Omega\, t - \alpha) \sin \alpha],$$

daraus fließen durch Vergleich der Koeffizienten von $\sin (\Omega\, t - \alpha)$ und $\cos (\Omega\, t - \alpha)$ die Gleichungen

$$\left. \begin{array}{r} (\omega^2 - \Omega^2)\, C = R \cos \alpha, \\ 2\lambda\,\Omega\, C = R \sin \alpha, \end{array} \right\}$$

oder nach C und α aufgelöst:

$$C = \frac{R}{\sqrt{(\omega^2 - \Omega^2)^2 + 4\lambda^2\Omega^2}}, \qquad \operatorname{tg}\alpha = \frac{2\lambda\Omega}{\omega^2 - \Omega^2}. \tag{220}$$

Es ergibt sich für $x_1 = x_1(t)$ tatsächlich eine *einfache harmonische* Schwingung von derselben Kreisfrequenz Ω wie sie die „erregende" Schwingung hat; diese beiden durchschreiten aber ihre Nullwerte nicht gleichzeitig; vielmehr tut dies die eintretende Schwingung für $\omega > \Omega$ immer *später* als die erregende ($0 < \alpha < \pi/2$!), sie ist, wie man sagt, „in der Phase gegen die erregende Schwingung zurück".

Zu dieser „partikulären" Lösung nach Gl. (219), die keine willkürliche Konstante enthält, ist noch die Lösung (208) der zugehörigen „homogenen" Gl. (207) hinzuzufügen, mittels welcher die zwei Anfangsbedingungen, die der Aufgabe zugehören, erfüllt werden können. Diese „überlagerte freie Schwingung" klingt aber in vielen Fällen rasch ab, so daß im weiteren Verlaufe nur die erzwungene Schwingung (219) im Tempo der erregenden Schwingung übrigbleibt.

Diskussion der erhaltenen Lösung. Betrachten wir erregende Schwingungen mit verschiedenen Kreisfrequenzen Ω, d. h. lassen wir Ω von 0 bis ∞ wachsen, so zeigt Gl. (220), daß C bei gegebenen R, ω, λ am größten wird, wenn der Nenner seinen kleinsten Wert annimmt, d. h. für $\Omega^2 = \omega^2 - 2\lambda^2$. Nicht für diesen Wert von Ω, sondern für $\Omega = \omega$, wenn also die erregende Schwingung im selben Rhythmus erfolgt wie die ungedämpfte harmonische Schwingung, spricht man von *Resonanz*; für $\lambda = 0$, und $\Omega = \omega$ wird sogar $C = \infty$, was ein übermäßiges Anwachsen der Schwingungen anzeigt.

Ein solches „Unendlichwerden" gibt in den angewandten Wissenschaften immer einen Hinweis darauf, daß die Voraussetzungen der Theorie in irgendeinem Punkte ungültig werden und durch andere ersetzt werden müssen, um eine sinnvolle Aussage zu erhalten.

Die Abhängigkeit des Wertes C von Ω ist in Abb. 140a dargestellt und wird als *Resonanzkurve* bezeichnet; für $\Omega = \omega$ ist $C_{(\Omega=\omega)} = R/2\lambda\,\omega$,

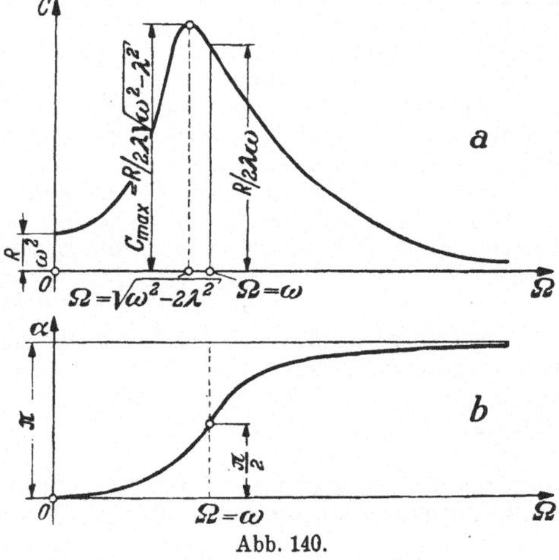

Abb. 140.

für $\Omega = \sqrt{\omega^2 - 2\lambda^2}$ ($< \omega$) erhält man den größten Wert von C, und dieser ist, wie man durch Einsetzen dieses Wertes aus (220) abliest,

$$C_{\max} = \frac{R}{2\lambda\sqrt{\omega^2 - \lambda^2}} > C_{(\Omega=\omega)}. \tag{221}$$

Die Abhängigkeit des Winkels α von Ω ist durch Abb. 140b gegeben, die die bildliche Darstellung der zweiten Gl. (220) ist; für $\Omega = 0$ ist $\alpha = 0$, für $\Omega = \omega$: $\alpha = \pi/2$; für $\Omega = \infty$: $\alpha = \pi$.

Aus diesen Ergebnissen müssen wir schließen, daß jedes „schwingungsfähige System" sehr stark durch periodische Kräfte beeinflußbar ist, deren Perioden mit seiner Schwingungszahl übereinstimmen, oder dieser nahe kommen. So können Brücken unter dem Gleichtakt trittmäßig marschierender Truppenkörper gefährdet werden, wenn das Marschtempo mit der Schwingungszahl der elastischen Hauptschwingung der Brücke übereinstimmt. Ebenso können Wellenbrüche bei Maschinen auftreten — und sind tatsächlich beobachtet worden —, wenn ihre Drehzahl mit der Teilfrequenz eines erregenden äußeren Moments oder auch mit einer der eigenen Schwingungszahlen der Welle übereinstimmt.

Man erkennt daraus, wie wichtig es ist, die Schwingungszahlen der Bauwerke, Decken, Maschinenwellen, Gestelle u. dgl. zu kennen, und in der Tat sind besondere Verfahren zu ihrer Bestimmung bekannt (siehe Dynamische Festigkeitslehre). Diese Schwingungszahlen der eigenen elastischen Schwingungen bezeichnet man als *Eigenschwingungszahlen* oder als *Eigenwerte* der zugehörigen Bewegungsgleichung.

Ein Beispiel, bei dem diese Erscheinung in größtem Ausmaße zur Anwendung kommt, ist die drahtlose Telegraphie und Telephonie, bei der die Resonanz zwischen einer erregenden elektrischen Schwingung und der „elektrischen" Eigenschwingung eines „Schwingungskreises" verwertet wird. Eines der interessantesten Resonanzprobleme bietet übrigens auch die Stimme des Menschen und der Tiere dar.

Andererseits sieht man aus dem Verlauf der Resonanzkurve, daß für sehr hohe Frequenzen Ω der eingeprägten Schwingung gegenüber der Eigenschwingung ω des Systems die Ausschläge C der erzwungenen Schwingung sehr klein werden. Diese Tatsache benutzt man z. B. zum Schutze empfindlicher Meßinstrumente gegen Schwingungen (Erschütterungen) hoher Frequenz, die von den Fundamenten her übertragen werden. Es genügt dazu, die Instrumente derart federnd aufzuhängen, daß die Eigenfrequenz ω des ganzen Systems (Instrument mit Federung) genügend klein ist gegenüber Ω (d. h. die Eigenschwingperiode sehr groß gegenüber der Periode der äußeren Schwingung). Das gleiche Prinzip wird angewendet bei der Messung von Schiffsrumpfschwingungen und bei der Messung von Erdbebenwellen durch Seismographen.

Beispiel 73. Form der Lösung für den Fall der Resonanz bei fehlender Dämpfung.
Wenn die Frequenz der erregenden Kraft (ω) mit der Eigenfrequenz des Schwingers übereinstimmt, so lautet die Bewegungsgleichung bei fehlender Dämpfung:

$$\ddot{x} + \omega^2 x = R \sin \omega t. \tag{222}$$

Um eine partikuläre Lösung dieser Gleichung zu erhalten, kann man ein Verfahren anwenden, das in der Theorie der Differentialgleichungen als „Variation der Konstanten" bekannt ist. — Man setze x als Produkt zweier Funktionen u, v von t an:

$$x = u\,v,$$

führe diesen Ansatz in die Diff.-Gl. (222) ein und verfüge über die eine dieser beiden Funktionen in geeigneter Weise. Man erhält durch Einsetzen in die obige Gleichung:

$$u\,\ddot{v} + 2\,\dot{u}\,\dot{v} + \ddot{u}\,v + \omega^2 u v = R \sin \omega\, t.$$

Diese Gleichung schreiben wir in der Form

$$u\,(\ddot{v} + \omega^2 v) + v\,\ddot{u} + 2\,\dot{v}\,\dot{u} = R \sin \omega t$$

und verfügen über v so, daß das erste Glied links verschwindet, also

$$\ddot{v} + \omega^2 v = 0$$

wird; als Lösung dieser Gleichung nehmen wir

$$v = \cos \omega t.$$

Der verbleibende Rest der Differentialgleichung hat dann die Form

$$\ddot{u} - 2\,\omega\,\mathrm{tg}\,\omega t\,\dot{u} = R\,\mathrm{tg}\,\omega t,$$

ein partikulares Integral lautet, wie man durch Einsetzen sofort bestätigt:

$$\dot{u} = -\frac{R}{2\,\omega}\,.$$

Diese Gleichung gibt, nochmals integriert,

$$u = -\frac{R}{2\,\omega}\,t$$

und damit folgt

$$uv = -\frac{R}{2\,\omega}\,t\cos\omega t.$$

Zu dieser haben wir die Lösung der zugehörigen homogenen Gleichung hinzuzufügen und erhalten

$$x = A\cos\omega t + B\sin\omega t - \frac{R}{2\,\omega}\,t\cos\omega t.$$

Für die Anfangsbedingungen $t = 0$: $x = 0$, $\dot{x} = 0$ folgt daher $A = 0$, $B = R/2\,\omega^2$, also

$$\boxed{x = \frac{R}{2\,\omega^2}\,[\sin\omega t - \omega t\cos\omega t].} \qquad (223)$$

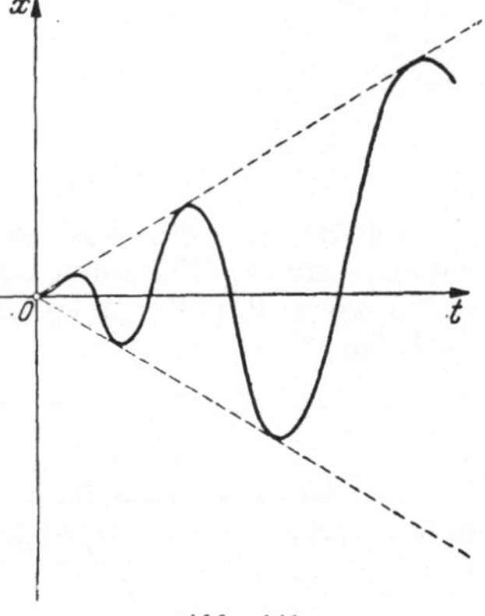

Abb. 141.

Dies bedeutet ein Anwachsen der Schwingweiten in der in Abb. 141 dargestellten Art zwischen den beiden Geraden $x = \pm\,Rt/2\,\omega$ als Einhüllenden.

Wenn die Frequenz der erregenden Schwingung selbst veränderlich ist, also etwa $\omega = ct$, so erhält man den Fall des „Anlassens" des Schwingers und das „Durchfahren" der Resonanzfrequenz; dieser Fall kann nicht mehr durch trigonometrische Funktionen dargestellt werden.

III. Krummlinige Bewegung des Punktes.

79. Krummlinige Bewegung in der Ebene in Cartesischen Koordinaten.
Die Darstellung der Geschwindigkeit und Beschleunigung in Cartesischen Koordinaten x, y eignet sich insbesondere dann, wenn durch die Beschaffenheit des vorgelegten Problems eine Bevorzugung bestimmter fester Richtungen im Raume gegeben erscheint. Bei den Bewegungen im Schwerefeld der Erde in der Nähe der Erdoberfläche, das angenähert „gleichförmig" (homogen) ist und an allen Stellen lotrechte Richtung der Beschleunigung ergibt, wird die Wahl dieser Koordinaten nahe gelegt. In allen Fällen zeigt sich, daß durch Verwendung der dem Problem sich anschmiegenden oder diesem „angepaßten" Koordinaten die rechnerische Behandlung wesentlich erleichtert, in manchen Fällen praktisch überhaupt erst ermöglicht wird. — Der Ansatz des Problems geschieht immer in der Weise, daß die raum-zeitlichen Ausdrücke für die Beschleunigung $\mathfrak{b}$ *in diesen Koordinaten* den gegebenen — *„eingeprägten"* — Komponenten der Beschleunigung (als Funktionen von x, y, v_x, v_y, t) gleichgesetzt werden.

Beispiel 74. Schiefer Wurf im luftleeren Raume. Da der Beschleunigungsvektor $\mathfrak{g}$ der Schwere in allen Punkten A der Bahn lotrecht nach abwärts gerichtet ist, legen wir etwa die y-Achse ebenfalls lotrecht, und zwar nach aufwärts, die x-Achse waagrecht (Abb. 142a). Die Beschleunigungen nach der x- und y-Achse sind dann

$$b_x \equiv \dot{v}_x = 0, \quad b_y \equiv \dot{v}_y = -g, \tag{224}$$

und daraus erhält man durch Integration:

$$\begin{cases} v_x = \text{konst.} = v_0 \cos\alpha = \dot{x}, \\ v_y = \text{konst.} - gt = v_0 \sin\alpha - gt = \dot{y}, \end{cases} \tag{225}$$

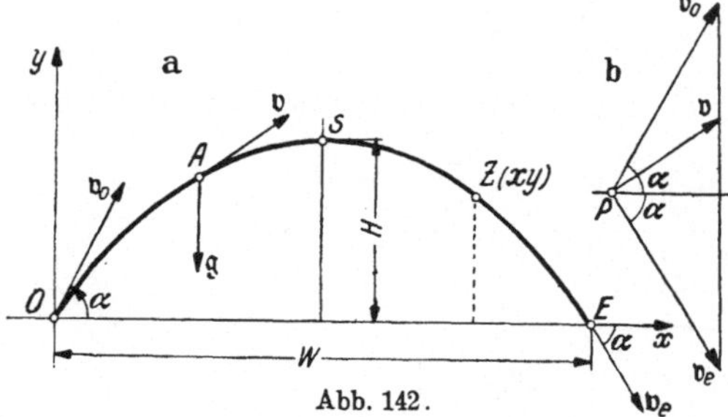

indem wir die Geschwindigkeit in O für $t = 0$ von der Größe v_0 und unter dem Winkel α gegen die Waagrechte geneigt annehmen. Die Koordinaten x, y als Funktionen von t ergeben sich (wenn für $t = 0$, $x = 0$, $y = 0$ sein soll) durch eine zweite Integration in der Form

$$\begin{aligned} x &= v_0 t \cos\alpha, \\ y &= v_0 t \sin\alpha - \tfrac{1}{2} g t^2. \end{aligned} \tag{226}$$

Die Bahn ist eine Parabel, wie sich durch Elimination von t aus diesen Gleichungen ergibt. Für ihren höchsten Punkt S ist $v_y = 0$, also die „*Steigzeit*" bis dahin nach Gl. (225): $T = v_0 \sin\alpha/g$, die „*Wurfhöhe*" H und die „*Wurfweite*" W nach Gl. (226):

$$H = y_{(t=T)} = \frac{v_0^2 \sin^2\alpha}{2g}, \qquad W = 2x_{(t=T)} = \frac{v_0^2 \sin 2\alpha}{g}. \tag{227}$$

Der Geschwindigkeitsplan (Abb. 142b) ist das Stück einer lotrechten Linie in Verbindung mit dem „Pole" P. Es ist für jede Stelle $\overline{Pv} = \mathfrak{v}$. Die Größe der Geschwindigkeit ist nach Gl. (225) und Benutzung von Gl. (226)

$$v^2 = v_x^2 + v_y^2 = v_0^2 - 2gy,$$

ist also nur abhängig von der Höhe y über der Waagrechten. Diese Gleichung entspricht der *Energiegleichung* (siehe **72**).

Als Anwendung dieser einfachen Formeln beantworten wir noch die Frage nach jenem Winkel α, unter dem mit einer bestimmten Anfangsgeschwindigkeit v_0 geworfen oder geschossen werden muß, um ein bestimmtes Ziel $Z(x, y)$ zu erreichen. Hierzu benutzen wir die durch Elimination von t aus den Gln. (226) hervorgehende Parabelgleichung in der Form

$$y = x \operatorname{tg}\alpha - (1 + \operatorname{tg}^2\alpha)\, x^2/4h, \quad \text{worin} \quad h = v_0^2/2g$$

gesetzt ist; dies ist eine quadratische Gleichung für $\operatorname{tg}\alpha$ und liefert die Wurzeln

$$\operatorname{tg}\alpha = \frac{1}{x}\left[2h \pm \sqrt{4h^2 - 4hy - x^2}\right]. \tag{228}$$

Man erhält also im allgemeinen *zwei* Werte, einen Flachwurf oder Flachschuß (Kanone) und einen Steilwurf oder Steilschuß (Haubitze oder Mörser); nur wenn die Quadratwurzel imaginär wird, wenn also $4h^2 - 4hy - x^2 < 0$, kann das gegebene Ziel (x, y) mit gegebenem v_0 (oder h) nicht erreicht werden. Für die Punkte der „Grenzparabel" $4h^2 - 4hy - x^2 = 0$, deren Lage leicht eingezeichnet werden kann, fallen die beiden möglichen Wurfparabeln zusammen, diese Punkte können daher nur durch eine einzige Flugbahn erreicht werden. Die Grenzparabel ist die Einhüllende aller Wurfparabeln, die von O mit einer gegebenen Anfangsgeschwindigkeit v_0 unter allen möglichen Wurfwinkeln α erhalten werden.

80. Natürliche Zerlegung: Tangential- und Normalbeschleunigung.
Zu jeder (ebenen) Kurve gibt es *zwei* mit ihr „natürlich" (d. h. ohne
Beziehung auf ein von der Kurve unabhängiges Achsenkreuz) verbundene Richtungen: die *Tangente* und *Normale*. Die Zerlegung von $\mathfrak{b}$
nach diesen liefert die *Tangentialbeschleunigung* $\mathfrak{b}_t$ und *Normalbeschleunigung* $\mathfrak{b}_n$. Ähnlich wie bei rechtwinkligen Koordinaten, bei denen die
Komponenten von $\mathfrak{b}$ durch die ersten Ableitungen der Geschwindigkeiten oder durch die zweiten der Koordinaten gegeben sind, lassen
sich auch $\mathfrak{b}_t$ und $\mathfrak{b}_n$ durch einfache Ausdrücke definieren, die wir am
besten direkt an Hand der Abb. 127 berechnen. Hierzu drücken wir
den vektoriellen Zuwachs $\varDelta\mathfrak{b}$ von $\mathfrak{b}$ durch die Komponenten nach der
Tangenten $\varDelta\mathfrak{u}$ und Normalen $\varDelta\mathfrak{w}$ zur Bahn aus,

$$\varDelta\mathfrak{b} = \varDelta\mathfrak{u} + \varDelta\mathfrak{w},$$

dividieren durch $\varDelta t$ und machen $\varDelta t \to 0$, dann folgt

$$\boxed{\mathfrak{b} = \mathfrak{b}_t + \mathfrak{b}_n.} \tag{229}$$

Nun ist, wenn $\varDelta\vartheta$ der sog. Kontingenzwinkel, d. h. der Winkel der
Tangenten an die Bahnkurve in zwei aufeinanderfolgenden Punkten ist,

$$b_t = \lim_{\varDelta t \to 0} \frac{v' \cos \varDelta\vartheta - v}{\varDelta t} = \lim_{\varDelta t \to 0} \frac{v' - v}{\varDelta t} = \lim_{\varDelta t \to 0} \frac{\varDelta v}{\varDelta t} = \frac{dv}{dt},$$

und

$$b_n = \lim_{\varDelta t \to 0} \frac{v' \sin \varDelta\vartheta}{\varDelta t} = v \lim_{\varDelta t \to 0} \left(\frac{\varDelta\vartheta}{\varDelta s}\frac{\varDelta s}{\varDelta t}\right) = v^2 \lim_{\varDelta t \to 0} \frac{\varDelta\vartheta}{\varDelta s} = \frac{v^2}{\varrho},$$

wenn $\varrho = \overline{AK} = ds/d\vartheta$ den *Krümmungshalbmesser* und ds das Bogenelement der Bahnkurve bedeutet, da $ds/dt = v$. Die Größe

$$\boxed{\lim_{\varDelta t \to 0} \frac{\varDelta\vartheta}{\varDelta t} = \frac{d\vartheta}{dt} = \omega} \tag{230}$$

bezeichnet man als *Winkelgeschwindigkeit*, d. i. das Maß der Änderung
des Winkels ϑ der Tangenten (oder Normalen) gegen eine *feste* Richtung
in der Ebene in der Zeiteinheit. Die Dimension von ω ist $[1/T]$, ihre
Einheit 1/sec. Es ist daher auch

$$\frac{ds}{dt} = \frac{ds}{d\vartheta}\frac{d\vartheta}{dt} = \varrho\,\omega,$$

so daß die beiden Komponenten von b die Form erhalten:

$$\boxed{b_t = \frac{dv}{dt} = v\frac{dv}{ds}, \quad b_n = \frac{v^2}{\varrho} = \varrho\,\omega^2 = v\,\omega.} \tag{231}$$

Wir können daher die vektorielle Änderung von $\mathfrak{v}$, d. i. eben die
Beschleunigung $\mathfrak{b}$, darstellen durch einen „tangential gerichteten"
Teil b_t, der nur die Änderung der Größe von v angibt und einen „normal
gerichteten" Teil $b_n = v\omega$, der dadurch entsteht, daß $\mathfrak{v}$ mit der Winkelgeschwindigkeit ω gedreht wird: die Richtung von b_n ist zu $\mathfrak{v}$ senkrecht,
und zwar *im* Sinn der Drehrichtung der Tangente um $\pi/2$ gegen $\mathfrak{v}$ verdreht.

Von besonderer Wichtigkeit ist, daß b_n durch die Geschwindigkeit v und den Krümmungshalbmesser ϱ der Bahn allein bestimmt ist und mit seinem Pfeil nach dem Krümmungsmittelpunkt K hin gerichtet ist, während b_t jeden beliebigen positiven oder negativen Wert annehmen kann.

Durch einen ähnlichen Schritt, wie aus der Geschwindigkeit die Beschleunigung, erhalten wir aus der Winkelgeschwindigkeit die *Winkelbeschleunigung* λ, die von 0 verschieden ist, wenn ω veränderlich ist:

$$\lambda = \lim_{\Delta t \to 0} \frac{\omega\,(t + \Delta t) - \omega\,(t)}{\Delta t} = \frac{d\omega}{dt} = \dot{\omega} = \frac{d^2\vartheta}{dt^2} = \ddot{\vartheta}\,; \qquad (232)$$

ihre Dimension ist $[1/T^2]$, ihre Einheit $1/\text{sec}^2$. Bei der Drehung eines Punktes um einen festen Punkt in konstantem Abstande r ist insbesondere

$$b_t = \dot{v} = r\,\dot{\omega} = r\,\ddot{\vartheta} = r\,\lambda, \qquad b_n = \frac{v^2}{r} = r\,\omega^2 = v\,\omega. \qquad (233)$$

Beispiel 75. Für die *gleichförmige Bewegung* im Kreise vom Halbmesser r mit der Geschwindigkeit $v = konst.$ ist $ds = r\,d\vartheta$, daher (Abb. 143)

$$v = \frac{ds}{dt} = r\,\frac{d\vartheta}{dt} = r\omega = \text{konst.}, \quad \text{also auch} \quad \omega = \text{konst.}$$

Die *Umlaufzeit* T folgt aus

$$2\pi r = vT, \qquad T = \frac{2r\pi}{v} = \frac{2\pi}{\omega}. \qquad (234)$$

Statt der Winkelgeschwindigkeit verwendet man in der Praxis gewöhnlich die *Drehzahl n* und versteht darunter *die Umlaufzahl in 1 min*; sie folgt durch Berechnung des Weges in 1 sec: Der Weg in 1 min ist $2r\pi n$, daher in 1 sec: $2r\pi n/60 = v = r\omega$, und

$$\omega = \frac{\pi n}{30}, \quad \text{oder} \quad n = \frac{30\,\omega}{\pi}. \qquad (235)$$

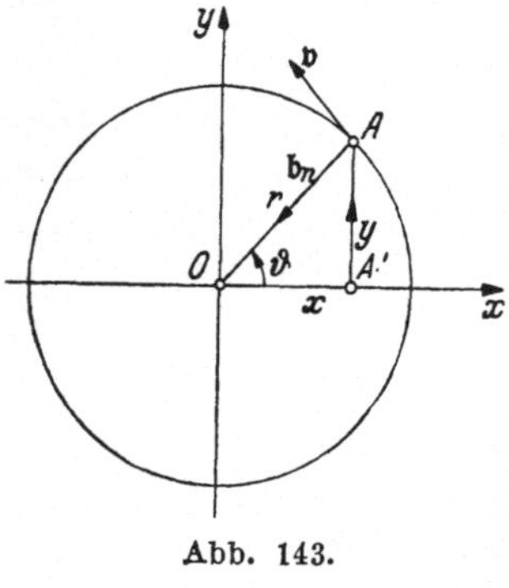

Die Beschleunigung ist gegeben durch ihre Komponenten:

$$b_t = 0, \qquad b_n = \frac{v^2}{r} = r\omega^2 = vw,$$

ist also stets nach dem Mittelpunkte gerichtet, und muß natürlich auf irgendeine Weise auf den bewegten Punkt übertragen werden.

Abb. 143.

Die Projektion dieser Beschleunigung auf irgendeinen Durchmesser, z. B. Ox, ist gegeben durch
$b_x = b_n \cos\vartheta = -r\omega^2 \cos\vartheta = -\omega^2 x$, und dies ist das für die harmonische Schwingung kennzeichnende Gesetz: *Die Projektion A' des gleichförmig im Kreis bewegten Punktes A* auf irgendeine Gerade führt daher eine einfache Schwingung aus, deren Periode nach **75** gleich $2\pi/\omega$, also gleich der Umlaufszeit der Kreisbewegung ist.

Beispiel 76. Bei der gleichförmigen Kreisbewegung muß die zum Mittelpunkt hin gerichtete Beschleunigung durch irgendeine äußere Kraft aufgebracht werden. Bei der freien Bewegung kann dies nur eine Anziehungskraft sein, z. B. die Anziehung eines umlaufenden Elektrons zum Kern eines Atoms. Die Bewegungsgleichung für die Richtung der Normalen zur Kreisbahn lautet dann (nach dem Coulombschen Gesetz)

$$m r \omega^2 = \frac{e E}{r^2} \quad \text{oder} \quad m r^3 \omega^2 = e E. \tag{236}$$

In der gewöhnlichen Mechanik würde gemäß dieser Gleichung *jedem* Halbmesser r eine ganz bestimmte Drehgeschwindigkeit ω entsprechen. Diese Aussage ist in der Quantentheorie dahin abzuändern, daß nur eine ausgezeichnete Schar von Halbmessern r und Drehgeschwindigkeiten ω möglich ist.

Beispiel 77. Als *ballistisches Problem* bezeichnet man den schiefen Wurf (oder Schuß) mit Berücksichtigung des Luftwiderstandes. Außer dem Gewicht $m\,g$ des Körpers wird der auf diesen wirkende Luftwiderstand (W) als eine in jedem Augenblicke zu $\mathfrak{v}$ entgegengesetzt gerichtete Kraft eingeführt, von der wir hier nur die Abhängigkeit von v selbst berücksichtigen wollen; diese läßt sich durch keinen einheitlichen Ausdruck darstellen, sondern ist für die heute im Schießwesen verwendeten Geschwindigkeitsbereiche nur als empirische Funktion angebbar; wir schreiben demgemäß

$$W = - m c f(v).$$

Die Bewegungsgleichungen nach der x- und y-Richtung lauten daher (nach Kürzung durch m):

$$\begin{cases} \ddot{x} = \dot{v}_x = \dfrac{d\,(v \cos \vartheta)}{dt} = - c\,f(v) \cos \vartheta, \\[2ex] \ddot{y} = \dot{v}_y = \dfrac{d\,(v \sin \vartheta)}{dt} = - g - c\,f(v) \sin \vartheta. \end{cases} \tag{237}$$

Aus diesen beiden Gleichungen kann man dt durch Division eliminieren, erhält

$$\frac{d\,(v \cos \vartheta)}{d\,(v \sin \vartheta)} = \frac{c\,f(v) \cos \vartheta}{g + c\,f(v) \sin \vartheta},$$

und nach Ausführung der Differentiationen

$$\boxed{\; \frac{d\,(v \cos \vartheta)}{d\vartheta} = \frac{c}{g}\, v\,f(v) \;} . \tag{238}$$

Dies ist die sog. „ballistische Hauptgleichung" (nach C. Cranz). — Das ballistische Problem gehört zu den „unlösbaren" Problemen, in dem Sinne, daß die allgemeine Integration, d. h. eine Integration für eine beliebige Form der Funktion $f(v)$ in explizit angebbaren Integralausdrücken (d. h. „durch Quadraturen") unmöglich ist.

Für besondere Formen der Funktion ist jedoch die Integration ausführbar; wir geben hier die Ausführung für die Annahme $f(v) = v^2$. Die Integration ist besonders einfach zu leisten, wenn man die beiden Zerlegungsarten kombiniert, die wir bis jetzt kennen gelernt haben; dies entspricht auch ganz natürlich der Kombination des lotrechten (von der Bahnkurve unabhängigen)

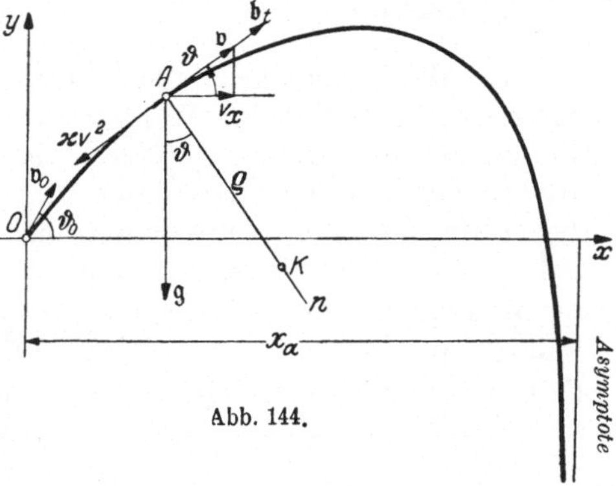

Abb. 144.

Schwerefeldes mit dem Luftwiderstand, der in jedem Punkte in der Tangente wirkt, die der Kurve selbst angehört. Setzen wir die Projektionsgleichungen für die Beschleunigungen nach x und nach n (Abb. 144) an, so erhalten wir

$$\begin{cases} b_x \equiv \dot{v}_x = \dfrac{dv_x}{dt} = - k v^2 \cos \vartheta. \\[2ex] b_n \equiv \dfrac{v^2}{\varrho} = - v\,\dfrac{d\vartheta}{dt} = g \cos \vartheta \quad \left(\text{da } \dfrac{1}{\varrho} = - \dfrac{d\vartheta}{ds} = - \dfrac{1}{v}\,\dfrac{d\vartheta}{dt} \right). \end{cases}$$

Dividiert man beide Gleichungen durcheinander, so fällt dt heraus; und setzt man dann $v = v_x/\cos \vartheta$, so folgt

$$- \frac{dv_x}{v_x^3} + \frac{k}{g} \frac{d\vartheta}{\cos^3 \vartheta} = 0,$$

eine Gleichung, die unmittelbar integriert werden kann und

$$\frac{1}{v_x^2} + \frac{2k}{g} \int \frac{d\vartheta}{\cos^3 \vartheta} = \text{konst.} \tag{239}$$

liefert, wobei die Konstante durch $v_x = v_{x0} = v_0 \cos \vartheta_0$ für $\vartheta = \vartheta_0$ bestimmt ist. Aus dieser Gleichung ist v_x als Funktion von ϑ bestimmt: $v_x = v_x(\vartheta)$, daher kennt man auch

$$v = v_x(\vartheta)/\cos \vartheta \equiv v(\vartheta);$$

aus der Gleichung für b_n

$$v(\vartheta) \frac{d\vartheta}{dt} = - g \cos \vartheta,$$

ergibt sich sodann

$$dt = - \frac{1}{g} \frac{v(\vartheta)}{\cos \vartheta} d\vartheta.$$

und daraus

$$t = - \frac{1}{g} \int \frac{v(\vartheta)}{\cos \vartheta} d\vartheta, \tag{240}$$

also $t = t(\vartheta)$ und durch Umkehrung $\vartheta = \vartheta(t)$. Weiter folgt aus $\dot{x} = v \cos \vartheta$, $\dot{y} = v \sin \vartheta$

$$dx = v(\vartheta) \cos \vartheta\, dt = - \frac{1}{g} v^2(\vartheta)\, d\vartheta, \qquad dy = - \frac{1}{g} v^2(\vartheta) \operatorname{tg} \vartheta\, d\vartheta,$$

also

$$x = - \frac{1}{g} \int v^2(\vartheta)\, d\vartheta + \text{konst.}, \quad y = - \frac{1}{g} \int v^2(\vartheta) \operatorname{tg} \vartheta\, d\vartheta + \text{konst.}, \tag{241}$$

wodurch $x = x(\vartheta)$, $y = y(\vartheta)$ und wegen $\vartheta = \vartheta(t)$ auch $x = x(t)$, $y = y(t)$, also die endlichen Bewegungsgleichungen, bekannt sind. Da sich die Integrale in endlicher Form nicht auswerten lassen, empfiehlt sich die Anwendung der graphischen Integration wie in Beispiel 69. Eine genauere Betrachtung der Formeln zeigt, daß die Bahn für einen endlichen Wert $x = x_a$ eine lotrechte Asymptote hat und die Geschwindigkeit sich für $t \to \infty$ der Grenzgeschwindigkeit $\sqrt{g/k}$ nähert.

81. Geschwindigkeit und Beschleunigung in Polarkoordinaten. Flächengeschwindigkeit. Wenn die Polarkoordinaten eines bewegten Punktes r und φ sind, so können wir die Geschwindigkeit $\mathfrak{v}$ nach *den* Richtungen zerlegen, die diesen Koordinaten entsprechen, d. s. die Richtung des positiven Fahrstrahls r und die Richtung des zunehmenden Polarwinkels s; man beachte, daß diese Richtungen bei der Bewegung veränderlich sind. Die entsprechenden Geschwindigkeitskomponenten seien $\mathfrak{v}_r$ und $\mathfrak{v}_\varphi$. Da die Komponenten des Bogenelementes ds nach diesen beiden Richtungen dr und $r\, d\varphi$ sind, so ist unmittelbar zu setzen

$$\boxed{\mathfrak{v} = \mathfrak{v}_r + \mathfrak{v}_\varphi, \quad v_r = \dot{r}, \quad v_\varphi = r\dot{\varphi} = r\omega.} \tag{242}$$

Dieselben Ausdrücke erhält man auch, wenn man die Geschwindigkeitskomponenten v_x, v_y in Cartesischen Koordinaten auf die Richtungen $\mathfrak{r}$ und senkrecht zu r projiziert und die Polarkoordinaten einführt. $\mathfrak{v}_r(\|\mathfrak{r})$ gibt die *Änderung der Größe* von $\mathfrak{v}$, $\mathfrak{v}_\varphi\,(\perp \mathfrak{r})$ entspringt aus dem Umstande, daß $\mathfrak{r}$ mit der Winkelgeschwindigkeit ω gedreht wird, und gibt die *Änderung der Richtung* von $\mathfrak{r}$ (Abb. 145).

Wir erhalten damit die im folgenden oft zur Anwendung gelangende Regel: *Die vektorielle Zeitableitung $\frac{d\mathfrak{r}}{dt} = \dot{\mathfrak{r}}$ eines beliebigen Vektors $\mathfrak{r}$ besteht aus 2 Teilen: dem Teil $\dot{r}$ in Richtung von $\mathfrak{r}$, der von der Größenänderung von r herrührt, und dem Teil $r\,\omega = r\,\dot{\varphi}$ senkrecht zu $\mathfrak{r}$, dessen Richtung sich aus $\mathfrak{r}$ durch Drehung um $\pi/2$ im Sinn von ω ergibt und der davon herrührt, daß $\mathfrak{r}$ mit der Winkelgeschwindigkeit $\omega = \dot{\varphi}$ gedreht wird.*

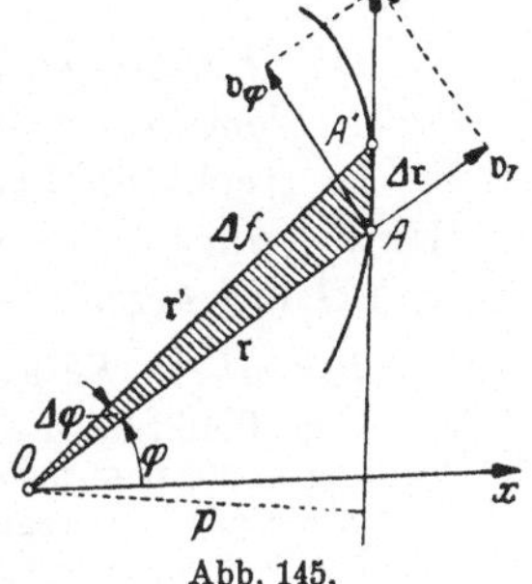

Diese Regel, auf den Geschwindigkeitsvektor $\mathfrak{v}$ angewendet, führt auch unmittelbar auf die in **80** abgeleiteten Beschleunigungskomponenten b_t und b_n.

Ebenso führt die zweimalige Differentiation von $x = r\cos\varphi$ und $y = r\sin\varphi$ und Projektion von $\ddot{x}$ und $\ddot{y}$ auf die Richtungen parallel und

Abb. 145.

senkrecht zu $\mathfrak{r}$ auf die folgenden Ausdrücke für die Beschleunigung

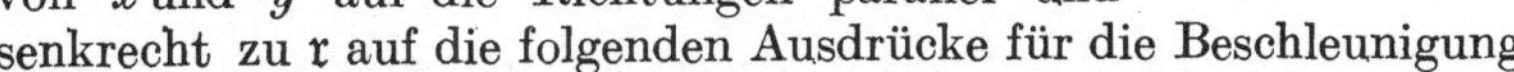

$$\mathfrak{b} = \mathfrak{b}_r + \mathfrak{b}_\varphi, \quad \begin{cases} b_r = \ddot{r} - r\,\dot{\varphi}^2, \\[2mm] b_\varphi = r\,\ddot{\varphi} + 2\,\dot{r}\,\dot{\varphi} = \dfrac{1}{r}\dfrac{d}{dt}\,(r^2\,\dot{\varphi}\,). \end{cases} \tag{243}$$

Denn es ist

$$\dot{x} = \dot{r}\cos\varphi - r\sin\varphi\,\dot{\varphi}\,, \qquad \dot{y} = \dot{r}\sin\varphi + r\cos\varphi\,\dot{\varphi}\,,$$

daraus folgt zunächst

$$v_r = \dot{x}\cos\varphi + \dot{y}\sin\varphi = \dot{r}\,, \qquad v_\varphi = -\dot{x}\sin\varphi + \dot{y}\cos\varphi = r\,\dot{\varphi}\,.$$

Und weiter

$$\ddot{x} = \ddot{r}\cos\varphi - 2\dot{r}\sin\varphi\,\dot{\varphi} - r\sin\varphi\,\ddot{\varphi} - r\cos\varphi\,\dot{\varphi}^2,$$

$$\ddot{y} = \ddot{r}\sin\varphi + 2\dot{r}\cos\varphi\,\dot{\varphi} + r\cos\varphi\,\ddot{\varphi} - r\sin\varphi\,\dot{\varphi}^2,$$

also $b_r = \ddot{x}\cos\varphi + \ddot{y}\sin\varphi = \ddot{r} - r\dot{\varphi}^2$, $b_\varphi = -\ddot{x}\sin\varphi + \ddot{y}\cos\varphi = r\ddot{\varphi} + 2\dot{r}\dot{\varphi}$, und diese stimmen mit den Gln. (243) überein.

Diese Gleichungen können aber auch unmittelbar durch Anwendung der Regel für die Änderung der Vektoren $\mathfrak{v}_r$ und $\mathfrak{v}_\varphi$ (das sind die Komponenten von $\mathfrak{v}$) gewonnen werden: In die Richtung $\mathfrak{r}$ fällt ein Vektor, der die Änderung der Größe von $\mathfrak{v}_r$ angibt, also $\dot{v}_r = \dfrac{dv_r}{dt} = \ddot{r}$, außerdem der Teil, der durch Drehung des Vektors $\mathfrak{v}_\varphi$ im positiven Sinne von ω entsteht: $v_\varphi\omega = r\dot{\varphi}^2$, aber mit dem Minuszeichen, da die Richtung des so gedrehten Vektors $\mathfrak{v}_\varphi$ von *A gegen O* hin, also im Sinne der negativen $\mathfrak{r}$ weist. Ebenso senkrecht zu $\mathfrak{r}$: $\dot{v}_\varphi = \dfrac{dv_\varphi}{dt} = \dfrac{d(r\dot{\varphi})}{dt} = r\ddot{\varphi} + \dot{r}\dot{\varphi}$ von der Größenänderung von $\mathfrak{v}_\varphi$, und $v_r\omega = \dot{r}\dot{\varphi}$ von der Richtungsänderung von $\mathfrak{v}_r$ herrührend, also zusammen $b_\varphi = r\ddot{\varphi} + 2\dot{r}\dot{\varphi}$ wie zuvor.

Als *Flächengeschwindigkeit η bezeichnet man die in der Zeiteinheit vom Fahrstrahl $\mathfrak{r}$ überstrichene Fläche.* Da die zwischen zwei Fahrstrahlen $\mathfrak{r}$ und $\mathfrak{r}' = \mathfrak{r} + \varDelta\mathfrak{r}$ liegende Fläche $\varDelta f$ (bis auf kleine Größen zweiter Ordnung, die vernachlässigt werden können) durch $\Delta f = \tfrac{1}{2} r \Delta\varphi \, r = \tfrac{1}{2} r^2 \Delta\varphi$ gegeben ist, so folgt

$$\boxed{\eta = \lim_{\Delta t \to 0}\frac{\Delta f}{\Delta t} = \frac{1}{2}\, r^2\, \dot\varphi = \frac{1}{2}\, r\, v_\varphi.} \qquad (244)$$

Die Flächengeschwindigkeit (bezüglich O) ist daher auch durch das halbe Moment der Geschwindigkeit um O gegeben.

In rechtwinkligen Koordinaten würde unmittelbar folgen $\eta = \tfrac{1}{2}(x\dot y - y\dot x)$, und in „natürlichen" $\eta = \tfrac{1}{2}v\,p$, wenn p die Länge des von O auf v gefällten Lotes bedeutet.

Beispiel 78. Elliptische Schwingung als Zentralbewegung.

Eine Punktmasse m mit freier Beweglichkeit in der Ebene sei einer der Entfernung von einem festen Punkte O proportionalen Kraft $-c\,\mathfrak{r}$ unterworfen. Man bestimme seine Bewegung.

Die Bewegungsgleichungen nach den Achsen lauten (mit $c/m = \omega^2$):

$$\ddot x = -\omega^2 x, \quad \ddot y = -\omega^2 y.$$

Wenn für $t = 0$; $x = a$, $\dot x = 0$, $y = 0$, $\dot y = b\omega$ sein soll, so lautet die Lösung:

$$x = a \cos \omega t, \quad y = b \sin \omega t.$$

Die Gleichung der Bahnkurve ergibt sich durch Elimination von t als Ellipse mit den Halbachsen a, b:

$$\frac{x^2}{a^2} + \frac{y^2}{b^2} = 1.$$

Die Geschwindigkeit hat die Komponente

$$\dot x = -a\,\omega \sin w\,t, \quad \dot y = b\,\omega \cos w\,t.$$

Der Geschwindigkeitsplan ist daher eine zur Bahnellipse ähnliche Ellipse. Die Größe der Geschwindigkeit in Abhängigkeit von r ist gegeben durch

$$v = \omega \sqrt{a^2 + b^2 - r^2}.$$

Die elliptische Schwingung ist eine Zentralbewegung mit der (konstanten) Flächengeschwindigkeit $\eta = \dfrac{\text{Fläche}}{\text{Umlaufszeit}} = \dfrac{a\,b\,\pi}{2\,\pi/\omega} = \dfrac{1}{2}\,ab\omega.$

82. Zusammenstellung der bisher erhaltenen Formeln:

Ebene Bewegung	Bezeichnung	Cartesische Koordinaten (x, y)	Natürliche Koordinaten (s, ϱ)	Polarkoordinaten (r, φ)
Geschwindigkeit	$\mathfrak{v}$	$\begin{cases} v_x = \dot x = v \cos\alpha \\ v_y = \dot y = v \sin\alpha \end{cases}$ $(\alpha = \sphericalangle (v, x))$	$v = \dfrac{ds}{dt}$ (i. d. Tangente der Bahn)	$\begin{cases} v_r = \dot r \\ v_\varphi = r\dot\varphi \end{cases}$
Beschleunigung	$\mathfrak{b}$	$\begin{cases} b_x = \dot v_x = \ddot x = b\cos\beta \\ b_y = \dot v_y = \ddot y = b\sin\beta \end{cases}$ $(\beta = \sphericalangle (b, x))$	$\begin{cases} b_t = \dot v = \ddot s = v\dfrac{dv}{ds} \\ b_n = \dfrac{v^2}{\varrho} \end{cases}$ $(\varrho = \text{Krümmungshalbmesser})$	$b_r = \ddot r - r\dot\varphi^2$ $b_\varphi = r\ddot\varphi + 2\dot r\dot\varphi$ $\quad = \dfrac{1}{r}\cdot\dfrac{d}{dt}(r^2\dot\varphi)$ $\quad = \dfrac{2}{r}\dfrac{d\eta}{dt}$
Flächengeschwindigkeit $(= \tfrac{1}{2}$ Moment der Geschw.)	η	$\eta = \tfrac{1}{2}(x\dot y - y\dot x)$	$\eta = \tfrac{1}{2}v\,p$ $(p = \text{Lot von } O \text{ auf } \mathfrak{v})$	$\eta = \tfrac{1}{2}r^2\dot\varphi$

83. Zentralbewegung. Die Keplerschen Gesetze. Der Wert der „angepaßten Koordinaten" für die rechnerische Behandlung eines Problems tritt besonders deutlich bei der Verwendung von Polarkoordinaten für die *Zentralbewegungen* hervor. Die Zentralbewegungen sind dadurch gekennzeichnet, daß für sie *die Beschleunigung stets durch einen festen Punkt F hindurchgeht.* Außerdem muß von vornherein eine nicht in die Richtung von $\mathfrak{r}$ fallende Geschwindigkeitskomponente — ein *Drall* — vorhanden sein, der bei der eintretenden Umlaufbewegung mit der Zentralkraft in eine eigentümliche Wechselwirkung tritt. Da die durch die Zentralbeschleunigung veränderte Geschwindigkeit immer in der durch die anfängliche Geschwindigkeit und O bestimmten Ebene liegt, so folgt sofort, daß die Bahnen bei den Zentralbewegungen *ebene* Kurven sind. Die Bewegungen der Planeten um die (ruhend gedachte) Sonne und die Bewegungen der Elektronen um die Atomkerne sind Beispiele solcher Bewegungen.

Ist die *Zentralbeschleunigung* anziehend, so ist die hohle (konkave) Seite der Bahn dem Zentralkörper zugewendet, bei Abstoßung die erhabene (konvexe).

Aus der Aussage, daß die Anziehungskraft (oder -Beschleunigung $\mathfrak{b}$) ganz in die Richtung $\mathfrak{r}$ fällt, folgt unmittelbar $b_\varphi = 0$, und daher nach Gln. (243/4):

$$\boxed{\eta = r^2 \dot{\varphi}/2 = \text{konst.} = C/2}\,, \tag{245}$$

eine allen Zentralbewegungen zukommende Eigenschaft, die wir in dem Satz zum Ausdruck bringen:

Bei allen Zentralbewegungen (wie auch das Gesetz für die Beschleunigung im übrigen beschaffen sein mag) *ist die Flächengeschwindigkeit konstant,* d. h. *der Fahrstrahl* $\mathfrak{r}$ *überstreicht in gleichen Zeiten gleiche Flächen.* Auch die Umkehrung dieses Satzes ist richtig: Wenn wir von einer Bewegung wissen, daß sie mit konstanter Flächengeschwindigkeit erfolgt, so ist sie eine Zentralbewegung.

Die Zentralbewegungen besitzen besondere Bedeutung für die Geschichte der Mechanik und Astronomie, da an sie anschließend die fruchtbarsten Methoden ausgebildet wurden, die das große Gebäude der modernen analytischen Mechanik ausmachen. Insbesondere haben sie auch in der neuzeitlichen Atomphysik eine ungeahnte Anwendung gefunden. J. Kepler (1571—1630) hat auf Grund des ihm vorliegenden Beobachtungsmaterials von Tycho de Brahe (1546—1601) im Jahre 1609 und 1619 die heute nach ihm benannten Gesetze der Planetenbewegungen ausgesprochen. Diese *Keplerschen Gesetze* lauten:

1. *Die Bahnkurven der Planeten sind Ellipsen, in deren einem Brennpunkt die Sonne steht.*

2. *Die Fahrstrahlen, die die Sonne mit den einzelnen Planeten verbinden, überstreichen in gleichen Zeiten gleiche Flächenräume* (d. h. die Flächengeschwindigkeit ist eine — für jeden Planeten andere — Konstante).

3. *Der Quotient des Kubus der großen Achse der Ellipse zum Quadrat der zugehörigen Umlaufzeit hat für alle Planeten den gleichen Wert.*

An der Hand dieser Gesetze ist dann I. Newton (1642—1727) zu dem Begriff der *universellen Gravitation* geführt worden, der mit zu den größten naturwissenschaftlichen Entdeckungen der Neuzeit gehört. Den wesentlichsten Inhalt dieser Gesetze können wir mit den bisher entwickelten Hilfsmitteln durch einfache Rechnungen wiedergeben.

Zunächst folgt aus dem 2. Keplerschen Gesetze bereits, daß $b_\varphi = 0$, daß also die ganze Beschleunigung in der Richtung der Verbindungslinie Sonne-Planet, also des Vektors $\mathfrak{r}$ liegt. Sei $C/2$ die „Flächenkonstante", d. i. die konstante Flächengeschwindigkeit:

$$\eta = \frac{1}{2}\, r^2\, \dot\varphi = \frac{1}{2}\, C, \quad \text{also} \quad \dot\varphi \equiv \frac{d\varphi}{dt} = \frac{C}{r^2}, \tag{245a}$$

so können wir mit Hilfe dieser Gleichung den Ausdruck für b_r umformen, indem wir r als Funktion von φ ansehen und dt eliminieren. Wir schreiben

$$\dot r \equiv \frac{dr}{dt} = \frac{dr}{d\varphi}\frac{d\varphi}{dt} = \frac{C}{r^2}\frac{dr}{d\varphi} = -\,C\,\frac{d\frac{1}{r}}{d\varphi}, \tag{246}$$

dann ist zunächst

$$v^2 = \dot r^2 + r^2\,\dot\varphi^2 = C^2\left[\left(\frac{d\left(\frac{1}{r}\right)}{d\varphi}\right)^2 + \frac{1}{r^2}\right]. \tag{247}$$

Ferner folgt durch Differentiation von Gl. (246) nach t:

$$\ddot r = -\,C\,\frac{d^2\left(\frac{1}{r}\right)}{d\varphi^2}\frac{d\varphi}{dt} = -\,\frac{C^2}{r^2}\frac{d^2\left(\frac{1}{r}\right)}{d\varphi^2}$$

und damit ergibt sich die „Binetsche Gleichung" für die Beschleunigung bei Zentralbewegungen:

$$b_r \equiv \ddot r - r\dot\varphi^2 = -\,\frac{C^2}{r^2}\left[\frac{d^2\left(\frac{1}{r}\right)}{d\varphi^2} + \frac{1}{r}\right]. \tag{248}$$

Nach dem 1. Keplerschen Gesetze sind r und φ durch die Ellipsengleichung verbunden, denn die Bahnen sollen Ellipsen sein; ihre Gleichung lautet in Polarkoordinaten, wenn p den *Parameter* (= Ordinate im Brennpunkte) und $\varepsilon = e/a\,(<1)$ die *numerische Exzentrizität* ($e = $ *lineare Exzentrizität* = halbe Entfernung der Brennpunkte, $a = $ halbe große Achse) bedeutet

$$r = \frac{p}{1 + \varepsilon\cos\varphi} \quad \text{oder} \quad \frac{1}{r} = \frac{1}{p} + \frac{\varepsilon\cos\varphi}{p}\,;$$

gehen wir damit in die Binetsche Gl. (248), so kommt

$$\frac{d^2\left(\frac{1}{r}\right)}{d\varphi^2} + \frac{1}{r} = \frac{1}{p}$$

und daher

$$b_r = -\,\frac{C^2}{p}\frac{1}{r^2}. \tag{249}$$

Werden also die beiden ersten Keplerschen Gesetze — aus den Beobachtungen erschlossen — als richtig angenommen, so folgt daraus schon, daß die auf die Planeten (die dabei stets als Punkte betrachtet werden) wirkende Beschleunigung eine anziehende und rein-radiale ist, und daß ihre Größe dem Quadrat der Entfernung Sonne-Planet umgekehrt proportional ist.

Aus dem dritten Gesetz folgt endlich, daß C^2/p *für alle Planeten denselben Wert hat*, die Beschleunigung b_r also das *universelle*, d. i. für alle Planeten gültige Gesetz (249), in dem $C^2/p =$ konst. ist, befolgt.

Die Umlaufszeit T rechnen wir uns aus der Formel für die Flächengeschwindigkeit $\dfrac{df}{dt} = \eta = \dfrac{C}{2}$, woraus

$$dt = \frac{2}{C} df; \text{ also } T = \int dt = \frac{2}{C} \int df = \frac{2}{C} F,$$

wobei die Integration über die ganze Ellipse zu erstrecken ist und $F = a\,b\,\pi$ ihre Fläche bedeutet.

Nun ist für die Ellipse mit den Halbachsen a, b der Parameter p durch den Ausdruck gegeben

$$p = b^2/a, \text{ also ist } b = \sqrt{a\,p};$$

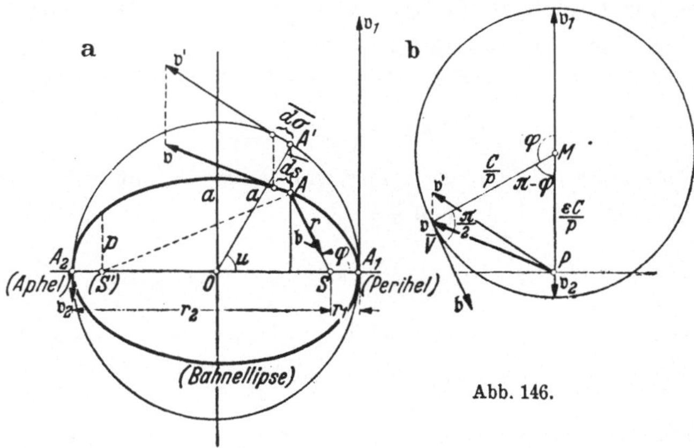

Abb. 146.

damit folgt

$$T = \frac{2\pi}{C}\, a\, b = \frac{2\pi}{C} a \sqrt{a\,p} = \frac{2\pi}{C} a^{3/2}\, p^{1/2},$$

und schließlich gemäß der Aussage des 3. Keplerschen Gesetzes:

$$\boxed{\frac{a^3}{T^2} = \frac{C^2}{4\pi^2\, p} = \text{konst.}} \tag{250}$$

Aus diesem dritten Gesetze folgt daher, daß C^2/p eine Konstante, d. h. daß das Beschleunigungsgesetz nach Gl. (249) für die Bewegung aller Planeten um die Sonne dasselbe ist. Mit Berücksichtigung des Wechselwirkungsgesetzes folgt daraus weiter der *universelle* Charakter des Gravitationsgesetzes.

168 Dynamik der Punktmassen.

Setzen wir $C^2/p = \lambda$, so erhalten wir schließlich

$$\boxed{b_r = -\frac{\lambda}{r^2},} \tag{251}$$

worin λ für alle Planeten denselben Wert hat.

Nimmt man umgekehrt das Newtonsche Gesetz (251) als gegeben an, so folgen daraus die Keplerschen durch Umkehrung dieser Betrachtungen. Zunächst ist nach den Gln. (249) und (248) $r = r(\varphi)$ durch die Differentialgleichung gegeben

$$\frac{d^2\left(\dfrac{1}{r}\right)}{d\varphi^2} + \frac{1}{r} = \frac{\lambda}{C^2} = \frac{1}{p}, \tag{252}$$

indem wir $\lambda/C^2 = 1/p$ einführen; von dieser Gleichung ist $1/p$ eine Partikularlösung und

$$\frac{1}{r} = \frac{1}{p} + \frac{\varepsilon}{p} \cos(\varphi - \varphi_0) \tag{253}$$

die allgemeine Lösung mit ε und φ_0 als Integrationskonstanten; für $\varepsilon < 1$ ergeben sich *Ellipsen* (für $\varepsilon = 0$ Kreise), für $\varepsilon = 1$ *Parabeln*, für $\varepsilon > 1$ *Hyperbeln* als Bahnkurven. Wird der Polarwinkel vom Perihel A_1 aus gezählt, dann ist $\varphi_0 = 0$ zu setzen. Durch ähnliche Schlüsse wie zuvor folgen auch die übrigen Aussagen der Keplerschen Gesetze.

Eine besonders einfache Ableitung der Keplerschen Gesetze rührt von A. Sommerfeld her. Die Bewegungsgleichungen können auch in der Form geschrieben werden:

$$\ddot{x} = -\frac{\lambda}{r^2} \cos\varphi, \qquad \ddot{y} = -\frac{\lambda}{r^2} \sin\varphi.$$

Betrachtet man $\dot{x}$, $\dot{y}$ als Funktionen von φ und eliminiert dt mit Hilfe des Flächensatzes, so folgt, da $\ddot{x} = \dfrac{d\dot{x}}{d\varphi}\dot{\varphi}$ und $\dot{\varphi} = \dfrac{C}{r^2}$:

$$\frac{d\dot{x}}{d\varphi} = -\frac{\lambda}{C}\cos\varphi, \qquad \frac{d\dot{y}}{d\varphi} = -\frac{\lambda}{C}\sin\varphi,$$

und daraus durch Integration mit den Integrationskonstanten A und B:

$$\dot{x} = -\frac{\lambda}{C}\sin\varphi + A, \qquad \dot{y} = \frac{\lambda}{C}\cos\varphi + B.$$

Nimmt man die Projektion der Geschwindigkeit $\perp \mathfrak{r}$, so erhält man

$$r\dot{\varphi} = -\dot{x}\sin\varphi + \dot{y}\cos\varphi = \frac{\lambda}{C} - A\sin\varphi + B\cos\varphi,$$

und durch nochmalige Verwendung des Flächenintegrals $\dot{\varphi} = C/r^2$:

$$\frac{1}{r} = \frac{\lambda}{C^2} - \frac{A}{C}\sin\varphi + \frac{B}{C}\cos\varphi,$$

also die Gleichung der Bahnkurven als Kegelschnitte in Polarkoordinaten r, φ.

84. Anwendungen. *Beispiel 79. Der Geschwindigkeitsplan der Planetenbewegung ist ein Kreis,* bezogen auf einen exzentrisch liegenden Punkt P als Pol.

Bilden wir die Ableitung der Ellipsengleichung in Polarkoordinaten nach φ, also von

$$\frac{1}{r} = \frac{1}{p} + \frac{\varepsilon\cos\varphi}{p}, \quad \text{so folgt} \quad \frac{d\left(\dfrac{1}{r}\right)}{d\varphi} = -\frac{\varepsilon\sin\varphi}{p};$$

setzen wir dann diese Ausdrücke in die Gl. (247) ein, so ergibt sich die Abhängigkeit der Geschwindigkeit v von φ in der Form

$$v^2 = \frac{C^2}{p^2}\,[1 + \varepsilon^2 + 2\,\varepsilon\,\cos\varphi]. \tag{254}$$

Diese Gleichung hat die Form des Cosinussatzes. Trägt man in Abb. 146b vom Pole P des Geschwindigkeitsplanes die Strecke $\varepsilon C/p = \overline{PM}$ senkrecht zur großen Achse der Ellipse auf, legt um M einen Kreis mit dem Halbmesser C/p und zieht von M eine Senkrechte zu $\overline{AS}$, so erhält man das Dreieck PMV, das bei M den Winkel $\pi - \varphi$ einschließt. Mit Hilfe des Cosinussatzes ergibt sich für die Seite $\overline{PV}$ gerade der in Gl. (254) gefundene Ausdruck, wodurch die Kreisform des Geschwindigkeitsplanes erwiesen ist.

Drücken wir noch in Gl. (254) das Glied $\varepsilon\cos\varphi/p$ mittels der Ellipsengleichung durch r aus, setzen also

$$\frac{\varepsilon\cos\varphi}{p} = \frac{1}{r} - \frac{1}{p}\,,$$

so erhalten wir schließlich

$$v^2 = \frac{C^2}{p}\left[\frac{1+\varepsilon^2}{p} + \frac{2}{r} - \frac{2}{p}\right] = \frac{C^2}{p}\left[\frac{2}{r} - \frac{1-\varepsilon^2}{p}\right] = \lambda\left[\frac{2}{r} - \frac{1}{a}\right], \tag{255}$$

d. h. die Geschwindigkeit v an jeder Stelle der Bahn hängt in dieser Weise von der Länge des Fahrstrahls r ab; diese Gleichung entspricht, wie wir später noch sehen werden, der *Energiegleichung* für die elliptische Bewegung.

Aus dem Flächensatz folgt übrigens unmittelbar die Gleichung:

$$v_1\,r_1 = v_2\,r_2, \quad \text{oder} \quad v_1/v_2 = r_2/r_1,$$

d. h. der Pol P teilt den Durchmesser des Kreises, der den Geschwindigkeitsplan darstellt, im umgekehrten Verhältnisse wie S die große Achse der Bahnellipse.

Beispiel 80. Unter welchen Bedingungen ist die Bahnkurve eine Ellipse, Parabel oder Hyperbel?

Wie schon hervorgehoben, stellt die Gleichung $\dfrac{1}{r} = \dfrac{1}{p} + \dfrac{\varepsilon\cos\varphi}{p}$ für $\varepsilon < 1$ Ellipsen, für $\varepsilon = 1$ Parabeln und für $\varepsilon > 1$ Hyperbeln dar, und es entsteht die Frage, unter welchen Bedingungen sich jede dieser Kurven als Bahnkurve herausstellt. Wir wollen diese Frage insofern vereinfachen, als wir zeigen, daß die Geschwindigkeit v_1 im Perihel für die Art der entstehenden Bahnkurve maßgebend ist. Da für $\varphi = 0$, $1/r_1 = (1 + \varepsilon)/p$, erhalten wir für $r = r_1$ nach Gl. (255)

$$v_1^2 = \lambda\left[\frac{2}{r_1} - \frac{1}{a}\right] = \lambda\left[\frac{2}{r_1} - \frac{1-\varepsilon^2}{p}\right] = \lambda\left[\frac{2}{r_1} - \frac{1-\varepsilon}{r_1}\right] = \lambda\cdot\frac{1+\varepsilon}{r_1}\,.$$

Wir erhalten daher

$$\left.\begin{array}{l}\text{Ellipsen}\\\text{Parabeln}\\\text{Hyperbeln}\end{array}\right\} \quad \text{wenn } \varepsilon \gtreqless 1, \text{ d. h. wenn } v_1 \gtreqless \sqrt{\frac{2\,\lambda}{r_1}} \text{ ist.}$$

Wenden wir dieses Ergebnis auf die *Erde* als Anziehungszentrum und einen Punkt nahe ihrer Oberfläche an, so können wir für ihn $b = g = \lambda/R^2$ setzen, also $\lambda = g R^2$, und finden

$$\sqrt{\frac{2\,\lambda}{r_1}} = \sqrt{2g\,R} \approx 11\,180 \text{ m/sec}\,.$$

Je nachdem die Geschwindigkeit v_1, die der Punkt parallel zur Erdoberfläche besitzt, kleiner, gleich oder größer als dieser Wert ist, entsteht eine Ellipse, Parabel oder Hyperbel. Für $\varepsilon = 0$ ergibt sich ein Kreis als Bahn; die zugehörige Geschwindigkeit wäre $v_1 = \sqrt{\dfrac{\lambda}{r_1}} = \sqrt{g R} \approx 8000$ m/sec.

Beispiel 81. Bestimmung des Bahnkegelschnitts aus Anfangslage und Anfangsgeschwindigkeit. Wenn in einem Punkte A die Geschwindigkeit $\mathfrak{v}$ und außerdem die Anziehungsbeschleunigung $\mathfrak{b}$ bekannt sind, so ist damit der zugehörige Bahnkegelschnitt festgelegt. Um ihn zu erhalten, beachten wir, daß die Normalbeschleunigung b_n nur von v und dem Krümmungshalbmesser ϱ in A abhängt, $b_n = v^2/\varrho$, woraus

$$\varrho = v^2/b_n. \tag{256}$$

Durch das bei V rechtwinklige Dreieck BVC in Abb. 147 ist daher $\varrho = \overline{CA} = \overline{AK}$ bestimmt. Wendet man ferner die bekannte Konstruktion für den Krümmungsmittelpunkt K für die Ellipse in umgekehrter Folge an, zieht also $\overline{KD} \perp \overline{SA}$,

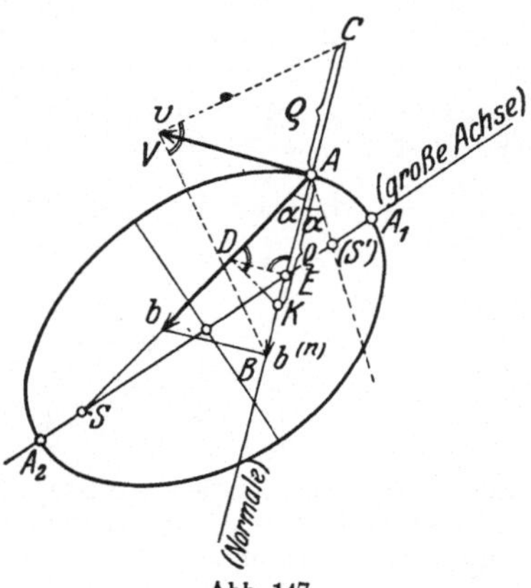

Abb. 147.

$\overline{DE} \perp \overline{AK}$, dann ist E der Schnittpunkt der Normalen mit der großen Achse; die Verbindungslinie $\overline{SE}$ gibt ihre Lage, und die Übertragung des Winkels α auch den anderen Brennpunkt S'; schließlich ist die Summe $\overline{SA} + \overline{AS'} = 2a$, die große Achse der Ellipse.

Beispiel 82. Die „Keplersche Gleichung". Zur Ableitung der endlichen Gleichung für die Zeitabhängigkeit der Bewegung, die als *Keplersche Gleichung* bezeichnet wird, betrachten wir außer der „wirklichen Bewegung" in der Bahnellipse auch die Bewegung eines ideellen, „begleitenden Punktes" A' auf dem Umfange des über der großen Achse beschriebenen Kreises (Abb. 146a), der mit A auf derselben Normalen zu dieser liegt. Den bei O auftretenden „exzentrischen Winkel" bezeichnen wir mit u, und setzen das Bogenelement des Kreises in der Form an $d\sigma = a\,du$. Die Projektionen der Geschwindigkeiten, v und v', mit denen sich A auf der Ellipse und A' am Kreise bewegen, auf die große Achse sind gleich groß; es ist also auch (nach Abb. 146b)

$$v' \sin u = \frac{C}{p} \sin \varphi, \quad \text{oder} \quad v' = \frac{C}{p} \frac{\sin \varphi}{\sin u}.$$

Aus den Definitionsgleichungen $v = ds/dt$, $v' = d\sigma/dt$ entnehmen wir

$$dt = \frac{ds}{v} = \frac{d\sigma}{v'} = \frac{a\,du}{v'}$$

und erhalten mittels der vorhergehenden Gleichung

$$dt = \frac{a\,p}{c} \frac{\sin u}{\sin \varphi}\,du.$$

Weiter erhält man aus dem Umstande, daß der Umkreis der Ellipse im Verhältnis a/b ähnlich ist,

$$r \sin \varphi\, a/b = a \sin u,$$

also

$$r \sin \varphi = b \sin u$$

und weiter (Abb. 146)

$$r \cos \varphi = a\,(\cos u - \varepsilon).$$

Daraus rechnen wir, da $b = a\sqrt{1-\varepsilon^2}$

$$\operatorname{tg} \varphi = \frac{\sqrt{1-\varepsilon^2}\,\sin u}{\cos u - \varepsilon}$$

und finden nach einer leichten Umrechnung,

$$\sin \varphi = \frac{\operatorname{tg} \varphi}{\sqrt{1 + \operatorname{tg}^2\varphi}} = \frac{\sqrt{1-\varepsilon^2}\,\sin u}{\sqrt{(\cos u - \varepsilon)^2 + (1-\varepsilon^2)\sin^2 u}} = \frac{\sqrt{1-\varepsilon^2}\,\sin u}{1 - \varepsilon \cos u}.$$

Damit wird

$$dt = \frac{a\,p}{C\sqrt{1-\varepsilon^2}}\,(1 - \varepsilon \cos u)\,du.$$

Führt man darin noch $a = p/(1-\varepsilon)$ ein und setzt

$$C\sqrt{1-\varepsilon^2}^{\,3}/p^2 = n,$$

so erhält man $\qquad n\, dt = (1 - \varepsilon \cos u)\, du$

und daraus durch Integration mit der Anfangsbedingung $u = 0$ für $t = 0$,

$$nt = u - \varepsilon \sin u \qquad\qquad (257)$$

als die gesuchte Gleichung. Da u (ebenso wie φ) die Lage des bewegten Planeten auf der Ellipse kennzeichnet, so ist durch diese Gleichung auch die „wirkliche Bewegung" dargestellt.

Integriert man die Gl. (257) über einen ganzen Umlauf und bezeichnet die Umlaufzeit mit T, so folgt

$$nT = 2\pi \qquad \text{oder} \qquad n = 2\pi/T.$$

n bezeichnet die sog. „mittlere Bewegung" oder die Anzahl der Umläufe in 2π sec.

IV. Bewegung auf einer festen Kurve.

85. Gezwungene oder geführte Bewegung des Punktes. Wie wir in der technischen Statik im wesentlichen nur das Gleichgewicht *gestützter* Körper betrachteten, so kommt es in der Bewegungslehre bei den technischen Anwendungen nur auf die Untersuchung von *geführten* oder *gezwungenen* Bewegungen an. Bei der Bewegung des Punktes liegt dann der Fall so, daß dieser „gezwungen" wird, sich auf einer *Leitkurve* oder *Leitfläche* zu bewegen. Um zu den „Bewegungsgleichungen" zu gelangen, haben wir eine ganz ähnlich geartete Erweiterung vorzunehmen wie in der Statik: Der Einfluß einer *glatten* Leitkurve (oder Leitfläche) wird durch eine „*Zwangskraft*" in Rechnung gesetzt, die zur Tangente der Leitkurve (oder Tangentialebene der Leitfläche) senkrecht steht; bei *rauher* Leitkurve (oder Leitfläche) kommt noch die *Reibungskraft* $\Re$ hinzu, die nach den Aussagen von **62** in der Form $b_R = f |b_z|$ anzusetzen ist, und stets entgegen der Richtung der Bewegung (also entgegengesetzt zu $\mathfrak{v}$) wirkt.

Wie bei der freien Bewegung der Punktmassen können wir auch hier den Massenfaktor ausschalten und statt der Zwangskraft N die Zwangsbeschleunigung $b_z = N/m$ und statt der Reibungskraft $\Re$ die Reibungsbeschleunigung $b_R = R/m = f b_z$ betrachten. Es ist jedoch zu beachten, daß nur den Kräften $\Re$ und $\Re$ eine physikalische Realität zukommt, während die diesen zugeordneten Beschleunigungen nur kinematische Hilfsgrößen darstellen.

Da jetzt nicht mehr — wie bei der freien Bewegung — die *wirkliche* Beschleunigung $\mathfrak{b}$ mit der *eingeprägten* übereinstimmt, so empfiehlt es sich, für diese ein eigenes Zeichen, $\mathfrak{b}_e$ einzuführen. Die wirkliche Beschleunigung $\mathfrak{b}$ ist dann bei *glatter* Führung durch die Summe von $\mathfrak{b}_e$ und $\mathfrak{b}_z$, bei *rauher* Führung durch die Summe von $\mathfrak{b}_e$, $\mathfrak{b}_z$ und $\mathfrak{b}_R$ gegeben. Wir erhalten daher in natürlicher Darstellung für *glatte ebene Leitkurven* (Abb. 148a, b) (gemäß der Gleichung $m\,\mathfrak{b} = \Re_e + \Re$).

$$\mathfrak{b} = \mathfrak{b}_e + \mathfrak{b}_z, \text{ d. h.} \begin{cases} b_t \equiv \dfrac{dv}{dt} \equiv v\,\dfrac{dv}{ds} = b_e \sin\psi, \\[2ex] b_n \equiv \dfrac{v^2}{\varrho} = b_e \cos\psi + b_z, \end{cases} \qquad (258)$$

Die dabei möglichen Fälle: a) $\psi < \pi/2$ und b) $\psi > \pi/2$ sind dabei getrennt dargestellt. Man sieht daraus, daß die Zwangskraft vergrößert wird, wenn die eingeprägte Kraft nach der konvexen Seite der Führungskurve gerichtet ist. Ferner, daß im Fall a) b_z auch negativ werden kann, im Fall b) dagegen nicht.

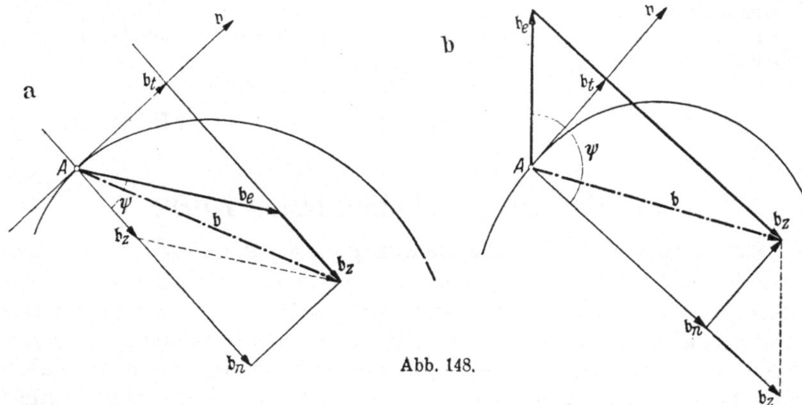

Abb. 148.

Für rauhe Führungskurven gelten ganz entsprechend die in Abb. 149a, b gegebenen Beziehungen gemäß den Gleichungen:

$$\mathfrak{b} = \mathfrak{b}_e + \mathfrak{b}_z + \mathfrak{b}_R, \quad \text{d. h.} \quad \begin{cases} b_t \equiv \dfrac{dv}{dt} = b_e \sin\psi - b_R, \\[2mm] b_n \equiv \dfrac{v^2}{\varrho} = b_e \cos\psi + b_z; \end{cases} \tag{259}$$

Dabei ist $\mathfrak{b}_z$ in der Richtung der nach der hohlen Kurvenseite gerichteten Normalen *positiv* zu zählen; wenn $\varrho = \infty$, ist auf der Normalen willkürlich eine Richtung als die positive festzulegen.

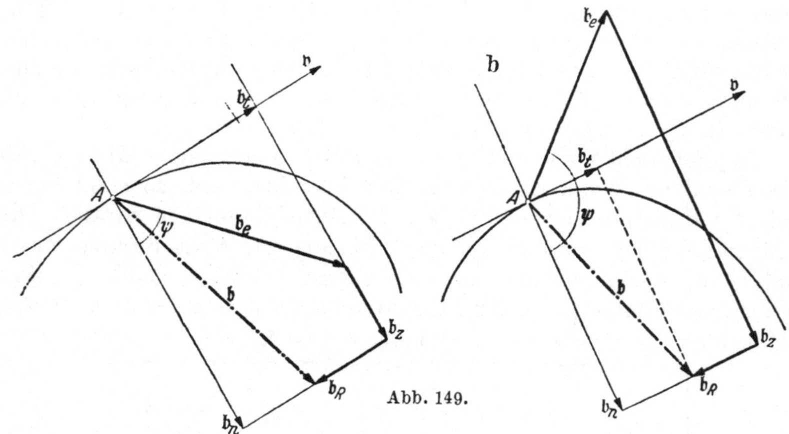

Abb. 149.

In diesen Gleichungen tritt die Zwangsbeschleunigung $\mathfrak{b}_z$ (bzw die Zwangskraft $\mathfrak{R} = M\,\mathfrak{b}_z$) als neue Unbekannte auf, ganz so wie in der

Statik die Auflagerkraft; demgegenüber ist zu beachten, daß die *Gestalt* der Kurve vorgegeben ist, so daß die Aufgabe allgemein lösbar bleibt, und zwar kommt hier von den die Gestalt der Kurve kennzeichnenden Größen nur der Krümmungshalbmesser ϱ in Betracht. Die erste Gl. (258) gibt das eigentliche Bewegungsgesetz $v = v(t)$ oder $v = v(s)$ usw., während die zweite die Zwangskraft $N = m\, b_z$ liefert, wobei

$$b_z = \frac{v^2}{\varrho} - b_e \cos \psi. \tag{260}$$

Die Stellen, wo die Leitkurve keine Kraft auf die Bewegung des Punktes ausübt, sind durch $b_z = 0$ gekennzeichnet. Wenn die Leitkurve eine *einseitige* Führung darstellt (wenn etwa der Punkt an einem Faden aufgehängt ist oder sich auf einer Fläche bewegt), dann sind durch $b_z = 0$ die Stellen bezeichnet, in denen der Punkt die Bahn verlassen kann; bei allseitigem Zwang (durchlochte Kugel an einer starren Stange oder in einem Rohr) sind durch die Stellen $b_z = 0$ die Punkte gekennzeichnet, in denen ein *Druckwechsel* eintritt, sobald der Punkt diese durchläuft.

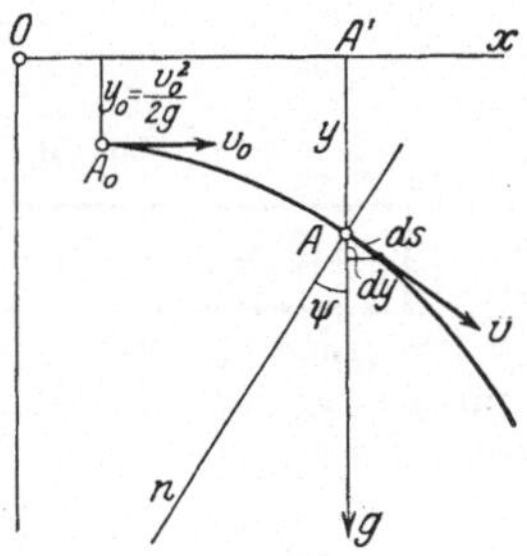

Für die Bewegung des Punktes auf einer beliebig gestalteten *glatten* Kurve im Schwerefelde läßt sich die erste der Gln. (258) *allgemein* (d. h. bei beliebiger Form der Leitkurve) integrieren. Es ist nämlich mit $\mathfrak{b}_e = \mathfrak{g}$ nach Abb. 150:

Abb. 150.

$$b_t = \frac{dv}{dt} = v\frac{dv}{ds} = \frac{1}{2}\frac{d(v^2)}{ds} = g\sin\psi, \qquad \frac{1}{2}\,d(v^2) = g\sin\psi\,ds = g\,dy,$$

so daß

$$v^2 = 2g\,y + C, \quad \text{oder} \quad v^2 - v_0^2 = 2g\,(y - y_0), \tag{261}$$

wenn $v = v_0$ für $y = y_0$ vorgegeben ist; d. h. die Geschwindigkeit an irgendeiner Stelle ist durch y allein bestimmt und von *der Form der Bahn ganz unabhängig;* an allen Stellen, die in derselben Waagrechten liegen ($y = $ konst.), ist die Bahngeschwindigkeit v gleich groß. Legt man die x-Achse in der Höhe $y_0 = v_0^2/2\,g$ über die Ausgangslage, dann gilt einfach

$$v^2 = 2g\,y, \tag{262}$$

d. h. der Betrag von v ist an jeder Stelle gleich der Geschwindigkeit, die beim freien Fall durch die Höhe y erreicht wird. Man beachte jedoch, daß die *Zeit* für die Bewegung längs der Kurve sehr wesentlich von der Form der Kurve abhängt.

86. Anwendungen. *Beispiel 83. Fall auf einer rauhen Ebene* unter dem Winkel α gegen den Horizont (Abb. 151).

Nach den Gln. (259) folgt $b_z = g \cos \alpha$ und

$$b_t \equiv v \frac{dv}{ds} = g (\sin \alpha - f \cos \alpha),$$

wenn daher für $s = 0$: $v = v_0$ sein soll, so kommt

$$v^2 = v_0^2 + 2g (\sin \alpha - f \cos \alpha)\, s.$$

Zieht man durch O über A_0, wobei $\overline{A_0 O} = v_0^2/2g$, eine Gerade, die unter dem Reibungswinkel ϱ' ($f = \operatorname{tg} \varrho'$) gegen die Waagrechte geneigt ist, so ergibt die vorhergehende Gleichung

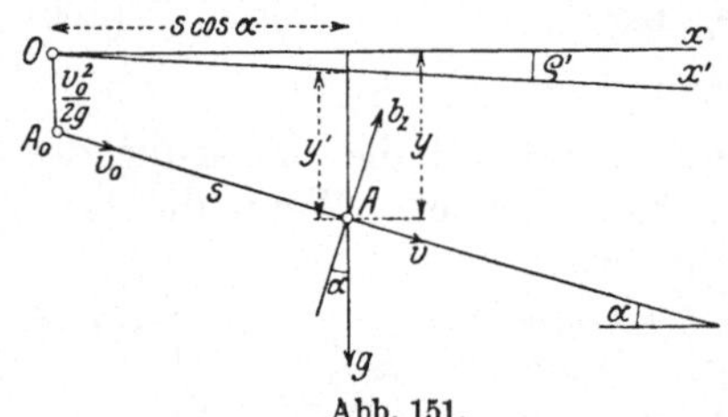

Abb. 151.

$$v^2 = 2g \left[\frac{v_0^2}{2g} + s \sin \alpha - \operatorname{tg} \varrho'\, s \cos \alpha \right] = 2g\, y',$$

d. h. die Geschwindigkeit v in A ist gleich der Fallgeschwindigkeit durch die Höhe y' lotrecht über A bis zur x'-Achse.

Die *Gleichungen für die Fallbewegung auf einer glatten schiefen Ebene* erhält man daraus für $f = 0$:

$$\boxed{\; v = v_0 + gt \sin \alpha, \quad s = v_0 t + \tfrac{1}{2} g t^2 \sin \alpha, \quad v^2 = v_0^2 + 2gs \sin \alpha. \;} \tag{263}$$

Beispiel 84. Schwingdauer des Pendels. Sei insbesondere in Abb. 152 in A_0 für $\varphi = \varphi_0 : v_0 = 0$, dann folgt aus Gl. (261), da $ds = -l\,d\varphi$, $y = l \cos \varphi$, $y_0 = l \cos \varphi_0$:

$$v = \sqrt{2\,gl\,(\cos \varphi - \cos \varphi_0)} = \frac{ds}{dt} = -l \frac{d\varphi}{dt},$$

und daraus für die Zeitdauer der Bewegung von φ_0 bis φ

$$t = \sqrt{\frac{l}{2g}} \int_\varphi^{\varphi_0} \frac{d\varphi}{\sqrt{\cos \varphi - \cos \varphi_0}} \tag{264}$$

und für die Dauer einer „Viertelschwingung" $T/4$ von φ_0 bis 0

$$\frac{T}{4} = \sqrt{\frac{l}{2g}} \int_0^{\varphi_0} \frac{d\varphi}{\sqrt{\cos \varphi - \cos \varphi_0}}, \tag{265}$$

wodurch die *Schwingdauer* T als elliptisches Integral gegeben ist, auf dessen exakte Auswertung hier nicht eingegangen werden kann.

Den angenäherten Wert der *Schwingdauer für kleine Ausschläge* erhält man am einfachsten, indem man die erste Gl. (258) für kleine Ausschläge anschreibt. Man kann nämlich angenähert setzen

$$b_t \equiv \frac{dv}{dt} \equiv \frac{d^2 s}{dt^2} \equiv l \frac{d^2 \varphi}{dt^2} = -g \sin \varphi \approx -g\,\varphi \quad \text{oder} \quad \frac{d^2 \varphi}{dt^2} = -\frac{g}{l}\,\varphi,$$

und erhält dadurch die Differentialgleichung einer einfachen harmonischen Schwingung nach **75**, wobei als Koordinate jetzt der Winkel φ auftritt; ihre Schwingdauer ist [nach Gl. (201)] aus der Differentialgleichung unmittelbar zu entnehmen:

$$\boxed{\; T = 2\,\pi \sqrt{\frac{l}{g}}. \;} \tag{266}$$

Für kleine Ausschläge α ist daher T von α unabhängig. Für „große" Ausschläge trifft dies nicht mehr zu, und T ist durch ein von α abhängiges (elliptisches)

Integral gegeben. Diese Abhängigkeit von α tritt schon bei Berücksichtigung eines nicht-linearen Gliedes in der Entwicklung von $\sin\alpha$ in Erscheinung. Schreibt man

$$\ddot{\varphi} = -\frac{g}{l}\sin\varphi \approx -\frac{g}{l}\left(\varphi - \frac{\varphi^3}{6}\right),$$

so findet man nach Multiplikation mit φ und Integration, wenn für $\varphi = \alpha$, $\dot\varphi = 0$ sein soll:

$$\dot{\varphi}^2 = \frac{g}{l}\left[\alpha^2 - \varphi^2 - \frac{1}{12}(\alpha^4 - \varphi^4)\right].$$

Rechnet man daraus t, so erhält man nach dem Taylorschen Lehrsatz:

$$\sqrt{\frac{g}{l}}\,t = \int\limits_0^\varphi \frac{d\varphi}{\sqrt{\alpha^2 - \varphi^2 - \frac{1}{12}(\alpha^4 - \varphi^4)}} \approx \int\limits_0^\varphi \frac{d\varphi}{\sqrt{\alpha^2 - \varphi^2}} + \frac{1}{24}\int\limits_0^\alpha \frac{\alpha^2 + \varphi^2}{\sqrt{\alpha^2 - \varphi^2}}\,d\varphi\,,$$

und da für $\varphi = \alpha$, $t = T/4$ ist, so folgt durch Ausführung der Integrale:

$$T = 2\pi\sqrt{\frac{l}{g}}\left(1 + \frac{\alpha^2}{16}\right), \qquad (267)$$

wodurch die Abhängigkeit der Schwingsdauer vom Ausschlag gegeben ist.

Beispiel 85. Bewegung eines schweren Punktes auf lotrechtem Kreise (Halbmesser l). Die Lage des Punktes A auf dem Kreise wird durch den Winkel φ angegeben (Abb. 152) und es sei $v = v_0$ für $\varphi = \varphi^0$ vorgeschrieben. Gl. (261) lautet dann, wenn wir die Lage der x-Achse zunächst unbestimmt lassen:

$$v^2 = v_0^2 + 2g(y - y_0)$$
$$= v_0^2 + 2gl(\cos\varphi - \cos\varphi_0). \quad (268)$$

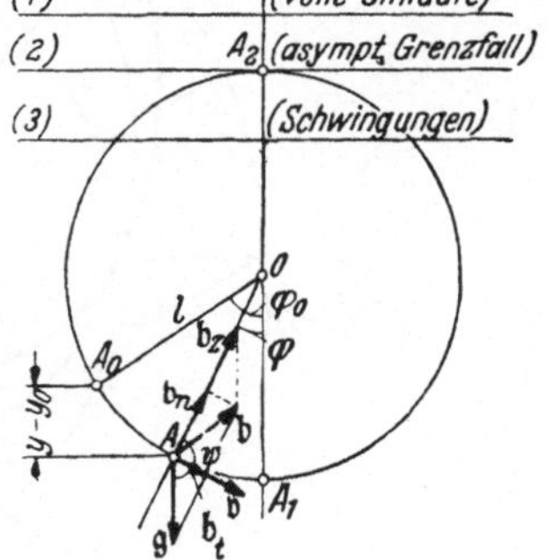

Abb. 152.

Wenn es kein (reelles) φ gibt, für welches $v = 0$ wird, dann macht der Punkt *volle Umläufe*; dies tritt ein, wenn

$$v_0^2/2g > l(1 + \cos\varphi_0),$$

d. h. wenn die der Geschwindigkeitshöhe $v_0^2/2g$ im Punkte A_0 entsprechende Niveaulinie über dem höchsten Punkt A_2 des Kreises liegt (Abb. 152). Ist dagegen

$$v_0^2/2g < l(1 + \cos\varphi_0),$$

dann gibt es zwei Stellen φ und $-\varphi$, zwischen denen der Punkt hin und her schwingt (Pendel); im Grenzfall
$$v_0^2 = 2gl(1 + \cos\varphi_0)$$

kommt der Punkt im höchsten Punkte des Kreises (für $\overset{\frown}{\varphi} = \pi$) asymptotisch (d. h. für $t \to \infty$) zur Ruhe. Für den gegebenen Wert von φ_0 denkt man sich $2gl(1 + \cos\varphi_0)$ ausgerechnet; je nachdem v_0^2 größer, gleich oder kleiner als dieser Wert ist, erhält man daher entweder volle Umläufe, oder den Grenzfall asymptotischer Erreichung des höchsten Punktes oder (3) Schwingungen zwischen zwei gleich hohen Grenzlagen.

Um eine Darstellung der für den Verlauf der in einem bestimmten Fall geltenden Werte von v und b_z zu erhalten, könnte man — wie dies in der Abb. 153 geschehen ist — die Größen v^2/gl und b_z/g in einem geeigneten Maßstab auftragen. In der Abb. 153a ist dies für den Fall geschehen, daß der *Druckwechsel*, der durch $b_z = 0$ gegeben ist, bei $\overset{\frown}{\varphi} = 3\pi/4$ eintritt. Für jedes φ_0 ist dann die zugehörige Geschwindigkeit v_0 durch die Gleichung bestimmt:

$$b_z = \frac{v^2}{l} + g\cos\varphi, \quad \text{oder} \quad b_z = 0 = \frac{v_0^2}{l} + g\left(-\frac{3}{2}\sqrt{2} - 2\cos\varphi_0\right),$$

176 Dynamik der Punktmassen.

also ist

$$\frac{v_0^2}{l} - 2g \cos \varphi_0 = \frac{3g}{2} \sqrt{2} \, ,$$

und dies in Gln. (268) und (258) eingeführt, gibt

$$b_z = \frac{3g}{2} \sqrt{2} + 3g \cos \varphi. \tag{269}$$

Als Kurven, die die Verteilung dieser Größen angeben, erhält man Pascalsche Schneckenlinien.

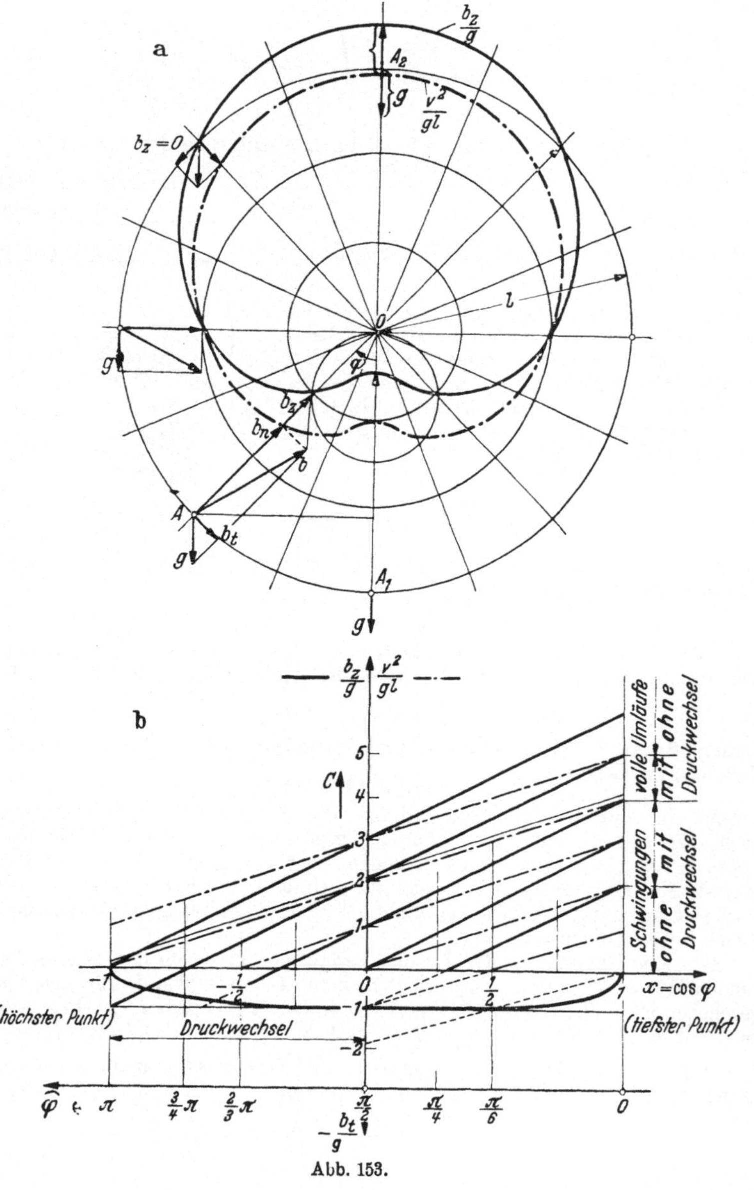

Abb. 153.

Eine einfachere Darstellung für die Gesamtheit der möglichen Bewegungen und Führungskräfte erhält man, wenn man nach Abb. 153b in einem Schaubilde v^2/gl und b_z/g als Funktion von $\cos \varphi = x$ (nicht von φ!) aufträgt und als bestimmende Konstante die Größe

$$\frac{v_0^2}{gl} - 2 \cos \varphi_0 = C$$

betrachtet. Dann ist nämlich

$$\left.\begin{aligned}\frac{v^2}{gl} &= \frac{v_0^2}{gl} - 2 \cos \varphi_0 + 2 \cos \varphi = C + 2\,x, \\[2mm] \frac{b_z}{g} &= \frac{v_0^2}{gl} - 2 \cos \varphi_0 + 3 \cos \varphi = C + 3\,x.\end{aligned}\right\}$$

und

Die Kennlinien für v^2/gl und b_z/g sind dann gerade Linien, die sich für jeden Wert von c in einem Punkte der Ordinatenachse schneiden, längs der auch der entsprechende Wert von C angeschrieben ist.

Für den in Abb. 153a dargestellten Fall erhält man für $b_z = 0$:

$$C + 3 \cos (3\,\pi/4) = 0, \quad \text{also} \quad C = 3\,\sqrt{2}/2 = 2,12\ldots;$$

die zugehörigen Kurven sind in Abb. 153b dünn eingetragen.

Aus dieser Form der Darstellung entnimmt man sogleich, daß für Bewegungen im unteren Halbkreis überhaupt kein Druckwechsel eintreten kann, ferner, daß für $C > 3$ volle Umläufe *ohne* Druckwechsel stattfinden usw.

Beispiel 86. Ungleichförmigkeitsgrad. Die Geschwindigkeit der Bewegung auf dem lotrechten Kreise (siehe Beispiel 85) verläuft sehr ungleichförmig. Bezeichnen wir jetzt mit v_0 die Geschwindigkeit für $\varphi_0 = \pi/2$, so ist nach Gl. (268) die Geschwindigkeit im tiefsten Punkte A_1

$$v_{\max} = \sqrt{v_0^2 + 2\,g\,l}$$

und im höchsten

$$v_{\min} = \sqrt{v_0^2 - 2\,g\,l}\,.$$

Als „mittlere Geschwindigkeit" v_m bezeichnen wir in erster Näherung das arithmetische Mittel aus $v_{\max}$ und $v_{\min}$, also

$$v_m = \frac{1}{2}\,(v_{\max} + v_{\min})$$

und definieren als „Ungleichförmigkeitsgrad" den Ausdruck:

$$\boxed{\varepsilon = \frac{v_{\max} - v_{\min}}{v_m}}. \qquad (270)$$

Aus der Energiegleichung für die Bewegung von A_2 bis A_1 erhalten wir:

$$v_{\max}^2 - v_{\min}^2 = 4\,g\,l$$

und nach Einführung von v_m und ε:

$$2\,v_m^2\,\varepsilon = 4\,g\,l;$$

daraus folgt

$$\varepsilon = \frac{2\,g\,l}{v_m^2}. \qquad (271)$$

Dieser Begriff spielt bei der Bewegung der Maschinen eine wichtige Rolle (siehe Dynamik).

Beispiel 87. Schwerer Punkt auf rauher Kreisbahn. Für eine *rauhe* Bahn gelten die Gln. (259), die mit den in Abb. 152 verwendeten Bezeichnungen die folgende Form annehmen: Zunächst ist wie zuvor

$$b_z = \frac{v^2}{l} + g \cos \varphi,$$

und damit wird die Bewegungsgleichung in Richtung der Bahn, da $ds = -l\,d\varphi$,

$$b_t \equiv \frac{dv}{dt} \equiv v\,\frac{dv}{ds} = -\frac{v}{l}\,\frac{dv}{d\varphi} = g\sin\varphi - f\,b_z$$

oder

$$\frac{1}{2\,l}\,\frac{dv^2}{d\varphi} = -g\,sin\,\varphi + f\left(\frac{v^2}{l} + g\cos\varphi\right)$$

oder

$$\frac{dv^2}{d\varphi} - 2f\,v^2 = -2g\,l\,(\sin\varphi - f\cos\varphi). \tag{272}$$

Dies ist eine lineare Differentialgleichung in v^2; ihre Integration liefert, wenn für $\varphi = \varphi_0$, $v = 0$ sein soll,

$$v^2 = 2\,g\,l\,\frac{(1 - 2f^2)\cos\varphi + 3f\sin\varphi}{1 + 4f^2}$$

$$- 2\,g\,l\,\frac{(1 - 2f^2)\cos\varphi_0 + 3f\sin\varphi_0}{1 + 4f^2}\,e^{2f(\varphi - \varphi_0)}. \tag{273}$$

Um zu berechnen, wie weit der Punkt auf der *rechten* Seite wieder ansteigt, müssen wir beachten, daß die Gl. (272) nur bis zur Erreichung des tiefsten Punktes A_1, also bis $\varphi = 0$ gilt; die in diesem Punkte erreichte Geschwindigkeit hat die Größe

$$v_1^2 = 2\,g\,l\,\frac{1 - 2f^2}{1 + 4f^2} - V_0^2\,e^{-2f\varphi_0},$$

wobei $-V_0^2$ den Faktor vor der e-Funktion in der vorhergehenden Gl. (273) bezeichnet. Von da an hat die Bewegungsgleichung die Form

$$\frac{dv^2}{d\varphi} + 2f\,v^2 = -2\,g\,l\,(\sin\varphi + f\cos\varphi), \tag{272'}$$

die sich aus Gl. (272) dadurch ergibt, daß f durch $-f$ ersetzt wird. Für die Stelle des nächsten Umkehrpunktes φ_1 läßt sich zeigen, daß $\varphi_1 < \varphi_0$; d. h. die Schwingungen verlaufen mit *abnehmender* Amplitude, wie es eben durch den Einfluß der Reibung bedingt ist.

    Beispiel 88. Zykloide als Kurve gleicher Fallzeiten. Durch Zerlegung von g in der Richtung der Tangente zur Zykloide erhalten wir (Abb. 154)

$$\ddot{s} = -g\sin\varphi,$$

worin s der Bogen $\overgroup{A_0A}$ sein soll, und $\varphi = \sphericalangle\,QQ'A$ ist. Nun gilt für die Zykloide die Beziehung $s = 4a\sin\varphi$, wenn a der Halbmesser des erzeugenden Kreises ist; daraus folgt

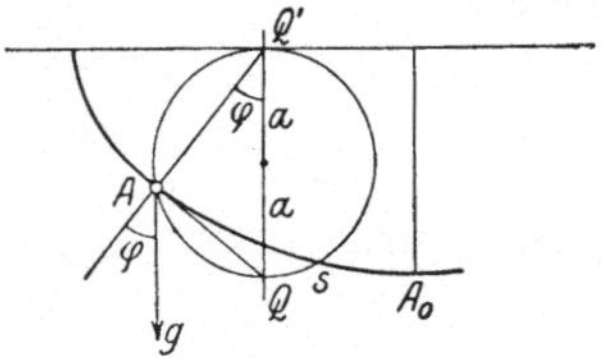

$$\ddot{s} = -\frac{g}{4\,a}\,s, \tag{274}$$

und dies ist die Bewegungsgleichung für eine einfache harmonische Schwingung mit der Periode

$$T = 2\,\pi\,\sqrt{\frac{4\,a}{g}}\,; \tag{275}$$

Abb. 154

T ist auch für *endliche* Ausweichungen völlig unabhängig von der anfänglichen Ausweichung, die man dem Punkt gegeben hat. Diese Eigenschaft bezeichnet man als *Tautochronismus* der Zykloide.

    Beispiel 89. Zykloide als Kurve kürzester Fallzeit. Gegeben seien zwei (nicht in derselben Lotrechten liegende) Punkte A und B; man ermittle jene Kurve, längs welcher ein Punkt von A nach B fallend in B in der kürzesten Zeit ankommt. Nach Gl. (261) ist (wenn $v_0 = 0$)

$$v = \frac{ds}{dt} = \sqrt{2\,g\,(y - y_0)}\,, \quad\text{also}\quad \sqrt{2\,g}\;t = \int_0^s \frac{ds}{\sqrt{y - y_0}} = \int_0^x \sqrt{\frac{1 + y'^2}{y - y_0}}\,dx, \tag{276}$$

da $ds = \sqrt{1 + y'^2}\, dx$, $y' = dy/dx$. Die Aufgabe kommt also auf die Bestimmung jener Funktion $y = y(x)$ hinaus, die dem bestimmten Integral in Gl. (272), dessen Integrand eine *gegebene* Funktion der Größen y' und y ist, einen kleinsten Wert erteilt. Dieses Problem hat den Ausgangspunkt eines der wichtigsten und allgemeinsten Zweige der modernen Mathematik gebildet, der auch für die Mechanik und Physik außerordentliche Bedeutung besitzt: der *Variationsrechnung*.

Nach den darin entwickelten Methoden, auf die hier nicht eingegangen werden kann, findet man, daß die Kurve mit der verlangten Eigenschaft die Zykloide ist, die also auch die Eigenschaft besitzt, die *Brachistochrone* (Linie kürzester Fallzeit) zu sein.

Beispiel 90. Kegelpendel. Ein Punkt A sei an einem festen Punkt O aufgehängt und nach allen Seiten frei beweglich. Fragen wir, unter welchen Bedingungen eine Bewegung auf einem waagrechten Kreise möglich ist (Abb. 155).

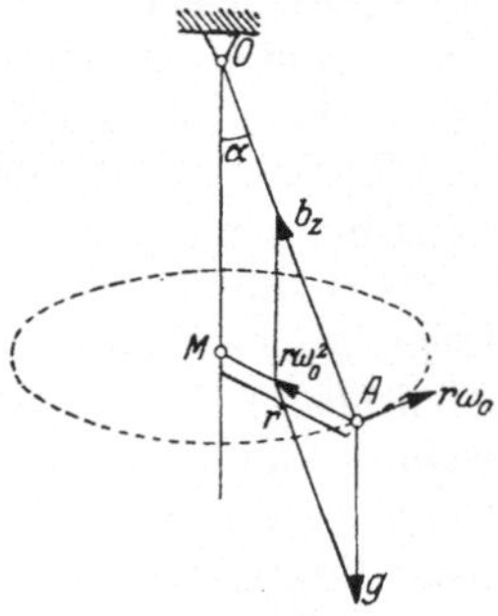

Außer dem lotrecht nach abwärts gerichteten g wirkt b_z in der Richtung des Fadens; für die Bewegung im waagrechten Kreise muß die Summe $g + b_z$ gleich der Normalbeschleunigung $-r\,\omega_0^2$ sein. Daraus folgt unmittelbar

$$r\,\omega_0^2 = g\,\mathrm{tg}\,\alpha,$$

und mit $r = l\sin\alpha$ (277)

$$\omega_0 = \sqrt{\frac{g}{l}}\,\frac{1}{\sqrt{\cos\alpha}} \text{ und die Umlaufzeit } T = \frac{2\pi}{\omega_0}.$$

Die Zwangsbeschleunigung ist

$$b_z = g/\cos\alpha = l\,\omega_0^2$$

und die im Faden auftretende Kraft daher $m\,b_z$.

Abb. 155.

Jedem Winkel α entspricht eine ganz bestimmte Winkelgeschwindigkeit ω_0, für die die gleichförmige Bewegung auf dem Kreise möglich ist. Ist $\omega \gtrless \omega_0$, dann muß man die Bewegung auf der Kugelfläche unter Einführung von *zwei* Koordinaten studieren, was viel verwickelter ausfällt.

V. Relative Bewegung.

87. Kennzeichnung der Probleme. Wir wissen, daß von einer Bewegung im physikalischen Sinne nur gesprochen werden kann, wenn sich *Bezugskörper* angeben lassen, gegen die sie erkennbar ist: *insofern gibt es nur relative Bewegungen*. In diesem Kapitel bezeichnen wir jedoch damit insbesondere solche Probleme der Bewegung der Körper, bei denen es erforderlich ist, außer dem eigentlichen Bezugsystem (O, x, y), das wir als *Trägheitssystem* auffassen und als *ruhend* annehmen, noch ein zweites, *bewegtes Achsensystem* (Ω, ξ, η) hinzuzunehmen. Betrachten wir zunächst nur die Bewegung von Punktkörpern, so wird dabei als *gegeben* angesehen: 1. die auf den Punkt wirkenden „absoluten" oder „eingeprägten" Kräfte $\Re_e$ oder Beschleunigungen b_e (das sind Gewichte u. dgl.) und 2. die *Eigenbewegung des bewegten Systems* (Ω, ξ, η) *gegen das ruhende*. Gesucht ist die „*relative Bewegung*", das ist die Bewegung des Punktkörpers in bezug auf das *bewegte Achsensystem*, also vor allem die „relative Geschwindigkeit und Beschleunigung" (d. h. die erste und zweite Zeitableitung der „relativen" Koordinaten in bezug auf das bewegte Achsensystem); aus dieser ist sodann die „relative Bewegung" nach den gewöhnlichen Methoden der Punktmechanik abzuleiten.

Manchmal handelt es sich um das umgekehrte Problem, nämlich um die Bestimmung der absoluten Bewegung aus der relativen und der Eigenbewegung des Systems; für die Lösung beider Probleme gelten dieselben Formeln, in denen einmal die relative, das andere Mal die absolute Beschleunigung als Unbekannte auftritt.

Dabei unterscheiden wir die *freie* und *gezwungene* Relativbewegung. Zu der ersten gehören jene Probleme, bei der die Bewegung eines *freien* Punktes in bezug auf das System (O, x, y) gegeben und die Bewegung dieses selben Punktes in bezug auf ein in vorgeschriebener Bewegung befindliches System (Ω, ξ, η) zu ermitteln ist, *ohne daß irgendein materieller Zusammenhang der beiden Systeme vorhanden* ist. Von einer *gezwungenen* Relativbewegung sprechen wir dagegen dann, wenn die Bahn des Punktes im System (Ω, ξ, η) — als *Führung* — materiell vorgeschrieben ist und diese Bahn sich selbst in *bekannter* Weise bewegt: der Punkt bewegt sich also in einer *Führung*, deren Eigenbewegung als bekannt anzusehen ist.

Was die Art der Bewegung des „bewegten" Systems (Ω, ξ, η) anlangt, so betrachten wir hier nur die einfachsten und auch praktisch wichtigsten Fälle, in denen es entweder 1. eine *Parallelbewegung* (Translation) oder 2. eine *gleichförmige Drehung* (Rotation) um einen festen Punkt O ausführt; im übrigen beschränken wir uns vorwiegend auf *ebene* Bewegungen (was schon durch die Bezeichnung der Achsensysteme angedeutet ist) und behandeln außerdem nur *ein besonderes Problem* der Punktbewegung *im Raume*, das sich ohne wesentliche Erweiterung der für das ebene Problem verwendeten Hilfsmittel erledigen läßt. Außerdem wird noch die relative Bewegung *von Körpern* gegeneinander hinsichtlich ihres *Geschwindigkeitszustandes* betrachtet, und zwar im Hinblick auf ihre Bedeutung für die *Theorie* der *Zahnräder*.

Als praktische Beispiele für Probleme, bei denen relative Bewegungen in dem dargelegten Sinne eine Rolle spielen, seien genannt: die Bewegung eines Punktes gegen die sich drehende Erde, das Foucaultsche Pendel, die Bewegung des Wassers in den Laufrädern der Turbinen, der Trägheitsregulator u. dgl. mehr. Weiter werden einige Anwendungen der Sätze über relative Bewegung auf die Getriebelehre besprochen. —

Übrigens werden wir auch in 93 und 94 von relativen Geschwindigkeiten und Beschleunigungen Gebrauch machen; jedoch handelt es sich dabei immer um Punkte eines bewegten Systems selbst, nicht um einen außerhalb des bewegten Systems liegenden freien oder durch dieses irgendwie geführten Punktes. Wir werden dabei die Projektionen der absoluten Geschwindigkeiten und Beschleunigungen der Systempunkte nicht nur in bezug auf raumfeste Achsen betrachten, sondern auch auf solche, die mit dem bewegten System fest verbunden, also tatsächlich bewegt sind. Von solchen „körperfesten Achsen" wird auch in der „Theorie des Kreisels", d. i. im wesentlichen die Theorie der Bewegung eines Körpers um einen festen Punkt, ausgiebig und mit großem Vorteil Gebrauch gemacht.

Wenn sich das bewegte System (Ω, ξ, η) gegen das feste (O, x, y) *geradlinig* und *gleichförmig* bewegt, so kann dies auf die Bewegungsgleichungen eines Körpers — nach dem Trägheitsgesetze — keinen Einfluß haben: sie lauten für beide Systeme völlig gleich (*Relativitätsprinzip der Newton-Galileischen Mechanik*). Ruhe und gleichförmige Bewegung sind für die Begriffsbildungen der Mechanik nicht zu unterscheiden; für ein gegen (O, x, y) *gleichförmig* und geradlinig bewegtes Bezugsystem werden wir daher auch keine neuen grundsätzlichen Aussagen erwarten dürfen. Die Fragestellung bekommt erst dann ihren eigentlichen Sinn, wenn wir Beschleunigungen des bewegten Systems zulassen, was wir in den oben genannten Sonderfällen der Schiebung und gleichförmigen Drehung nunmehr ausführen wollen.

In unmittelbarer Erweiterung der bisher verwendeten führen wir hierbei die im folgenden stets in diesem Sinne verwendeten Bezeichnungen ein: wir nennen für den bewegten Punkt P

$$x, y \qquad\qquad \text{die } \textit{absoluten Koordinaten,}$$

$$\left.\begin{aligned} v_x &= \dot{x} \\ v_y &= \dot{y} \end{aligned}\right\} \mathfrak{v}_a = \mathfrak{v}_x + \mathfrak{v}_y \qquad \text{die } \textit{absoluten Geschwindigkeiten,}$$

$$\left.\begin{aligned} b_x &= \dot{v}_x = \ddot{x} \\ b_y &= \dot{v}_y = \ddot{y} \end{aligned}\right\} \mathfrak{b}_a = \mathfrak{b}_x + \mathfrak{b}_y \qquad \text{die } \textit{absoluten Beschleunigungen,}$$

und

$$\xi, \eta \qquad\qquad \text{die } \textit{relativen Koordinaten,}$$

$$\left.\begin{aligned} v_\xi &= \dot{\xi} \\ v_\eta &= \dot{\eta} \end{aligned}\right\} \mathfrak{v}_\varrho = \mathfrak{v}_\xi + \mathfrak{v}_\eta \qquad \text{die } \textit{relativen Geschwindigkeiten,}$$

$$\left.\begin{aligned} b_\xi &= \dot{v}_\xi = \ddot{\xi} \\ b_\eta &= \dot{v}_\eta = \ddot{\eta} \end{aligned}\right\} \mathfrak{b}_\varrho = \mathfrak{b}_\xi + \mathfrak{b}_\eta \qquad \text{die } \textit{relativen Beschleunigungen.}$$

Die Verbindung dieser Größenpaare gleicher Art hängt von der Art der Bewegung des bewegten Systems gegen das feste ab und wird durch die gewöhnlichen Formeln für die Koordinatentransformationen hergestellt.

88. Freie Relativbewegung. a) *Das bewegte System in Parallelbewegung.* Wir nennen noch x_s, y_s die *Koordinaten* des Koordinatenanfangspunktes des bewegten Systems Ω im ruhenden (absoluten) System O, x, y, ferner

$$\left.\begin{aligned} v_{sx} &= \dot{x}_s \\ v_{sy} &= \dot{y}_s \end{aligned}\right\} \mathfrak{v}_s = \mathfrak{v}_{sx} + \mathfrak{v}_{sy}$$

die als bekannt angenommenen Geschwindigkeiten von Ω und aller anderen Punkte der bewegten Scheibe im System (O, x, y) die *Systemgeschwindigkeit*, und endlich

$$\left.\begin{aligned} b_{sx} &= \dot{v}_{sx} = \ddot{x}_s \\ b_{sy} &= \dot{v}_{sy} = \ddot{y}_s \end{aligned}\right\} \mathfrak{b}_s = \mathfrak{b}_{sx} + \mathfrak{b}_{sy},$$

die ebenfalls als bekannt angenommenen Beschleunigungen von Ω usw. im System O, x, y, die *Systembeschleunigung.* Dann gelten für die Koordinatenpaare die Gleichungen (Abb. 156)

$$x = \xi + x_s, \qquad y = \eta + y_s, \tag{278}$$

und wenn für die Bewegung alle diese Größen stetig differenzierbar von der Zeit abhängen, so folgt durch Ableitung nach t:

$$\dot{x} = \dot{\xi} + \dot{x}_s, \qquad \dot{y} = \dot{\eta} + \dot{y}_s \tag{279}$$

oder in eine Vektorgleichung zusammengefaßt

$$\mathfrak{v}_a = \mathfrak{v}_\varrho + \mathfrak{v}_s, \qquad \mathfrak{v}_\varrho = \mathfrak{v}_a - \mathfrak{v}_s. \tag{279a}$$

Da das bewegte System hier eine Parallelbewegung ausführt, so haben alle Punkte die gleiche Geschwindigkeit $\mathfrak{v}_s$ und Beschleunigung $\mathfrak{b}_s$, die wir daher als „Geschwindigkeit und Beschleunigung des bewegten Systems" schlechthin bezeichnen können. Gl.(279a) liefert daher den Satz:

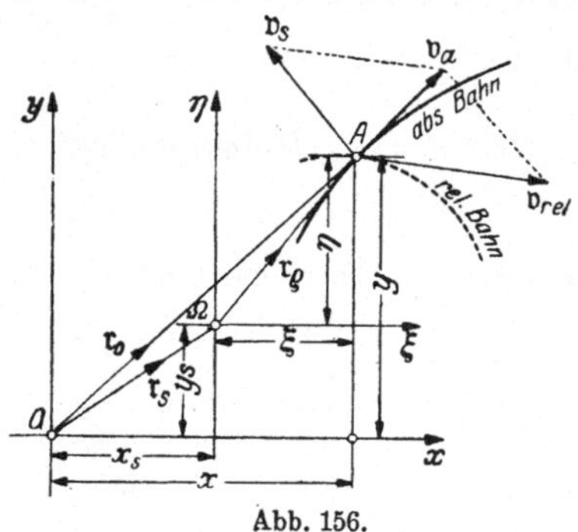

Abb. 156.

Die relative Geschwindigkeit $\mathfrak{v}_\varrho$ *ist die Differenz aus der absoluten* $\mathfrak{v}_a$ *und der Systemgeschwindigkeit* $\mathfrak{v}_s$.

Ebenso liefert die Differentiation der Gln. (279) nach t die Beziehungen:

$$\ddot{x} = \ddot{\xi} + \ddot{x}_s, \qquad \ddot{y} = \ddot{\eta} + \ddot{y}_s, \tag{280}$$

d. h. (280a)

$$\mathfrak{b}_a = \mathfrak{b}_\varrho + \mathfrak{b}_s, \qquad \mathfrak{b}_\varrho = \mathfrak{b}_a - \mathfrak{b}_s. \tag{280a}$$

Die relative Beschleunigung $\mathfrak{b}_\varrho$ *ist die Differenz aus der absoluten* $\mathfrak{b}_a$ *und der Systembeschleunigung* $\mathfrak{b}_s$.

Die Gln. (279a) oder (280a) lassen sich übrigens auch unmittelbar aus dem Vektorcharakter der Geschwindigkeit und Beschleunigung aufschreiben. Bezeichnet man in Abb. 156 die Vektoren

$$\overline{OA} = \mathfrak{r}_a \quad \text{als } absoluten\ Ortsvektor,$$
$$\overline{\Omega A} = \mathfrak{r}_\varrho \quad \text{als } relativen\ Ortsvektor,$$
$$\overline{O\Omega} = \mathfrak{r}_s \quad \text{als } Systemvektor,$$

so gilt die Vektorgleichung

$$\mathfrak{r}_a = \mathfrak{r}_\varrho + \mathfrak{r}_s, \tag{281}$$

und die Gln. (279a) und (280a) ergeben sich auch unmittelbar durch zweimalige Differentiation dieser Gleichung nach t.

Die Gln. (280a) dienen dazu, aus der absoluten Beschleunigung $\mathfrak{b}_a$ bei *bekanntem* $\mathfrak{b}_s$ die relative Beschleunigung $\mathfrak{b}_\varrho$ zu bestimmen. Ist insbesondere $\mathfrak{b}_s = 0$, so ist $\mathfrak{b}_a = \mathfrak{b}_\varrho$, d. h. durch den Übergang vom System (O, x, y) zu dem in bezug auf dieses *gleichförmig* bewegte System (Ω, ξ, η) werden die Beschleunigungen des Punktes nicht verändert: Die Bahnkurven sind natürlich in beiden Systemen verschieden.

Bei der *Integration* der Gleichungen für die relative Bewegung ist folgendes zu beachten: Die Integrationskonstanten bedeuten relative Geschwindigkeiten oder relative Koordinaten; um die Integrale einem vorgegebenen Problem anzupassen, ist für die Festlegung dieser Konstanten die Anwendung der Gln. (279a) für einen bestimmten Augenblick (z. B. für $t = 0$) erforderlich.

Den Gln. (278) hätte man der Vollständigkeit halber noch die dritte Gleichung $t = \tau$ hinzuzufügen, die besagt, daß in beiden Systemen das gleiche Zeitmaß verwendet wird; nach der schon in der Einleitung getroffenen Festsetzung bezüglich der Zeit ist diese Aussage trivial und wird daher in der gewöhnlichen Mechanik weggelassen. Dies ist auch ein Punkt, in dem sich die *relativistische* Mechanik von der *klassischen* in charakteristischer Weise unterscheidet. — In der sog. speziellen Relativitätstheorie gilt an Stelle der Gln. (279a) das folgende Additionsgesetz für die Geschwindigkeiten

$$v_a = \frac{v_s + v_\varrho}{1 + v_s\, v_\varrho/c^2}\,. \qquad (282)$$

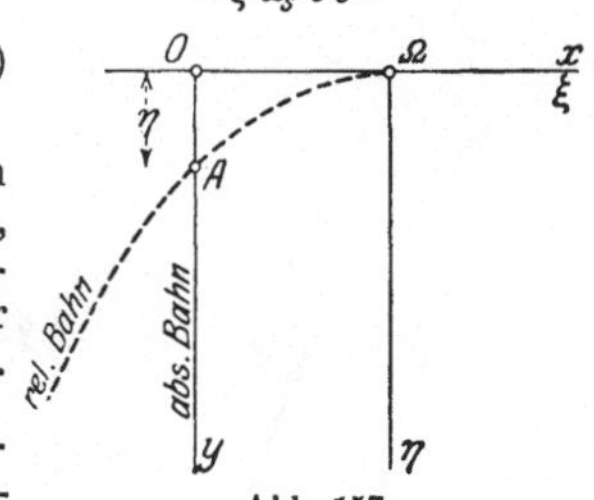

Abb. 157.

Nimmt man $v_\varrho = c$, der Lichtgeschwindigkeit im Vakuum, so folgt auch $v_a = c$ (unabhängig von v_s!), und dies ist das Gesetz der Konstanz der Lichtgeschwindigkeit in gleichförmig (mit v_s) gegeneinander bewegten Systemen, ein Grundpostulat dieser Theorie.

Beispiel 91. *Freier Fall eines Punktes vom gleichförmig fahrenden Zuge aus betrachtet* (Abb. 157). Gegeben ist $\mathfrak{b}_a = \mathfrak{g}, \mathfrak{b}_s = 0, v_{sx} = \dot{x}_s = c = \text{konst}$, daher (für $x_s = 0$ bei $t = 0$): $x_s = c\,t$, und $v_{sy} = 0$. Aus der Gl. (280a) folgt $\mathfrak{b}_\varrho = \mathfrak{g}$, d. h. $\ddot{\xi} = 0$, $\ddot{\eta} = g$ und mit Benutzung der Gln. (281) (wenn C_1, C_2 Integrationskonstanten sind),

$$\begin{cases} \dot{\xi} = C_1 = (\dot{x})_{t=0} - (\dot{x}_s)_{t=0} = -c, \\ \dot{\eta} = g\,t + C_2 = g\,t + (\dot{\eta})_{t=0} = g\,t + (\dot{y})_{t=0} - (\dot{y}_s)_{t=0} = g\,t, \end{cases} \quad \text{daher} \quad \begin{cases} \xi = -c\,t, \\ \eta = \tfrac{1}{2}\,g\,t^2. \end{cases}$$

Die relative Bahn ist daher eine Parabel.

Wenn der Punkt dagegen im fahrenden Zuge losgelassen wird, so daß er im Zeitpunkte des Loslassens die Eigengeschwindigkeit des Zuges besitzt, so ist die relative Bahn die Lotrechte und die absolute eine Parabel.

b) *System in gleichförmiger Drehung. Coriolisbeschleunigung.* Sei ω die konstante Winkelgeschwindigkeit der Drehung, so ist (für $\varphi = 0$ bei $t = 0$): $\varphi = \omega\,t$ und die Gleichungen, welche die relativen mit den absoluten Koordinaten verbinden, haben nach Abb. 158 die Form

$$\xi = x \cos \varphi + y \sin \varphi, \qquad \eta = -x \sin \varphi + y \cos \varphi. \qquad (283)$$

Da nun auch φ als veränderlich zu betrachten ist, so folgt durch Differentiation nach t mit den in 88 eingeführten Bezeichnungen

$$\mathfrak{v}_\varrho: \begin{cases} v_\xi \equiv \dot{\xi} = \dot{x} \cos \varphi + \dot{y} \sin \varphi + (-x \sin \varphi + y \cos \varphi)\,\omega \\ \qquad = \dot{x} \cos \varphi + \dot{y} \sin \varphi + \eta\,\omega, \\ v_\eta \equiv \dot{\eta} = -\dot{x} \sin \varphi + \dot{y} \cos \varphi - \xi\,\omega. \end{cases} \qquad (284)$$

Die Größen $\dot{x} \cos \varphi + \dot{y} \sin \varphi$, $-\dot{x} \sin \varphi + \dot{y} \cos \varphi$ sind die Komponenten der absoluten Geschwindigkeit nach den bewegten Achsen ξ, η, und $-\eta\,\omega$ und $\xi\,\omega$ sind die Komponenten der Geschwindigkeit jenes Systempunktes, der im betrachteten Augenblick mit dem bewegten Punkt A zusammenfällt; die beiden Gleichungen können daher auch hier in die Vektorgleichung zusammengefaßt werden

$$\boxed{\mathfrak{v}_\varrho = \mathfrak{v}_a - \mathfrak{v}_s, \qquad \mathfrak{v}_a = \mathfrak{v}_\varrho + \mathfrak{v}_s;} \qquad (285)$$

diese bringt denselben Sachverhalt zum Ausdruck wie Gl. (276), nur kann man jetzt von einer „Systemgeschwindigkeit" schlechthin nicht sprechen, da hier die $\mathfrak{v}_s$ für alle Punkte der Scheibe voneinander verschieden sind.

Die nochmalige Differentiation der Gl. (282) nach t liefert

$$b_\xi \equiv \ddot{\xi} = \ddot{x} \cos \varphi + \ddot{y} \sin \varphi + (-\dot{x} \sin \varphi + \dot{y} \cos \varphi)\, \omega + \dot{\eta}\, \omega,$$

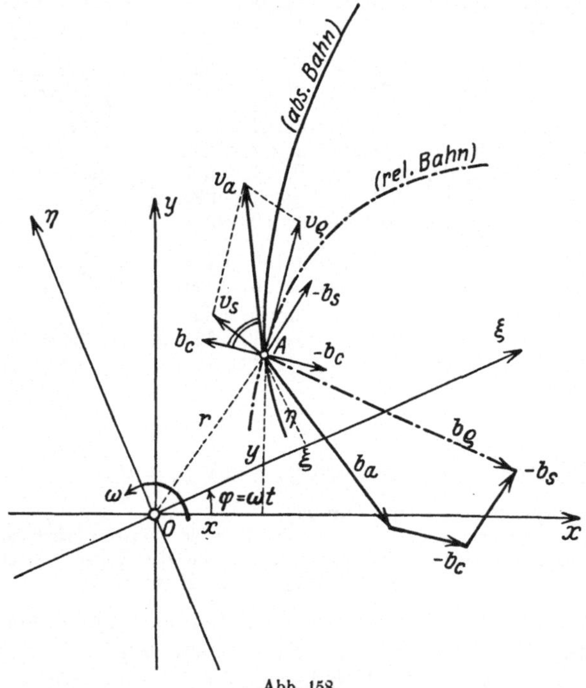

Abb. 158.

woraus durch Einsetzen von $(-\dot{x} \sin \varphi + \dot{y} \cos \varphi)$ aus der zweiten der Gln. (282) folgt

$$\left. \begin{aligned} b_\xi &= \ddot{x} \cos \varphi + \ddot{y} \sin \varphi + \xi\, \omega^2 + 2\dot{\eta}\, \omega, \\[2mm] b_\eta &= -\ddot{x} \sin \varphi + \ddot{y} \cos \varphi + \eta\, \omega^2 - 2\dot{\xi}\, \omega. \end{aligned} \right\} \tag{286}$$

und ebenso erhält man

In diesen Gleichungen bedeuten die beiden ersten Gliederpaare rechts die Komponenten der *absoluten* Beschleunigung $\mathfrak{b}_a$ nach den bewegten Achsen ξ, η, das dritte Paar die negative Beschleunigung $-\mathfrak{b}_s$ des mit A zusammenfallenden *Systempunktes* (er führt eine gleichförmige Drehung aus und besitzt daher nur eine Normalbeschleunigung von der Größe $\sqrt{\xi^2 + \eta^2}\,\omega^2$); man nennt diese auch kurz die *Systembeschleunigung*, beachte aber, daß diese von Punkt zu Punkt verschieden ist. Schließlich bedeuten die letzten Glieder $-2\dot{\eta}\,\omega$, $2\dot{\xi}\,\omega$ die Komponenten einer Beschleunigung $\mathfrak{b}_c$, die die Größe besitzt

$$\boxed{b_c = 2\omega \sqrt{\dot{\xi}^2 + \dot{\eta}^2} = 2 v_\varrho\, \omega, \quad \text{und} \quad \mathfrak{b}_c = 2\,(\overline{\omega} \times \mathfrak{v}_\varrho)} \tag{287}$$

und da ihre Richtungstangente gegen die ξ-Achse durch $-\dot\eta/\dot\xi$ gegeben ist, so steht sie auf $\mathfrak{v}_\varrho$ senkrecht, und zwar liegt sie *im Sinne* von ω um $\pi/2$ gegen $\mathfrak{v}_\varrho$ verdreht, Abb. 158; dieser Teil der Beschleunigung wird als *Zusatz-* oder *Coriolisbeschleunigung* bezeichnet. Die Gln. (283) sind zusammen gleichwertig mit der Vektorgleichung:

$$\boxed{\mathfrak{b}_\varrho = \mathfrak{b}_a - \mathfrak{b}_s - \mathfrak{b}_c, \quad \mathfrak{b}_a = \mathfrak{b}_\varrho + \mathfrak{b}_s + \mathfrak{b}_c,} \tag{288}$$

die den folgenden Satz enthält:

Die relative Beschleunigung $\mathfrak{b}_\varrho$ ist die Summe aus der absoluten Beschleunigung $\mathfrak{b}_a$, der negativen Systembeschleunigung, $-\mathfrak{b}_s$, und der negativen Zusatz- oder Coriolisbeschleunigung, $-\mathfrak{b}_c$; $\mathfrak{b}_c$ hat die Größe $2v_\varrho\,\omega$ und liegt gegen $\mathfrak{v}_\varrho$ um $\pi/2$ im Sinne von ω verdreht.

Die beiden letzten Teile bilden die Veranlassung von *Zusatzkräften,* die beim Übergang von ruhenden zu in Drehung befindlichen Koordinatensystemen hinzutreten, denen aber im gedrehten System gleichwohl eine physikalische Realität zukommt; sie sind zwar — naturgemäß — nicht bei der freien, wohl aber bei der gezwungenen Relativbewegung mittelbar durch die Zwangskräfte, die auch von ihnen abhängen, objektiv feststellbar und meßbar.

Um daher die Gleichungen für die Bewegung eines Punktes in bezug auf ein in gleichförmiger Drehung befindliches Achsensystem zu erhalten, hat man die Gl. (288) für zwei Richtungen der *bewegten* Ebene anzusetzen; die dadurch entstehenden Gleichungen sind Differentialgleichungen 2. Ordnung für die Koordinaten ξ und η des bewegten Punktes, die sodann in der gewöhnlichen Weise zu integrieren sind; bezüglich der Integrationskonstanten gilt das unter a) Gesagte. Für den Ansatz auf Grund der Gln. (288) eignen sich übrigens manchmal Polarkoordinaten (r, φ) besser als die bei der Ableitung benutzten Cartesischen; in diesem Falle sind für die Teile von $\mathfrak{b}_\varrho$ parallel und senkrecht zu r die Ausdrücke (243) zu benutzen.

Nimmt man ω in Gl. (284) als *veränderlich*, so erhält man die Beziehung von $\mathfrak{b}_a$ und $\mathfrak{b}_\varrho$ für ein Bezugsystem, das eine *ungleichförmige* Drehbewegung ausführt. Die Ausführung der Differentiation ergibt, daß die Gl. (288) in derselben Form erhalten bleibt, nur besteht dann $\mathfrak{b}_s$ selbst aus den *beiden* Komponenten: $-r\,\omega^2$ parallel und $r\,\dot\omega$ senkrecht zu $\mathfrak{r}$.

Beispiel 92. Trägheitsbewegung, von einer gleichförmig gedrehten Scheibe aus betrachtet. Der Punkt A bewege sich mit konstanter Geschwindigkeit c in gerader Linie (Abb. 159) und darunter wird eine Scheibe mit der Winkelgeschwindigkeit ω gleichförmig herumgedreht; man bestimme die relative Bewegung von A in bezug auf diese Scheibe.

Wenn für $t = 0$ etwa $r = 0$ und $\varphi = 0$ vorgeschrieben ist, dann sind aus Abb. 159 die beiden folgenden Gleichungen unmittelbar abzulesen

$$r = v\,t, \quad \varphi = \omega\,t,$$

und daher gibt die durch Elimination von t entstehende Gleichung

$$r = c\,\varphi/\omega$$

die Gleichung der relativen Bahn in Polarkoordinaten r, φ; sie ist eine gewöhnliche oder Archimedische Spirale. Die relative Geschwindigkeit $\mathfrak{v}_\varrho$ ist, wenn $\overline{\omega}$ der senkrecht zur Zeichenebene gerichtete Drehvektor ist,

$$\mathfrak{v}_\varrho = \mathfrak{c} - (\overline{\omega} \times \mathfrak{r}), \quad \text{also} \quad v_\varrho = \sqrt{c^2 + r^2\,\omega^2}.$$

Es ist lehrreich, die Ermittlung der relativen Bahn aus dem Ansatz (285) durchzuführen; die Komponenten von $\mathfrak{b}_\varrho$ sind in Polarkoordinaten durch die Gln. (243) gegeben. Wegen $c = $ konst. ist $\mathfrak{b}_a = 0$; daher gilt die Gleichung

$$\mathfrak{b}_\varrho = -\mathfrak{b}_s - \mathfrak{b}_c,$$

also ist die Komponente von $\mathfrak{b}_\varrho$ in Richtung $\mathfrak{r}$:

$$(\|\mathfrak{r}:) \quad b_r \equiv \ddot{r} - r\,\omega^2 = r\,\omega^2 - 2\,v_\varrho\,\omega\sin\alpha,$$

daraus (da $v_\varrho \sin\alpha = r\,\omega$)

$$\ddot{r} = 2\,r\,\omega^2 - 2\,r\,\omega^2 = 0$$

(also ist $b_c = 2\,b_s$!)

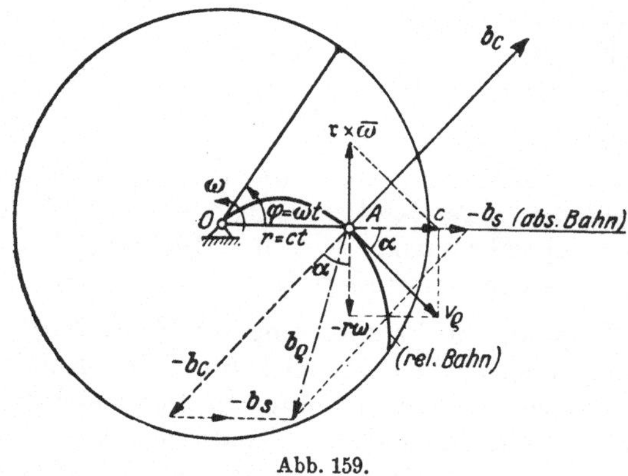

Abb. 159.

und

$$(\perp \mathfrak{r}:) \qquad b_\varphi \equiv \frac{1}{r}\,\frac{d}{dt}\,(r^2\,\dot{\varphi}) = 2\,v_\varrho\,\omega\cos\alpha = 2\,v_\varrho\,\omega\,c/v_\varrho = 2\,c\,\omega;$$

diese Gleichung wird durch $r = c\,t$, $\dot{\varphi} = \omega = $ konst. identisch erfüllt.

c) *Räumliche Relativbewegung eines Punktes* in bezug auf ein um eine feste Achse sich gleichförmig drehendes Bezugsystem. Wir können die Gültigkeit der in b) erhaltenen Gl. (288) ohne weiteres verallgemeinern auf den Fall, daß es sich um die Bewegung eines Punktes *im Raum* handelt, die auf ein System O, ξ, η, ζ bezogen wird, dessen ζ-Achse beständig mit der z-Achse des ruhenden Systems zusammenfallen möge. Die relative Geschwindigkeit $\mathfrak{v}_\varrho$ von A kann in zwei Komponenten zerlegt werden, etwa $v_\varrho \sin\beta \perp Oz$ und $v_\varrho \cos\beta \parallel Oz$, wenn $\sphericalangle \beta = \sphericalangle (\mathfrak{v}_\varrho, z)$ ist. Die Gleichung für die Bewegung parallel zur z-Achse wird durch die Drehung des Systems in keiner Weise beeinflußt. Für die Bewegung in der zur z-Achse senkrechten Ebene O, ξ, η gilt die Gl. (288), wofern darin nur gesetzt wird

$$b_c = 2 v_\varrho\,\omega\sin\beta, \tag{289}$$

da der in der ξ, η-Ebene liegende Teil von $\mathfrak{v}_\varrho$ jetzt $v_\varrho \sin\beta$ ist. Bezüglich der Richtung von $\mathfrak{b}_c$ in bezug auf $v_\varrho \sin\beta$ gilt dasselbe wie in b). Sind also $\dot{\xi}, \dot{\eta}, \dot{\zeta}$ die Komponenten von $\mathfrak{v}_\varrho$ nach den Achsen ξ, η, ζ, so sind die von $\mathfrak{b}_c(-2\dot{\xi}\,\omega, 2\dot{\eta}\,\omega, 0)$. In vektorieller Schreibweise ist in allen Fällen:

$$\boxed{\mathfrak{b}_c = 2\,(\overline{\omega} \times \mathfrak{v}_\varrho).} \tag{290}$$

89. Ableitung der Gleichung für die Relativbeschleunigung in vektorieller Darstellung. a) In 88b wurde die vektorielle Beziehung zwischen der absoluten und relativen Beschleunigung durch Verwendung Cartesischer Koordinaten erhalten. Dieser Vorgang ist jedoch ein Umweg, und wir gewinnen eine bessere Einsicht in die Bedeutung dieser Beziehung, wenn wir sie *unmittelbar*, d. h. ohne jede Bezugnahme auf Koordinaten herleiten.

Hierzu gehen wir von der Gleichung aus, die zwischen der absoluten, der relativen und der Systemgeschwindigkeit eines Punktes besteht, und die durch die schon früher verwendete Vektorgl. (285) gegeben ist

$$\mathfrak{v}_a = \mathfrak{v}_\varrho + \mathfrak{v}_s.$$

Es sei wieder $\mathfrak{r} = \overline{OA}$ der Ortsvektor des bewegten Punktes, dann müssen wir beachten, daß die Beziehung $\mathfrak{v} = \dot{\mathfrak{r}}$ zunächst nur für ein Bezugsystem gilt, das keine Drehung ausführt. Die Zeitableitung des Vektors $\mathfrak{r}$ mit Bezug auf das bewegte System ist jedoch verschieden von der mit Bezug auf das ruhende. Um beide voneinander zu unterscheiden, möge $d\mathfrak{r}/dt$ diese Ableitung mit Bezug auf das ruhende und $d'\mathfrak{r}/dt$ in bezug auf das bewegte System bedeuten; dann läßt sich die vorhergehende Gleichung auch in der Form schreiben

$$\frac{d\mathfrak{r}}{dt} = \frac{d'\mathfrak{r}}{dt} + (\overline{\omega} \times \mathfrak{r}). \tag{291}$$

Es sei sogleich bemerkt, daß eine Gleichung von dieser Form auch für die Beziehung der Zeitableitung eines *beliebigen* Vektors (nicht nur für den Ortsvektor $\mathfrak{r}$) in bezug auf ein ruhendes und in Drehung befindliches System besteht.

Die für die Beschleunigung geltende Gleichung folgt aus dieser durch nochmalige Ableitung nach t, wobei wieder diese Verschiedenheit der Zeitableitungen im ruhenden und bewegten System zu berücksichtigen ist. Wir erhalten zunächst

$$\frac{d^2\mathfrak{r}}{dt^2} = \frac{d}{dt}\left(\frac{d'\mathfrak{r}}{dt}\right) + \frac{d}{dt}\,(\overline{\omega} \times \overline{\mathfrak{r}}) = \frac{d}{dt}\left(\frac{d'\mathfrak{r}}{dt}\right) + \left(\frac{d\overline{\omega}}{dt} \times \mathfrak{r}\right) + \left(\overline{\omega} \times \frac{d\mathfrak{r}}{dt}\right).$$

Wird im ersten Gliede rechts die Ableitung nach t der vorhergehenden Gl. (291) für den Vektor $d'\mathfrak{r}/dt$ benützt und im letzten diese Gleichung selbst, so folgt

$$\frac{d^2\mathfrak{r}}{dt^2} = \underbrace{\frac{d'^2\mathfrak{r}}{dt^2} + \left(\overline{\omega} \times \frac{d'\mathfrak{r}}{dt}\right)}_{} + \left(\frac{d\overline{\omega}}{dt} \times \mathfrak{r}\right) + \left(\overline{\omega} \times \frac{d'\mathfrak{r}}{dt}\right) + [\overline{\omega} \times (\overline{\omega} \times \mathfrak{r})].$$

Da nach **22** Gl. (33) $[\overline{\omega} \times (\overline{\omega} \times \mathfrak{r})] = -\,\mathfrak{r}\,\omega^2$, so nimmt diese Gleichung die Form an

$$\frac{d^2\mathfrak{r}}{dt^2} = \underbrace{\frac{d'^2\mathfrak{r}}{dt^2} - \mathfrak{r}\,\omega^2 + (\dot{\overline{\omega}} \times \mathfrak{r})}_{} + 2\left(\overline{\omega} \times \frac{d'\mathfrak{r}}{dt}\right), \tag{292}$$

in der sie sich mit der früher erhaltenen Beziehung

$$\mathfrak{b}_a = \mathfrak{b}_\varrho + \mathfrak{b}_s + \mathfrak{b}_c$$

identisch erweist. Dabei ist eine beliebige *ungleichförmige* Drehung des Bezugsystems vorausgesetzt worden. Die Richtung von $\mathfrak{b}_c$ ist durch die für das Vektorprodukt angegebene Regel bestimmt: sie liegt um $\pi/2$ gegen $\mathfrak{v}_\varrho$ im Sinn von ω verdreht!

b) *Andere Ableitung.* Die Ableitung verläuft besonders einfach, wenn man Einheitsvektoren e_1, e_2 nach den bewegten Achsen ξ, η benützt und schreibt

$$r = e_1\,\xi + e_2\,\eta.\tag{293}$$

Die Geschwindigkeit $\mathfrak{v}_a$ ist durch $\dot{r}$, die Beschleunigung $\mathfrak{b}_a$ durch $\dot{\mathfrak{v}}_a$ gegeben. Für die Zeitableitung des Vektors e_1 ist zu beachten, daß seine Länge ungeändert bleibt, die ganze Änderung daher in Richtung e_2 liegen muß; daher ist zu setzen:

$$\dot{e}_1 = \omega\,e_2, \quad \text{und ebenso} \quad \dot{e}_1 = -\,\omega\,e_2.\tag{294}$$

Durch Ausführung der Differentiationen erhält man

$$\begin{aligned}
\mathfrak{v}_a \equiv \dot{r} &= e_1\,\dot{\xi} + \dot{e}_1\,\xi + e_2\,\dot{\eta} + \dot{e}_2\,\eta \\
&= e_1\,(\dot{\xi}-\eta\,\omega) + e_2\,(\dot{\eta}+\xi\,\omega) = \mathfrak{v}_\varrho + \mathfrak{v}_s,
\end{aligned}$$

und (wenn jetzt auch ω als veränderlich angesehen wird):

$$\begin{aligned}
\mathfrak{b}_a \equiv \dot{\mathfrak{v}}_a \equiv \ddot{r} &= e_1\,(\ddot{\xi}-\eta\,\dot{\omega}-\dot{\eta}\omega) - \omega\,e_1\,(\dot{\eta}+\xi\,\omega) \\
&\quad + e_2\,(\ddot{\eta}+\xi\,\dot{\omega}+\dot{\xi}\,\omega) + \omega\,e_2\,(\dot{\xi}-\eta\,\omega) \\
&= \mathfrak{b}_\varrho + \mathfrak{b}_s + \mathfrak{b}_c.
\end{aligned}$$

Die Komponenten der einzelnen Teile von $\mathfrak{b}_a$ sind: $\mathfrak{b}_\varrho\,(\ddot{\xi},\,\ddot{\eta})$, $\mathfrak{b}_s\,(-\xi\,\omega^2 -\eta\,\dot{\omega},\,-\eta\,\omega^2 + \xi\,\dot{\omega})$, $\mathfrak{b}_c\,(-2\dot{\eta}\,\omega,\,2\dot{\xi}\,\omega)$. Durch diese Ableitung wird besonders deutlich, das die Coriolisbeschleunigung $\mathfrak{b}_c = 2v_\varrho\,\omega$ aus den folgenden beiden Umständen herkommt:

1. Bei der Bewegung des Punktes über die sich drehende Scheibe ändert sich die Geschwindigkeit des mit ihm zusammenfallenden Systempunktes.

2. Die vorhandene relative Geschwindigkeit erfährt bei der Bewegung eine Drehung mit ω.

Aus jeder dieser beiden Ursachen entspringt eine Beschleunigung vom Betrage $v_\varrho\,\omega$, so daß $b_c = 2v_\varrho\,\omega$ folgt.

90. Gezwungene Relativbewegung. Den Ansatz für die gezwungene Relativbewegung erhalten wir wieder durch Anwendung des Gedankens, der für die Behandlung aller gestützten und geführten Systeme maßgebend ist: der Einfluß einer glatten Führung wird an jeder Stelle durch eine senkrecht zur Führung liegende *Zwangskraft* $\mathfrak{N}$ oder *Zwangsbeschleunigung* $\mathfrak{b}_z$, bei rauher Führung außerdem durch eine entgegen der Bewegungsrichtung wirkende Reibungskraft $\mathfrak{R}$ oder *Reibungsbeschleunigung* $\mathfrak{b}_R$ vom Betrage $b_R = f\,|b_z|$ dargestellt; werden diese beiden Teile zu $\mathfrak{b}_e$ (d. i. der absoluten oder eingeprägten Beschleunigung) hinzugefügt, so erhält man für die gezwungene Bewegung die folgenden Gleichungen:

a) *System in Parallelbewegung.*

α) Bei glatter Führung

$$\boxed{\mathfrak{b}_\varrho = \mathfrak{b}_e + \mathfrak{b}_z - \mathfrak{b}_s.}\tag{295}$$

β) Bei rauher Führung

$$\boxed{\mathfrak{b}_\varrho = \mathfrak{b}_e + \mathfrak{b}_z + \mathfrak{b}_R - \mathfrak{b}_s.}\tag{296}$$

Der Ansatz dieser Gleichungen *für zwei Richtungen der bewegten Ebene* bringt zwar eine neue Unbekannte $\mathfrak{b}_z$ ins Spiel, dafür ist durch die Führung des Punktes ein Freiheitsgrad aufgehoben worden, seine Bewegung ist *zwangläufig*, ist also durch *einen* Parameter, und dieser durch *eine* Gleichung bestimmt; die Führung ist selbst die *relative* Bahn. Die Gln. (295) und (296) reichen daher zur Bestimmung der relativen Bewegung und zur Ermittlung von $\mathfrak{b}_z$ und der *Führungskraft* $\mathfrak{N} = m\,\mathfrak{b}_z$ aus.

b) *System in gleichförmiger Drehung.*

Es gilt die Gl. (288), wenn darin $\mathfrak{b}_e$ durch $\mathfrak{b}_e + \mathfrak{b}_z$ bzw. durch $\mathfrak{b}_e + \mathfrak{b}_z + \mathfrak{b}_R$ ersetzt wird; ferner ist $b_R = f\,|b_z|$ zu setzen und in einer zu $\mathfrak{v}_\varrho$ entgegengesetzten Richtung einzuführen. Wir erhalten demnach

α) bei *glatter* Führung

$$\boxed{\mathfrak{b}_\varrho = \mathfrak{b}_e + \mathfrak{b}_z - \mathfrak{b}_s - \mathfrak{b}_c,} \tag{297}$$

β) bei *rauher* Führung

$$\boxed{\mathfrak{b}_\varrho = \mathfrak{b}_e + \mathfrak{b}_z + \mathfrak{b}_R - \mathfrak{b}_s - \mathfrak{b}_c.} \tag{298}$$

91. Beispiele und Anwendungen.

Beispiel 93. Ruhendes Pendel auf der rotierenden Erde. Für eine *auf der Erde ruhende* Punktmasse A gibt die Gl. (297) mit $\mathfrak{b}_\varrho = 0$, $\mathfrak{b}_a = \mathfrak{g}$, $\mathfrak{b}_s = -\overline{\varrho}\,\omega^2$, $\mathfrak{b}_c = 0$ und den Bezeichnungen der Abb. 160

$$0 = \mathfrak{g} + \mathfrak{b}_z + \overline{\varrho}\,\omega^2.$$

$\mathfrak{b}_z$ gibt die auf den Punkt wirkende Zwangsbeschleunigung, oder die Richtung der Lotlinie, in die sich ein gegen die Erde ruhendes Pendel einstellt. An Stelle der Beschleunigung $\mathfrak{g}$, die für die ruhende, als Kugel angenommene Erde aus Symmetriegründen nach dem Erdmittelpunkt gerichtet ist, tritt eine Beschleunigung $\mathfrak{g}' = \mathfrak{g} + \overline{\varrho}\,\omega^2$ auf; und wenn φ die geographische Breite des Ortes ist, so ist

$$g'^2 = g^2 + \varrho^2\omega^4 - 2g\,\varrho\,\omega^2 \cos\varphi;$$

wenn das Glied mit ω^4 als klein vernachlässigt und $\varrho = R\cos\varphi$ gesetzt wird, so folgt angenähert, da $R\,\omega^2/g \approx 1/289$ ist,

$$g' = g\left[1 - \frac{\cos^2\varphi}{289}\right]. \tag{299}$$

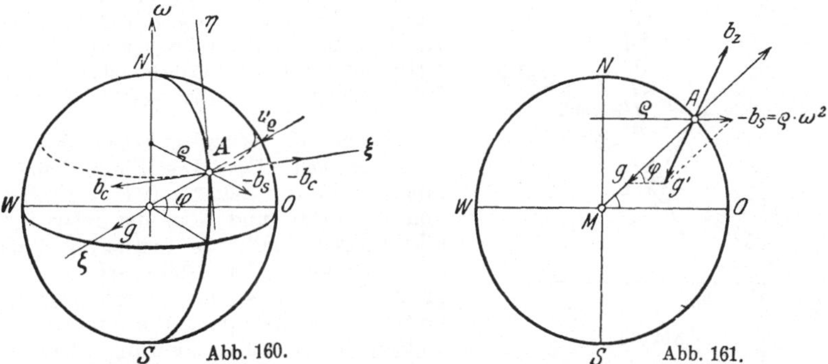

Abb. 160.   Abb. 161.

Beispiel 94. Freier Fall mit Berücksichtigung der Erddrehung. Ein Punktkörper wird in der Nähe der Erdoberfläche frei fallen gelassen. Man ermittle seine Bewegung in bezug auf die rotierende Erde.

Wir wählen als *bewegtes* (mit der Erde fest verbundenes) Achsensystem das folgende (Abb. 161): als ζ-Achse die von der Ausgangslage A gegen den Erdmittelpunkt weisende Normale, als ξ-Achse die Tangente zum Breitenkreis, positiv nach Osten, als η-Achse die Tangente zum Meridian, positiv nach Norden gerichtet. Die geographische Breite sei φ, der Halbmesser des Breitenkreises ϱ.

In Gl. (288) ist zunächst zu setzen

$$\mathfrak{b}_a = \mathfrak{g}, \qquad \mathfrak{b}_s = -\overline{\varrho}\,\omega^2.$$

Was die Coriolisbeschleunigung anlangt, so können wir in Gl. (289) — in erster Näherung — für die relative Geschwindigkeit $v_\varrho = \dot{\zeta}$ setzen, die sich ergeben würde, wenn die relative Bewegung der freie Fall in der Lotrechten zur Erde selbst wäre. Von dieser Geschwindigkeit ist nur die Projektion auf die zur Erdachse senkrechte Ebene maßgebend. Die Coriolisbeschleunigung hat daher den Betrag

$$b_c = 2 v_\varrho\,\omega \cos \varphi$$

und hat die Richtung der negativen ξ-Achse, wirkt also nach Westen. Wegen des kleinen Wertes von ω erhalten wir dadurch eine ausreichende Näherung.

Die Bewegungsgleichungen nehmen damit die Form an

$$\mathfrak{b}_\varrho \begin{cases} \ddot{\xi} = 2 v_\varrho\,\omega \cos \varphi, \\ \ddot{\eta} = -\varrho\,\omega^2 \sin \varphi, \\ \ddot{\zeta} = g - \varrho\,\omega^2 \cos \varphi. \end{cases} \tag{300}$$

Wenn wir darin auch die Glieder mit ω^2 vernachlässigen und (wie schon gesagt) $v_\varrho \equiv \dot{\zeta} = g\,t$ setzen, so folgt

$$\ddot{\xi} = 2 g\,t\,\omega \cos \varphi$$

und weiter, wenn φ und g als konstant angesehen werden können

$$\xi = \frac{g\,t^3}{3}\,\omega \cos \varphi. \tag{301}$$

Für eine Fallhöhe von $h = 500$ m ist $t = \sqrt{2h/g} \approx 10$ sec und weiter für $\varphi = 45^0$: $\xi \approx 17$ cm. Ein auf die Erde oder in einen Schacht fallender Körper erleidet daher (da ξ positiv ausfällt!) relativ zur Erde *eine Abweichung nach Osten*.

Da die Erddrehung von West nach Ost erfolgt und die Erde unter dem frei fallenden Körpern hinweggeht, so könnte man meinen, daß sich eine Abweichung von der Lotlinie nach Westen ergeben müßte. Indessen ist zu beachten, daß der Körper im Augenblicke des Fallenlassens die seiner Entfernung von der Erdachse entsprechende, und zwar *nach Osten* gerichtete Geschwindigkeit besitzt und beim Falle in Gebiete mit kleineren Drehgeschwindigkeiten kommt; er bewegt sich also in der Richtung nach Osten schneller als sein Auftreffpunkt, wodurch das zunächst befremdliche Ergebnis qualitativ verständlich wird.

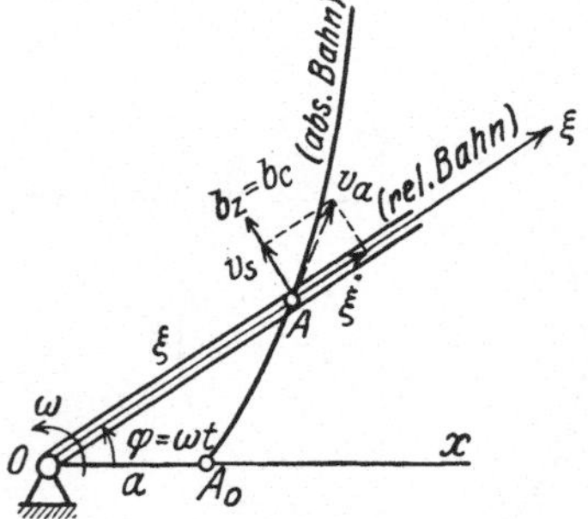

Abb. 162.

Beispiel 95. Massenpunkt in einer rotierenden geraden Röhre. Der Punkt habe anfangs, d. h. zur Zeit $t = 0$ den Abstand a von der Achse und dort die relative Geschwindigkeit null; die konstante Winkelgeschwindigkeit der Röhre sei ω, eingeprägte Kräfte seien nicht vorhanden. Man bestimme die Bewegung des Punktes α) bei glatter, β) bei rauher Führung (Abb. 162).

α) Wir nehmen die Rohrachse, die die relative Bahn darstellt, zur ξ-Achse, dann lauten die Bewegungsgleichungen für *glatte Führung* nach Gl. (297)

$$\mathfrak{b}_\varrho \begin{cases} b_\xi \equiv \ddot{\xi} = \xi\,\omega^2 \\ b_\eta \equiv 0 = b_z - b_c. \end{cases}$$

Die erste Gleichung gibt integriert mit den angegebenen Anfangsbedingungen $\xi = a,\ v_\xi = \dot\xi = 0$ für $t = 0$:

$$\xi = \frac{a}{2}\,(e^{\omega t} + e^{-\omega t}) = a\,\mathfrak{Cof}\,\omega t$$

und die zweite liefert

$$b_z = b_c = 2 v_\varrho\,\omega = 2\dot\xi\,\omega = 2 a\,\omega^2\,\mathfrak{Sin}\,\omega t.$$

Die Gleichung der absoluten Bahn erhält man durch Elimination von t aus der Gleichung für ξ und $\varphi = \omega t$; sie lautet

$$\xi = \frac{a}{2}\,(e^{\varphi} + e^{-\varphi}) = a\,\mathfrak{Cof}\,\varphi; \tag{302}$$

die absolute Bahn hat die Form einer Spirale.

$\beta)$ Für *rauhe Führung* liefert die Gl. (298)

$$\mathfrak{b}_\varrho \begin{cases} b_\xi = \ddot\xi = \xi\,\omega^2 - f\,b_z \\ b_\eta = 0 = b_z - b_c, \quad b_z = 2\dot\xi\,\omega, \end{cases}$$

woraus durch Elimination von b_z die Gleichung folgt

$$\ddot\xi + 2 f\,\omega\,\dot\xi - \omega^2\,\xi = 0.$$

Das Integral dieser Gleichung lautet mit denselben Anfangsbedingungen wie zuvor, wenn noch durch $f = \mathrm{tg}\,\varrho$ der der Reibungszahl f entsprechende Reibungswinkel ϱ eingeführt wird

$$\xi = \frac{a}{2}\left[(1 + \sin\varrho)\,e^{\frac{1 - \sin\varrho}{\cos\varrho}\,\omega t} + (1 - \sin\varrho)\,e^{-\frac{1 + \sin\varrho}{\cos\varrho}\,\omega t}\right], \tag{303}$$

während die Führungskraft wieder durch $N = m\,b_z = 2 m\,\dot\xi\,\omega$ gegeben ist.

Die Integration der (linearen!) Differentialgleichung für ξ geschieht durch den „e-Ansatz": $\xi = e^{p t}$, der für p die quadratische Gleichung $p^2 + 2 f\,\omega\,p - \omega^2 = 0$ liefert, deren Wurzeln $p_{1,2} = (-f \pm \sqrt{f^2 + 1})\,\omega$ sind. Die Bestimmung der Integrationskonstanten in $\xi = A\,e^{p_1 t} + B\,e^{p_2 t}$ erfolgt sodann durch die gegebenen Anfangsbedingungen.

Beispiel 96. Massenpunkt in rotierender gekrümmter Führung.

Sei (c) (Abb. 163) die gegebene gekrümmte glatte Führung, die mit der konstanten Drehgeschwindigkeit ω umläuft. Als Anfangsbedingungen seien gegeben: für $t = 0$: $r = r_0,\ v = v_0$.

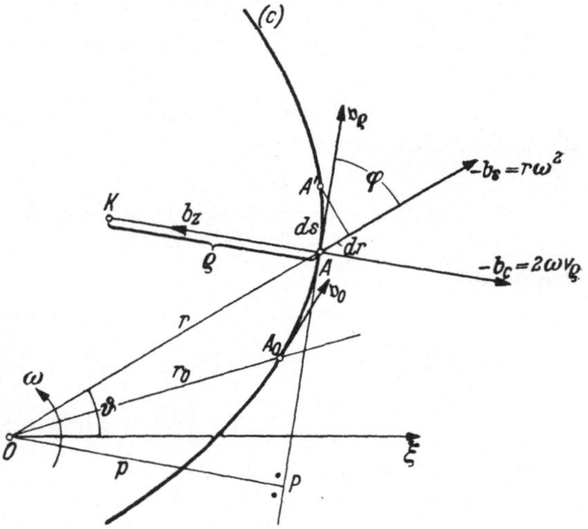

Die Vektorgleichung Gl. (297) für die relative Bewegung zerlegen wir in die Richtung der Tangenten und Normalen zur Führungskurve (c) und erhalten bei fehlenden eingeprägten Kräften:

$$\mathfrak{b}_\varrho = \mathfrak{b}_z - \mathfrak{b}_s - \mathfrak{b}_c.$$

Also für die Richtungen der Tangenten:

Abb. 163.

$$b_t = \frac{dv_\varrho}{dt} = v_\varrho\,\frac{dv_\varrho}{ds} = \omega^2\,r\,\cos\varphi,\ \text{und da}\ \cos\varphi = \frac{dr}{ds},\ \text{so ist:}\ v_\varrho\,\frac{dv_\varrho}{ds} = \omega^2\,r\,\frac{dr}{ds},$$

und durch Integration

$$\boxed{v_\varrho{}^2 = \omega^2\, r^2 + C}\,, \quad \text{oder} \quad \boxed{v_\varrho{}^2 - v_0^2 = \omega^2\, (r^2 - r_0^2)} \tag{304}$$

Diese Gleichung entspricht der Energiegleichung für die betrachtete Bewegung. Wir schreiben sie in der Form:

$$\frac{v_\varrho}{\omega} = \sqrt{r^2 - (r_0^2 - v_0^2/\omega^2)}.$$

Man beachte, daß die Größe der relativen Geschwindigkeit v_ϱ nur von der Entfernung r von der Drehachse O abhängt, aber nicht von der *Form* der Führungskurve (c). Die absolute Geschwindigkeit in jedem Augenblick ist gegeben durch

$$\mathfrak{v}_a = \mathfrak{v}_\varrho + \mathfrak{v}_s, \quad \text{wobei}\;\; v_s = \omega\, r\;\; \text{ist.}$$

Für die Richtung der Normalen erhält man

$$b_n \equiv \frac{v_\varrho{}^2}{\varrho} = b_z - \omega^2\, r \sin \varphi - 2\,\omega\, v_\varrho\,,$$

und daraus, wenn wir die ganze Gleichung durch ω^2 dividieren und nach b_z auflösen, ferner $r \sin \varphi = p = \overline{O\,P}$, das Lot von O auf $\mathfrak{v}$ einführen:

$$\boxed{\frac{b_z}{\omega^2} = p + 2\,\frac{v}{\omega} + \frac{v^2}{\varrho\,\omega^2}}\cdot \tag{305}$$

Da für die gegebene Führungskurve $p = p\,(r)$ und $\varrho = \varrho\,(r)$ als bekannt angesehen werden kann und durch die vorhergehende Gl. (304) auch $v = v\,(r)$ bestimmt ist, so ist durch diese Gleichung b_z also auch der Führungsdruck $N = m\,b_z$ für jeden Punkt der Führungskurve bekannt. —

Betrachten wir als Sonderfall als Führungskurve die *logarithmische Spirale* mit der Gleichung

$$r = r_0\, e^{n\,\vartheta}, \quad \text{wobei}\;\; n = \operatorname{ctg}\alpha = \text{konst.},$$

so gilt für diese

$$s = \frac{r - r_0}{\cos \alpha}\,, \quad \varrho = \frac{r}{\sin \alpha}\cdot$$

Die oben abgeleiteten Gleichungen ergeben sodann, da

$$\frac{v}{\omega} = \frac{1}{\omega}\frac{ds}{dt} = \frac{1}{\omega \cos \alpha}\frac{dr}{dt} = \sqrt{r^2 - (r_0^2 - v_0^2/\omega^2)},$$

die folgende Beziehung:

$$\omega\, t \cos \alpha = \int_{r_0}^{r} \frac{dr}{\sqrt{r^2 - (r_0^2 - v_0^2/\omega^2)}} = \mathfrak{Ar\,Cof}\,\frac{r}{\sqrt{r_0^2 - (v_0^2/\omega^2)}}\,,$$

und daraus

$$r = \sqrt{r_0^2 - v_0^2/\omega^2}\cdot \mathfrak{Cof}\,(\omega\, t \cos \alpha).$$

Die Führungskraft N ist durch die Gleichung gegeben

$$\frac{N}{m\,\omega^2} \equiv \frac{b_z}{\omega^2} = \left(r + \frac{v^2}{r\,\omega^2}\right) \sin \alpha + 2\,\frac{v}{\omega}\cdot$$

Beispiel 97. Schwerer Punkt in einer zur Erdachse unter dem Winkel β ($\neq \pi/2$) geneigten Röhre, die in einer Meridianebene liegt.

Für den Ansatz brauchen die Achsen nicht unbedingt gerade so gelegt zu werden, wie es in 88c) angegeben wurde, sie sind vielmehr stets den besonderen Bedingungen der Aufgabe anzupassen, wie dies auch schon in Beispiel 95 geschehen ist. Es ist nur darauf zu achten, daß die Beschleunigungen in den richtigen Richtungen eingeführt werden.

Wie in Beispiel 95 wählen wir nach Abb. 164 die ξ-Achse in der Richtung der Röhre, die η-Achse dazu senkrecht in der Meridianebene und die ζ-Achse senkrecht zu beiden, also waagrecht. In diesem Achsensystem haben die nach Gl. (297) einzuführenden fünf Beschleunigungen die Komponenten

$$\mathfrak{b}_\varrho\,(\ddot{\xi},\,0,\,0), \qquad \mathfrak{b}_e\,(-g\cos\beta,\,g\sin\beta,\,0), \qquad \mathfrak{b}_z\,(0,\,b_{z\eta},\,b_{z\zeta}),$$

$$\mathfrak{b}_s\,(-\xi\,\omega^2\sin{}^2\beta,\,-\xi\,\omega^2\sin\beta\cos\beta,\,0),$$

$$\mathfrak{b}_c\,(0,\,0,\,2\dot{\xi}\,\omega\sin\beta),$$

die Gl. (297) ist dann den drei Gleichungen gleichwertig

$$\mathfrak{b}_\varrho \left\{ \begin{array}{l} \ddot{\xi} = -g\cos\beta + \xi\,\omega^2\sin^2\beta, \\[4pt] 0 = g\sin\beta + b_{z\eta} + \xi\,\omega^2\sin\beta\cos\beta, \\[4pt] 0 = b_{z\zeta} - 2\dot{\xi}\,\omega\sin\beta. \end{array} \right.$$

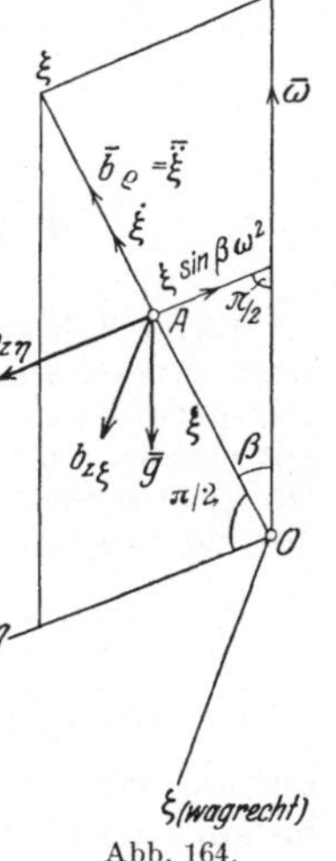

Abb. 164.

Die erste Gleichung gibt, integriert, die eigentliche Bewegungsgleichung in der Form

$$\xi = \frac{g}{\omega^2}\frac{\cos\beta}{\sin^2\beta} + A\,e^{\omega\sin\beta\,t} + B\,e^{-\omega\sin\beta\,t}; \qquad (306)$$

die Integrationskonstanten A, B können wieder geeignet vorgeschriebenen Anfangsbedingungen angepaßt werden.

Für eine Lage *relativen Gleichgewichtes* in der Röhre ergibt sich aus der Bedingung $\ddot{\xi} = 0$ die Lösung

$$\xi_0 = \frac{g}{\omega^2}\frac{\cos\beta}{\sin^2\beta}.$$

Die beiden anderen Gleichungen liefern die Komponenten der Führungsbeschleunigung $b_{z\eta}$ und $b_{z\zeta}$ nach den Achsen η und ζ.

Beispiel 98. Eisenbahnzug längs eines Meridians auf der Erdoberfläche. Nehmen wir die Bewegungsrichtung des auf der nördlichen Halbkugel fahrenden Zuges von Nord nach Süd, so erhalten wir, da die Bewegung der Erde von West nach Ost erfolgt, für die geographische Breite β die Coriolisbeschleunigung

$$b_c = 2v_\varrho\,\omega\sin\beta = b_z,$$

sie geht von der westlichen Schiene aus und wirkt auf den Zug in der Richtung *nach Osten*. Die Kraft *auf die Schienen* ist *nach Westen* gerichtet und hat für einen Zug vom Gewichte $G = 100$ t, also der Masse $m = G/g \approx 10\,\mathrm{tm^{-1}\,sec^2}$, und bei $v_\varrho = 20$ m/sec für $\beta = 45^0$ n. Br. die Größe

$$N = m\,b_z = 10\,000 \cdot 2 \cdot 20 \cdot \frac{2\,\pi}{24 \cdot 60 \cdot 60} \cdot \sin 45^0 \approx 20{,}5 \text{ kg.}$$

Auf der nördlichen Halbkugel gelangen die von Norden nach Süden bewegten Körper bei der Bewegung in Bereiche höherer Geschwindigkeit, und dieser Umstand bewirkt das Auftreten einer nach Westen gerichteten Führungskraft N. Daher kommt es auch, daß auf der nördlichen Halbkugel bei Gleisen, die vorwiegend in der Richtung Nord—Süd durchfahren werden, sich die rechte (westliche) Schiene stärker abnützt als die linke (östliche). Ebenso unterspülen auf der nördlichen Halbkugel die größeren Ströme in Europa und Asien in ihren in der Richtung Süd—Nord liegenden Flußläufen das rechte (östliche) Ufer stärker als das linke (westliche).

Dritter Teil

Kinematik der starren Körper.

Dieser Teil enthält die elementaren Hilfsmittel für die Darstellung der Bewegung des starren Körpers, wobei als technisch wichtigster Sonderfall die *ebene Bewegung* des einzelnen Körpers (der *Scheibe*) und mehrerer verbundener Körper mit einem Freiheitsgrad (der in vielen technischen Anwendungen bei den *zwangläufigen Getrieben* vorkommt) besonders hervortritt. Darauf folgt das Wichtigste über die Bewegungen des starren Körpers im Raume und deren Zusammensetzung.

I. Ebene Bewegung.

92. Parallelbewegung (Translation) und **Drehung** (Rotation). Von der Bewegung eines einzelnen Punktes kann sich jedermann von vornherein eine klare Vorstellung machen, wenigstens solange es sich um die Bewegung gegen ein festes Bezugsystem handelt (genauer gesagt, gegen ein solches, dessen Eigenbewegung nicht berücksichtigt zu werden braucht). Es ist auch unmittelbar klar, daß ein auf einer Kurve beweglicher Punkt *einen*, ein in der Ebene frei beweglicher Punkt *zwei*, im Raum *drei Freiheitsgrade* hat, d. h. es sind 1, 2 oder 3 Bestimmungsstücke (Koordinaten, Parameter) notwendig, um in diesen Fällen die Lage des Punktes anzugeben; die Mechanik lehrt, wie man die entsprechende Anzahl von *Bewegungsgleichungen* aufzustellen hat. Demgegenüber bedarf es besonderer Überlegungen, um die Bewegungen zu überblicken, die ein *ausgedehnter starrer Körper* (d. i. ein System von beliebig vielen Punkten, die in unveränderlichen Entfernungen miteinander verbunden sind) in der Ebene oder im Raume ausführen kann; mit dem ersten Falle wollen wir uns zunächst beschäftigen.

Hierzu denken wir uns dieses System von Punkten als eine „bewegte Ebene" von beliebiger Ausdehnung, oder wie man auch sagt, eine *Scheibe* (ihre besondere Gestalt spielt keine Rolle) über eine feste (Bezugs-)Ebene so hinweg bewegt, daß die Bewegungsrichtungen aller Punkte stets der festen Ebene parallel sind. Die Anzahl der „Freiheitsgrade" für die frei bewegte Scheibe in der Ebene ist *drei*; die Kennzeichnung der Lage der Scheibe gegen die feste Ebene geschieht nämlich etwa durch Angabe der *zwei Koordinaten* x, y eines Scheibenpunktes A und des Winkels φ zwischen einer in der bewegten Ebene liegenden ξ-Achse (d. h. einer Geraden mit „Pfeil") und einer in der festen Ebene liegenden x-Achse. Dieser Winkel ist natürlich nur bis auf Vielfache von 2π bestimmt. Statt dieser Bestimmungsstücke kann man auch die Koordinaten von zwei Punkten der bewegten Ebene A und B angeben, was ebenfalls *drei* Freiheitsgraden entspricht, da die unveränderliche Entfernung der beiden Punkte deren vier Freiheitsgrade um einen erniedrigt.

Für jede ebene Bewegung gilt nun der Satz:

Jede Bewegung aus einer Lage der Scheibe in eine zweite läßt sich als Drehung um einen endlich oder unendlich weit entfernten Punkt Ω auffassen. Diesen Punkt Ω nennt man den Drehpunkt oder Drehpol oder kurz Pol der betreffenden Bewegung.

In Abb. 165 sind zwei beliebige Lagen der bewegten Scheibe auf die oben angedeutete Art durch (A, ξ) und (A', ξ') gekennzeichnet. Der Drehpol Ω ergibt sich dadurch, daß man auf ξ und ξ' zwei einander entsprechende Punkte B und B' annimmt, so daß $\overline{AB} = \overline{A'B'}$, und die Symmetralen der Strecken $\overline{AA'}$, $\overline{BB'}$ zieht: in ihrem Schnittpunkt

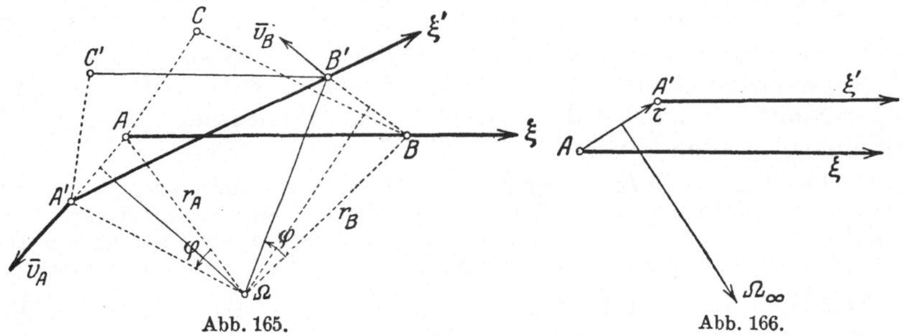

Abb. 165.   Abb. 166.

liegt schon der Drehpol Ω. Aus $\overline{\Omega A} = \overline{\Omega A'}$, $\overline{\Omega B} = \overline{\Omega B'}$, $\overline{AB} = \overline{A'B'}$ folgt nämlich $\triangle A\Omega B \cong \triangle A'\Omega B'$, d. h. Ω ist der „Doppelpunkt" der beiden Ebenen, und dieser ist mit dem Drehpol identisch. Die Lage C', die irgendeinem anderen Punkte C entspricht, ist durch die Bedingung $\triangle ABC \cong \triangle A'B'C'$ bestimmt. Aus der Kongruenz dieser Dreiecke folgt noch unmittelbar

$$\sphericalangle A\Omega A' = \sphericalangle B\Omega B' = \sphericalangle C\Omega C' = \cdots = \varphi,$$

und dies ist der Winkel, um den die bewegte Ebene *gedreht* werden muß, um sie aus der Lage (A, ξ) in die Lage (A', ξ') überzuführen. Wir wollen φ dann positiv rechnen, wenn die Drehung im Gegensinn des Uhrzeigers erfolgt.

Eine solche Bewegung nennt man daher eine *Drehung* (oder *Rotation*); sie ist bestimmt durch die Lage des *Drehpols Ω* und die Größe des *Drehwinkels φ*.

Wenn ξ parallel zu ξ' ist (Abb. 166), dann fällt Ω ins Unendliche, und zwar in der Richtung senkrecht zu $\overline{AA'}$. Die Verschiebung aller Punkte der Scheibe ist dann gleich dem durch $\overline{AA'}$ gegebenen Vektor. *Wir nennen eine solche Bewegung eine Parallelbewegung* (Schiebung oder Translation), *sie ist durch den Vektor $\overline{\tau} = \overline{AA'}$ bestimmt.* Die Schiebung ist sonach als Sonderfall der Drehung aufzufassen; sie ist eine Drehung mit unendlich fernem Drehpol.

Von einer „ebenen Bewegung" sprechen wir übrigens auch dann, wenn es sich nicht nur um die Bewegung einer *Scheibe*, sondern eines räumlich ausgedehnten *Körpers* handelt, dessen sämtliche Punkte zu einer Ebene parallele (ebene) Kurven beschreiben. Statt vom Drehpol spricht man dann auch von der (zur Ebene senkrechten) *Drehachse*.

93. Geschwindigkeitszustand der Scheibe. Geschwindigkeitsplan. So wie wir bei der Bewegung eines Punktes zum Begriffe der Geschwindigkeit durch Betrachtung zweier benachbarter Lagen gelangt sind, so kommen wir zur Kennzeichnung des *Geschwindigkeitszustandes der Scheibe* durch Betrachtung zweier benachbarter Lagen der Scheibe. Für jeden Scheibenpunkt ergibt sich auf diese Weise eine bestimmte Geschwindigkeit, aber die Geschwindigkeiten der einzelnen Punkte der Scheibe sind wegen des starren Zusammenhanges der Scheibe in bestimmter Weise voneinander abhängig, die wir jetzt angeben wollen.

Durch denselben Vorgang wie für zwei *endlich* voneinander entfernte Lagen ergibt sich zunächst auch für zwei *nahe benachbarte* Lagen (durch einen passenden Grenzübergang) der *Drehpol Ω* — jetzt auch *Momentanpol* genannt —, um den die *augenblickliche* (momentane) Drehung angenommen werden kann.

Während die *endliche* Bewegung der Scheibe nicht notwendig so verläuft wie diese Ersatzdrehung um Ω, fällt bei der *augenblicklichen* Drehung dieser Unterschied weg. Die augenblickliche Bewegung kann immer als Drehung um den Punkt Ω (der im Endlichen oder Unendlichen liegen kann) aufgefaßt werden.

Die Richtungen $\overline{AA'}$, $\overline{BB'}$, ... gehen in die *augenblicklichen Bewegungsrichtungen* der genannten Punkte $A, B, \ldots$ über, in welche auch die Geschwindigkeitsvektoren dieser Punkte hineinfallen; diese stehen auf den Verbindungslinien $\overline{\Omega A}$, $\overline{\Omega B}$, ... senkrecht. Sei $\Delta\varphi$ der zu Δt gehörige kleine Drehwinkel der starren Scheibe, so haben wir zu setzen

$$\overline{AA'} = \overline{\Omega A}\cdot\Delta\varphi, \quad \overline{BB'} = \overline{\Omega B}\cdot\Delta\varphi, \quad \text{und da} \ \lim_{\Delta t\to 0}\frac{\Delta\varphi}{\Delta t} = \frac{d\varphi}{dt} \equiv \dot\varphi = \omega,$$

die *Winkelgeschwindigkeit* der Scheibe wird, so folgt für die Geschwindigkeit $\mathfrak{v}_A$ irgendeines Punktes A der Scheibe, wenn $\overline{\Omega A} = \mathfrak{r}_A$ gesetzt wird,

$$\boxed{v_A = r_A\,\omega, \quad \mathfrak{v}_A \perp \mathfrak{r}_A.} \tag{307}$$

Wieder wird ω positiv gerechnet, wenn die Drehung im betrachteten Augenblicke im Gegensinne des Uhrzeigers erfolgt.

Die Geschwindigkeiten *aller* Punkte der Scheibe sind daher durch Angabe des Drehpols Ω und der Winkelgeschwindigkeit ω bestimmt; für die Kennzeichnung des Drehpols genügt die Angabe der *Bewegungsrichtungen* zweier Punkte (Näheres über die dabei auftretenden Möglichkeiten in **97**).

Sind $\mathfrak{v}_A$ und ω gegeben, so erhält man daraus den Drehpol Ω durch Auftragen der „Länge" v_A/ω auf der gegen $\mathfrak{v}_A$ im Sinne von ω um $\pi/2$ gedrehten Normalen.

Wenn die Geschwindigkeit $\mathfrak{v}_A$ eines Punktes A einer sich augenblicklich oder dauernd um einen Punkt Ω drehenden Scheibe bekannt ist, so kann die Geschwindigkeit jedes anderen Punktes unmittelbar durch Verwertung der in Gl. (307) gegebenen Proportionalität von v und r (die für alle Scheibenpunkte gilt) am einfachsten mit Hilfe der „gedrehten Geschwindigkeiten" gewonnen werden.

Hierzu wird der Geschwindigkeitsvektor $\mathfrak{v}_A$ von A im Sinne von ω (oder auch im Gegensinne) um $\pi/2$ gedreht, nach $\bar{v}_A$ in Abb. 167a, dann wird die gedrehte Geschwindigkeit $\bar{v}_B$ des Punktes B durch die Parallele zu $\overline{AB}$ auf $\overline{B\Omega}$ ausgeschnitten; aus $\bar{v}_B$ geht $\mathfrak{v}_B$ durch Drehung um $\pi/2$ im Gegensinne zur früheren Drehung hervor. Wählt man den „Geschwindigkeitsmaßstab" im betrachteten Zeitpunkte so, daß $\overline{A\Omega} = \bar{v}_A$, dann sind

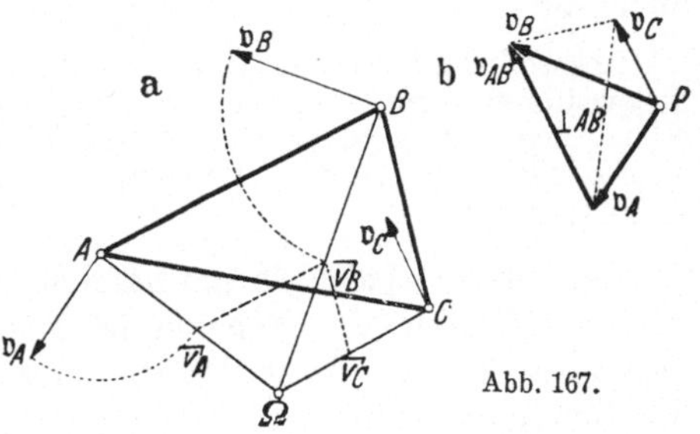

Abb. 167.

durch die Strecken $\overline{A\Omega}$, $\overline{B\Omega}$, ... unmittelbar die „gedrehten" Geschwindigkeiten der Punkte A, B, ... gegeben.

Beispiel 99. Zweipunktführung. Wenn $\bar{v}_A$ und $\bar{v}_B$ die gedrehten Geschwindigkeiten der beiden Punkte A und B sind und der Drehpol Ω außerhalb der Zeichenfläche liegt, so erhält man die gedrehte Geschwindigkeit $\bar{v}_C$ eines Punktes C von $\overline{AB}$ in folgender Weise:

$$\bar{v}_C = \bar{v}_A + \bar{v}_{AC} = \bar{v}_A + \frac{a}{l}\,\bar{v}_{AB}, \qquad \bar{v}_{AB} = \bar{v}_B - \bar{v}_A$$

$$\bar{v}_C = \frac{l\,\bar{v}_A + a\,(\bar{v}_B - \bar{v}_A)}{l} = \frac{b\,\bar{v}_A + a\,\bar{v}_B}{l}.$$

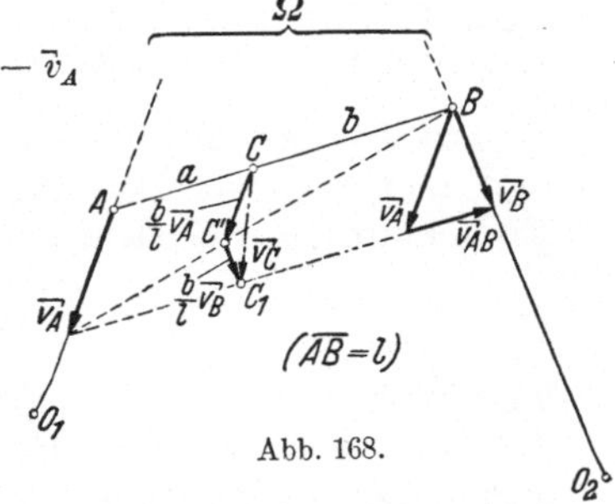

Abb. 168.

Die Ausführung ist in Abb. 168 gegeben: Ziehe $\overline{CC'} \| AO_1$, $\overline{C_1C'} \| BO_2$, dann ist $\overline{CC_1} = \bar{v}_C$.

Diesem einfachen Vorgange ist aber — aus methodischen Gründen — die Verwendung eines *Geschwindigkeitsplanes* vorzuziehen, weil dadurch der Vektorcharakter der Geschwindigkeit gewahrt wird und diese Methode auch auf die Beschleunigungen übertragen werden kann. Einen solchen Geschwindigkeitsplan erhält man dadurch, daß die Geschwindigkeitsvektoren *aller* Punkte der bewegten Scheibe von einem festen Punkt P, dem „Pole des Geschwindigkeitsplans", aufgetragen werden, Abb. 167b. Da die Strecke $\overline{AB}$ eine feste Länge hat, so müssen die Projektionen der Geschwindigkeiten $\mathfrak{v}_A$ und $\mathfrak{v}_B$ in der Richtung $\overline{AB}$ gleich groß sein, d. h. die Verbindungsstrecke der Endpunkte von $\overline{Pv_A}$ und $\overline{Pv_B}$ muß zu $\overline{AB}$ senkrecht sein. Nehmen wir noch einen dritten Punkt C hinzu, so folgt aus dem soeben Erkannten und aus der Proportionalität von v_A, v_B, v_C zu r_A, r_B, r_C, daß die Endpunkte der an P angesetzten Geschwindigkeiten v_A, v_B, v_C ein Dreieck bilden, das zu $\triangle ABC$ ähnlich und um $\pi/2$ im Sinn der Winkelgeschwindigkeit ω der Scheibe gegen den „Lageplan" ABC verdreht ist (Abb. 167a, b). Wir erhalten den (von R. Mehmke herrührenden) Satz:

Der Geschwindigkeitsplan für die Punkte einer starren Scheibe ist der Figur dieser Punkte ähnlich und erscheint um $\pi/2$ im Sinn der Winkelgeschwindigkeit ω der Scheibe verdreht. — Im Fall der Parallelbewegung reduziert sich der Geschwindigkeitsplan auf den Endpunkt einer Strecke, da die Geschwindigkeiten aller Punkte gleich groß und parallel sind.

Ebenso kann leicht gezeigt werden, daß auch die Endpunkte der Geschwindigkeitsvektoren, wenn sie an den einzelnen Punkten $A, B, C, \ldots$ der starren Scheibe selbst angesetzt werden, eine diesen Punkten ähnliche Figur ergeben; das gleiche gilt auch für die Endpunkte der Beschleunigungsvektoren (Sätze von L. Burmester).

Auch wenn es sich darum handelt, den Verlauf der Geschwindigkeit *einzelner* Punkte der Scheibe während eines *endlichen* Zeitraums zu verfolgen, können beide Darstellungsarten verwendet werden. Wenn die Bewegung eines Punktes *geradlinig* ist, gibt für ihn nur die erstgenannte Art — mit den gedrehten Geschwindigkeiten — unmittelbar einen Überblick über den Geschwindigkeitsverlauf, während bei der zweiten die sämtlichen Geschwindigkeitsvektoren in eine Gerade zusammenfallen würden.

Aus dem Vorstehenden ist ersichtlich, daß die Bezeichnung *Geschwindigkeitsplan* hier in zweierlei Sinn verwendet wird: einmal bei der Darlegung des *augenblicklichen* Geschwindigkeits*zustandes* einer Scheibe und das andre Mal bei der Darstellung des Geschwindigkeits*verlaufes* einzelner Punkte der Scheibe (wie im II. Teil) während eines *endlichen* Zeitraumes.

Das aus den Vektoren $\mathfrak{v}_A$, $\mathfrak{v}_B$ gebildete Dreieck in Abb. 167b läßt nun auch folgende Deutung zu: bezeichnen wir die dritte Seite, vom Endpunkte $\mathfrak{v}_A$ nach dem von $\mathfrak{v}_B$ gerichtet, mit $\mathfrak{v}_{AB}$, so ist

$$\mathfrak{v}_B = \mathfrak{v}_A + \mathfrak{v}_{AB};$$

$\mathfrak{v}_{AB}$ bezeichnen wir als die *relative Geschwindigkeit von B gegen A*: in der Tat, wenn wir *allen* Punkten der Scheibe die Geschwindigkeit $-\mathfrak{v}_A$ erteilen, so kommt A selbst zur Ruhe, und B besitzt die Geschwindigkeit $\mathfrak{v}_B - \mathfrak{v}_A = \mathfrak{v}_{AB}$, ist also die Geschwindigkeit gegen den zur Ruhe gebrachten Punkt A. Diese *relative* Bewegung von B gegen A ist offenbar eine Drehung um A und erfolgt im betrachteten Augenblick so, als ob A fest wäre. Ist daher ω die Winkelgeschwindigkeit der Scheibe, so ist

$$\boxed{\mathfrak{v}_B = \mathfrak{v}_A + \mathfrak{v}_{AB}, \quad v_{AB} = \overline{AB} \cdot \omega.} \tag{308}$$

Diese einfache Beziehung erweist sich bei den Anwendungen von außerordentlicher Wichtigkeit.

Beispiel 100. In der Getriebelehre tritt die folgende Frage auf: Gegeben ist der Geschwindigkeitszustand einer Scheibe durch den Drehpol Ω und die Geschwindigkeit $\mathfrak{v}_{\Omega_A}$ eines Punktes A. Der Scheibe wird außerdem eine Parallelbewegung überlagert, bei der alle Punkte dieselbe Geschwindigkeit $\mathfrak{v}_\Omega$ erhalten. Man zeige, daß dadurch eine Verlagerung des Drehpols um eine Strecke $\overline{\Omega\Omega'} = \mathfrak{v}_\Omega/\omega$ senkrecht zu $\mathfrak{v}_\Omega$ eintritt, so daß $\overline{\Omega\Omega'}$ um $\pi/2$ im Sinne von ω gegen $\mathfrak{v}_\Omega$ verdreht ist.

Dies folgt einfach daraus, daß der resultierende Geschwindigkeitszustand wieder eine Drehung sein muß, für die der Drehpol Ω' gemäß Gl. (308) bestimmt ist durch

$$\mathfrak{v}_\Omega + \mathfrak{v}_{\Omega\,\Omega'} = 0.$$

Diese Bedingung wird gerade durch die angegebene Lösung erfüllt. —

Mit Hilfe des $\mathfrak{v}$-Plans (Abb. 168) stellt sich die Lösung so dar: Es sei $\mathfrak{v}_{\Omega A}$ die gegebene Geschwindigkeit von A mit Bezug auf Ω und $\overline{P'P} = \mathfrak{v}_\Omega$, dann erhält man den neuen Drehpol Ω' aus der Ähnlichkeit der Dreiecke

$$\triangle\,\Omega\,\Omega'\,A = \triangle\,P\,P'\,\mathfrak{v}_{\Omega A}.$$

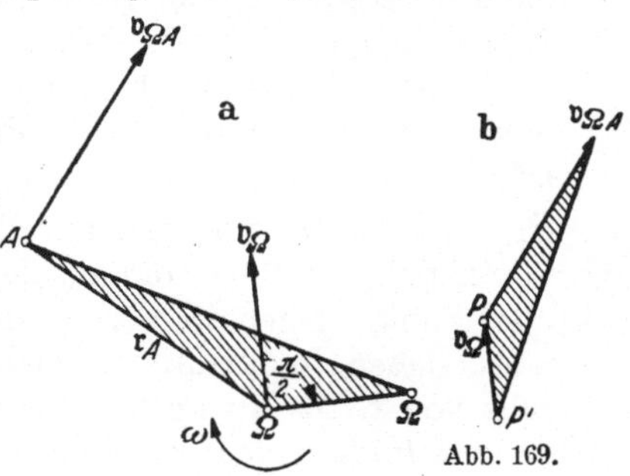

Abb. 169.

94. Beschleunigungszustand der Scheibe. Beschleunigungsplan. Um den Beschleunigungszustand der Scheibe zu kennzeichnen, kommt es wieder — ganz ähnlich wie beim einzelnen Punkte — darauf an, den Zusammenhang der *Änderungen* der Geschwindigkeiten für die einzelnen Scheibenpunkte zu verfolgen.

a) Gehen wir hierbei von der Betrachtung der Drehung um einen festen Punkt Ω aus, so beschreiben alle Punkte Kreise mit Ω als Mittelpunkt, Abb. 169. Die Geschwindigkeit irgendeines Punktes A ist $v_A = r_A\,\omega$, und seine Beschleunigung kann, wie die Beschleunigung jedes Punktes in natürlicher Zerlegung [Gl. (233) in **80**] in die zwei Komponenten: normal und parallel zu $\mathfrak{v}_A$ zerlegt werden,

$$b_{\Omega A}^{(n)} = \overline{\Omega A}\cdot\omega^2, \quad b_{\Omega A}^{(t)} = \overline{\Omega A}\cdot\dot\omega, \quad \mathfrak{b}_{\Omega A} = \mathfrak{b}_{\Omega A}^{(n)} + \mathfrak{b}_{\Omega A}^{(t)}, \qquad (309)$$

wobei wir die Richtungszeiger n und t bei $\mathfrak{b}$ jetzt oben ansetzen und die unteren Zeiger für die Punkte verwenden, um deren relative Bewegung es sich handelt. Die Größe $\dot\omega$ ist die Winkelbeschleunigung der Scheibe. $\mathfrak{b}_{\Omega A}^{(n)}$ *ist immer von A zu Ω hin gerichtet*, $\mathfrak{b}_{\Omega A}^{(t)}$ dreht bei positivem $\dot\omega$ im Gegensinne des Uhrzeigers um Ω, wenn bei einer Drehung der Scheibe im gleichen Sinne eine *Zunahme* von ω erfolgt.

Die Beschleunigung $\mathfrak{b}_{\Omega A}$ des Punktes A ist also ein Vektor, der

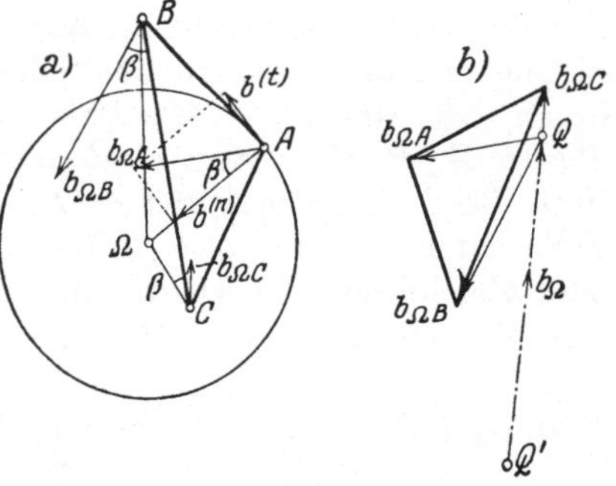

Abb. 170.

unter dem Winkel β gegen die Normale geneigt ist, wobei (Abb. 170a)

$$\operatorname{tg}\beta = \dot\omega/\omega^2; \qquad (310)$$

β hat also für alle Scheibenpunkte den gleichen Wert. Die Größe der Beschleunigung des Punktes A ist

$$b_{\Omega A} = \sqrt{b_{\Omega A}^{(t)2} + b_{\Omega A}^{(n)2}} = \overline{\Omega A}\cdot\sqrt{\omega^4 + \dot\omega^2} = r_A\cdot\sqrt{\omega^4 + \dot\omega^2}, \qquad (311)$$

ist also dem Abstande $\overline{\Omega A} = r_A$ proportional. Für den Drehpunkt Ω ist die Beschleunigung gleich Null. Demgemäß ist die Verteilung der Beschleunigung für alle Punkte der Scheibe leicht zu überblicken.

Trägt man die Beschleunigungsvektoren $\mathfrak{b}_{\Omega A}$ für alle Punkte A von einem festen Punkte Q dem „Pole des Beschleunigungsplanes" auf, so erhält man den *Beschleunigungsplan* der Scheibe (Abb. 170b). Aus der Proportionalität von $\mathfrak{b}_{\Omega A}$ mit dem Abstande $r_A = \overline{\Omega A}$ des Punktes A von Ω nach Gl. (309) und aus dem Umstande, daß die Beschleunigungen aller Punkte gegen die Verbindungsstrahlen mit Ω den gleichen Winkel β einschließen, folgt durch einfache Ähnlichkeitsbetrachtungen der (ebenfalls von R. Mehmke herrührende) *Satz*:

Die Endpunkte der von einem festen Punkte Q aufgetragenen Beschleunigungsvektoren für die Punkte einer bewegten (starren) *Scheibe bilden eine Figur, die zu der Figur der Scheibenpunkte selbst* (also zum „Lageplan") *ähnlich, jedoch um den Winkel* $\pi - \beta$ *gegen diese im Sinne von* $\dot{\omega}$ *verdreht ist.* [In Abb. 170a, b ist $\triangle A B C \sim \triangle \mathfrak{b}_{\Omega A} \mathfrak{b}_{\Omega B} \mathfrak{b}_{\Omega C}$, wobei der Einfachheit halber die Endpunkte der Vektoren $\mathfrak{b}_{\Omega A} \ldots$ ebenfalls mit $\mathfrak{b}_{\Omega A} \ldots$ bezeichnet sind.]

b) Dieselbe Verteilung der Beschleunigungen erhalten wir, wenn Ω nicht fest, sondern irgendwie *gleichförmig* bewegt ist, also selbst die Beschleunigung Null hat. Auf die Beschleunigungen hat eine derartige gleichförmige Parallelbewegung keinen Einfluß — im Einklange mit der Tatsache der Unabhängigkeit der Beschleunigungen (und Kräfte) von einer gleichförmigen Bewegung des Bezugsystems (5).

c) Den allgemeinen Fall der *beliebigen Bewegung der Scheibe* erhalten wir sodann aus dem besonderen der Drehung um einen festen oder gleichförmig bewegten Punkt Ω, indem wir annehmen, daß Ω selbst und gleichzeitig alle anderen Punkte der Scheibe außer dieser noch eine Beschleunigung $\mathfrak{b}_\Omega$ besitzen. Aus dem Vektorcharakter der Beschleunigung und der Starrheit der Scheibe folgt dann sofort, daß *die wirklichen* oder *absoluten Beschleunigungen* $\mathfrak{b}_A, \mathfrak{b}_B, \mathfrak{b}_C \ldots$ *der einzelnen Punkte A, B, C ... der Scheibe durch die Summen von* $\mathfrak{b}_\Omega$ *und den relativen Beschleunigungen von A, B, C gegen* Ω *gegeben sind.* (In diesem Falle handelt es sich also *nicht mehr* um eine Drehung um einen *festen* oder gleichförmig bewegten Punkt.) Bezeichnen wir die relativen Beschleunigungen von A, B, $C \ldots$ gegen Ω wie bisher durch zwei Zeiger: $\mathfrak{b}_{\Omega A} \ldots$ usw. und mit $\mathfrak{b}_\Omega$ die Beschleunigung von Ω gegen ein festes Bezugsystem, so gelten die Gleichungen

$$\boxed{\mathfrak{b}_A = \mathfrak{b}_\Omega + \mathfrak{b}_{\Omega A}, \quad \mathfrak{b}_B = \mathfrak{b}_\Omega + \mathfrak{b}_{\Omega B}, \text{ usw.}} \tag{312}$$

und wenn $\mathfrak{b}_{\Omega A} \ldots$ wieder in die normalen und tangentialen Teile zerlegt werden:

$$\boxed{\mathfrak{b}_{\Omega A} = \mathfrak{b}_{\Omega A}^{(n)} + \mathfrak{b}_{\Omega A}^{(t)}, \quad \mathfrak{b}_{\Omega A}^{(n)} = \overline{\Omega A} \cdot \omega^2, \quad \mathfrak{b}_{\Omega A}^{(t)} = \overline{\Omega A} \cdot \dot{\omega}.} \tag{313}$$

Von diesen Gleichungen wird bei der Untersuchung einfacher Getriebe, wie sie im Maschinenbau vorkommen, vielfach Anwendung gemacht (**99**).

Aus Gl. (312) können wir sofort schließen, *daß es im allgemeinen einen und nur einen Punkt G gibt, dessen Beschleunigung verschwindet*: denn unter den Beschleunigungen $\mathfrak{b}_{\Omega A}$ aller Scheibenpunkte kommen alle (∞^2) Vektoren, die überhaupt möglich sind, und zwar jeder gerade *einmal* vor. Es gibt daher nur einen Punkt G, dessen Relativbeschleunigung $\mathfrak{b}_{\Omega G}$ mit $\mathfrak{b}_\Omega$ summiert die Summe Null ergibt. Diesen Punkt nennt man *Beschleunigungspol*, seine Lage ist durch die Bedingung gegeben:

$$\mathfrak{b}_\Omega + \mathfrak{b}_{\Omega G} = 0. \tag{314}$$

Der Beschleunigungsplan für diesen neuen Beschleunigungszustand ist unmittelbar anzugeben. Das Hinzutreten von $\mathfrak{b}_\Omega$ zu jeder Relativbeschleunigung $\mathfrak{b}_{\Omega A}$ wird im Beschleunigungsplan (siehe Abb. 170b) dadurch ausgeführt, daß die Strecke $\overline{Q'Q} = \mathfrak{b}_\Omega$ an Q in der gezeichneten Weise angesetzt wird; dann ist Q' der Pol für den neuen Beschleunigungsplan, und die Strecken $\overline{Q'b_{\Omega A}}$, $\overline{Q'b_{\Omega B}}$, ... geben die Größen der Beschleunigungen der Punkte A, B ... Die auf diese Weise gefundenen Beschleunigungen ordnen sich um den zugehörigen neuen Beschleunigungspol G gerade so an wie die $\mathfrak{b}_{A\Omega}$ ... um Ω.

Wie findet man geometrisch den Beschleunigungspol G für diesen neuen Beschleunigungszustand, der sich durch Zusammensetzung des ursprünglichen mit einer Beschleunigung $\mathfrak{b}_\Omega$ ergibt, die allen Punkten der Scheibe in gleicher Größe und Richtung erteilt wird? — Offenbar entspricht der Punkt G, der doch die Beschleunigung Null hat, dem Pole Q' des neuen Beschleunigungsplanes. Man suche daher im Lageplan (Abb. 170) einen Punkt G so, daß $\triangle ABG \sim \triangle b_{\Omega A} b_{\Omega B} Q'$ ist (wobei $b_{\Omega A}$ den Endpunkt des früheren Beschleunigungsvektors $\mathfrak{b}_{\Omega A}$ bedeutet); dann entspricht G dem neuen Pol Q', ist also der neue Beschleunigungspol. Zu seiner Auffindung werden nur ähnliche Dreiecke verwendet.

95. Rechnerische Herleitung der Ergebnisse von 93 und 94. a) Die analytische Darstellung des *Geschwindigkeitszustandes* einer Scheibe geschieht am einfachsten in bezug auf ein Achsensystem (O, ξ, η), das fest mit der Scheibe verbunden ist und deren Bewegung mitmacht (Abb. 171). Seien $v_{0\xi}$, $v_{0\eta}$, die Komponenten der Geschwindigkeit $\mathfrak{v}_0$ von 0 nach diesen Achsen ξ und η, dann sind die Komponenten der Geschwindigkeiten $v_{A\xi}$, $v_{A\eta}$ irgendeines Punktes $A(\xi, \eta)$ nach denselben Achsen zufolge Gl. (308)

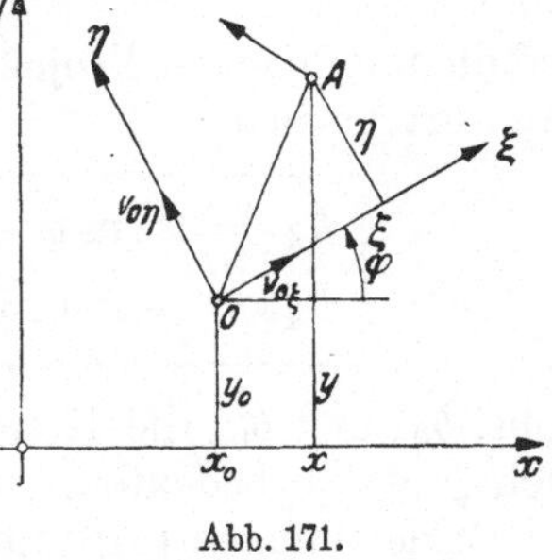

Abb. 171.

$$\boxed{v_{A\xi} = v_{0\xi} - \eta\,\omega, \quad v_{A\eta} = v_{0\eta} + \xi\,\omega;} \tag{315}$$

daher sind die Koordinaten des Drehpols $\Omega\,(\xi_\Omega\,\eta_\Omega)$ gegeben durch

$$0 = v_{0\xi} - \eta_\Omega\,\omega, \qquad 0 = v_{0\eta} + \xi_\Omega\,\omega.$$

Also durch die Gleichungen

$$\boxed{\xi_\Omega = -\,v_{0\eta}/\omega, \quad \eta_\Omega = v_{0\xi}/\omega.} \tag{316}$$

Damit können die Gln. (315) auch in der Form geschrieben werden

$$\boxed{\; v_{A\xi} = + \,(\eta_\varOmega - \eta)\,\omega, \quad v_{A\eta} = - \,(\xi_\varOmega - \xi)\,\omega. \;} \qquad (317)$$

Dieselben Gleichungen findet man natürlich auch, wenn man die Formeln für die Koordinatentransformation $(x, y) \to (\xi, \eta)$ benutzt

$$x = x_0 + \xi \cos\varphi - \eta \sin\varphi, \qquad y = y_0 + \xi \sin\varphi + \eta \cos\varphi,$$

und diese nach t differenziert (wobei ξ und η feste Werte haben, daher $\dot\xi = 0$, $\dot\eta = 0$ zu setzen ist):

$$\dot x = \dot x_0 - \xi \sin\varphi\,\dot\varphi - \eta \cos\varphi\,\dot\varphi, \qquad \dot y = \dot y_0 + \xi \cos\varphi\,\dot\varphi - \eta \sin\varphi\,\dot\varphi. \qquad (318)$$

Die Komponenten der Geschwindigkeit nach den Richtungen ξ, η folgen daraus, da $\dot\varphi = \omega$, in der Form:

$$\begin{cases} v_{A\xi} = \dot x \cos\varphi + \dot y \sin\varphi = \dot x_0 \cos\varphi + \dot y_0 \sin\varphi - \eta\,\dot\varphi = v_{0\xi} - \eta\,\omega \\ v_{A\eta} = -\dot x \sin\varphi + \dot y \cos\varphi = -\dot x_0 \sin\varphi + \dot y_0 \cos\varphi + \xi\,\dot\varphi = v_{0\eta} + \xi\,\omega. \end{cases}$$

Genauer gesagt, werden dabei stets die Geschwindigkeitskomponenten nach festen Achsen betrachtet, deren Richtungen in jedem Augenblicke mit denen der bewegten zusammenfallen.

Diese Gleichungen sind gleichwertig mit der Vektorgleichung

$$\boxed{\; \mathfrak{v}_A = \mathfrak{v}_0 + \mathfrak{v}_{0A}, \;} \qquad (319)$$

die wir auch vorhin benutzt haben.

b) Für die Ermittlung der Komponenten der *Beschleunigung* in Richtung der ξ- und η-Achsen haben wir zunächst die Gln. (318) nochmals nach t zu differenzieren, wodurch wir erhalten:

$$\begin{cases} \ddot x = \ddot x_0 - \xi \sin\varphi\,\dot\omega - \xi \cos\varphi\,\omega^2 - \eta \cos\varphi\,\dot\omega + \eta \sin\varphi\,\omega^2 \\ \ddot y = \ddot y_0 + \xi \cos\varphi\,\dot\omega - \xi \sin\varphi\,\omega^2 - \eta \sin\varphi\,\dot\omega - \eta \cos\varphi\,\omega^2, \end{cases} \qquad (320)$$

und die Summen der Projektionen von $\ddot x$ und $\ddot y$ nach ξ bzw. η zu nehmen; dann ergibt sich:

$$\boxed{\begin{aligned} b_{A\xi} &= \ddot x \cos\varphi + \ddot y \sin\varphi = b_{0\xi} - \xi\,\omega^2 - \eta\,\dot\omega \\ b_{A\eta} &= -\ddot x \sin\varphi + \ddot y \cos\varphi = b_{0\eta} - \eta\,\omega^2 + \xi\,\omega, \end{aligned}} \qquad (321)$$

wobei $b_{0\xi}$ und $b_{0\eta}$ die Komponenten der Beschleunigung des Punktes 0 nach ξ und η bedeuten. Diese Gleichungen sind gleichwertig mit den Vektorgleichungen (310) und (311) für den Punkt A:

$$\boxed{\; \mathfrak{b}_A = \mathfrak{b}_0 + \mathfrak{b}_{0A} = \mathfrak{b}_0 + \mathfrak{b}_{0A}^{(n)} + \mathfrak{b}_{0A}^{(t)}. \;} \qquad (322)$$

Denn $-\xi\,\omega^2$, $-\eta\,\omega^2$ sind die Komponenten der Normalbeschleunigung von A und $-\eta\,\dot\omega$, $+\xi\,\dot\omega$ die der Tangentialbeschleunigung von A bei der Drehung um 0. Für den Beschleunigungspol G sind die linken Seiten der Gln. (321) Null, und wir finden die Gln. (312) wieder. Diese Gl. (322) besagt dasselbe also, was wir in **95** gefunden haben:

Die Beschleunigung $\mathfrak{b}_A$ jedes Punktes A der bewegten Scheibe ergibt sich als Summe der Beschleunigung $\mathfrak{b}_\Omega$ irgendeines anderen Punktes Ω und der Relativbeschleunigung $\mathfrak{b}_{\Omega A}$ von A gegen Ω; $\mathfrak{b}_{\Omega A}$ kann man zerlegen in die Normalbeschleunigung $b_{\Omega A}^{(n)} = \overline{\Omega A} \cdot \omega^2$ in Richtung $\overline{A\Omega}$, von A gegen Ω gerichtet, und in die Tangentialbeschleunigung $b_{\Omega A}^{(t)} = \overline{\Omega A} \cdot \dot\omega$ senkrecht zu $\overline{A\Omega}$, im Sinne $\dot\omega$ drehend.

Die Koordinaten ξ_G, η_G des Beschleunigungspols G erhält man durch die Bedingung $\mathfrak{b}_G = 0$, also gemäß den Gln. (321) durch Auflösung der Gleichungen $\mathfrak{b}_G = \mathfrak{b}_0 + \mathfrak{b}_{0G} = 0$, oder

$$b_{0\xi} - \xi_G\,\omega^2 - \eta_G\,\dot\omega = 0 \ \Big\}$$
$$b_{0\eta} + \xi_G\,\dot\omega - \eta_G\,\omega^2 = 0$$

in der Form

$$\xi_G = \frac{b_{0\xi}\,\omega^2 - b_{0\eta}\,\dot\omega}{\omega^4 + \dot\omega^2}, \qquad \eta_G = \frac{b_{0\eta}\,\omega^2 + b_{0\xi}\,\dot\omega}{\omega^4 + \dot\omega^2}. \tag{323}$$

Wir sehen auch aus diesen Gleichungen, daß bei bekannter *Drehgeschwindigkeit* ω der Scheibe (die Lage des Drehpols ist dabei gleichgültig!) der Beschleunigungspol durch die drei Größen $b_{0\xi}$, $b_{0\eta}$, $\dot\omega$ bestimmt ist. Sollen diese drei Größen in ihrer Abhängigkeit von der Masse der Scheibe und den auf diese einwirkenden Kräften bestimmt werden, so sind hierzu drei *Bewegungsgleichungen* notwendig. Da die Zahl der Freiheitsgrade der Scheibe ebenfalls drei beträgt, so brauchen wir für jeden Freiheitsgrad eine Bewegungsgleichung. Ihre Aufstellung ist Sache der Dynamik und wird im IV. Teil gegeben.

96. Arten der zwangläufigen Führungen. Die Lage des Drehpols Ω für die augenblickliche Bewegung einer Scheibe ist durch Angabe der Bewegungs*richtungen* zweier Punkte A, B der Scheibe bestimmt; für den Geschwindigkeitszustand ist außerdem die Kenntnis der Winkelgeschwindigkeit ω der Scheibe oder der Geschwindigkeit irgendeines Scheibenpunktes notwendig. Die wichtigsten Anwendungen betreffen gerade solche Bewegungen von Scheiben, für die die Bewegungsrichtungen zweier Punkte — für den ganzen Bewegungsverlauf — gegeben sind, wodurch dann auch, wie wir wissen, die Bewegungsrichtungen *aller* Punkte festgelegt sind. Man spricht in diesem Falle von *zwangläufiger Bewegung* oder kurz von *Zwanglauf.* Wir können also auch sagen, *für zwangläufige Bewegungen ist die Lage des Drehpols Ω in jedem Augenblicke vollkommen bestimmt.* Oder auch: bei zwangläufiger Bewegung ist jeder Punkt der Scheibe an eine ganz bestimmte Bahnkurve gebunden.

Die wichtigsten Fälle, die bei den *zwangläufigen Bewegungen* einer Scheibe auftreten können, sind in Abb. 172 zusammengestellt, in die auch jeweils die zugehörigen Drehpole eingezeichnet sind. Wir unterscheiden:

1. *Zweipunktführung:* Die Bahnkurven c_1, c_2 zweier Punkte A, B der Scheibe sind vorgegeben. Sonderfälle:

a) *Schubkurbel*, wenn c_1 ein Kreis, c_2 eine Gerade ist; geht diese Gerade durch den Mittelpunkt M des Kreises, so spricht man von der *gewöhnlichen*, sonst von der *geschränkten* Schubkurbel. Im Maschinenbau wird diese Art der Führung in Verbindung mit der *Kurbel* $\overline{MA}$ $(= r)$ und der *Kolbenstange* $\overline{AB}$ bei allen Kolbenmaschinen, bei Steuerungen und Getriebemaschinen verwendet; $\overline{AB}$ $(= l)$ wird als *Schubstange* (oder Pleuelstange) bezeichnet.

Eine solche Verbindung mehrerer Scheiben, von denen jede einzelne eine zwangläufige Bewegung macht, nennt man eine *zwangläufige kinematische Kette*, und jede als Bestandteil der Kette dienende Scheibe nennt man ein *Glied* der Kette. Bei Festhaltung einer Scheibe der Kette entsteht daraus ein *Getriebe*.

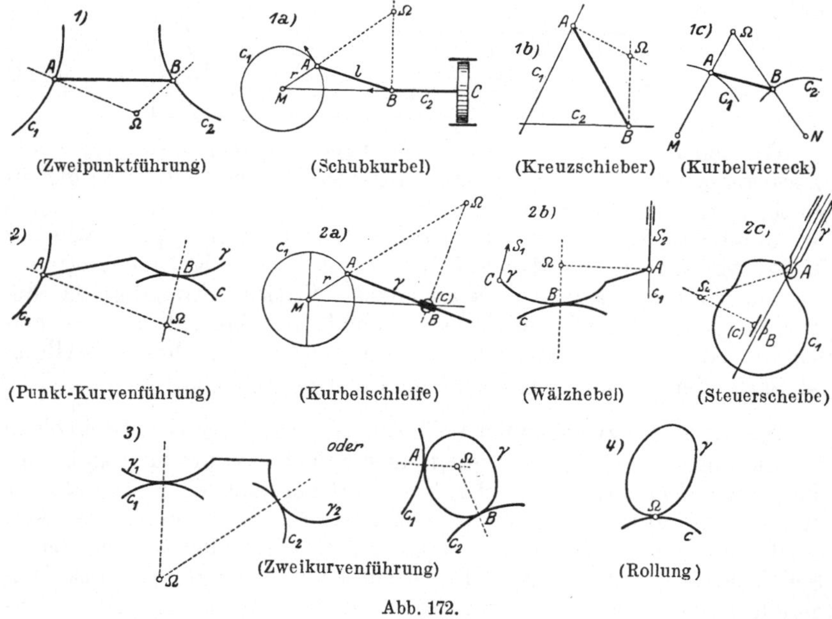

(Zweipunktführung)   (Schubkurbel)   (Kreuzschieber)   (Kurbelviereck)

(Punkt-Kurvenführung)   (Kurbelschleife)   (Wälzhebel)   (Steuerscheibe)

(Zweikurvenführung)   (Rollung)

Abb. 172.

b) *Kreuzschieber*, wenn c_1 und c_2 Gerade sind.

c) *Kurbelviereck*, wenn c_1 und c_2 Kreisbogen sind.

2. *Punkt- und Kurvenführung:* Ein Punkt A der bewegten Scheibe wird auf einer festen Kurve c_1 geführt, während sich gleichzeitig eine Kurve γ der Scheibe auf einer festen Kurve c mit Gleitung abwälzt. Sonderfälle:

a) *Kurbelschleife:* c_1 ein Kreis, γ eine Gerade, c ein Punkt, durch den die Kurve γ schleift und der als *Drehzapfen mit Gleithülse* ausgebildet wird.

b) *Wälzhebel* (bei Steuerungen angewendet): c_1 eine Gerade (oder auch ein Kreis), γ und c entsprechend gewählte Kurven, um mittels einer *Exzenterstange* s_1 eine passende Bewegung der *Steuerstange* s_2 hervorzubringen.

c) *Unrunde Scheibe* (umlaufend oder hin- und hergehend als „Steuernocken" ebenfalls bei Steuerungen angewendet): c_1 die „unrunde Scheibe", deren Form („Profil") den besonderen Bedürfnissen entsprechend angenommen wird, γ eine Gerade, c ein Punkt.

3. *Zweikurvenführung.* Zwei Kurven γ_1 und γ_2 (oder eine Kurve γ) der Scheibe gleiten (oder gleitet) längs zweier fester Kurven c_1 und c_2.

4. *Rollführung, Rollung* (ohne Gleitung). Eine Kurve γ der Scheibe „rollt" auf einer festen Kurve c. Jede ebene Bewegung kann als *Rollung* dieser Art (ohne Gleitung) dargestellt werden (97).

Durch besondere Wahl der Kurven γ ... auf der bewegten Scheibe und der Kurven c ... in der festen Ebene können die einzelnen der hier genannten Führungen noch mannigfache Formen annehmen.

97. Polkurven. Umkehrung der Bewegung. Durch Angabe des Drehpols Ω und der Winkelgeschwindigkeit ω einer Scheibe ist die augenblickliche Bewegung jedes Systems gekennzeichnet. Wenn man von dem Sonderfall der dauernden Drehung um einen festen Punkt absieht, so tritt für jede Lage der Scheibe beim Ablauf der Bewegung ein anderer Punkt der *festen* Ebene als Drehpol der Scheibe auf. Die Aufeinanderfolge dieser Drehpole gibt eine bestimmte Kurve, die aus einem sogleich ersichtlichen Grunde als *feste Polkurve* (auch *Polkurve* schlechthin) bezeichnet wird. Zeichnet man ferner in einer beliebigen Lage der *bewegten* Scheibe alle jene Punkte ein, die im Laufe der Bewegung zu Drehpolen werden, so erhält man die (mit der Scheibe fest verbunden und ihre Bewegung mitmachende) *bewegte Polkurve* (die auch *Polbahn* genannt wird). Beide Kurven werden zusammen auch als *Rollkurven* bezeichnet.

Es ist nun leicht einzusehen, daß in jener Lage der Scheibe, in der die bewegte Polkurve eingezeichnet ist, die beiden Rollkurven einander berühren müssen. Denn, wenn die aufeinanderfolgenden benachbarten Drehpole in der festen Ebene etwa Ω, Ω_1, Ω_2 ..., und in der bewegten Scheibe

$$\Lambda \,(\equiv\Omega), \Lambda_1, \Lambda_2, \ldots$$

sind, so wird Λ_1 durch die zugehörige kleine Drehung $\Delta\varphi$ um Ω nach Ω_1, übergeführt, weiter ebenso Λ_2 in Ω_2 usw. (Abb. 173). In der Grenze wird $\Delta\varphi \to 0$, d. h. die beiden Rollkurven berühren sich im Punkte $\Omega \,(\equiv\Lambda)$, für den die bewegte Rollkurve eingezeichnet wurde.

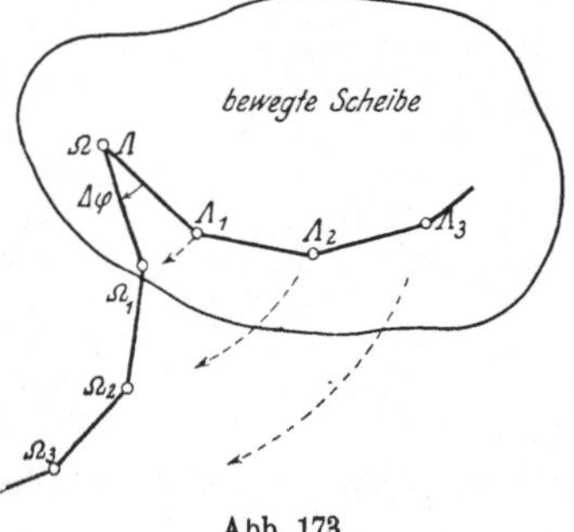

Abb. 173.

Jede ebene Bewegung kann daher dargestellt werden durch das Abrollen der bewegten „Polbahn" auf der festen „Polkurve" (ohne Gleitung), die eben deshalb auch als *Rollkurven* bezeichnet werden.

Um die Rollkurven für ein gegebenes Getriebe zu erhalten, ermittle man zunächst die Polkurve durch punktweise Ermittlung des Drehpols; sodann wird an irgendeiner ausgezeichneten Lage des bewegten Systems die mit diesem mitbewegte Polbahn gezeichnet, durch Beachtung des Umstandes, daß diese aus Punkten besteht, die im Verlaufe der Bewegung zu Drehpolen werden. Hierzu diene die folgende Anweisung: Wenn die Bewegung der Scheibe durch die Punkte A, B (oder auf irgendeine andere der in **96** aufgezählten Arten) gegeben ist, und wenn der Drehpol, der einer anderen Lage A_1, B_1 zugehört, Ω_1 ist, so mache man $\triangle A_1 B_1 \Omega_1 \cong \triangle A B \Lambda_1$, wodurch der Punkt Λ_1 der Polbahn, der später Drehpol wird, bestimmt ist; ebenso gibt $\triangle A_2 B_2 \Omega_2 \cong \triangle A B \Lambda_2$ den Punkt Λ_2 usw.

In manchen Fällen wird der Überblick über den Verlauf der Bewegung erleichtert und die Ermittlung der die Bewegung kennzeichnenden Größen (Geschwindigkeit und Beschleunigung) vereinfacht, wenn man die *Umkehrung* der Bewegung betrachtet; man erhält sie dadurch, daß man die früher bewegte Scheibe festhält und die früher feste Ebene mittels der vorgegebenen Bedingungen zwangläufig bewegt. An der Relativität der Bewegung wird dadurch nichts geändert. Die Betrachtung der „umgekehrten" Bewegung empfiehlt sich z. B. bei der *unrunden Steuerscheibe* (Abb. 172, *2c*), die (in den meisten Fällen) ein bewegter Maschinenteil ist, während die Gerade γ (die Ventilstange) nur in sich verschoben wird; da diese unrunden Scheiben oft sehr komplizierte Formen haben, so würde die Untersuchung ihrer endlichen Bewegung die wiederholte Aufzeichnung ihres „Profils" erfordern, was gerade durch die Umkehrung vermieden wird; denn bei der umgekehrten Bewegung wird die Scheibe festgehalten und die Gerade γ, die in sich verschiebbar ist, in der entgegengesetzten Richtung um die Scheibe herumgeführt.

Bei der Umkehrung der Bewegung vertauschen die beiden Rollkurven ihre Bedeutung: die früher feste Polkurve wird bei der Umkehrung die bewegte, die früher bewegte wird die feste Polbahn.

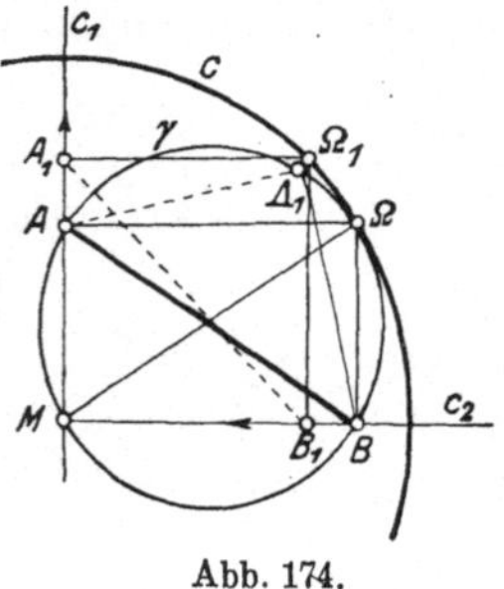

Abb. 174.

Die Rollkurven geben aber — für sich allein — kein übersichtliches Bild der Bewegung, so daß ihre Verzeichnung nur in seltenen Fällen von Wert ist.

Beispiel 101. Der rechtwinkelige Kreuzschieber nach Abb. 174 gibt als feste Rollkurve den Kreis c, als bewegte den halb so großen Kreis γ. Die Bewegung des Kreuzschiebers kann durch das Abrollen (ohne Gleiten) dieser beiden „*Cardanischen Kreise*" dargestellt werden. Die bewegte Rollkurve γ wird punktweise gefunden durch die Kongruenz: $\triangle A_1 B_1 \Omega_1 \cong \triangle A B \Lambda_1$ usw.

98. Beispiele und Anwendungen. Die zwangsläufig bewegten Scheiben und kinematischen Ketten besitzen *einen Freiheitsgrad;* durch die Geschwindigkeit und Beschleunigung irgendeines Punktes sind die Geschwindigkeiten und Beschleunigungen aller anderen Punkte gegeben. Es kommt immer darauf an, aus der Geschwindigkeit und Beschleunigung *eines* Punktes die aller anderen zu ermitteln. Wenn die Aufgabe für einen *zweiten* Punkt gelöst ist, so ist sie zufolge der Ähnlichkeitssätze (**93, 94**) für *alle* Punkte gelöst. Als *zweiter* Punkt wird dabei womöglich ein solcher verwendet, dessen Bahnkurve besonders einfach ist (Gerade oder Kreis), ihre Normale und ihr Krümmungshalbmesser in den betrachteten Lagen müssen jedenfalls bekannt sein.

Die rechnerische Ermittlung auf Grund der besonderen Bedingungen der Aufgabe ist meist eine langwierige und zeitraubende Angelegenheit; man wird vielmehr, wenn irgend möglich, vorziehen, die Geschwindigkeit und Beschleunigung *zeichnerisch* zu bestimmen und ihren Verlauf in dem in Betracht kommenden Bereich unmittelbar übersichtlich darzustellen. Für die Geschwindigkeiten verwendet man häufig die „gedrehten Geschwindigkeiten" oder den „Geschwindigkeitsplan", für die Beschleunigungen kommen im wesentlichen die Gln. (310) und (311) in Frage, deren Anwendung sogleich an Hand einiger Beispiele, die in der Technik von Bedeutung sind, verdeutlicht werden soll.

Beispiel 102. Kurbelviereck, Abb. 175. Gegeben ist die Geschwindigkeit v_A und die Beschleunigung b_A des Kurbelzapfens A, man ermittle die entsprechenden Größen v_B und b_B des Kurbelzapfens B.

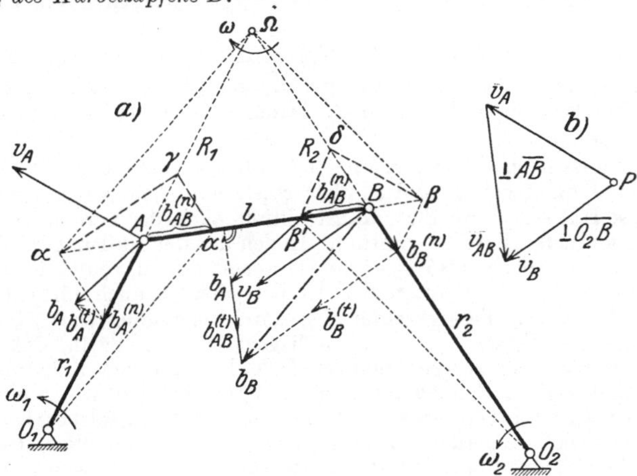

Abb. 175.

Der Drehpol Ω ist der Schnitt der Kurbeln $\overline{O_1A}$ und $\overline{O_2B}$. Die Geschwindigkeit v_B erhält man mittels der gedrehten Geschwindigkeiten oder eines Geschwindigkeitsplans nach Abb. 175 b, gemäß der Gleichung $v_B = v_A + v_{AB}$.

Zur Ermittlung der Beschleunigung b_B ziehen wir die Gl. (322) heran

$$b_B = b_A + b_{AB}^{(n)} + b_{AB}^{(t)}.$$

Hierin ist $b_{AB}^{(n)} = l\,\omega^2$, und die Normalkomponente von b_A ist vom Betrage $b_A^{(n)} = r_1\,\omega_1^2$, wobei ω_1 die Drehgeschwindigkeit der Kurbel O_1A und ω die der mit l verbundenen Koppelebene bezeichnet. Da sich v_A auf *zweierlei* Arten ausdrücken läßt, wobei einmal A als Punkt der Kurbel $\overline{O_1A}$, das andere Mal als Punkt der „Koppelebene" $\overline{AB}$ aufgefaßt wird, so ist also

$$v_A = r_1\omega_1 = R_1\omega, \quad \text{woraus} \quad \omega = \frac{r_1}{R_1}\,\omega_1,$$

und wir finden

$$b_{AB}^{(n)} = l\,\frac{r_1^2}{R_1^2}\,\omega_1^2 = \frac{l}{R_1}\,\frac{r_1}{R_1}\,r_1\omega_1^2 = \frac{l}{R_1}\,\frac{r_1}{R_1}\,b_A^{(n)}, \tag{324}$$

eine Gleichung, die sich unmittelbar konstruktiv verwerten läßt. Man ziehe

$$b_A^{(n)}\,\alpha \,\|\,\overline{O_2\Omega}, \quad \overline{O_1\alpha'}\,\|\,\overline{\alpha\Omega}, \quad \text{dann ist} \quad \overline{\alpha'A} = b_{AB}^{(n)}$$

in dem für b_A gewählten Maßstab. Denn es folgt aus der Ähnlichkeit
$$\triangle b_A^{(n)} A\alpha \sim \triangle \Omega A B$$

$$\overline{A\alpha} : b_A^{(n)} = l : R_1, \quad \text{also} \quad \overline{A\alpha} = \frac{l}{R_1}\, b_A^{(n)},$$

und aus der Ähnlichkeit $\triangle \alpha A\Omega \sim \triangle \alpha' A O_1$ weiter

$$\overline{\alpha' A} : r_1 = \overline{A\alpha} : R_1, \quad \text{also} \quad \overline{\alpha' A} = \frac{r_1}{R_1}\overline{A\alpha} = \frac{l}{R_1}\frac{r_1}{R_1}\, b_A^{(n)} = b_{AB}^{(n)}.$$

Wenn Ω auf der Zeichnung nicht zugänglich ist, so kann diese Konstruktion etwas abgeändert werden; man ziehe $\overline{b_A^{(n)}\alpha}\,||\,\overline{O_2\Omega}$, $\overline{\alpha\gamma}\,||\,\overline{O_1 B}$, $\overline{\gamma\alpha'}\,||\,\overline{\Omega O_2}$, wodurch man zu dem gleichen Punkte α' gelangt. Der Beweis hierfür folgt wieder ganz ebenso aus ähnlichen Dreiecken. —

Eine entsprechende Beziehung muß nun offenbar zwischen $\mathfrak{b}_B^{(n)}$ und $\mathfrak{b}_{AB}^{(n)}$ bestehen: dieselbe Konstruktion, in umgekehrter Folge an B ausgeführt, liefert $\mathfrak{b}_B^{(n)}$. In der Senkrechten durch $\mathfrak{b}_B^{(n)}$ zur Kurbel $\overline{O_2 B}$ muß daher der Endpunkt $\mathfrak{b}_B$ liegen.

Trägt man nun von B aus $\overline{B\beta'} = \mathfrak{b}_{AB}^{(n)}$, sodann von β' aus $\mathfrak{b}_A$ auf und zieht durch den Endpunkt eine Senkrechte zu $\overline{AB}$, so gibt diese eine *zweite* Gerade, in der der Endpunkt von $\mathfrak{b}_B$ liegen muß. Dadurch ist $\mathfrak{b}_B$ selbst, und damit auch $\mathfrak{b}_B^{(t)}$ und $\mathfrak{b}_{AB}^{(t)}$ gefunden.

Der $\mathfrak{b}$-Plan ist in Abb. 175 nicht besonders herausgezeichnet.

Wenn der Verlauf von $\mathfrak{v}_A$ und $\mathfrak{b}_A$ über einen endlichen Bereich der Bewegung gegeben ist, so läßt sich durch diese Konstruktion auch der Verlauf von $\mathfrak{v}_B$ und $\mathfrak{b}_B$ über den zugeordneten Bereich ermitteln. In den meisten Fällen wird das Getriebe gleichförmig angetrieben, also $v_A = \text{konst.}$ angenommen, dann ist der Verlauf der Bewegung für B (und wegen der Ähnlichkeitsätze auch für jeden anderen Punkt der Scheibe) auf diese gleichförmige Antriebbewegung von A bezogen.

Die Bedeutung dieser Konstruktion liegt vor allem darin, daß sie immer angewendet werden kann, wenn man *zwei* Punkte mit den Krümmungsmittelpunkten O_1 und O_2 ihrer Bahnen kennt, ein Fall, der bei den Anwendungen häufig auftritt. Es wird an Stelle eines gegebenen Getriebes ein solches Kurbelviereck als „Ersatzgetriebe" eingeführt, das mit dem gegebenen dieselben Geschwindigkeiten und Beschleunigungen hat; dafür ist nur die geometrische Konfiguration, und zwar sind die Tangentenrichtungen und Krümmungsmittelpunkte maßgebend. Die Beziehung zwischen Geschwindigkeit und Beschleunigung ist dann sowohl für das Ersatzgetriebe, als auch — damit übereinstimmend — für das gegebene Getriebe durch die angegebene Konstruktion festgelegt.

Beispiel 103. Schubkurbelgetriebe, Abb. 176. Die Geschwindigkeit $\mathfrak{v}_A$ *und Beschleunigung* $\mathfrak{b}_A$ *des „Kurbelzapfens" A sind gegeben,* $\mathfrak{v}_B$ *und* $\mathfrak{b}_B$ *des „Kreuzkopfes" B sind zu bestimmen.*

Man beachte, daß $\mathfrak{v}_A$ und $\mathfrak{b}_A$ nicht voneinander unabhängig sind; es ist vielmehr $b_A^{(n)} = v_A^2/r = r\,\omega_1^2$, wenn mit $\omega_1 = v_A/r$ die Winkelgeschwindigkeit der Kurbel bezeichnet wird.

Die Geschwindigkeit v_B erhält man entweder durch einen v-Plan (Abb. 176b) oder, was hier noch einfacher ist, durch die gedrehten Geschwindigkeiten, wobei in beiden Fällen der geeignete Maßstab $v_A \to r$, also in unserer früher verwendeten Bezeichnung

$$m_v = \frac{v_A\,[\text{m/s}]}{r\ \text{cm}}$$

ist. Die Geschwindigkeit von B ist dann $\overline{v}_B$. $\overline{v}_B$ ist übrigens auch durch die Strecke $\overline{O\alpha}$ dargestellt (wenn $\overline{O\alpha}$ senkrecht zur Bewegungsrichtung von B ist).

Die Beschleunigung $\mathfrak{b}_B$ von B ist wieder durch Gl. (320) bestimmt:

$$\mathfrak{b}_B = \mathfrak{b}_A + \mathfrak{b}_{AB}^{(n)} + \mathfrak{b}_{AB}^{(t)}, \quad \text{wobei} \quad b_{AB}^{(n)} = l\,\omega^2, \quad b_{AB}^{(t)} = l\,\dot\omega;$$

ω und $\dot\omega$ beziehen sich auf die mit $\overline{AB}$ verbundene Scheibe, die als „Schubstange" (oder Pleuelstange) bezeichnet wird. Die Richtung von $\mathfrak{b}_B$ ist bekannt, es ist die Waagrechte, daher genügt es, die Summe $\mathfrak{b}_A + \mathfrak{b}_{AB}^{(n)}$ zu bilden, die Senkrechte im Anfangspunkt von $\mathfrak{b}_{AB}^{(n)}$ schneidet dann auf der Waagrechten durch $\mathfrak{b}_A$ die Beschleunigung $\mathfrak{b}_B$ ab.

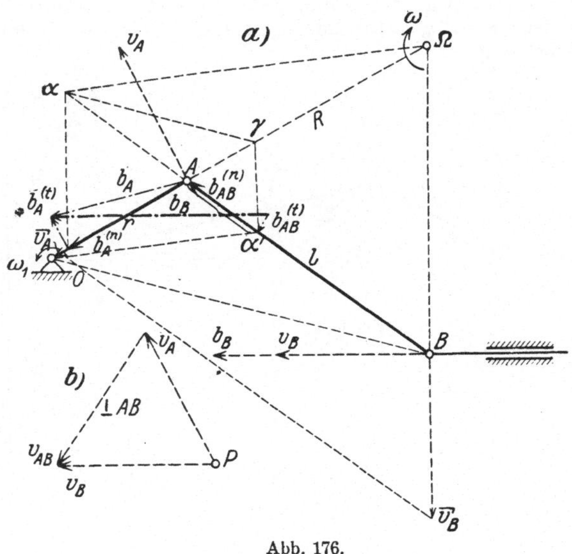

Abb. 176.

Wir kennen $b_A^{(n)} = r\,\omega_1^2$ und wollen $b_{AB}^{(n)} = l\,\omega^2$ ermitteln. Die Beziehung zwischen ω_1 und ω erhalten wir, indem wir v_A wieder auf zweierlei Weise ausdrücken; einmal fassen wir A als Punkt der Kurbel, das andere Mal als Punkt der Schubstange auf; dann folgt

$$v_A = r\,\omega_1 = R\,\omega, \qquad (R = \overline{A\,\Omega}),$$

es ist also

$$\omega = \frac{r}{R}\,\omega_1,$$

und

$$b_{AB}^{(n)} = l\,\omega^2 = l\,\frac{r^2}{R^2}\,\omega_1^2 = \frac{l}{R}\,\frac{r}{R}\,r\,\omega_1^2 = \frac{r}{R}\,\frac{l}{R}\,b_A^{(n)};$$

es kann also $b_{AB}^{(n)}$ aus $b_A^{(n)}$ konstruiert werden. Hierzu ziehe man ganz wie im vorigen Beispiel $\overline{b_A^{(n)}\,\alpha}\,\|\,\overline{B\,\Omega}$, $\overline{O\,\alpha'}\,\|\,\overline{\alpha\,\Omega}$, dann ist $\triangle\,\alpha\,A\,b_A^{(n)} \sim \triangle\,B\,A\,\Omega$ und daher

$$\overline{A\,\alpha} : b_A^{(n)} = l : R, \qquad \text{also} \quad \overline{A\,\alpha} = \frac{l}{R}\,b_A^{(n)}.$$

Ferner ist $\triangle\,\alpha\,A\,\Omega \sim \triangle\,\alpha'\,A\,O$, und daraus

$$\overline{\alpha'A} : \overline{A\,\alpha} = r : R, \qquad \overline{\alpha'A} = \frac{r}{R}\,\overline{A\,\alpha} = \frac{r}{R}\,\frac{l}{R}\,b_A^{(n)} = b_{AB}^{(n)}. \tag{325}$$

Durch die Strecke $\overline{\alpha'A}$ wird also $b_{AB}^{(n)}$ im selben „Beschleunigungsmaßstabe" gefunden, in dem $b_A^{(n)}$ aufgetragen wurde. Da $b_{AB}^{(n)}$ an $\mathfrak{b}_A$ angesetzt erscheint, errichtet man in α' zu $A\,B$ die Senkrechte und erhält so $\mathfrak{b}_B$; dieser Beschleunigungsplan, aus dem dann auch $b_{AB}^{(t)} = l\,\dot\omega$ abzulesen ist, wurde in Abb. 176a eingetragen.

Die relative Normalbeschleunigung $\mathfrak{b}_{AB}^{(n)}$ *ergibt sich also durch folgende Linien:* $\mathfrak{b}_B^{(n)}\,\alpha\,\|\,\overline{B\,\Omega}$, $\overline{O\,\alpha'}\,\|\,\overline{\alpha\,\Omega}$, *dann ist* $\overline{A\,\alpha'} = \mathfrak{b}_{AB}^{(n)}$ *im selben Maßstabe, in dem* $\mathfrak{b}_A^{(n)}$ *und* $\mathfrak{b}_A$ *aufgetragen wurden.*

Ähnlich wie beim Kurbelviereck kann die Konstruktion auch in folgender Art abgeändert werden, wobei der Drehpol nicht benutzt wird: man ziehe die Linien $\overline{\mathfrak{b}_A^{(n)}\,\alpha}\,\|\,\overline{B\,\Omega}$, $\overline{\alpha\,\gamma}\,\|\,\overline{O\,B}$, $\overline{\gamma\,\alpha'}\,\|\,\overline{\Omega\,B}$, und gelangt so zu demselben Punkte α'. In dieser Form ist sie als „Mohrsche Konstruktion" für die Beschleunigung des Kreuzkopfes bekannt.

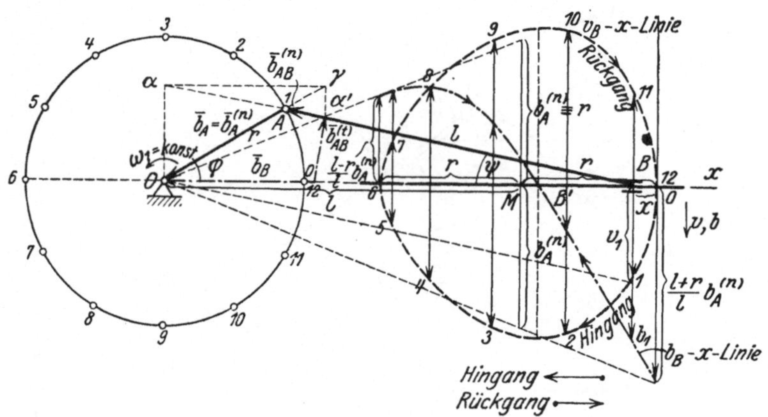

Abb. 177.

Für eine *gleichförmige* Bewegung von A, also für $v_A =$ konst empfiehlt es sich, den Beschleunigungsmaßstab so zu wählen, daß $\mathfrak{b}_A^{(n)}$ durch r dargestellt wird, also

$$m_b = \frac{\mathfrak{b}_A^{(n)}\,[\text{m/s}^2]}{r\,[\text{cm}]}$$

zu setzen; dann fällt der Endpunkt von $\mathfrak{b}_A^{(n)}$ nach O.

In Abb. 177 ist der Verlauf von v_B und b_B für eine ganze Umdrehung einer gewöhnlichen Schubkurbel unter der Voraussetzung $v_A =$ konst aufgetragen und gibt die als v_B-x-Linie und b_B-x-Linie bezeichneten Kurven.

Für die „Totlagen" des Getriebes 0 und 6 versagt die Konstruktion, aber die Gl. (320), die zu ihr geführt hat, behält unverändert ihre Gültigkeit. Im „äußeren Totpunkt" 0 ist $v_A = r\,\omega_1 = l\,\omega$, daher $\omega = \dfrac{r}{l}\,\omega_1$ und

$$\mathfrak{b}_{AB}^{(n)} = l\,\omega^2 = l\,\frac{r^2}{l^2}\,w_1^2 = \frac{r}{l}\,r\,\omega_1^2 = \frac{r}{l}\,\mathfrak{b}_A^{(n)}$$

und daher

$$\mathfrak{b}_{B_0}^{(n)} = \mathfrak{b}_{A_0}^{(n)} + \mathfrak{b}_{A_0 B_0}^{(n)} = \left(1 + \frac{r}{l}\right)\mathfrak{b}_A^{(n)},$$

entsprechend im „inneren Totpunkt" 6

$$\mathfrak{b}_{B_6}^{(n)} = \left(1 - \frac{r}{l}\right)\mathfrak{b}_A^{(n)}.$$

$$(326)$$

Diese Ausdrücke lassen sich ohne Schwierigkeit konstruieren. Man mache in Abb. 177 $\overline{OM} = l$, trage von M lotrecht nach oben und unten die Strecke $r \equiv \mathfrak{b}_A^{(n)}$ auf und verbinde so die erhaltenen Endpunkte mit O; dann werden auf den Senkrechten in B_0 und B_6 die gesuchten Strecken $\dfrac{l+r}{l}\,r$ und $\dfrac{l-r}{l}\,r$ abgeschnitten.

Diese b_B-Linien werden für die *angenäherte* Schwungradberechnung verwendet, um den Einfluß der hin- und hergehenden Massen zu berücksichtigen, die (angenähert!) nach dem Gesetze dieser Kurven während der Bewegung des Kreuzkopfes beim Hingang von B_0 bis B' beschleunigt und von B' bis B_6 wieder verzögert werden müssen; beim Rückgang erfolgt die Beschleunigung von B_6 bis B', die Verzögerung von B' bis B_0, wobei zu bemerken ist, daß die b_B-Linie gegen den Mittelpunkt von $B_0 B_1$ um so unsymmetrischer ausfällt, je größer das Verhältnis r/l ist. Wird v_B und ebenso b_B — wenn es positiv ist — für den Hingang nach unten, für den Rückgang nach oben aufgetragen, so erhält man nur eine b_B-x-Linie, die unter den angegebenen Festsetzungen für Hin- und Rückgang gültig ist.

Das Wort „angenähert" bezieht sich hier darauf, daß tatsächlich die Drehbewegung der Maschinenwelle nicht gleichförmig ist, sondern durch den Einfluß der Massen und des Kraftfeldes gewissen Schwankungen unterworfen ist, die bei der „angenäherten Schwungradberechnung" außer acht bleiben.

(Näheres über die Schwungradberechnung siehe IV. Teil.)

Beispiel 104. Berechnung von v_B und b_B. Um die Überlegenheit der zeichnerischen Methode für derartige Fragen zu zeigen, wollen wir noch v_B und b_B rechnerisch ermitteln. Hierzu hat man zunächst einen Ausdruck für den Weg $\overline{B_0 B} = x$ in Abhängigkeit von φ aufzustellen, diesen zweimal nach t zu differenzieren und $\varphi = \omega_1$, $\dot\omega_1 = 0$ einzusetzen; man findet mit den Bezeichnungen der Abb. 177

$$x = r(1 - \cos \varphi) + l(1 - \cos \psi),$$

wobei

$$l \sin \psi = r \sin \varphi, \quad \cos \psi = \sqrt{1 - \lambda^2 \sin^2 \varphi}, \quad \text{wenn} \quad r/l = \lambda\,,$$

gesetzt wird, so daß

$$x = r \left[1 - \cos \varphi + \frac{1 - \sqrt{1 - \lambda^2 \sin^2 \varphi}}{\lambda}\right].$$

Durch Entwicklung der Quadratwurzel nach dem binomischen Lehrsatze erhalten wir, wenn nur die Glieder mit λ beibehalten und die mit höheren Potenzen von λ unterdrückt werden (also angenähert!)

$$x = r \left[1 - \cos \varphi + \frac{\lambda}{2} \sin^2 \varphi\right]. \tag{327}$$

Daraus folgt

$$\left.\begin{aligned} v_B &= \dot x = v_A \left[\sin \varphi + \frac{\lambda}{2} \sin 2\varphi\right] \\ b_B &= \dot v_B = b_A^{(n)} [\cos \varphi + \lambda \cos 2\varphi], \end{aligned}\right\} \tag{328}$$

wenn $r\,\dot\varphi = v_A$, $r\,\dot\varphi^2 = b_A^{(n)}$ gesetzt wird. Für den Rückgang gelten dieselben Formeln mit $-\lambda$ statt $+\lambda$. Diese Formeln geben (angenähert!) die in Abb. 177 eingezeichneten Kurven.

Zum Schlusse sei noch der Ausdruck für die *mittlere* Kolbengeschwindigkeit v_m angemerkt, den wir später bei der Leistungsberechnung brauchen; es ist

$$v_m = \frac{2 \cdot 2\,r \cdot n}{60} = \frac{4\,r\,n}{60},$$

und da die gleichförmige Kurbelgeschwindigkeit

$$v_A = \frac{2\,r\,\pi\,n}{60} \text{ ist, so ist } v_m = \frac{2}{\pi}\,v_A = 0{,}637\,v_A.$$

Beispiel 105. Nullstelle der Beschleunigung. Manchmal ist die Stelle von Interesse, in der die Kolbenbeschleunigung durch Null geht, für die also $b_B = 0$ ist. Man erhält sie durch Auflösung der Gl. (328)

$$\cos \varphi + \lambda \cos 2\varphi = 0$$

nach φ. Einen einfachen Ausdruck, der für die meisten praktischen Zwecke hinreichend genau ist, erhält man, wenn man die Abweichung ε des Kurbelwinkels

14*

von $\varphi = \pi/2$, die dieser Gleichung genügt, ausrechnet. Man führe also

$$\varphi = \pi/2 + \varepsilon$$

in die vorhergehende Gleichung ein, wodurch man

$$\sin \varepsilon + \lambda \cos 2\varepsilon = 0$$

erhält, und ersetze $\sin \varepsilon$ und $\cos 2\varepsilon$ durch die ersten Glieder der Reihen:

$$\varepsilon - \varepsilon^3/6 + \cdots + \lambda\,(1 - 2\varepsilon^2 + \cdots) = 0.$$

Für das gesuchte ε erhält man somit als erste Näherungen

$$\varepsilon_1 = -\lambda, \quad \varepsilon_2 = -\lambda\,(1 - 11\,\lambda^2/6), \ldots \tag{329}$$

Dieses Näherungsverfahren erweist sich auch bei anderen ähnlichen Fragen der Getriebelehre von Nutzen.

99. Steuerscheiben. *Beispiel 106. Unrunde Steuerscheibe.* Das zum Antrieb einer „Steuerung" durch eine unrunde Steuerscheibe dienende Getriebe ist schematisch schon in Abb. 172 *2c)* angegeben worden. Durch eine solche sog. „Nockenscheibe" wird eine Ventilstange angehoben, die in ihrer eigenen Richtung verschiebbar ist und durch einen Zwischenhebel etwa das Einlaßventil einer Verbrennungskraftmaschine betätigt. Die Übertragung der Bewegung von der Scheibe auf die Ventilstange erfolgt in der Regel — wegen der Reibung — durch eine am Stangenende gelagerte Rolle. Der Mittelpunkt M dieser Rolle beschreibt dann eine Parallelkurve zum „Profil" der Steuerscheibe; diese Parallelkurve betrachten wir weiterhin als Umriß der Steuerscheibe selbst und untersuchen den Anhub der Ventilstange bei dieser punktförmigen Berührung.

Es gibt verschiedene Methoden zur Ermittlung der Geschwindigkeit und Beschleunigung, mit der die Bewegung der Ventilstange in ihrer eigenen Richtung erfolgt. Die einfachste ist die der Verwendung eines „Ersatzgetriebes", auf die wir oben schon hingewiesen haben. Und zwar sieht man leicht, daß das *Ersatzgetriebe* für dieses Steuerungsgetriebe *ein gewöhnliches Schubkurbelgetriebe* ist.

Für die Ausführung der Konstruktion (Abb. 178) empfiehlt es sich, die Ventilstange in den verschiedenen Lagen $0, 1, 2, 3, 4$ einzuzeichnen, und die Strecken $\overline{OM_1}, \ldots \overline{OM_2}$, die die Bewegung der Ventilstange in ihrer eigenen Richtung angeben, in die Anfangslage 0 zurückzudrehen; man erhält dann die ebenfalls mit $0, \ldots 4$ bezeichneten Punkte auf der x-Achse, an die die zugehörigen Werte der Geschwindigkeit und Beschleunigung angesetzt werden.

Ist K_1 der Krümmungsmittelpunkt der Profilkurve an der Stelle M_1, so besteht das Ersatzgetriebe aus der (mit der Scheibe verbundenen) Strecke $\overline{O\,K_1}$ als Kurbel, aus der Strecke $\overline{K_1 M_1}$ als Schubstange und $\overline{M_1\,1}$ als Kolbenstange. Denkt man sich nämlich die Steuerscheibe aus der Stellung 1 herausgedreht und dabei die Gerade $\overline{M_1\,1}$ in ihrer eigenen Richtung verschoben, so rückt der Punkt M_1 dabei auf dem Profil vor. Da für die Geschwindigkeit und Beschleunigung nur das Bogenelement und die Krümmung maßgebend sind, so erkennt man, daß das angegebene Ersatzgetriebe in beiden Elementen mit dem gegebenen übereinstimmt, so daß die gesuchten Größen als Geschwindigkeit und Beschleunigung des Kreuzkopfes des Schubkurbelgetriebes erscheinen.

Bei gleichförmiger Drehung der Scheibe kann die Strecke $\overline{OK_1}$ unmittelbar als Maß für die Geschwindigkeit von K_1 genommen werden, und dann ist die Strecke $\overline{O\Omega_1} = \mathfrak{v}_{M_1}$ — senkrecht zur Richtung $\overline{O\,1}$ durch O bis zur Schubstange gezogen — die gesuchte (gedrehte) Geschwindigkeit. Ferner erhält man, ausgehend von $\mathfrak{b}_{K_1}$ (in der Abb. 178 gleich $r_1/2$ gewählt), durch den Linienzug $\alpha\,\gamma\,\alpha'$ die gesuchte Beschleunigung $\mathfrak{b}_{M_1}$ wie bei der gewöhnlichen Schubkurbel.

Das in Abb. 178 gezeichnete Profil setzt sich aus zwei Kreisbögen mit den Krümmungsmittelpunkten K_1 und K_2 zusammen. An der Stelle 2, wo die Krümmung unstetig ist, der Krümmungsmittelpunkt also von K_1 nach K_2 (genauer gesagt: der Krümmungshalbmesser von einem Wert $> a$ zu einem Wert $< a$) springt, erhalten wir auch *zwei verschiedene* Werte der Beschleunigung, und zwar springt diese von einem positiven zu einem negativen Wert. Dieser Unstetigkeit würde natürlich auch eine plötzliche Änderung der Kraft entsprechen, die die Ventilstange an die Scheibe drückt, und diese Unstetigkeit wird sich im Betriebe als Schlag (aber nicht als Stoß im gewöhnlichen Sinne!) bemerkbar machen.

Dieses Verfahren mit Hilfe eines Ersatzgetriebes versagt nur, wenn die Begrenzung des Profils das Stück einer *geraden Linie* bildet, wie in Abb. 179 von M_0

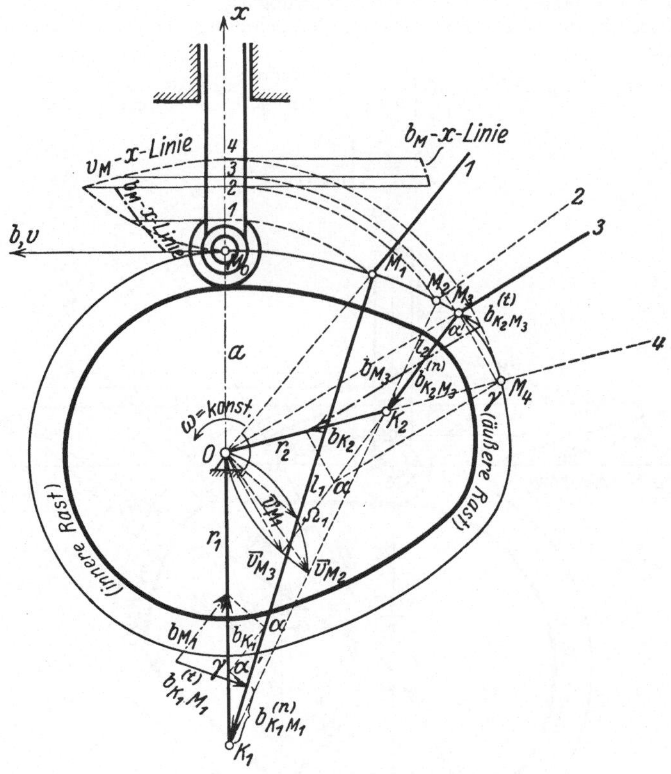

Abb. 178.

bis M_2. In diesem Falle ist die Angabe eines Ersatzgetriebes, das sich an das gegebene anschmiegt, unmöglich. Wir werden später ein anderes Verfahren kennen lernen, das sich in beiden Fällen gültig erweist, schlagen aber hier, um die bisher zur Verfügung stehenden Hilfsmittel nicht zu überschreiten, den Weg der Rechnung ein.

Wir denken uns in Abb. 179 die Ventilstange $\overline{OM}$ um den Punkt O gleichförmig mit der Winkelgeschwindigkeit ω gedreht. Sei dann die Strecke $\overline{OM_0} = a$, $\overline{OM} = x$, dann ist die gesuchte Geschwindigkeit $v_M = \dot{x}$, und die Beschleunigung $b_M = \ddot{x}$. Um diese Größen mit ω in Verbindung zu bringen, berechnen wir aus dem Dreieck OM_0M die Strecke x,

$$x = a/\cos \varphi$$

und erhalten daraus durch Differentiation mit $\dot{\varphi} = \omega = $ konst

$$v_M \equiv \dot{x} = \frac{a \sin \varphi}{\cos^2 \varphi}\, \omega = x\, \omega\, \mathrm{tg}\, \varphi.$$

Es ist daher

$$\frac{v_M}{\omega} \equiv \frac{\dot{x}}{\omega} = x\, \mathrm{tg}\, \varphi = \overline{O\Omega}, \tag{330}$$

so daß $\overline{O\Omega}$ ein Maß für die gesuchte Geschwindigkeit von M ist. Der Punkt Ω kann übrigens auch [als Drehpol der mit der Ventilstange verbundenen Ebene gedeutet werden, da der Punkt M längs des Profils wandert und der mit O zusammenfallende Punkt durch O gleitet, die Senkrechten zu diesen Bewegungsrichtungen sich daher in Ω scheiden; auch aus diesem Grunde ist die Geschwindigkeit der Ventilstange in ihrer eigenen Richtung $v_M = \overline{O\,\Omega} \cdot \omega$.

Die Beschleunigung ergibt sich durch nochmalige Differentiation nach t in der Form

$$b_M \equiv \dot{v}_M \equiv \ddot{x} = a\,\omega^2 \left[\frac{1}{\cos\varphi} + \frac{2\sin^2\varphi}{\cos^3\varphi} \right] = x\,\omega^2 \left[\frac{2}{\cos^2\varphi} - 1 \right]$$

oder

$$\frac{b_M}{\omega^2} = x\left[\frac{2}{\cos^2\varphi} - 1 \right]. \tag{331}$$

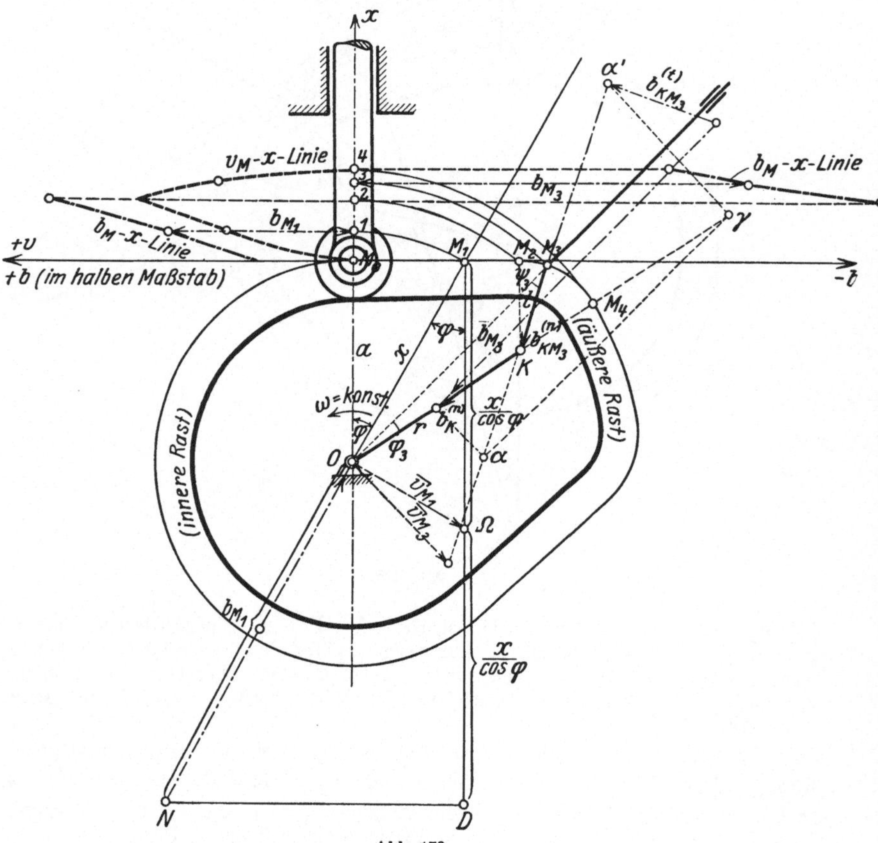

Abb. 179.

Macht man daher in der Abb. 179: $\overline{\Omega\,D} = \overline{M_1\,\Omega}$, $\overline{D\,N} \perp \overline{M_1\,D}$, so ist

$$\overline{D\,M_1} = 2\,\overline{\Omega\,M_1} = \frac{2x}{\cos\varphi}, \qquad \overline{N\,M_1} = \frac{\overline{D\,M_1}}{\cos\varphi} = \frac{2x}{\cos^2\varphi},$$

und daher

$$\overline{N\,O} = \overline{N\,M_1} - \overline{O\,M_1} = \frac{2x}{\cos^2\varphi} - x = \frac{b_M}{\omega^2}.$$

Der Verlauf von v_M und b_M ist wie früher in die Anfangsstellung übertragen; für den kreisförmigen Übergang in die obere Rast sind die Beschleunigungen wieder nach der früheren Methode bestimmt worden.

Daß das Schubkurbelgetriebe $O\,K\,M$ wirklich das zugehörige Ersatzgetriebe darstellt, erkennt man auch, wenn man die Geschwindigkeit und Beschleunigung auch für den kreisförmigen Anhub durch Rechnung ermitteln würde. Man hätte dann wieder $\overline{O\,M_3} = x$ durch den Winkel φ auszudrücken, müßte (ähnlich wie in Beispiel 103) die Winkel φ_3 und ψ_3 einführen, da der Punkt K als Punkt der Scheibe in unveränderlicher Entfernung von O bleibt und auch die Strecke $\overline{K\,M}$ als Krümmungshalbmesser denselben Wert behält.

100. Anwendungen der Sätze der Relativbewegung auf die Getriebelehre. Zu den Aufgaben der Getriebelehre, die sich mittels der Sätze der relativen Bewegung einfach und anschaulich lösen lassen, gehören die folgenden: Es sind die Geschwindigkeiten und Beschleunigungen von *einzelnen Getriebepunkten* zu ermitteln, die geometrisch als Schnittpunkte von zwei Kurven erscheinen, von denen die eine einem festen, die andere einem bewegten System angehört. Die *feste* Kurve ist die *absolute*, die *bewegte* die *relative* Bahn. Die Bewegung des Schnittpunktes auf jeder Kurve ist durch Normal- und Tangentialbeschleunigung nach 80, und die Beziehungen zwischen den absoluten und relativen Geschwindigkeiten und Beschleunigungen sind durch die in **87, 88** abgeleiteten Gleichungen gegeben, die für die hier zu gebenden Anwendungen eine rein geometrische oder, besser gesagt, rein kinematische Bedeutung haben. — Ihre Verwendung erläutern wir sofort an der Hand einfacher, typischer Beispiele.

Beispiel 107. Keiltrieb. Ein durch die Gerade g begrenztes Gleitstück bewegt sich parallel zu sich selbst mit der Geschwindigkeit $\mathfrak{v}_s$ und der Beschleunigung $\mathfrak{b}_s$ und bewegt eine Stange $\overline{A\,B}$, die sich in einer geraden Führung h verschieben kann. Man bestimme die Geschwindigkeit und Beschleunigung, mit der diese Verschiebung erfolgt (Abb. 180).

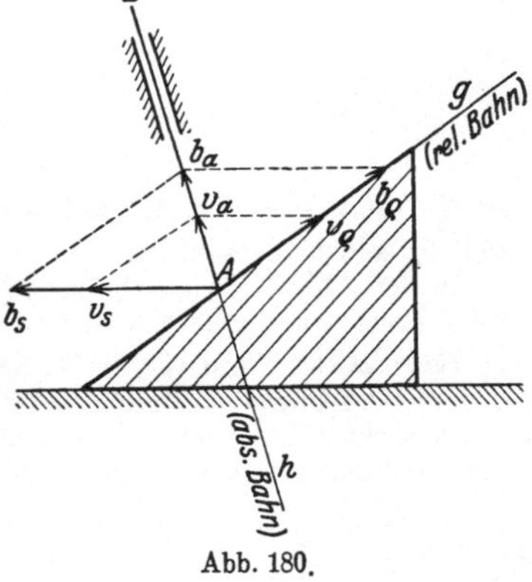

Die Bewegung längs h ist die absolute, die längs g die relative, die des Gleitstücks selbst die Systembewegung. Da $\mathfrak{v}_s$ und $\mathfrak{b}_s$ gegeben sind, so werden die gesuchten Größen durch die Gleichungen

$$\mathfrak{v}_a = \mathfrak{v}_\varrho + \mathfrak{v}_s, \qquad \mathfrak{b}_a = \mathfrak{b}_\varrho + \mathfrak{b}_s,$$

Abb. 180.

bestimmt, deren geometrische Bilder unmittelbar die gesuchten Größen $\mathfrak{v}_a$, $\mathfrak{v}_\varrho$ und $\mathfrak{b}_a$, $\mathfrak{b}_\varrho$ durch die zugehörigen Vektordreiecke liefern.

Beispiel 108. Bewegung einer Steuerstange mittels eines von einer Kurve k begrenzten Gleitstückes (Abb. 181), das (ähnlich wie im vorhergehenden Beispiel) geradlinig verschoben wird. Die Kurve k wird mit ihrer Evolute (Ort der Krümmungsmittelpunkte K) als bekannt angenommen. Das Gleitstück denken wir uns in waagrechter Richtung mit $\mathfrak{v}_s =$ konst. bewegt. Längs k gleitet (etwa mittels einer Rolle wie bei der Steuerscheibe) der Endpunkt A einer Stange $\overline{A\,B}$, die in einer lotrechten Führung verschieblich ist. Man ermittle die Geschwindigkeit $\mathfrak{v}_a$ und die Beschleunigung $\mathfrak{b}_a$ der Bewegung der Stange in ihrer Führung.

Wie früher ist die Bewegung des Gleitstücks die System- oder Führungs-
bewegung, die des Punktes A längs k ist die relative, die von A in Richtung der
Stange die absolute Bewegung. Da das System eine Schiebung ausführt, so gelten
wieder die Gleichungen

$$\mathfrak{v}_a = \mathfrak{v}_\varrho + \mathfrak{v}_s, \qquad \mathfrak{b}_a = \mathfrak{b}_\varrho + \mathfrak{b}_s,$$

und da überdies $\mathfrak{b}_s = 0$, so ist insbesondere

$$\mathfrak{b}_a = \mathfrak{b}_\varrho.$$

Das Geschwindigkeitsdreieck liefert $\mathfrak{v}_a$ und $\mathfrak{v}_\varrho$. Da die relative Normalbeschleunigung $b_\varrho^{(n)} = v_\varrho^2/\varrho$ mit v_ϱ und ϱ ebenfalls bekannt ist, und $\mathfrak{b}_a$ die Richtung der
Stange hat, so wird durch die Senkrechte zur Kurvennormalen im Endpunkte

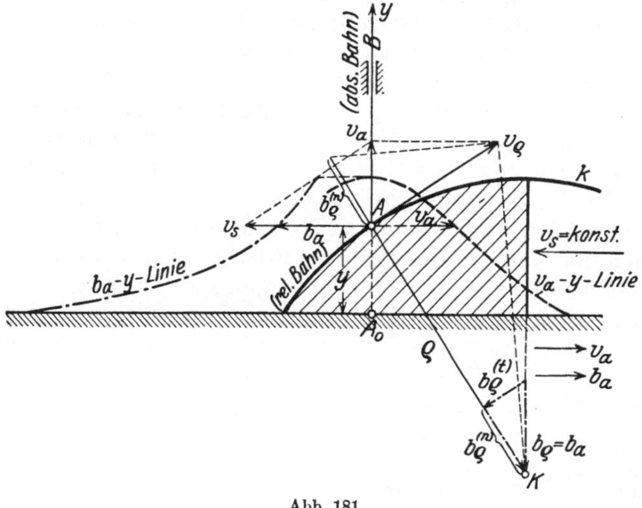

Abb. 181.

von $b_\varrho^{(n)}$ die relative Tangentialbeschleunigung $b_n^{(t)}$ und auf der Lotrechten durch K
auch $\mathfrak{b}_a$ selbst abgeschnitten.

In der Abb. 181 sind die so erhaltenen Werte von v_a und b_a in Abhängigkeit
von y (und zwar senkrecht zu y) aufgetragen.

Beispiel 109. Schema für die Steuerscheibe mit geradem Anhub. Eine Gerade g
wird mit konstanter Winkelgeschwindigkeit ω um einen festen Punkt O gedreht
und schneidet dabei eine zweite, feste Gerade h. Mit welchen Geschwindigkeiten
und Beschleunigungen rückt der Schnittpunkt M auf g und auf h fort? (Abb. 182a.)

Die Bewegung von M auf g ist als die *relative*, die von M auf h als die absolute
aufzufassen. Da das bewegte System (d. i. die mit g verbundene Ebene) eine
Drehung ausführt, so sind die Gleichungen zu verwenden

$$\mathfrak{v}_a = \mathfrak{v}_\varrho + \mathfrak{v}_s, \qquad \mathfrak{b}_a = \mathfrak{b}_\varrho + \mathfrak{b}_s + \mathfrak{b}_c.$$

Die Systemgeschwindigkeit $\mathfrak{v}_s = \overline{\omega} \times \mathfrak{r}$ und die Richtungen von $\mathfrak{v}_\varrho$ und $\mathfrak{v}_a$ sind
bekannt, also können auch deren Größen aus dem Geschwindigkeitsdreieck ab-
gelesen werden.

Vom Beschleunigungsplan ist die Systembeschleunigung $\mathfrak{b}_s = -\mathfrak{r}\,\omega^2$ bekannt,
ihre Größe stellen wir durch die Strecke $\overline{MO}$ dar, so daß $\overline{MO} = b_s = r\,\omega^2 = v_s\,\omega$.
Zieht man $\overline{O\,\Omega} \perp \overline{O\,M}$, so sind die beiden in der Abbildung schraffierten Dreiecke ähnlich, und daher ist (da $b_c = 2\,v_\varrho\,\omega$)

$$\overline{O\,\Omega} = v_\varrho\,\omega = b_c/2.$$

Tragen wir daher die Strecke $\overline{O\,\Omega}$ noch einmal in ihrer eigenen Richtung auf, so erhalten wir $\mathfrak{b}_c$ (auch mit dem richtigen Pfeil) und können den Beschleunigungsplan ergänzen, da $\mathfrak{b}_a$ und $\mathfrak{b}_e$ in die Geraden h und g — beide entsprechen ja gerad-

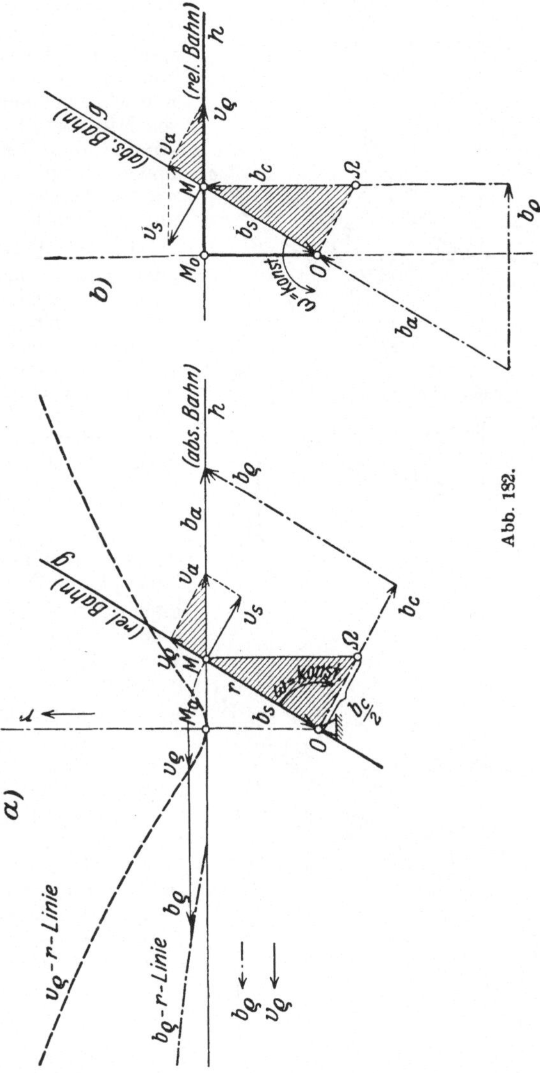

linigen Bewegungen — hineinfallen. In der Abbildung ist auch der Verlauf von v_e und b_e in Abhängigkeit von r für ein Stück der Bewegung von M eingetragen.

Diese Größen können auch durch *Umkehrung* der Bewegung erhalten werden. Hierzu denke man sich etwa die mit h verbundene Ebene um O nach der entgegengesetzten Seite mit ω gedreht und dabei g in sich selbst verschoben (Abb. 182 b); dann ist die Bewegung längs h die relative, die längs g die absolute. Aus $\mathfrak{v}_s$ findet man mittels des Geschwindigkeitsplanes $\mathfrak{v}_a$ und $\mathfrak{v}_e$. Wenn sodann wieder $b_s = r\,\omega^2 = v_s\,\omega = \overline{MO}$ gewählt wird, dann ist $\overline{\Omega\,M}$ in dem Dreieck $O\,\Omega\,M$ jetzt $v_e\,\omega$ und daher

$$b_c = 2\,v_e\,\omega = 2\,\overline{\Omega\,M},$$

und der Beschleunigungsplan wie zuvor zu vervollständigen. In Abb. 182a und b haben die absoluten und relativen Größen ihre Rollen vertauscht.

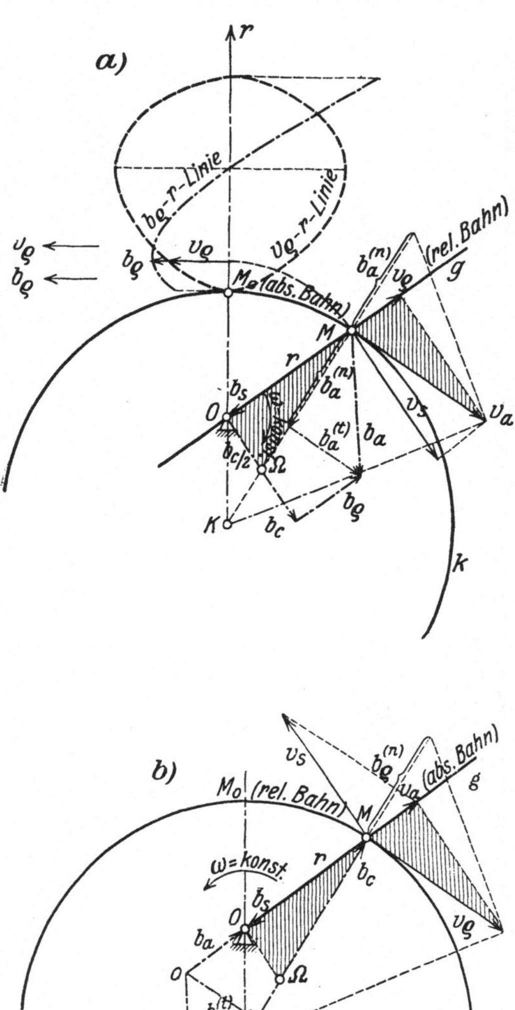

Abb. 183.

Beispiel 110. Schema für das Steuerungsgetriebe mit gekrümmtem Anhub. Die Gerade g wird wieder mit konstanter Winkelgeschwindigkeit ω um O gedreht und schneidet einen Kreis k, dessen Mittelpunkt K ist. Man bestimme die Geschwindigkeiten und Beschleunigungen, mit denen der Schnittpunkt M auf g und auf k fortrückt.

In Abb. 183a ist die Bewegung längs g als die relative, die längs k als die absolute aufgefaßt. Durch $\mathfrak{v}_s = \overline{\omega} \times \mathfrak{r}$ ist, da die Richtungen von $\mathfrak{v}_a$ und $\mathfrak{v}_\varrho$ bekannt sind, das Geschwindigkeitsdreieck festgelegt. Ferner folgt aus der Ähnlichkeit der schraffierten Dreiecke wie im vorhergehenden Beispiel

$$\overline{O\,\Omega} = v_\varrho\,\omega = b_c/2,$$

und damit ist $\mathfrak{b}_c$ gegeben. Von der absoluten Bewegung von M längs k ist die Normalbeschleunigung $b_a^{(n)} = v_a^2/\varrho$, mit $\varrho = \overline{K\,M}$ konstruierbar und durch Vervollständigung des Beschleunigungsplanes erhalten wir auch $\mathfrak{b}_a^{(t)}$ und damit auch $\mathfrak{b}_\varrho$.

Der Verlauf von v_ϱ und b_ϱ in Abhängigkeit von r ist in der Abb. 183a eingetragen.

Auch durch Betrachtung der Umkehrung der Bewegung kann man die Geschwindigkeit der Geraden g in ihrer eigenen Richtung erhalten. Die Konstruktion ist in Abb. 183b ausgeführt und dürfte nach dem Vorhergehenden ohne weitere Erläuterung verständlich sein.

Beispiel 111. Die *Kurbelschleife* (Abb. 184). Die Kurbel $\overline{O\,A}$ wird mit konstanter Winkelgeschwindigkeit ω_1 gedreht, an den Kurbelzapfen A ist die Stange g gelenkig angeschlossen, die durch eine um B drehbare Hülse gleitet. Man bestimme die Geschwindigkeit und Beschleunigung der Punkte von g, insbesondere des mit B zusammenfallenden Punktes von g.

Wir betrachten die um B drehbare Ebene als bewegtes System und g als die relative Bahn des Punktes B. Da der mit B zusammenfallende Punkt des bewegten Systems in Ruhe ist, so ist $\mathfrak{v}_s = 0$, und daher stimmen die absolute und relative Geschwindigkeit von B überein,

$$\mathfrak{v}_a = \mathfrak{v}_\varrho = \mathfrak{v}_B.$$

Da ferner auch die Systembeschleunigung von B null ist, so erhalten wir in diesem Falle die Beschleunigungsgleichung in der einfachen Form

$$\mathfrak{b}_a = \mathfrak{b}_\varrho + \mathfrak{b}_c.$$

Darin hat $\mathfrak{b}_\varrho$ die Richtung von g, und $\mathfrak{b}_c$ ist um $\pi/2$ im Sinn von ω gegen $\mathfrak{v}_\varrho$ verdreht. Betrachtet man die in der Richtung der Normalen zu g fallenden Kompo-

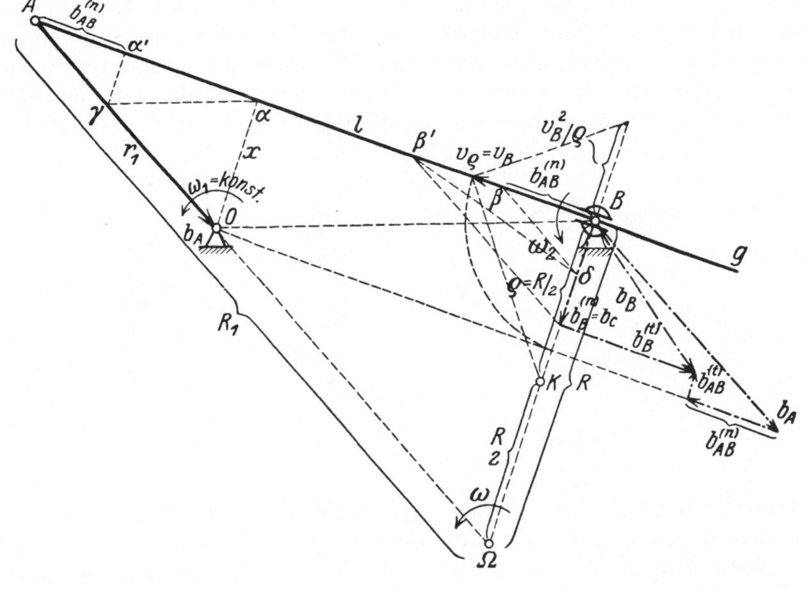

Abb. 184.

nenten, so muß nach dieser Gleichung die Normalkomponente von $\mathfrak{b}_a$ mit $\mathfrak{b}_c$ identisch sein. Und da $b_a^{(n)} = v_a^2/\varrho$, so erhalten wir die Gleichung

$$b_c = 2\,v_\varrho\,\omega = v_\varrho^2/\varrho;$$

daraus folgt der Krümmungshalbmesser ϱ der Bahnkurve von B

$$\varrho = \frac{v_\varrho}{2\,\omega} = \frac{\overline{\Omega B}}{2}. \tag{332}$$

Der Krümmungsmittelpunkt K halbiert daher die Strecke $\overline{\Omega B}$. Man beachte, daß diese Betrachtung ganz unabhängig davon ist, welche Bewegung für A vorausgesetzt wurde.

Nach den in **99** erhaltenen Sätzen ist nunmehr das Kurbelviereck $OABK$ das in der gezeichneten Stellung geltende „Ersatzgetriebe"; die Beschleunigung von B kann daher nach den früher entwickelten Methoden unmittelbar gefunden werden, was in der Abb. 184 vollständig ausgeführt wird und keiner weiteren Erklärung bedarf.

II. Bewegung des Körpers im Raume.

101. Bewegung eines Körpers um einen festen Punkt. Der nächste Fall, der in physikalischer und technischer Hinsicht von Wichtigkeit ist, ist die *Drehung eines Körpers um einen festen Punkt O*. Bei dieser Bewegung verschieben sich die um O herumgelegten Kugelflächen in sich, ganz so, wie sich bei der ebenen Bewegung die parallelen Ebenen in sich verschoben; beide Bewegungen haben noch andere Ähnlichkeiten miteinander, die wir sogleich hervorheben wollen.

Zunächst hat auch der um einen festen Punkt O drehbare Körper *drei Freiheitsgrade;* denn seine Lage ist durch die zwei Koordinaten eines beliebigen in dem Körper liegenden Punktes A auf einer um O herumgelegten Kugel, und durch den Winkel einer im Körper festen Ebene gegen eine im Raum feste Ebene bestimmt, die wir uns beide etwa (für die Zwecke dieser Koordinatenzählung) durch die Gerade OA

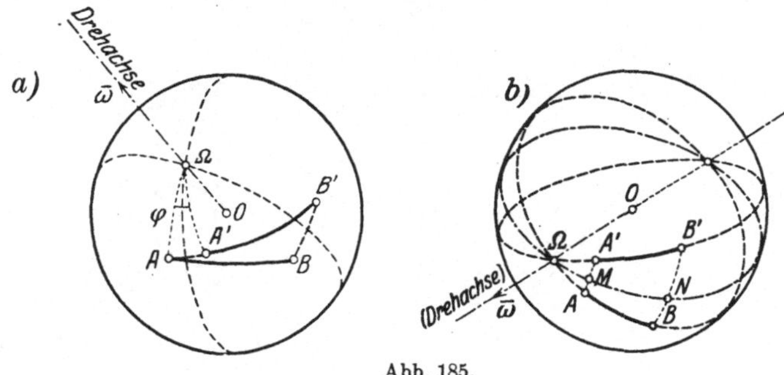

Abb. 185.

hindurchgehend denken können. Wir können aber auch die Lage des Körpers durch Angabe der Koordinaten *zweier Punkte A* und *B* auf derselben Kugelfläche (was keine Einschränkung der Allgemeinheit bedeutet) festlegen, die wieder drei Koordinaten ergeben, da die Lage jedes Punktes auf seiner Kugelfläche durch *zwei* Koordinaten festgelegt ist und die beiden Punkte voneinander eine unveränderliche Entfernung besitzen.

Wir nehmen nun irgend zwei Lagen des Körpers, oder, was auf dasselbe hinauskommt, zwei Lagen des Punktepaares an, also etwa A, B und A', B' in Abb. 185a, ziehen die Symmetrieebenen der Großkreisbögen $\overparen{AA'}$ und $\overparen{BB'}$, und bestimmen deren Schnittlinie $O\Omega$, die — zum Unterschiede gegen die ebene Bewegung — immer im Endlichen liegt; diese Schnittlinie ist die *Drehachse* für die Drehung um den Winkel φ, durch die der Körper aus der Lage OAB in die Lage $OA'B'$ übergeführt werden kann. — In dem besonderen Fall, daß diese beiden Symmetrieebenen zusammenfallen, ist die Drehachse $O\Omega$ die Schnittlinie der beiden Ebenen OAB und $OA'B'$ (Abb. 185b).

Nimmt man die beiden Lagen $\overparen{AB}$ und $\overparen{A'B'}$ sehr nahe aneinander, so kommt dies darauf hinaus, daß man die *Richtungen* der Bewegungen von A und B vorgibt; dann fallen die Halbierungsebenen von $\overparen{AA'}$ und

$\widehat{B\,B'}$ in der Grenze mit den Normalebenen zu diesen Bewegungsrichtungen zusammen, und ihr Schnitt wird die *Momentanachse* der betreffenden Bewegung. Wir erhalten daher den Satz:

Jede endliche oder unendlich kleine Bewegung eines starren Körpers um einen festen Punkt kann als Drehung um eine durch diesen Punkt gehende Achse dargestellt werden.

Die Festlegung der Größe der augenblicklichen Drehung um diese Achse geschieht natürlich wieder durch Angabe der *Geschwindigkeit* irgendeines Punktes A

$$\mathfrak{v}_A = \lim_{\varDelta t \to 0} \frac{\overline{A\,A'}}{\varDelta t}\,,$$

und diese Geschwindigkeit ist das Produkt aus der *Winkelgeschwindigkeit* $\omega = \dot\varphi$ dieser Drehung und dem senkrechten Abstand des Punktes A von der Drehachse, oder

$$\boxed{\mathfrak{v}_A = \overline{\omega} \times \mathfrak{r}_A\,.} \tag{333}$$

Bezeichnet α den Winkel zwischen den Vektoren $\mathfrak{r}_A$ und $\overline{\omega}$, so hat $\mathfrak{v}_A$ den Betrag $v_A = r_A\,\omega \sin \alpha$.

Zur Kennzeichnung der augenblicklichen Drehung des Körpers um O können nämlich beide Merkmale: *Drehachse und Winkelgeschwindigkeit* (mit Vorzeichen!) vereinigt werden durch Angabe eines Vektors $\overline{\omega}$ von der Länge ω, der in der Drehachse liegt, wodurch alle drei Kennzeichen der Drehung: Achse, Größe und Sinn festgehalten werden. Diese Zuordnung Winkelgeschwindigkeit $\to$ Vektor $\overline{\omega}$ erweist sich in allen ihren Folgerungen als zutreffend und ermöglicht eine große Vereinfachung der Darstellung.

Wenn nun die Drehung nicht dauernd um dieselbe Achse erfolgt, so wird im Verlaufe einer *endlichen* Bewegung die Lage der Drehachse sowohl im Raum wie auch im Körper wechseln — ganz so wie es bei der ebenen Bewegung die Drehpole getan haben. Der Vektor $\overline{\omega}$ wird daher sowohl im Raume wie auch im bewegten Körper je eine *Kegelfläche* beschreiben, die durch den Ort der Endpunkte von $\overline{\omega}$, d. h. also durch je eine Kurve begrenzt sind; wir erhalten daher den *Satz:*

Jede endliche Bewegung eines Körpers um einen festen Punkt kann durch das Abrollen eines beweglichen Achsenkegels auf einem festen Achsenkegel dargestellt werden, die sich in der augenblicklichen Drehachse berühren. Trägt man auf ihr die jeweilige Winkelgeschwindigkeit $\overline{\omega}$ auf, so können die Achsenkegel auch zur Darstellung des Verlaufes der Winkelgeschwindigkeit für die endliche Bewegung des Körpers benutzt werden.

Sind im besonderen beide Kegel *Kreiskegel*, so nennt man die durch das Abrollen beider Kegel aufeinander dargestellte Bewegung eine *Präzessionsbewegung*. Eine solche Bewegung findet sich bei der Bewegung der Erde verwirklicht, die tatsächlich nicht um eine in der Erde festliegende Achse erfolgt; die Drehachse der Erde ist vielmehr in jedem Augenblicke die Berührungserzeugende zweier Achsenkegel, von denen der „feste" einen Öffnungswinkel von $23\tfrac{1}{2}°$ hat, während der bewegliche so klein ist, daß er an den Erdpolen Kreise von nur 27 cm Halbmesser ausschneidet; dementsprechend ist seine Umlaufszeit auf dem festen Kegel sehr groß und beträgt etwa 26000 Jahre (= 1 Platonisches Jahr).

Es möge hier nur noch bemerkt werden, daß als Koordinaten, zur Bestimmung der Lage des Körpers, am einfachsten gewisse *Winkel* (z. B. die sog. Eulerschen Winkel) gewählt werden, welche die gegenseitige Lage eines im Körper festen gegen ein im Raum festes Koordinatensystem, die den Anfangspunkt gemeinsam haben, angeben (**106**).

102. Schraubenbewegung. Der freie starre Körper im Raume besitzt *sechs Freiheitsgrade*, zu seiner Festlegung sind daher *sechs* Koordinaten notwendig: drei dienen zur Festlegung der Lage irgendeines Punktes des Körpers und drei zur Festlegung der Lage des Körpers um diesen Punkt wie in **101**. Die Kennzeichnung der Lage des Körpers kann auch durch Angabe der Lage von drei (nicht in einer Geraden liegenden) Punkten A, B, C geschehen; diese besitzen wegen der vorausgesetzten Starrheit unveränderliche Entfernungen voneinander und erfordern daher zu ihrer Festlegung im Raume 3 mal $3 - 3 = 6$ Koordinaten.

Um einen Körper aus einer Lage A, B, C in eine zweite $A'\,B'\,C'$ ($\triangle A\,B\,C \cong \triangle A'\,B'\,C'$) überzuführen, kann man so vorgehen: man erteilt dem Körper eine räumliche Parallelbewegung $\overline{A\,A'}$ und bringt dadurch den Punkt A mit A' zur Deckung; dann gibt es eine darauffolgende Drehung um A', die auch B in B' und C in C' überführt. Jede beliebige Bewegung kann also jedenfalls dargestellt werden durch die Parallelbewegung (Translation) $\overline{A\,A'} = \overline{\tau}$ und durch eine Drehung um eine Achse durch A' um den Winkel φ; statt des Punktpaares A, A' kann natürlich jeder andere, mit $A\,B\,C$ starr verbundene Punkt P und sein entsprechender P' in der gleichen Weise verwendet werden. Translationsvektor und Drehachse werden im allgemeinen *geneigt* zueinander ausfallen; man kann sie jedoch immer so anordnen, daß die Translationsrichtung zur Drehachse parallel verläuft: eine solche Bewegung nennt man eine *Schraubenbewegung* oder kurz *Schraubung*, und wir erhalten den Satz:

Jede beliebige Bewegung eines starren Körpers läßt sich als eine Schraubung darstellen; eine Schraubung ist durch ihre Achse, die Translation $\overline{\tau}$ parallel zu ihr und den Drehwinkel φ um die Achse bestimmt.

Beispiel 112. Um die *Schraubung* zu finden, die den Körper aus der Lage $A\,B\,C$ nach $A'\,B'\,C'$ (Abb. 186) überführt, ziehe man von einem beliebigen Punkt P des Raumes die Vektoren:

$$\overline{P\,a} = \overline{A\,A'} \qquad \overline{P\,b} = \overline{B\,B'}, \qquad \overline{P\,c} = \overline{C\,C'},$$

fälle von P das Lot $\overline{P\,p}$ auf die durch die drei Punkte $a\,b\,c$ bestimmte Ebene ε und zerlege

$$\overline{P\,a} = \overline{P\,p} + \overline{p\,a}, \qquad \overline{P\,b} = \overline{P\,p} + \overline{p\,b}, \qquad \overline{P\,c} = \overline{P\,p} + \overline{p\,c};$$

die dadurch bestimmten Dreiecke überträgt man an die Strecken $\overline{A\,A'}$, $\overline{B\,B'}$, $\overline{C\,C'}$ und erhält

$$\overline{A\,A'} = \overline{A\,\alpha} + \overline{\alpha\,A'}, \qquad \overline{B\,B'} = \overline{B\,\beta} + \overline{\beta\,B'}, \qquad \overline{C\,C'} = \overline{C\,\gamma} + \overline{\gamma\,C'},$$

dann ist

$$\overline{A\,\alpha} = \overline{B\,\beta} = \overline{C\,\gamma} = \overline{P\,p} = \text{dem Translationsvektor } \overline{\tau} \text{ für die Schraubung.}$$

Legt man ferner die Symmetrieebenen der Strecken $\overline{A'\alpha}$, $\overline{B'\beta}$ und $\overline{C'\gamma}$, so schneiden sich diese wegen der Starrheit des Körpers in einer Geraden, und diese ist die *Schraubungsachse;* der zugehörige Drehwinkel ist

$$\sphericalangle A'\,L\,\alpha = \sphericalangle B'\,M\,\beta = \sphericalangle C'\,N\,\gamma = \varphi,$$

wenn L, M, N die Fußpunkte der von den Punkten A', α, $B'\beta$, $C'\gamma$ auf die Schraubungsachse gefällten Lote sind.

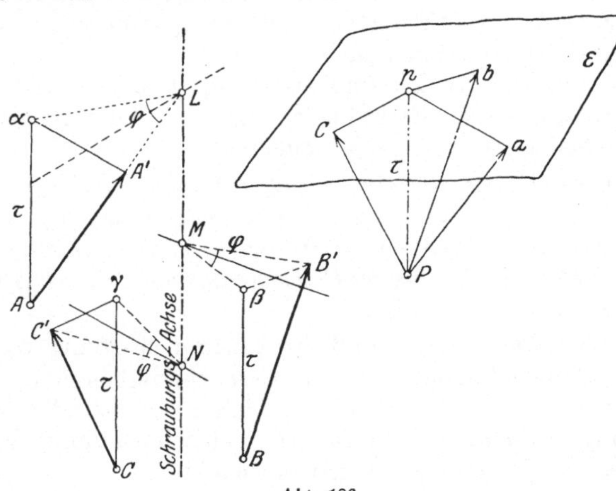

Abb. 186.

Für irgendeine kontinuierliche endliche Bewegung wird sich die Lage der Schraubungsachse sowohl im Raume wie auch im Körper ändern, und die Schar der Geraden, die im Raume und im Körper nacheinander zu Schraubungsachsen werden, wird im Raume wie auch im Körper je eine *Regelfläche* erfüllen, die man *Achsenflächen* nennt und die sich längs der augenblicklichen Schraubungsachse berühren. Die wirkliche Bewegung der Körper kann durch *Abschrotung* dieser Flächen aufeinander dargestellt werden, worunter man die Rollung um sie und die gleichzeitige Verschiebung längs der augenblicklichen Berührungserzeugenden versteht.

Zur Darstellung des *Geschwindigkeitszustandes* betrachtet man die Schiebung $\overline{\varDelta s}$ und Drehung $\varDelta\varphi$ als kleine Größen und operiert nicht mit $\overline{\varDelta s}$ und $\varDelta\varphi$ selbst, sondern mit den Grenzwerten der Quotienten dieser Größen durch $\varDelta t$ für $\varDelta t \to 0$, also mit

$$\lim_{\varDelta t \to 0} \frac{\overline{\varDelta s}}{\varDelta t} = \frac{\overline{ds}}{dt} = \mathfrak{v} \quad \text{und} \quad \lim_{\varDelta t \to 0} \frac{\varDelta\varphi}{\varDelta t} = \frac{d\varphi}{dt} = \omega. \tag{334}$$

III. Zusammensetzung von Elementarbewegungen.

103. Zusammensetzung von Parallelbewegungen. Von der Zusammensetzung und Zerlegung von Geschwindigkeiten haben wir bei Betrachtung der Punktbewegungen wiederholt Gebrauch gemacht; bestimmend hierfür war der *vektorielle* Charakter der Geschwindigkeit, der unmittelbar die hierbei zur Anwendung kommenden Regeln lieferte.

In diesem Kapitel handelt es sich um die Aufstellung entsprechender Regeln für ausgedehnte Körper und demgemäß haben wir die Zusammensetzung jener Bewegungen vor uns, die wir zuvor einzeln besprochen haben: Parallelbewegungen, Drehungen und Schraubungen. Die Anordnung für die Zusammensetzung können wir uns derart ausgeführt denken, daß jede einzelne Bewegung durch eine Führung in dem darauf folgenden System verwirklicht sei, welches System selbst wieder entsprechend geführt zu denken ist.

Die Ausführung der Zusammensetzung geschieht mit Hilfe des folgenden Satzes, dessen Richtigkeit wegen der Vektoreigenschaft der Geschwindigkeit ohne weiteres einleuchtet:

Die Geschwindigkeit, die ein beliebiger Punkt des Körpers annimmt, der eine Anzahl von beliebigen (übereinandergelagerten) Bewegungen (Parallelbewegungen, Drehungen, Schraubungen) gleichzeitig ausführen soll, ist die vektorielle Summe der Geschwindigkeiten, die der Punkt durch die einzelnen Bewegungen erhält.

Daraus folgt unmittelbar, daß die Zusammensetzung von *Parallelbewegungen* (Translationen) mit den Geschwindigkeiten $\mathfrak{v}_1, \mathfrak{v}_2, \ldots, \mathfrak{v}_n$ stets wieder eine Parallelbewegung ist, deren Geschwindigkeit $\mathfrak{v}$ durch die Gleichung bestimmt ist, die für jeden einzelnen Punkt des Systems gilt, welches alle Einzelbewegungen mitmacht

$$\boxed{\mathfrak{v} = \mathfrak{v}_1 + \mathfrak{v}_2 + \cdots + \mathfrak{v}_n = \sum_{i=1}^{n} \mathfrak{v}_i.} \tag{335}$$

Mit Hilfe desselben Satzes ist auch die Zerlegung einer Parallelbewegung in beliebig viele Komponenten ausführbar.

Beispiel 113. Bestimmung der Eigengeschwindigkeit eines Flugzeuges im Winde. In diesem Fall wird das Flugzeug durch den „Windkörper" fortgetragen, in dem es sich befindet und der die Rolle des Bezugsystems vertritt; die Geschwindigkeit des Windkörpers sei $\mathfrak{w}$. Kennzeichnend für die Beschaffenheit des Flugzeuges ist nur seine *Eigengeschwindigkeit* $\mathfrak{v}$, d. i. die Geschwindigkeit in bezug auf den umgebenden Luftkörper, nicht seine „absolute" Geschwindigkeit in bezug auf die Erde. $\mathfrak{v}$ kann auf folgende Arten bestimmt werden:

a) *Durch Flüge in der Windrichtung.* In der Windrichtung wird eine „Stoppstrecke" von bekannter Länge l (in m) abgesteckt, durch gut sichtbare Objekte bezeichnet und hin und zurück abgeflogen; die hierfür notwendigen Zeiten t_1 und t_2 (in sec) werden „abgestoppt". Dann ist die Geschwindigkeit in bezug auf die Erde für den

$$\text{Hinflug:} \quad v_1 = v + w = l/t_1,$$
$$\text{Rückflug:} \quad v_2 = v - w = l/t_2,$$

daraus folgt durch Addition die Eigengeschwindigkeit

$$v = \frac{1}{2}(v_1 + v_2) = \frac{l}{2}\left(\frac{1}{t_1} + \frac{1}{t_2}\right) \text{m/s} = 1{,}8\, l\left(\frac{1}{t_1} + \frac{1}{t_2}\right) \text{km/h} \tag{336}$$

und durch Subtraktion die Windgeschwindigkeit

$$w = \frac{1}{2}(v_1 - v_2) = \frac{l}{2}\left(\frac{1}{t_1} - \frac{1}{t_2}\right) \text{m/s}. \tag{337}$$

b) *Durch Überfliegen eines Stoppdreieckes* (Abb. 187a) und Bestimmung der absoluten Geschwindigkeiten in Richtung der drei Seiten durch Abstoppung der zum Überfliegen der Stoppstrecken erforderlichen Zeiten; sind die Seitenlängen l_1, l_2, l_3, die zugehörigen Zeiten t_1, t_2, t_3, so sind die (absoluten) Geschwindigkeiten in bezug auf die Erde

$$v_1 = l_1/t_1, \quad v_2 = l_2/t_2, \quad v_3 = l_3/t_3.$$

Jedes $\mathfrak{v}_i$ ($i = 1, 2, 3$) ist die Summe aus der unbekannten Eigengeschwindigkeit $\mathfrak{v}$ und der unbekannten Windgeschwindigkeit $\mathfrak{w}$. Denkt man sich für den Flug längs jeder Dreieckseite das zugehörige Geschwindigkeitsdreieck gezeichnet, so erhält man durch Aneinanderlegung dieser drei Dreiecke längs der gemeinsamen Windgeschwindigkeit $\mathfrak{w}$ nach Abb. 187b wegen des gemeinsamen Wertes der Eigengeschwindigkeit v die folgende Konstruktion zu ihrer Ermittlung:

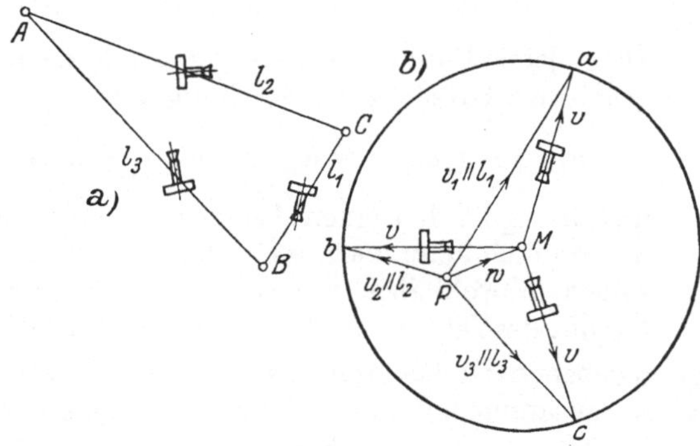

Abb. 187.

Man zeichne von einem willkürlich gewählten Pol P einen Geschwindigkeitsplan durch Auftragen der Geschwindigkeiten $\mathfrak{v}_1, \mathfrak{v}_2, \mathfrak{v}_3$ in Richtung der drei Dreieckseiten und schlage durch die Endpunkte dieser Strecken $\mathfrak{v}_1, \mathfrak{v}_2, \mathfrak{v}_3$ einen Kreis; dann gibt der Halbmesser dieses Kreises $\overline{Ma} = \overline{Mb} = \overline{Mc} = \mathfrak{v}$ die Größe der unbekannten Eigengeschwindigkeit v, und $\overline{PM} = \mathfrak{w}$ gibt den Vektor der unbekannten Windgeschwindigkeit. In der Abb. 187a sind die Stellungen des Flugzeuges beim Fluge längs der drei Seiten angedeutet.

104. Zusammensetzung von kleinen Drehungen. Wie sich Parallelbewegungen auf Grund des Additionsgesetzes für Vektoren gerade so zusammensetzen wie Momente, so erfolgt die Addition von gleichzeitig stattfindenden Drehungen eines starren Körpers genau in derselben Weise wie die von Kräften am starren Körper. Jedem Satz aus der Statik der räumlichen Kräftegruppen läßt sich ein Satz aus der Theorie der Bewegungen gegenüberstellen. Wir werden auch hier dieselben Fälle zu unterscheiden haben, wie sie schon bei den Kräften am starren Körper vorkamen.

Man beachte, daß diese Zuordnung

$$\text{Kräfte} \;\rightarrow\; \text{Drehungen} \qquad \text{(gebundene Vektoren)},$$
$$\text{Momente} \rightarrow \text{Parallelbewegungen} \;\text{(freie} \qquad \text{Vektoren)}$$

nur *formal* ist und keineswegs etwa einen kausalen Zusammenhang zwischen den Kraftgrößen (links) und den von ihnen irgendwie „erzeugten" Bewegungen (rechts) zum Ausdruck bringt.

a) *Drehungen um sich schneidende Achsen* sind immer gleichwertig mit einer Drehung um eine Achse durch ihren Schnittpunkt, die nach dem Parallelogrammgesetz aus den gegebenen Drehungen gefunden wird (Abb. 188).

Für zwei Drehungen $\overline{\omega}_1$ und $\overline{\omega}_2$ um die Achsen A_1 und A_2 ergibt sich die Summe $\overline{\omega}$ und die resultierende Drehachse A mittels der den Gln. (15) bis (17) vollkommen entsprechenden Gleichungen:

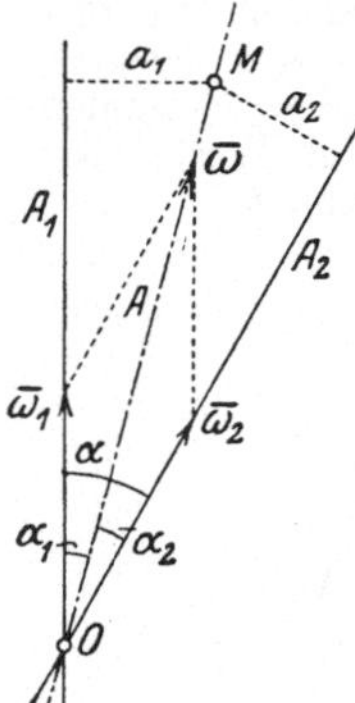

$$\left.\begin{aligned} \omega^2 &= \omega_1^2 + \omega_2^2 + 2\omega_1\,\omega_2\cos\alpha \\ \omega_1 : \omega_2 : \omega &= \sin\alpha_2 : \sin\alpha_1 : \sin\alpha \\ \omega &= \omega_1\cos\alpha_1 + \omega_2\cos\alpha_2 \end{aligned}\right\}\,\overline{\omega} = \overline{\omega}_1 + \overline{\omega}_2. \tag{338}$$

Denn jeder Punkt der Achse A erhält nach dem in **103** gegebenen Satze die Geschwindigkeit

$$a_1\,\omega_1 - a_2\,\omega_2 = \overline{O\,M}\cdot(\omega_1\sin\alpha_1 - \omega_2\sin\alpha_2) = 0$$

und dies gibt den einen Teil der zweiten der Gln. (338) und ähnlich kann man auch das Bestehen der anderen zeigen, obwohl ihre Richtigkeit schon durch die Auffassung des Vektorcharakters der Drehungen $\overline{\omega}$ einleuchtet.

Abb. 188.

Fallen die gegebenen Drehachsen, also auch die Vektoren der Drehungen $\overline{\omega}_1,\overline{\omega}_2\ldots$ zusammen, dann wird aus der geometrischen Addition die algebraische, d. h. es ist $\omega = \sum\limits_{i=1}^{n}\omega_i$.

b) *Drehungen um parallele Achsen* werden nach denselben Gesetzen zusammengefügt wie parallele Kräfte.

Um die Bewegung anzugeben, welche der Summe der Drehungen $\overline{\omega}_1$ und $\overline{\omega}_2$ um die Achsen A_1 und A_2 entspricht, suchen wir einen Punkt oder eine Gerade A zu bestimmen, die durch das Zusammenwirken beider

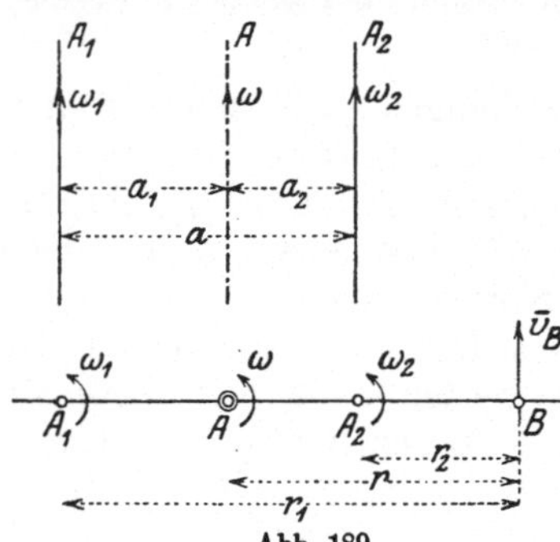

Drehungen zur Ruhe kommen; da die Geschwindigkeiten von A zufolge der beiden Einzeldrehungen gleich groß und entgegengesetzt sein müssen, so folgt, daß A bei *gleichem* Sinn von $\overline{\omega}_1$ und $\overline{\omega}_2$ *zwischen* A_1 und A_2 liegen und daß wegen der Gleichheit der Geschwindigkeiten $a_1\,\omega_1 = a_2\,\omega_2$ sein muß; es ist also (Abb. 189)

$$\boxed{a_1 : a_2 = \omega_2 : \omega_1.} \tag{339}$$

Abb. 189.

Weiter folgt durch Betrachtung der Geschwindigkeit eines beliebigen Punktes, wofür der Einfachheit halber etwa B gewählt werden möge,

$$v_B = r_1\,\omega_1 + r_2\,\omega_2 = (r+a_1)\,\omega_1 + (r-a_2)\,\omega_2 = r\,(\omega_1+\omega_2) = r\,\omega$$

und die Größe der resultierenden Winkelgeschwindigkeit

$$\boxed{\omega = \omega_1 + \omega_2.} \tag{340}$$

Bei entgegengesetztem Vorzeichen von ω_1 und ω_2 liegt A außerhalb der Strecke $\overline{A_1 A_2}$, und zwar auf der Seite der größeren Winkelgeschwindigkeit, und es ist $\omega = \omega_1 - \omega_2$.

Wir können diesen Sachverhalt sogleich für beliebig viele Drehungen verallgemeinern und so aussprechen:

Beliebig viele Drehungen $\overline{\omega}_1$, $\overline{\omega}_2$, ..., $\overline{\omega}_n$ *um parallele Achsen* A_1, A_2, ..., A_n *sind stets gleichwertig mit einer Drehung um eine Achse* A, *die durch den Schwerpunkt der gegebenen Achsen geht, wenn in ihnen die Winkelgeschwindigkeiten* ω_1, ω_2, ..., ω_n *als Gewichte wirken* (wobei entsprechend den negativen Winkelgeschwindigkeiten auch „negative Gewichte" zuzulassen sind).

Für die zeichnerische Ausführung dieser Zusammensetzung können dieselben Methoden herangezogen werden, wie sie aus der Statik für die Zusammensetzung paralleler Kräfte bekannt sind (I. Teil, II.).

Mit den unter a) und b) genannten sind jene Fälle erschöpft, bei denen durch Zusammensetzung von Drehungen wieder eine Drehung herauskommt.

c) *Sonderfall: Drehungspaar.* Wenn insbesondere $\omega_1 = -\omega_2$ ist, so erleidet der in b) ausgesprochene Satz eine Ausnahme; die Ausführung der in den Gln. (339) und (340) gegebenen Vorschriften würde $a_1 = a_2 = \infty$ und $\omega = 0$ ergeben, was auf die Singularität dieses Falles hindeutet.

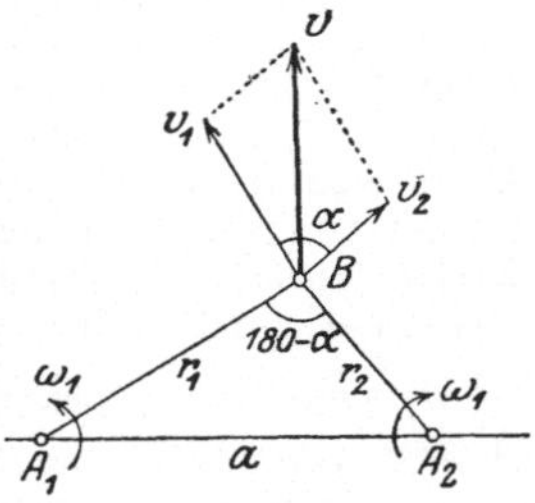

Die Bedeutung eines solchen Drehungspaares ersehen wir, wenn wir auf den Hilfsatz in **103** zurückgehen und die Geschwindigkeit $\mathfrak{v}$ ausrechnen, die irgendein Punkt B (Abb. 190) infolge der beiden Drehungen empfängt. Der von A_1 herrührende Anteil ist

$$\mathfrak{v}_1 = \overline{\omega}_1 \times \mathfrak{r}_1,$$

der von A_2 herrührende

$$\mathfrak{v}_2 = \overline{\omega}_1 \times \mathfrak{r}_2$$

mit den in die Abbildungen eingetragenen Richtungen. Die Summe dieser beiden Geschwindigkeiten ist dann gegeben durch

$$\mathfrak{v} = \mathfrak{v}_1 + \mathfrak{v}_2 = \overline{\omega}_1 \times (\mathfrak{r}_1 - \mathfrak{r}_2) = \overline{\omega}_1 \times \mathfrak{a};$$

der Betrag ist daher

$$\boxed{v = \omega_1\, a,} \tag{341}$$

d. h. die Geschwindigkeit v ist für alle Punkte B gleich groß und senkrecht zur Ebene durch die Achsen A_1 und A_2 gerichtet. Dies ist aber das Kennzeichen einer Parallelbewegung und wir erhalten den *Satz:*

Zwei Drehungen um parallele Achsen in der Entfernung a *mit gleichgroßen und entgegengesetzten Winkelgeschwindigkeiten* $\omega_1 = -\omega_2$ *sind gleichwertig mit einer Parallelbewegung vom Betrage* $\omega_1\, a$, *senkrecht zur Ebene der beiden Achsen.*

15*

Umgekehrt kann jede Parallelbewegung $\mathfrak{v}$ in ein Drehungspaar $\overline{\omega}_1$, $-\overline{\omega}_1$ aufgelöst oder zerlegt werden, dessen Achsenebene senkrecht zu $\mathfrak{v}$ ist, und für welches die Gl. (341): $v = \omega_1 a$ erfüllt ist. Im übrigen sind die Achsen vollständig willkürlich.

Beispiel 114. Das Hinzutreten einer Parallelbewegung $\mathfrak{v}$ zu einer Drehung $\overline{\omega}$ um eine Achse A bedeutet eine Drehung um eine Achse A' (parallel zu A) in einer Entfernung $a = v/w$ von A, die senkrecht zur Richtung der Parallelbewegung gegen A gelegen ist (Abb. 191).

Denn die Auflösung der Parallelbewegung $\mathfrak{v}$ in ein Drehungspaar kann so ausgeführt werden, daß die Winkelgeschwindigkeiten dieses Paares ω, $-\omega$ sind und ihr Abstand durch $a = v/\omega$ bestimmt ist; die Achse für $-\omega$ läßt man mit der gegebenen Achse für ω zusammenfallen, wodurch eine Drehung um die Achse A' in der bezeichneten Lage übrig bleibt.

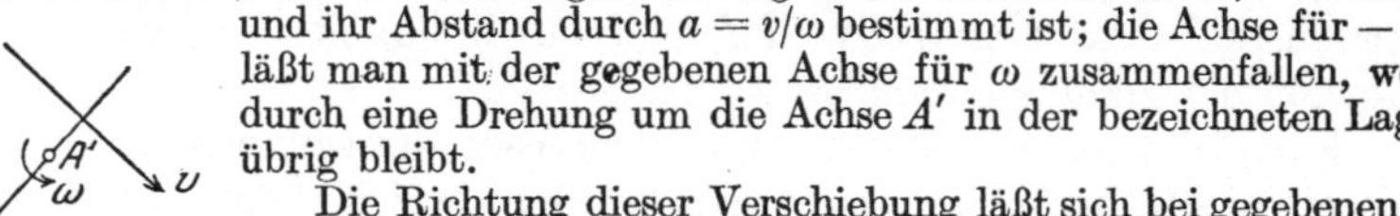

Abb. 191.

Die Richtung dieser Verschiebung läßt sich bei gegebenen v und ω leicht feststellen.

Umgekehrt kann eine Drehung $\overline{\omega}$ um die Achse A in eine Drehung vom gleichen Betrage und gleichem Sinn um eine parallel zu A liegende Achse A' verschoben oder nach einem beliebigen Punkt P hin „reduziert" werden, wenn zu $\overline{\omega}$ in der neuen Lage noch eine Parallelbewegung $\mathfrak{v}$ vom Betrage $v = \omega a$ hinzugenommen wird, worin a den Abstand von A und A' bedeutet und die Richtung von $\mathfrak{v}$ zur Ebene von A und A' senkrecht steht. Die Ausführung dieser „Reduktion" geschieht demgemäß in der Weise, daß in P zwei gleiche und entgegengesetzte Drehungen $\overline{\omega}$, $-\overline{\omega}$ um eine Achse A' parallel A angenommen und $\overline{\omega}$ um A und $-\overline{\omega}$ um A' zur Parallelbewegung $v = \omega a$ vereinigt werden.

d) Die Zusammensetzung von Drehungen um kreuzende (windschiefe) Achsen führt auf eine Schraubung. Das Verfahren zu ihrer Auffindung stimmt mit dem in **51** dargestellten überein.

Beispiel 115. Die Schraubung, die den Drehungen $\overline{\omega}_1$ und $\overline{\omega}_2$ um *zwei kreuzende Achsen* A_1 und A_2 gleichwertig ist, läßt sich unmittelbar angeben (Abb. 192). Man zeichne den kürzesten Abstand $\overline{F_1 F_2} = a$ und von einem beliebigen Punkt P das Dreieck der Winkelgeschwindigkeiten: $\overline{\omega} = \overline{\omega}_1 + \overline{\omega}_2$; dann ist

$$\omega_1 : \omega_2 : \omega = \sin \alpha_2 : \sin \alpha_1 : \sin \alpha, \quad \text{also insbesondere} \quad \omega_1 \sin \alpha_1 = \omega_2 \sin \alpha_2.$$

Ferner zerlegt man $\overline{\omega}_1 = \overline{\omega}_1' + \overline{\omega}_1''$, $\overline{\omega}_2 = \overline{\omega}_2' + \overline{\omega}_2''$, worin $\overline{\omega}_1'$ und $\overline{\omega}_2' \perp \overline{\omega}$ und $\overline{\omega}_1''$ und $\overline{\omega}_2'' \| \overline{\omega}$, so daß $\omega_1' = \omega_1 \sin \alpha_1$, $\omega_2' = \omega_2 \sin \alpha_2$, daher ist $\omega_1' = \omega_2'$; diese beiden bilden daher ein Drehungspaar, dem eine Schiebung vom Betrage $\omega_1' a$ entspricht, senkrecht zur Ebene ω_1', ω_2', d. h. parallel zu $\overline{\omega}$. Diese Schiebung hat nach Gl. (341) die Größe:

$$v = \omega_1' a = \omega_1 a \sin \alpha_1, \quad \text{und da} \quad \sin \alpha_1 = \frac{\omega_2}{\omega} \sin \alpha,$$

so folgt

$$\boxed{v = \frac{\omega_1 \omega_2}{\omega}\, a \sin \alpha.} \tag{342}$$

Die beiden anderen Teile ω_1'' und ω_2'' geben zusammengefügt nach b) eine Drehung um eine Achse $A \| \omega_1'' \| \omega_2''$ von der Größe

$$\omega = \omega_1'' + \omega_2'' = \omega_1 \cos \alpha_1 + \omega_2 \cos \alpha_2, \tag{343}$$

deren Achse den Abstand a im Verhältnis teilt [Gl. (339)]:

$$\frac{a_1}{a_2} = \frac{\omega_2''}{\omega_1''} = \frac{\omega_2 \cos \alpha_2}{\omega_1 \cos \alpha_1} = \frac{\sin \alpha_1 \cos \alpha_2}{\sin \alpha_2 \cos \alpha_1},$$

daher

$$\boxed{\frac{a_1}{a_2} = \frac{\operatorname{tg} \alpha_1}{\operatorname{tg} \alpha_2}, \quad a_1 + a_2 = a,} \tag{344}$$

Da $\bar{v}\,\|\,\bar{\omega}$, erhalten wir unmittelbar eine Schraubung, welche durch diese Gleichungen vollständig gekennzeichnet ist.

Umgekehrt kann — wieder ganz ähnlich wie in der Statik — jede Schraubung in ein „räumliches Drehungspaar" $\bar{\omega}_1$, $\bar{\omega}_2$ (d. s. zwei Drehungen um kreuzende Achsen) zerlegt werden; der Inhalt des durch die beiden Vektoren $\bar{\omega}_1$, $\bar{\omega}_2$ bestimmten Parallelepipedes hat für alle Zerlegungen dieselbe Größe (ist eine Invariante).

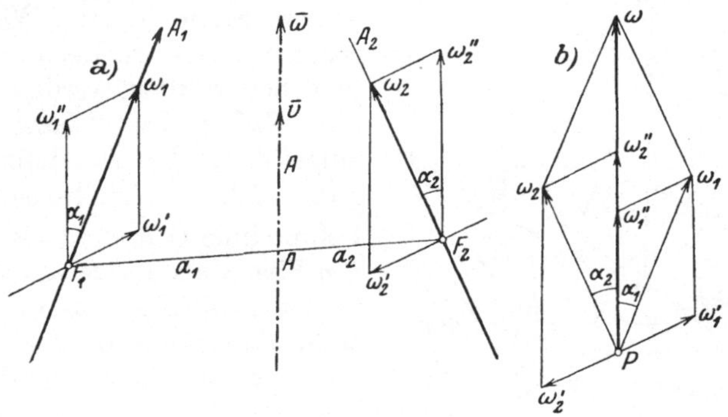

Abb. 192.

105. Zusammensetzung endlicher Drehungen um parallele Achsen.

Die vorhergehenden Entwicklungen beziehen sich nur auf die Zusammensetzung „unendlich kleiner" Drehungen, die resultierende Bewegung ist dann unabhängig von der Reihenfolge der Zusammensetzung. Bei endlichen Drehungen trifft dies nicht mehr zu. Wir beschränken uns hier auf die Zusammensetzung zweier Drehungen um die parallelen Achsen A und B mit den Drehwinkeln α und β. Es gilt der auch für die Getriebelehre wichtige Satz:

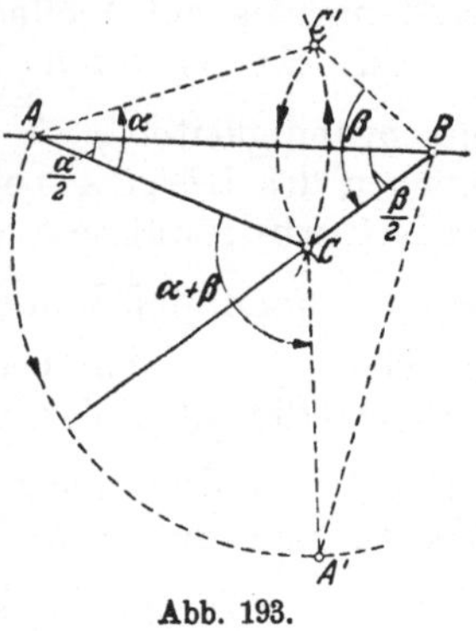

Die Zusammensetzung zweier endlicher Drehungen α um die Achse A und β um die Achse B ist eine Drehung um eine Achse C, die nach Abb. 193 gefunden wird, um den Drehwinkel $\alpha + \beta$.

Man trage an AB bei A den Winkel $\alpha/2$ im Gegensinn von α und bei β den Winkel $\beta/2$ *im* Sinne von β an; der Schnittpunkt der zweiten Schenkel der Winkel gibt die gesuchte Drehachse C.

Abb. 193.

Bei der Drehung um A durch α gelangt der Punkt C nach C' und bei der darauffolgenden Drehung um B wieder nach C zurück. Im ganzen bleibt daher C in Ruhe. — Um die Größe des Drehwinkels für die resultierende Drehung anzugeben, beachten wir, daß der Punkt A bei der Drehung um A in Ruhe bleibt, bei der Drehung um B nach A' gelangt. Der resultierende Drehwinkel um C ist daher $\alpha + \beta$.

106. Die Eulerschen Winkel und die Eulerschen kinematischen Gleichungen.

Ein um einen festen Punkt (Kugelgelenk) drehbarer starrer Körper besitzt *drei* Freiheitsgrade, zur Festlegung seiner Lage sind daher *drei* Koordinaten erforderlich. Als solche Koordinaten kann man die *Winkel* eines „körperfesten" Achsenkreuzes (O, ξ, η, ζ) gegenüber einem „raumfesten" Achsenkreuze (O, x, y, z) nehmen; dies sind *neun* Größen, zwischen denen aber *sechs* Gleichungen bestehen, so daß nur *drei* unabhängige Größen übrig bleiben.

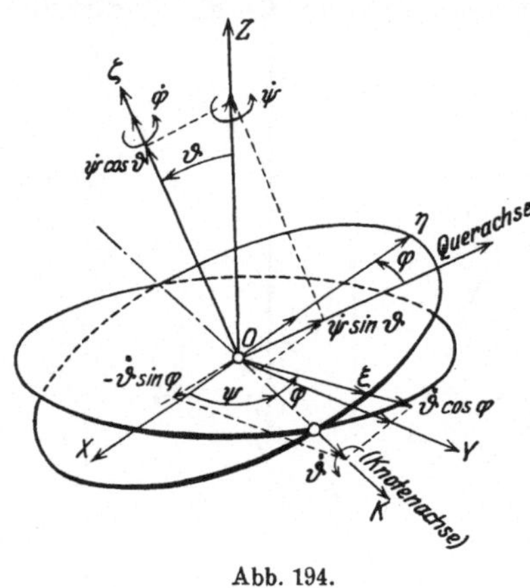

Abb. 194.

An Stelle dieser Winkel, die recht verwickelte Rechnungen verursachen würden, werden besser die sog. *Eulerschen Winkel* ψ, ϑ, φ eingeführt, die so definiert sind (Abb. 194): Wir bezeichnen die Schnittlinie $\overline{O\,K}$ der x-y- und der ξ-η-Ebene als *Knotenachse* und die in der ξ-η-Ebene zu ihr senkrecht stehende Gerade als *Querachse*. Die Eulerschen Winkel sind dann

$$\sphericalangle\,X\,O\,K = \psi, \qquad \sphericalangle\,Z\,O\,\zeta = \vartheta,$$
$$\sphericalangle\,K\,O\,\xi = \varphi.$$

Man macht sich leicht klar, wie man bei gegebenen Werten von ψ, ϑ, φ vom raumfesten Achsenkreuz (O, x, y, z) ausgehend zum körperfesten (O, ξ, η, ζ) gelangt. (Die Winkel sind nur bis auf Vielfache von 2π bestimmt.)

Um die Vektoren der diesen Winkeln entsprechenden Winkelgeschwindigkeiten $\dot{\overline{\psi}}$, $\dot{\overline{\vartheta}}$, $\dot{\overline{\varphi}}$ einzutragen, betrachten wir solche Bewegungen des Körpers, bei denen nur je *einer* von diesen Winkeln verändert wird, während die zwei anderen unverändert bleiben. Man erkennt dann, daß $\dot{\overline{\psi}}$ in der z-Achse, $\dot{\overline{\vartheta}}$ in der Knotenachse und $\dot{\overline{\varphi}}$ in der ζ-Achse liegt. Wir berechnen nun die Komponenten der Winkelgeschwindigkeit $\overline{\omega}$ des Körpers nach den Achsen ξ, η, ζ, indem wir die nach diesen Richtungen fallenden Teile von $\dot{\overline{\psi}}, \dot{\overline{\vartheta}}, \dot{\overline{\varphi}}$ zusammensetzen. Hierzu machen wir die Zerlegungen:

$$\dot{\overline{\psi}} \quad \text{in} \quad [\dot{\psi}\sin\vartheta \,\|\, \text{Querachse}, \quad \dot{\psi}\cos\vartheta \,\|\, O\,\zeta]$$

und weiter

$$\dot{\overline{\psi}} \quad \text{in} \quad [\dot{\psi}\sin\vartheta\sin\varphi \,\|\, O\xi, \quad \dot{\psi}\sin\vartheta\cos\varphi \,\|\, O\,\eta, \quad \dot{\psi}\cos\vartheta \,\|\, O\zeta],$$

$$\dot{\overline{\vartheta}} \quad \text{in} \quad [\quad \dot{\vartheta}\cos\varphi \quad \|\, O\,\xi, \quad -\dot{\vartheta}\sin\varphi \quad \|\, O\,\eta, \quad 0 \quad\quad],$$

$$\dot{\overline{\varphi}} \quad \text{in} \quad [\quad 0 \quad\quad, \quad 0 \quad\quad, \quad \dot{\varphi} \,\|\, O\zeta].$$

Sammeln wir nun die in die Richtungen ξ, η, ζ fallenden Teile, so erhalten wir die Komponenten von $\overline{\omega}$ nach diesen Richtungen, die wir mit p, q, r bezeichnen, in der Form

$$\boxed{\begin{aligned}
p &= \quad\; \dot{\vartheta}\cos\varphi + \dot{\psi}\sin\vartheta\sin\varphi, \\
q &= -\dot{\vartheta}\sin\varphi + \dot{\psi}\sin\vartheta\cos\varphi, \\
r &= \quad\quad\;\; \dot{\varphi} + \dot{\psi}\cos\vartheta,
\end{aligned}} \tag{345}$$

und dies sind die *Eulerschen kinematischen Gleichungen*, die insbesondere für die *Theorie des Kreisels* eine fundamentale Wichtigkeit besitzen.

Man beachte, daß sich p, q, r, obwohl sie Winkelgeschwindigkeiten bedeuten, *nicht* als Ableitungen von geometrisch definierten Winkeln nach t schreiben lassen; sie entsprechen sog. *nicht-holonomen Koordinaten*, denen keine anschauliche geometrische Bedeutung zukommt.

107. Die Zusammensetzung von Schraubungen (insbesondere von **Drehungen**) läßt sich nach demselben Schema durchführen wie die Zusammensetzung von Dynamen und *führt stets wieder auf eine Schraubung.*

a) Bevor wir den Vorgang auseinandersetzen können, nach dem diese Schraubung zu bestimmen ist, müssen wir noch die *Voraufgabe* lösen: die Zusammensetzung einer Drehung $\overline{\omega}$ und einer hierzu unter $(\alpha \neq \pi/2)$ geneigten Translation $\mathfrak{v}$ (Abb. 195); es ist klar, daß das Ergebnis eine Schraubung sein wird, und daß für die Aufsuchung dieser Schraubung die Beziehung verwertet wird, die nach **104**c) zwischen der Translation und dem Drehungspaar besteht. Wir zerlegen $\mathfrak{v}$ nach Abb. 195 in zwei Komponenten

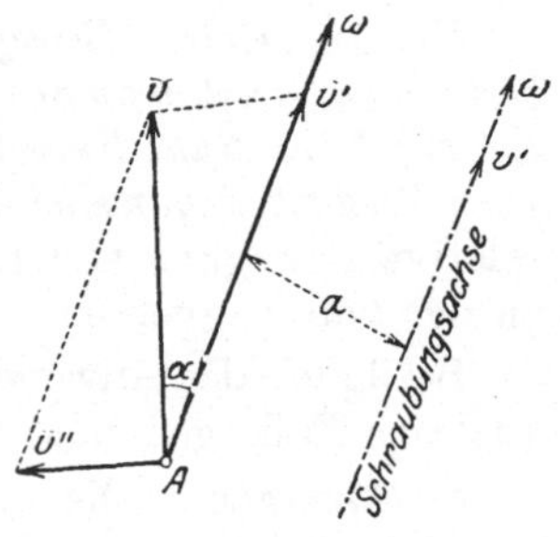

Abb. 195.

$$\mathfrak{v} = \mathfrak{v}' + \mathfrak{v}'', \quad \text{wobei} \quad \mathfrak{v}' \,\|\, \overline{\omega}, \; \mathfrak{v}'' \perp \overline{\omega}$$

ist, und lösen den zu $\overline{\omega}$ senkrechten Teil $v'' = v \sin\alpha$ in ein Drehungspaar auf, indem wir $v'' = v \sin\alpha = \omega a$ setzen und daraus $a = v''/\omega$ ausrechnen. Das Hinzutreten von $\mathfrak{v}''$ zu $\overline{\omega}$ bedeutet nach **104**c), Beispiel 114, eine Parallelverschiebung von $\overline{\omega}$ um das Stück $a = v''/\omega$ in einer durch $\overline{\omega}$ senkrecht zu $\mathfrak{v}''$ gelegten Ebene; dieses neue ω gibt mit $\mathfrak{v}'$ zusammen die gesuchte Schraubung $(\mathfrak{v}', \overline{\omega})$, wobei $v' = v \cos\alpha$ ist, die den gegebenen $\mathfrak{v}$ und $\overline{\omega}$ gleichwertig ist.

b) Die Zusammensetzung von *beliebig vielen* Schraubungen $(\mathfrak{v}_1, \overline{\omega}_1)$ um A_1, $(\mathfrak{v}_2, \overline{\omega}_2)$ um $A_2, \ldots, (\mathfrak{v}_n, \overline{\omega}_n)$ um A_n zu einer einzigen Schraubung geschieht nun in folgender Weise: Man wählt einen beliebigen Punkt P und „reduziert" *alle Drehungen* $\overline{\omega}_1 \ldots \overline{\omega}_n$ an diesen Punkt; dies geschieht dadurch, daß man nach Beispiel 114 in P je zwei gleich große und entgegengesetzte Drehungen $\overline{\omega}_i, -\overline{\omega}_i$ $(i = 1, 2, \ldots, n)$ anbringt, und jedes $\overline{\omega}_i$ um die Achse A_i ersetzt durch eine Drehung $\overline{\omega}_i$ um A_i' (parallel zu A_i) durch P und eine Translation (d. i. ein Drehungspaar) $\mathfrak{w}_i = \overline{\omega}_i \times \mathfrak{a}_i$, wobei $\mathfrak{a}_i$ der Abstand der beiden Achsen A_i und A_i' ist. Da alle Drehungen jetzt den gemeinsamen Punkt P besitzen, bildet man nach **104**a) und der eben besprochenen Voraufgabe a)

$$\sum_{i=1}^{n} \overline{\omega}_i = \overline{\omega}, \quad \sum_{i=1}^{n} \mathfrak{v}_i + \sum_{i=1}^{n} \mathfrak{w}_i = \mathfrak{v} = \mathfrak{v}' + \mathfrak{v}'', \quad \text{wobei} \quad \mathfrak{v}' \,\|\, \overline{\omega}, \; \mathfrak{v}'' \perp \overline{\omega}.$$

Aus $\overline{\omega}, \mathfrak{v}'$ und $\mathfrak{v}''$ kann dann (wie zuvor in a) die gesuchte Schraubung gefunden werden, die den gegebenen Schraubungen gleichwertig ist.

Alle diese Verfahren verlaufen, wie bereits hervorgehoben, in vollständiger Analogie mit den in der Raumstatik gefundenen Konstruktionen.

108. Die relative Bewegung von Körpern wollen wir nur hinsichtlich ihres Geschwindigkeitszustandes betrachten und dabei voraussetzen, daß die Körper jene einfachen Bewegungen ausführen, die bei der Übertragung durch *Zahnräder* verschiedener Art vorkommen.

Da an der relativen Bewegung der Körper gegeneinander nichts geändert wird, wenn man dem aus *beiden* Körpern bestehenden System irgendeine Zusatzbewegung erteilt, so erkennt man unmittelbar die Richtigkeit des folgenden *Satzes*, von dem wir übrigens schon früher Gebrauch machten:

Um die relative Bewegung eines Körpers 2 gegen einen anderen 1 zu bestimmen, erteilt man b e i d e n Körpern eine solche Zusatzbewegung, zufolge welcher 1 zur Ruhe kommt; die Summe aus der Eigenbewegung von 2 und jener Zusatzbewegung ist dann die relative Bewegung von 2 gegen 1. Die relative Bewegung von 1 gegen 2 ist offenbar die umgekehrte (inverse) zu der von 2 gegen 1.

Bezüglich der Anwendung dieser Regel seien hier folgende technisch wichtige Fälle genannt:

a) *Stirnräder.* Die beiden Körper 1 und 2 führen Drehungen um parallele Achsen A_1 und A_2 mit den Winkelgeschwindigkeiten ω_1 und ω_2 aus. Nach dem eben ausgesprochenen Satz ist die relative Bewegung von 2 gegen 1 die Summe aus $\overline{\omega}_2$ um A_2 und $-\overline{\omega}_1$ um A_1; sie ist nach **104**b) eine Drehung um eine Achse A, die in der Ebene A_1, A_2 liegt und deren Abstand a im Verhältnis teilt

$$a_1 : a_2 = \omega_2 : \omega_1.$$

Wenn ω_1 und ω_2 *entgegengesetztes* Vorzeichen haben, so liegt A zwischen A_1 und A_2, sonst außerhalb, auf der Seite der größeren Winkelgeschwindigkeit; die relative Winkelgeschwindigkeit hat im ersten Fall den Betrag $\omega_\varrho = \omega_2 + \omega_1$, im zweiten $\omega_2 - \omega_1$ (Abb. 196).

Um eine dauernde *Übertragung* der Bewegung von A_1 auf A_2 mit gleichbleibendem Werte des *Übersetzungsverhältnisses*

$$\varepsilon = \omega_1/\omega_2 = n_1/n_2 = a_2/a_1 = d_2/d_1 \tag{346}$$

(n_1, n_2 sind die Drehzahlen der Räder um A_1 und A_2) zu erhalten, hat man die beiden Körper so zu verbinden, daß die Achse A der Relativdrehung stets an derselben Stelle bleibt, daß also die Achsenflächen *Kreiszylinder* um A_1, A_2 als Achsen sind. Um diese Übertragung zwangläufig zu gestalten, wird eine *Verzahnung* längs dieser Achsenflächen angeordnet, deren ebene Schnitte die *Teilkreise* heißen. Wenn ω_1 und ω_2 verschiedenen Sinn haben, entsteht eine *Außen*-, haben sie denselben Sinn, eine *Innenverzahnung*.

Die *Zahnteilung* τ cm wird vorteilhaft in der Form angesetzt

$$\tau = \nu\pi, \quad \text{wobei} \quad \nu = \tfrac{1}{2},\ \tfrac{1}{3},\ \ldots,\ 1,\ 2,\ 3\ldots \text{cm},$$

also v (in cm) einen echten Bruch oder eine ganze Zahl bedeutet, der als *Modul* der Zahnteilung bezeichnet wird. Daraus folgt mit $d_1\pi = \tau z = v_1\pi z_1$, $d_1 = v z_1$, $d_2 = v z_2$, und es ist auch

$$\varepsilon = d_2/d_1 = z_2/z_1. \tag{347}$$

Beispiel 116. Lage der relativen Drehpole dreier Scheiben. Betrachtet man in Abb. 196 die feste Ebene als Scheibe 3, so ist in leicht verständlicher Bezeichnungsweise $A_1 \equiv (1, 3) \equiv (3, 1)$ der Drehpol von 1 gegen 3; ebenso $A_2 \equiv (2, 3)$, und $A \equiv (1, 2)$, und wir haben in der Lage dieser drei Pole den Sonderfall eines allgemeinen *Satzes* gewonnen, der in der Theorie der kinematischen Ketten und Getriebe (wie auch in der kinematischen Theorie der Fachwerke) häufig verwendet wird:

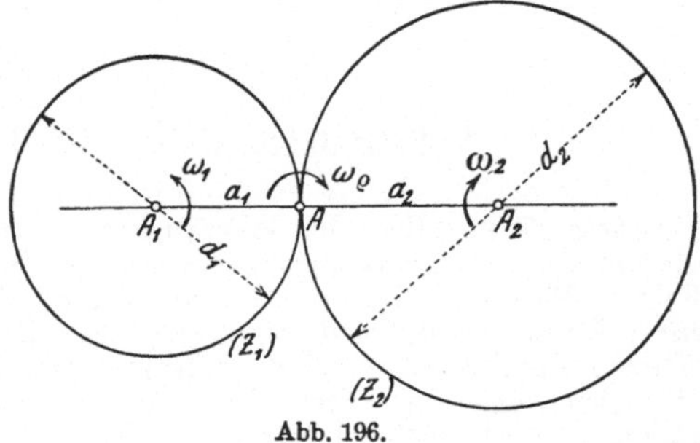

Abb. 196.

Die relativen Drehpole (2, 3), (3, 1), (1, 2) dreier bewegter Scheiben liegen stets in einer Geraden (kollineare Lage der relativen Drehpole dreier Scheiben).

b) *Kegelräder.* Dieselben Betrachtungen, auf die Relativbewegung zweier Körper, die sich um *schneidende* Achsen drehen, angewendet, führen nach **104**a) auf ganz ähnliche Aussagen für die *Kegelräder*, in denen alle Begriffe wiederkehren, die wir eben genannt haben; die Achsenflächen werden für ein gleichbleibendes Übersetzungsverhältnis *Kreiskegel*, und auf Stücken von diesen wird die Verzahnung angeordnet.

c) *Hyperbelräder.* Die relative Bewegung von zwei Drehungen um kreuzende Achsen bei konstantem Übersetzungsverhältnis $\varepsilon = \omega_1/\omega_2$ führt auf *Hyperbelräder*; die relative Bewegung ist eine Schraubenbewegung, deren Achse A, Schiebungsgeschwindigkeit v und Drehungsgeschwindigkeit ω nach **104**, Beispiel 115 gefunden werden; bei $\varepsilon = $ konst. sind sowohl a_1, a_2, wie auch v und ω konstante Größen und die Achsenflächen sind *einschalige Drehhyperboloide*, die mit konstanten Werten von v und ω aufeinander *abschroten;* die Begrenzungen der Zähne (die „Zahnflanken") bestehen aus Stücken von Schraubenflächen.

Vierter Teil

Dynamik der starren Körper.

Dieser Teil enthält im wesentlichen eine Vereinigung der vorangehenden: die Untersuchung der Bewegung starrer Körper mit Rücksicht auf die einwirkenden Kräfte. Nach einer kurzen Erklärung der Begriffe *Arbeit, Leistung, Wucht (kinetische Energie)* und *Trägheitsmoment* folgen Erläuterungen über die wichtigsten *Prinzipe der Mechanik* und deren Anwendung für die Formulierung und Lösung einfacher Aufgaben, wobei wieder der *ebenen Bewegung* besondere Bedeutung zukommt. Den Schluß bilden die wichtigsten Ansätze aus der Lehre vom *Stoß* und Bemerkungen über *mechanische Ähnlichkeit.*

I. Arbeit, Leistung, Wucht.

109. Arbeit. Wird in dem durch Gl. (18) gegebenen „inneren Produkt" für den Vektor $\Re$ eine Kraft $\Re\,(X, Y, Z)$ und für $\mathfrak{s}$ ein Wegelement $d\mathfrak{s}\,(dx, dy, dz)$ gewählt und wird wie dort $\not\subset (\Re, ds) = \vartheta$ gesetzt, so erhält man die als *mechanische Arbeit* oder kurz *Arbeit* $d\mathsf{A}$ von $\Re$ längs $d\mathfrak{s}$ bezeichnete skalare Größe

$$\boxed{d\mathsf{A} = \Re\,d\mathfrak{s} = K\,ds\cos\vartheta = X\,dx + Y\,dy + Z\,dz.} \tag{348}$$

$d\mathsf{A}$ ist also durch das Produkt von K mit dem Wege in der Kraftrichtung $ds\cos\vartheta$, oder von ds mit der Kraft in der Wegrichtung $K\cos\vartheta$ gegeben; daher ist $d\mathsf{A} = 0$, wenn $K = 0$, oder wenn $ds = 0$, oder endlich, wenn $\not\subset \vartheta = \pi/2$, die Kraft also auf der Wegrichtung senkrecht steht. Auf Grund dieser Gleichung wird eine Arbeit als positiv bezeichnet, wenn $\not\subset \vartheta < 90°$, und als negativ, wenn $\not\subset \vartheta > 90°$ ist.

Hierbei bemerken wir, daß der Arbeitsbegriff in der Mechanik keineswegs mit dem „physiologischen" Arbeitsbegriff übereinstimmt, den wir in der Sprache des täglichen Lebens benützen. In der Mechanik ist zur Verschiebung eines Gewichtes in waagrechter Richtung die Arbeit Null erforderlich, was wir z. B. für die mit dem Tragen einer Last auf waagrechter Straße verbundene „Muskelarbeit" keineswegs behaupten können.

Unter der *Arbeit einer Kraft $\Re$ längs eines endlichen Weges, oder längs einer Kurve c* versteht man das längs c erstreckte bestimmte Integral

$$\mathsf{A} = \int\limits_{(c)} K\cos\vartheta\,ds = \int\limits_{(c)} (X\,dx + Y\,dy + Z\,dz). \tag{349}$$

Da die Arbeit eine *skalare* Größe ist, addieren sich die Teilarbeiten längs der einzelnen Wegelemente wie richtungslose Größen.

Das Integral ist nur dann eine reine Funktion des Ortes, wenn es vom Wege unabhängig, oder $d\mathsf{A}$ ein vollständiges Differential ist, d. h. wenn

$$X = \frac{\partial \mathsf{A}}{\partial x}, \quad Y = \frac{\partial \mathsf{A}}{\partial y}, \quad Z = \frac{\partial \mathsf{A}}{\partial z}. \tag{350}$$

Wir sehen daraus: damit eine *Arbeitsfunktion* oder ein *Potential* A existiert, ist notwendig und hinreichend, daß die Komponenten X, Y, Z der gegebenen Kraft als Funktionen der Koordinaten x, y, z die folgenden Gleichungen erfüllen

$$\frac{\partial Y}{\partial z} = \frac{\partial Z}{\partial y}, \quad \frac{\partial Z}{\partial x} = \frac{\partial X}{\partial z}, \quad \frac{\partial X}{\partial y} = \frac{\partial Y}{\partial x}. \tag{351}$$

Die Funktion $-\mathsf{A} = \mathsf{U}$ nennt man auch die *potentielle Energie* und schreibt auch $X = -\partial \mathsf{U}/\partial x$, usw., A und U werden meistens nur bis auf eine willkürliche Konstante bestimmt angesehen, indem dann das in Gl. (349) enthaltene Integral unbestimmt gelassen wird; diese Konstante wird dann durch Anfangsbedingungen bestimmt. Kräfte, deren Komponenten X, Y, Z die Gln. (351) erfüllen, nennt man aus einem bald auftauchenden Grunde *konservative* (oder energieerhaltende) *Kräfte* (**112**). Das wichtigste Beispiel für diese besondere Art bietet der Fall konstanter Kräfte, wozu auch die Kraft in dem als homogen angenommenen Schwerefeld in der Nähe eines bestimmten Punktes der Erdkruste gehört. Wird die positive z-Achse lotrecht *nach aufwärts* genommen, so ist $X = 0$, $Y = 0$, $Z = -m\,g$, daher $\mathsf{A} = -m\,g\,z$ und

$$\mathsf{U} = -\mathsf{A} = m\,g\,z. \tag{352}$$

So wie von der Arbeit einer Kraft gesprochen wird, wenn eine Verschiebung ihres Angriffspunktes (der übrigens willkürlich auf der Wirkungslinie gewählt werden kann) auftritt, so erhalten wir als *Arbeit* $d\mathsf{A}$ *eines Drehmomentes* M bei einer Winkeldrehung $d\varphi$ des Körpers, auf den es wirkt, den Ausdruck

$$d\mathsf{A} = M\,d\varphi,$$

und bei der Drehung von φ_0 bis φ

$$\mathsf{A} = \int_{\varphi_0}^{\varphi} M\,d\varphi. \tag{353}$$

Man braucht hier nur M in ein Kräftepaar aufzulösen, also $M = K\,a$ zu setzen, und eine von den beiden Kräften durch den Drehpol gehen zu lassen, so folgt für die Arbeit der anderen bei der Drehung um $d\varphi$ und Addition der eben angegebene Ausdruck.

Wird für irgendeine Bewegung die in die Wegrichtung fallende Komponente der Kraft als Funktion des Weges in einer *Kraft-Weg-Linie* aufgetragen, so wird nach Gl. (349) die Arbeit zwischen zwei Punkten durch die Fläche dieser Kurve zwischen den betreffenden

Ordinaten und der Weg-Achse gegeben; ebenso bedeutet nach Gl. (353) die Fläche der *Moment-Drehwinkel-Linie* die von dem Momente M geleistete Arbeit.

Die Dimension von A und U ist gemäß der Definition [KL], ihre Einheit im technischen Maßsystem 1 kgm (Kilogrammeter oder Meterkilogramm). Die Dimension ist die gleiche wie die eines Momentes M, beide sind aber Dinge verschiedener Art, da M ein Vektor und A ein Skalar ist.

Beispiel 117. Für die anziehende Zentralkraft von der Größe $K = m\dfrac{\lambda}{r^2}$ ist die Arbeit dA längs ds (Abb. 197), da $\cos\vartheta = -\,dr/ds$,

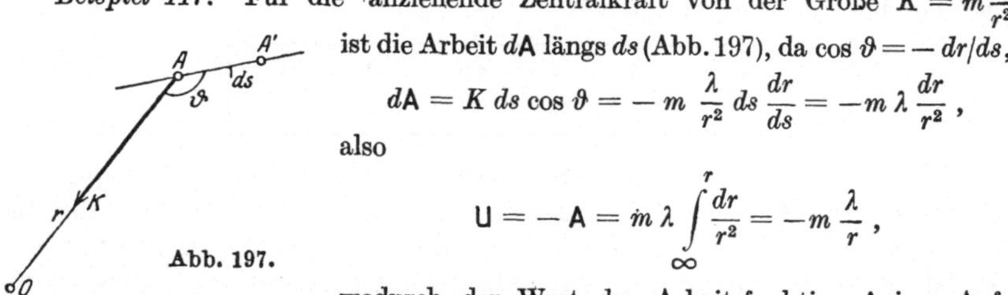

$$dA = K\,ds\cos\vartheta = -\,m\,\frac{\lambda}{r^2}\,ds\,\frac{dr}{ds} = -\,m\,\lambda\,\frac{dr}{r^2}\,,$$

also

$$U = -\,A = m\,\lambda\int_{\infty}^{r}\frac{dr}{r^2} = -\,m\,\frac{\lambda}{r}\,,$$

Abb. 197.

wodurch der Wert der Arbeitsfunktion A im „Aufpunkte" A auch als jene Arbeit definiert ist, die von der Kraft $\mathfrak{K}$ auf einem beliebigen Wege geleistet wird, der vom Unendlichen (wo der Wert von A Null ist) nach A führt.

Beispiel 118. Die Arbeit einer konstanten Tangentialkraft K längs des Umfanges eines Kreises vom Halbmesser r ist $A = K\,2\,r\,\pi$.

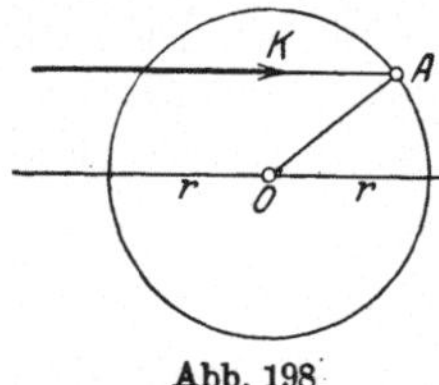

Wirkt dagegen die Kraft parallel zu einem Durchmesser, und zwar stets in der Bewegungsrichtung des Kolbens, welche Anordnung einem Kurbelgetriebe mit unendlich langer Schubstange entspricht (Abb. 198), so ist (für $K = $ konst) die Arbeit beim Hingang $K\,2\,r$ und beim Rückgang ebenso groß, daher zusammen $A_1 = K\,4\,r$. Es ist mithin bei gleichem Werte von K

Abb. 198.

$$A : A_1 = 2\pi : 4 = \pi : 2.$$

110. Leistung. Wirkungsgrad. Dem Begriff der Arbeit fehlt jede Bezugnahme auf die Zeit und damit auch ein wichtiges Merkmal für die *wirtschaftliche* Bewertung. Wir erhalten die in dieser Hinsicht notwendige Ergänzung, wenn wir nicht nach der Arbeit schlechthin, sondern nach der *Arbeit in 1 sec* fragen. *Die Arbeit einer Kraft in der Zeiteinheit nennt man die Leistung E der Kraft.* Wenn zum Durchlaufen der Strecke ds die Zeit dt erforderlich ist, dann ist die in 1 sec geleistete Arbeit

(354)

$$E = \frac{dA}{dt} = \mathfrak{K}\,\mathfrak{v} = K\,v\cos\vartheta = X\,v_x + Y\,v_y + Z\,v_z = X\dot{x} + Y\dot{y} + Z\dot{z}\,.$$

Für eine Verschiebung in der Kraftrichtung mit der Geschwindigkeit v ist die Leistung einfach $E = K\,v$.

Ebenso verstehen wir unter *Leistung eines Drehmomentes* die auf 1 sec bezogene Arbeit; da nach Gl. (235) $\dot{\varphi} = \omega = \pi\,n/30$ ist, so folgt

$$E = \frac{dA}{dt} = M\,\dot{\varphi} = M\,\omega = M\,\frac{\pi\,n}{30}\,;$$

(355)

diese Gleichung dient auch umgekehrt zur Definition des Drehmomentes irgendeiner Maschine mit rotierenden Teilen bei bekanntem E und n.

Die Dimension der Leistung ist $[KLT^{-1}]$, ihre Einheit $1\,\text{kgm/sec}$; in der Technik ist es üblich, das 75fache dieser Leistung als Einheit zu nehmen und diese als eine *Pferdestärke*: 1 PS zu bezeichnen, so daß:

$$\boxed{1\ \text{PS} = 75\ \text{kgm/sec.}} \tag{356}$$

Zwischen E (Leistung in kgm/sec) und N (dieselbe Leistung in PS) besteht daher die Beziehung

$$\boxed{E = 75\,N.} \tag{357}$$

In der Elektrotechnik wird sämtlichen Maßen das physikalische Maßsystem zugrunde gelegt, das auf der Wahl der *Masseneinheit* als der dritten Grundeinheit beruht (5). Die Arbeitseinheit, die sich dabei ergibt, ist 1 Watt und es ist

$$1\ \text{PS} = 736\ \text{Watt.}$$

Beispiel 119. Leistung einer Kolbenmaschine in PS. Gegeben sei der „Kolbendurchmesser" D in cm, der „Hub" $2r$ in m, die „Drehzahl" n in 1 min, die „Anzahl der Zylinder" z und der „Mitteldruck" p_m in kg/cm² (1 kg/cm² $\doteq$ 1 at).

a) Im Zylinder einer doppeltwirkenden *Dampfmaschine* bleibt der Dampfdruck p kg/cm² längs des Hubes nicht konstant, sondern verläuft (aus wirtschaftlichen und betriebstechnischen Gründen) für jeden Hub etwa nach Abb. 199, wobei die obere Linie der Einströmung und Ausdehnung (Expansion) des Dampfes auf der einen, die untere der gleichzeitig auf der anderen Kolbenseite stattfindenden Ausströmung und Verdichtung entspricht. Die Fläche f dieses „Indikatordiagramms", wie die Kraft-Weg-Linie für 1 cm² Kolbenfläche bei Kolbenmaschinen bezeichnet wird, bedeutet die Arbeit des Dampfdruckes bei *einem* Hub für 1 cm² Kolbenfläche, und zwar ist $f = f_1 - f_2$, da f_2 nicht nützlich *geleistet*, sondern *verbraucht* wird. Als *Mitteldruck* bezeichnet man die Größe $p_m = f/2r$, d. h. p_m ist jener ideelle Druck, der, längs des ganzen Kolbenhubes mit gleichbleibender Stärke wirkend, dieselbe Arbeit für 1 cm² Kolbenfläche ergeben würde, wie der tatsächlich veränderlich verlaufende Druck. (Für Dampfmaschinen liegt in der Regel p_m zwischen 2 und 6 kg/cm².) Daher ist die mittlere Kolbenkraft in kg

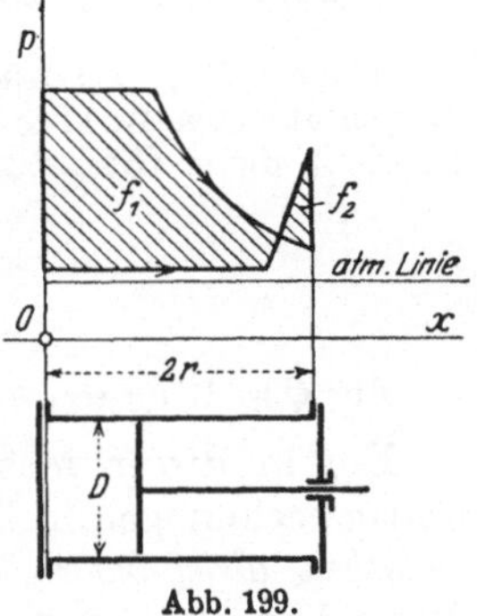

Abb. 199.

$$K_m = \frac{\pi D^2}{4}\,p_m$$

und die Arbeit in kgm in 1 min ist

$$2K_m\,2r\,n;$$

somit ist (da $60 \cdot 75 = 4500$) die Arbeit in 1 sec, d. i. die *Leistung* in PS für einen Zylinder der

doppeltwirkenden Dampfmaschine:

$$\boxed{N\ (\text{PS}) = \frac{1}{4500}\,\frac{\pi D^2}{4}\,p_m\,4\,r\,n.} \tag{358}$$

Das mittlere Drehmoment der Maschine folgt aus Gl. (355), da $E = 75\,N$,

$$\boxed{M = \frac{30\,E}{\pi\,n} = \frac{30 \cdot 75}{\pi}\,\frac{N}{n} = 716{,}2\,\frac{N}{n}} \tag{359}$$

und daraus umgekehrt

$$\mathsf{N}\,(\mathrm{PS}) = \frac{\pi}{30\cdot 75}\,M\,n = 0{,}0014\,M\,n. \tag{360}$$

Für eine Einzylindermaschine mit $D = 40\,\mathrm{cm}$, $2r = 0{,}6\,\mathrm{m}$, $n = 200\,\mathrm{U/min}$, $p_m = 3$ at wird $\mathsf{N} = 201\,\mathrm{PS}$ und $M = 719{,}5\,\mathrm{kgm}$.

b) Für einen *Verbrennungsmotor*, der einfach und im *Viertakt* wirkt (d. h. es erfolgt in 2 Umdrehungen nur ein „Arbeitshub"), ist der rechtsstehende Ausdruck in Gl. (358) durch 4 zu dividieren; der auf einen Hub eines Taktes bezogene Mitteldruck p_m beträgt für Benzinmotoren etwa 5 bis 8 at. Wir erhalten daher für z Zylinder beim

einfachwirkenden
Viertaktmotor:
$$\mathsf{N}\,(\mathrm{PS}) = \frac{1}{9000}\,\frac{\pi\,D^2}{4}\,\pi_m\,2r\,n\,z. \tag{361}$$

Für einen 6-Zylinder-Daimler-Flugmotor mit $D = 14\,\mathrm{cm}$, $2\,r = 0{,}18\,\mathrm{m}$, $n = 1400\,\mathrm{U/min}$, $p_m = 7$ at folgt $\mathsf{N} = 181\,\mathrm{PS}$, $M = 92{,}6\,\mathrm{kgm}$.

Beispiel 120. Leistung einer einfachwirkenden Kolbenpumpe. Sei $Q\,\mathrm{l}$ (Liter) der Inhalt des Pumpenzylinders, also $Q\,\mathrm{kg}$ das geförderte Gewicht für 1 Hub, $h\,\mathrm{m}$ die Förderhöhe und n die Drehzahl der die Pumpe antreibenden Welle in 1 min, so ist die Leistung bei der

einfachwirkenden
Kolbenpumpe:
$$\mathsf{N}\,(\mathrm{PS}) = \frac{Q\,h\,n}{4500}. \tag{362}$$

Für $Q = 15\,\mathrm{l}$, $h = 20\,\mathrm{m}$, $n = 24\,\mathrm{U/min}$ folgt $N = 1{,}6\,\mathrm{PS}$.

Beispiel 121. Leistung der Gefällstufe eines Flußlaufes. Wenn $Q\,\mathrm{m^3/sec}$ die Durchflußmenge in 1 sec (der „Durchfluß"), h die Höhe der Gefällstufe in m, so ist die in dieser Gefällstufe verfügbare Leistung vom Betrage

$$\mathsf{N}\,(\mathrm{PS}) = \frac{1000\,Q\,h}{75}. \tag{363}$$

Für $Q = 10\,\mathrm{m^3/sec}$, $h = 3\,\mathrm{m}$ ist $\mathsf{N} = 400\,\mathrm{PS}$.

Die in dieser Maschine auftretenden *Verluste* werden für Überschlagsrechnungen in ihrer Gesamtheit durch Angabe des *Verhältnisses zwischen abgegebener und zugeführter Leistung* in Rechnung gestellt: dieses Verhältnis nennt man den *Wirkungsgrad* η. Die Angabe $\eta = 0{,}8$ (oder 80 vH) bedeutet also z. B., daß von je 100 PS der Maschine zugeführter Leistung 80 PS nutzbar abgegeben werden, der Rest ist durch die Widerstände (Reibung, Luftwiderstand) für die mechanische Verwertung verloren, d. h. in Wärme übergegangen.

Beispiel 122. Durch eine Pumpe soll in 1 Stunde die Wassermenge von 42 m³ auf 15 m Höhe gehoben werden. Welche Leistung muß die Pumpe haben, wenn der *Wirkungsgrad* der Anlage $\eta = 80$ v. H. beträgt?
Es ist
$$Q = 42\,\mathrm{m^3/h}, \qquad H = 15\,\mathrm{m}$$
und die erforderliche Leistung
$$N = \frac{1000\cdot Q\,H}{3600\cdot 75\cdot\eta} = \frac{Q\,H}{270\cdot\eta} = \frac{42\cdot 15}{270\cdot 0{,}8} = 2{,}92\,\mathrm{PS}.$$

Beispiel 123. Ein Kran soll 20 t in 3 min $= 3\cdot 60$ sec auf 6 m Höhe heben; wie groß ist (ohne Rücksicht auf An- und Auslauf) die Leistung N des Antriebsmotors in PS, wenn der Wirkungsgrad $\eta = 0{,}75$ beträgt?

Die abgegebene Leistung ist

$$\frac{20\,000 \cdot 6}{3 \cdot 60 \cdot 75} = \frac{667}{75} = 8{,}9\ \text{PS}$$

und die vom Antriebsmotor zuzuführende daher

$$\mathsf{N} = \frac{8{,}9}{0{,}75} = 11{,}9\ \text{PS.}$$

Beispiel 124. Abbremsen der Motoren. Um die Leistung einer fertigen Maschine zu messen, verwendet man sog. *Dynamometer,* von denen das einfachste und bekannteste der *Pronysche Zaum* ist (Abb. 200), mittels welchem das Drehmoment des Motors direkt *abgewogen* werden kann. Auf die Motorwelle wird eine Bremsscheibe aufgesetzt, auf welche die Bremsklötze P einer Backenbremse durch Anziehen oder Nachlassen der Schrauben S in geeigneter Weise angepreßt werden können. Das Drehmoment ist durch das Produkt aus dem aufgelegten

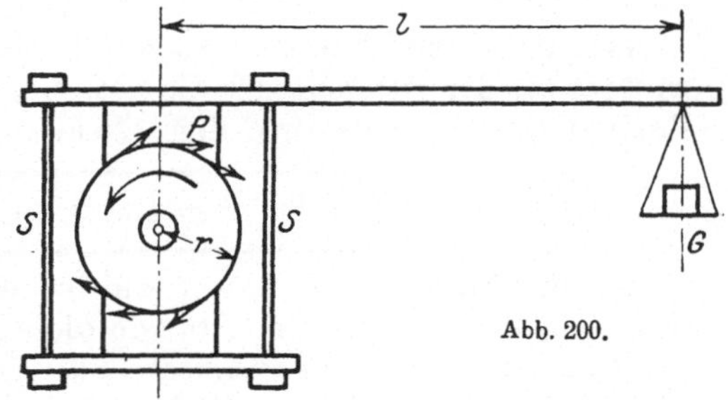

Abb. 200.

Gewicht G, das für Gleichgewicht der Bremse auf der Waagschale anzubringen ist, und dem Abstand l der Waagschale von der Wellenmitte gegeben

$$M = G\,l, \tag{364}$$

denn dieses ist gleich dem durch Reibung von der Bremsscheibe auf der Bremse übertragenen Drehmoment. (Die Bremswirkung wird für sich „ausgeglichen".)

Die *Drehzahl n* wird auf einem *Drehzeiger* abgelesen; die gesuchte Motorleistung ist dann nach Gl. (360)

$$\boxed{\mathsf{N}\ (\text{PS}) = 0{,}0014\ G\,l\,n.} \tag{365}$$

Für $G = 180\ \text{kg}$, $l = 1{,}5\ \text{m}$, $n = 95\ \text{U/min}$ folgt:

$$M = G\,l = 270\ \text{kgm},$$
$$\mathsf{N} = 0{,}0014\ M\,n = 35{,}8\ \text{PS.}$$

Bei kleineren Motoren, z. B. Automobil- und Flugzeugmotoren, ist es noch einfacher, das Drehmoment dadurch zu messen, daß das Gehäuse des Motors in einem *Pendelrahmen* befestigt wird, der um eine waagrechte Achse drehbar aufgehängt wird (Abb. 201). Das Gewicht des Motors samt Luftschraube wird — bei ruhendem Motor — durch ein „Gegengewicht" ausgeglichen, so daß sich der ganze pendelnde Teil im indifferenten

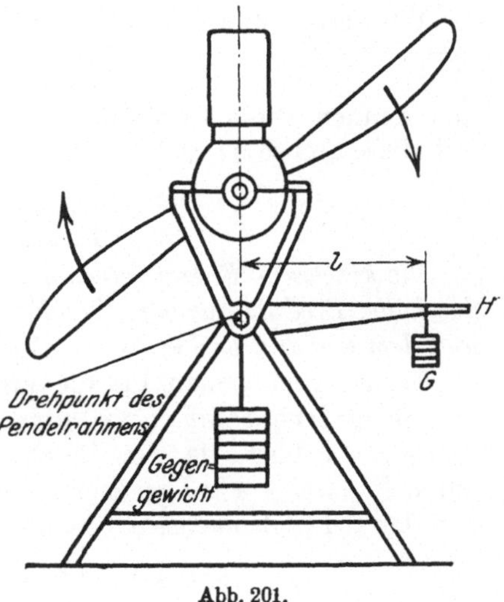

Abb. 201.

Gleichgewichte befindet. Mit dem Pendelrahmen ist ein Hebel H starr verbunden, längs welchem das Laufgewicht G verschoben werden kann.

Das auf die Luftschraube abgegebene Drehmoment wird auch hier durch das Produkt aus dem Gewicht G und dessen Abstand l von der Drehachse angegeben. die Leistung somit ebenfalls durch Gl. (365).

Beispiel 125. Die Leistung zur Überwindung eines von der Geschwindigkeit abhängigen Widerstandes. Der Widerstand bei der Bewegung eines Körpers im widerstehenden Mittel in Abhängigkeit von der Geschwindigkeit kann in der Form angesetzt werden:

$$W = c\,\varrho\,F\,v^2, \tag{366}$$

wobei C der Beiwert des Widerstandes, ϱ die Dichte und F die Fläche des Querspants (Ansichtsfläche senkrecht zur Bewegungsrichtung) ist. Die Leistung ist daher

$$E = W\,v = c\,\varrho\,F\,v^3 \tag{366'}$$

und wächst mit der dritten Potenz von v. Daher rührt die starke Erhöhung der Motorenstärke bei Vergrößerung der Fluggeschwindigkeit.

111. Kinetische Energie, *Wucht* oder *lebendige Kraft* eines Massenpunktes m, der sich mit der Geschwindigkeit b bewegt, ist das halbe Produkt aus der Masse und dem Quadrat der Geschwindigkeit

$$\mathsf{T} = \tfrac{1}{2}m\,v^2 = \tfrac{1}{2}m\,(\dot{x}^2 + \dot{y}^2 + \dot{z}^2); \tag{367}$$

sie ist ein *Skalar* wie die Arbeit und hat dieselbe Dimension wie diese, [KL], ist also von gleicher Art wie diese.

Daraus folgt, daß die *kinetische Energie eines ausgedehnten Körpers*, der sich um eine Achse a mit der Winkelgeschwindigkeit ω dreht, gegeben ist durch die Summe der über alle Massenteile des Körpers erstreckten kinetischen Energien, für die weiterhin das Zeichen S verwendet wird; sie ist also, da $v = r\,\omega$ die Geschwindigkeit des Teilchens m im Abstande r von der Drehachse a ist,

$$\mathsf{T} = \tfrac{1}{2}\,S\,m\,v^2 = \tfrac{1}{2}\,S\,m\,r^2\,\omega^2 = \tfrac{1}{2}\,\omega^2\,S\,m\,r^2.$$

Wir setzen nun

$$S\,m\,r^2 = J_a, \tag{368}$$

und nennen diese Größe das *Trägheitsmoment* des Körpers in bezug auf diese Achse a; es ist also

$$\mathsf{T} = \tfrac{1}{2}J_a\,\omega^2. \tag{369}$$

Die kinetische Energie eines um eine Achse sich drehenden Körpers ist das halbe Produkt aus dem Trägheitsmoment des Körpers um diese Achse und dem Quadrat der Winkelgeschwindigkeit um sie.

Ebenso erhält man für die kinetische Energie eines *Körpers, der eine Schraubenbewegung* (v, ω) um eine durch den Schwerpunkt gehende Achse a ausführt, da die Geschwindigkeit eines Körperelementes m durch $V^2 = v^2 + r^2\,\omega^2$ gegeben ist, wenn r den Abstand des Elementes m von der Schraubenachse a bedeutet,

$$\mathsf{T} = \tfrac{1}{2}\,S\,m\,V^2 = \tfrac{1}{2}\,S\,m\,(v^2 + r^2\,\omega^2),$$

und wenn die ganze Masse des Körpers $S\,m = \mathsf{M}$ gesetzt wird, und wieder $J = S\,m\,r^2$ das Trägheitsmoment des Körpers um die Schraubenachse a bezeichnet, so folgt

$$\mathsf{T} = \tfrac{1}{2}\,\mathsf{M}\,v^2 + \tfrac{1}{2}J_a\,\omega^2. \tag{370}$$

112. Der Energiesatz für den einzelnen Massenpunkt stellt ein wichtiges *Integral* der Bewegungsgleichungen dar und ist uns schon in einigen Sonderfällen begegnet. Man erhält ihn allgemein durch folgenden Vorgang: die Bewegungsgleichung eines freien Punktes von der Masse m unter der Einwirkung einer Kraft $\Re\,(X,\,Y,\,Z)$ lautet: $m\,\mathfrak{b} = \Re$, oder in Komponenten angeschrieben

$$m\,\ddot{x} = X, \quad m\,\ddot{y} = Y, \quad m\,\ddot{z} = Z. \tag{371}$$

Multiplizieren wir diese Gleichungen mit $\dot{x}$, $\dot{y}$, $\dot{z}$ und addieren sie, so folgt

$$m\,(\dot{x}\,\ddot{x} + \dot{y}\,\ddot{y} + \dot{z}\,\ddot{z}) = X\,\dot{x} + Y\,\dot{y} + Z\,\dot{z}\,;$$

mit Benutzung von Gl. (367) und (354) kann diese Gleichung auch so geschrieben werden:

$$\frac{1}{2}\,m\,\frac{d}{dt}\,(\dot{x}^2 + \dot{y}^2 + \dot{z}^2) = \frac{d\mathsf{T}}{dt} = \frac{d\mathsf{A}}{dt} = -\frac{d\mathsf{U}}{dt},$$

d. h. es ist

$$\frac{d\mathsf{T}}{dt} + \frac{d\mathsf{U}}{dt} = 0 \quad \text{und integriert} \quad \boxed{\mathsf{T} + \mathsf{U} = h,} \tag{372}$$

worin h eine Integrationskonstante ist, die als *Energiekonstante* bezeichnet wird. Diese Gleichung enthält den *Energiesatz*, dessen Inhalt wir so aussprechen können:

Wenn die eingeprägten Kräfte so beschaffen sind, daß eine Arbeitsfunktion A *oder eine potentielle Energie* U *existiert, dann ist die Summe aus der kinetischen Energie* T *und potentiellen Energie* U *für die ganze Dauer der Bewegung eine Konstante. Die so erhaltene sog. Energiegleichung ist ein erstes Integral der Bewegungsgleichungen, das nur die Geschwindigkeiten und Koordinaten enthält. Dieses Integral wird auch als Energieintegral oder Wuchtintegral bezeichnet.*

Die Konstante h ist durch die Anfangsbedingungen gegeben. Werden zu Anfang die Werte von T und U mit T_0 und U_0 bezeichnet, so gilt auch $\mathsf{T}_0 + \mathsf{U}_0 = h$, und da $\mathsf{U}_0 - \mathsf{U} = \mathsf{A}$ die längs des Übergangs von dem „Zustande" T_0, U_0 in den Zustand T, U geleistete Arbeit ist, so kann Gl. (372) auch in der Form geschrieben werden

$$\boxed{\mathsf{T} - \mathsf{T}_0 = \mathsf{A},} \tag{373}$$

d. h. *die Änderung der kinetischen Energie zwischen irgend zwei Stellen der Bahn ist gleich der Arbeit, die längs des betreffenden Weges von den eingeprägten Kräften geleistet wird.*

Aus dieser Form des Prinzips folgt unmittelbar, daß es auch für *gezwungene* Bewegungen bei *glatten Führungen* unverändert in Geltung bleibt, denn die senkrecht zu diesen liegenden Führungskräfte leisten die Arbeit Null. — Und da das Prinzip für *konstante* Kräfte irgendwelcher Art gilt, so gilt es auch für *konstante Reibungen.*

Beispiel 126. Für die ebene — freie oder ohne Reibung gezwungene — Bewegung eines Punktes im Schwerefelde ist, wenn die z-Achse lotrecht nach abwärts angenommen wird, nach Gl. (352) $\mathsf{U} = -m\,g\,z$ und nach Gl. (372) daher

$$\tfrac{1}{2}m\,v^2 - m\,g\,z = h.$$

Ist für $z = z_0$, $v = v_0$ vorgeschrieben, dann folgt $h = \tfrac{1}{2}m\,v_0^2 - m\,g\,z_0$, also

$$v^2 = v_0^2 + 2g\,(z - z_0),$$

welche mit Gl. (261) übereinstimmt.

Beispiel 127. Ein *Schlitten* vom Gewichte G auf einer waagrechten Ebene mit der Reibungszahl f und der Anfangsgeschwindigkeit v_0 kommt nach einem Wege x zur Ruhe, der durch die Gl. (373) bestimmt ist, die hier, da die Reibungskraft $f\,G$ der Bewegung *entgegen* wirkt (und konstant ist), die Form annimmt

$$0 - \frac{1}{2}\frac{G}{g}\,v_0^2 = -f\,G\,x, \quad \text{daher} \quad \boxed{x = v_0^2/2f\,g.} \tag{374}$$

Die Bewegung ist gleichförmig verzögert; die Größe der Verzögerung ist $f\,g$ und $v = v_0 - f\,g\,t$. Die Zeit bis zum Stillstande ($v = 0$) ist: $t = v_0/f\,g$.

Beispiel 128. Für die *Zentralbewegung* unter dem Einfluß des Newtonschen Gravitationsgesetzes ist zu setzen $\mathsf{T} = \tfrac{1}{2}m\,v^2$ und nach dem Beispiel 117: $\mathsf{U} = -m\,\dfrac{\lambda}{r}$, daher gibt die Energiegl. (372)

$$v^2 = \frac{2\lambda}{r} + h',$$

wenn hier h' statt $2h/m$ geschrieben wird. Diese Gleichung liefert, für das Perihel angeschrieben, da (Abb. 146) $v = v_1$, $r = \overline{FP} = a\,(1-\varepsilon)$ ist, den Wert von h' zu

$$h' = v_1^2 - \frac{2\lambda}{a\,(1-\varepsilon)}\,.$$

Da ferner im Perihel die Normalbeschleunigung gleich der Anziehung der Sonne ist und der Krümmungshalbmesser dort die Größe $\varrho = \dfrac{b^2}{a} = a\,(1-\varepsilon^2)$ hat, so folgt

$$\frac{v_1^2}{\varrho} = \frac{\lambda}{\overline{FP}^2}\,, \quad \text{also} \quad v_1^2 = \lambda\,\frac{a\,(1-\varepsilon^2)}{a^2\,(1-\varepsilon)^2} = \frac{\lambda}{a}\frac{1+\varepsilon}{1-\varepsilon}\,,$$

und daher wird

$$h' = \frac{\lambda}{a}\frac{1+\varepsilon}{1-\varepsilon} - \frac{\lambda}{a}\frac{2}{1-\varepsilon} = -\frac{\lambda}{a}\,;$$

damit erhalten wir schließlich die Energiegleichung in der schon im Beispiel 79 gefundenen Form

$$\boxed{v^2 = \lambda\left[\frac{2}{r} - \frac{1}{a}\right].}$$

113. Der Energiesatz für ein System von Massenpunkten.

Als Folgerung ergibt sich unmittelbar, daß der Energiesatz in derselben Form

$$\mathsf{T} + \mathsf{U} = h$$

auch seine Gültigkeit für ein *System von einzelnen Massenpunkten* behält, die z. B. durch Fäden von unveränderter Länge miteinander verbunden und reibungslos geführt oder unterstützt sind, wobei nur für T und U die kinetische und potentielle Energie *aller Massenpunkte* zu setzen ist. Für *Systeme* mit *einem* Freiheitsgrad ist durch die Energiegleichung die Bewegung vollständig gegeben.

Die Begründung dieser Erweiterung liegt darin, daß die *inneren* Kräfte immer paarweise von gleicher Größe und entgegengesetzter Richtung auftreten uud ihre Arbeit bei unveränderlicher Länge der Fäden für jede beliebige *virtuelle* (d. h. im Einklang mit den geometrischen Bedingungen stehende) Verschiebung null ist. Der rechnerische Nachweis verläuft ganz so wie beim Prinzip der virtuellen Arbeiten in der Statik. Der Leser mache sich dies auch an den Beispielen klar, bei denen die Fäden, die die Verbindung der Massenpunkte herstellen, um Stifte herumgelegt werden.

Beispiel 129. Ein Massenpunkt m ist mit zwei anderen m' durch Fäden verbunden, die über leichte, in derselben Waagrechten in der Entfernung $2a$ liegende Rollen A, B laufen, und ist anfangs in der Mitte zwischen den Rollen in Ruhe; bei welcher Tiefe z_0 kommt m wieder zur Ruhe, wenn er losgelassen wird? (Abb. 202).

Da die kinetische Energie zu Anfang und zu Ende null ist, muß auch die Summe der von den Gewichten $m g$ und $2m'g$ bei der Bewegung zwischen den Anfangs- und Endlagen geleisteten Arbeiten null sein. Man erhält die Gleichung

$$m\,g\,z_0 - 2m'g\left[\sqrt{a^2 + z_0^2} - a\right] = 0$$

und daraus durch Auflösung nach z_0,

$$z_0 = \frac{4\,m\,m'\,a}{4m'^2 - m^2}.$$

Damit ein solches z_0 existiert, muß $m < 2m'$ sein. Nach Erreichung dieses tiefsten Punktes wird m seine Bewegung umkehren, in die Anfangslage zurückgehen und weiter zwischen beiden Punkten Schwingungen (aber nicht harmonische!) ausführen.

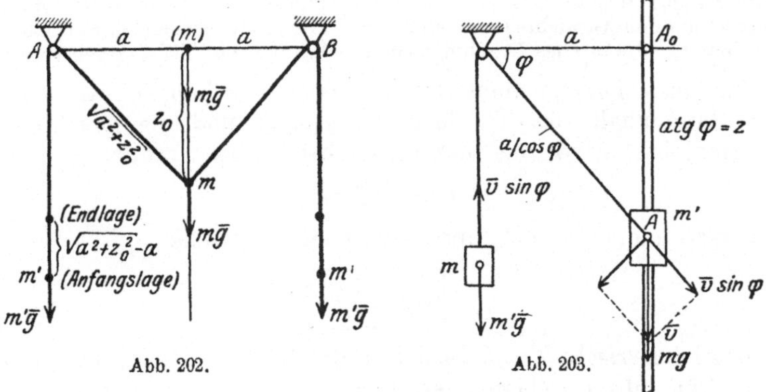

Abb. 202.   Abb. 203.

Man beachte, daß in den Umkehrpunkten der Bewegung die Massen m und m wohl in augenblicklicher Ruhe, aber nicht im Gleichgewichte sind; ihre Geschwindigkeiten sind dort null, aber ihre Beschleunigungen sind von null verschieden. Deshalb gelangen sie wieder in Bewegung. Ähnlich wie die Massenpunkte an den Stellen größter Ausreckung an einer elastischen Feder. — Was geschieht, wenn $m > 2m'$ ist?

Beispiel 130. An den Enden eines dünnen, über eine kleine Rolle laufenden Seiles sind zwei Massen m und m' befestigt, von denen m frei herabhängt und m' längs einer glatten, lotrechten Führung verschiebbar ist. Die Masse m' wird von A_0 ohne Anfangsgeschwindigkeit fallen gelassen. Man berechne die Geschwindigkeit v von m' in Abhängigkeit von z (Abb. 203).

16*

Mit den Bezeichnungen der Abbildung ergibt sich die Energiegleichung in der Form

$$\tfrac{1}{2}\, m\, v^2 + \tfrac{1}{2}\, m'\, v^2 \sin^2 \varphi = m\, g\, a\, \mathrm{tg}\, \varphi - m'\, g\left[\frac{a}{\cos \varphi} - a\right];$$

daraus finden wir

$$v^2 = 2\, g\, a\, \frac{m\, \mathrm{tg}\, \varphi - m'\, [1/\cos \varphi - 1]}{m + m'\sin^2 \varphi}\,,$$

und mit $z = a\, \mathrm{tg}\, \varphi$,

$$v^2 = 2\, g\, \frac{m\, z - m'\, [\sqrt{a^2 + z^2} - a]}{m + m'\, z^2/(z^2 + a^2)}\,.$$

II. Trägheitsmomente von Körpern und Flächen.

114. Allgemeine Sätze über Trägheitsmomente. Das dynamische Trägheitsmoment (abgekürzt TM) J_a eines Körpers in bezug auf eine Achse ist a durch folgende Gleichung definiert

$$\boxed{J_a = S\, m\, r_a^2,} \tag{374}$$

wenn r_a den Abstand des Massenteilchens m von der Achse bedeutet und die Summe über alle Massenteilchen erstreckt wird.

Die Dimension für das dynamische TM im physikalischen Maßsystem ist $[ML^2]$, also im technischen Maßsystem $[KLT^2]$.

In der technischen Praxis ist es manchmal gebräuchlich, statt der Größe J die Größe gJ anzugeben, welche die einfachere Dimension KL^2 hat, also durch das Produkt einer Kraft, etwa eines Gewichtes, und dem Quadrat einer Länge gegeben wird. So spricht man z. B. bei einem Schwungrad von einem „GD^2", indem das Produkt aus dem Gewichte seiner an den Umfang „reduzierten Masse" (siehe unten) und dem Quadrat seines Durchmessers als Maß für sein TM angegeben wird.

Für *gleichförmige* (homogene) Massenverteilungen kann $m = \mu\, v$ ($v = $ Rauminhalt des Teilchens m) gesetzt und die gleichbleibende „Raumdichte" μ vor das Summenzeichen gezogen werden

$$J_a = \mu\, S\, v\, r_a^2;$$

man setzt nun $J_a = \mu\, J_a'$ und bezeichnet die Größe

$$\boxed{J_a' = S\, v\, r_a^2} \tag{375}$$

als das *geometrische Trägheitsmoment* des Körpers. Seine Dimension ist $[L^5]$. Für „ebene" Massen setzen wir $m = \mu_1 f$, bezeichnen μ_1 als die „Flächendichte" und erhalten für das *geometrische Trägheitsmoment der Fläche* (oder kürzer „Flächenträgheitsmoment") den analogen Ausdruck

$$\boxed{J_a' = S\, f\, r_a^2} \tag{376}$$

mit der Dimension $[L^4]$. Dieser Ausdruck kommt in der technischen Elastizitätslehre, insbesondere in der Lehre von der Biegung, und zwar als reine Rechengröße vor. — Ein ähnlicher Ausdruck läßt sich auch für das TM eines Linienstückes bei Einführung einer konstanten „Liniendichte" μ_2 aufstellen.

Ein Moment wie J_a wird auch als ein „quadratisches Moment" bezeichnet, zum Unterschiede von dem „linearen" oder „statischen", in dem die Abstände r_a von einer Achse nur in der ersten Potenz vorkommen, und das in der Lehre vom Massenmittelpunkte eine Rolle spielt. Beziehen wir den Körper auf ein cartesisches Koordinatensystem O, x, y, z, und bezeichnen die Koordinaten des Teilchens m durch x, y, z, so sind die TMe in bezug auf diese Achsen durch die Ausdrücke gegeben

$$J_x = S\,m\,(y^2 + z^2), \quad J_y = S\,m\,(z^2 + x^2), \quad J_z = S\,m\,(x^2 + y^2). \tag{377}$$

Außer diesen kommen noch Momente zur Betrachtung, die die Produkte je zweier Koordinaten enthalten; sie werden als *Zentrifugalmomente* (abgekürzt ZM) bezeichnet *und durch die Ausdrücke* definiert

$$J_{yz} = S\,m\,y\,z, \quad J_{zx} = S\,m\,z\,x, \quad J_{xy} = S\,m\,x\,y. \tag{378}$$

In diesen Gleichungen sind überall statt der Summen Integrale zu schreiben, wenn es sich um eine kontinuierliche Massenverteilung handelt; die Integrale sind dann über alle „Massenelemente" dm zu erstrecken.

Für „ebene" Massen in der x-y-Ebene, also *Scheiben*, erhalten wir mit $z = 0$ aus den Gln. (377)

$$J_x = S\,m\,y^2, \quad J_y = S\,m\,x^2, \quad J_z = S\,m\,(x^2 + y^2) = J_x + J_y. \tag{379}$$

J_z wird in diesem Falle auch als das *polare Trägheitsmoment* der Scheibe bezeichnet. Das ebene ZM ist $J_{xy} = S\,m\,x\,y$.

Aus der Form dieser Gleichungen ist zu ersehen, daß im allgemeinen die TMe (und ZMe) für verschiedene Achsen verschiedene Werte haben; dabei erhebt sich naturgemäß die Frage nach den Beziehungen, die zwischen den TMen (und ZMen) für verschiedene Achsen bestehen und nach der kleinsten Zahl von Bestimmungsstücken, die notwendig sind, um die TMe für *alle Geraden des Raumes als Achsen* zu erhalten.

Zur Lösung dieser Fragen dienen die beiden folgenden Sätze, von denen der erste sich auf TMe um „parallele Achsen", der zweite auf die Verteilung der TMe um die sich in einem Punkte „schneidenden Achsen" bezieht.

1. *Trägheitsmomente für parallele Achsen.* Sei a in Abb. 204 die gegebene Achse im Abstande a vom Schwerpunkte S und s eine hierzu parallele Achse durch S, dann ist nach den Bezeichnungen dieser Abbildung

$$r_a^2 = r_s^2 + a^2 - 2a\,r_s \cos \alpha,$$

und sei etwa

$$r_s \cos \alpha = x,$$

so wird

$$J_a \equiv S\,m\,r_a^2 = S\,m\,r_s^2 + a^2\,S\,m - 2a\,S\,m\,x,$$

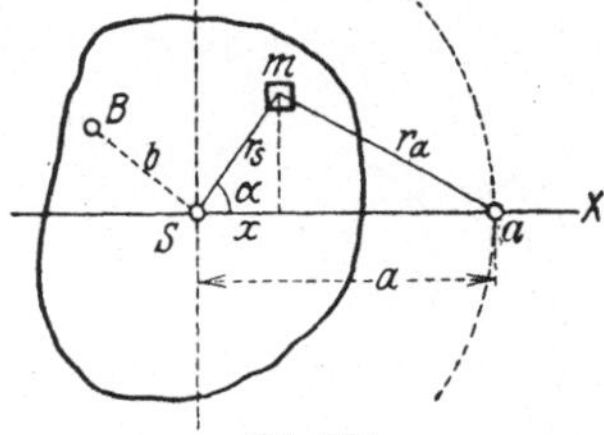

Abb. 204.

da aber S der Schwerpunkt ist, so ist $\int m\,x = 0$, und wenn $\int m\,r_s^2 = J_s$ und $\int m = \mathsf{M}$ gesetzt wird, so folgt

$$\boxed{J_a = J_s + \mathsf{M}\,a^2.}\tag{380}$$

Wenn daher das TM für eine Schwerachse s ermittelt ist, so ist zufolge dieser Gleichung auch das TM für alle zu s parallelen Achsen gegeben. Für alle Achsen a, die die Erzeugenden eines Kreiszylinders sind, dessen Achse durch S geht, hat daher das TM den gleichen Wert. Unter allen parallelen Achsen a kommt der durch den Schwerpunkt gehenden das kleinste TM zu. Diese Gleichung gestattet auch, das TM in bezug auf irgendeine Achse a zu berechnen, sobald das TM um eine dazu parallele Achse b und die Abstände a, b dieser Achsen von S bekannt sind. Denn es ist $\quad J_b = J_s + \mathsf{M}\,b^2 \quad$ und daher $\quad J_a = J_b + \mathsf{M}\,(a^2 - b^2).$

Unter dem *Trägheitshalbmesser* für die Achse a versteht man die Länge k_a, die durch die Gleichung

$$\boxed{J_a = \mathsf{M}\,k_a^2}\tag{381}$$

definiert ist; sie ist durch die Eigenschaft gekennzeichnet, daß die Masse M, in der Entfernung k_a von der Achse a in einem Punkte konzentriert angebracht, dasselbe TM besitzt wie der gegebene ausgedehnte Körper. Setzt man ebenso $J_s = \mathsf{M}\,k_s^2$, so kann Gl. (380) auch geschrieben werden

$$\boxed{k_a^2 = k_s^2 + a^2,}\tag{382}$$

d. h. k_a ist die Hypotenuse eines rechtwinkligen Dreiecks mit den Seiten k_s und a.

Als die in einem Punkt P in der Entfernung ϱ von der Achse a *reduzierte Masse* M' des Körpers bezeichnet man die durch die Gleichung $J_a = \mathsf{M}'\varrho^2$ bestimmte Masse, also

$$\boxed{\mathsf{M}' = J_a/\varrho^2.}\tag{383}$$

Dies ist eine Hilfsgröße, die in der Praxis öfters zur Kennzeichnung des Einflusses rotierender Massen bei festen Drehachsen verwendet wird.

2. *Verteilung der Trägheitsmomente für alle Achsen durch einen Punkt O.* Das TM in bezug auf eine beliebige Achse a durch O ist durch die Gl. (374) gegeben. Die Achse a sei durch die Richtungscosinus (λ, μ, ν) bezüglich der Achsen O, x, y, z festgelegt; dann ist nach Abb. 205:

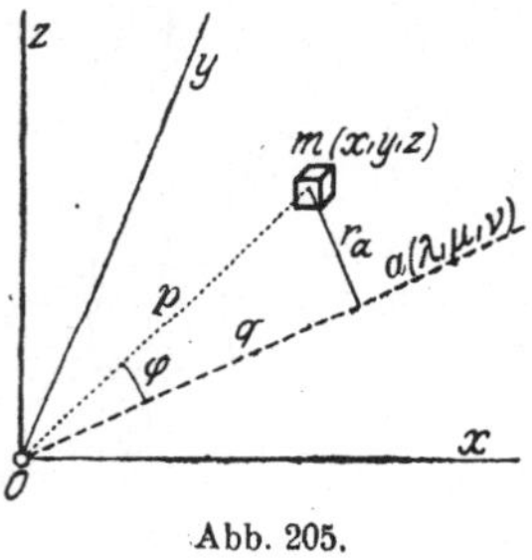

$$r_a^2 = p^2 - q^2,$$
$$p^2 = x^2 + y^2 + z^2,$$
$$q = p\cos\varphi = \lambda\,x + \mu\,y + \nu\,z,$$
$$\lambda^2 + \mu^2 + \nu^2 = 1;$$

Abb. 205.

damit folgt

$$J_a = S\,m\,r_a^2 = S\,m\,(p^2 - q^2)$$
$$= S\,m\,[(x^2 + y^2 + z^2)\,(\lambda^2 + \mu^2 + \nu^2) - (\lambda\,x + \mu\,y + \nu\,z)^2]$$
$$= \lambda^2\,S\,m\,(y^2 + z^2) + \mu^2\,S\,m\,(z^2 + x^2) + \nu^2\,S\,m\,(x^2 + y^2)$$
$$- 2\mu\,\nu\,S\,m\,y\,z - 2\nu\,\lambda\,S\,m\,z\,x - 2\lambda\,\mu\,S\,m\,x\,y,$$

und mit Benutzung der in (377) und (378) eingeführten Größen läßt sich dies in der Form schreiben

$$\boxed{J_a = \lambda^2 J_x + \mu^2 J_y + \nu^2 J_z - 2\mu\,\nu\,J_{yz} - 2\nu\,\lambda\,J_{zx} - 2\lambda\,\mu\,J_{xy}.} \qquad (384)$$

Das Trägheitsmoment für irgendeine Achse a ist somit bestimmt, wenn man die sechs Größen ($J_x, J_y, J_z, J_{yz}, J_{zx}, J_{xy}$) für irgendein Achsensystem O, x, y, z und die Richtungscosinus (λ, μ, ν) der Achse a kennt.

Trägt man auf jeder Achse a eine Länge $\overline{OE} = \varrho = x^2 + y^2 + z^2$ auf, die gegeben ist durch

$$\boxed{\varrho = c/\sqrt{J_a},} \qquad (385)$$

so daß also $J_a = c^2/\varrho^2$ und $x = \varrho\,\lambda = c\,\lambda/\sqrt{J_a}$, usw., wobei c ein Faktor ist, der aus Dimensionsgründen eingeführt wird, dann wird Gl. (384)

$$\boxed{J_x\,x^2 + J_y\,y^2 + J_z\,z^2 - 2J_{yz}\,y\,z - 2J_{zx}\,z\,x - 2J_{xy}\,x\,y = c^2.} \qquad (386)$$

Die Endpunkte von ϱ erfüllen eine Fläche zweiten Grades, die als das (Cauchysche) *Trägheitsellipsoid für den Punkt O* bezeichnet wird. Daß die in x, y, z linearen Glieder fehlen, bedeutet, daß der Punkt $x = y = z = 0$ im Mittelpunkte der Fläche liegt. Die Gleichung vereinfacht sich noch weiter, wenn man sie auf die *Hauptachsen* O, ξ, η, ζ bezieht; dann verschwinden nämlich auch die Glieder mit den Produkten der Koordinaten, und wenn die *Hauptträgheitsmomente*, d. s. die TMe um diese Hauptachsen, mit J_1, J_2, J_3 bezeichnet werden, so lautet die Gleichung des Trägheitsellipsoides auf diese Hauptachsen bezogen

$$\boxed{J_1\,\xi^2 + J_2\,\eta^2 + J_3\,\zeta^2 = c^2.} \qquad (387)$$

Das TM um eine Achse a, deren Richtungscosinus in bezug auf die Hauptachsen ξ, η, ζ wieder mit λ, μ, ν bezeichnet werden, ist dann durch den einfacheren Ausdruck gegeben

$$\boxed{J_a = \lambda^2 J_1 + \mu^2 J_2 + \nu^2 J_3.} \qquad (388)$$

Das Trägheitsellipsoid für den Schwerpunkt nennt man *Zentralellipsoid* und seine Hauptachsen die *Hauptzentralachsen*.

Da die Länge ϱ, die durch das Ellipsoid (387) auf jedem Strahle abgeschnitten wird, nach Gl. (385) der Quadratwurzel des TM um diese Achse umgekehrt proportional ist, so ersieht man, daß sich das Trägheitsellipsoid der allgemeinen Gestalt des Körpers ungefähr anschmiegt, insofern als es ein großes ϱ nach jenen Richtungen zeigt, nach denen der Körper weiter ausladet, ohne natürlich die kleineren Unregelmäßigkeiten der Körperbegrenzung erkennen zu lassen.

Für die Ermittlung der Hauptträgheitsachsen ist somit die Transformation der Fläche (386) auf die Hauptachsen erforderlich; in vielen Fällen wird aber die Aufsuchung der Hauptachsen erleichtert durch Benutzung des folgenden *Hilfssatzes*:

Hat ein Körper eine Symmetrieebene E, dann ist das Zentrifugalmoment in bezug auf je zwei Achsen, von denen die eine, etwa z, zu E senkrecht steht, die andere in E liegt, gleich Null: die Ebene E ist eine Hauptebene und enthält zwei Hauptträgheitsachsen. Wir können auch sagen, die Normale zu einer Symmetrieebene E des Körpers ist eine Hauptachse für ihren Schnittpunkt O mit E.

Die Symmetrieeigenschaft besagt nämlich, daß jedem Teilchen m in einem Punkte mit den Koordinaten $(x, y, +z)$ ein gleich großes Teilchen in $(x, y, -z)$ entspricht, also ist die Summe der ZMe dieser beiden Teilchen $m\,x\,(z-z) = 0$ und daher ist für den ganzen Körper $J_{xz} = 0$, und ebenso $J_{yz} = 0$. Umgekehrt kann das Verschwinden des ZM für die Ermittlung der Hauptachsen verwertet werden.

Beispiel 131. Für *Zentrifugalmomente in bezug auf parallele Achsenpaare* gilt ein zu Gl. (380) analoger Satz, der sich nach Abb. 206 unmittelbar in folgender Form ergibt:

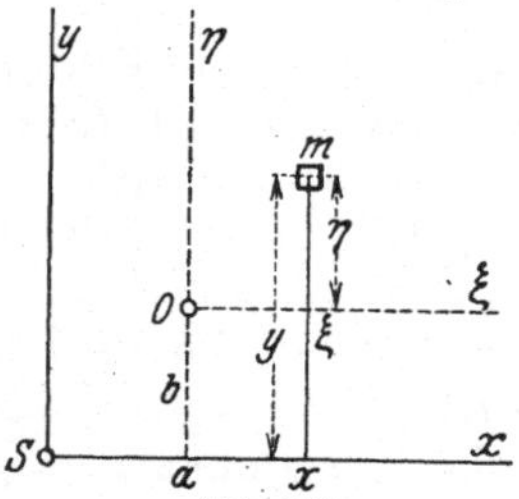

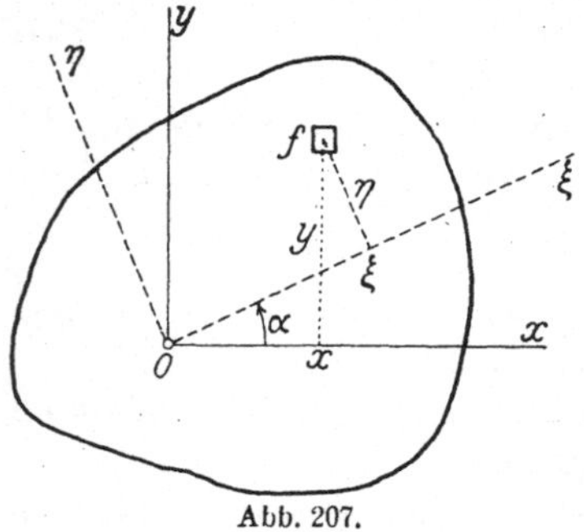
Abb. 206.

Seien x, y zu den gegebenen ξ, η parallele Schwerpunktsachsen und a, b die Koordinaten von O im System S, x, y, so ist

$$\xi = x - a, \quad \eta = y - b$$

und

$$J_{\xi\eta} \equiv S\,m\,\xi\,\eta = S\,m\,(x-a)\,(y-b)$$
$$= S\,m\,x\,y - a\,S\,m\,y - b\,S\,m\,x + a\,b\,S\,m,$$

und da $S\,m\,x = 0$, $S\,m\,y = 0$, so folgt

$$\boxed{J_{\xi\eta} = J_{xy} + \mathsf{M}\,a\,b\,.}\tag{389}$$

Ebenso läßt sich durch Benutzung der Formeln für die Drehung des Koordinatensystems das ZM $J_{\xi\eta}$ für irgendein Paar von Achsen in der Ebene durch O mit Hilfe der Größen J_x, J_y, J_{xy} ausdrücken. Ähnliche Entwicklungen gelten auch für den Raum.

Beispiel 132. Die Transformation auf die Hauptachsen für Flächenträgheitsmomente geschieht durch Aufsuchung jenes Achsenpaares ξ, η, für welches das zugehörige ZM $J_{\xi\eta}$ verschwindet. Für den Übergang vom System (O, x, y) zu dem System (O, ξ, η) gelten nach Abb. 207 für die Koordinaten die folgenden Transformationsgleichungen

$$\begin{cases} \xi = x\cos\alpha + y\sin\alpha, \\ \eta = -x\sin\alpha + y\cos\alpha; \end{cases}$$

wenn wir uns sogleich auf die geometrischen TM der Scheibe beschränken, und dabei die Striche der Einfachheit halber weglassen, so wird

$$J_x = S\,f\,y^2, \quad J_y = S\,f\,x^2, \quad J_{xy} = S\,f\,x\,y;$$

durch Einsetzen von ξ und η folgen die Gleichungen

Abb. 207.

$$\left.\begin{aligned}
J_\xi &= S\,f\,\eta^2 = J_y\sin^2\alpha + J_x\cos^2\alpha - 2J_{xy}\sin\alpha\cos\alpha, \\
J_\eta &= S\,f\,\xi^2 = J_y\cos^2\alpha + J_x\sin^2\alpha + 2J_{xy}\sin\alpha\cos\alpha, \\
J_{\xi\eta} &= S\,f\,\xi\,\eta = \tfrac{1}{2}(J_x - J_y)\sin 2\alpha + J_{xy}\cos 2\alpha.
\end{aligned}\right\}\tag{390}$$

Der Winkel α, der $J_{\xi\eta} = 0$ macht, ist gegeben durch

$$\operatorname{tg} 2\alpha = \frac{2 J_{xy}}{J_y - J_x} ; \tag{391}$$

durch $\widehat{\alpha}$ und $\widehat{\alpha} + \pi/2$ sind die Neigungen der *Hauptachsen* ξ, η gegen x, y bestimmt.

Mittels der Gln. (390) bestätigt man durch Ausrechnung leicht das Bestehen der Beziehungen

$$J_\xi + J_\eta = J_x + J_y \quad \text{und} \quad J_\xi J_\eta - J_{\xi\eta}^2 = J_x J_y - J_{xy}^2 ; \tag{392}$$

diese Ausdrücke, die ihre Werte für alle Achsenpaare beibehalten, werden als *Invarianten* des Trägheitstensors bezeichnet. Für die Hauptachsen ist, wie gesagt, $J_{\xi\eta} = 0$, und die vereinfachten Gln. (392) können unmittelbar für die Berechnung der Haupt-TMe J_1 und J_2 verwendet werden. Die Gleichungen lauten dann

$$J_1 + J_2 = J_x + J_y, \quad J_1 J_2 = J_x J_y - J_{xy}^2 ,$$

wodurch J_1, J_2 bestimmt sind, und zwar ist

$$J_{1,2} = \frac{J_1 + J_2}{2} \pm \sqrt{\frac{J_1 - J_2}{2} + J_{xy}^2} . \tag{393}$$

Man bemerke, daß für alle rechtwinkeligen Achsenpaare $J_x J_y - J_{xy}^2 \geq 0$ sein muß (**Schwarz**sche Ungleichung).

Insbesondere merken wir noch an, daß das TM für eine unter $\alpha = 45°$ geneigte Achse

$$J_{45} = \tfrac{1}{2}(J_x + J_y) - J_{xy}, \quad \text{also} \quad J_{xy} = \tfrac{1}{2}(J_x + J_y) - J_{45}, \tag{394}$$

ist; diese Gleichung kann zur Ermittlung des ZM J_{xy} aus den drei TMen J_x, J_y und J_{45} dienen.

Beispiel 133. Die Ausgleichsgerade durch eine Anzahl von Punkten A, B, ... *in der Ebene* ist (nach der Methode der kleinsten Quadrate) dadurch bestimmt, daß die Summe der Quadrate der Abstände der einzelnen Punkte von dieser Geraden ein Minimum wird. Nach den eben erhaltenen Ergebnissen geht diese Gerade durch den geometrischen Mittelpunkt S dieser Punkte und ist nichts anderes als die Achse des kleinsten TMes für diesen Punkt; denn dies ist jene Gerade, für welche die Summe der Quadrate der Abstände einen kleinsten Wert annimmt (Abb. 208).

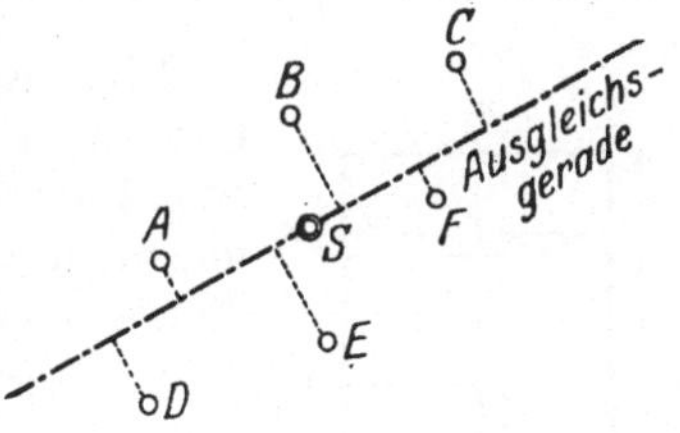

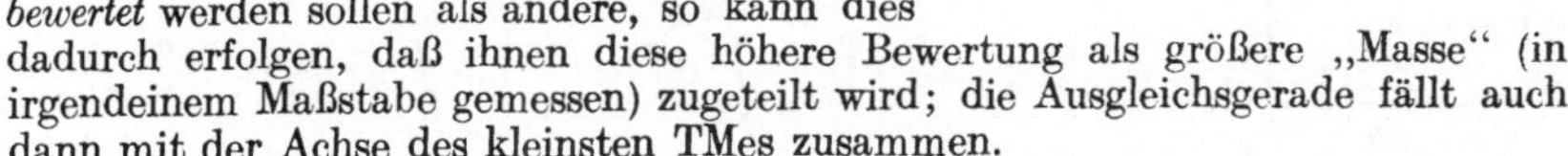

Abb. 208.

Wenn einzelne Punkte (deren Festlegung etwa mit größerer Genauigkeit erfolgt ist) *höher bewertet* werden sollen als andere, so kann dies dadurch erfolgen, daß ihnen diese höhere Bewertung als größere „Masse" (in irgendeinem Maßstabe gemessen) zugeteilt wird; die Ausgleichsgerade fällt auch dann mit der Achse des kleinsten TMes zusammen.

Ganz Ähnliches gilt für die *Ausgleichsgerade* und auch für die *Ausgleichsebene* für eine Anzahl von Punkten *im Raume*.

115. Die Ermittlung der Hauptträgheitsachsen erfordert die Transformation des in Gl. (386) gegebenen Ellipsoids auf seine Hauptachsen. Hierzu dient das folgende Verfahren:

Im Schnittpunkt A einer Hauptachse mit dem Ellipsoid fällt die Flächennormale mit der Verbindungslinie von $\overline{OA}$ zusammen. Bezeichnet man die linke Seite der Gl. (386) mit $f(x, y, z)$, so sind die Richtungscosinus der Flächennormalen proportional zu $\dfrac{\partial f}{\partial x}$, $\dfrac{\partial f}{\partial y}$, $\dfrac{\partial f}{\partial z}$;

daß die Normale in die Richtung $\overline{OA}$ fällt, bedeutet, daß die Richtungscosinus zu x, y, z proportional sein müssen. Sei λ der zunächst unbekannte Proportionalitätsfaktor, so müssen daher die Gleichungen bestehen:

$$\begin{cases} \dfrac{\partial f}{\partial x} = \lambda\, x, \\[2mm] \dfrac{\partial f}{\partial y} = \lambda\, y, \\[2mm] \dfrac{\partial f}{\partial z} = \lambda\, z, \end{cases} \quad \text{oder} \quad \begin{cases} J_x\, x - J_{xy}\, y - J_{xz}\, z = \lambda\, x, \\[2mm] -J_{xy}\, x + J_y\, y - J_{yz}\, z = \lambda\, y, \\[2mm] -J_{xz}\, x - J_{yz}\, y + J_z\, z = \lambda\, z. \end{cases}$$

Damit diese drei Gleichungen für x, y, z von Null verschiedene Lösungen haben, muß ihre Determinante verschwinden, d. h. es muß

$$\begin{vmatrix} J_x - \lambda, & -J_{xy}, & -J_{xz} \\ -J_{xy}, & J_y - \lambda, & -J_{yz} \\ -J_{xz}, & -J_{yz}, & J_z - \lambda \end{vmatrix} = 0 \tag{395}$$

sein. Dies ist eine Gleichung dritten Grades, die auch als *Säkulargleichung* bezeichnet wird; ihre drei Wurzeln $\lambda_1, \lambda_2, \lambda_3$ entsprechen den drei Hauptachsen des Trägheitsellipsoides. Diese drei Hauptachsen sind reell und stehen paarweise aufeinander senkrecht. Die *allgemeine* Auflösung dieser kubischen Gleichung ist nicht möglich. Wenn jedoch die Werte der $J_x, \ldots$ zahlenmäßig gegeben sind, so ist die Auflösung bis zu jedem gewünschten Grad der Annäherung ausführbar. Die hierzu geeigneten Verfahren, von denen das der *Iteration* das bequemste ist, werden in der angewandten Mathematik entwickelt.

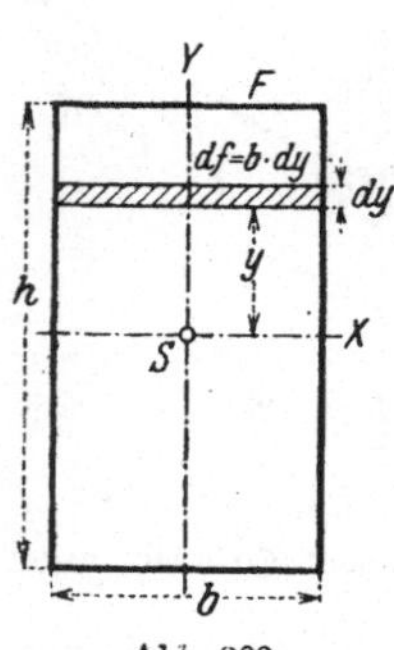

Abb 209.

116. Rechnerische Ermittlung von Trägheitsmomenten. A) Für *Flächen* beschränken wir uns auf die Angabe von geometrischen TMen; die dynamischen folgen aus diesen durch Multiplikation mit der Flächendichte nach der Gleichung $J_x = \mu_1 J'_x$ usw.

1. *Rechteck b, h.* Die Hauptachsen sind die Mittellinien x, y, und die HTMe sind daher nach Abb. 209

$$J'_x = S\!\int y^2 = \int_{-h/2}^{h/2} y^2\, df = 2\,b \int_0^{h/2} y^2\, dy = \frac{b\,h^3}{12},$$

und wenn $b\,h = F$ gesetzt wird,

$$\boxed{\,J'_x = \frac{b\,h^3}{12} = \frac{F\,h^2}{12}, \quad J'_y = \frac{b^3 h}{12} = \frac{F\,b^2}{12}, \quad J'_0 = J'_x + J'_y = \frac{F}{12}\,(b^2 + h^2).\,} \tag{396}$$

2. *Kreis vom Halbmesser R.* Da das TM um alle Durchmesser gleich ist, so folgt, wenn man als Flächenelement ein Ringelement $df = 2\,\pi\, r\, dr$ nimmt (Abb. 210)

$$J'_0 = J'_x + J'_y = 2 J'_x = \int_0^R r^2\, df = 2\pi \int_0^R r^3\, dr = \frac{R^4\,\pi}{2}$$

und daher

$$J'_x = \frac{R^4\,\pi}{4} = \frac{D^4\,\pi}{64} = \frac{F R^2}{4}\,, \quad J'_0 = 2J'_x = \frac{R^4\,\pi}{2} = \frac{F R^2}{2}\,. \qquad (397)$$

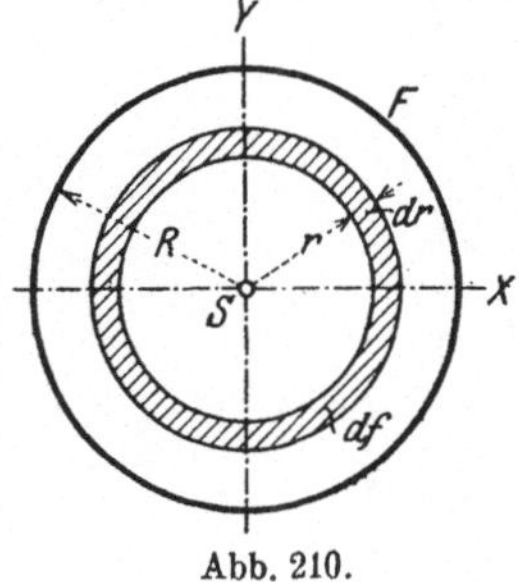

Abb. 210.

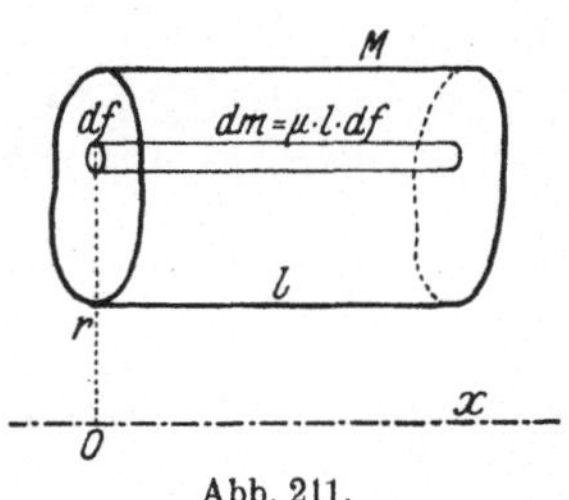

Abb. 211.

B. Körper. 3. *Prismatischer Körper von beliebigem Querschnitt,* Abb. 211. Eine „Faser" $dm = \mu\,l\,df$ parallel zur Achse liefert das TM $r^2\,dm$, daher ist das dynamische TM des ganzen Körpers in bezug auf die Achse x

$$J_x = \int r^2\,dm = \mu\,l \int r^2\,df = \mu\,l\,J'_0\,,$$

wenn $J'_0 = \int r^2\,df$ das geometrische polare TM der *Querschnittsfläche* des Körpers mit Bezug auf den Schnittpunkt O mit der Achse bedeutet. Da ferner die Masse des Körpers $\mathsf{M} = \mu\,Fl$ ist, so folgt

$$J_x = \frac{\mathsf{M}\,J'_0}{F}\,. \qquad (398)$$

Beispiel 134. Für das *Vierflach (Parallelepiped)* mit den Kanten a, b, c nach Abb. 212 ist

$$J'_0 = \frac{F}{12}\,(b^2 + c^2) = \frac{F d_1^2}{12}\,,$$

also wenn auch die TM für die y- und z-Achse hinzugenommen werden,

$$J_x = \frac{\mathsf{M}\,d_1^2}{12}\,, \quad J_y = \frac{\mathsf{M}\,d_2^2}{12}\,, \quad J_z = \frac{\mathsf{M}\,d_3^2}{12}\,. \qquad (399)$$

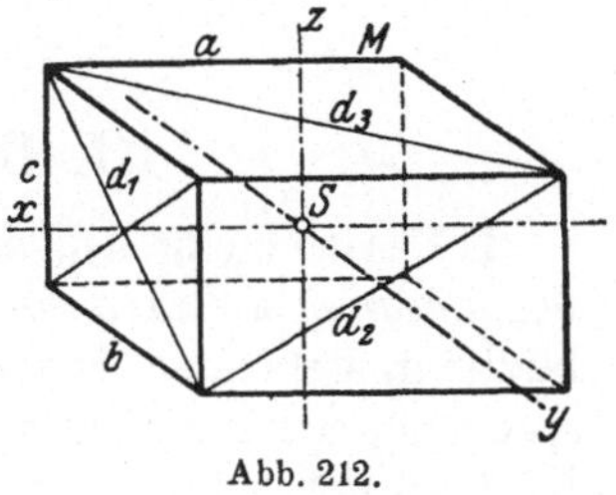

Für den *Würfel* von der Seite a ist

Abb. 212.

$$d_1^2 = d_2^2 = d_3^2 = 2\,a^2\,,$$

daher für alle Achsen durch den Mittelpunkt

$$J = \frac{\mathsf{M}\,a^2}{6}\,. \qquad (400)$$

Beispiel 135. Für den *Drehzylinder,* Abb. 213, ist nach Gl. (397) $J'_0 = F r^2/2$, daher

$$J_x = \tfrac{1}{2}\,\mathsf{M}\,r^2. \qquad (401)$$

4. Für einen beliebigen *Drehkörper* erhält man das TM durch Zerschneiden senkrecht zur Achse in dünne Scheiben mit der Masse dm, Abb. 214; da man jede solche Scheibe als Zylinder auffassen kann, dessen TM um die Achse nach Gl. (401) gegeben ist durch

$$dJ = \tfrac{1}{2} dm\, y^2 = \tfrac{1}{2}\mu\, y^2\, \pi\, dx\, y^2 \quad \text{und} \quad \mathsf{M} = \int dm = \mu\,\pi \int y^2\, dx$$

ist, so folgt

$$J_x = \frac{\mathsf{M}}{2}\,\frac{\int y^4 dx}{\int y^2 dx} \tag{402}$$

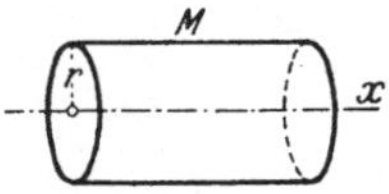

Abb. 213. 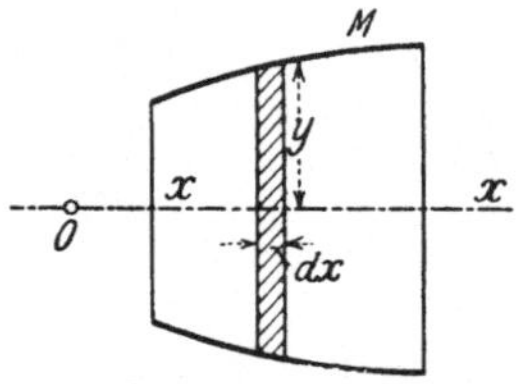   Abb. 214. 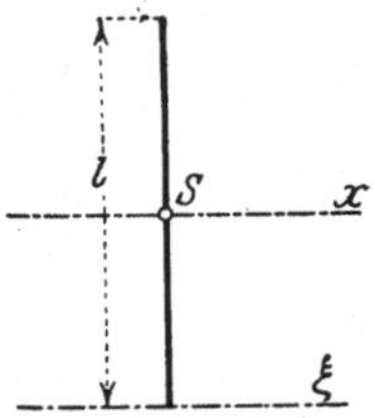   Abb. 215.

Beispiel 136. *Kugel* vom Halbmesser R und der Masse M. In Gl. (402) ist zu setzen $y^2 = R^2 - x^2$ und die Integration von $-R$ bis $+R$ auszuführen. Man findet

$$J_x = \tfrac{2}{5}\,\mathsf{M}\,R^2. \tag{403}$$

Die gleiche Formel gilt auch für das TM einer Halbkugel in bezug auf ihre Symmetrieachse, wenn M die Masse der Halbkugel bedeutet.

5. Dünner, gerader *Stab* von der Länge l, in bezug auf eine Querachse, Abb. 215. Es ergibt sich durch direkte Integration, wenn μ die Masse der Längeneinheit des Stabes bedeutet,

$$J_\xi = \int_0^l \mu\, y^2\, dy = \frac{\mu\, l^3}{3} = \frac{\mathsf{M}\, l^2}{3}, \quad \text{und} \quad J_x = \frac{\mathsf{M}\, l^2}{12}. \tag{404}$$

III. Das Prinzip d'Alemberts.

117. Allgemeine Aussage des Prinzips. In der Statik wurden die mit der *Zusammensetzung von Kräften* in der Ebene und im Raum in Verbindung stehenden Fragen und in der Kinematik die Hilfsmittel besprochen, die zur *Kennzeichnung des Ortes und Bewegungszustandes* von Körpern notwendig sind. Die Verbindung beider Gebiete ist Aufgabe der *Dynamik:* diese besteht darin, *aus den einem beweglichen Körper eingeprägten Kräften und einem bestimmten Anfangszustande die Bewegung zu bestimmen.* Die Lage jedes starren Körper ist, wie wir wissen, durch eine endliche Anzahl von ortsbestimmenden Parametern — den Koordinaten — gekennzeichnet, und es kommt zunächst darauf an, die *Bewegungsgleichungen* aufzustellen, welche im wesentlichen die Form haben, daß sie die zweiten Ableitungen dieser Koordinaten — die Beschleunigungen — nach der Zeit in ihrer Abhängigkeit von den eingeprägten und den Reaktionskräften angeben. Zur allgemeinen Lösung der Frage nach der Aufstellung der Bewegungsgleichungen dient das *Prinzip* d'Alemberts (1743), das in allen Fällen den *Ansatz* des dynamischen Problems (14) liefert und die aus der Statik bekannten Regeln durch Hinzunahme gewisser *Ergänzungskräfte* zu den eingeprägten nutzbar macht. Aus diesem Prinzip werden wir sodann andere Sätze gewinnen, die für die Anwendungen besondere Vorteile bieten.

Für den freien Massenpunkt m hatten wir das dynamische Grundgesetz in der Form geschrieben:

$$\mathfrak{K} = m\,\mathfrak{b}, \qquad \text{oder} \qquad \mathfrak{K} - m\,\mathfrak{b} = 0, \tag{405}$$

wenn $\mathfrak{K}$ die Summe der eingeprägten Kräfte und $\mathfrak{b}$ die dadurch bedingte Beschleunigung ist; für den einzelnen Punkt wird daher die eingeprägte Kraft $\mathfrak{K}$ und die „Massenkraft" oder „Beschleunigungskraft" $m\,\mathfrak{b}$ durch denselben Vektor dargestellt[1]. Oft ist es zweckmäßiger, $-m\,\mathfrak{b}$ als „Trägheitskraft" zu bezeichnen und zu sagen: *die Summe aus der eingeprägten und der Trägheitskraft bildet eine Gleichgewichtsgruppe.* Durch diese Auffassung werden die Formulierungen der Statik auf die Dynamik übertragen.

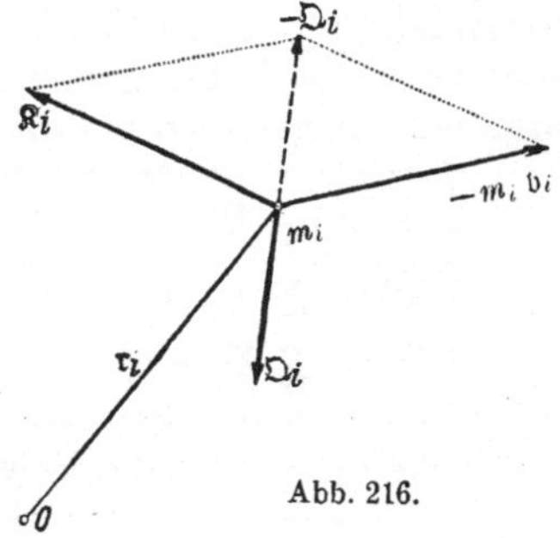

Abb. 216.

Wenn ein Massenpunkt m_i einem ausgedehnten Körper angehört und durch diesen behindert wird, der an ihm angreifenden Kraft $\mathfrak{K}_i$ frei zu folgen, so kommt für das Aufbringen der Beschleunigungskraft $m\,\mathfrak{b}_i$ außer $\mathfrak{K}_i$ noch eine Kraft $\mathfrak{D}_i$ zur Wirkung, die den Einfluß des Körperganzen auf den betrachteten Punkt m_i darstellt. Demgemäß können wir für jeden Punkt des Körpers schreiben (Abb. 216)

$$\mathfrak{K}_i + \mathfrak{D}_i - m_i\,\mathfrak{b}_i = 0. \tag{406}$$

Wenn wir nun die so entstehenden Gleichungen, in denen das erste Glied nur vorkommt, wenn der betreffende Punkt gerade Angriffspunkt einer Kraft ist, für alle Körperpunkte·addieren, so folgen als „Gleichgewichtsbedingungen" nach den Regeln der Statik die Kräftegleichungen

$$\Sigma\,\mathfrak{K}_i + S\,\mathfrak{D}_i - S\,m_i\,\mathfrak{b}_i = 0,$$

und die Momentengleichungen

$$\Sigma\,(\mathfrak{r}_i \times \mathfrak{K}_i) + S\,(\mathfrak{r}_i \times \mathfrak{D}_i) - S\,m_i\,(\mathfrak{r}_i \times \mathfrak{b}_i) = 0, \tag{407}$$

wenn $\mathfrak{r}_i$ den Ortsvektor von m_i von irgendeinem festen Anfangspunkt O an gerechnet, bedeutet; dabei sind die ersten Summen über alle eingeprägten Kräfte $\mathfrak{K}_i$, die beiden anderen mit S bezeichneten über alle Massenpunkte zu erstrecken, die zu dem betrachteten Körper gehören. Durch welche Kräfte nun auch die Wirkung des Körperganzen auf

---

[1] Diese Übereinstimmung und der Umstand, daß das dynamische Grundgesetz zunächst nur für *freie* Bewegungen von Punktkörpern einen Sinn hat, haben dazu geführt, den Kraftbegriff aus der Mechanik überhaupt fortzuschaffen, ein Standpunkt, der sich jedoch nicht als glücklich erwiesen hat und für die technischen Anwendungen jedenfalls nicht in Betracht kommt.

jeden seiner Punkte dargestellt wird, immer treten diese inneren Kräfte, die durch den Zusammenhang des Körpers bedingt sind, *paarweise* auf, so daß ihre Summe und die Summe ihrer Momente für sich (was schon beim Prinzip der virtuellen Arbeiten erkannt wurde) Null sein muß. In dieser Aussage liegt der wesentliche Inhalt des d'Alembertschen Prinzips. Wir können daher setzen

$$S\,\mathfrak{Q}_i = 0, \quad S\,(\mathfrak{r}_i \times \mathfrak{Q}_i) = 0, \tag{408}$$

und demnach bleibt nur übrig

$$\boxed{\; \boldsymbol{\Sigma}\,\mathfrak{K}_i - S\,m_i\,\mathfrak{b}_i = 0 \quad \text{und} \quad \boldsymbol{\Sigma}\,(\mathfrak{r}_i \times \mathfrak{K}_i) - S\,m_i\,(\mathfrak{r}_i \times \mathfrak{b}_i) = 0, \;} \tag{409}$$

wobei die ersten Summen über alle Kräfte, die zweiten über alle Massenpunkte zu erstrecken ist (ganz ähnlich sind auch die weiterhin noch auftretenden Summenzeichen zu verstehen). In Komponenten geschrieben nehmen diese Vektorgleichungen, wenn die Zeiger i in den Massensummen fortgelassen werden, die folgende Form an:

$$\boxed{\begin{aligned} X &\equiv \boldsymbol{\Sigma}\,X_i = S\,m\,b_x, & M_x &\equiv \boldsymbol{\Sigma}\,M_{ix} = S\,m\,(y\,b_z - z\,b_y) \\ Y &\equiv \boldsymbol{\Sigma}\,Y_i = S\,m\,b_y, & M_y &\equiv \boldsymbol{\Sigma}\,M_{iy} = S\,m\,(z\,b_x - x\,b_z) \\ Z &\equiv \boldsymbol{\Sigma}\,Z_i = S\,m\,b_z, & M_z &\equiv \boldsymbol{\Sigma}\,M_{iz} = S\,m\,(x\,b_y - y\,b_x) \end{aligned}} \tag{410}$$

und insbesondere für die Bewegung eines Körpers (Scheibe) in der *Ebene*

$$\boxed{\begin{aligned} X &\equiv \boldsymbol{\Sigma}\,X_i = S\,m\,b_x, \quad Y \equiv \boldsymbol{\Sigma}\,Y_i = S\,m\,b_y, \\ M &\equiv \boldsymbol{\Sigma}\,M_i = S\,m\,(x\,b_y - y\,b_x). \end{aligned}} \tag{411}$$

Da eine entsprechende Aussage auch für Systeme von starren Körpern gilt, so können wir das d'Alembertsche Prinzip in der Form aussprechen:

Wenn man für einen starren Körper zu der Gruppe der eingeprägten Kräfte die jedem Teilchen zukommende Trägheitskraft hinzunimmt, erhält man eine Gleichgewichtsgruppe.

Die Aussage $S\,\mathfrak{Q}_i = 0$, macht den eigentlichen Kern des Prinzips aus, sie ist an sich plausibel und durch Einführung entsprechender „Gerüste", die den inneren Aufbau des Körpers darzustellen geeignet sind, bis zu einem gewissen Grade auch zu begründen. Das Prinzip stellt die *strenge* Gültigkeit fest — ein ähnlicher Schritt, wie er beim Prinzip der virtuellen Arbeiten vorkam — und greift damit über das vollständig Beweisbare hinaus. — Man kann auch sagen: Von der Kraft $\mathfrak{K}_i$ geht ein Teil $-\mathfrak{Q}_i$ für die Erzeugung der Beschleunigung des Teilchens m_i „verloren", und das d'Alembertsche Prinzip sagt dann aus, daß diese „verlorenen Kräfte" zusammen eine Gleichgewichtsgruppe bilden.

In dieser Form gilt das Prinzip nicht nur für den *einzelnen* starren Körper, sondern auch für *beliebig viele starre Körper*, die irgendwie durch Seile, Gelenke u. dgl. miteinander verbunden sind, — also für eine sog. *Körperkette:* die in den Verbindungen wirkenden *inneren* Kräfte sind dann für die Gesamtheit der Körper außer Betracht zu lassen.

Das Prinzip gilt aber auch für *jeden einzelnen starren Körper der Körperkette,* nur sind in diesem Falle die an den Verbindungsstellen wirkenden Kräfte zu den auf den betreffenden Einzelkörper wirkenden eingeprägten Kräften hinzuzunehmen; die dadurch entstehenden Gleichungen dienen dann gerade zur Bestimmung jener inneren Verbindungskräfte in den Gelenken, Seilen u. dgl. Das Prinzip bleibt demnach auch anwendbar, wenn einzelne Punkte der Körper auf irgendwelchen glatten oder rauhen Kurven geführt werden, sofern nur die Führungskräfte nach den in **38** enthaltenen Angaben hinzugenommen und bei der Bildung der Summen für die Kräfte und Momente in den vorstehenden Gln. (410) und (411) berücksichtigt werden.

Für die Punktdynamik ist die Heranziehung des d'Alembertschen Prinzips nicht unbedingt erforderlich. Seine volle Bedeutung gewinnt dieses Prinzip erst in der Dynamik der Körper von endlicher Ausdehnung, von denen hier nur die „starren" behandelt werden (Kap. V u. f.).

118. Beispiele. Wenn die eingeprägten Kräfte, wie es bei dem Auftreten des Eigengewichtes als „treibendes Agens" der Fall ist, *Gewichte G* sind, so ist es auch in der technischen Dynamik vorteilhaft, $G = m\,g$ zu setzen und in den Formeln $m\,g$ statt G beizubehalten, was auch im folgenden geschehen ist.

Beispiel 137. Für die *gezwungene Bewegung* eines Punktes auf einer glatten Leitkurve ist (wie in 85) die Führungskraft $\mathfrak{N}$ senkrecht zur Kurve anzusetzen, so daß die Gleichung folgt

$$\mathfrak{K} + \mathfrak{N} - m\,\mathfrak{b} = 0, \tag{412}$$

für welche unmittelbar die Komponentengleichungen angeschrieben werden können, die (da $\mathfrak{K} = m\,\mathfrak{b}_e$, $\mathfrak{N} = m\,\mathfrak{b}_z$) mit den Gln. (258) in 85 übereinstimmen (Abb. 148)

$$K \sin \psi = m\,\frac{dv}{dt}, \quad K \cos \psi + N = m\,\frac{v^2}{\varrho}. \tag{413}$$

Beispiel 138. Auflagerkraft D eines Körpers in einem bewegten Aufzug. Bei der mit b beschleunigten *Abwärts*bewegung ist die Trägheitskraft $m\,b$ nach aufwärts gerichtet, außerdem wirkt auf den Körper eingeprägt sein Gewicht G nach abwärts. Daraus folgt die Gleichung

$$D + m\,b = G = m\,g \quad \text{und} \quad D = m\,(g - b).$$

Wenn sich der Aufzug beschleunigt nach abwärts bewegt, ist $b > 0$, und solange $b < g$, wird $D > 0$; für $b = g$ wird $D = 0$, und wenn $b > g$, wird sogar $D < 0$, was Loslösung von der Unterlage bedeutet, wenn der Körper nicht an dieser festgehalten wird. Für Bewegung nach aufwärts wird $b < 0$, daher stets $D > m\,g$.

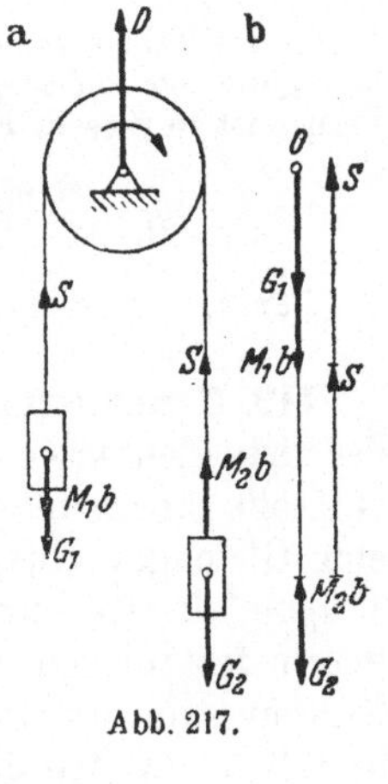

Beispiel 139. Bewegung zweier Massen M_1, M_2 an den Enden eines um eine masselose Rolle laufenden Seiles nach Abb. 217.

Wenn die Beschleunigung b der Rolle im Sinne des Drehpfeiles erfolgt, so haben die Trägheitskräfte $-M_1 b$ und $-M_2 b$ die in die Abb. 217 eingetragenen Richtungen; die Seilkraft sei S. Dann lauten die dynamischen Gleichungen der beiden Massen

$$\begin{cases} G_1 - S + M_1 b = 0, \\ -G_2 + S + M_2 b = 0. \end{cases}$$

Abb. 217.

Aus diesen folgt

$$b = \frac{G_2 - G_1}{M_1 + M_2}, \quad \text{und} \quad S = \frac{2 M_1 M_2}{M_1 + M_2}\,g. \tag{414}$$

Die Auflagerkraft der Rolle ist $D = 2S$.

Beispiel 140. Bewegung zweier durch ein Seil verbundener Punktmassen M_1 und M_2 auf zwei unter α_1 und α_2 geneigten Ebenen (*Bremsberg*, Abb. 218). Die gesuchte Beschleunigung sei b, positiv gerechnet, wenn M_1 nach abwärts geht.

Bei fehlender Reibung geben die Momente der in den Seilrichtungen wirkenden eingeprägten und Trägheitskräfte um den Mittelpunkt der Rolle unmittelbar die Gleichung $S_1 = S_2 = S$, oder

$$\mathsf{M}_1 g \sin \alpha_1 - \mathsf{M}_1 b = \mathsf{M}_2 g \sin \alpha_2 + \mathsf{M}_2 b,$$

woraus für b und S die Ausdrücke folgen:

$$b = \frac{\mathsf{M}_1 \sin \alpha_1 - \mathsf{M}_2 \sin \alpha_2}{\mathsf{M}_1 + \mathsf{M}_2} g = \text{konst.}, \quad S = \frac{\mathsf{M}_1 \mathsf{M}_2 (\sin \alpha_1 + \sin \alpha_2)}{\mathsf{M}_1 + \mathsf{M}_2} g. \quad (415)$$

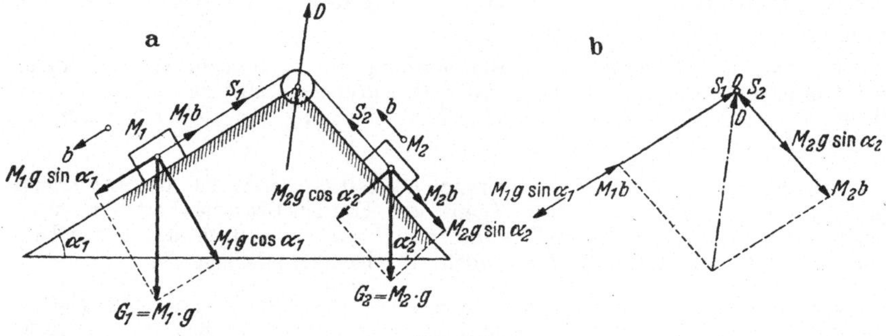

Abb. 218.

Dabei beachte man, daß die Normalkomponenten $\mathsf{M}_1 g \cos \alpha_1$ und $\mathsf{M}_2 g \cos \alpha_2$ durch die Führungskräfte der schiefen Ebenen aufgehoben werden.

Bei Vorhandensein von Reibung mit der Reibungszahl f ist zu setzen

$$\mathsf{M}_1 g \sin \alpha_1 - \mathsf{M}_1 b - f \mathsf{M}_1 g \cos \alpha_1 = \mathsf{M}_2 g \sin \alpha_2 + \mathsf{M}_2 b + f \mathsf{M}_2 g \cos \alpha_2,$$

woraus

$$b = \frac{\mathsf{M}_1 \sin \alpha_1 - \mathsf{M}_2 \sin \alpha_2 - f(\mathsf{M}_1 \cos \alpha_1 + \mathsf{M}_2 \cos \alpha_2)}{\mathsf{M}_1 + \mathsf{M}_2} g = \text{konst.} \quad (416)$$

Wenn der Zähler verschwindet, haben wir $b = 0$, d. h. bei vorhandener Anfangsbewegung *gleichförmige* Abwärtsbewegung, sonst Ruhe gegen die Unterlage. Ferner ist in diesem Falle die Seilkraft:

$$S = \frac{\mathsf{M}_1 \mathsf{M}_2 (\sin \alpha_1 + \sin \alpha_2) + f \mathsf{M}_1 \mathsf{M}_2 (\cos \alpha_2 - \cos \alpha_1)}{\mathsf{M}_1 + \mathsf{M}_2} g. \quad (417)$$

Für $\alpha_1 = \alpha_2 = 0$ erhält man als Sonderfall das vorhergehende Beispiel.

119. Formulierung des d'Alembertschen Prinzips mit Hilfe des Prinzips der virtuellen Arbeiten. Nach der Aussage des d'Alembertschen Prinzips entsteht für irgendeinen bewegten Körper oder ein System von Körpern eine Gleichgewichtsgruppe, wenn zu den eingeprägten Kräften noch die Trägheitskräfte hinzugenommen werden. Dabei ist wichtig, von vornherein festzulegen, welche Körper zu dem System zu zählen sind; das System kann entweder ein *Punkthaufen* sein oder aus starren Körpern bestehen. An den Stellen, wo diese Körper mit anderen — nicht zu dem System gehörigen — verbunden oder längs diesen geführt sind, sind (nach der Formulierung, die wir bisher kennengelernt haben) die Auflager- und Führungskräfte anzubringen und zu den eingeprägten hinzuzunehmen. Die eingeprägte Kraft für das Teilchen m_i sei durch $\Re_i (X_i, Y_i, Z_i)$ gegeben. Ferner sei durch die Kraft $\mathfrak{Q}_i (Q_{ix}, Q_{iy}, Q_{iz})$ der Einfluß des übrigen Systems auf das Teilchen m_i, also die auf m_i

wirkende „innere Kraft" gegeben. Die Bewegungsgleichungen für m_i lauten daher

$$m_i\,\ddot{x}_i = X_i + Q_{ix}, \quad m_i\,\ddot{y}_i = Y_i + Q_{iy}, \quad m_i\,\ddot{z}_i = Z_i + Q_{iz}.$$

Multipliziert man diese Gleichungen mit δx_i, δy_i, δz_i, die die Komponenten irgendeines „virtuellen" Weges $\delta\mathfrak{s}_i$ bezeichnen, und addiert sie für alle Teilchen m_i, so verlangt das d'Alembertsche Prinzip, da die inneren Kräfte nur von der gegenseitigen Wirkung der Teilchen aufeinander herrühren, daß diese inneren Kräfte zusammen für sich im Gleichgewicht sind, also

$$S\,(Q_{ix}\,\delta x_i + Q_{iy}\,\delta y_i + Q_{iz}\,\delta z_i) = 0 \tag{418}$$

ist; es folgt daher

$$\boxed{S\,m_i\,(\ddot{x}_i\,\delta x_i + \ddot{y}_i\,\delta y_i + \ddot{z}_i\,\delta z_i) = \Sigma\,(X_i\,\delta x_i + Y_i\,\delta y_i + Z_i\,\delta z_i),} \tag{419}$$

oder durch Einführung der Vektorschreibweise:

$$\boxed{S\,m_i\,\mathfrak{b}_i\,\delta\mathfrak{s}_i = \Sigma\,\mathfrak{K}_i\,\delta\mathfrak{s}_i.} \tag{420}$$

Setzt man umgekehrt darin alle $\delta\mathfrak{s}_i = \delta\mathfrak{s}$, so erhält man die „Kräftegleichung"

$$S\,m_i\,\mathfrak{b}_i = \Sigma\,\mathfrak{K}_i;$$

und setzt man $\delta\mathfrak{s}_i = \overline{\delta\varphi}\times\mathfrak{r}_i$, wobei der Drehvektor $\overline{\delta\varphi}$ für alle Punkte des Körpers derselbe ist, und benützt die Umformung nach Gl. (31)

$$\mathfrak{b}_i\,(\overline{\delta\varphi}\times\mathfrak{r}_i) = \overline{\delta\varphi}\,(\mathfrak{r}_i\times\mathfrak{b}_i),$$

so ergibt sich die „Momentengleichung"

$$S\,m_i\,(\mathfrak{r}_i\times\mathfrak{b}_i) = \Sigma\,(\mathfrak{r}_i\times\mathfrak{K}_i). \tag{421}$$

Dabei sind die linken Summen über alle vorhandenen Massen, die rechten bei glatten Führungen nur über alle vorhandenen eingeprägten Kräfte zu erstrecken.

Die virtuellen Verschiebungen sind ja gerade dadurch definiert, daß sie mit den geometrischen Bedingungen der Aufgabe im Einklang stehen; die Arbeiten der Führungskräfte bei diesen Verschiebungen sind Null, weil diese zu den Kräften senkrecht stehen. Dasselbe gilt von den auftretenden Haftreibungen, weil die zugehörige virtuelle Verschiebung selbst Null ist.

Es liegt nun nahe, den Wirkungsbereich dieser Formulierung des Prinzips dadurch zu erweitern, daß bei den Verschiebungen jedesmal *eine* Auflagerbedingung freigegeben und die Arbeit der dann tatsächlich Arbeit leistenden Auflagerkraft in Rechnung gestellt wird. Dann kann das Prinzip auch zur Bestimmung der Führungs- und Auflagerkräfte selbst dienen, wobei aber zu beachten ist, daß die Verschiebungen nicht mehr „virtuelle" (im eigentlichen Sinn) sind.

Bei *rauhen* Führungen sind jedoch die Reibungskräfte zu den eingeprägten hinzuzunehmen und ihre Arbeiten in die Rechnung einzusetzen. *Bewegungsreibungen sind also wie eingeprägte Kräfte zu behandeln,* wie dies auch schon in **12** c zum Ausdruck gelangt ist.

IV. Schwingungen von Systemen mit zwei Freiheitsgraden. Stabilität.

120. Ansatz der Bewegungsgleichungen. Eigenschwingungen. Bei vielen Anwendungen der Mechanik spielt die Frage nach den sog. *Eigenschwingungen* und nach den *Schwingzeiten* und *Frequenzen*, die diesen zugehören, eine hervorragende Rolle. Als *Eigenschwingungen* bezeichnet man solche, die ohne Hinzutreten periodisch wirkender eingeprägter Kräfte in einem System bestehen können. Die in Rede stehenden Anwendungen betreffen einerseits Schwingungen um eine Gleichgewichtslage und andererseits Schwingungen um einen „stationären Bewegungszustand". Als einfaches Beispiel hierfür sei etwa das gleichförmig umlaufende Kegelpendel genannt; der gleichförmige Umlauf einer Maschine mit Fliehkraft-Regler ist ein wichtiges Beispiel für diese Bewegungsform aus den technischen Anwendungen.

Zunächst ist die folgende Bemerkung unmittelbar einzusehen.

Damit in einem System überhaupt Schwingungen auftreten können, müssen — etwa bei Störungen aus der Gleichgewichtslage heraus — durch das System selbst und ohne weitere äußere Einwirkungen solche Kräfte ins Spiel treten, die das System wieder in die Gleichgewichtslage zurückzuziehen streben.

Die Frage nach der Beschaffenheit der in einem dynamischen System möglichen Schwingungen ist daher aufs engste verknüpft mit der Frage nach der *Stabilität* eines Gleichgewichts- oder Bewegungszustandes, worüber weiter unten das Wichtigste gesagt werden wird.

Um die *Schwingzeiten* in einem System von Punkten (oder Körpern) zu ermitteln, werden die Bewegungsgleichungen für *kleine* Ausweichungen aus der Gleichgewichtslage (oder aus einem stationären Bewegungszustande) angesetzt und Lösungen von der Form von cos- oder sin-Schwingungen gesucht; und zwar sollen diese Lösungen so beschaffen sein, daß sie für alle Koordinaten *dieselben* Funktionen der Zeit enthalten.

Für *einen* Freiheitsgrad lautete die Bewegungsgleichung eines solchen Systems (siehe **75**):

$$m\ddot{x} = -c\,x \qquad \text{oder} \qquad m\ddot{x} + c\,x = 0,$$

aus der sich die Schwingdauer T durch $T = 2\,\pi\,\sqrt{m/c}$ unmittelbar berechnen läßt.

In der folgenden Zahlentafel (S. 260/261) ist eine Übersicht über verschiedene Fälle solcher „eingliedriger" oder „einfacher Schwinger" gegeben, für die die Schwingdauern nach diesem Schema zu bestimmen sind.

121. Zweigliedrige Schwinger. Der Frequenzenkreis. Für Systeme mit *zwei* Freiheitsgraden (x, y) nehmen wir die Bewegungsgleichungen für kleine Abweichungen von der Gleichgewichtslage in der besonderen Form an

$$\left.\begin{aligned} m\,\ddot{x} &= -a\,x - b\,y, \\ m'\ddot{y} &= -b\,x - c\,y, \end{aligned}\right\} \tag{422}$$

die dadurch gekennzeichnet ist, daß der Koeffizient von y in der ersten mit dem von x in der zweiten Gleichung übereinstimmt, und a und c, sowie auch $ac-b^2$ *positiv* sein sollen. Dadurch, daß in der Gleichung für x auch das y und in der für y auch das x vorkommt, sind die beiden Freiheitsgrade nicht voneinander unabhängig, sondern miteinander *gekoppelt*.

Die Gln. (422) lassen sich auch in der Form schreiben

$$m\ddot{x} = -\frac{\partial \mathsf{U}}{\partial x}, \qquad m'\ddot{y} = -\frac{\partial \mathsf{U}}{\partial y}, \tag{423}$$

wenn

$$\mathsf{U} = \tfrac{1}{2}\,(a\,x^2 + 2b\,x\,y + c\,y^2) \tag{424}$$

die potentielle Energie des Systems bedeutet. Die Bedingung $ac-b^2 > 0$ besagt dann, daß die Funktion $\mathsf{U}(x, y)$ für reelle x, y *nur positiver* Werte fähig ist, und nur für $x = 0, y = 0$ Null werden kann. Eine solche Funktion oder „Form" nennt man *positiv definit*.

Um die in diesem System möglichen Schwingzeiten zu ermitteln, suchen wir solche Lösungen dieser Gleichungen, bei denen alle Koordinaten mit derselben Periode und Phase veränderlich sind, d. h. wir suchen diesen Gleichungen zu genügen durch einen Ansatz von der Form

$$x = A\cos(\omega\,t + \alpha), \qquad y = B\cos(\omega\,t + \alpha), \tag{425}$$

gehen damit in die Bewegungsgleichungen hinein und erhalten nach Weglassung des gemeinsamen Faktors $\cos(\omega\,t + \alpha)$ die Gleichungen

$$\left.\begin{aligned}(-m\,\omega^2 + a)\,A + b\,B &= 0, \\ b\,A + (-m'\omega^2 + c)\,B &= 0.\end{aligned}\right\} \tag{426}$$

Damit diese Gleichungen von Null verschiedene Lösungen A, B haben, ist notwendig, daß die Determinante ihrer Koeffizienten verschwindet; diese bezeichnen wir (nach Division durch $m\,m'$) mit $\Delta(\omega^2)$ und erhalten

$$\begin{aligned}\Delta(\omega^2) &\equiv \left(\omega^2 - \frac{a}{m}\right)\left(\omega^2 - \frac{c}{m'}\right) - \frac{b^2}{m\,m'} \\ &= \omega^4 - \left(\frac{a}{m} + \frac{c}{m'}\right)\omega^2 + \frac{ac-b^2}{m\,m'} = 0.\end{aligned} \tag{427}$$

Dieselbe Gleichung ergibt sich auch durch Gleichsetzung der Verhältnisse A/B, die aus den beiden Gln. (426) gerechnet werden können.

Die Wurzeln dieser sog. *charakteristischen* oder der *Säkulargleichung* sind die *Eigenschwingzahlen*, die in dem gegebenen System möglich sind. Und zwar findet man i. a. *zwei verschiedene* Wurzeln ω_1^2 und ω_2^2 mit den zugehörigen Schwingzeiten $T_1 = 2\pi/\omega_1$ und $T_2 = 2\pi/\omega_2$. Wenn man beachtet, daß für

$$\omega = \frac{a}{m} \quad \text{und} \quad \omega = \frac{c}{m'}, \quad \Delta(\omega^2) = -\frac{b^2}{m\,m'}, \tag{428}$$

und für

$$\omega = 0 \quad \text{und} \quad \omega = \left(\frac{a}{m} + \frac{c}{m'}\right), \quad \Delta(\omega^2) = \frac{ac-b^2}{m\,m'}\ (> 0!) \tag{429}$$

ist, so findet man für $\Delta(\omega^2)$ in Abhängigkeit von ω^2 die in Abb. 219 eingezeichnete *Parabel*, deren Schnittpunkte mit der ω^2-Achse die Quadrate der gesuchten Eigenschwingzahlen ω_1^2 und ω_2^2 sind. (In Abb. 219 ist ω^2 statt λ^2 zu setzen.)

17*

Einfache Schwinger

Beispiele: $DGl.:\ M\ddot{x} + cx = 0$		Kennzeichnung	Koord. x	M	c	$\omega^2 = c/M$	$T = 2\pi/\omega$
	1	mathem. Pendel	φ	ml	mg	$\dfrac{g}{l}$	$2\,\pi\sqrt{\dfrac{l}{g}}$
	1a	physik. Pendel	φ	$J = mk^2$	mga	$\dfrac{ga}{k^2}$	$2\,\pi\sqrt{\dfrac{k^2}{ga}}$
	2	Punktmasse an Feder	x	m	c	$\dfrac{c}{m}$	$2\,\pi\sqrt{\dfrac{m}{c}}$
	3	Längsschwingungen einer Punktmasse auf elastischem Stab	x	m	$\dfrac{4\,EF}{l}$	$\dfrac{4\,EF}{ml}$	$\pi\sqrt{\dfrac{ml}{EF}}$
	4	Saite mit Punktmasse m (Querschwingungen)	w	m	$S\left[\dfrac{1}{a} + \dfrac{1}{b}\right]$	$\dfrac{S\left[\dfrac{1}{a} + \dfrac{1}{b}\right]}{m}$	$2\,\pi\sqrt{\dfrac{m}{S}\dfrac{ab}{a+b}}$
$a = b$	4a	desgleichen Masse in der Mitte	w	m	$\dfrac{4S}{l}$	$\dfrac{4S}{ml}$	$\pi\sqrt{\dfrac{ml}{S}}$

ähnlich wie 5a mit Abständen a, b	5	biegesteifer Stab mit Punktmasse m (Querschwingungen)	w	m	$3\,EJ\dfrac{l}{a^2 b^2}$	$\dfrac{3\,EJl}{m\,a^2 b^2}$	$2\pi\sqrt{\dfrac{m\,a^2 b^2}{3\,EJl}}$
	5a	beiderseits aufliegend, Masse in der Mitte	w	m	$\dfrac{48\,EJ}{l^3}$	$\dfrac{48\,EJ}{m\,l^3}$	$\dfrac{\pi}{2}\sqrt{\dfrac{m\,l^3}{3\,EJ}}$
	5b	beiderseits eingespannt	w	m	$\dfrac{192\,EJ}{l^3}$	$\dfrac{192\,EJ}{m\,l^3}$	$\dfrac{\pi}{4}\sqrt{\dfrac{m\,l^3}{3\,EJ}}$
	5c	einseitig eingespannt, Masse am Ende	w	m	$\dfrac{3\,EJ}{l^3}$	$\dfrac{3\,EJ}{m\,l^3}$	$2\pi\sqrt{\dfrac{m\,l^3}{3\,EJ}}$
G = Gleitmodul J_p = pol. T.M.d.Welle	6	Drehmasse auf einer Welle (Drehschwingungen einer Welle)	φ	J Massen-TM d. Scheibe	$\dfrac{GJ_p}{l}$	$\dfrac{GJ_p}{Jl}$	$2\pi\sqrt{\dfrac{Jl}{GJ_p}}$
	7	Wassersäule in U-Rohr von gleichem Querschnitt	x	ϱFl	$2\,\varrho g F$	$\dfrac{2g}{l}$	$2\pi\sqrt{\dfrac{l}{2g}}$

Aus der Abbildung ersieht man, daß die Wurzeln ω_1^2 und ω_2^2 beide positiv sind, und daß die Bedingung $a\,c - b^2 > 0$ hierfür wesentlich ist. Man sieht auch, daß die kleinere Wurzel ω_1^2 kleiner als a/m, die größere ω_2^2 größer als c/m' ist, wobei a/m und c/m' die Quadrate der Kreisfrequenzen der nicht gekoppelten Schwingungen der einzeln schwingenden Freiheitsgrade sind.

Da die Bewegungsgleichungen *linear* sind, so können die beiden, den Wurzeln ω_1^2 und ω_2^2

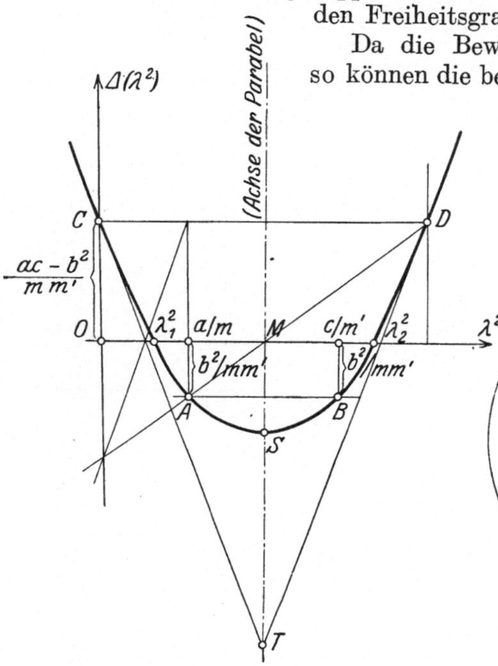

<table><tr><td>Abb. 219.</td><td>Abb. 220.</td></tr></table>

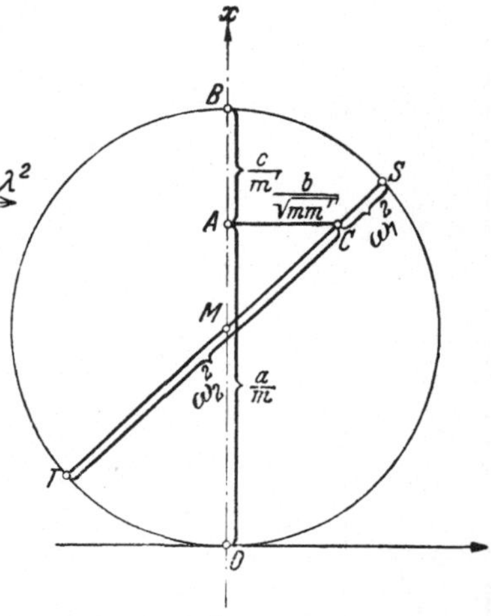

entsprechenden Lösungen überlagert werden, sodaß wir in den Gleichungen

$$x = A_1 \cos(\omega_1\,t + \alpha_1) + A_2 \cos(\omega_2\,t + \alpha_2) \left.\right\}$$
$$y = B_1 \cos(\omega_1\,t + \alpha_1) + B_2 \cos(\omega_2\,t + \alpha_2) \left.\right\}$$

$$(430)$$

die allgemeine Lösung des Problems vor uns haben. Dabei ist jedoch zu beachten, daß die Konstanten A, B nicht voneinander unabhängig, sondern durch die Gln. (426) miteinander verbunden sind, und zwar ist

$$\frac{A_1}{B_1} = -\frac{b}{a - m\omega_1^2}, \qquad \frac{A_2}{B_2} = \frac{b}{m\omega_2^2 - a}.$$

$$(431)$$

Bei negativen Werten von b — dieser Fall wird in den unten folgenden Beispielen auftreten — sind daher B_1 und A_1 von gleichem, B_2 und A_2 von verschiedenem Vorzeichen; dies äußert sich dadurch, daß die Schwingungsform für den kleineren Wert ω_1^2 *knotenpunktsfrei*, die für den größeren Wert ω_2^2 *mit einem Knotenpunkt* verläuft — ein Sonderfall eines allgemeinen Theorems, das auch bei allgemeineren Schwingungsvorgängen in entsprechender Weise wiederkehrt.

Der hier entwickelte Vorgang zur Ermittlung der Eigenschwingungszahlen bleibt auch für Systeme mit mehr als zwei — aber mit einer endlichen Anzahl — Freiheitsgraden unverändert in Geltung. Für ein System mit n Freiheitsgraden wird die Determinantengleichung $\Delta(\omega^2)$ von der Ordnung $2n$ und ihre Wurzeln $\omega_1^2, \ldots \omega_n^2$ stellen die Quadrate der Eigenschwingungszahlen des Systems dar.

Eine einfache graphische Konstruktion zur Ermittlung der Eigenfrequenzen bei Systemen mit zwei Freiheitsgraden (wie auch zur Bestimmung der „Eigenwerte" jedes Tensors zweiter Stufe) erfolgt mitttels des Landschen (oder Mohrschen) Kreises. Hierzu trage man nach Abb. 220 in einem geeignet gewähltem Maßstabe

$$m_{\omega^2} = \frac{\ldots\,[s^{-2}]}{1\,\text{cm}}$$

die Strecken auf:

$$\overline{OA} = a/m, \quad \overline{AB} = c/m', \quad \overline{AC} = b^2/m\,m',$$

schlage über $\overline{OB}$ als Durchmesser einen Kreis und markiere die Schnittpunkte S, T der Verbindungslinie $M\,C$ mit diesem Kreise; dann ist in dem gewählten Maßstabe

$$\overline{CS} = \omega_1^2, \quad \overline{CT} = \omega_2^2.$$

Der Beweis ergibt sich einfach durch Ausrechnung; es ist

$$\overline{OM} = \overline{MB} = \frac{1}{2}\left(\frac{a}{m} + \frac{c}{m'}\right), \quad \overline{MA} = \frac{1}{2}\left(\frac{a}{m} - \frac{c}{m'}\right), \quad \overline{MC} = \sqrt{\frac{1}{2}\left(\frac{a}{m} - \frac{c}{m'}\right)^2 + \frac{b^2}{m\,m'}},$$

und

$$\left.\begin{array}{r}\overline{CS}\\[2pt]\overline{CT}\end{array}\right\} = \frac{1}{2}\left(\frac{a}{m} + \frac{c}{m'}\right) \mp \sqrt{\frac{1}{4}\left(\frac{a}{m} + \frac{c}{m'}\right)^2 - \frac{ac - b^2}{m\,m'}} = \left\{\begin{array}{l}\omega_1^2\\[2pt]\omega_2^2\end{array}\right. \tag{432}$$

wie es sein muß. Dieser Kreis heißt der „Frequenzenkreis".

122. Anwendungen.

Beispiel 141. Eigenschwingungen zweier gleicher Massen m, m auf einem mit S gespannten Drahte nach Abb. 221. Die Bewegungsgleichungen lauten

$$\left.\begin{array}{l}m\,\ddot{x} = -S\,\dfrac{x}{l} + S\,\dfrac{y-x}{2\,l'} = -S\left(\dfrac{1}{l} + \dfrac{1}{2\,l'}\right)x + \dfrac{S}{2\,l'}\,y,\\[14pt]m\,\ddot{y} = -S\,\dfrac{y}{l} - S\,\dfrac{y-x}{2\,l} = \dfrac{S}{2\,l'}\,x - S\left(\dfrac{1}{l} + \dfrac{1}{2\,l'}\right)y,\end{array}\right\} \tag{433}$$

die Determinantengleichung wird in diesem Falle

$$\Delta(\omega^2) \equiv \omega^4 - 2\,\frac{S}{m}\left(\frac{1}{l} + \frac{1}{2\,l'}\right)\omega^2 + \frac{S^2}{m^2}\left(\frac{1}{l} + \frac{1}{2\,l'}\right)^2 - \frac{S^2}{4\,m^2\,l'^2} = 0. \tag{434}$$

Diese Gleichung kann als ein vollständiges Quadrat geschrieben werden; es ist dann

$$\omega^2 = \frac{S}{m}\,\frac{l + 2\,l'}{2\,l\,l'} \pm \frac{S}{2\,m\,l'},$$

und die Wurzeln sind

$$\omega_1^2 = \frac{S}{m\,l}, \quad \omega_2^2 = \frac{S}{m}\,\frac{l + l'}{l\,l'}. \tag{435}$$

In diesem Falle zerfällt die Parabel $\Delta(\omega^2) = 0$ in ein Geradenpaar senkrecht zur ω-Achse. Die beiden Formen der Eigenschwingungen sind durch Abb. 221a und b dargestellt: die erste ist knotenpunktsfrei, die zweite besitzt einen Knotenpunkt k.

Beispiel 142. Das Doppelpendel. Von einem festen Punkte O hängt an einem Faden von der Länge l eine Masse m und an dieser an einem Faden von der Länge l' eine zweite Masse m'.

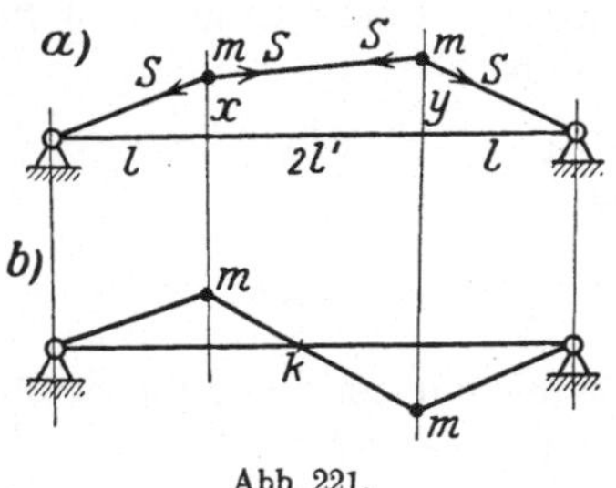

Abb. 221.

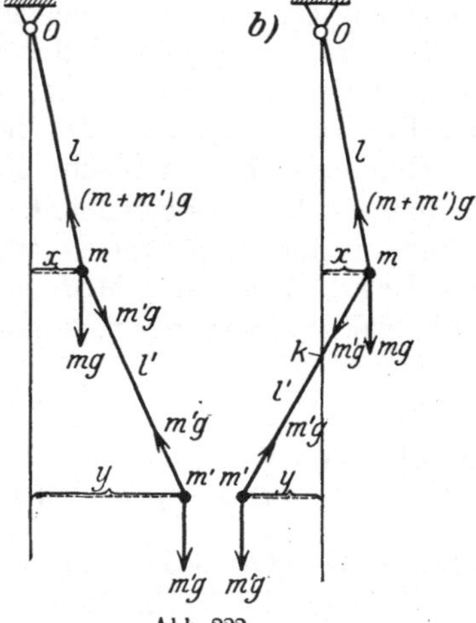

Abb. 222.

Man ermittle die Eigenschwingungen unter der Voraussetzung, daß die ganze Bewegung in einer lotrechten Ebene verläuft.

Da die Fadenkraft im unteren Faden sehr nahe gleich $m\,g$ und im oberen $(m + m')\,g$ gesetzt werden kann, so lauten nach Abb. 222 die Gleichungen für kleine Bewegungen einfach

$$m\,\ddot{x} = -(m + m')\,g\,\frac{x}{l} + m'g\,\frac{y-x}{l'} = -\left[(m+m')\,\frac{g}{l} + m'\,\frac{g}{l'}\right]x + \frac{m'g}{l'}\,y, \left.\vphantom{\begin{matrix}1\\1\\1\end{matrix}}\right\} \tag{436}$$
$$m'\,\ddot{y} = -m'g\,\frac{y-x}{l'} = \frac{m'g}{l'}\,x - \frac{m'g}{l'}\,y.$$

Die Determinantengleichung $\Delta(\omega^2) = 0$ nimmt daher, wenn $m'/m = \mu$ gesetzt wird, die Form an

$$\Delta(\omega^2) \equiv \begin{vmatrix} \omega^2 - \dfrac{(1+\mu)\,g}{l} - \dfrac{\mu\,g}{l'}, & \dfrac{\mu\,g}{l'} \\[2ex] \dfrac{g}{l'}, & \omega^2 - \dfrac{g}{l'} \end{vmatrix} = 0,$$

und ausgeschrieben

$$\Delta(\omega^2) \equiv \omega^4 - (1+\mu)\,g\left(\frac{1}{l} + \frac{1}{l'}\right)\omega^2 + (1+\mu)\,\frac{g^2}{l\,l'} = 0. \tag{437}$$

Die Formen der beiden möglichen Eigenschwingungen sind in Abb. 222a und b dargestellt; aus diesen setzen sich alle möglichen Schwingungen durch lineare Überlagerung zusammen.

Beispiel 143. Das einfachste dynamische Reglerproblem. Gegeben ist eine Maschinenanlage, deren Hauptwelle im Beharrungszustande mit konstanter Drehgeschwindigkeit ω umläuft. Zu irgendeiner Zeit trete in der Belastung eine Störung ein. Die Forderung, die der Betrieb an die Maschine stellt, besteht darin, die durch die Störung hervorgerufene Änderung von ω so klein als möglich zu halten und so rasch als möglich wieder zu beseitigen.

Zur Erfüllung dieser Forderung dient der *Regler*, der — in seiner einfachsten Form — als ein Mechanismus mit zwei Freiheitsgraden und bestimmten dynamischen Eigenschaften anzusehen ist, und für den das Kegelpendel das einfachste Beispiel darstellt (Beispiel 22 u. 90). Die Welle des Reglers ist mit der Hauptwelle der Maschine

zwangläufig verbunden, so daß deren Drehwinkel als der eine Freiheitsgrad für den
Regler gelten kann. Der zweite ist der Ausschlagwinkel ϑ der Schwungkugeln,
der durch das Reglergestänge auf das Steuerorgan (Ventil, Schieber, Drehklappe)
des Treibmittels der Maschine übertragen wird. Diese Einwirkung erfolgt derart,
daß bei Entlastung der Maschine, bei der ω steigt, die Zufuhr des Treibmittels ver-
ringert, also das auf die Welle übertragene Drehmoment verkleinert, und umgekehrt
bei Belastung vergrößert wird. Durch diese Verbindung mit dem Steuerorgan der
Maschine werden die beiden Freiheitsgrade des Reglers, der selbst ein schwingungs-
fähiges System ist, miteinander gekoppelt. Dadurch wird die Regelung der Kraftmaschinen zu einem Problem der Schwingungslehre mit mehreren Freiheitsgraden.

In der einfachsten Form handelt es sich um ein Schwingungsproblem mit
zwei Freiheitsgraden. Es sind daher zwei Bewegungsgleichungen erforderlich, die
hier als „Maschinengleichung" und als „Reglergleichung" bezeichnet werden.

Für die Aufstellung dieser Gleichung seien hier nur die folgenden Andeutungen
gegeben: a) Die Maschinengleichung wird in der Form: Trägheitsmoment (J) der
umlaufenden Teile der Maschine $\times$ Drehbeschleunigung $\dot{\omega} = $ dem einwirkenden
Drehmoment; dieses wird nach dem Gesagten wegen der Art der Kopplung,
proportional $-\vartheta$ angesetzt. Also lautet die Maschinengleichung

$$J\,\dot{\omega} = -c\,\vartheta. \tag{438}$$

b) Die Reglergleichung gibt die Bewegung der Reglermassen (m) und hat die
Form: Masse $\times$ Beschleunigung = Summe der Kräfte. Eine dieser Kräfte rührt
von der Änderung von ω her und ist als ein mit ω proportionales Glied $a\omega$ einzuführen; eine zweite Kraft rührt her von der Änderung der Reglerstellung und
ist (wie beim Pendel!) durch $-b\,\vartheta$ gegeben. Die Reglergleichung lautet daher:

$$m\,\ddot{\vartheta} = a\,\omega - b\,\vartheta, \quad \text{oder} \quad m\,\ddot{\vartheta} + b\,\vartheta = a\,\omega. \tag{439}$$

Links steht derselbe Ausdruck wie in der einfachen Pendelgleichung, rechts das
Kopplungsglied.

Die Elimination von ω liefert die folgende Differentialgleichung dritter Ordnung

$$m\,\dddot{\vartheta} + \frac{ac}{J}\,\vartheta + b\,\dot{\vartheta} = 0, \tag{440}$$

die die einfachste Form der Schwingungsgleichung für den Regelvorgang darstellt.
Der Ansatz $\vartheta = A\,e^{\lambda t}$ (oder $\omega = B\,e^{\lambda t}$) führt auf die folgende Bestimmungs-
gleichung für λ:

$$\lambda^3 + \frac{ac}{J} + \frac{b}{m}\,\lambda = 0, \tag{441}$$

eine algebraische Gleichung dritten Grades, an die sich die weitere Diskussion
des Regelvorgangs anschließt.

Beispiel 144. Fahrzeuge. In der Dynamik der Fahrzeuge sind für die 6 Bewegungsmöglichkeiten oder Freiheitsgrade im Raume (3 Verschiebungen parallel

Bezeichnungen für die Freiheitsgrade der Fahrzeuge.

Fahrzeug	parallel zur Längs-achse (x)	parallel zur Quer-achse (y)	parallel zur Hoch-achse (z)	um x	um y	um z
Lokomotive	Zucken	—	Wogen	Wanken	Nicken	Schlingern
Kraftfahrzeug	Stoßen	—	Wogen	Wanken	Nicken	Flattern
Schiff	—	—	Wogen (Tauchen)	Rollen (Krängen, Schlingern)	Stampfen	Gieren
Flugzeug	Stoßen	Abtreiben	Wogen	Rollen	Kippen	Drehen

zu den Hauptachsen, 3 Drehungen um diese) besondere Bezeichnungen in Gebrauch, die in der folgenden Tafel zusammengestellt sind. Die Schwingungen, die diesen Freiheitsgraden entsprechen, sind durch die Verteilung der Massen, Trägheitsmomente, Federkräfte u. dgl. bestimmt und werden nach den Methoden der Schwingungslehre ermittelt.

123. Stabilität eines Gleichgewichtszustandes. *Die statische Stabilität* eines Gleichgewichtszustandes wird, wie schon in **121** angedeutet, nach dem Verhalten der einwirkenden eingeprägten Kräfte bei einer kleinen Störung beurteilt. Wenn die einwirkenden Kräfte das System in der gestörten Lage wieder in seine Gleichgewichtslage zurückzuführen streben, so nennt man diese *statisch-stabil*, sonst *-labil*; ist in der gestörten Lage keinerlei Tendenz auf Vergrößerung oder Verkleinerung der Störung vorhanden, so bezeichnet man die Gleichgewichtslage als *statisch-indifferent*. Durch diese Rückführungstendenz allein ist aber die Beschaffenheit der Gleichgewichtslage noch nicht eindeutig erkennbar, da diese bei der Rückbewegung durchschritten werden und auf der anderen Seite der Gleichgewichtslage zu vergrößerten Anschlägen führen kann.

Die statische Betrachtung muß daher durch eine *dynamische* Untersuchung ergänzt werden, die den Zweck hat, festzustellen, welcher Art die Bewegung ist, die das System in der gestörten Lage unter der Wirkung der dort einwirkenden Kräfte und unter Berücksichtigung der durch diese in Bewegung gesetzten Massen ausführt. Wenn das System durch diese Kräfte entweder *ohne Schwingungen* in seine Gleichgewichtslage zurückgebracht wird, oder wenn es weiterhin Schwingungen mit abnehmenden oder wenigstens nicht zunehmenden Schwingweiten ausführt, so nennt man die Gleichgewichtslage *dynamisch-stabil*. Beispiel: Schwerer Massenpunkt im tiefsten Punkt einer Kugelschale. — Wird dagegen das System durch die in der Nachbarlage auftretenden Kräfte entweder *noch weiter* aus seiner Gleichgewichtslage entfernt, oder wird es zwar in diese zurückgebracht, führt aber weiterhin Schwingungen mit *zunehmender* Amplitude aus, so nennt man die Gleichgewichtslage *dynamisch-instabil*. Beispiel: Schwerer Massenpunkt im höchsten Punkt einer Kugel. — Im Grenzfalle kann es vorkommen, daß in der Nachbarlage *gar keine Tendenz* vorhanden ist, das System nach der einen oder anderen Seite zu bewegen, so daß also die Summe der einwirkenden Kräfte auch in der Nachbarlage Null ist; in diesem Falle bezeichnet man die Gleichgewichtslage als *indifferent*. Beispiel: Schwerer Massenpunkt auf einer waagrechten Ebene.

Fassen wir diese Definition mit den Entwicklungen der letzten Abschnitte zusammen, so erkennen wir unmittelbar, daß die Kriterien, die das Auftreten von Schwingungen sicherstellen, von selbst auch für die Stabilität entscheidend sind. Es kommt alles auf die Beschaffenheit der potentiellen Energie U in der Nähe der Gleichgewichtsstellung an. Diese ist für Systeme mit einem Freiheitsgrad von der Form

$$U = \tfrac{1}{2}\, a\, x^2,$$

und Stabilität in der Lage $x = 0$ ist demnach vorhanden, sobald

$$\boxed{a \equiv \left(\frac{\partial^2 U}{\partial x^2}\right)_{x=0} > 0.} \tag{442}$$

Für Systeme mit zwei Freiheitsgraden ist

$$\mathsf{U} = \tfrac{1}{2}\,(a\,x^2 + 2b\,x\,y + c\,y^2)$$

und die Bedingungen für *Stabilität* lauten

$$\boxed{a > 0,\quad a\,c - b^2 > 0\,.} \tag{443}$$

Offenbar ist mit diesen beiden auch von selbst die früher genannte dritte Bedingung $c > 0$ erfüllt.

Treten an die Stelle der Zeichen $>$ die Zeichen $<$, so hat man *Instabilität*, sind Gleichheitszeichen in Geltung, so liegt *indifferentes Gleichgewicht* vor.

Stabilität ist also vorhanden, sobald die potentielle Energie U *in der Gleichgewichtslage ein wirkliches Minimum hat.* Daß die angegebenen Gln. (443) tatsächlich die notwendigen und hinreichenden Bedingungen für das Minimum von U sind, erkennt man auch durch Betrachtung der folgenden Identität

$$\mathsf{U} = \frac{1}{2}\,(a\,x^2 + 2\,b\,x\,y + c\,y^2) \equiv \frac{1}{2\,a}\,\left[(a\,x + b\,y)^2 + (a\,c - b^2)\,y^2\right].$$

Damit dieser Ausdruck *für alle* x, y in der Umgebung der Gleichgewichtslage positiv ausfällt, ist notwendig und hinreichend, daß $a > 0$, was durch Betrachtung der Stellen $y = 0$ hervorgeht, und $a\,c - b^2 > 0$, was durch Betrachtung der Punkte auf der Geraden $a\,x + b\,y = 0$, also $y/x = -\,a/b$ folgt.

Ähnliche Bedingungen gelten auch für Systeme *mit mehr als zwei* (aber endlich vielen!) Freiheitsgraden, auf deren Ableitung hier aber nicht eingegangen werden kann.

Beispiel 145. Stabilität des Gleichgewichts zweier Gewichte P, Q, von denen nach Abb. 223 Q am Ende eines Fadens D und P an einem Ringe bei C befestigt ist.

Als Koordinate wählen wir den Winkel α; dann ist die potentielle Energie, da die Höhenlage von P durch die Strecke $\overline{CM} = c\,\mathrm{ctg}\,\alpha$ und die von Q durch die Summe $\overline{AC} + \overline{CB} = 2c/\sin\alpha$ gegeben ist, wenn die lotrechten Koordinaten nach unten positiv gerechnet werden,

$$\mathsf{U} = -P\,c\,\mathrm{ctg}\,a + 2\,Q\,\frac{c}{\sin\alpha}\,.$$

Daher gibt die Gleichung

$$\frac{\partial \mathsf{U}}{\partial \alpha} = P\,c\,\frac{1}{\sin^2\alpha} - 2\,Q\,\frac{c\,\cos\alpha}{\sin^2\alpha} = 0$$

oder

$$P = 2\,Q\,\cos\alpha$$

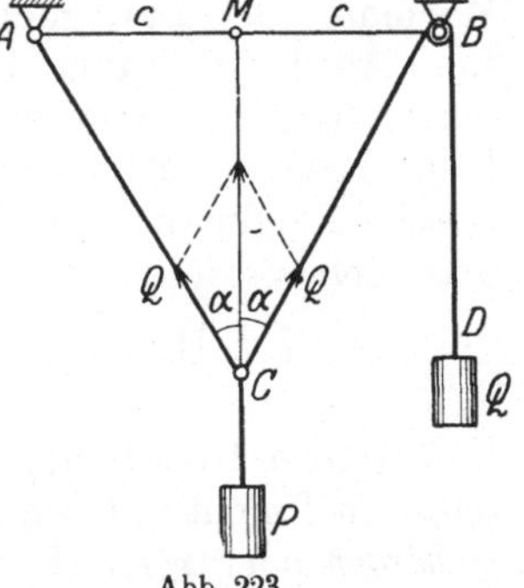

Abb. 223.

die Gleichgewichts*lage*; für diese ist sodann

$$\frac{\partial^2 \mathsf{U}}{\partial \alpha^2} = -P\,c\,\frac{2\,\cos\alpha}{\sin^3\alpha} + 2\,Q\,c\,\frac{\sin^2\alpha + 2\,\cos^2\alpha}{\sin^3\alpha} = \frac{2\,Q\,c}{\sin\alpha} > 0\,.$$

Es ist daher *Stabilität* vorhanden.

Beispiel 146. Ein Stab $\overline{AB} = l$ stützt sich nach Abb. 125 bei B an eine glatte Wand, und ist bei A mit G belastet. Ist die Gleichgewichtslage stabil oder instabil?

Nimmt man φ als Koordinate, dann ist die potentielle Energie von G durch $\mathsf{U} = G\,y$ gegeben, wobei y die Höhe von B über der Waagrechten durch C bedeutet. Durch φ ausgedrückt erhält man

$$\mathsf{U} = G\,y = G\,(l \cos \varphi - a \operatorname{ctg} \varphi).$$

Die Gleichung

$$\frac{\partial \mathsf{U}}{\partial \varphi} = G\left(- l \sin \varphi + \frac{a}{\sin^2 \varphi}\right) = 0 \quad \text{oder} \quad \sin \varphi = \sqrt[3]{\frac{a}{l}}$$

gibt die Gleichgewichtslage, und für diese folgt

$$\frac{\partial^2 \mathsf{U}}{\partial \varphi^2} = G\left(- l \cos \varphi - \frac{2\,a \cos \varphi}{\sin^3 \varphi}\right) = -3G\,l \cos \varphi < 0.$$

Die Gleichgewichtslage ist daher instabil. In der Tat entspricht diese einem *höchsten* Punkte der Bahn von B, bei einer kleinen Störung wird daher G *noch weiter* aus seiner Gleichgewichtslage entfernt — das Kennzeichen der Instabilität.

124. Stabilität eines stationären Bewegungszustandes. Eine stationäre Bewegung ist durch das Auftreten des folgenden Sachverhaltes gekennzeichnet.

Wir betrachten die Bewegung irgendeines mechanischen Systems von wenigstens zwei Freiheitsgraden unter dem Einfluß konservativer Kräfte und berechnen die gesamte Energie, also den Ausdruck $\mathsf{T} + \mathsf{U}$. In gewissen Fällen kommt es vor, daß in T nicht alle Koordinaten tatsächlich vorkommen, sondern einige von diesen nur durch ihre Ableitungen nach der Zeit (Geschwindigkeiten) in Erscheinung treten. In diesen Fällen kann man zeigen, daß immer je ein Integral der Bewegungsgleichungen angegeben werden kann, das jeder solchen fehlenden Koordinate entspricht. Ein wichtiges Beispiel hierfür ist uns schon begegnet: bei der Zentralbewegung. Dort traten von den Koordinaten r, φ wohl das r, nicht aber das φ selbst auf. Die Folge davon ist das Auftreten des sog. Flächenintegrals $r^2\,\dot\varphi = C$, das die Konstanz des Momentes der Bewegungsgröße in bezug auf das Anziehungszentrum zum Ausdruck bringt. Die dieser Koordinate φ entsprechende Geschwindigkeit $\dot\varphi$ kann dann — wie dies auch in **84** geschehen ist — mit Hilfe dieses Flächenintegrals herausgeschafft werden, so daß von den Geschwindigkeiten nur $\dot r$ zurückbleibt. Die Energie kann dann so geschrieben werden

$$\mathsf{T} + \mathsf{U} = \frac{1}{2}\,m\,(\dot r^2 + r^2\,\dot\varphi^2) + \mathsf{U} = \frac{1}{2}\,m\left(\dot r^2 + \frac{C^2}{r^2}\right) + \mathsf{U}. \tag{444}$$

Eine solche Koordinate wie φ in dem angegebenen Beispiel, die also selbst in T nicht vorkommt, bezeichnet man als *ignorabel, ausscheidbar, verborgen* oder *zyklisch*.

Stationäre Bewegungen sind nun solche, bei denen ignorable Koordinaten vorkommen und bei denen die nicht-ignorablen Koordinaten konstante Werte erhalten (wie r im Fall der Kreisbewegung). Was dann von T übrig bleibt, hängt nur von den Koordinaten selbst ab und hat die Beschaffenheit einer *potentiellen Energie.* Dieser Teil wird mit der von den eingeprägten Kräften herrührenden potentiellen Energie U zu einer „modifizierten potentiellen Energie" U^* zusammengenommen und diese Summe für die stationäre Bewegung geradeso behandelt wie früher U, die für die Frage der Stabilität einer Gleichgewichtslage maßgebende potentielle Energie.

Durch die Form von U^* ist übrigens — sofern die Bedingungen des Minimums erfüllt sind und tatsächlich Schwingungen entstehen — auch der Wert der zugehörigen Schwingungsfrequenzen gegeben.

Einige einfache Beispiele mögen diesen Vorgang verdeutlichen.

Beispiel 147. Stabilität der Kreisbewegung unter dem Einfluß einer anziehenden Zentralkraft von der Form $\gamma\, r^n$.

Dieser Kraft entspricht die potentielle Energie $\mathsf{U} = \dfrac{\gamma\, r^{n+1}}{n+1}$, und daher ist die Gesamtenergie

$$\mathsf{T} + \mathsf{U} = \frac{m}{2}\,(\dot r^2 + r^2\,\dot\varphi^2) + \gamma\,\frac{r^{n+1}}{n+1}.$$

Die Koordinate φ ist ignorabel, ihr entspricht das Flächenintegral $r^2\,\dot\varphi = C$. Für die stationäre Bewegung ist $\dot r = 0$, und wir erhalten als modifizierte potentielle Energie

$$\mathsf{U}^* = \frac{m\,C^2}{2}\,\frac{1}{r^2} + \gamma\,\frac{r^{n+1}}{n+1}.$$

Nun setzt man

$$\frac{\partial \mathsf{U}^*}{\partial r} = -\frac{m\,C^2}{r^3} + \gamma\,r^n = 0$$

und erhält dadurch die „Gleichgewichtslage", d. i. den Wert von r für die stationäre Bewegung. Und weiter folgt mit Berücksichtigung dieser Gleichung

$$\frac{\partial^2 \mathsf{U}^*}{\partial r^2} = \frac{3\,m\,C^2}{r^4} + \gamma\,n\,r^{n-1} = \gamma\,(n+3)\,r^{n-1}.$$

Stabilität ist daher vorhanden, sobald

$$\frac{\partial^2 \mathsf{U}^*}{\partial r^2} > 0, \text{ d. h. für } n+3 > 0 \quad \text{oder} \quad n > -3.$$

Die Zentralbewegung in einem Kreis nach dem Newtonschen Gesetz ($n = -2$) ist daher *stabil*.

Beispiel 148. Stabilität des Kegelpendels. Sei l die Pendellänge, ϑ der Winkel gegen die Lotrechte, φ der Winkel der Pendelebene gegen eine feste lotrechte Ebene (Azimut), dann ist die Energie

$$\mathsf{T} + \mathsf{U} = \tfrac{1}{2}m\,l^2\,(\dot\vartheta^2 + \sin^2\vartheta\,\dot\varphi^2) - mgl\cos\vartheta.$$

Hierin ist wieder φ eine ignorable Koordinate; ihr entspricht das Integral

$$m\,l^2 \sin^2\vartheta\,\dot\varphi = C,$$

das besagt, daß das Moment der Bewegungsgröße des Massenpunktes m um die Lotrechte konstant ist, da dieses Moment durch die eingeprägten Kräfte nicht verändert wird. Wird $\dot\varphi$ mit Hilfe dieses Integrals ausgeschieden und die der nicht-ignorablen Koordinate ϑ entsprechende Geschwindigkeit $\dot\vartheta = 0$ gesetzt, so erhält man die modifizierte potentielle Energie U^* in der Form

$$\mathsf{U}^* = \frac{C^2}{2\,m\,l^2}\,\frac{1}{\sin^2\vartheta} - mgl\cos\vartheta.$$

Die Ableitung von U^* nach ϑ gibt die Gleichung

$$\frac{\partial \mathsf{U}^*}{\partial \vartheta} = -\frac{C^2}{m\,l^2}\,\frac{\cos\vartheta}{\sin^3\vartheta} + mgl\sin\vartheta,$$

aus der sich der Winkel ϑ für die Gleichgewichtslage $\vartheta = \alpha$ des Pendels berechnen läßt; und zwar ist, wenn die zugehörige Umlaufgeschwindigkeit $\dot{\varphi} = \omega_0$ gesetzt wird,

$$\frac{C^2}{m\,l^2} = \frac{m\,g\,l\,\sin^4\alpha}{\cos\alpha}$$

und daraus

$$\cos\alpha = g/l\,\omega_0^2 \quad (\text{und}\quad \sin\alpha = 0),$$

wie in **86**, Beispiel 90. Dabei ist in der Gleichung für C $\sin\vartheta = \alpha$, $\dot{\varphi} = \omega_0$ gesetzt. Geht man mit diesem Wert α von ϑ in die Gleichung für die zweite Ableitung nach ϑ, so erhält man

$$\frac{\partial^2 \mathsf{U}^*}{\partial\vartheta^2} = \frac{C^2}{m\,l^2}\left[\frac{\sin\vartheta}{\sin^3\vartheta} + \frac{3\cos^2\vartheta}{\sin^4\vartheta}\right] + mgl\cos\vartheta = mgl\,\frac{1 + 3\cos^2\alpha}{\cos\alpha} > 0;$$

daher ist die stationäre Bewegung des Pendels um die Lotrechte *stabil*. Die Gleichgewichtslagen $\alpha = 0$ und $\alpha = \pi$ (entsprechend $\sin\alpha = 0$) müssen besonders untersucht werden.

Beispiel 149. Schwerer Punkt auf einer nach oben sich öffnenden Kegelfläche mit lotrechter Achse, der einen waagrechten Kreis mit gleichförmiger Geschwindigkeit beschreibt (Abb. 224).

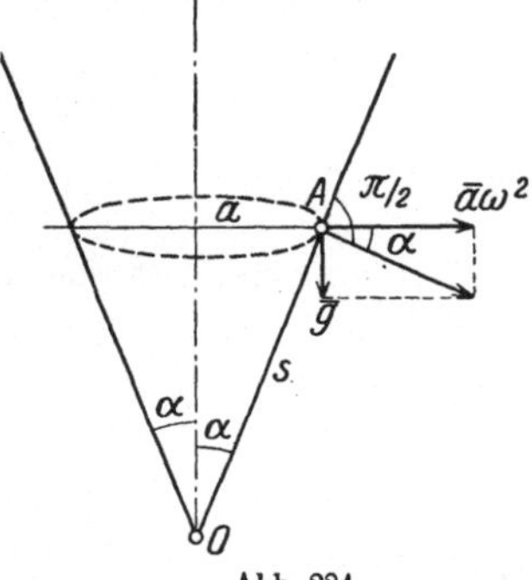

Abb. 224.

Sei α der halbe Öffnungswinkel und s die Entfernung von der Spitze O, so ist die Energie

$$\mathsf{T} + \mathsf{U} = \tfrac{1}{2}m\,(\dot{s}^2 + s^2\sin^2\alpha\,\dot{\varphi}^2) + mgs\cos\alpha.$$

Der Flächensatz liefert das Integral

$$s^2\sin^2\alpha\,\dot{\varphi} = C.$$

Setzt man dann $\dot{s} = 0$, so erhält man die modifizierte potentielle Energie

$$\mathsf{U}^* = \frac{1}{2}\,\frac{m\,C^2}{s^2\sin^2\alpha} + mgs\cos\alpha.$$

Die erste Ableitung

$$\frac{\partial \mathsf{U}^*}{\partial s} = -\frac{m\,C^2}{\sin^2\alpha}\,\frac{1}{s^3} + mg\cos\alpha = 0$$

gibt für die Gleichgewichtslage die Bedingung

$$a\,\omega^2 = g\,\mathrm{ctg}\,\alpha,$$

wobei $a = s\sin\alpha$ ist, und die zweite Ableitung liefert

$$\frac{\partial^2 \mathsf{U}^*}{\partial s^2} = \frac{m\,C^2}{\sin^2\alpha}\,\frac{3}{s^4} = 3m\,\omega^2\sin^2\alpha > 0.$$

Die Bewegung ist daher *stabil*.

V. Dynamik der ebenen Bewegung des Körpers.

125. Bewegungsgleichungen. Eine freibewegliche Scheibe in der Ebene besitzt *drei* Freiheitsgrade, d. h. ihre Lage wird durch drei Koordinaten festgelegt; als solche Koordinaten nehmen wir (aus bald hervortretenden Gründen) die Koordinaten ξ, η ihres Schwerpunktes S und den Winkel φ einer auf der Scheibe festen, etwa durch S gehenden Geraden (z. B. der ξ-Achse) gegen eine in der Bezugsebene feste Gerade, etwa x.

Da die Koordinaten ξ, η des Schwerpunktes S einer Scheibe mit der Masse M durch die Gleichungen bestimmt sind

$$\mathsf{M}\,\xi = S\,m\,x, \qquad \mathsf{M}\,\eta = S\,m\,y, \tag{445}$$

so sind die zweiten Ableitungen dieser Koordinaten durch Gleichungen von derselben Art miteinander verknüpft

$$\mathsf{M}\,\ddot{\xi} = S\,m\,\ddot{x}, \qquad \mathsf{M}\ddot{\eta} = S\,m\,\ddot{y}.$$

Die Ausdrücke rechts stimmen aber gerade mit den in den beiden ersten Gln. (411) vorkommenden überein; wir erhalten daher zunächst die Gleichungen

$$\mathsf{M}\,\ddot{\xi} = X = \boldsymbol{\Sigma}\,X_i, \qquad \mathsf{M}\,\ddot{y} = Y = \boldsymbol{\Sigma}\,Y_i, \tag{446}$$

und diese besagen, daß sich der Schwerpunkt S *gerade so bewegt wie eine Punktmasse* M, *an der alle auf die Scheibe wirkenden Kräfte angreifen.* Dies ist der *Satz von der Bewegung des Schwerpunktes*, die sich mithin von der übrigen Bewegung der Scheibe vollständig abtrennen läßt. Dieser Satz gilt für beliebige ebene und räumliche Systeme.

Auch die in der letzten Gl. (411) auftretende Summe läßt sich für die starre Scheibe allgemein ausführen und in einfacher Weise ausdrücken. Hierzu benützen wir die Darstellung der Beschleunigung $\mathfrak{b}_A$ eines Scheibenteilchens A (mit der Masse m) als Summe aus der Beschleunigung $\mathfrak{b}_S$ ($\ddot{\xi}$, $\ddot{\eta}$) von S und der relativen Beschleunigung $\mathfrak{b}_{SA}$ von A gegen S, die schon in **94** und **95** benützt wurde. Für die Komponenten von $\mathfrak{b}_A$ nach den Achsen $S\,\xi$ und $S\,\eta$ gelten die Gln. (321), in denen $b_{0\xi} \equiv b_{S\xi} = \ddot{\xi}$, $b_{0\eta} \equiv b_{S\eta} = \ddot{\eta}$ und statt ξ, η die „relativen Koordinaten" x', y' des Scheibenpunktes A in bezug auf ein mit der Scheibe verbundenes Achsensystem (x', y') durch S einzusetzen sind; sie lauten somit (in der jetzt verwendeten Bezeichnungsweise)

$$\begin{cases} b_{A\,x'} = \ddot{\xi} - x'\,\omega^2 - y'\,\dot{\omega}, \\ b_{A\,y'} = \ddot{\eta} - y'\,\omega^2 + x'\,\dot{\omega}. \end{cases}$$

Multipliziert man diese Gleichungen mit m und summiert über alle Massenteilchen m der Scheibe, wie es die beiden ersten Gln. (411) verlangen, so erhält man, da als Bezugspunkt S der Schwerpunkt genommen wurde, für den $S\,m\,x' = 0$, $S\,m\,y' = 0$ ist und mit $S\,m = \mathsf{M}$ unmittelbar die Gln. (446) wieder.

Ferner liefert die Bildung der Momente der Beschleunigungskräfte um S, die wir nach Gl. (411) der Summe der Momente M_s der eingeprägten Kräfte um S gleichzusetzen haben, wieder wegen $S\,m\,x' = 0$, $S\,m\,y' = 0$,

$$M_s = S\,m\,[x'\,(\ddot{\eta} - y'\,\omega^2 + x'\,\dot{\omega}) - y'\,(\ddot{\xi} - x'\,\omega^2 - y'\,\dot{\omega})]$$
$$= \dot{\omega}\,S\,m\,(x'^2 + y'^2)$$

und da $S\,m\,(x'^2 + y'^2) = J_s = \mathsf{M}\,k^2$ das polare TM der Scheibe in bezug auf S darstellt, so erhalten wir schließlich die Bewegungsgleichungen der Scheibe in der einfachen Form

$$\boxed{\mathsf{M}\,\ddot{\xi} = X, \qquad \mathsf{M}\,\ddot{\eta} = Y, \qquad \mathsf{M}\,k^2\,\dot{\omega} = M_s.} \tag{447}$$

Durch diese Gleichungen sind die zweiten Ableitungen der „Scheiben-koordinaten" $\xi, \eta, \varphi\ (\dot\omega \equiv \dot\varphi)$ durch die auf die Scheibe wirkenden Kräfte und Momente ausgedrückt. Wir bezeichnen sie als die „*Bewegungsgleichungen der Scheibe*". Aus ihnen geht hervor, daß die dynamischen Merkmale, die die Beschaffenheit der Scheibe kennzeichnen, nur ihre Masse und ihr TM um eine zur Scheibe senkrechte Achse durch S sind; alle übrigen Eigenschaften, wie Form, Größe usw. sind dynamisch gleichgültig und kommen nur bei geführten Bewegungen der Scheibe als geometrische Bedingungen in Betracht.

Die Beschleunigungskräfte einer Scheibe können also dargestellt werden durch die Beschleunigungskraft des Schwerpunktes S mit den Komponenten $\mathsf{M}\,\ddot\xi$, $\mathsf{M}\,\ddot\eta$ *und durch ihr Moment um S vom Betrage* $\mathsf{M}\,k^2\,\dot\omega \equiv J_s\,\ddot\varphi$.

Nach der wiederholt benützten Überlegung kann nun die Gültigkeit der Gln. (447) unmittelbar auf *geführte* Systeme erweitert werden, sobald der Einfluß der Führungen durch Kräfte dargestellt wird, die zu den eingeprägten Kräften und Momenten in den Gln. (447) als Unbekannte hinzugenommen werden. Jeder „Bedingung" entspricht auf diese Weise eine Führungskraft, dafür wird aber durch jede solche Bedingung, die nichts anderes als die Einführung einer geometrischen Beziehung zwischen den Scheibenkoordinaten ξ, η, φ bedeutet, gerade ein Freiheitsgrad aufgehoben, so daß die *Bewegung selbst und die unbekannte Führungskraft* bestimmbar bleiben.

Die Einführung *einer* Bedingung (etwa in der Form: ein Punkt der Scheibe soll eine feste Kurve beschreiben oder dgl.) bringt *eine* unbekannte Führungskraft mit sich; bei *zwei* solchen Bedingungen haben wir *Zwanglauf, drei voneinander unabhängige* Bedingungen würden den Körper vollkommen festlegen, d. h. jede Beweglichkeit ausschalten. Die Annahme von drei voneinander *abhängigen* Bedingungen würde jedoch Zwanglauf mit drei unbekannten Führungskräften bedeuten, zu deren Bestimmung die drei Bewegungsgln. (447) nicht mehr ausreichen würden; man gelangt auf diese Weise zur Betrachtung von *dynamisch-unbestimmten Systemen*, die aber für die Anwendungen nur geringe Bedeutung haben.

Beispiel 150. *Freie Bewegung einer Scheibe.* Wenn eingeprägte Kräfte nicht vorhanden sind, also $X = 0$, $Y = 0$, $M_s = 0$, dann besagen die drei Gln. (447)

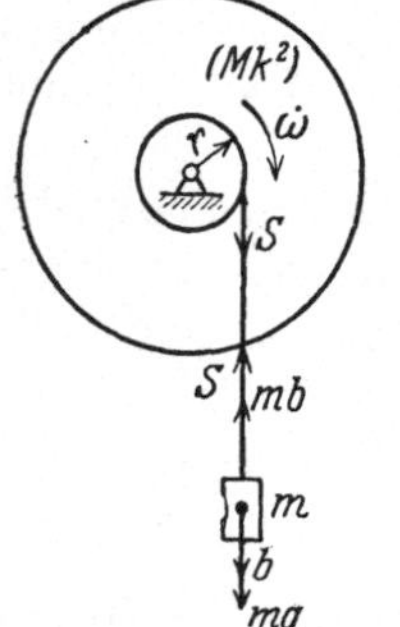

Abb. 225.

$$\ddot\xi = 0, \qquad \ddot\eta = 0, \qquad \ddot\varphi = 0,$$

d. h.

$$\dot\xi = a, \qquad \dot\eta = b, \qquad \dot\varphi = c,$$

und

$$\xi = a\,t + a_1, \qquad \eta = b\,t + b_1, \qquad \varphi = c\,t + c_1,$$

worin a, b, c, a_1, b_1, c_1 Konstante sind; d. h. der Schwerpunkt bewegt sich in gerader Linie mit konstanter Geschwindigkeit und die Scheibe führt um ihn eine gleichförmige Drehbewegung aus.

Beispiel 151. Eine Schwungscheibe mit $\mathsf{M}\,k^2$ als TM, die sich frei um eine waagrechte Achse drehen kann, trägt eine Masse m an einem Seil, das um eine Trommel vom Halbmesser r geschlungen ist. Das System wird aus der Ruhelage losgelassen. Man bestimme die Bewegung und die Seilkraft (Abb. 225).

Bezeichnet S die Seilkraft, $\dot\omega$ die Winkelbeschleunigung der Scheibe, $b = r\dot\omega$ die Beschleunigung von m, so gibt die Momentengleichung für den Mittelpunkt

der Scheibe
$$\mathsf{M} k^2 \dot{\omega} = S r = m (g - b) r = m (g - r \dot{\omega}) r;$$
daraus erhält man
$$\dot{\omega} = \frac{m g r}{\mathsf{M} k^2 + m r^2}$$
und die Seilkraft
$$S = \frac{\mathsf{M} k^2 \dot{\omega}}{r} = \frac{\mathsf{M} k^2}{\mathsf{M} k^2 + \mathsf{M} r^2}\, m g.$$

Wieder hätte man die Momentengleichung ohne Einführung der Seilkraft S anschreiben können.

Beispiel 152. Ersatzpunkte. a) Die Beschleunigungskräfte einer Scheibe können vollständig durch die *zweier Punkte* dargestellt werden. Wenn die Massen dieser Punkte m_1, m_2 die Scheibe hinsichtlich der Masse, der Schwerpunktslage und des Trägheitsmomentes vollständig ersetzen sollen, so müssen die Bedingungen bestehen (Abb. 226)
$$m_1 + m_2 = \mathsf{M}, \quad m_1 a = m_2 c, \quad m_1 a^2 + m_2 c^2 = \mathsf{M} k^2.$$

Die Auflösung dieser Gleichungen liefert
$$a c = k^2, \quad m_1 = k^2/\mathsf{M} l\, a, \quad m_2 = \mathsf{M} k^2/l\, c. \tag{448}$$

Ist also *ein* Abstand a willkürlich gewählt worden, dann sind c, m_1, m_2 bestimmt.

b) Ersatz durch *drei Punkte* m_1, m_2, m_3 in gerader Linie durch S, wobei m_3 in S liegt (Abb. 227). Dieselben Bedingungen wie früher liefern hier

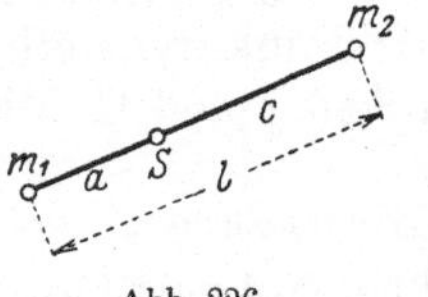
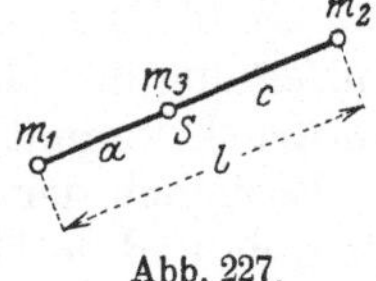

Abb. 226. Abb. 227.

$$m_1 + m_2 + m_3 = \mathsf{M}, \quad m_1 a = m_2 c,$$
$$m_1 a^2 + m_2 c^2 = \mathsf{M} k^2$$

und die Auflösung dieser Gleichungen ergibt
$$m_1 = \mathsf{M} k^2/l\, a, \quad m_2 = \mathsf{M} k^2/l\, c, \quad m_3 = \mathsf{M} (1 - k^2/a\, c). \tag{449}$$

Es können also a und c ganz willkürlich auf einer Geraden durch S gewählt werden, dann sind durch M und k^2 die drei Ersatzmassen durch diese Gleichungen gegeben. Wählt man a und c so, daß $a\,c = k^2$, dann ist $m_3 = 0$ und $m_1 = \mathsf{M} c/l$, $m_2 = \mathsf{M} a/l$, und es gilt die Schwerpunktsbedingung: $m_1 a = m_2 c$.

126. Das Energieintegral für die ebene Scheibe. Da die Geschwindigkeitskomponenten des Scheibenpunktes A in bezug auf die Achsen x, y durch den Schwerpunkt S durch die Gleichungen
$$v_x = \dot{\xi} - y' \omega, \quad v_y = \dot{\eta} + x' \omega$$

gegeben sind, so erhält man für die *kinetische Energie* der Scheibe den Ausdruck
$$\mathsf{T} = \tfrac{1}{2} \textstyle\int m \,[(\dot{\xi} - y' \omega)^2 + (\dot{\eta} + x' \omega)^2],$$

der mit Benützung der Schwerpunktseigenschaft des Bezugspunktes S, d. h. der Gleichungen $\int m\, x' = 0$, $\int m\, y' = 0$ und von
$$\int m = \mathsf{M}, \quad \int m\, (x'^2 + y'^2) = \mathsf{M} k^2$$

die einfachere Form annimmt

$$\boxed{\,\mathsf{T} = \tfrac{1}{2} \mathsf{M} (\dot{\xi}^2 + \dot{\eta}^2 + k^2 \omega^2).\,} \tag{450}$$

Auf die vollständige Ableitung dieses Ausdruckes nach t wird man geführt, wenn man die Bewegungsgln. (447) der Reihe nach mit $\dot{\xi}, \dot{\eta}, \dot{\varphi}$ multipliziert und addiert; dann erhält man nämlich (da $\omega = \dot{\varphi}, \dot{\omega} = \ddot{\varphi}$)

$$\mathsf{M}\,(\dot{\xi}\,\ddot{\xi} + \dot{\eta}\,\ddot{\eta} + k^2\,\omega\,\dot{\omega}) = \frac{d\mathsf{T}}{dt} = X\,\dot{\xi} + Y\dot{\eta} + M\dot{\varphi}. \tag{451}$$

Ähnlich wie bei der Punktdynamik bringt jener Sonderfall eine besondere Vereinfachung mit sich, in welchem X, Y, M als partielle Ableitungen einer potentiellen Energie U oder einer Arbeitsfunktion A darstellbar sind, wenn also

$$- d\mathsf{U} \equiv d\mathsf{A} = X\,d\xi + Y\,d\eta + M\,d\varphi,$$

oder $\qquad\qquad X = -\dfrac{\partial \mathsf{U}}{\partial \xi}, \qquad Y = -\dfrac{\partial \mathsf{U}}{\partial \eta}, \qquad M = -\dfrac{\partial \mathsf{U}}{\partial \varphi}. \tag{452}$

Die rechte Seite der Gl. (451) ist dann $- d\mathsf{U}/dt$, und die Gl. (451) selbst nimmt die einfache Form an

$$\frac{d\mathsf{T}}{dt} + \frac{d\mathsf{U}}{dt} = 0, \quad \text{oder integriert} \quad \boxed{\mathsf{T} + \mathsf{U} = h,} \tag{453}$$

wobei h wieder die Energiekonstante ist; diese Gleichung entspricht der Gl. (372) in der Punktdynamik und verlangt nur die sinngemäße Auffassung der Größen T und U, die in den Gln. (450) und (452) zum Ausdruck kommt.

Bezüglich der *Anwendung* dieses Prinzips ist hervorzuheben, daß es für freie und geführte Systeme gilt, und zwar treten bei den letzten bei *glatten* Führungen die Führungskräfte überhaupt nicht auf, da sie dann auf diesen Führungen senkrecht stehen und die Arbeit Null ergeben. Bei glatten Führungen braucht man also auf diese keinerlei Rücksicht zu nehmen und hat nur die kinetische Energie T des Körpers und die potentielle Energie U für eine beliebige Lage des Körpers (während seiner Bewegung) anzusetzen; ihre Summe ist nach Gl. (453) konstant und so groß wie in der Anfangslage.

Außerdem ist das Prinzip ohne weiteres anwendbar, wenn der Körper eine reine Rollung (ohne Gleitung) ausführt. Die Kraft, die das Rollen bewirkt, ist durch die Rauhigkeit der Unterlage bedingt, leistet aber die Arbeit Null, da der Berührungspunkt, der ja der Angriffspunkt der Reibung ist, in jedem Augenblicke Drehpol ist und daher die Geschwindigkeit Null hat.

Beispiel 153. Ein Stab $\overline{AB} = 2a$, der sich anfänglich unter einem Winkel α gegen eine glatte waagrechte Ebene stützt, wird losgelassen (Abb. 228); man bestimme seine Bewegung.

Das Gewicht sei $G = \mathsf{M}\,g$, die Normalkraft der Ebene D. Die Lage des Stabes sei durch die Koordinaten seines Schwerpunktes $S\,(\xi, \eta)$ und den Winkel φ gegen die Ebene gekennzeichnet. Dann lauten die Bewegungsgln. (447)

$$\mathsf{M}\ddot{\xi} = 0, \quad \mathsf{M}\ddot{\eta} = D - \mathsf{M}\,g, \quad \mathsf{M}\,\frac{a^2}{3}\,\ddot{\varphi} = -D\,a\cos\varphi.$$

Zwischen den Koordinaten η, φ besteht hier die geometrische Beziehung

$$\eta = a\sin\varphi,$$

Diese vier Gleichungen ermöglichen die Lösung der Bewegungsaufgabe einschließlich der Bestimmung von D. Zunächst liefert die Elimination von D und η, da

$$\dot{\eta} = a \cos \varphi \, \dot{\varphi} \,, \quad \ddot{\eta} = a \cos \varphi \, \ddot{\varphi} - a \sin \varphi \, \dot{\varphi}^2,$$

nach Division durch M,

$$a \cos \varphi \, \ddot{\varphi} - a \sin \varphi \, \dot{\varphi}^2 = - \frac{a}{3 \cos \varphi} \, \ddot{\varphi} - g;$$

diese Gleichung läßt sich nach Multiplikation mit $\dot{\varphi}$ in der Form schreiben

$$(\cos^2 \varphi + \tfrac{1}{3}) \, \dot{\varphi} \, \ddot{\varphi} - \sin \varphi \cos \varphi \, \dot{\varphi}^3 = - \frac{g}{a} \cos \varphi \, \dot{\varphi},$$

die unmittelbar integriert werden kann; da in der Anfangslage $\varphi = \alpha$, $\dot{\varphi} = 0$ vorgeschrieben sind, so lautet das Integral

$$\tfrac{1}{2} (\cos^2 \varphi + \tfrac{1}{3}) \, \dot{\varphi}^2 = \frac{g}{a} (\sin \alpha - \sin \varphi).$$

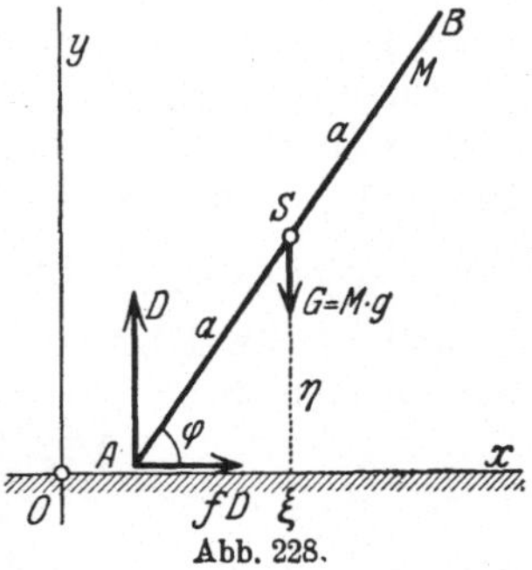

Diese Gleichung ist nichts anderes als das Energieintegral $\mathsf{T} + \mathsf{U} = h$ und kann auch unmittelbar hingeschrieben werden, da $(\dot{\xi} = 0)$

Abb. 228.

$$\mathsf{T} = \tfrac{1}{2} \mathsf{M} \left(\dot{\eta}^2 + \frac{a^2}{3} \, \dot{\varphi}^2 \right) = \tfrac{1}{2} \mathsf{M} \, a^2 (\cos^2 \varphi + \tfrac{1}{3}) \, \dot{\varphi}^2 \quad \text{und} \quad \mathsf{U} = \mathsf{M} \, g \, \eta = \mathsf{M} \, g \, a \sin \varphi$$

ist, unter Berücksichtigung der Anfangsbedingungen $\dot{\varphi} = 0 \, (\dot{\eta} = 0)$ für $\varphi = \alpha$.

Die Auftreffgeschwindigkeit am Boden erhält man durch Einsetzen von $\varphi = 0$. Wenn S anfänglich keine waagrechte Geschwindigkeit hat, so bewegt sich der Punkt S in jener Lotrechten nach abwärts, in der er sich anfänglich befindet.

Wenn die Unterlage *rauh* ist, so ist die Reibungskraft $R = fD$, mit $f = \operatorname{tg} \varrho$, hinzuzunehmen, wodurch die Bewegungsgleichungen die folgende Form erhalten

$$\mathsf{M} \, \ddot{\xi} = fD, \quad \mathsf{M} \ddot{\eta} = D - G, \quad \mathsf{M} \frac{a^2}{3} \, \ddot{\varphi} = D \, a \, (f \sin \varphi - \cos \varphi).$$

Die Integration ist jetzt nicht in der einfachen Weise möglich wie zuvor. Wir wollen hier nur die Führungskraft D_0 berechnen, die zu Beginn der Bewegung, also für $\varphi = \alpha$, $\dot{\varphi} = 0$ vorhanden ist, wobei wir die Werte aller Größen für diesen Zeitpunkt mit dem Zeiger 0 versehen. Zunächst gilt die Gleichung für $\ddot{\eta}$

$$\ddot{\eta}_0 = a \cos \alpha \, \ddot{\varphi}_0,$$

und wir erhalten durch Ausscheidung von $\ddot{\varphi}_0$ aus der zweiten und dritten Bewegungsgleichung

$$\frac{D_0 - G}{\cos \alpha} = 3 D_0 \, (f \sin \alpha - \cos \alpha) \quad \text{und daraus} \quad D_0 = \frac{G \cos \varrho}{\cos \varrho + 3 \cos \alpha \cos (\alpha + \varrho)}.$$

127. Impuls und Drall für die ebene Scheibe. Die Bewegungsgleichungen einer Scheibe lassen sich unmittelbar auch in vektorieller Form aussprechen, die den Vorteil größerer Anschaulichkeit hat. Hierzu führen wir außer dem Vektor $\mathfrak{v}_A$ der Geschwindigkeit des Punktes A noch einen Vektor ein, in derselben Richtung wie $\mathfrak{v}_A$, aber vom Betrage $m \, \mathfrak{v}_A$; m ist dabei die Punktmasse eines Massenteilchens in A. Man bezeichnet diesen Vektor $m \, \mathfrak{v}_A$ als *Impuls* oder *Bewegungsgröße* von m, manchmal auch als *Schwung*. Die Dimension dieser Größe ist $[K T]$ im technischen und $[M L T^{-1}]$ im physikalischen Maßsystem, die Einheit 1 kg sec im technischen und 1 g cm sec^{-1} im physikalischen Maßsystem.

Durch die Geschwindigkeit $\mathfrak{v}_S$ des Schwerpunktes S und den Vektor $\mathfrak{r} = \overline{SA}$ ausgedrückt, ist

$$m\,\mathfrak{v}_A = m\,[\mathfrak{v}_S + (\overline{\omega} \times \mathfrak{r})]\,,$$

oder in Komponenten geschrieben

$$m\,v_x = m\,(\dot{\xi} - y'\,\omega), \quad m\,v_y = m\,(\dot{\eta} + x'\,\omega),$$

wenn $\dot{\xi}$, $\dot{\eta}$ die Komponenten von $\mathfrak{v}_S$ und x', y' die von $\mathfrak{r}$ sind.

Für die vektorielle Summe der Impulse $m\,\mathfrak{v}_A$ aller Massenteilchen ergibt sich, wenn $S\,m = \mathsf{M}$ ist, die Bewegungsgröße der in S vereinigten Masse M, wegen $S\,m\,\mathfrak{r} = 0$ zu

$$S\,m\,\mathfrak{v}_A = S\,m\,[\mathfrak{v}_S + (\overline{\omega} \times \mathfrak{r})] = S\,m\,\mathfrak{v}_S = \mathsf{M}\,\mathfrak{v}_S = \mathfrak{B}. \tag{454}$$

so daß die zwei ersten der Gln. (447) in die Form zusammengefaßt werden können

$$\boxed{\frac{d(\mathsf{M}\,\mathfrak{v}_S)}{dt} = \frac{d\mathfrak{B}}{dt} = \boldsymbol{\Sigma}\,\mathfrak{K}_i = \mathfrak{K}.} \tag{455}$$

d. h. die zeitliche Änderung des Impulses der in S vereinigten Masse ist gleich der Summe der eingeprägten Kräfte.

Bildet man weiter die Summe der Momente der Impulse der einzelnen Massenteilchen m um S, so erhält man das *Moment der Bewegungsgröße* oder den *Drall* der Scheibe in bezug auf S. Wir bezeichnen diese Größe mit $\mathfrak{D}_s$ und finden, da wieder $S\,m\,\mathfrak{r} = 0$, $S\,m\,r^2 = J_S$, nach Anwendung der Gl. (33) (da alle $\mathfrak{r}$ zu $\overline{\omega}$ senkrecht stehen!):

$$\mathfrak{D}_S = S\,m\,(\mathfrak{r} \times \mathfrak{v}_A) = S\,m\,[\mathfrak{r} \times (\mathfrak{v}_S + (\overline{\omega} \times \mathfrak{r}))] = \overline{\omega}\,S\,m\,r^2 = J_S\,\overline{\omega}. \tag{456}$$

und die dritte der Bewegungsgln. (447) nimmt die Form an

$$\boxed{\frac{d\mathfrak{D}_s}{dt} = \mathfrak{M}_S,} \tag{457}$$

d. h. *die Ableitung des Dralls der Scheibe um S nach t ist gleich der Summe der Momente der eingeprägten Kräfte um S (Drallsatz).*

Wenn die auf den Körper einwirkende Kraft $\mathfrak{K}$ konstant oder eine reine Funktion von t ist, dann liefert die Integration der Gln. (455) unmittelbar die Geschwindigkeiten in den Richtungen der Koordinatenachsen. Wird z. B. für eine geradlinige Bewegung die Geschwindigkeit zu Beginn und Ende der Zeit t mit v_0 und v bezeichnet, so erhält man

$$\boxed{\mathsf{M}\,(v - v_0) = \int_0^t K\,dt.} \tag{458}$$

Eine ähnliche Gleichung ergibt sich auch für die krummlinige Bewegung, wenn v_0 und v die Geschwindigkeiten sind, die von selbst in die Richtung der Bahn fallen, und K, die Summe der Tangentialkomponenten der Kräfte, als Funktion von t gegeben ist.

Beispiel 154. Auslauf eines Flugzeuges. Ein landendes Flugzeug von $G = 1000$ kg Gewicht wird mit der Landungsgeschwindigkeit $v_0 = 30$ m/sec auf den Boden aufgesetzt und erfährt von da an einen (hier konstant angenommenen)

Luftwiderstand von $W = 50$ kg und einen Rollwiderstand, der nach Gl. (144) mit $r = 25$ cm und für $f_2 = 1$ cm (Wiesengrund): $R = \frac{1}{25}\,1000 = 40$ kg beträgt. Die *Auslaufzeit* ist sodann durch die Gl. (458) in der Form gegeben ($g \approx 10$ m/sec² gesetzt)

$$-\frac{1000}{10} \cdot 30 = -(50 + 40)\,t, \quad \text{daraus } t = 33{,}3 \text{ sec,}$$

und der *Auslaufweg* beträgt

$$s = \frac{v_0}{2}\,t = 500 \text{ m.}$$

128. Drehung um eine feste Achse. Auflagerkräfte. Bei der bisher durchgeführten Reduktion der Beschleunigungskräfte ist der Schwerpunkt als bevorzugter Reduktionspunkt hervorgetreten. Wenn sich jedoch der Körper um eine *feste Achse* dreht, so ist es unnötig, die Reduktion an den Schwerpunkt vorzunehmen, es genügt vielmehr, die feste Achse als Reduktionsachse zu nehmen.

Für die Bewegung der in Abb. 229 dargestellten Scheibe um den Drehpunkt Ω gibt die Beschleunigung $\mathfrak{b}$ des Teilchens m nach den Achsen x, y die Komponenten

$$\left.\begin{aligned}
b_x &= -r\,\omega^2 \cos\alpha - r\,\dot\omega \sin\alpha = -x\,\omega^2 - y\,\dot\omega, \\
b_y &= -r\,\omega^2 \sin\alpha + r\,\dot\omega \cos\alpha = -y\,\omega^2 + x\,\dot\omega.
\end{aligned}\right\}$$

Die Summe der Beschleunigungskräfte $\mathfrak{b}$ aller Scheibenpunkte gibt (da $S\,m\,x = \mathsf{M}\,\xi, S\,m\,y = \mathsf{M}\,\eta,$ $S\,m = \mathsf{M}$) eine Kraft $\mathsf{M}\,a\,\omega^2$ (mit den Komponenten $\mathsf{M}\,\xi\,\omega^2$, $\mathsf{M}\,\eta\,\omega^2$) in S angreifend und nach $\overrightarrow{S\Omega}$ gerichtet, und eine Kraft $M\,a\dot\omega$ mit den Komponenten $(-\mathsf{M}\,\eta\,\dot\omega, \mathsf{M}\,\xi\,\dot\omega)$ senkrecht zu $\overline{\Omega S}$ und um Ω im Sinne von $\dot\omega$ drehend; außerdem ein Moment von der Größe

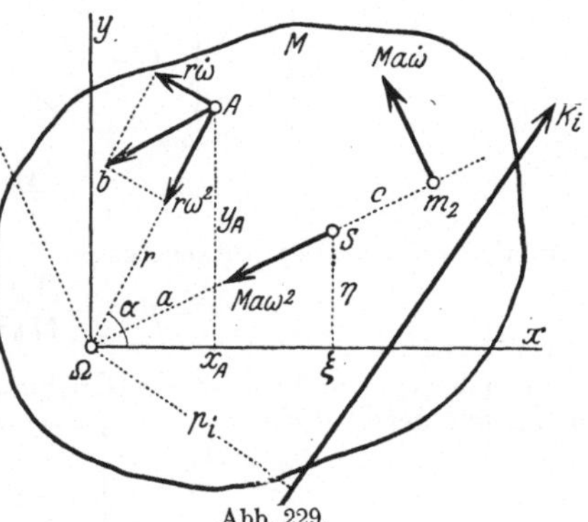

Abb. 229.

$$S\,m\,(x\,b_y - y\,b_x) = \dot\omega\,S\,m\,(x^2 + y^2) = J_\Omega\,\dot\omega = \mathsf{M}\,k_\Omega^2\,\dot\omega.$$

Wenn daher die eingeprägten Kräfte mit $\mathfrak{K}_i\,(X_i, Y_i)$ und die Komponenten der Gelenkkraft in Ω nach den Achsen mit A und B bezeichnet werden, so lauten die Gln. (447)

$$\boxed{\begin{aligned}
\varSigma\,X_i + A + M\,\xi\,\omega^2 + M\,\eta\,\dot\omega &= 0, \\
\varSigma\,Y_i + B + M\,\eta\,\omega^2 - M\,\xi\,\dot\omega &= 0, \\
M_\Omega = \varSigma\,K_i\,p_i = J_\Omega\,\dot\omega &= \mathsf{M}\,k_\Omega^2\,\dot\omega.
\end{aligned}} \tag{459}$$

Die letzte Gleichung liefert die Winkelbeschleunigung der Scheibe

$$\boxed{\dot\omega = \ddot\varphi = \frac{M_\Omega}{J_\Omega} = \frac{\text{Drehmoment der Kräfte um } \Omega}{\text{Trägheitsmoment bez. } \Omega}.} \tag{460}$$

Vergleicht man diese Gleichung mit der dritten Gl. (447), so erkennt man, daß für die Bewegung *um eine feste Achse* dieselbe Gleichung gilt, wie für die Bewegung um eine sich stets parallel bleibende Schwerachse.

Die beiden anderen Gln. (459) dienen zur Bestimmung der Komponenten A und B der Gelenkkraft, die hier natürlich Funktionen von φ oder von t werden.

129. Anwendungen. *Beispiel 155. Körperpendel.* Abb. 230. Wenn die einzige eingeprägte Kraft das im Schwerpunkt angreifende Gewicht $G = \mathsf{M}\,g$ ist, so liefert die Gl. (460) die Winkelbeschleunigung der Linie $\overline{\Omega S}$ gegen die Lotrechte

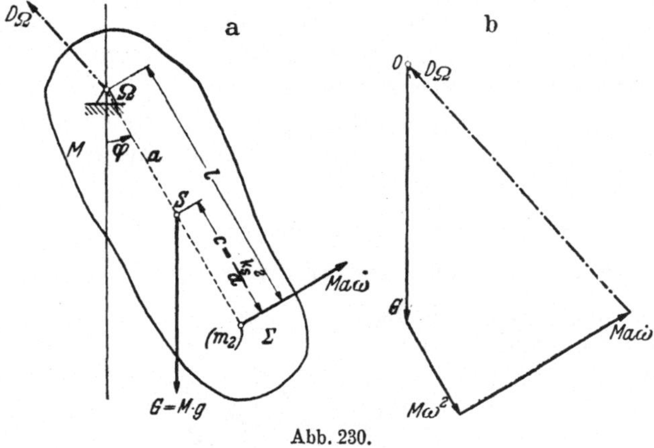

Abb. 230.

für kleine Werte des Ausschlags φ

$$\dot\omega \equiv \ddot\varphi = -\frac{\mathsf{M}\,g\,a}{\mathsf{M}\,k_\Omega^2}\sin\varphi \approx -\frac{g\,a}{k_\Omega^2}\,\varphi$$

(angenähert), und dies ist die Gleichung einer einfachen harmonischen Schwingung mit der Periode

$$T = 2\pi\sqrt{\frac{k_\Omega^2}{g\,a}}. \tag{461}$$

Der Vergleich mit Gl. (266) zeigt, daß diese T gleich ist der Schwingungsdauer eines Punktpendels von der Länge $l = \dfrac{k_\Omega^2}{a} = \dfrac{a^2 + k_S^2}{a} = a + \dfrac{k_S^2}{a}$, das man das *gleichwertige Punktpendel* nennt.

Durch das Hinzutreten des Momentes der Beschleunigungskräfte $\mathsf{M}\,k_\Omega^2\,\dot\omega$ wird die zu $\overline{\Omega S}$ normale Komponente $M\,a\,\dot\omega$ der Beschleunigungskräfte um die Strecke

$$\overline{\Omega m_2} = \frac{M\,k_\Omega^2\,\dot\omega}{M\,a\,\dot\omega} = \frac{k_\Omega^2}{a} = \frac{a^2 + k_S^2}{a} = a + \frac{k_S^2}{a} = l \tag{462}$$

parallel verschoben. Ersetzt man daher das Pendel durch zwei Massen m_1 und m_2, von denen m_1 in Ω und m_2 auf $\overline{\Omega S}$ in einer Entfernung $c = \overline{S\,\Sigma} = \dfrac{k_S^2}{a} = l - a$ liegen möge (was nach Beispiel 152a möglich ist, da $a\,c = k_S^2$), dann muß sich m_2 als Punktpendel gerade so bewegen wie als Punkt des Körperpendels, und man erhält auf diese Weise die Länge des gleichwertigen Pendels wie zuvor. Den Punkt m_2 nennt man den *Schwingungsmittelpunkt* bezüglich der Achse Ω.

Wenn k_Σ den Trägheitshalbmesser für die parallele Achse durch Σ bedeutet, so folgt weiter

$$\frac{k_\Sigma^2}{l-a} = \frac{k_S^2 + (l-a)^2}{l-a} = \frac{k_S^2}{l-a} + (l-a) = \frac{k_S^2}{k_S^2/a} + \frac{k_S^2}{a} = a + \frac{k_S^2}{a} = \frac{k_\Omega^2}{a},$$

d. h. die beiden Punkte Ω und Σ sind vertauschbar und ergeben dieselbe Schwingdauer (Reversionspendel). b) gibt den zugehörigen Kräfteplan.

Beispiel 156. Experimentelle Bestimmung von Trägheitsmomenten. a) Durch Messung der Schwingdauer T ist nach Gl. (461) umgekehrt das TM bestimmt, sobald die Entfernung a der Schwingachse von S bekannt ist; es folgt

$$J_\Omega = \mathsf{M}\,k_\Omega^2 = \mathsf{M}\,g\,a\left(\frac{T}{2\pi}\right)^2. \tag{463}$$

Will man die unbequeme Ermittlung von a umgehen, so kann man so verfahren, daß man den Körper um zwei parallele Achsen A, B schwingen läßt, die mit S in derselben Ebene liegen und deren Abstand l bekannt ist. Seien die Abstände der Achsen von S: $\overline{AS} = a$, $\overline{BS} = c$ und die beobachteten Schwingdauern T und T_1, so sind aus den drei Gleichungen, von denen die beiden ersten wie (463) gebildet sind,

$$\mathsf{M}\,(a^2 + k_S^2) = \mathsf{M}\,ga\left(\frac{T}{2\pi}\right)^2, \quad \mathsf{M}\,(c^2 + k_S^2) = \mathsf{M}\,gc\left(\frac{T_1}{2\pi}\right)^2, \quad a + c = l, \tag{464}$$

die drei Größen k_S^2, a, c durch eine einfache Rechnung bestimmt.

b) Eine andere Methode, bei der die Kenntnis von a vermieden wird, besteht darin, daß man zuerst den Körper allein um eine Achse schwingen läßt (Schwingdauer T), ihn sodann mit einem zweiten starr verbindet, dessen Schwerpunktslage und Trägheitsmoment J_1 bekannt sind, und die beiden so verbundenen Körper vereinigt um dieselbe Achse schwingen läßt (Schwingdauer T'); sei noch M_1 die Masse des Zusatzkörpers und a_1 sein Schwerpunktsabstand von der Achse, so hat man die Gleichungen

$$\mathsf{M}k_\Omega^2 = \mathsf{M}\,g\,a\left(\frac{T}{2\pi}\right)^2, \quad \mathsf{M}\,k_\Omega^2 + J_1 = (\mathsf{M}\,a + \mathsf{M}_1\,a_1)\,g\left(\frac{T'}{2\pi}\right)^2, \tag{465}$$

aus denen k_Ω^2 und a bestimmbar sind.

Beispiel 157. Hauptträgheitsachsen als freie Achsen. Bei der Drehung eines beliebig gestalteten Körpers um irgendeine Achse des Raumes (z. B. die z-Achse in Abb. 231) sind die Trägheitskräfte für jedes Teilchen m einzuführen; und zwar sind dies

a) die Fliehkraft $m\,r\,\omega^2$ ($\|\,r$, nach außen gerichtet),

b) Die Tangentialkraft $m\,r\,\dot\omega$ ($\perp\,r$, entgegen $\dot\omega = \lambda$ gerichtet).

Werden die Koordinaten des Massenmittelpunktes S in bezug auf die in Abb. 231 angegebenen Achsen mit (ξ, η, ζ) bezeichnet, so besteht die Summe dieser Trägheitskräfte und ihrer Momente nach diesen Achsen aus folgenden Komponenten:

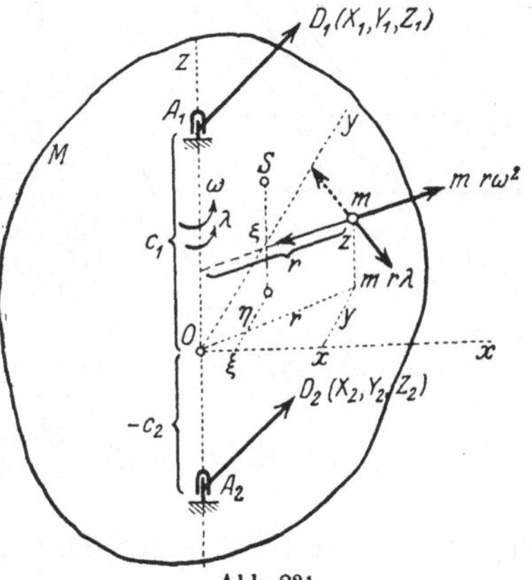

Abb. 231.

$$\int m\,x\,\omega^2 + \int m\,y\,\dot\omega \equiv \omega^2\,\mathsf{M}\,\xi + \dot\omega\,\mathsf{M}\,\eta,$$
$$\int m\,y\,\omega^2 - \int m\,x\,\dot\omega \equiv \omega^2\,\mathsf{M}\,\eta - \dot\omega\,\mathsf{M}\,\xi,$$
$$0$$

$$-\omega^2\int m\,y\,z + \dot\omega\int m\,x\,z \equiv -\omega^2 J_{yz} + \dot\omega\,J_{xz},$$
$$\omega^2\int m\,x\,z + \dot\omega\int m\,y\,z \equiv \omega^2 J_{xz} + \dot\omega\,J_{yz},$$
$$-\dot\omega\int m\,(x^2 + y^2) \equiv -\dot\omega\,J_z.$$

Wenn die Achse an zwei Stellen $A_1\,(0,0,c_1)$ und $A_2\,(0,0,c_2)$ gelagert ist, und die Lagerkräfte durch $\mathfrak{D}_1\,(X_1, Y_1, Z_1)$ und $\mathfrak{D}_2\,(X_2, Y_2, Z_2)$, ferner die Komponenten der eingeprägten Kräfte und Momente nach den Achsen mit (X, Y, Z, M_x, M_y, M_z) bezeichnet werden, so gibt das d'Alembertsche Prinzip zur Bestimmung von $\mathfrak{D}_1, \mathfrak{D}_2$ und $\dot\omega$ die 6 Gleichungen

$$\left.\begin{aligned}
X + X_1 + X_2 + \omega^2\,\mathsf{M}\,\xi + \dot\omega\,\mathsf{M}\,\eta &= 0,\\
Y + Y_1 + Y_2 + \omega^2\,\mathsf{M}\,\eta - \dot\omega\,\mathsf{M}\,\xi &= 0,\\
Z + Z_1 + Z_2 \hphantom{{}+ \omega^2\,\mathsf{M}\,\eta - \dot\omega\,\mathsf{M}\,\xi} &= 0,\\
M_x - c_1\,Y_1 - c_2\,Y_2 - \omega^2\,J_{yz} + \dot\omega\,J_{xz} &= 0,\\
M_y + c_1\,X_1 + c_2\,X_2 + \omega^2\,J_{xz} + \dot\omega\,J_{yz} &= 0,\\
M_z \hphantom{{}+ c_1\,X_1 + c_2\,X_2 + \omega^2\,J_{xz}} - \dot\omega\,J_z &= 0.
\end{aligned}\right\} \qquad (466)$$

Die letzte Gleichung dient zur Bestimmung von $\dot\omega$ und stimmt mit der Gl. (460) in **128** vollkommen überein. Ihre Integration liefert $\omega = \omega\,(t) = \dot\varphi$ und $\varphi = \varphi\,(t)$. Die anderen 5 Gleichungen liefern die Größen X_1, X_2, Y_1, Y_2, dagegen nur die Summe $Z_1 + Z_2 = -Z$, ähnlich wie im Falle des Zweigelenks.

Für die kräftefreie Drehung ist

$$X = Y = Z = M_x = M_y = M_z = 0$$

zu setzen, woraus $\dot\omega = 0$, $\omega =$ konst folgt. Aus der Form der Gln. (466) folgt sofort, daß die Auflagerkräfte $\mathfrak{D}_1$ und $\mathfrak{D}_2$ dann und nur dann verschwinden, wenn

1. $\xi = 0$, $\eta = 0$, d. h. S in der Drehachse liegt,

2. $J_{xz} = 0$, $J_{yz} = 0$, d. h. die Drehachse z eine *Hauptträgheitsachse* ist.

Eine kräftefreie gleichförmige Drehung eines Körpers um eine Achse (d. i. ohne Auflagerkräfte in den Lagern) *ist also nur möglich, wenn die Drehachse eine Hauptzentralachse* **(114)** *ist.* Solche Achsen werden als „freie" Achsen bezeichnet. Die drei Hauptzentralachsen sind daher die einzigen freien Achsen des Körpers.

Wenn diese Bedingungen erfüllt sind, so spricht man von einem *Massenausgleich* des sich drehenden Körpers.

Über den *Massenausgleich* für verbundene Körper (Getriebe von mehrzylindrigen Kolbenmaschinen) vgl. die in **134, 135** gegebenen Bemerkungen.

Beispiel 158. Schwerer Stab um eine lotrechte Achse gleichförmig rotierend. Für die gleichförmige Drehung eines Stabes mit der Winkelgeschwindigkeit ω um eine lotrechte Achse geben die Trägheitskräfte nach Abb. 232, wenn $\mu = \gamma/g$ die Liniendichte, d. i. die Masse des Stabes für 1 m Länge und $\mu\,l = \mathsf{M}$ seine ganze Masse bezeichnet, als Summe in der x-Richtung, da $x = u \sin\alpha$

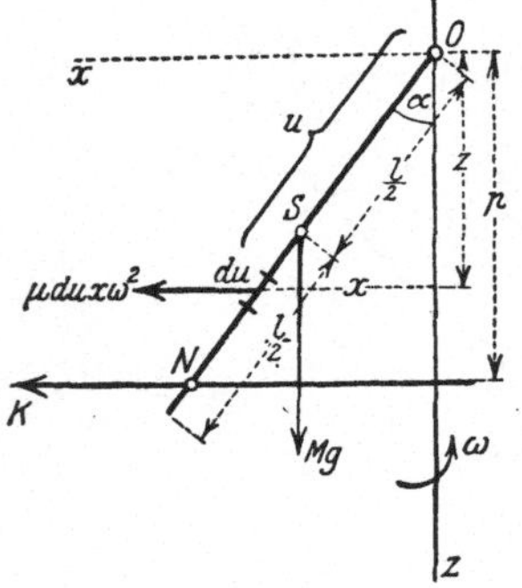

Abb. 232.

$$\int_0^l \mu\,x\,\omega^2\,du = \mu\,\omega^2\sin\alpha\int_0^l u\,du = \mu\,\omega^2\sin\alpha\,\frac{l^2}{2} = \frac{1}{2}\,\mathsf{M}\,l\,\omega^2\sin\alpha,$$

und als Summe der Momente um O, da $z = u \cos\alpha$,

$$\int_0^l \mu\,x\,z\,\omega^2\,du = \mu\,\omega^2\sin\alpha\cos\alpha\int_0^l u^2\,du = \mu\,\omega^2\sin\alpha\cos\alpha\,\frac{l^3}{3} = \frac{1}{3}\,\mathsf{M}\,l^2\,\omega^2\sin\alpha\cos\alpha.$$

Dieser Wert ist nichts anderes als $J_{xz}\,\omega^2$ für den unter dem Winkel α gegen die Lotrechte geneigten Stab. Die Trägheitskräfte können daher durch eine Einzelkraft $\mathfrak{K}$ in der x-Richtung dargestellt werden, die in einem Abstande p von O angreift, der durch den Quotienten des eben berechneten Moments und der Einzelkraft gegeben ist

$$p = \tfrac{2}{3}\,l\cos\alpha.$$

Für einen *schweren* Stab liefert der Momentensatz um O die Gleichgewichtstellung α des Stabes aus der Gleichung

$$\mathsf{M}\,g\,\frac{l}{2}\,\sin\alpha = J_{xz}\,\omega^2 = \frac{1}{3}\,\mathsf{M}\,l^2\,\omega^2 \sin\alpha \cos\alpha,$$

es folgt also (außer $\sin\alpha = 0$, $\alpha = 0$)

$$\cos\alpha = \frac{3}{2}\,\frac{g}{l\,\omega^2}. \tag{467}$$

Wenn an einem Ende eines solchen Stabes eine Schwungmasse (etwa in Form einer Kugel) angebracht ist, so entsteht ein Teil eines *Fliehkraftreglers*, dessen Gleichgewichtstellung auf dieselbe Weise berechnet wird. Die durch eine Belastungsänderung hervorgerufene Änderung von ω bringt auch eine Änderung von α mit sich, und diese Verstellung wird durch ein passend angeordnetes Gestänge so auf ein Regulierorgan (Ventil, Schieber, Hahn, Drosselklappe) übertragen, daß diese Änderung wieder rückgängig gemacht oder ein neuer Beharrungszustand der Maschine erzielt wird (siehe Beispiel 143).

130. Weitere Anwendungen. a) Für Körper, die zu einer Ebene *symmetrisch* sind, und die um eine zu dieser Ebene senkrechte Achse A mit ω rotieren, ist die Summe der Fliehkräfte $\mathfrak{F}$ eine durch S gehende Einzelkraft $\mathsf{M}\,\mathfrak{r}\,\omega^2$, wobei $\mathfrak{r} = \overline{AS}$. Denn es ist nach den Gln. (93)

$$\mathfrak{F} = S\,m_i\,\mathfrak{r}_i\,\omega^2 = \omega^2\,S\,m_i\,\mathfrak{r}_i, \quad \text{also} \quad \boxed{\mathfrak{F} = \omega^2\,\mathsf{M}\,\mathfrak{r}.} \tag{468}$$

$\mathfrak{F}$ liegt in der Symmetrieebene, schneidet A senkrecht und geht durch S hindurch. — Dies ist auch der Fall, wenn die beiden Haupt-TM eines in bezug auf die Meridianebene symmetrischen Pendels gleich sind.

Beispiel 159. Gleichgewicht eines Flachreglers. Ein Flachregler nach Abb. 233 kann als ein mittels zweier Gelenke A, D auf eine Scheibe aufgesetztes Kurbelviereck A, B, C, D angesehen werden, das mit dieser Scheibe in Drehung gesetzt wird und gewöhnlich mit einem zweiten, D, C_1, B_1, A_1 nach der in der Abbildung ersichtlichen Weise gekoppelt ist. Die Verstellung des Kurbelvierecks bei veränderlichem ω wird wieder durch ein Gestänge auf ein Regulierorgan übertragen. Auf die drei Glieder des Kurbelvierecks wirken die Fliehkräfte, deren Größe für jedes Glied nach Gl. (468) zu berechnen ist. Die zu lösende Aufgabe besteht nun darin, die Größe der Federkraft $\mathfrak{K}$ zu ermitteln, die für eine bestimmte Stellung und und für ein bestimmtes ω zur Herstellung des Gleichgewichtes des Kurbelvierecks notwendig ist, wobei die Richtung von $\mathfrak{K}$ gegeben ist.

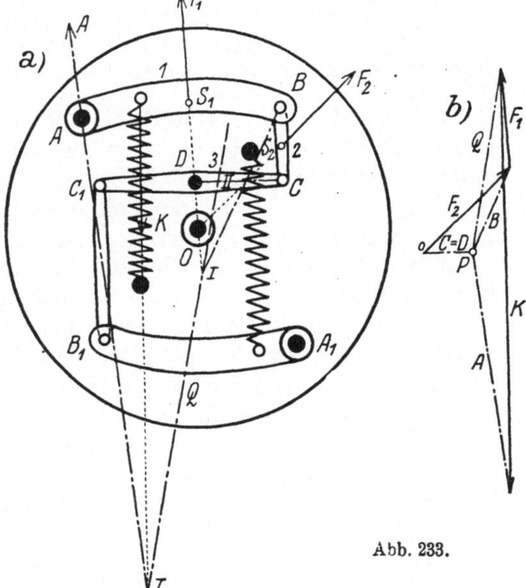

Abb. 233.

Die Ausführung der Konstruktion zur Bestimmung von $\mathfrak{K}$ sei zunächst an Hand der schematischen Figur Abb. 234a erklärt. Die Belastung der drei Glieder $1, 2, 3$ besteht aus den Fliehkräften

$$\mathfrak{F}_1 = \mathsf{M}_1\,\omega^2\,\mathfrak{r}_1, \quad \mathfrak{F}_2 = \mathsf{M}_2\,\omega^2\,\mathfrak{r}_2, \quad \mathfrak{F}_3 = \mathsf{M}_3\,\omega^2\,\mathfrak{r}_3,$$

wenn M_1, M_2, M_3 die Massen der drei Glieder sind. Die Glieder 2 und 3 bilden für sich ein „Dreigelenk", deren Gelenkkräfte $\mathfrak{B}$, $\mathfrak{C}$, $\mathfrak{D}$ nach Beispiel 23 in **43** zu ermitteln sind. Das Glied 1 ist dann im Gleichgewichte unter den Kräften $\mathfrak{F}_1$, der Federkraft $\mathfrak{K}$, $\mathfrak{A}$ und $\mathfrak{B}$; die Summe $\mathfrak{Q}$ von $\mathfrak{F}_1$ und $\mathfrak{B}$ ist in zwei Komponenten zu zerlegen, von denen die eine in die gegebene Richtung von $\mathfrak{K}$ fällt, die andere durch A hindurchgeht; der Schnittpunkt T von $\mathfrak{Q}$ und $\mathfrak{K}$ gibt, mit A verbunden, die Richtung der Gelenkkraft $\mathfrak{A}$, während die Größen von $\mathfrak{A}$ und $\mathfrak{K}$ durch den Kräfteplan in Abb. 234b geliefert werden.

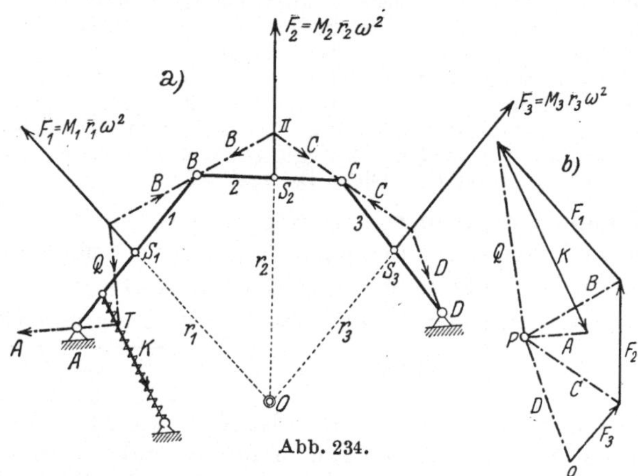

Abb. 234.

Der Flachregler Abb. 233 ist ein Sonderfall dieser in Abb. 234 gegebenen schematischen Darstellung, bei dem die Fliehkraft $\mathfrak{F}_3$ auf das in seinem Schwerpunkt D gelagerte Glied 3 nicht berücksichtigt zu werden braucht, so daß 3 einfach als „Pendelstütze" wirkt, die nur eine Stützkraft in ihrer eigenen Richtung empfangen und ausüben kann; den zugehörigen Kräfteplan zeigt Abb. 233b.

b) Das d'Alembertsche Prinzip kann auch dazu dienen, die *Festigkeitsberechnung* bewegter Körper bei Vorhandensein von Beschleunigungen auszuführen, die sich in neuerer Zeit mit Rücksicht auf die verwendeten großen Geschwindigkeiten und die erhöhten Anforderungen an die Regulier- und Steuerfähigkeit der Maschinen als unabweisbar herausgestellt und allmählich zum Ausbau einer „dynamischen Festigkeitslehre" geführt hat. Der hierfür maßgebende Gedanke ist der, daß zu den eingeprägten Kräften die Trägheitskräfte als Belastungen hinzuzunehmen sind, um die gesamten einwirkenden „Lasten" zu erhalten. Für jeden beliebigen Teil des Körpers bilden die auf diese Weise ergänzten Lasten zusammen mit den an den Schnittstellen übertragenen „inneren" Kräften — den Spannungen — eine Gleichgewichtsgruppe. — Aus dieser Aussage ist auch ersichtlich, daß gleichförmige Bewegung keinerlei Spannungen im Innern des Körpers verursachen kann.

Beispiel 160. Beanspruchung eines gleichförmig rotierenden Stabes. Die Trägheitskräfte sind nichts anderes als die Fliehkräfte. Für einen Querschnitt im Abstande x vom Ende hat die Normalkraft S, die für die Herstellung des Gleichgewichts des abgeschnittenen Teiles nötig ist, die Größe

$$S = \mu \int\limits_0^x (l - x)\, \omega^2\, dx = \frac{\mu\, \omega^2}{2}\, x \left(l - \frac{x}{2}\right);$$

der größte Wert von S tritt für $x = l$, also an der Achse, auf und hat, wenn der Stab die Länge l hat, um eine Achse durch seinen Endpunkt senkrecht zu seiner

Längsachse rotiert und $\mu\,l\,\mathsf{M} =$ gesetzt wird, den Wert

$$S_{\max} = \frac{\mu\,\omega^2\,l^2}{2} = \tfrac{1}{2}\,\mathsf{M}\,l\,\omega^2,$$

d. i. der Wert der Fliehkraft der im Schwerpunkt vereinigten Stabmasse. Für ungleichförmige Drehung sind für die Herstellung des Gleichgewichtes auch im Querschnitt liegende, sog. *Schubkräfte* anzubringen, die von der Winkel*beschleunigung* in jedem Augenblicken abhängen.

131. Zwangläufige Bewegung des einzelnen Körpers. Die zwangläufige Bewegung einer einzelnen Scheibe verlangt zu ihrer Kennzeichnung nur die Angabe *einer* Koordinate; da beim Zwanglauf die Führung in *zwei* Punkten erfolgt, treten an diesen *zwei* unbekannte Führungskräfte auf, und die drei Bewegungsgleichungen sind daher zur Bestimmung der Bewegung *und* dieser Führungskräfte ausreichend. Zu den zwangläufigen Bewegungen gehört auch die reine Rollung, bei der die beiden geführten Punkte zusammenfallend angenommen werden können; für die Rollung ist die im Berührungspunkte auftretende Kraft durch zwei Komponenten bestimmt, und die in der Richtung der Berührungsebene liegende Reibungskraft als eine Haftreibung aufzufassen; für sie kann nur eine obere Grenze $|R| \leq f_0\,D$ angegeben werden, wobei nur dann wirkliches Rollen und kein Gleiten eintritt, wenn diese obere Grenze nicht erreicht wird. Diese zwei Komponenten sind wieder durch die Bewegungsgleichungen zu bestimmen. Ebenso fallen die beiden geführten Punkte bei der Drehung um einen festen Punkt zusammen.

Beispiel 161. Stab längs Wand und Boden fallend. Mit den Bezeichnungen der Abb. 235 lauten die Bewegungsgleichungen bei glatten Führungen

$$\mathsf{M}\,\ddot{\xi} = B, \quad \mathsf{M}\,\ddot{\eta} = A - \mathsf{M}\,g, \quad \mathsf{M}\,k^2\,\ddot{\varphi} = B\,b\,\sin\varphi - A\,a\,\cos\varphi$$

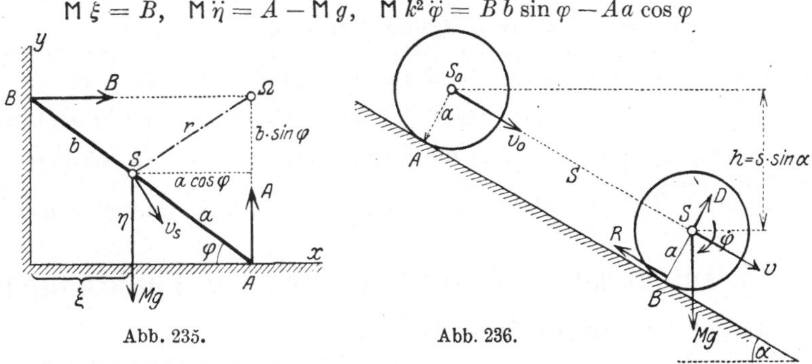

Abb. 235.   Abb. 236.

und die geometrischen Beziehungen

$$\xi = b\,\cos\varphi, \quad \eta = a\,\sin\varphi.$$

Nach Ausscheidung von A, B, ξ, η aus diesen fünf Gleichungen ergibt sich durch Multiplikation mit $\dot{\varphi}$ die Gleichung

$$\{(a^2\cos^2\varphi + b^2\sin^2\varphi)\,\dot{\varphi}\,\ddot{\varphi} + (b^2 - a^2)\sin\varphi\cos\varphi\,\dot{\varphi}^3 + k^2\,\dot{\varphi}\,\ddot{\varphi}\} = -g\,a\,\cos\varphi\,\dot{\varphi},$$

die unmittelbar integriert werden kann und die Energiegleichung $\mathsf{T} + \mathsf{U} = h$ liefert,

$$\tfrac{1}{2}\,[(a^2\cos^2\varphi + b^2\sin^2\varphi) + k^2]\,\dot{\varphi}^2 + g\,a\,\sin\varphi = h/\mathsf{M},$$

die natürlich auch unmittelbar hingeschrieben werden könnte. Aus ihr ergibt sich durch Auflösung $\dot{\varphi} = \dot{\varphi}\,(\varphi)$; durch Einsetzen in die Bewegungsgleichungen erhält man A und B für jedes φ während der Bewegung.

Beispiel 162. Rollende Bewegung eines Drehkörpers längs einer schiefen Ebene, Abb. 236. Auch in diesem Falle findet das Energieintegral (**126**); da der Angriffspunkt der unbekannten Reibung R die Geschwindigkeit Null hat, ohne weiteres

Anwendung und liefert, wenn in der Anfangslage $v = v_0$ sein soll: $\mathsf{T} - \mathsf{T}_0 = \mathsf{A}$. und, da $\dot{\varphi} = v/a$, $\dot{\varphi}_0 = v_0/a$

$$\tfrac{1}{2}\,\mathsf{M}\,(k^2 + a^2)\,\frac{v^2 - v_0^2}{a^2} = \mathsf{M}\,g\,h, \qquad (h = s \sin \alpha)$$

und wenn für $\mathsf{M}\,k^2$ die auf den Umfang a reduzierte Masse $\mathsf{M}' = \mathsf{M}\,k^2/a^2$ eingeführt wird

$$\tfrac{1}{2}\,(\mathsf{M} + \mathsf{M}')\,(v^2 - v_0^2) = \mathsf{M}\,g\,h \quad \text{oder} \quad v^2 = v_0^2 + \frac{2\,g\,h}{1 + \mathsf{M}'/\mathsf{M}}.$$

Insbesondere erhält man für den Kreiszylinder

$$\left.\begin{array}{l} \mathsf{M}\,k^2 = \tfrac{1}{2}\,\mathsf{M}\,a^2 = \mathsf{M}'\,a^2, \quad \mathsf{M}' = \tfrac{1}{2}\,\mathsf{M} \quad \text{und} \quad v^2 = v_0^2 + \tfrac{2}{3}\,2\,g\,h \\[2mm] \text{und für die Kugel} \\[1mm] \mathsf{M}\,k^2 = \tfrac{2}{5}\,\mathsf{M}\,a^2 = \mathsf{M}'\,a^2, \quad \mathsf{M}' = \tfrac{2}{5}\,\mathsf{M} \quad \text{und} \quad v^2 = v_0^2 + \tfrac{5}{7}\,2\,g\,h. \end{array}\right\} \quad (469)$$

Für die Aufstellung der Bewegungsgln. (447) sind die Normalkraft D und die Reibung R im Berührungspunkte als Umbekannte einzuführen; die Bewegungsgleichungen lauten

$$\left.\begin{array}{l} \mathsf{M}\,\ddot{\xi} = \mathsf{M}\,g \sin \alpha - R, \\[1mm] \mathsf{M}\,\ddot{\eta} = D - \mathsf{M}\,g \cos \alpha, \\[1mm] \mathsf{M}\,k^2\,\dot{\omega} = R\,a. \end{array}\right\} \quad (470)$$

Da $\eta = a$, folgt aus der zweiten Gleichung $D = \mathsf{M}\,g \cos \alpha$, und aus den beiden anderen Gleichungen und $\dot{\xi} = v = a\,\omega$, $\ddot{\xi} = \dot{v} = a\,\dot{\omega}$ können R und $\dot{\omega}$ entfernt werden, man erhält

$$\mathsf{M}\dot{v} = \mathsf{M}\,g \sin \alpha - \mathsf{M}\,k^2\,\dot{v}/a^2,$$

und da $\dot{v} = v\,dv/ds = \tfrac{1}{2}\,dv^2/ds$

$$\tfrac{1}{2}\,\mathsf{M}\,\frac{k^2 + a^2}{a^2}\,dv^2 = \mathsf{M}\,g \sin \alpha\,ds = \mathsf{M}\,g\,dh,$$

eine Gleichung, die integriert die frühere Energiegleichung gibt.

Der Schwerpunkt des auf der schiefen Ebene rollenden *Zylinders* bewegt sich daher gerade so wie ein gleitender Körper von der gleichen Masse, dessen Gewicht nur $\dfrac{\mathsf{M}}{\mathsf{M} + \mathsf{M}'}\,G = \tfrac{2}{3}\,G$ betragen würde, d. h. so, als ob das Schwerefeld die konstante Beschleunigung $\tfrac{2}{3}\,g$ hätte. Für die Kugel würde für diese Beschleunigung $\tfrac{5}{7}\,g$ zu setzen sein.

Aus den Bewegungsgleichungen kann sodann auch R ermittelt werden.

VI. Impulssatz und Drallsatz für einen Punkthaufen.

132. Der Schwerpunktsatz. Neben dem Energiesatz sind diese beiden Sätze wichtige Folgerungen aus den Bewegungsgleichungen, die unter bestimmten Voraussetzungen Geltung haben und allgemeine Integrale dieser Gleichungen darstellen, die auch für die technischen Anwendungen von großer Bedeutung sind.

Die Bewegungsgleichungen von n Massenpunkten eines Systems von Punkten oder Körpern nach den drei Richtungen eines Cartesischen Achsenkreuzes lauten mit Benützung des d'Alembertschen Prinzips, wonach die inneren Kräfte für sich im Gleichgewichte sind und bei der Summation herausfallen:

$$S\,m_i\,\ddot{\mathfrak{r}}_i = \Sigma\,\mathfrak{R}_i, \quad \text{oder} \quad S\,m_i\,\ddot{x}_i = \Sigma\,X_i, \dots \quad (471)$$

Diese Gleichungen erhalten eine besonders einfache Form, wenn die Koordinaten ξ, η, ζ des Schwerpunktes des gegebenen Massensystems eingeführt werden gemäß den Gln. (93):

$$S\, m_i\, \mathfrak{r}_i = \mathsf{M}\, \mathfrak{r}_S \quad \text{oder} \quad S\, m_i\, x_i = \mathsf{M}\, \xi, \quad S\, m_i\, y_i = \mathsf{M}\, \eta, \quad S\, m\, z_i = \mathsf{M}\, \zeta \qquad (93)$$

Wenn man diese Gleichungen nach t differenziert, so erhält man

$$S\, m_i\, \dot{\mathfrak{r}}_i = \mathsf{M}\, \dot{\mathfrak{r}}_S, \quad \text{oder} \quad S\, m_i\, \dot{x}_i = \mathsf{M}\, \dot{x}_S, \ldots \qquad (472)$$

und

$$S\, m_i\, \ddot{\mathfrak{r}}_i = \mathsf{M}\, \ddot{\mathfrak{r}}_s, \quad \text{oder} \quad S\, m_i\, \ddot{x}_i = \mathsf{M}\, \ddot{x}_s, \ldots \qquad (473)$$

Werden diese mit Gl. (471) in Verbindung gebracht, so erhält man

$$\boxed{\mathsf{M}\, \ddot{\mathfrak{r}}_s = \sum \mathfrak{K}_i, \quad \text{oder} \quad \mathsf{M}\, \ddot{\xi} = \sum X_i, \quad \mathsf{M}\, \ddot{\eta} = \sum Y_i, \quad \mathsf{M}\, \ddot{\zeta} = \sum Z_i,} \qquad (474)$$

die den Inhalt des Satzes von der Bewegung des Schwerpunktes ausmachen, den wir in der Form aussprechen:

Der Massenmittelpunkt S des gegebenen Massensystems bewegt sich gerade so, als ob alle Kräfte ohne Änderung ihrer Größen und Richtungen an der in S vereinigten Masse M des ganzen Systems angreifen würden.

Wenn insbesondere eingeprägte und Führungskräfte nicht vorhanden sind, d. i. wenn $\sum \mathfrak{K}_i = 0$ ist, so folgt

$$\ddot{\mathfrak{r}}_s = 0$$

oder durch zweimalige Integration

$$\boxed{\mathfrak{r}_s = \mathfrak{c}\, t + \mathfrak{a}} \qquad (475)$$

wobei $\mathfrak{c}$ und $\mathfrak{a}$ Integrationskonstanten sind, die hier Vektoren bedeuten; in Komponenten geschrieben lautet diese Gleichung

$$\boxed{x_s = c_1\, t + a_1, \quad y_s = c_2\, t + a_2, \quad z_s = c_3\, t + a_3,} \qquad (475)$$

in Worten: *Bei fehlenden äußeren Kräften bewegt sich daher der Schwerpunkt gleichförmig in gerader Bahn,* wie auch sonst die Bewegung der einzelnen zu dem System gehörigen Körper und deren gegenseitige Einwirkungen beschaffen sein mögen.

Die in Gln. (472) auftretende Summe

$$\mathfrak{B} = S\, m_i\, \dot{r}_i = \mathsf{M}\, \dot{r}_S \qquad (476)$$

bezeichnet man auch als den *Impuls* oder die *Bewegungsgröße* des Systems und die Gl. (471) kann auch in der Form geschrieben werden

$$\frac{d\mathfrak{B}}{dt} = \sum \mathfrak{K}_i, \qquad (477)$$

die besagt, daß die Änderung des Impulses oder der Bewegungsgröße eines Massensystems in der Zeiteinheit gleich der Summe der auf das System einwirkenden Kräfte ist. Aus dieser Gleichung folgt unmittelbar:
Für

$$\boxed{\sum \mathfrak{K}_i = 0 : \mathfrak{B} = \text{konst.}} \qquad (478)$$

d. h. *bei fehlenden äußeren Kräften ist der Impuls des Systems nach Größe und Richtung konstant.*

Die Folgerungen, die man aus diesem Satze ableiten kann, sind außerordentlich bemerkenswert.

133. Anwendungen: Aus diesem Satz folgt, daß die Bewegung des Schwerpunktes S von Körpern durch innere Kräfte allein nicht beeinflußt werden kann; auch Kräftepaare sind auf seine Bewegung ohne Einfluß. Die Bewegung des Schwerpunktes eines beliebig gestalteten Körpers erfolgt überdies ganz unabhängig von allen Veränderungen der Gestalt und Struktur, die durch innere Kräfte allein an dem Körper hervorgerufen werden.

Ein Turner kann nach dem Absprung vom Boden die Bewegung seines Schwerpunktes nicht mehr beeinflussen. — Der Schwerpunkt eines Geschosses bewegt sich (wenn vom Luftwiderstand abgesehen wird) in einer Bahn, die durch die Explosion nicht geändert wird. — Aus dem Satze folgt auch, daß der Schwerpunkt unseres Sonnensystems, auf das nur die Anziehungskräfte zwischen den einzelnen Himmelskörpern wirken, entweder ruht, oder sich gegen den Fixsternhimmel geradlinig mit gleichbleibender Geschwindigkeit bewegt. — Ferner folgt daraus, daß eine Vorwärtsbewegung auf einem absolut glatten Boden nur durch Wegschleudern von mitgeführten Massen (Kleidungsstücken u. dgl.) möglich ist. — Auch die Erscheinung des Rückstoßes der Geschütze gehört hierher. — Endlich liegt in diesem Satze der Grund für die Unmöglichkeit, ein Luftschiff ohne Eigenbewegung (Freiballon) durch Anbringung von Steuerflächen u. dgl. lenkbar zu machen. — Eine wichtige Anwendung findet er schließlich auch in der Theorie des Stoßes (IX).

Beispiel 163. Längs eines stabförmigen Körpers von der Masse m_1 bewegt sich eine Punktmasse m_2 mit konstanter Relativgeschwindigkeit V. Zwischen beiden soll eine mechanische Verbindung bestehen, z. B. durch Zahnräder, Griffe beim Kriechen oder Reibungen beim Gehen eines Menschen, Pulvergase beim Schuß

Abb. 237.

u. dgl. Man bestimme die absoluten Geschwindigkeiten v_1 und v_2 der beiden Massen.

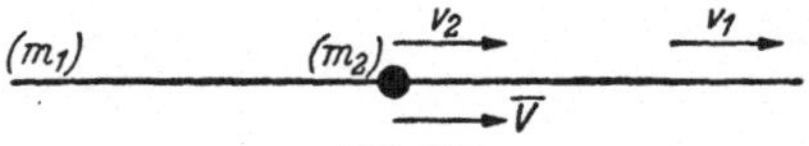

Werden nach Abb. 237 alle Geschwindigkeiten positiv nach rechts gerechnet, so gilt nach dem Satz über die relative Bewegung ($v_a = v_{\text{rel}} + v_s$):

$$v_2 = V + v_1.$$

Da die auftretenden Kräfte nur „innere" sind, so liefert der Impulssatz die Gleichung

$$m_1 v_1 + m_2 v_2 = 0, \quad \text{oder} \quad m_1 v_1 + m_2 (V + v_1) = 0,$$

also folgt

$$v_1 = -\frac{m_2}{m_1 + m_2} V \quad \text{und} \quad v_2 = V + v_1 = \frac{m_1}{m_1 + m_2} V.$$

Für $m_1 = m_2$ ist insbesondere $v_1 = -V/2$, $v_2 = V/2$.

Der Stab bewegt sich daher absolut in der zu V entgegengesetzten Richtung, und zwar in dem angegebenen Sonderfalle gleicher Massen mit der halben Relativgeschwindigkeit.

Diese Gleichungen werden auch zur Berechnung des Rückstoßes einer Schußwaffe beim Abfeuern eines Geschosses mit der Relativgeschwindigkeit V benutzt. Die Größe der Rücklaufgeschwindigkeit ist v_1 und der „Rückstoß" ist

$$B = m_1 v_1 = -m_2 v_2 = -\frac{m_1 m_2}{m_1 + m_2} V.$$

Z. B. folgt für $m_1 = \dfrac{10}{9,81} \approx 1 \text{ kgm}^{-1} \text{ sec}^2$, $m_2 = 0,0013 \text{ kgm}^{-1}\text{sec}^2$, $V = 750 \text{ m/sec}$:

$$B \approx -m_2 V = 0,0013 \cdot 750 = 1 \text{ kgsec}.$$

Wenn daher der Vorgang des Schusses 0,01 sec dauert, so ist die am Geschoßboden auftretende „Kraft" im Mittel 100 kg.

Beispiel 164. Massenausgleich hinsichtlich der Bewegungsgrößen der bewegten Maschinenteile. In Beispiel 157 wurde gezeigt, daß ein *einzelner*, sich um eine Achse drehender Körper dann und nur dann keine Unterstützungskräfte in den

Lagern verursacht, wenn 1. sein Schwerpunkt S in der Drehachse liegt, und 2. diese Drehachse eine Hauptträgheitsachse ist.

Aus der Gl. (478) gewinnen wir nunmehr auch die Bedingung dafür, daß irgendein System von miteinander verbundenen Körpern, die ihre gegenseitigen Lagen bei der Bewegung verändern, auf die Führungen und Auflager keine Kräfte ausübt. Diese Bedingung lautet:

$$\mathfrak{B} = \mathsf{M}\,\mathfrak{v}_s = S\, m_i\, \mathfrak{v}_i = \text{konst.,} \tag{479}$$

und im besonderen $\mathfrak{B} = 0$, wenn zu irgendeiner Zeit $t : \mathfrak{v}_s = 0$ war; d. h. die Bewegung der Massen muß so verlaufen, daß *der Gesamtschwerpunkt des Systems entweder in Ruhe bleibt, oder sich gleichförmig und geradlinig bewegt. (1. Bedingung für den Massenausgleich.)* Wenn auf diese Bedingung nicht Rücksicht genommen würde, so würden durch die hin- und hergehenden Massen der Kolbenmaschinen in den Fahrzeugen und Gebäuden, in denen solche Maschinen eingebaut sind (Lokomotiven, Kraftwagen, Flugzeuge, Fabrikgebäude) im Takte der Motorbewegung verlaufende Erschütterungen entstehen, die sich störend bemerkbar machen und daher vermieden werden müssen. Jede Verlagerung der Massen würde nämlich wie eine eingeprägte periodische Kraft wirken und eine erzwungene Schwingung des Maschinenfundamentes (bei Lokomotiven auch des angehängten Wagenzuges) von derselben Periode hervorrufen. Der Rahmen einer an Ketten aufgehängten Lokomotive würde, wenn diese in Gang gesetzt wird, wegen der sich periodisch nach vorne und rückwärts bewegten Getriebeteile Bewegungen ausführen müssen, die in jedem Augenblicke den Bewegungen

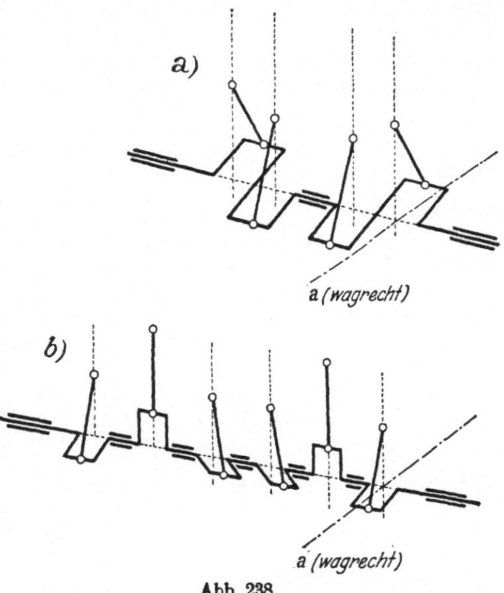

Abb. 238.

dieser Getriebeteile entgegengesetzt gerichtet und deren Geschwindigkeiten durch die Gleichungen $S\, m_i\, v_i = 0$, bestimmt wären. Um diese Erschütterungen vollständig auszuschalten, muß jede nach einer Richtung bewegte Masse durch eine mit derselben Bewegungsgröße nach der entgegengesetzten Richtung bewegte Masse „ausgeglichen" werden. Ein solcher „exakter" Massenausgleich ist jedoch für Maschinen mit hin- und hergehenden Massen aus konstruktiven Gründen undurchführbar. Auch die Verwendung von Mehrzylindermaschinen mit gleichgroßen Zylindern und symmetrischer Anordnung der Kurbeln nach Abb. 238a) für *Vierzylindermaschinen* mit einem Kurbelwinkel von 180° und b) für die *Sechszylindermaschinen* mit einem Kurbelwinkel von 120° bringt keinen vollständigen Massenausgleich, weil die Geschwindigkeitsverteilung der hin- und hergehenden Massen der Schubstangen und Kolben usw. für Hin- und Rückgang nicht symmetrisch ist (siehe Beispiel 103) und daher die Bewegungsgrößen der (hier als gleich groß angenommenen) hin- und hergehenden Massen nicht in jedem Augenblicke genau die Summe Null ergeben. Bei Lokomotiven wird der Massenausgleich der Getriebemassen durch *Gegenmassen* angestrebt, die im Innern der Radkränze der Treibräder angebracht werden. Solche Gegenmassen können natürlich nur zum Ausgleich von rotierenden Massen dienen, deren Schwerpunkte nicht in den Radachsen liegen; auch jene Teile der Schubstangenmassen, die *konstanten* Einfluß auf die Bewegung haben, (wie m_1 in **141 A**, b), können auf diese Weise ausgeglichen werden, dagegen ist der Ausgleich der hin- und hergehenden Massen von Kolben und Kol-

benstange und der „schwingenden“ Masse m_3 der Schubstange durch solche
rotierende Massen nicht möglich und wird praktisch durch Anwendung mehrerer
Zylinder mit verstellten Kurbeln angenähert erzielt.

Für eine Mehrzylinder-Kolbenmaschine mit ungleich großen Zylindern erhält
man die Bedingungen für den Massenausgleich der hin- und hergehenden Teile
in folgender Form: Die in den Richtungen der Zylinderachsen fallenden Komponenten sind nach Gl. (328) durch die Ausdrücke gegeben:

$$v_i = r_i\,\omega \sin (\varphi + \alpha_i) + \tfrac{1}{2}\,\lambda \sin 2\,(\varphi + \alpha_i),$$

wobei die α_i die Winkel sind, um die die Kurbeln der Maschine gegeneinander
versetzt sind. Die Gl. (479) nimmt dann die Form an:

$$S\,m_i\,v_i = \omega\,[S\,m_i\,r_i \sin (\varphi + \alpha_i) + \tfrac{1}{2}\,\lambda\,S\,m_i\,r_i \sin 2\,(\varphi + \alpha_i)] = 0.$$

Damit die hin- und hergehenden Massen für sich ausgeglichen sind, muß diese
Gleichung für alle Werte von φ erfüllt sein; dies ist der Fall, wenn die Koeffizienten
der einzelnen Potenzen von λ für sich verschwinden. Zunächst geben die Glieder
mit λ^0 die Bedingungen für den *Massenausgleich 1. Ordnung*:

$$\boxed{S\,m_i\,r_i \sin \alpha_i = 0, \qquad S\,m_i\,r_i \cos \alpha_i = 0.} \tag{480}$$

Wenn außerdem noch die Glieder mit λ verschwinden, also

$$\boxed{S\,m_i\,r_i \sin 2\alpha_i = 0, \qquad S\,m_i\,r_i \cos 2\alpha_i = 0,} \tag{480'}$$

so erhält man die für den *Massenausgleich 2. Ordnung* notwendigen Bedingungen.

Beispiel 165. Umlaufende Masse in einem Fahrzeug. In einem Fahrzeug
(Masse M, Schwerpunkt S) sei eine Punktmasse m an einer Kurbel r angebracht
und werde in einer waagrechten Lage der Kur-
bel mit der Anfangsgeschwindigkeit v_0 in Bewegung gesetzt. Man ermittle die Bewegung des Wagens und der Masse m (Abb. 239).

Selbstverständlich kann die Masse m
nicht gleichförmig umlaufen, da sie mit der
Masse des Wagens, der selbst in waagrechter
Richtung beweglich ist, in Verbindung steht.

Sei X die x-Koordinate von S und x, y die
Koordinaten von m. Die Bewegungsgleichungen verwenden wir hier in folgender
Form: Da der Schwerpunkt S des aus
Wagen und umlaufender Masse bestehenden Systems anfänglich ruht und eingeprägte Kräfte nicht vorhanden sind, so

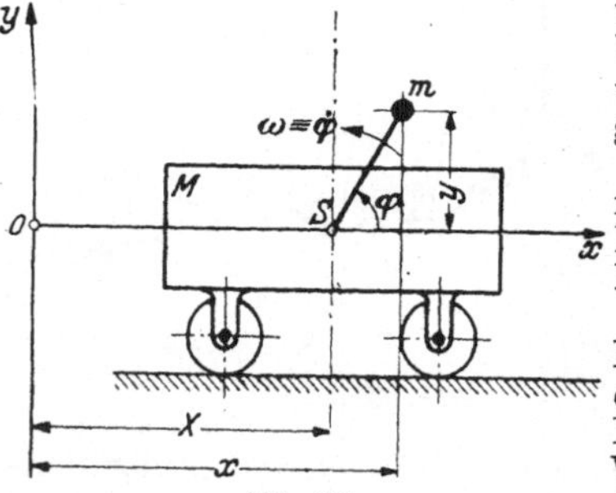

Abb. 239.

bleibt er dauernd in Ruhe. Es gilt daher der Impulssatz:

$$M\,\dot X + m\,\dot x = 0.$$

Nun ist, wenn φ den Drehwinkel bedeutet,

$$x = X + r \cos \varphi, \quad y = r \sin \varphi,$$

daher ist

$$\dot x = \dot X - r \sin \varphi\,\dot\varphi, \quad \dot y = r \cos \varphi\,\dot\varphi;$$

man findet, wenn man das in die vorhergehende Gleichung einsetzt:

$$M\,\dot X + m\,(\dot X - r \sin \varphi\,\dot\varphi) = 0,$$

also

$$\dot X = \frac{m}{M + m}\,r \sin \varphi\,\dot\varphi, \quad \text{und} \quad \dot x = -\frac{M}{M + m}\,r \sin \varphi\,\dot\varphi.$$

Außerdem setzen wir die Energiegleichung an:

$$\tfrac{1}{2}\,M\dot X^2 + \tfrac{1}{2}\,m\,(\dot x^2 + \dot y^2) = \tfrac{1}{2}\,m\,v_0^2,$$

und erhalten durch Einsetzen der für X, x, y gefundenen Ausdrücke nach leichter Rechnung (mit $v_0 = r_0\,\omega_0$):

$$\left(\frac{M}{M+m}\,\overset{\cdot}{\sin^2\varphi} + 1 - \sin^2\varphi\right)\dot\varphi^2 = \omega_0^2$$

und daraus:

$$\dot\varphi = \frac{\omega_0}{\sqrt{1 - \dfrac{m}{M+m}\,\sin^2\varphi}}, \qquad \omega_0\,t = \int\sqrt{1 - \frac{m}{M+m}\,\sin^2\varphi}\;d\varphi,$$

wodurch auch $\dot X$ und $\dot x$ für jeden Wert von φ bestimmt sind. Die beiden Massen M und m machen in waagrechter Richtung einander entgegengerichtete hin- und hergehende Bewegungen, die aber keine einfachen Schwingungen sind; sie weichen davon um so weniger ab, je kleiner m gegen M ist.

134. Bewegungsgleichung für veränderliche Massen. Eine wichtige Anwendung findet der Impulssatz auf solche Aufgaben, bei denen die Masse m des bewegten Körpers durch Zu- oder Abführung eine Veränderung erfährt.

Es sei dm die in der Zeit dt zugeführte Masse und v' die Geschwindigkeit, mit der diese Zuführung erfolgt.

Die Änderung des Impulses der veränderlichen Masse m in der Zeit dt ist jetzt in der Form $d(mv)$ anzusetzen; es ist ferner zu berücksichtigen, daß das Hinzutreten der Masse dm mit der Geschwindigkeit v' eine Vermehrung des „Impulses" der äußeren Kraft $P\,dt$ um den Betrag $v'\,dm$ mit sich bringt. Die Bewegungsgleichung lautet daher

$$d(mv) = P\,dt + v'\,dm$$

und daraus findet man

$$\boxed{m\,\dot v = P + (v' - v)\,\frac{dm}{dt}\,.} \qquad (481)$$

Das Glied $(v' - v)\,dm$ auf der rechten Seite bedeutet die Impulsänderung zufolge der mit der relativen Geschwindigkeit $v_{\mathrm{rel}} = v' - v$ erfolgenden Zuführung der Masse dm.

Multipliziert man die letzte Gleichung mit $v = ds/dt$, so erhält man

$$m\,v\,dv + \tfrac{1}{2}\,v^2\,dm = P\,ds - \tfrac{1}{2}\,(-2v'v + v^2)\,dm$$

oder

$$\boxed{\tfrac{1}{2}\,d(mv^2) + \tfrac{1}{2}\,(v' - v)^2\,dm = P\,ds + \tfrac{1}{2}\,v'^2\,dm} \qquad (482)$$

und dies ist der Energiesatz für die veränderliche Masse in differentieller Form. Er besagt, daß das Hinzutreten der Masse dm auch eine Zuführung von Energie bedeutet, daß aber diese Energie auch zur Deckung des Stoßverlustes aufzukommen hat, der bei dieser Veränderung der Masse entsteht. (Siehe auch **152.**)

Erfolgt das Hinzutreten der Masse dm ohne Geschwindigkeitskomponente in der Bewegungsrichtung, so ist $v' = 0$, d. h. die hinzutretende Masse führt keinen Impuls mit sich; erfolgt das Hinzutreten mit der Geschwindigkeit v, so ist $v' = v$.

Beispiel 166. Raketenwirkung. Wenn durch Ausstoßen von Massenteilchen (und Pulvergasen) aus einer Rakete mit der relativen Geschwindigkeit $v_{\text{rel}} = v' - v = -c = \text{konst.}$ eine mit der Zeit t proportionale Veränderlichkeit der Masse erfolgt, so ist

$$m = m_0 - kt$$

und die Bewegungsgleichung lautet (wenn eingeprägte Kräfte und Widerstände nicht berücksichtigt werden):

$$m\,\dot v = c\,k,$$

d. h. der Rückstoß der austretenden Gase wirkt auf die Massen m als beschleunigende Kraft. Diese Gleichung gibt, integriert, wenn für $t = 0$, $v = v_0$ ist:

$$v = v_0 + c \ln \frac{m_0}{m_0 - k\,t} \,. \tag{483}$$

Das neben v_0 stehende Glied stellt die eigentliche Raketenwirkung dar. Da m wegen des stets vorhandenen Raketengehäuses nicht null werden kann, ergibt sich nach dem Ausbrennen der Rakete eine endliche Endgeschwindigkeit.

135. Flächensatz oder Satz von der Erhaltung des Dralls. Die Momentengleichung in der in **117** erhaltenen Form kann — (mit Benützung von $(\mathfrak{r} \times \mathfrak{r}) = 0$) — ähnlich wie dort umgeformt werden:

$$\mathfrak{M} = \boldsymbol{\Sigma}\,(\mathfrak{r}_i \times \mathfrak{K}_i) = S\,m_i\,(\mathfrak{r}_i \times \mathfrak{b}_i) = S\,m_i\,(\mathfrak{r}_i \times \dot{\mathfrak{v}}_i) = \frac{d}{dt}\,S\,m_i\,(\mathfrak{r}_i \times \mathfrak{v}_i).$$

Die rechts auftretende Summe

$$\boxed{\mathfrak{D}_0 = S\,m_i\,(\mathfrak{r}_i \times \mathfrak{v}_i)} \tag{484}$$

bezeichnet man (ganz analog wie bei der ebenen Scheibe) als den *Drall* des Systems (Drehimpuls, Impulsmoment, Moment der Bewegungsgröße) um den Punkt O, und man erhält die Momentengleichung in der einfachen Form

$$\boxed{\frac{d\mathfrak{D}_0}{dt} = \mathfrak{M}.} \tag{485}$$

Sie besagt: *die zeitliche Änderung des Dralles ist gleich dem Moment der eingeprägten Kräfte in bezug auf einen beliebigen Punkt O.* Dieser Satz gilt sowohl für den Punkthaufen wie für starre Körper, wenn nur die inneren Kräfte von der oben angegebenen Art sind.

Wenn $\mathfrak{M} = 0$, so folgt $\mathfrak{D} = \text{konst.}$, d. h. bei Abwesenheit eingeprägter Momente ist *der Drall des Systems nach Größe und Richtung im Raume konstant. Dies ist der Satz von der Erhaltung des Dralles oder der verallgemeinerte Flächensatz* (wie er wegen der Beziehung der Flächengeschwindigkeit zum Moment der Bewegungsgröße auch genannt wird).

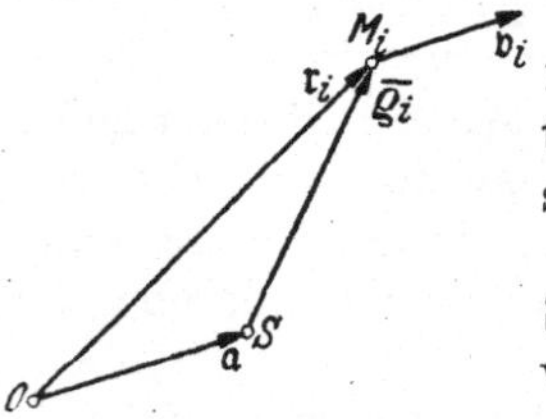

Der Drall eines Punkthaufens hat im allgemeinen einen von der Lage des Bezugspunktes O abhängigen Wert; um dies anzudeuten, schreiben wir $\mathfrak{D}_0$.

Dieser Wert $\mathfrak{D}_0$ kann durch den Drall für den Schwerpunkt S des Punkthaufens ausgedrückt werden, wenn (nach Abb. 240) $\mathfrak{r}_i = \overline{\varrho_i} + \mathfrak{a}$ gesetzt wird; es ist

Abb. 240.

$$\begin{aligned} \mathfrak{D}_0 &= S\,m_i\,(\mathfrak{r}_i \times \mathfrak{v}_i) = S\,m_i\,[(\overline{\varrho_i} + \mathfrak{a}) \times \mathfrak{v}_i] \\ &= S\,m_i\,[(\overline{\varrho_i} \times \mathfrak{v}_i) + (\mathfrak{a} \times \mathfrak{v}_i)] = \mathfrak{D}_S + (\mathfrak{a} \times \mathfrak{B}_S). \end{aligned} \tag{486}$$

Daraus folgt der Satz: Wenn der Schwerpunkt S des Systems ruht (also $\mathfrak{B}_S = m\,\mathfrak{v}_S = 0$ ist), so ist $\mathfrak{D}_0 = \mathfrak{D}_S$, also unabhängig von der Wahl des Bezugspunktes.

136. Anwendungen. Aus der großen Zahl der Anwendungen des Satzes von der Erhaltung des Dralls seien hier nur die folgenden hervorgehoben: Der Drall $\mathfrak{D}$ des *Planetensystems*, welches nur den zwischen den Planeten wirkenden Anziehungen unterworfen ist, ist nach Größe und Richtung im Raume konstant. Die durch den Schwerpunkt der Sonne senkrecht zu $\mathfrak{D}$ gelegte (oder irgendeine andere hierzu parallele) *unveränderliche Ebene* besitzt also für den ganzen Verlauf der Bewegungen der Planeten gegen den Fixsternhimmel eine unveränderliche Lage; daher kann sie als Bezugsebene für die genauere Untersuchung der Bahnkurven der Planeten genommen werden, bei der die gegenseitigen „Wirkungen" der Planeten aufeinander — die „Störungen" — berücksichtigt werden. — Ein *Turner* vermag den „Drall", den er sich beim Absprung vom Boden beibringt, nach dem Absprung in keiner Weise zu ändern, er kann jedoch durch Einziehen der Arme und Beine sein TM in bezug auf seine Drehachse verkleinern, also seine Winkelgeschwindigkeit erhöhen und deshalb die Umdrehungszeit um seine eigene Achse erniedrigen; eine volle Umdrehung in der Luft (salto mortale) kann dadurch in der kurzen Zeit ausgeführt werden, die sein Schwerpunkt für das Herabfallen bis in die Nähe des Bodens braucht. — Zur Veranschaulichung des Satzes von der Erhaltung des Dralls kann der *Drehschemel* dienen, der aus einer um eine lotrechte Achse leicht beweglichen Platte besteht. Wenn eine auf diesem Drehschemel stehende Person eine Stange oder den Arm in einer waagrechten Ebene um den Kopf herumschwingt, so bewegt sich der übrige Körper nach der entgegengesetzten Richtung mit einer solchen Winkelgeschwindigkeit, daß der Drall der nach einer Richtung bewegten Stange und der Drall des nach der andern Richtung bewegten Körpers derselbe ist; bei Aufhören der Bewegung des Armes kommt auch die Bewegung des Körpers sofort zur Ruhe.

Der *Drall der Luftschraube* eines Flugzeuges und der damit gleichsinnig rotierenden Motorteile würde seinen Gegenwert in einem Drall gleicher Größe finden, der das ganze Flugzeug im entgegengesetzten Sinne um die Längsachse des Flugzeuges herumdrehen würde. Dies wird durch den großen Widerstand behindert, den die Flügel einer solchen Bewegung entgegensetzen, muß aber doch durch eine unsymmetrische Einstellung der Flügel unwirksam gemacht werden. Bei Flugzeugen, die mit gegenläufigen Luftschrauben von gleichem Drall ausgerüstet sind, fällt diese Wirkung weg. — Man mache sich klar, in welcher Weise die Kräfte, die diese Gegenwirkung mit sich bringen, in den Kreuzkopfführungen des Motors (usw.) übertragen werden.

Eine wichtige Anwendung findet endlich dieser Satz in der Theorie der *Turbinen* und auf die Flüssigkeitsgetriebe (siehe Hydraulik).

Während nun eine Vorwärtsbewegung ohne Inanspruchnahme der Reibung der Unterlage ausgeschlossen ist, ist eine Drehung auf glatter

Unterlage um *jeden beliebigen Winkel* möglich; man braucht hierzu nur kreisende Arm- oder Beinbewegungen von der oben beschriebenen Art auszuführen, so dreht sich der übrige Körper um einen nach dem Drallsatz zugeordneten Winkel in entgegengesetztem Sinne. Ohne hier weiter auf die Sache einzugehen, sei nur erwähnt, daß der mathematische Grund für diesen wesentlichen Unterschied darin liegt, daß die Gleichung $B_x = S m_i \dot{x}_i = 0$ integrierbar ist, während die Gleichung $D_x = S m_x (y_i \dot{z}_i - z_i \dot{y}_i) = 0$ dies *nicht* ist, und daher wohl eine Bedingung für die *infinitesimalen*, nicht aber für die *endlichen* Lagenänderungen der einzelnen Teile des Systems darstellt.

Beispiel 167. Massenausgleich hinsichtlich der Momente der Bewegungsgrößen der bewegten Maschinenteile. Zur Ausschaltung von Kraftwirkungen auf das Fundament müssen die hin- und hergehenden Massen der Maschinen, wie in Beispiel 164 gezeigt wurde, jedenfalls so angeordnet werden, daß die Summe der Bewegungsgrößen der bewegten Maschinenteile in Richtung der Zylinderachsen (und auch in jeder anderen Richtung) dauernd verschwindet, oder, was auf dasselbe hinaus kommt, daß der Schwerpunkt aller bewegten Massen dauernd in Ruhe bleibt.

Aus dem Satz von der Erhaltung des Dralls folgt nun weiter, daß es für die Ausschaltung von Kraftwirkungen auf das Maschinenfundament außerdem auch notwendig ist, daß der gesamte Drall oder die Summe der *Momente der Bewegungsgrößen der bewegten Massen um jede Achse des Raumes verschwindet (2. Bedingung für den Massenausgleich).* Für Kolbenmaschinen, deren Zylinderachsen alle in einer Ebene liegen, kommen dabei einzig und allein nur die Achsen in Frage, die zu dieser Ebene senkrecht stehen, wie a in Abb. 238a) und b). Durch die um die Mittelebene symmetrische Anordnung der Zylinder, wie sie in diesen Abbildungen gezeigt ist, ist der Massenausgleich hinsichtlich der Momente der Bewegungsgrößen erreicht — freilich wegen der Unsymmetrie der Geschwindigkeiten für Hin- und Rückgang wieder nur *angenähert.*

Bei mehrzylindrigen Schiffsmaschinen mit *verschieden großen* Zylindern und daher mit Getrieben mit verschieden großen Massen (wie dies bei mehrstufiger Expansion aus wirtschaftlichen und betriebstechnischen Gründen notwendig ist) kann der Massenausgleich dadurch erzielt werden, daß für die Winkel zwischen den einzelnen Kurbeln (auch die Entfernungen der Zylinderachsen) nicht von vornherein bestimmte Größen (etwa 180° oder 120°) gewählt werden, sondern diese Winkel zunächst unbestimmt gelassen und erst aus den beiden „Bedingungen für den Massenausgleich" ermittelt werden (Schlickscher Massenausgleich). Wenn die Schubstangen sämtlich unendlich lang genommen, also in Beispiel 104: $\lambda = r/l \sim 0$ und $v \sim r \omega \cos \varphi$ gesetzt und mit diesen vereinfachten Werten der Geschwindigkeiten die beiden Bedingungen für den Massenausgleich, d. h. der Schwerpunkts- und Flächensatz, angesetzt werden, so spricht man von *Massenausgleich 1. Ordnung;* es ist jedoch auch ein Massenausgleich *2. Ordnung* möglich, bei dem in den Ausdrücken für diese Geschwindigkeiten auch die Glieder mit λ beibehalten werden.

VII. Zwangläufige Bewegung verbundener Systeme.
Schwungradberechnung.

137. Aufgabe dieses Kapitels. Die zwangläufige Bewegung einer Scheibe ist, wie schon mehrfach hervorgehoben wurde, dadurch gekennzeichnet, daß zur Angabe ihrer Lage in jedem Augenblicke die Angabe *einer* Koordinate (einer Strecke oder eines Winkels) genügt. Wenn an der Scheibe weitere Scheiben (oder Glieder) gelenkig angeschlossen sind, die ihrerseits zwangläufig geführt sind, so ist auch die Lage aller dieser Scheiben durch jene einzige Koordinate festgelegt. Eine solche zwangläufige Anordnung mehrerer verbundener Scheiben bezeichnet man als ein *zwangläufiges Getriebe*. Das wichtigste Beispiel ist das Schubkurbelgetriebe, Abb. 176, das aus Kurbel, Schubstange, Kreuzkopf und Kolbenstange mit Kolben besteht. In allen diesen Fällen muß es *eine einzige* Bewegungsgleichung geben, welche die Beschleunigung in der einzigen wesentlichen Koordinate, nennen wir sie etwa s, durch die einwirkenden Kräfte ausdrückt, und es entsteht die Aufgabe, diese Gleichung aufzustellen. Dabei handelt es sich also zunächst nur um die Bewegung selbst und vorläufig nicht um die Ermittlung der Führungs- und Gelenkkräfte.

Die exakte Behandlung der auf diese Weise erhaltenen Gleichung ist insbesondere bei einem verwickelteren Verlauf der eingeprägten Kräfte während der Bewegung recht umständlich — wenn nicht unmöglich —, und deshalb begnügt man sich für gewisse praktisch wichtige Fragen, die mit der Dynamik der Getriebe zusammenhängen, meist mit vereinfachenden Näherungen; hierher gehört insbesondere die *Schwungradberechnung*, für die im folgenden die hauptsächlichsten Schritte angegeben werden.

138. Bewegungsgleichung eines Punktes mit scheinbar veränderlicher Masse. Wenn es sich um die Bewegung eines Körpers (oder einer Körperkette) mit *einem* Freiheitsgrad, d. h. um die Beschleunigung der einen *Zwanglaufkoordinate* q, mittels der diese Bewegung beschrieben werden soll (etwa φ in Beispiel 153, oder s in Beispiel 162), in ihrer Abhängigkeit von den eingeprägten Kräften handelt, dann ist es doch ein Umweg, wenn man zuerst die drei Bewegungsgleichungen der Scheibe mit Heranziehung der Führungskräfte aufstellt und dann mit Benützung der geometrischen Bedingungen die überzähligen Koordinaten und die Führungskräfte wieder herausschafft. Durch diesen Vorgang erhält man jedoch tatsächlich *eine* Differentialgleichung zweiter Ordnung, welche die zur Darstellung des Zwanglaufes allein notwendige Koordinate q nebst ihren Ableitungen erster und zweiter Ordnung und sonst weder die übrigen (vorübergehend noch eingeführten und wieder eliminierten) Koordinaten, noch auch die Führungskräfte enthält.

Für diese Zwanglaufkoordinate q kann etwa eine Strecke oder ein Winkel genommen werden (wenn eine Kreisbewegung vorkommt, wird am besten ihr Drehwinkel — der Kurbelwinkel φ — gewählt). Beim Zwanglauf sind dann die Koordinaten ξ, η des Schwerpunktes S und der Drehwinkel φ der Scheibe mittels geometrischer Gleichungen durch q ausdrückbar.

Man kann nicht erwarten, daß durch diese Auffassung die Bewegungsgleichung ihre frühere Form

$$m\,b \equiv m\,\dot{v} \equiv m\,\ddot{q} = K$$

unverändert beibehält, wie sie für eine unveränderliche Punktmasse Geltung hatte. Die grundsätzliche Änderung, die dadurch eintritt, daß die Bewegung eines beliebigen zwangläufig geführten Systems durch die eines einzelnen Punktes ersetzt wird, besteht darin, daß man sich die Masse dieses Punktes nicht mehr als konstant, sondern als *ver-*

änderlich zu denken hat. Man spricht daher in diesem Falle, der von dem in **134** betrachteten wohl zu unterscheiden ist, von *scheinbar* oder *gedachter* Veränderlichkeit der Masse. Für eine *stetige* Bewegung des Systems wird man sie als eine (mit ihrer ersten Ableitung) *stetige* Funktion von q anzusehen haben. Wir setzen $m = m\,(q)$ und haben zunächst die Form der Bewegungsgleichung anzugeben, die dieser Auffassung entspricht.

Man gelangt zu dieser am einfachsten durch Anwendung des Impulssatzes der folgenden Form: Die Änderung der Bewegungsgröße in der Zeiteinheit ist gleich der Summe der einwirkenden Kräfte.

In der Zeit dt wird die Geschwindigkeit der Masse m von v auf $v + dv$ gebracht; hieraus ergibt sich als Änderung der Bewegungsgröße $m\,dv$. In der gleichen Zeit dt hat aber m einen Zuwachs dm erfahren, dem die Geschwindigkeit v mitgeteilt wird; da die Änderung von v aber stetig — von 0 auf v — erfolgt, so ist die hieraus folgende Änderung der Bewegungsgröße nicht $v\,dm$, sondern $\frac{1}{2}\,v\,dm$. Demgemäß erhält man die gesuchte Bewegungsgleichung in der Form

$$m\,\frac{dv}{dt} + \frac{1}{2}\,\frac{v\,dm}{dt} = K. \tag{487}$$

Ähnlich der in **134** dargelegten Auffassung kann diese Gleichung auch in der Form geschrieben werden:

$$d(m\,v) = K\,dt + \tfrac{1}{2}\,v\,dm,$$

in der zum Ausdruck kommt, daß bei scheinbar veränderlicher Masse des betrachteten Punktes in der Zeit dt der „Antrieb“ $K\,dt$ der eingeprägten Kräfte um das Glied $\frac{1}{2}\,v\,dm$ vermehrt wird.

In der Getriebelehre ist in den meisten Fällen die einwirkende Kraft K als Funktion von q gegeben (z. B. das Indikatordiagramm als Funktion des Kolbenweges); dann wird man auch v als Funktion von q ansehen und erhält durch Multiplikation der letzten Gleichung mit v links und dq/dt rechts und Weglassung von dt

$$m\,v\,dv + \tfrac{1}{2}\,v^2\,dm = K\,dq. \tag{488}$$

Diese Gleichung kann integriert werden und gibt die Energiegleichung in der Form

$$T - T_0 = \tfrac{1}{2}\,m\,v^2 - \tfrac{1}{2}\,m_0\,v_0^2 = \int_0^S K\,dq. \tag{489}$$

Das Energieprinzip behält also seine Gültigkeit, auch wenn die Masse des bewegten Punktes scheinbar veränderlich ist.

139. Die Lagrangesche Form der Bewegungsgleichungen. Die eben gegebene Erweiterung der ursprünglichen Bewegungsgleichung auf veränderliche Massen ist ein Sonderfall einer allgemeinen Auffassung der Dynamik, die in der von Lagrange herrührenden Form der Bewegungsgleichungen ihre Vollendung erreichte. Der große Vorteil dieser Auffassung besteht darin, daß man aus dem Ausdruck für die kinetische Energie, die eine skalare Größe ist und nur die ersten Ableitungen der gewählten Koordinaten (und diese selbst enthält), durch reine Differentiationsprozesse die Bewegungsgleichungen ableiten kann; diese sind Gleichungen für Vektorkomponenten, die die zweiten Ableitungen — d. s. die Beschleunigungen — enthalten. Wenn die potentielle Energie nur von der Lage des Systems abhängt, kann sie unmittelbar in den gewählten Koordinaten angeschrieben werden.

Wir müssen uns hier darauf beschränken, die Form dieser Lagrangeschen Gleichungen anzugeben, können aber nicht auf die allgemeine Ableitung eingehen.

Für eine Koordinate q wird die kinetische Energie T definitionsgemäß ein Ausdruck von folgender Form

$$\mathsf{T} = \tfrac{1}{2}\, m\, (q)\, \dot{q}^2. \tag{490}$$

Die Bewegungsgleichung für diese Koordinate q lautet dann allgemein

$$\boxed{\frac{d}{dt}\left(\frac{\partial \mathsf{T}}{\partial \dot{q}}\right) - \frac{\partial T}{\partial q} = -\frac{\partial U}{\partial q} = K\,,} \tag{491}$$

und dies ist die Lagrangesche Form der Bewegungsgleichung.

Für die angegebene Form von T erhält man nämlich

$$\frac{\partial \mathsf{T}}{\partial \dot{q}} = m\,\dot{q} \equiv m\,v, \qquad \frac{\partial \mathsf{T}}{\partial q} = \frac{1}{2}\frac{dm}{dq}\,\dot{q}^2 \equiv \frac{1}{2}\,\dot{m}\,v,$$

und daraus die Bewegungsgleichung

$$\frac{d}{dt}\left(\frac{\partial \mathsf{T}}{\partial \dot{q}}\right) - \frac{\partial \mathsf{T}}{\partial q} = m\dot{v} + \dot{m}\,v - \frac{1}{2}\,\dot{m}\,v = m\dot{v} + \frac{1}{2}\,\dot{m}\,v = K,$$

wie zuvor.

Die Lagrangesche Form der Bewegungsgleichung gilt ganz unabhängig davon, ob q eine Länge oder ein Winkel oder irgendein anderes geeignet gewähltes Bestimmungsstück ist.

Ist z. B. q eine Länge x, dann bedeutet $-\partial \mathsf{U}/\partial x$ die „auf x wirkende *Kraft*", ist q ein Winkel φ, dann ist $-\partial \mathsf{U}/\partial \varphi$ das „auf φ wirkende *Moment*".

Durch die Lagrangesche Form ist daher die Aufgabe allgemein gelöst, die Bewegungsgleichung des zwangläufigen Systems (z. B. eines Getriebes) in der gewählten Zwanglaufkoordinate q unmittelbar anzuschreiben, ohne auf die gewöhnliche Form der Bewegungsgleichungen für die einzelnen Systeme zurückgreifen und die Führungs- und Gelenkkräfte, sowie auch die überzähligen Koordinaten nachträglich wieder eliminieren zu müssen.

Um daher die Bewegungsgleichung für ein zwangläufiges Getriebe aufzustellen, hat man eine geeignete Koordinate q zu wählen (meist den Kurbelwinkel φ) und die kinetische Energie T für das ganze Getriebe durch q und $\dot{q}$ und die potentielle Energie U durch q auszudrücken.

Wegen der skalaren Beschaffenheit der kinetischen Energie T wird diese für das ganze Getriebe durch gewöhnliche Addition der kinetischen Energien der einzelnen Getriebeglieder erhalten. Ebenso sind die potentiellen Energien U aller Kräfte, die auf die Getriebeglieder einwirken, durch q auszudrücken und zu addieren. Mittels der so erhaltenen Ausdrücke für T und U ist dann durch Gl. (491) die Bewegungsgleichung durch Ausführung der angegebenen Differentiationen gegeben.

Kräfte, die sich nicht in der Form $K = -\partial U/\partial q$ darstellen lassen, aber durch irgendwelche Ausdrücke in q, $\dot{q}$ gegeben sind (wie Widerstandskräfte), sind auf der rechten Gleichungsseite unmittelbar einzuführen; gleitende Reibungen sind jedoch ausgeschlossen und können durch diese Methode nicht erfaßt werden, da sie auch von den Führungskräften selbst abhängen ($R = f N$).

Dieses Verfahren ist ohne wesentliche Änderung auch für Systeme mit (n) Freiheitsgraden anwendbar, deren Lage also durch ebenso viele (n) Koordinaten q_1, q_2, ... gekennzeichnet ist: *Man drücke die kinetische Energie* T *in diesen n Koordinaten und deren Ableitungen, die potentielle Energie in diesen Koordinaten allein aus, dann gilt für jede dieser Koordinaten eine Gleichung von der Form* (491), *die dann zusammen die n Bewegungsgleichungen des Systems* bilden.

Auf den allgemeinen Beweis für diesen Satz können wir hier nicht eingehen.

Die folgenden Beispiele betreffen die Anwendung der Lagrangeschen Gleichung für die Aufstellung der Bewegungsgleichungen in einfachen Fällen, die uns bereits begegnet sind.

Beispiel 168. Freier Punkt in der Ebene. a) Auf Cartesische Koordinaten x, y bezogen: Es ist $\mathsf{T} = \dfrac{m}{2}\,(\dot{x}^2 + \dot{y}^2)$, $\mathsf{U} = \mathsf{U}\,(x, y)$ daher die Bewegungsgleichungen in der wiederholt benützten Form:

$$m\,\ddot{x} = -\partial \mathsf{U}/\partial x = X, \quad m\,\ddot{y} = -\partial \mathsf{U}/\partial y = Y.$$

b) Auf *Polar*koordinaten bezogen: $\mathsf{T} = \tfrac{1}{2}m\,(v_r^2 + v_\varphi^2) = \tfrac{1}{2}m\,(\dot{r}^2 + r^2\,\dot{\varphi}^2)$; für eine Zentralbewegung ist $\mathsf{U} = \mathsf{U}\,(r)$, also U von φ unabhängig, daher lauten die Bewegungsgln. (491)

$$\begin{cases} \dfrac{d}{dt}\dfrac{\partial \mathsf{T}}{\partial \dot{r}} - \dfrac{\partial \mathsf{T}}{\partial r} = m\,(\ddot{r} - r\,\dot{\varphi}^2) \equiv m\,b_r = -\partial \mathsf{U}/\partial r\,, \\[3mm] \dfrac{d}{dt}\dfrac{\partial \mathsf{T}}{\partial \dot{\varphi}} - \dfrac{\partial \mathsf{T}}{\partial \varphi} = m\,\dfrac{d}{dt}\,(r^2\,\dot{\varphi}) = 0. \end{cases}$$

Die zweite Gleichung ist unmittelbar integrabel und führt auf den Flächensatz $r^2\,\dot{\varphi} = C$. Die weitere Behandlung dieser Gleichungen ist dieselbe wie in **83**.

Beispiel 169. Freie Bewegung der Scheibe in der Ebene. Gl. (450) gibt $\mathsf{T} = \tfrac{1}{2}\mathsf{M}(\dot{\xi}^2 + \dot{\eta}^2 + k^2\,\dot{\varphi}^2)$ und wenn $\mathsf{U} = \mathsf{U}\,(\xi, \eta, \varphi)$ die potentielle Energie ist, so stimmen die Bewegungsgln. (491) mit den Gln. (447) vollständig überein

$$\mathsf{M}\,\ddot{\xi} = -\partial \mathsf{U}/\partial \xi = X, \quad \mathsf{M}\,\ddot{\eta} = -\partial \mathsf{U}/\partial \eta = Y, \quad \mathsf{M}\,k^2\,\ddot{\varphi} = -\partial \mathsf{U}/\partial \varphi = M_s.$$

Beispiel 170. Bewegung des fallenden Stabes, nach Beispiel 161, Abb. 235. Die kinetische Energie wird berechnet aus der kinetischen Energie der Bewegung der in S vereinigt gedachten Stabmasse M, vermehrt um die der Drehung um S. Wählt man φ als Zwanglaufkoordinate, so ist $r^2 = a^2 \cos^2 \varphi + b^2 \sin^2 \varphi$, $v^2 = r^2\,\omega^2$ und

$$\mathsf{T} = \dfrac{\mathsf{M}}{2}\,[a^2 \cos^2 \varphi + b^2 \sin^2 \varphi + k^2]\,\dot{\varphi}^2, \quad \text{ferner} \quad \mathsf{U} = \mathsf{M}\,g\,y = \mathsf{M}\,g\,a \sin \varphi,$$

daraus folgt durch Ausführung der in Gl. (491) enthaltenen Differentiationen unmittelbar die auch in Beispiel 161 erhaltene Bewegungsgleichung für die Koordinate φ (nach Division durch $\dot{\varphi}$):

$$(a^2 \cos^2 \varphi + b^2 \sin^2 \varphi)\,\ddot{\varphi} + (b^2 - a^2) \sin \varphi \cos \varphi\,\dot{\varphi}^2 + k^2\,\ddot{\varphi} = -g\,a \cos \varphi.$$

140. Die Bewegungsgleichung für Maschinen mit Schubkurbelgetrieben. Wenn die Bewegung mehrerer, miteinander verbundener Systeme, also eines *Getriebes*, mit Berücksichtigung der Massen der einzelnen Glieder und unter der Annahme irgendwelcher eingeprägter Kräfte zu bestimmen ist, so kann man zunächst immer jenes Verfahren anwenden, das auch beim einzelnen Körper das naheliegende war: jeder Körper wird durch Anbringung der auf ihn wirkenden Führungs- und Gelenkkräfte von den Nachbarkörpern, mit denen er durch Gelenke, Schieber u. dgl. verbunden ist, losgelöst, und für jeden Körper werden nach Gln. (447) seine drei Bewegungsgleichungen angeschrieben. Für jede Gelenkkraft sind bei ebenen Getrieben *zwei* unbekannte Komponenten, für jede Kraft an einer (reibungslosen) Führung ist *eine* unbekannte Kraft senkrecht zur Führungsrichtung anzusetzen; diese Gelenk- und Führungskräfte sind nach dem Wechselwirkungsprinzip paarweise an jenen beiden Körpern anzubringen, zwischen denen die betreffende Verbindung besteht. Aus den so erhaltenen Bewegungsgleichungen werden nun die sämtlichen Führungs- und Gelenkkräfte eliminiert und bei dieser Elimination auch die *geometrischen* Gleichungen berücksichtigt, durch die die Schwerpunktskoordinaten und Drehwinkel der einzelnen Getriebeglieder in ihrer Abhängigkeit von einer passend gewählten *Zwanglaufkoordinate q* ausgedrückt werden. Dann bleibt bei zwangläufigen Systemen gerade *eine* Gleichung übrig, und die ist nichts anderes als die Bewegungsgleichung für die gewählte Zwanglaufkoordinate.

Bei diesem Verfahren werden also die Führungskräfte zuerst eingeführt und sodann wieder eliminiert; wie schon in **137** hervorgehoben, stellt dieses Verfahren einen Umweg dar und ist daher unzweckmäßig, sobald es sich nur darum handelt, die Bewegungsgleichung für sich allein aufzustellen. Diese Aufstellung der Bewegungsgleichung für die Zwanglaufkoordinate leistet gerade die Lagrangesche Methode. Die Anwendung dieser Methode geschieht nach den Bemerkungen in **137** auf die folgende Weise, die wir gleich im Hinblick auf das Bewegungsproblem der Dampfmaschinen aussprechen wollen.

Nach Wahl einer passenden „Zwanglaufkoordinate" — wofür am besten der Drehwinkel φ der Kurbel genommen wird — wird die kinetische Energie T aller Getriebeglieder durch φ und seine Zeitableitung $\dot{\varphi}$ ausgedrückt; daß dies immer möglich ist, liegt gerade im Wesen des Zwanglaufs. Ferner wird die potentielle Energie U durch die Koordinate φ allein ausgedrückt, was wieder dann ausführbar ist, wenn die einwirkenden Kräfte von φ allein abhängen. Dieser Fall trifft bei den Dampfmaschinen zu, da bei diesen die auf den Kolben wirkenden Dampfdrücke durch das „Indikatordiagramm" als Funktion des Kurbelwinkels φ oder der Stellung des mit der Kurbel zusammenhängenden Kolbens durch eine zeichnerisch dargestellte Funktion gegeben sind; ebenso muß angenommen werden, daß der „Widerstand", den die Maschine zu überwinden hat, von φ allein abhängt oder konstant ist. Es ist also $\mathsf{U} = \mathsf{U}(\varphi)$.

Sobald diese Ausdrücke T *und* U *für irgendeine Lage des Getriebes bestimmt sind, ist die Bewegungsgleichung für die Zwanglaufkoordinate* φ *durch die Gl.* (491) *gegeben.*

Für zwangläufige Systeme gibt jedoch die Energiegleichung $\mathsf{T} + \mathsf{U} = h$ unmittelbar ein erstes Integral dieser Bewegungsgleichung und daher braucht nicht auf die Bewegungsgleichung selbst zurückgegriffen zu werden; zur weiteren Untersuchung der Bewegung reicht die Energiegleichung vollkommen aus. Die Lösung der Bewegungsaufgabe verlangt also nur, die Ausdrücke von T und U für das Getriebe aufzustellen. Wir wollen nun zeigen, in welcher Weise T von der Zwanglaufkoordinate φ und deren Ableitung $\dot\varphi$, und U von φ allein abhängt.

Die Massen des Schubkurbelgetriebes (nach Abb. 177) einer Dampfmaschine bestehen aus folgenden Teilen (wobei wir uns auf eine Einzylindermaschine beschränken):

1. *Aus den rotierenden Massen:* Kurbel, Kurbelwelle und Schwungrad; ihre kinetische Energie T_1 ist durch die Gl. (369) gegeben, in der J das TM dieser Teile um diese Hauptwelle bedeutet. Dieses ist bei reiner Drehung eine von φ unabhängige Größe, die wir jetzt für Kurbel, Kurbelwelle und Schwungrad zusammen etwa mit J_1 bezeichnen wollen; es ist also

$$\mathsf{T}_1 = \tfrac{1}{2} J_1 \dot\varphi^2 .$$

Das TM des Schwungrades, das mit in J_1 enthalten ist, wollen wir zunächst als bekannt annehmen; späterhin wird es gerade der Zweck dieser Untersuchung sein, seine Größe aus gewissen vorgeschriebenen Bedingungen zu bestimmen.

2. *Aus der Schubstange;* ihre kinetische Energie T_2 ist nach Gl. (450) durch die kinetische Energie der Bewegung des Schwerpunktes $\xi_2, \eta_2,$ vermehrt um die kinetische Energie der Bewegung um den Schwerpunkt mit der Winkelgeschwindigkeit $\dot\psi$ darzustellen. Da ξ_2, η_2 und ψ zufolge des Zwanglaufs ganz bestimmte Funktionen von φ sind, so ist T_2 eine ganz bestimmte Funktion von φ und $\dot\varphi$, und zwar enthält sie $\dot\varphi$ nur als Faktor in der Form $\dot\varphi^2$, so daß wir setzen können

$$\mathsf{T}_2 = \tfrac{1}{2} J_2(\varphi)\, \dot\varphi^2 .$$

Diese Gleichung kommt auf folgende Art zustande: Die kinetische Energie der Schubstange ist nach den verwendeten Beziehungen

$$\mathsf{T}_2 = \tfrac{1}{2} \mathsf{M}_2 (\dot\xi_2^2 + \dot\eta_2^2) + \tfrac{1}{2} \mathsf{M}_2\, k^2\, \dot\psi^2 .$$

Nun ist

$$\xi_2 = r \cos\varphi + \frac{l}{2} \cos\psi \qquad\qquad \dot\xi_2 = -r \sin\varphi\, \dot\varphi - \frac{l}{2} \sin\psi\, \dot\psi ,$$
$$\text{also}$$
$$\eta_2 = r \sin\varphi - \frac{l}{2} \sin\psi \qquad\qquad \dot\eta_2 = r \cos\varphi\, \dot\varphi - \frac{l}{2} \cos\psi\, \dot\psi .$$

Zwischen φ und ψ gilt die geometrische Beziehung

$$r \sin\varphi = l \sin\psi, \quad \text{also} \quad r \cos\varphi\, \dot\varphi = l \cos\psi\, \dot\psi .$$

Setzt man dies alles in T_2 ein, so erhält man einen Ausdruck von der angegebenen Form. Man beachte, daß $J_2(\varphi)$ wohl die Dimension eines TM hat, aber nicht unmittelbar als TM angesehen werden kann.

3. *Aus den hin- und hergehenden Massen* M_3 des Kreuzkopfes, der Kolbenstange und des Kolbens; ihre kinetische Energie T_3 ist ebenfalls aus den Bedingungen des Zwanglaufs durch einen Ausdruck von derselben Form wie T_2 darstellbar

$$\mathsf{T}_3 = \tfrac{1}{2} J_3(\varphi)\, \varphi^2.$$

Es ist somit die gesamte kinetische Energie des Schubkurbelgetriebes (da die kinetischen Energien als skalare Größen unmittelbar addiert werden können)

$$\mathsf{T} = \mathsf{T}_1 + \mathsf{T}_2 + \mathsf{T}_3 = \tfrac{1}{2}\left[J_1 + J_2(\varphi) + J_3(\varphi)\right]\dot{\varphi}^2, \tag{492}$$

und wenn wir jetzt $J_2 + J_3 = J(\varphi)$ setzen, so schreibt sich die Energiegleichung in der Form

$$\tfrac{1}{2}\left[J_1 + J(\varphi)\right]\dot{\varphi}^2 + \mathsf{U}(\varphi) = h,$$

wobei h die Summe der Werte von $\mathsf{T} + \mathsf{U}$ für irgendeine Stelle der Kurbel bedeutet und J_1 eine Konstante ist; aus dieser Gleichung kann jetzt $\omega = \dot{\varphi}$ für jede Kurbelstellung φ gerechnet werden; dies ergibt

$$\omega = \frac{d\varphi}{dt} = \sqrt{\frac{2(h - \mathsf{U}(\varphi))}{J_1 + J(\varphi)}} \tag{493}$$

und daraus endlich

$$t = \int_0^\varphi \sqrt{\frac{J_1 + J(\varphi)}{2(h - \mathsf{U}(\varphi))}}\, d\varphi = t(\varphi). \tag{494}$$

Für eine *fertig vorgegebene* Maschine wäre durch diese Gleichung $t = t(\varphi)$ und umgekehrt das Bewegungsgesetz $\varphi = \varphi(t)$ gegeben. Die Konstante h erhält man, indem man die Integration über eine ganze Kurbelumdrehung erstreckt, wobei dann links die hierfür notwendige Umlaufzeit T auftritt. In der so entstehenden Gleichung

$$T = \int_0^{2\pi} \sqrt{\frac{J_1 + J(\varphi)}{2(h - \mathsf{U}(\varphi))}}\, d\varphi \tag{495}$$

ist h die einzige Unbekannte und kann daraus gerechnet werden.

141. Die Reduktion der Massen und Kräfte. Da die Bewegung durch T und U allein gegeben ist, so sind zwei mechanische Systeme jedenfalls dann als *gleichwertig*[1] zu bezeichnen, wenn die Ausdrücke von T und U in beiden Systemen als Funktionen von φ und $\dot{\varphi}$ übereinstimmen. In dem vorliegenden Fall können wir diese Übereinstimmung dadurch zum Ausdruck bringen, daß wir an dem Kurbelzapfen A eine *veränderliche* Masse $\mathsf{M} = \mathsf{M}(\varphi)$ anbringen, die an jeder Stelle φ dieselbe kinetische Energie gibt, wie die des ganzen Getriebes; dieser Punkt A mit der Masse M soll dieselbe Bewegung machen wie zuvor als Punkt des Ge-

---

[1] Im weiteren Sinne kann man zwei Systeme als dynamisch gleichwertig bezeichnen, wenn für sie T und U durch irgendeine Substitution $\varphi = f(\varphi')$ ineinander überführbar sind. Für das vorliegende Problem kommt nur der im Texte gegebene einfachste Fall der dynamischen *Gleichwertigkeit* (Äquivalenz) in Betracht.

triebes. Wir müssen also setzen

$$T = \tfrac{1}{2}\, \mathsf{M}\, r^2\, \dot{\varphi}^2 = \tfrac{1}{2}\, [J_1 + J(\varphi)]\, \dot{\varphi}^2$$

und erhalten

$$\boxed{\mathsf{M} = \frac{1}{r^2}\, [J_1 + J(\varphi)].} \qquad (496)$$

Es ergibt sich also, daß sich die an dem Kurbelzapfen anzubringende ideelle oder reduzierte *Ersatzmasse* als eine mit φ *veränderliche Größe* herausstellt, oder daß die mit der Kurbel verbundenen Getriebeteile auf die Bewegung einen *veränderlichen* Einfluß ausüben.

Weiter müssen wir an diesem Punkt Kräfte von solcher Größe wirken lassen, daß die zugehörige Funktion U oder $-\mathsf{U} = \mathsf{A}$ für die gegebenen und Ersatzkräfte gleich groß ausfällt. Die Ausführung dieser Überlegung bezeichnet man als *Reduktion der Massen und Kräfte an den Kurbelzapfen A.*

A. *Reduktion der Massen.* a) *Rotierende Teile:* Die Größe der in A anzubringenden Ersatzmasse M_1', die um die Achse O_1 dasselbe TM ergibt wie die rotierenden Teile des Getriebes, alo auch der Kurbel und der Kurbelwelle — jetzt *ohne* Schwungrad! —, erhält man nach Gl. (383)

$$J_1 = \mathsf{M}_1'\, r^2, \quad \mathsf{M}_1' = J_1/r^2 = \text{konst.} \qquad (497)$$

b) *Schubstange:* In Beispiel 152b wurde gezeigt, daß sich eine ebene Scheibe mit der Masse M_2 hinsichtlich ihrer Masse, Schwerpunktslage und TM durch drei Punktmassen m_1, m_2, m_3 ersetzen läßt, die mit dem Schwerpunkt S in einer geraden Linie liegen und durch die folgenden Größen gegeben sind

$$m_1 = \mathsf{M}_2\, k^2/l\, a, \quad m_2 = \mathsf{M}_2\, k^2/l\, c, \quad m_3 = \mathsf{M}_2(1 - k^2/a\, c).$$

Nehmen wir an, daß der Schwerpunkt S_2 der Schubstange auf der Verbindungslinie $\overline{A B}$ liegt und $\overline{A S_2} = a$, $\overline{S_2 B} = c$ ist, dann können wir diese drei Massen in die Punkte A, S_2 und B legen; die Reduktion der Masse der Schubstange besteht dann einfach in der Reduktion der Massen dieser drei Punkte.

Die Masse m_1 kann unmittelbar zu den reduzierten rotierenden Massen hinzugenommen werden.

Die Gleichheit der kinetischen Energien gibt ferner für die Reduktion von m_3 in S_2 nach A unmittelbar die folgende Gleichung

$$\tfrac{1}{2}\, m_3\, v_s^2 = \tfrac{1}{2}\, m_3'\, v_A^2,$$

aus der sich die nach A reduzierte Masse m_3 berechnen läßt (Abb. 241)

$$m_3' = m_3 \left(\frac{v_s}{v_A}\right)^2 = m_3\, \frac{R^2}{R_1^2}. \qquad (498)$$

Ebenso ergibt die Reduktion der Masse von m_2, mit der unmittelbar die Masse M_3 von Kolbenstange und Kolben vereinigt werden kann, die Gleichung

$$\tfrac{1}{2}\, (m_2 + \mathsf{M}_3)\, v_B^2 = \tfrac{1}{2}\, (m_2' + \mathsf{M}_3')\, v_A^2$$

und daraus

$$m_2' + \mathsf{M}_3' = (m_2 + \mathsf{M}_3)\, \frac{v_B^2}{v_A^2} = (m_2 + \mathsf{M}_3)\, \frac{R_2^2}{R_1^2}. \qquad (499)$$

Die Ausführung der in den Gl. (498) und (499) gegebenen Operationen kann auch zeichnerisch durch Verwendung ähnlicher Dreiecke ausgeführt werden.

Man mache in Abb. 241: $\overline{A\mu} = m_3$, $\overline{\mu\mu'} \| \overline{AB}$, $\overline{A\mu''} = S_2\mu'$, $\overline{\mu''\nu} \| \overline{AB}$, dann ist $\overline{S_2\nu} = m_3'$; dieselbe Konstruktion ist auch mit denselben Beziehungen an den durch O_1 zu R und R_1 gezogenen Parallelen in die Abb. 241 eingetragen und kann auch an dieser Stelle durchgeführt werden. In ähnlicher Weise erfolgt die Reduktion von m_2 und M_3 in B nach A. (In Abb. 241 ist m_3 und m_3' statt m und m' zu setzen.)

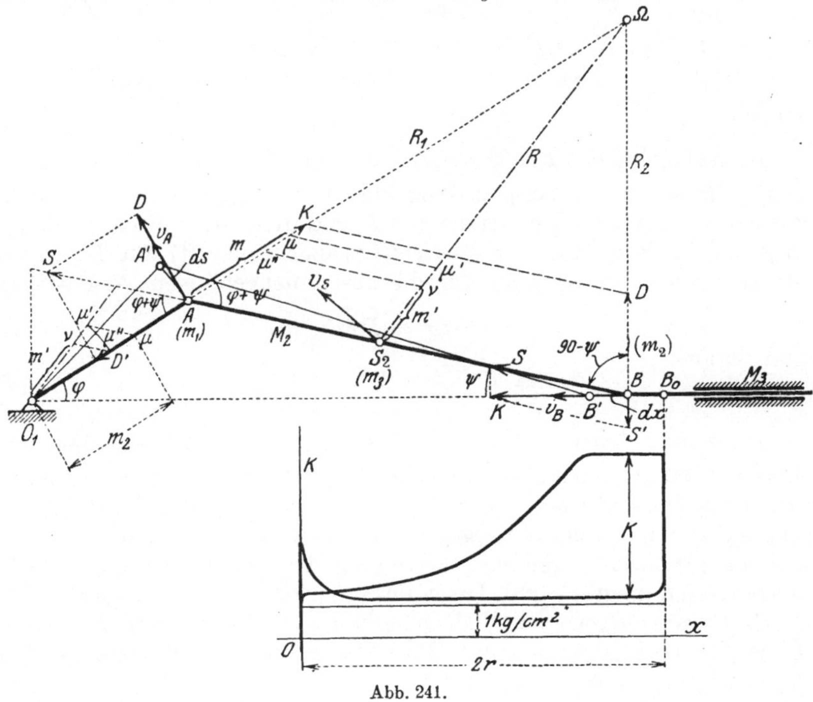

Abb. 241.

Die in A anzubringende Ersatzmasse der Schubstange ist daher

$$\mathsf{M}_2' = m_1 + m_2 \frac{R_2^2}{R_1^2} + m_3 \frac{R^2}{R_1^2}, \tag{500}$$

und die von Kolbenstange und Kolben

$$\mathsf{M}_3' = \mathsf{M}_3 \frac{R_2^2}{R_1^2}. \tag{501}$$

Da R, R_1, R_2 von φ abhängen, so sind mithin auch M_1', M_2', M_3' sowie auch ihre Summe, d. i. die nach A reduzierte Gesamtmasse

$$\mathsf{M}' = \mathsf{M}_1' + \mathsf{M}_2' + \mathsf{M}_3' \tag{502}$$

Funktionen von φ.

Beispiel 171. Die Reduktion der Masse der Schubstange durch Gleichsetzung der kinetischen Energien kann auch auf einmal dadurch erfolgen, daß die Momentanbewegung der Schubstange als Drehung um Ω mit der Winkelgeschwindigkeit v_A'/R_1 in Betracht gezogen wird. Es ist dann $M_2\,(k^2 + R^2)$ das TM der Schubstange um Ω und daher

$$\frac{1}{2}\,M_2'\,v_A^2 = \frac{1}{2}\,M_2\,(k^2 + R^2)\,\frac{v_A^2}{R_1^2}\,, \quad \text{d. h.} \quad M_2' = M_2\,\frac{k^2 + R^2}{R_1^2}\,;$$

dieser Ausdruck kann auch aus M_2 auf zeichnerischem Wege erhalten werden. Setzt man in Gl. (500) die Werte für m_1, m_2, m_3 ein, so folgt mit Benützung des Kosinussatzes für die Dreiecke $A\,S_2\Omega$ und $B\,S_2\Omega$

$$M_2' = M_2\left[\frac{k^2}{a\,l} + \frac{k^2}{b\,l}\,\frac{R_2^2}{R_1^2} + \left(1 - \frac{k^2}{a\,b}\right)\frac{R^2}{R_1^2}\right] = M_2\left[\frac{k^2}{R_1^2}\left(\frac{R_1^2}{a\,l} + \frac{R_2^2}{b\,l} - \frac{R^2}{a\,b}\right) + \frac{R^2}{R_1^2}\right]$$

$$= M_2\left[\frac{k^2}{R_1^2}\left(\frac{R^2 + a^2 - 2R\,a\,\cos\alpha}{a\,l} + \frac{R^2 + b^2 + 2R\,b\,\cos\alpha}{b\,l} - \frac{R^2}{a\,b}\right) + \frac{R^2}{R_1^2}\right] = M_2\,\frac{k^2 + R^2}{R_1^2}$$

wie zuvor.

B. *Reduktion der Kräfte.* Bezeichnet man den zu dem Kurbelweg $\overline{A A'} = ds = r\,d\varphi$ gehörigen Weg des Kreuzkopfes mit $\overline{BB'} = dx$, die Kolbenkraft an dieser Stelle mit K und die gleichwertige Umfangskraft an der Kurbel A, die *Drehkraft* (Tangentialkraft) mit D, so gibt die Gleichheit der Arbeiten für die zusammengehörigen Wegelemente

$$K\,dx = D\,r\,d\varphi$$

und daraus

$$D = K\,\frac{dx}{r\,d\varphi} = K\,\frac{v_B}{v_A} = K\,\frac{R_2}{R_1}\,. \tag{503}$$

Trägt man daher in Abb. 241 K auf R_1 ab, so schneidet die durch dessen Endpunkt zu $\overline{A\,B}$ gezogene Parallele auf R_2 die zugehörige Drehkraft D ab. Diese Drehkräfte werden für eine Anzahl von Kurbelstellungen unter Zugrundelegung eines *Indikatordiagramms* ermittelt, das die gleichzeitig geltende Verteilung der Dampfkräfte auf *beiden* Kolbenseiten angibt, und längs des auf eine Gerade abgewickelten Kurbelkreises aufgetragen; dadurch erhält man die *Drehkraft-Kurbelweg-Linie* (*D-s*-Linie in Abb. 242a). Ihre Integralkurve ist die *Arbeits-Weg-Linie* (*A-s*-Linie in Abb. 242b).

Für den *Beharrungszustand* muß den Kolbenkräften ein Widerstand von solcher Größe entgegenwirken, daß die Summe der Arbeiten der Kolbenkräfte für eine ganze Kurbelumdrehung gleich wird der Arbeit des Widerstandes — nur dann ist die Änderung der kinetischen Energie für eine volle Umdrehung gleich Null, und nur dann ist die Geschwindigkeit des Reduktionspunktes (wie auch die Geschwindigkeit aller anderen Punkte) nach jeder Umdrehung auf ihren ursprünglichen Wert zurückgekehrt.

Wenn dieser Widerstand als gleichbleibend angesehen werden darf, so haben wir (ähnlich wie im Beispiel 69, Abb. 133) die *D-s*-Linie in ein Rechteck zu verwandeln; die Höhe dieses Rechteckes ist dann W. Nimmt man als neue *s*-Achse eine um W nach oben verschobene Linie, so hat die Integralkurve der auf diese Linie bezogenen Fläche die Eigenschaft, mit $2r\pi$ periodisch zu sein, d. h. nach Ablauf dieses Weges immer ihren ursprünglichen Wert Null wieder anzunehmen; die gesamte

Arbeit bei einer Kurbelumdrehung ist dann Null und die Geschwindigkeit des Reduktionspunktes hat ihren ursprünglichen Wert wieder angenommen. In Abb. 242a ist die Os-Achse schon so eingezeichnet, daß die mit $+$ bezeichneten den mit $-$ bezeichneten Flächen gleich sind, die ganze Arbeit, über den Weg $2\,r\,\pi$ erstreckt, also Null ist. Im Beharrungszustand nimmt übrigens nach jeder Kurbelumdrehung $2\,r\,\pi$ auch die Drehkraft D selbst ihren ursprünglichen Wert wieder an.

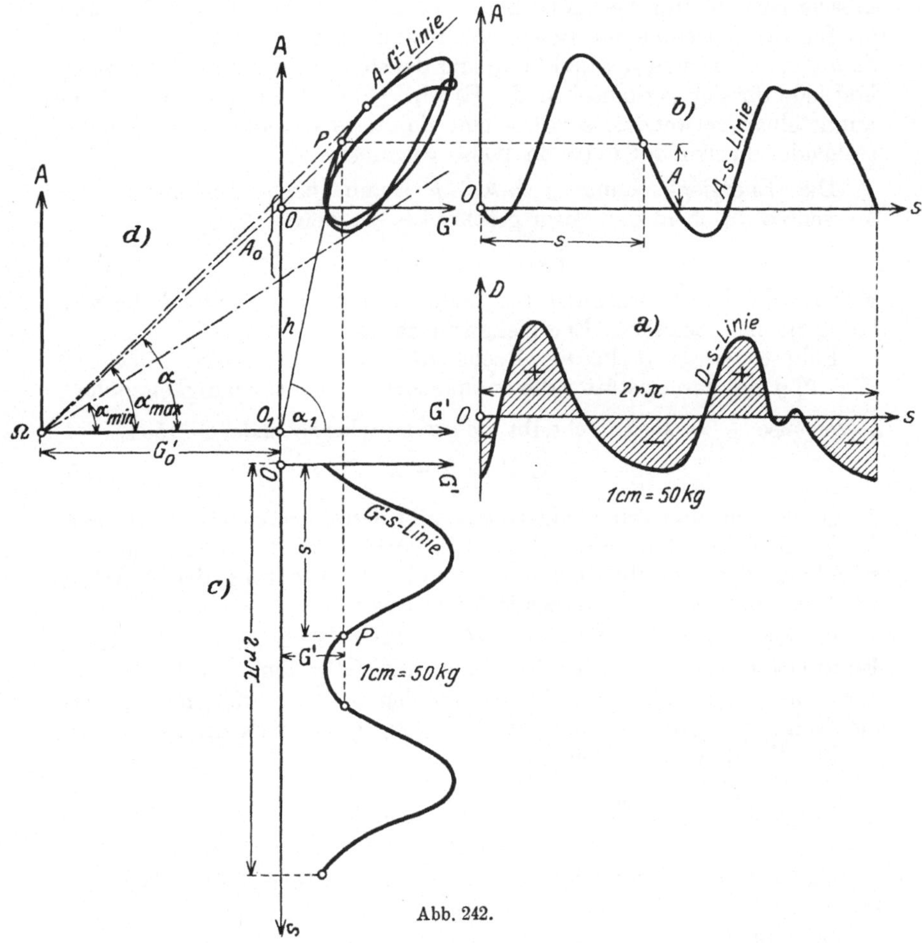

Abb. 242.

Beispiel 172. Die Reduktion von K nach A kann auch durch *Zerlegung* erfolgen. Man zerlege in Abb. 241 zunächst K in $S \parallel l$ und in $S' \perp \mathfrak{v}_B$, ferner S in $D \parallel \mathfrak{v}_A$ und in $D' \perp \mathfrak{v}_A$; dann ist

$$S = \frac{K}{\cos \psi} \quad \text{und} \quad D = S \sin (\varphi + \psi) = K \,\frac{\sin (\varphi + \psi)}{\cos \psi} = K \,\frac{R_2}{R_1}$$

wie in Gl. (503).

142. Die Arbeits-Massen-Linie. Längs des abgewickelten Kurbelweges wollen wir auch die reduzierte Masse M' als Funktion von $r\,\widehat{\varphi} = s$

eintragen; da die reduzierte Masse eine *periodische* Funktion der Kurbelstellung $\widehat{\varphi}$ ist, so gibt die *Massen-Kurbelweg-Linie* eine Kurve, die wegen des vorausgesetzten Zwanglaufs ebenfalls nach Ablauf des Kurbelweges $2r\pi$ ihren ursprünglichen Wert wieder annimmt.

Aus der A-s-Linie und der M'-s-Linie kann man nun durch Ausschaltung von s eine neue Kurve gewinnen: die *Arbeits-Massen-Linie* (A-M'-Linie), die als eine „Zustandskurve" für das betreffende dynamische System (für die „Maschine") aufzufassen ist; diese A-M'-Linie ist für die Maschine im Beharrungszustand eine geschlossene Kurve, da die beiden Linien A-s und M'-s, aus denen sie hervorgeht, für Zwanglauf jede für sich periodisch sind. Es wird jedoch nicht diese A-M'-Linie unmittelbar verwendet, sondern eine damit in engem Zusammenhang stehende, die wir auf folgende Weise gewinnen:

Die Energiegleichung $T = A + h$ kann nach Ausführung der Massenreduktion in der Form geschrieben werden

$$\tfrac{1}{2}\,\mathsf{M}'\,v^2 = \mathsf{A} + h,\tag{504}$$

wobei v die Geschwindigkeit des Reduktionspunktes A und h die vorläufig noch unbekannte Energiekonstante ist.

Führen wir statt M' als Rechengröße das „reduzierte Gewicht" $\mathsf{G}' = \mathsf{M}'g$ ein, ferner statt v die entsprechende „Geschwindigkeitshöhe", setzen also $\dfrac{v^2}{2\,g} = H$, so schreibt sich die vorhergehende Gl. (504)

$$\mathsf{G}'H = \mathsf{A} + h.\tag{505}$$

G' als Funktion von s aufgetragen, gibt dann die *Gewichts-Kurbelweg-Linie* (G'-s-Linie) in Abb. 242c. Die Größe von h, das ist die Verschiebung des Koordinatenanfangspunktes in Richtung der A-Achse, ist dabei zunächst noch unbestimmt gelassen.

In der *Arbeits-Gewichts-Linie* (A-G'-*Linie*, Abb. 242d), die durch Elimination von s aus der A-s-Linie und G'-s-Linie nach der aus der Abb. 242 ersichtlichen Art entstanden gedacht werden kann, ist die Neigung α_1 der Verbindungslinie von O_1 nach einem „Zustandspunkt" P zufolge der Gleichung

$$\frac{\overline{\mathsf{A} + h}}{\overline{\mathsf{G}'}} \cdot \frac{m_A}{m_K} = \frac{m_A}{m_K} \cdot \operatorname{tg}\alpha_1 = H\tag{506}$$

ein Maß für die Geschwindigkeitshöhe an dieser Stelle. Diese Gleichung ergibt sich durch Auflösung von Gl. (505) nach H.

Die äußersten, von O_1 an die A-G'-*Linie* gezogenen Tangenten entsprechen dem größten und kleinsten Wert der bei der Bewegung vorkommenden Geschwindigkeitshöhen, also auch der Geschwindigkeiten selbst. Man sieht unmittelbar, daß man diese Neigungen und damit auch die Schwankungen in den Geschwindigkeiten vermindern kann, wenn man O_1 nach links in einen neuen Anfangspunkt $\varOmega$ verlegt; und dies bedeutet die Vermehrung des reduzierten Gewichtes G' um einen konstanten Betrag G_0'. Diese Vermehrung wird gerade durch Anbringung einer nur rotierenden Masse, also eines *Schwungrades*, bewirkt. Die *nach* der Verschiebung auftretenden Neigungen sind α_{min} und α_{max} und ihnen entsprechen die Geschwindigkeitshöhen

$$H_{max} = \frac{v^2_{max}}{2\,g} = \frac{m_A}{m_K}\,\mathrm{tg}\,\alpha_{max}\,, \qquad H_{min} = \frac{v^2_{min}}{2\,g} = \frac{m_A}{m_K}\,\mathrm{tg}\,\alpha_{min}. \tag{507}$$

Diese Eigenschaften machen die A-Ġ'-Linie für die Ausführung der „dynamischen Schwungradberechnung" besonders geeignet.

143. Dynamische Schwungradberechnung. In der Dynamik der Maschinen tritt als eines der wichtigsten das Problem auf, die *Größe* des auf der Maschinenwelle aufzukeilenden *Schwungrades* so zu bestimmen, daß die *Schwankungen* der Drehgeschwindigkeit der Welle ein vorgegebenes Maß nicht überschreiten.

Da das TM des sich auf der Achse drehenden Schwungrades *konstanten* Einfluß auf die Bewegung hat, so kann aus der Betrachtung der A-G'-Linie unmittelbar ausgesagt werden, daß diese Schwankungen jedenfalls um so kleiner ausfallen werden, je größer das TM des Schwungrades wird, und je rascher die Maschine läuft. Durch beide Erhöhungen wird der Punkt O_1 von der A-G'-Linie nach links abgerückt und dadurch wird die Schwankung des Winkels α, der ein Maß für die Geschwindigkeit darstellt, verkleinert.

Beiden Erhöhungen ist aber aus herstellungs- und betriebstechnischen Gründen bald eine Grenze gesetzt, und es erhebt sich die Frage nach dem Zusammenhang dieser Schwankungen mit dem TM des Schwungrades.

Die Lösung des Bewegungsproblems läßt sich nach dem in **140** gegebenen Vorgange zwar nicht in Formeln, sicher aber durch graphische Integration ausführen und gibt in Gl. (493) $\omega = \omega(\varphi)$ und in Gl. (494) $\varphi = \varphi(t)$, also auch $\omega = \omega(t)$. Daraus ließe sich ohne weiteres auch die „mittlere Winkelgeschwindigkeit"

$$\omega_m = \frac{1}{T} \int\limits_0^T \omega(t)\,dt, \tag{508}$$

d. i. der zeitliche Mittelwert und damit auch die Schwankungen um diesen Mittelwert ableiten. Die in der Gleichung auftretende Konstante h ist dann so festzulegen, daß das gerechnete ω_m der vorgeschriebenen Drehzahl der Maschine entspricht, wodurch sie vollständig bestimmt ist.

An Stelle dieses etwas umständlichen Vorganges hat sich in der Praxis ein *Näherungsverfahren* eingebürgert, das wesentlich einfacher ist und auf den folgenden Annahmen beruht:

1. Die „*mittlere Geschwindigkeit*" der Kurbel wird der halben Summe aus der größten und kleinsten Geschwindigkeit gleich gesetzt:

$$v_m = \frac{v_{max} + v_{min}}{2}. \tag{509}$$

2. Das Verhältnis der Schwankung $v_{max} - v_{min}$ zu v_m wird als *Ungleichförmigkeitsgrad* ε vorgegeben

$$\frac{v_{max} - v_{min}}{v_m} = \varepsilon. \tag{510}$$

Je nach dem Zweck ·der betreffenden Maschine wird ε zwischen $^1/_{10}$ und $^1/_{300}$ gewählt. Dann folgt aus diesen Gleichungen

$$v_{\max} = v_m \left(1 + \frac{\varepsilon}{2}\right), \qquad v_{\min} = v_m \left(1 - \frac{\varepsilon}{2}\right), \tag{511}$$

und wenn noch $H_m = v_m^2/2g$ als *mittlere Geschwindigkeitshöhe* eingeführt wird, so erhält man

$$\left.\begin{aligned}
H_{\max} &= H_m \left(1 + \frac{\varepsilon}{2}\right)^2 \approx H_m (1 + \varepsilon) = \frac{m_A}{m_K} \operatorname{tg} \alpha_{\max}, \\
H_{\min} &= H_m \left(1 - \frac{\varepsilon}{2}\right)^2 \approx H_m (1 - \varepsilon) = \frac{m_A}{m_K} \operatorname{tg} \alpha_{\min}.
\end{aligned}\right\} \tag{512}$$

Zieht man daher in Abb. 242 unter den Winkeln $\alpha_{\mathbf{max}}$ und $\alpha_{\mathbf{min}}$ die äußersten Tangenten an die A-G'-Linie, so schneiden sich diese in dem Koordinatenanfangspunkt Ω eines neuen Achsenkreuzes und geben in der Strecke $\overline{\Omega\, O_1} = \mathsf{G}'_0$ parallel zur G'-Achse den gesuchten Wert, des reduzierten Schwungradgewichts

$$\mathsf{G}'_0 = \mathsf{M}'_0\, g = \frac{J_0}{r^2}\, g. \tag{513}$$

Daraus ergibt sich das kleinste notwendige TM J_0 des Schwungrades in der Form

$$\boxed{J_0 = \frac{\mathsf{G}'_0\, r^2}{g}.} \tag{514}$$

Da der Schnitt der unter den Winkeln $\alpha_{\mathbf{max}}$ und $\alpha_{\mathbf{min}}$ gezogenen Tangenten meist sehr flach ausfallen wird, empfiehlt sich für die wirkliche Ausführung der folgende Vorgang: Wir fragen nach jenem Wert A_0 der Arbeit, der den Schwankungen der kinetischen Energie des Schwungrades allein zwischen den größten und kleinsten Werten der Geschwindigkeit entspricht, und erhalten mit Benützung der Gln. (507) aus Abb. 242 d:

$$\left.\begin{aligned}
\mathsf{A}_0 &= \mathsf{G}'_0 (H_{\max} - H_{\min}) = \mathsf{G}'_0 (\operatorname{tg} \alpha_{\max} - \operatorname{tg} \alpha_{\min}) \frac{m_A}{m_K} \\
&= \frac{1}{2} \frac{J_0}{r^2} (v_{\max}^2 - v_{\min}^2) = \frac{J_0}{r^2} v_m^2\, \varepsilon = J_0\, \omega_m^2\, \varepsilon,
\end{aligned}\right\} \tag{515}$$

wenn ω_m die mittlere Winkelgeschwindigkeit ist; dabei ist auch verwertet, daß nach den Gln. (509) und (510)

$$v_{\max}^2 - v_{\min}^2 = 2 v_m^2\, \varepsilon$$

ist.

Die unter $\alpha_{\mathbf{max}}$ und $\alpha_{\mathbf{min}}$ gezogenen Tangenten schneiden daher auf der A'-Achse eine Strecke A_0 (im Arbeitsmaßstabe) aus (Abb. 242d), aus der das gesuchte TM des Schwungrades durch die vorhergehende Gleichung in der Form bestimmt ist:

$$\boxed{J_0 = \frac{\mathsf{A}_0}{\varepsilon\, \omega_m^2}.} \tag{516}$$

Für die zeichnerische Ausführung dieser Methode ist für jede Größe ein passender Maßstab zu wählen und bei den einzelnen durchgeführten Konstruktionen zu berücksichtigen.

144. Angenäherte Schwungradberechnung. Für die praktische Schwungradberechnung wird das in **143** entwickelte dynamische Verfahren meist noch weiter vereinfacht.

a) Der einfachste Vorgang wäre der, den *veränderlichen* Einfluß der Masse von Schubstange, Kreuzkopf, Kolben und Kolbenstange überhaupt zu vernachlässigen und die Arbeitsgleichung für das sich ungleichmäßig drehende Schwungrad in der einfachen Form anzusetzen

$$\tfrac{1}{2} J_0\, \omega_{\max}^2 - \tfrac{1}{2} J_0\, \omega_{\min}^2 = \mathsf{A}_0, \tag{517}$$

wobei $\omega_{\max}$ und $\omega_{\min}$ den größten und kleinsten Wert der Winkelgeschwindigkeit und A_0 den zwischen diesen geltenden Arbeitswert (den „größten auftretenden Arbeitsüberschuß") bezeichnen. Durch Festlegung von ε und ω_m ergibt sich J_0 nach Gl. (516) wie zuvor. (Siehe hierzu auch Beispiel 69 in **73**.)

Beispiel 173. Wenn für die D-s-Linie längs jeder Halbumdrehung ein sinusförmiger Verlauf vorausgesetzt wird, und wenn D_0 den größten Wert von D bezeichnet, dann ist nach Abb. 243 zu setzen

$$D = D_0 \sin \varphi;$$

der durch die Gleichheit der Arbeiten längs einer Halbumdrehung bestimmte, konstant angenommene *Widerstand* W ist dann der Mittelwert dieser „Sinuslinie"

$$W r \pi = \int_0^\pi D\, r\, d\varphi = D_0\, r \int_0^\pi \sin \varphi\, d\varphi,$$

und also

$$W = \frac{2 D_0}{\pi} \quad \text{oder} \quad D_0 = \frac{\pi}{2}\, W.$$

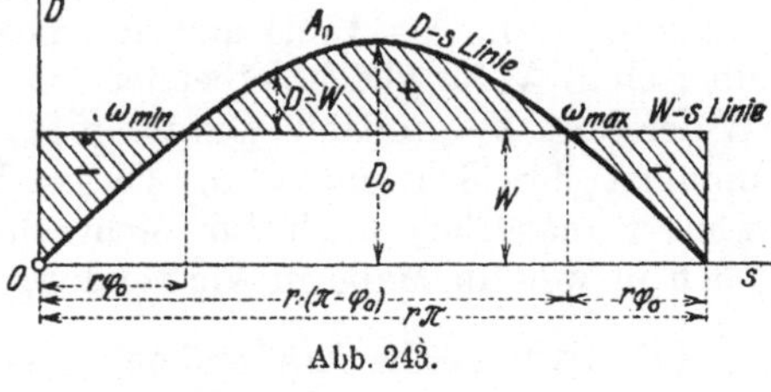

Die Stellen φ_0 und $\pi - \varphi_0$ der kleinsten und größten Winkelgeschwindigkeit, $\omega_{\min}$ und $\omega_{\max}$, folgen durch Gleichsetzen von D und W

$$D = W = \frac{\pi}{2}\, W \sin \varphi_0,$$

und daraus folgt

$$\sin \varphi_0 = \frac{2}{\pi} = 0{,}636, \quad \varphi_0 = 0{,}690 \ (\text{Bogenmaß});$$

dieser Bogen entspricht dem Winkel von $39° 30'$. Der auftretende Arbeitsüberschuß ist daher

$$\mathsf{A}_0 = \int_{\varphi_0}^{\pi-\varphi_0} (D - W)\, r\, d\varphi = W r \int_{\varphi_0}^{\pi-\varphi_0} \left(\frac{\pi}{2} \sin \varphi - 1 \right) d\varphi = W r \left[-\frac{\pi}{2} \cos \varphi - \varphi \right]_{\varphi_0}^{\pi-\varphi_0}$$

$$= W r\, [\pi \cos \varphi_0 + 2 \varphi_0 - \pi] = 0{,}664\, W r = J_0\, \varepsilon\, \omega_m^2.$$

Nach Gl. (359) ist das Drehmoment der Maschine, wenn N ihre Leistung in PS und n die Drehzahl in 1 min bedeutet

$$W r = 716{,}2\, \frac{\mathsf{N}}{n},$$

und damit folgt durch Einsetzen in die vorhergehende Gleichung, aus der J_0 gerechnet wird, da $\omega_m = \dfrac{\pi n}{30}$, das TM J_0 in kgmsec²

$$J_0 = \frac{1}{\varepsilon}\left(\frac{30}{\pi n}\right)^2 0{,}664 \cdot 716{,}2\,\frac{\mathsf{N}}{n} = \frac{43\,400}{\varepsilon}\,\frac{\mathsf{N}}{n^3}\,. \tag{518}$$

Diese Gleichung kann als erster Anhaltspunkt für die Schwungradberechnung einer Einzylindermaschine dienen.

b) Das *Verfahren von* Radinger sucht die Massen des Schubkurbelgetriebes in der Art zu berücksichtigen, daß wohl der Einfluß der ·hin- und hergehenden Massen von Kreuzkopf, Kolbenstange und Kolben, nicht aber der der besonderen schwingenden Bewegung der Schubstange in Rechnung gezogen· wird. Von der Masse der Schubstange wird $\frac{2}{3}$ als rotierend der Masse der Kurbel, $\frac{1}{3}$ als hin- und hergehend den Massen von Kolbenstange und Kolben zugeschlagen. Die zur Beschleunigung und Verzögerung dieser Massen aufzuwendenden Beschleunigungskräfte werden durch das Produkt aus der Masse dieser Teile und den (wie in Beispiel 103 bestimmten) Beschleunigungen für annähernd gleichförmigen Kurbelumlauf ausgerechnet und im beschleunigten Teil der Bewegung von den Kolbenkräften K in Abzug gebracht, im verzögerten Teil diesen additiv hinzugefügt. Der übrige Vorgang ist wie vorher: mit den so veränderten Kolbenkräften wird die $D\text{-}s$-Linie, daraus durch Integration die $\mathsf{A}\text{-}s$-Linie und aus dieser der größte auftretende Arbeitsüberschuß A_0 für gleichbleibenden (oder sonst irgendwie veränderlichen) Widerstand W ermittelt; die Gl. (516) gibt das erforderliche Trägheitsmoment des Schwungrades. Dieses Verfahren gilt, entsprechend erweitert, natürlich auch für Mehrzylindermaschinen und steht heute noch in weitem Maße in Verwendung.

145. Dynamische Kräftepläne für Getriebe. Mit der Bestimmung der Bewegung eines Getriebes ist erst ein Teil der Aufgabe der technischen Mechanik erledigt. Wie bei allen derartigen Fragestellungen erhebt sich außerdem noch die Frage nach den *Gelenk- und Führungskräften* längs des ganzen Verlaufes der Bewegung, die naturgemäß auf die Ermittlung der auftretenden *größten* Werte hinausläuft. Wir unterscheiden auch hier die *rechnerische* und die *zeichnerische Methode* und geben für beide unter Benutzung der bisher gefundenen Ergebnisse einige wesentliche Hinweise.

a) Die *rechnerische Methode* geht von den Bewegungsgleichungen für jede einzelne Scheibe des Getriebes aus; sie haben die Form der Gln. (447), sofern zu den eingeprägten Kräften auch die auftretenden Gelenk- und Führungskräfte hinzugenommen werden. Für das Schubkurbelgetriebe setzen wir als eingeprägt nur die in der Kolbenstange wirkende Kolbenkraft K und den auf den Kolbenzapfen A wirkenden Widerstand W voraus. Die Gelenkkräfte O, A, B an den drei Gelenken O, A, B, sind dann nach Abb. 244 durch je zwei Komponenten (X_1, Y_1; X_2, Y_2; X_3, Y_3) festgelegt, die für die einzelnen Scheiben nach dem Wechselwirkungsgesetze einzuführen sind. Die an der Kreuzkopfführung auftretende Führungskraft· sei D.

Die Bewegungsgleichungen für die drei Scheiben, aus denen das Schubkurbelgetriebe besteht, lauten dann nach dem d'Alembertschen Prinzip

$$\text{Scheibe 1:} \begin{cases} X_1 - X_2 - m_1 b_{1x} = 0 \\ Y_1 - Y_2 - m_1 b_{1y} = 0 \\ X_2 r \sin \varphi - Y_2 r \cos \varphi - J_1 \ddot{\varphi} = 0 \end{cases}$$

$$\text{Scheibe 2:} \begin{cases} X_2 - X_3 - m_2 b_{2x} = 0 \\ Y_2 - Y_3 - m_2 b_{2y} = 0 \\ (X_2 a + X_3 c)\sin \psi + (Y_2 a + Y_3 c)\cos \psi - J_2 \ddot{\psi} = 0 \end{cases} \quad (519)$$

$$\text{Scheibe 3:} \begin{cases} X_3 - K + m_3 b_3 = 0 \\ Y_3 + D = 0. \end{cases}$$

Wegen der geometrischen Bedingungen des Zwangslaufes sind die Größen $b_{1x}, b_{1y}, b_{2x}\, b_{2y}, b_3, \ddot{\psi}$ und ψ durch $\varphi, \dot{\varphi}, \ddot{\varphi}$ ausdrückbar. Durch Auf-

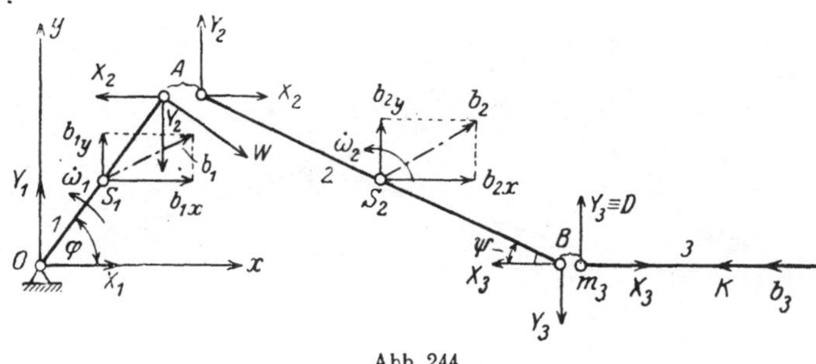

Abb. 244.

lösung dieser *acht* Gleichungen ergeben sich die *sieben* Komponenten der Gelenkkräfte $X_1, Y_1, X_2, Y_2, X_3, Y_3$ in O, A, B und die unbekannte Führungskraft D des Kreuzkopfes für jede Stellung des Getriebes, und außerdem die eigentliche Bewegungsgleichung. Die wirkliche Durchführung dieses einfachen Ansatzes erweist sich jedoch als recht umständlich, weshalb auch hier mit Vorteil die zeichnerische Methode gewählt wird.

b) Auch bei der *zeichnerischen Methode* kommt es auf die Anwendung des d'Alembertschen Prinzips für geführte Systeme an, nach dessen Wortlaut jede Scheibe für sich unter dem Einfluß der auf sie wirkenden eingeprägten Kräfte, der Gelenk- und Führungskräfte und der Trägheitskräfte im Gleichgewichte ist.

Die Trägheitskräfte einer ebenen Scheibe sind einer im Schwerpunkt wirkenden Kraft — $m b$ zusammen mit einem Moment —$m k^2 \dot{\omega}$ gleichwertig. Zur Einführung dieser Größen in die Zeichnung ist es am einfachsten, die Trägheitseigenschaften jeder Scheibe durch *zwei* Ersatzmassen m', m'' darzustellen, die in den Gelenken liegen, durch die die betreffende Scheibe mit den anderen in Verbindung steht. Nach **125** Beispiel 152a ist dies immer möglich, sobald der Schwerpunkt S der

betreffenden Scheibe auf der Verbindungslinie dieser Gelenkpunkte
liegt. Die Ersatzmassen haben dann die Größen

$$m' = m\,\frac{c}{l}\,, \qquad m'' = m\,\frac{a}{l}\,. \tag{520}$$

Die Beschleunigungskräfte dieser beiden Ersatzmassen liefern dann,
da die Beschleunigungen der Punkte einer starren Stange $\overline{AB}$ eine zu
dieser ähnliche Punktreihe geben (Abb. 245)

$$m'\mathfrak{b}_A + m''\,\mathfrak{b}_B = m\,\frac{c}{l}\,\mathfrak{b}_A + m\,\frac{a}{l}\,\mathfrak{b}_B = m\,\mathfrak{b}_s, \tag{521}$$

d. h. ihre Summe stellt tatsächlich die Beschleunigungskraft $m\mathfrak{b}_s$ der
in S vereinigten Scheibenmasse m dar. Das Moment der Beschleunigungskräfte von m' und m'' würde jedoch wegen $a + c = l$ ergeben

$$(m'a^2 + m''c^2)\,\dot\omega = \left(m\,\frac{c}{l}\,a^2 + m\,\frac{a}{l}\,c^2\right)\dot\omega = mac\,\dot\omega\,.$$

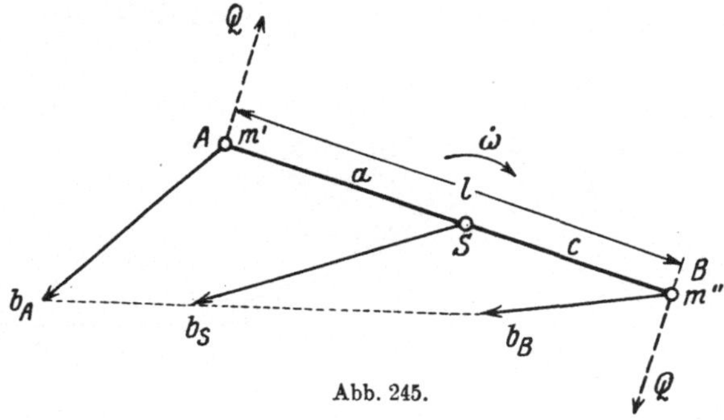

Abb. 245.

Da das Moment der Massenkräfte der Scheibe aber $mk^2\dot\omega$ sein soll, so
hat man außer dem Moment der Beschleunigungskräfte der beiden
Ersatzmassen m', m'' noch ein *zusätzliches Moment* von der Größe
$m(k^2 - ac)\,\dot\omega$ *im Sinn von* $\dot\omega$, also für die Trägheitskräfte ein Moment
von der Größe $m(ac - k^2)\,\dot\omega$ *im Sinn von* $\dot\omega$ anzubringen, um das wirkliche Moment der Trägheitskräfte der Scheibe vom Betrage $-mk^2\dot\omega$
zu erhalten. Wir lösen nun dieses Moment gemäß der Gleichung

$$m(ac - k^2)\,\dot\omega = Ql$$

in ein Kräftepaar auf, wobei wir diese beiden Kräfte Q, $-Q$ in den
Anschlußgelenken der betrachteten Scheibe ansetzen.

Für die drei Scheiben *1, 2, 3* des Schubkurbelgetriebes sind die auf
diese Weise anzubringenden Kräfte in Abb. 246a kenntlich gemacht
und in dem „dynamischen Kräfteplan" b) zusammengesetzt. Die
Gleichgewichtsgruppen sind dann für die

Scheibe *3*:　　$(D, K, - m_3\,\mathfrak{b}_3, B)$,
Scheibe *2*:　　$(-B, - m_2''\,\mathfrak{b}_3, Q_2, - Q_2, - m_2'r\omega_1^2, - m_2'r\dot\omega_1, A)$
Scheibe *1*:　　$(A, - m_1''r\omega_1^2, - m''r\dot\omega_1, W, Q_1, - Q_1, O)$.

Die aus diesen Kräften bestehenden Kraftecke sind *geschlossen.*

Für die Auffindung des Poles P des Kräfteplans wird (außer den Massen und Trägheitsmomenten) der Bewegungszustand des Getriebes in der betrachteten Stellung, also die Größen b_3, ω_1, $\dot\omega_1$ als bekannt angenommen, und zuerst die Kräfte

$$K, \; -m_3 b_3, \; -m_2'' b_3, \; Q_2, \; -Q_2, \; -m_2' r \omega_1^2, \; -m_2' r \dot\omega_1,$$
$$-m_1'' r \omega_1^2, \; -m_1'' r \dot\omega_1, \; W, \; Q_1, \; -Q_1$$

aufgetragen, wobei b_3 ebenfalls durch ω_1 und $\dot\omega_1$ auszudrücken ist. Dann werden an den Endpunkten der Zusatzkräfte Q_2 und Q_1 die Parallelen zu den „Stangenkräften" N_2 und N_1 gezogen; diese schneiden

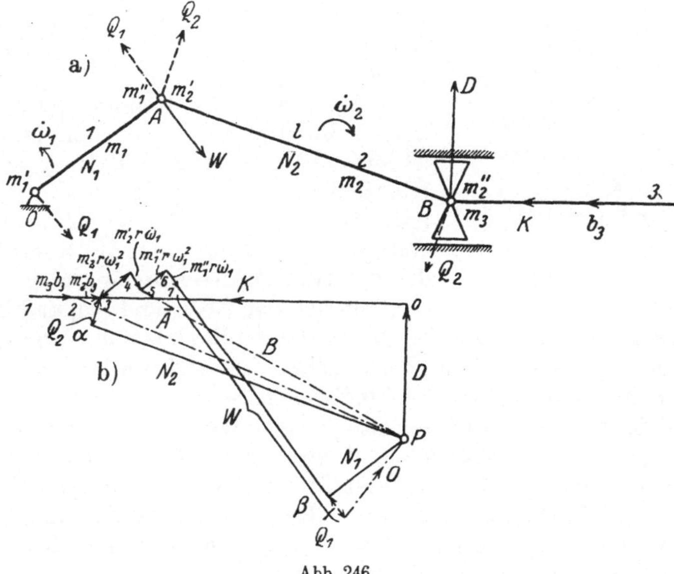

Abb. 246.

sich in dem gesuchten Pole P des Kräfteplans, der lotrecht unter dem Anfangspunkt 0 von $\mathfrak{K}$ liegen muß, was eine Kontrolle für die Richtigkeit der Zeichnung abgeben kann.

Die so gefundenen Vektoren N_1, N_2 bedeuten natürlich nur die „Stangenkräfte" für das Ersatzsystem der nach den Gelenkpunkten reduzierten Massen; die wirklichen Stangenkräfte müssen daraus erst ermittelt werden.

VIII. Bewegung eines Körpers um einen festen Punkt. Kreisel.

146. Die Eulerschen Bewegungsgleichungen. Nach den Ergebnissen der vorhergehenden Abschnitte wird die Bewegung eines beliebigen Systems von Körpern im Raume dadurch beschrieben, daß zunächst die Bewegung des Schwerpunktes S und sodann die Bewegung des Systems *um* diesen Schwerpunkt angegeben wird. Jene wird durch den Schwerpunktsatz, diese durch den Flächensatz beherrscht. Für den einzelnen starren Körper, der im Raume ein Gebilde mit sechs Freiheitsgraden darstellt, erhält man aus beiden die nötige Anzahl (sechs) von Gleichungen, um seine Bewegung vollständig zu bestimmen. Als Beispiele für solche *räumliche* Bewegungen eines Körpers seien genannt: die Bewegung eines Flugzeuges oder eines Geschosses gegen die Erde oder die eines Planeten gegen den Fixsternhimmel.

Die in **135** gegebene Gl. (485) kann auch unmittelbar als die Bewegungsgleichung eines starren Körpers um einen festen Punkt O betrachtet werden. In jedem Zeitelemente dt tritt zu dem zur Zeit t

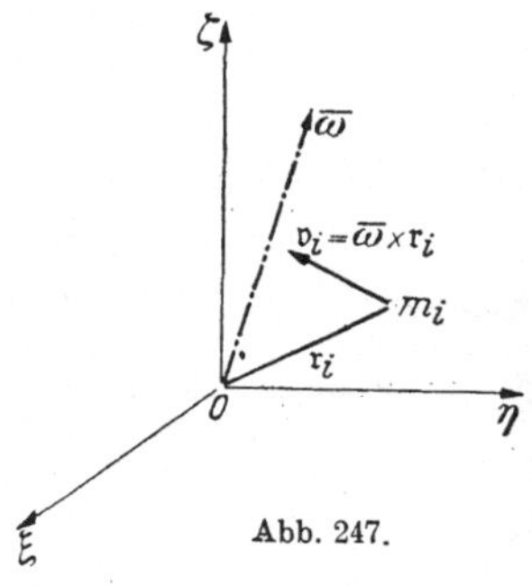

Abb. 247.

vorhandenen Drall $\mathfrak{D}$ der zusätzliche Drall $d\mathfrak{D} = \mathfrak{M}\,dt$ in Richtung von $\mathfrak{M}$ hinzu, die Summe $\mathfrak{D} + d\mathfrak{D}$ gibt den Drall zur Zeit $t + dt$.

Legt man die im Raume festen Achsen x, y, z durch O hindurch, dann kommen in $\mathfrak{M}$ nur die Momente der eingeprägten Kräfte (Gewicht usw.) vor, während die Auflagerkraft des festen Punktes zu $\mathfrak{M}$ keinen Beitrag gibt. Wenn man nun die Komponenten des Dralls nach diesen Achsen x, y, z bildet, so stellt sich der Übelstand ein, daß die nach der Gleichung $\mathfrak{D} = S\,m_i(\mathfrak{r}_i \times \mathfrak{v}_i)$ usw. auszuführende Summation für jede Lage des Körpers andere Werte geben würde, deren Veränderlichkeit bei der Bewegung schwer zu überblicken ist.

Die Betrachtung wird wesentlich vereinfacht, wenn an Stelle dieser raumfesten Achsen *bewegte*, und zwar *körperfeste* Achsen O, ξ, η, ζ verwendet werden, und der Drall $\mathfrak{D}$ in bezug auf diese gebildet wird. Wenn $\overline{\omega}$ die augenblickliche Winkelgeschwindigkeit ist, dann ist die Geschwindigkeit $\mathfrak{v}_i$ eines Teilchens m_i in A in bezug auf diese Achsen O, ξ, η, ζ in der Form anzusetzen (Abb. 247)

$$\boxed{\mathfrak{v}_i = \overline{\omega} \times \mathfrak{r}_i;} \tag{522}$$

dann folgt

$$\mathfrak{D} = S\,m_i(\mathfrak{r}_i \times \mathfrak{v}_i) = S\,m_i[\mathfrak{r}_i \times (\overline{\omega} \times \mathfrak{r}_i)],$$

und nach dem Entwicklungssatz Gl. (33) ergibt sich weiter

$$\mathfrak{D} = \overline{\omega}\,S\,m_i\,r_i^2 - S\,m_i\,\mathfrak{r}_i\,(\overline{\omega}\,\mathfrak{r}_i). \tag{523}$$

Um die Bedeutung dieser Gleichung zu erkennen, gehen wir zu den Komponenten nach den körperfesten Achsen O, ξ, η, ζ über und erhalten für die ξ-Komponente:

$$D_\xi = \omega_\xi\,S\,m_i(\xi_i^2 + \eta_i^2 + \zeta_i^2) - S\,m_i\,\xi_i(\xi_i\omega_\xi + \eta_i\omega_\eta + \zeta_i\omega_\zeta)$$
$$= \omega_\xi\,S\,m_i(\eta_i^2 + \zeta_i^2) - \omega_\eta\,S\,m_i\,\xi_i\,\eta_i - \omega_\zeta\,S\,m_i\,\xi_i\,\zeta_i;$$

nach den Definitionsgln. (377) und (388) für die Trägheits- und Zentrifugalmomente folgt sodann

$$D_\xi = J_\xi\omega_\xi - J_{\xi\eta}\omega_\eta - J_{\zeta\xi}\omega_\zeta. \tag{524}$$

Die entsprechenden Ausdrücke für D_η und D_ζ ergeben sich durch zyklische Vertauschung.

Aus der Form dieser Gleichungen erhellt unmittelbar, daß sich die Komponenten von $\mathfrak{D}$ ganz besonders einfach darstellen lassen, wenn als körperfeste Achsen O, ξ, η, ζ die *Hauptträgheitsachsen* des Körpers gewählt werden; für diese verschwinden nämlich die Zentrifugalmomente, und die Komponenten von $\mathfrak{D}$ werden einfach

$$\boxed{D_\xi = J_\xi \omega_\xi, \quad D_\eta = J_\eta \omega_\eta, \quad D_\zeta = J_\zeta \omega_\zeta,} \tag{525}$$

worin nunmehr J_ξ, J_η, J_ζ konstant sind.

Da sich diese Zerlegung auf *körperfeste* und nicht auf *raumfeste* Achsen bezieht, so wäre es nun freilich fehlerhaft, wenn man die Zeitableitungen *dieser* Komponenten den Momenten M_ξ, M_η, M_ζ der eingeprägten Kräfte um die entsprechenden Achsen unmittelbar gleich setzen würde. Man muß vielmehr stets die Komponenten des Dralls nach *raumfesten* Achsen O, x, y, z bilden und diese nach t differenzieren. Wegen der einfachen Form der Größen D_ξ, D_η, D_ζ empfiehlt es sich jedoch, diese Größen beizubehalten und die *absoluten* Änderungen des Dralls durch sie auszudrücken.

Die Komponenten D_ξ, D_η, D_ζ können als die relativen Koordinaten des Endpunktes des Drallvektors $\mathfrak{D}$ in bezug auf die *bewegten* Achsen und die Ableitungen $\dfrac{dD_\xi}{dt}, \ldots$ also als die Komponenten der relativen Geschwindigkeit des Endpunktes von $\mathfrak{D}$ in bezug auf diese Achsen aufgefaßt werden. Aus ihnen erhält man die absoluten Geschwindigkeiten, wenn man nach der aus **88** bekannten Beziehung $\mathfrak{v}_a = \mathfrak{v}_\varrho + \mathfrak{v}_s$ die absolute Geschwindigkeit des Endpunktes von $\mathfrak{D}$ ausrechnet. An die Stelle der Komponenten von $\mathfrak{v}_s$ treten dann die drei Größen

$$D_\zeta \omega_\eta - D_\eta \omega_\zeta, \quad D_\xi \omega_\zeta - D_\zeta \omega_\xi, \quad D_\eta \omega_\xi - D_\xi \omega_\eta.$$

Daher schreibt sich die absolute „Zeitableitung" von $\mathfrak{D}$ in Richtung der ξ-Achse in der Form [die übrigens genau der Gl. (291) in **89** entspricht]

$$\frac{dD_\xi}{dt} + D_\zeta \omega_\eta - D_\eta \omega_\zeta,$$

und somit erhalten wir die Bewegungsgleichungen in der Form

$$\boxed{\begin{aligned} J_\xi \dot\omega_\xi - (J_\eta - J_\zeta)\, \omega_\eta \omega_\zeta &= M_\xi, \\ J_\eta \dot\omega_\eta - (J_\zeta - J_\xi)\, \omega_\zeta \omega_\xi &= M_\eta, \\ J_\zeta \dot\omega_\zeta - (J_\xi - J_\eta)\, \omega_\xi \omega_\eta &= M_\zeta. \end{aligned}} \tag{526}$$

Die linken Seiten sind als die Komponenten von $\mathfrak{D}$ nach raumfesten Achsen (O, x, y, z) aufzufassen, die in jedem Augenblicke mit den bewegten Achsen (O, ξ, η, ζ) zusammenfallen. Die Gln. (526) sind die Eulerschen „dynamischen Gleichungen" für die Bewegung eines

Körpers um einen festen Punkt, die auch in die eine Vektorgleichung zusammengefaßt werden können

$$\boxed{\dot{\mathfrak{D}} + (\overline{\omega} \times \mathfrak{D}) = \mathfrak{M}.} \tag{527}$$

Dies ist die Grundgleichung für die Untersuchung der Bewegung eines starren Körpers um einen festen Punkt und insb. der Kreiseltheorie.

Wir betrachten nunmehr die wichtigsten Sonderfälle der Kreiselbewegung.

147. Die kräftefreie Bewegung eines starren Körpers um einen festen Punkt erhält man, wenn der Schwerpunkt S des Körpers mit dem festen Punkt zusammenfällt und außer dem Eigengewicht keine eingeprägten Kräfte vorhanden sind. In den Gln. (526) ist daher für die kräftefreien Bewegungen $\mathfrak{M} = 0$ zu setzen.

a) *Drehungen um die Hauptträgheitsachsen* O, ξ, η, ζ. Die Gln. (526) werden für beliebige Werte der J_ξ, J_η, J_ζ durch die Werte befriedigt

$$\omega_\xi = 0, \qquad \omega_\eta = 0, \qquad \omega_\zeta = c = \text{konst.}, \tag{528}$$

d. h. die *dauernde* Drehung um die Hauptträgheitsachse $O\zeta$ (und ebenso um die beiden anderen $O\xi, O\eta$) ist eine „mögliche" Bewegungsform — ein Ergebnis, das schon in **129**, Beispiel 157, auf andere Weise erhalten wurde. Und zwar zeigt eine genauere Untersuchung, daß die Drehungen um die Achse des größten und kleinsten TMes *stabil*, die um die Achse des mittleren TMes aber *labil* sind.

b) Für $J_\xi = J_\eta = J_\zeta$ ergibt sich aus den Gln. (526)

$$\omega_\xi = \omega_\eta = \omega_\zeta = \text{konst.}, \tag{529}$$

d. h. wenn das Trägheitsellipsoid des Körpers eine Kugel ist, so ist der Drehvektor $\overline{\omega}$ unveränderlich im Körper und daher auch im Raume; dies ist der Fall des sog. *Kugelkreisels*, der eine Dauerdrehung um *jede beliebige* Achse durch O kräftefrei ausführen kann.

c) Wenn $J_\xi = J_\eta \neq J_\zeta$, so erhält man die Bewegungsgleichungen des *symmetrischen, kräftefreien Kreisels*. Unter *Kreisel* versteht man dabei einen starren Drehkörper, bei dem irgendein Punkt seiner Drehachse, die man auch als „Figurenachse" bezeichnet, festgehalten und der um diese in Drehung gesetzt wird. Aus der dritten der Gln. (526) folgt für

$$J_\xi = J_\eta \neq J_\zeta; \quad \omega_\zeta = c = \text{konst.},$$

d. h. die Projektion von $\overline{\omega}$ auf die ζ-Achse ist konstant; die beiden ersten Gleichungen geben dann

$$\left.\begin{aligned} J_\xi \dot{\omega}_\xi - (J_\xi - J_\zeta)\, c\omega_\eta &= 0 \\ J_\xi \dot{\omega}_\eta + (J_\xi - J_\zeta)\, c\omega_\xi &= 0. \end{aligned}\right\} \tag{530}$$

Die Multiplikation mit ω_ξ und ω_η und Addition liefert

$$\omega_\xi \dot{\omega}_\xi + \omega_\eta \dot{\omega}_\eta = 0,$$

daher

$$\omega_\xi^2 + \omega_\eta^2 = a^2 = \text{konst.}, \tag{531}$$

daher ist auch $\omega^2 = \omega_\xi^2 + \omega_\eta^2 + \omega_\zeta^2 = a^2 + c^2 =$ konst. und $\overline{\omega}$ liegt auf einem Drehkegel mit der Öffnung $\mathrm{tg}\,\alpha = a/c$ um die ζ-Achse, Abb. 248. Aus den Gln. (530) folgt durch Elimination von ω_ξ oder ω_η (durch Differentiation je einer dieser Gleichungen), daß ω_ξ und ω_η derselben Differentialgleichung 2. Ordnung genügen:

$$\ddot{\omega}_\xi + \left(\frac{J_\xi - J_\zeta}{J_\zeta}\right)^2 c^2 \omega_\xi = 0\,, \quad (532)$$

und diese besagt, daß die Projektionen von $\overline{\omega}$ auf ξ und η einfache harmonische Schwingungen ausführen, so daß der Vektor $\overline{\omega}$ gleichförmig um die ζ-Achse herumwandert.

Bildet man nun die Projektion ω' von $\overline{\omega}$ auf den Drallvektor $\mathfrak{D}$ ($D_\xi = J_\xi \omega_\xi$, $D_\eta = J_\eta \omega_\eta$, $D_\zeta = J_\zeta c =$ konst.), so folgt für diese nach Gl. (11) in **19**

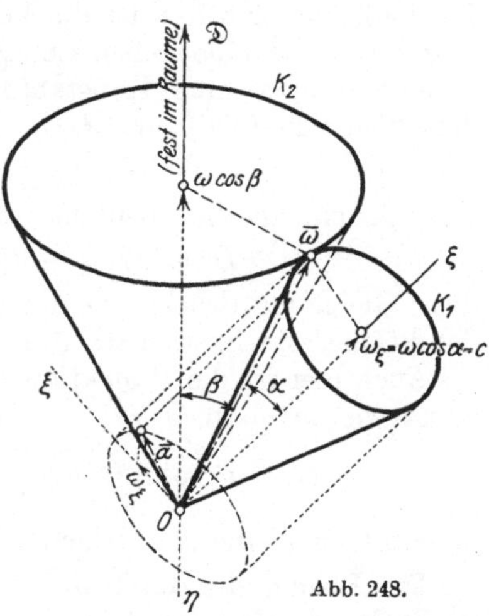

Abb. 248.

$$\omega' = \omega\cos\beta = \omega_\xi\,\frac{D_\xi}{D} + \omega_\eta\,\frac{D_\eta}{D} + \omega_\zeta\,\frac{D_\zeta}{D}$$

$$= \frac{J_\xi\,\omega_\xi^2 + J_\eta\,\omega_\eta^2 + J_\zeta\,\omega_\zeta^2}{D} = \frac{2\,\mathsf{T}}{D} = \text{konst.}, \quad (533)$$

d. h. die Projektion ω' von $\overline{\omega}$ auf $\mathfrak{D}$ ist ebenfalls konstant, und daher ist auch $\cos\beta =$ konst. Überdies liegen die beiden Vektoren $\overline{\omega}\,(\omega_\xi, \omega_\eta, \omega_\zeta)$ und $\mathfrak{D}\,(J_\xi\omega_\xi, J_\eta\omega_\eta, J_\zeta c)$ in einer Ebene. Daher bewegt sich der Vektor $\overline{\omega}$ einerseits auf einem im Körper festen Drehkegel um ζ, andererseits auf einem raumfesten Drehkegel um $\mathfrak{D}$; die *Bewegung des Körpers ist also so darzustellen, daß ein körperfester Drehkegel K_1* („Polodiekegel") *auf einem raumfesten Drehkegel K_2* (dem „Herpolodiekegel") *ohne Gleitung abrollt* (vgl. hierzu **101**). [Bezüglich der Bedeutung von T siehe *d*].)

Eine solche Bewegung nennt man eine (reguläre) *Präzession.* Liegt K_2 außerhalb von K_1, so erfolgt das Herumwandern von K_1 um K_2 im gleichen Sinne wie die Drehung des Kreisels um ζ, und man nennt die Präzession *gleichsinnig* (oder vorschreitend, progressiv); liegt K_2 innerhalb K_1, so erfolgen diese Drehungen entgegengesetzt zueinander und man bezeichnet in diesem Falle die Präzession als *gegensinnig* (oder rückschreitend, retrograd).

d) Für $J_\xi \neq J_\eta \neq J_\eta$ gelangt man auf folgende Weise zu der von Poinsot herrührenden anschaulichen Darstellung des Verlaufes der Bewegung. Man multipliziert die drei Gln. (526) zunächst mit $\omega_\xi, \omega_\eta, \omega_\zeta$ und addiert, so erhält man (da $\mathfrak{M} = 0$)

$$J_\xi\omega_\xi\dot{\omega}_\xi + J_\eta\omega_\eta\dot{\omega}_\eta + J_\zeta\omega_\zeta\dot{\omega}_\zeta = 0\,. \quad (534)$$

Diese Gleichung gibt integriert die „Energiegleichung" (das Energie-integral) des bewegten Körpers

$$\mathsf{T} \equiv \tfrac{1}{2}(J_\xi \omega_\xi^2 + J_\eta \omega_\eta^2 + J_\zeta \omega_\zeta^2) = \text{konst.} \tag{535}$$

Bei fehlenden Kräften ist die kinetische Energie des Körpers, die sich skalar aus den kinetischen Energien der Drehungen um die drei Achsen zusammensetzt, eine Konstante. Ebenso folgt durch Multiplikation derselben Gln. (526) mit $J_\xi \omega_\xi$, $J_\eta \omega_\eta$, $J_\zeta \omega_\zeta$ und Addition

$$J_\xi^2 \omega_\xi \dot\omega_\xi + J_\eta^2 \omega_\eta \dot\omega_\eta + J_\zeta^2 \omega_\zeta \dot\omega_\zeta = 0$$

eine Gleichung, die ebenfalls integrabel ist und die Gleichung liefert

$$D^2 = J_\xi^2 \omega_\xi^2 + J_\eta^2 \omega_\eta^2 + J_\zeta^2 \omega_\zeta^2 = \text{konst.}; \tag{536}$$

diese Gleichung drückt die Konstanz des Drallvektors $\mathfrak{D}$ in bezug auf das körperfeste System (O, ξ, η, ζ) aus.

Auch hier ist die Projektion ω' von $\overline{\omega}$ auf $\mathfrak{D}$ eine Konstante. Denn es ist wie zuvor in c)

$$\omega' = \omega \cos\alpha = \omega_\xi \frac{D_\xi}{D} + \omega_\eta \frac{D_\eta}{D} + \omega_\zeta \frac{D_\zeta}{D} = \text{konst.} \tag{537}$$

ω selbst ist in diesem allgemeinen Falle *nicht* mehr konstant.

Die Ebene, die durch den Endpunkt von $\overline{\omega}(\omega_\xi, \omega_\eta, \omega_\zeta)$ senkrecht zu $\mathfrak{D}(D_\xi, D_\eta, D_\zeta)$ gelegt werden kann, hat die Gleichung

$$J_\xi \omega_\xi(X - \omega_\xi) + J_\eta \omega_\eta(Y - \omega_\eta) + J_\zeta \omega_\zeta(Z - \omega_\zeta) = 0, \tag{538}$$

worin X, Y, Z die laufenden Koordinaten bezeichnen. Diese Ebene berührt das durch den Endpunkt von $\overline{\omega}$ gelegte Trägheitsellipsoid für den festen Punkt O als Mittelpunkt, denn die Gleichung dieses Trägheitsellipsoids lautet

$$J_\xi X^2 + J_\eta Y^2 + J_\zeta Z^2 = J_\xi \omega_\xi^2 + J_\eta \omega_\eta^2 + J_\zeta \omega_\zeta^2 = 2\,\mathsf{T}, \tag{539}$$

und die Richtungskosinusse der Normalen seiner Berührungsebene im Punkte ω_ξ, ω_η, ω_ζ sind verhältnisgleich zu $J_\xi \omega_\xi$, $J_\eta \omega_\eta$, $J_\zeta \omega_\zeta$. Die Berührungsebene hat daher die Gl. (538).

Nun hat $\mathfrak{D}$ eine feste Lage im Raume (Satz von der Erhaltung des Dralls) und da $\omega' = \text{konst.}$, so hat auch die Ebene (538) eine feste Lage im Raume; sie ist in der Tat eine „unveränderliche Ebene" im Sinn von **136**.

Diese Ebene berührt in jedem Augenblick das Trägheitsellipsoid (539), und daher *kann die Bewegung dargestellt werden durch das Abrollen ohne Gleitung des Ellipsoides (539) auf dieser „unveränderlichen" Ebene. Der Vektor von O bis zum Berührungspunkte gibt die Lage der augenblicklichen Winkelgeschwindigkeit $\overline{\omega}$ und ist ihrer Größe proportional.*

148 Moment der Kreiselwirkung. (Kreiselwiderstand.) Bei den technischen Anwendungen der Eigenschaften der um eine Achse rotierenden Körper handelt es sich in vielen Fällen um folgende Aufgabe: Ein Drehkörper dreht sich mit sehr großer Winkelgeschwindigkeit um seine Achse (Figurenachse), die ihrerseits in bestimmter Weise bewegt, also „geführt" wird; welche Kraftwirkungen treten bei dieser Veränderung der Lage der Achse auf?

Als Beispiele für derartige Probleme denke man an die Bewegung des Motors mit Luftschraube in einem Flugzeuge und an die Erscheinungen, die bei einer Veränderung der Flugzeugachse durch Steuerung auftreten. Ferner an die Wirkung der um parallele Achsen im gleichen Sinne rotierenden Radsätze eines Eisenbahnzuges bei Gleiskrümmungen und Schienenüberhöhungen und an die Wirkung des rotierenden Teiles einer Dampfturbine in einer Dampfturbinenlokomotive oder in einem Schiffe, oder eines Motors in einer Elektrolokomotive u. dgl.

Wir betrachten einen Drehkörper von beliebiger Form, z. B. den in Abb. 249 dargestellten *Schwungring*; die Winkelgeschwindigkeit um die etwa waagrecht gestellte Figurenachse Oz sei ω, das TM J, also der Drall $J\overline{\omega}$. Die Figurenachse denken wir uns in der waagrechten Ebene mit der Winkelgeschwindigkeit $\dot{\psi}$ um die lotrechte y-Achse, also in der Zeit dt durch den Winkel $d\psi = \dot{\psi}\,dt$ gedreht; wie groß ist das Moment, das diese Veränderung hervorbringt, und wie ist es gerichtet?

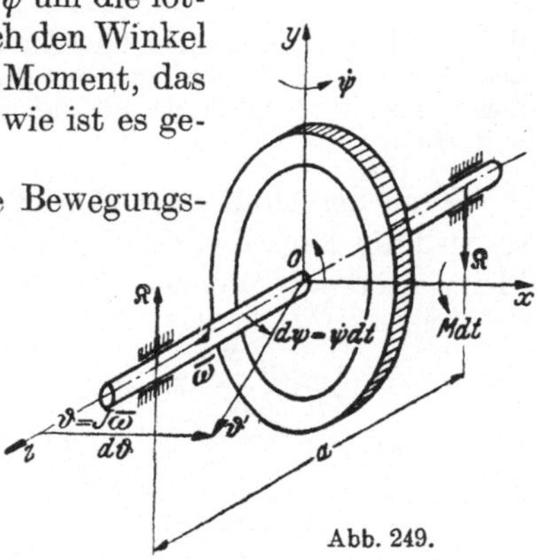

Zur Lösung dieser Frage dient die Bewegungsgleichung (485), die wir sogleich in dieser vektoriellen Form verwenden. Durch die Drehung der Figurenachse wird in der Zeit dt der Drall $\mathfrak{D} = J\overline{\omega}$ ohne Änderung seines Betrages um ein Stück

$$dD = D\,d\psi = J\omega\,\dot{\psi}\,dt$$

verändert, und die Richtung dieses Stückes ist, wie die Abbildung zeigt,

Abb. 249.

parallel zur x-Achse. Die Veränderung der mit der Figurenachse zusammenfallenden Drallachse in der angenommenen Art wird daher durch ein in der x-Achse liegendes Moment $M\,dt$ bewirkt, dessen Größe demnach den Wert hat

$$\boxed{M = J\omega\,\dot{\psi}.} \tag{543}$$

Diesem Momente gleich, aber entgegengesetzt gerichtet, ist das Moment, mit dem der Kreisel der angegebenen Veränderung seines Dralles widersteht, dieses letztere Moment nennt man *das Moment der Kreiselwirkung*. Den Sinn dieses Momentes können wir dadurch kennzeichnen, daß sich bei einer Verdrehung seiner Drallachse der Kreisel aufzurichten, genauer gesagt, der Achse der Drehung $\dot{\psi}$ parallel zu stellen strebt, und zwar so, *daß durch diese Aufrichtung der Sinn der Eigendrehung des Kreisels $\overline{\omega}$ mit dem Sinn der Winkeldrehung $\dot{\psi}$ übereinstimmt; dies ist der Satz vom gleichsinnigen Parallelismus der Drehachsen* (Poinsot).

Beispiel 174. Das TM des Laufrades einer mit ihrer Achse senkrecht zur Fahrtrichtung in eine Lokomotive eingebauten und mit den Rädern im gleichen Sinne umlaufenden Dampfturbine um die Drehachse sei $J = 140$ kgmsec², die Drehzahl um diese Achse $n = 955$ U/min, daher $\omega = \dfrac{\pi n}{30} = 100$/sec. Wie groß ist die beim Durchfahren einer Gleiskrümmung mit dem Halbmesser $\varrho = 200$ m bei einer Fahrtgeschwindigkeit von $v = 20$ m/sec auftretende Kreiselwirkung? Die Winkelgeschwindigkeit in der Krümmung ist

$$\dot{\psi} = \frac{v}{\varrho}\,\frac{1}{10}\,[\text{sec}^{-1}],$$

und daher das Kreiselmoment nach Gl. (543)

$$M = J\,\omega\,\dot{\psi} = 140 \cdot 100 \cdot \tfrac{1}{10} = 1400\ \text{kgm} = Ka = K\ \text{kg} \cdot 1{,}4\ \text{m}.$$

Stellt man nämlich dieses Moment durch ein Kräftepaar Ka dar, dessen Arm a der Schienenabstand, also (rund) $a = 1{,}4$ m ist, so folgt

$$K = 1000\ \text{kg},$$

d. h. bei Durchfahren einer Linkskurve und bei Drehung des Laufrades im Sinne der Drehung der Räder wird der gesamte Raddruck auf die linke Schiene um diesen Betrag vermindert und auf die rechte Schiene um den gleichen Betrag vermehrt.

Wenn der Drall eines Kreisels um seine Figurenachse sehr groß ist, so wird die Lage des damit zusammenfallenden Drallvektors $\mathfrak{D}$ durch kleine störende Momente nur wenig geändert. Diese Eigenschaft hat dazu geführt, die Verwendung des Kreisels als „Stabilisator" vorzuschlagen, und in einer Reihe von Fällen ist es auch gelungen, die dadurch gestellten Probleme in konstruktiver Hinsicht vollständig zu lösen, wie z. B. beim *Schiffskreisel*, bei der *Einschienenbahn*, beim *Geradlaufapparat* der Torpedos. Ebenso gelang auch die Verwendung des

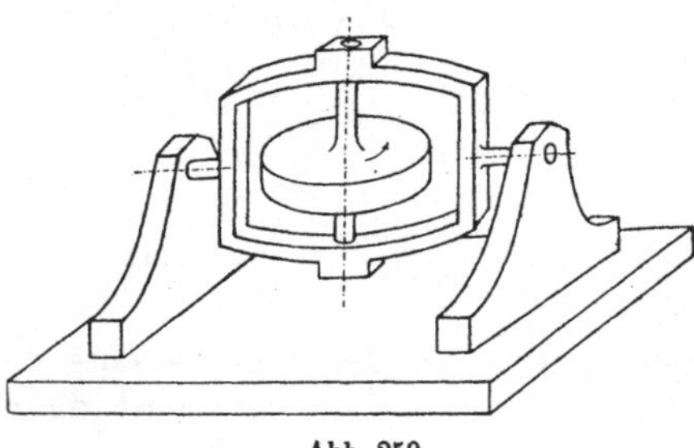

Abb. 250.

Kreisels als *Richtungsweiser* für Schiffahrtszwecke (Schiffs- und Flugzeugkompaß). Ohne daß es hier möglich wäre, auf dieses interessante Gebiet einzugehen, möge nur darauf hingewiesen werden, daß es verfehlt wäre, von einem Kreisel mit *festgelagerter* Achse eine „Stabilisierung", d. h. eine Kleinhaltung oder Vernichtung auftretender Störungswirkungen zu erwarten. (Ebensowenig wie ein Fahrrad mit festgestellter Vorderradgabel stabil sein kann.) Die Achse des Kreisels muß vielmehr in einer solchen Aufhängung gelagert werden, die ihr bei einer beliebigen Bewegung des Fahrzeuges, in das er eingebaut ist, *alle* Lagen im Raume anzunehmen gestattet, wie etwa in einer Cardanischen Aufhängung nach Abb. 250. Ebenso kann hier auch auf andere solche Kreiselerscheinungen, die in der Technik vorkommen, wie bei den rasch rotierenden Laufachsen der Dampfturbinen, bei Kollermühlen, beim Fahrrade u. dgl. nur hingewiesen werden.

IX. Stoß fester Körper.

149. Hilfsannahme zur Behandlung des Stoßvorganges. Von einem *Stoß* spricht man immer dann, wenn es sich um die Wirkung einer sehr großen Kraft während einer sehr kleinen Zeit handelt, und zwar derart, daß das Produkt dieser beiden Größen *endlich* bleibt. Diesem Grenzwerte (Kraft $\times$ Zeit) kann unmittelbar eine physikalische Realität zugesprochen werden, insofern, als während der Wirkung einer sehr großen Kraft durch eine sehr kurze Zeit wohl *endliche* Änderungen der Geschwindigkeiten, aber nur *vernachlässigbare* Änderungen der Lagen der Körper eintreten.

Schreibt man die dynamische Grundgleichung $\mathsf{M}\,b = K$ für irgendeine Richtung in der Form

$$\mathsf{M}\,dv = K\,dt \tag{540}$$

und integriert sie über eine kleine Zeit τ, während welcher die Lage des Körpers sich nur sehr wenig ändert und K als Funktion von t betrachtet werden kann, so folgt

$$\boxed{\ \mathsf{M}\,V - \mathsf{M}\,v = \int_0^\tau K\,dt = B,\ } \tag{541}$$

wenn v und V die Geschwindigkeiten vor und nach Ablauf dieses Stoßes sind.

Wir denken uns dabei K so groß, daß das „Zeitintegral der Kraft" $\int K\,dt$ einen *endlichen* Wert B erhält, den wir als den „Betrag des Stoßes" bezeichnen. Durch die Einwirkung von B wird die Bewegungsgröße in der kleinen Zeit τ von mv auf mV geändert, der dem anfänglich ruhenden Körper ($v = 0$) die Bewegungsgröße $\mathsf{M}\,V = B$ erteilt. Durch solche Impulse werden demnach „plötzliche" Geschwindigkeitsänderungen hervorgerufen, genauer gesagt, die Geschwindigkeitsänderungen durch Stoß erfolgen in einer so kurzen Zeit, daß die während dieser Zeit zurückgelegten Wege selbst als sehr klein, und zwar praktisch als Null angesehen werden können. Durch einen Einfluß dieser Art werden daher auch die beim Stoß zweier Körper aufeinander auftretenden „plötzlichen" Geschwindigkeitsänderungen der beiden Körper dargestellt.

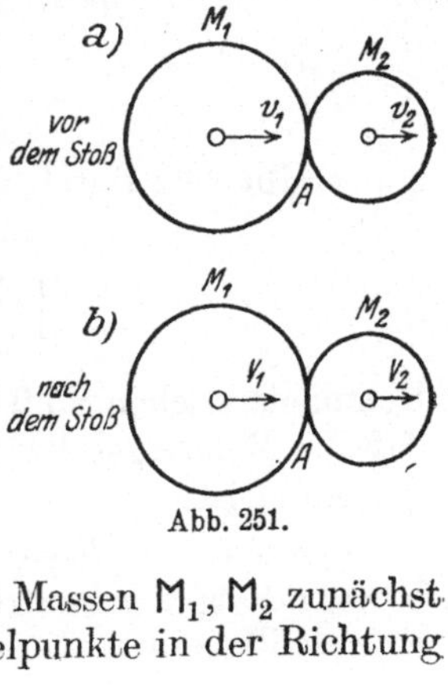

Bei der Behandlung des Stoßvorganges in der „starren Mechanik" betrachten wir nur die Geschwindigkeitsänderungen der Körper durch den Stoß, kümmern uns aber nicht um die Verformungen, die die Körper durch einen solchen Stoß erleiden.

Die Dimension von B ist selbstverständlich die einer Bewegungsgröße, also $[\mathsf{M}L/T]$ im physikalischen und $[KT]$ im technischen Maßsystem; ihre Einheiten sind gcm/sec im physikalischen und kgsec im technischen Maßsystem.

Abb. 251.

Denken wir uns die beiden Körper mit den Massen M_1, M_2 zunächst etwa als kugelförmig (Abb. 251) und ihre Mittelpunkte in der Richtung der Verbindungslinie bewegt; ihre Geschwindigkeiten vor dem Zusammentreffen seien v_1 und v_2, und es sei $v_1 > v_2$, so daß M_2 durch M_1 eingeholt wird. Im Augenblicke des Zusammentreffens, das man in diesem Fall als *geraden zentralen Stoß* bezeichnet, tritt zwischen den Körpern ein Impuls von unbekanntem Betrage B auf, durch den die Geschwindigkeiten auf die Beträge V_1 und V_2 verändert werden. Für die Bewegung der beiden Körper ist jedenfalls B als „innere Kraft" aufzufassen, und nach dem Schwerpunktsatz **132** wird die Bewegungsgröße des aus *beiden* Körpern bestehenden Systems durch diese nicht geändert; daher ist

$$\boxed{M_1 v_1 + M_2 v_2 = M_1 V_1 + M_2 V_2.} \tag{542}$$

Diese einzige Gleichung reicht jedoch zur Berechnung der beiden Geschwindigkeiten V_1 und V_2 *nach* dem Stoße nicht aus.

Um diese Bestimmung dennoch durchzuführen, betrachten wir zunächst die zwei Grenzfälle: den *vollkommen unelastischen Stoß* und den *vollkommen elastischen Stoß*.

a) Für den *vollkommen unelastischen Stoß* zweier Massen M_1 und M_2 haben wir uns den Vorgang so vorzustellen, daß sich die Körper bei ihrer Einwirkung aufeinander irgendwie verformen, daß aber die Verformung nach dem Stoß *nicht* mehr zurückgebildet wird, da sie von *bleibender* oder *plastischer* Beschaffenheit ist. Im Augenblicke dieser größten Verformung hat die Relativbewegung der Körper gegeneinander aufgehört, die beiden Körper haben dieselbe Geschwindigkeit $V_1 = V_2 = V$ angenommen, die sie auch behalten. Es gilt daher die Gleichung

$$M_1 v_1 + M_2 v_2 = (M_1 + M_2)\, V,$$

und daraus findet man

$$V = \frac{M_1 v_1 + M_2 v_2}{M_1 + M_2}. \tag{543}$$

Der bei diesem Vorgang auftretende Energieverlust ist

$$\varDelta T = \tfrac{1}{2} M_1 v_1^2 + \tfrac{1}{2} M_2 v_2^2 - \tfrac{1}{2}(M_1 + M_2)\, V^2$$

$$= \frac{1}{2}\left\{ M_1 v_1^2 + M_2 v_2^2 - \frac{(M_1 v_1 + M_2 v_2)^2}{M_1 + M_2} \right\}$$

und ergibt sich durch Ausrechnung

$$\boxed{\varDelta T = \frac{1}{2}\, \frac{M_1 M_2}{M_1 + M_2}\, (v_1 - v_2)^2.} \tag{544}$$

Den unelastischen Stoß kann man auch durch die Aussage kennzeichnen, daß die Relativgeschwindigkeit der beiden Körper *nach* dem Stoß null geworden ist.

b) Für den *vollkommen elastischen Stoß* haben wir eine vollständige Rückbildung der auftretenden Verformung, oder anders ausgedrückt, eine vollkommen verlustfreie Energieumsetzung zwischen den Körpern anzunehmen. Es gelten daher die beiden Gleichungen

und
$$\begin{cases} M_1 v_1 + M_2 v_2 = M_1 V_1 + M_2 V_2 \\ \tfrac{1}{2} M_1 v_1^2 + \tfrac{1}{2} M_2 v_2^2 = \tfrac{1}{2} M_1 V_1^2 + \tfrac{1}{2} M_2 V_2^2. \end{cases}$$

Wir schreiben diese Gleichungen in der Form
$$\begin{cases} M_1 (V_1^2 - v_1^2) = - M_2 (V_2^2 - v_2^2), \\ M_1 (V_1 - v_1) = - M_2 (V_2 - v_2). \end{cases}$$

Aus diesen findet man durch Division

$$V_1 + v_1 = V_2 + v_2, \quad \text{oder} \quad \boxed{V_1 - V_2 = v_2 - v_1}, \qquad (545)$$

d. h. die Relativgeschwindigkeit der beiden Körper gegeneinander vor und nach dem vollkommen elastischen Stoß ist gleich groß.

Es ist besonders hervorzuheben, daß diese Aussage von den Massen der beiden stoßenden Körper *unabhängig* und für den Stoß vollkommen elastischer Körper charakteristisch ist.

Drückt man die Geschwindigkeiten *nach* dem Stoß durch die *vor* dem Stoß aus, so findet man

$$\begin{cases} V_1 = v_1 - \dfrac{2 M_2}{M_1 + M_2} (v_1 - v_2), \\[2mm] V_2 = v_2 + \dfrac{2 M_1}{M_1 + M_2} (v_1 - v_2). \end{cases} \qquad (546)$$

Im allgemeinen Falle, d. h. für den Stoß unvollkommen elastischer Körper dient zur Bestimmung der Geschwindigkeiten nach dem Stoß die folgende *Hilfsannahme*, die als ein (oft nur sehr angenähert zutreffendes) Ergebnis von Versuchen anzusehen ist:

Das Verhältnis der relativen Geschwindigkeiten der beiden Körper unmittelbar vor und unmittelbar nach dem Stoße ist eine Konstante, die nur vom Material abhängt, aus dem die beiden Körper bestehen. Wir setzen

$$\frac{v_1 - v_2}{V_1 - V_2} = - \frac{1}{e}, \quad \text{also} \quad \boxed{e = \frac{V_2 - V_1}{v_1 - v_2}} \qquad (547)$$

und nennen e die *Stoßzahl* der beiden Körper. Aus dieser Gleichung erhalten wir sofort die beiden soeben betrachteten Sonderfälle:

a) Wenn $V_1 = V_2$, so wird $e = 0$, d. i. der *vollkommen unelastische* oder *plastische Stoß*; er ist dadurch gekennzeichnet, daß eine vollständige *Ausgleichung* der Geschwindigkeiten eintritt, derart, daß sich nach dem Stoße beide Körper mit derselben Geschwindigkeit weiterbewegen.

b) Wenn $V_2 - V_1 = v_1 - v_2$, so wird $e = 1$; der Betrag der relativen Geschwindigkeit der beiden Körper wird durch den Stoß nicht geändert. Dies ist der Fall des *vollkommen elastischen Stoßes*, der von einem *Austausch* der Geschwindigkeiten begleitet ist.

Diese beiden sind die Grenzfälle der auftretenden Möglichkeiten. Für irgendwelche physikalisch vorgegebene Körper werden wir daher stets e zwischen 0 und 1 anzunehmen haben: $0 < e < 1$.

Wenn e für irgendein Paar von Körpern als bekannt angesehen wird, so reichen sodann die *beiden* Gln. (542) und (547) tatsächlich aus, die Geschwindigkeiten V_1 und V_2 nach dem Stoß durch die Geschwindigkeiten v_1 und v_2 vor dem Stoß (oder umgekehrt) auszudrücken. Es folgt durch Auflösung dieser beiden in V_1 und V_2 *linearen* Gleichungen

$$\left.\begin{aligned}
V_1 &= \frac{(\mathsf{M}_1 - \mathsf{M}_2 e)\, v_1 + \mathsf{M}_2\,(1+e)\, v_2}{\mathsf{M}_1 + \mathsf{M}_2} = v_1 - \frac{(v_1 - v_2)\,(1+e)}{1 + \mathsf{M}_1/\mathsf{M}_2}\,, \\
V_2 &= \frac{\mathsf{M}_1\,(1+e)\, v_1 + (\mathsf{M}_2 - \mathsf{M}_1 e)\, v_2}{\mathsf{M}_1 + \mathsf{M}_2} = v_2 + \frac{(v_1 - v_2)\,(1+e)}{1 + \mathsf{M}_2/\mathsf{M}_1}\,.
\end{aligned}\right\} \quad (548)$$

Da $v_1 > v_2$, so folgt $V_1 < v_1$, $V_2 > v_2$, d. h. die Geschwindigkeit des vor. dem Stoße schneller bewegten Körpers wird stets durch den Stoß verkleinert, die. des langsameren vergrößert.

Wichtig ist nun der Wert des beim Stoße auftretenden *Verlustes an Wucht* oder *kinetischer Energie* $\varDelta\mathsf{T}$, der durch die Differenz aus den kinetischen Energien *vor* und *nach* dem Stoß gegeben ist ·

$$\varDelta\mathsf{T} = \tfrac{1}{2}\,\mathsf{M}_1\, v_1^2 + \tfrac{1}{2}\,\mathsf{M}_2\, v_2^2 - \tfrac{1}{2}\,\mathsf{M}_1\, V_1^2 - \tfrac{1}{2}\,\mathsf{M}_2\, V_2^2. \qquad (549)$$

Nach Verwendung der vorherigen Gleichungen folgt nun

$$\begin{aligned}
2\varDelta\mathsf{T} &= \mathsf{M}_1(v_1^2 - V_1^2) - \mathsf{M}_2(V_2^2 - v_2^2) \\
&= \mathsf{M}_1(v_1 - V_1)(v_1 + V_1) - \mathsf{M}_2(V_2 - v_2)(V_2 + v_2) \\
&= \frac{\mathsf{M}_1\,\mathsf{M}_2}{\mathsf{M}_1 + \mathsf{M}_2}\,(v_1 - v_2)\,(1 + e)\,[v_1 + V_1 - v_2 - V_2];
\end{aligned}$$

da $V_2 - V_1 = e\,(v_1 - v_2)$, so wird die eckige Klammer $(v_1 - v_2)\,(1 - e)$ und daraus folgt

$$\boxed{\;\varDelta\mathsf{T} = \frac{1}{2}\,\frac{\mathsf{M}_1\,\mathsf{M}_2}{\mathsf{M}_1 + \mathsf{M}_2}\,(1 - e^2)\,(v_1 - v_2)^2.\;} \qquad (550)$$

Um diesen Betrag ist die lebendige Kraft nach' dem Stoß geringer als vor dem Stoß; der Unterschied geht in die beim Stoß auftretende Wärme und in Schallenergie über.

Für die beiden obengenannten Sonderfälle ergibt sich daher wie oben:

a) *Unelastischer Stoß* $(e = 0)$

$$V_1 = V_2 = \frac{\mathsf{M}_1 v_1 + \mathsf{M}_2 v_2}{\mathsf{M}_1 + \mathsf{M}_2}\,, \qquad \boxed{\;\varDelta\mathsf{T} = \frac{1}{2}\,\frac{\mathsf{M}_1\,\mathsf{M}_2}{\mathsf{M}_1 + \mathsf{M}_2}\,(v_1 - v_2)^2.\;} \qquad (551)$$

b) *Vollkommen elastischer Stoß* $(e = 1)$

$$V_1 = v_1 - \frac{2\,\mathsf{M}_2}{\mathsf{M}_1 + \mathsf{M}_2}\,(v_1 - v_2), \qquad V_2 = v_2 + \frac{2\,\mathsf{M}_1}{\mathsf{M}_1 + \mathsf{M}_2}\,(v_1 - v_2). \qquad (552)$$

$$\varDelta\mathsf{T} = 0.$$

Beispiel 175. Stoß auf einen ruhenden Körper. Wenn ein Körper von der Masse M_1 mit der Geschwindigkeit v_1 auf eine ruhende Masse M_2 auftrifft, so ist in den vorhergehenden Gleichungen $v_2 = 0$ zu setzen, und man erhält nach den Gln. (548)

$$V_1 = v_1 - \frac{v_1\,(1+e)}{1 + \mathsf{M}_1/\mathsf{M}_2}\,, \qquad V_2 = \frac{v_1\,(1+e)}{1 + \mathsf{M}_2/\mathsf{M}_1}\,,$$

und wenn überdies M_2 sehr groß ist gegen M_1 (also $M_2 = \infty$), so folgt

$$V_1 = -e\,v_1, \quad V_2 = 0.$$

Läßt man daher M_1 durch eine Höhe H frei auf M_2 fallen, so ist (unter Vernachlässigung des Luftwiderstandes): $v_1 = \sqrt{2gH}$; wenn man ferner die Sprunghöhe h nach dem Stoß beobachtet, so können wir $V_1 = \sqrt{2gh}$ setzen und erhalten nach der vorhergehenden Gleichung $V_1 = -e\,v_1$ und daraus den Betrag von e in der Form

$$e = \frac{V_1}{v_1} = \sqrt{\frac{h}{H}} < 1;$$

diese Gleichung kann zur Bestimmung von e dienen. Es ergibt sich für zwei Körper aus gleichem Stoff aus Glas $e = {}^{15}/_{16}$, aus Stahl oder Kork $e = {}^{5}/_{9}$, Holz $e = {}^{1}/_{2}$. Dieser Vorgang wird in der Werkstoffprüfung zur Messung der „Rücksprunghärte" verwendet.

150. Stoß auf freie Körper von endlicher Ausdehnung. Dieselbe Umformung, die in **149** an der Bewegungsgleichung $mb = K$ vorgenommen wurde, kann auch an der Momentgleichung $\mathsf{M}k^2\dot\omega = M$ ausgeführt werden; wir multiplizieren mit dt und erhalten durch Integration über eine kleine Zeit

$$\mathsf{M}k^2\Omega - \mathsf{M}k^2\omega = \int_0^\tau M\,dt = D, \tag{554}$$

wenn ω und Ω die Winkelgeschwindigkeiten des Körpers *vor* und *nach* dem Stoß bedeuten und wieder M so groß angenommen wird, daß der Wert des Integrals D *endlich* wird; man bezeichnet ihn als *Drehstoß* oder *Drehimpuls*. Wird ein Körper von einem Stoß $\mathfrak{B}$ seitlich des Schwerpunktes S getroffen, so kann $\mathfrak{B}$ nach S „reduziert" werden, und gibt demnach den geraden Stoß $\mathfrak{B}$ in S zusammen mit dem Drehstoß vom Betrage $D = Ba$, wenn a den Abstand der Wirkungslinie des Stoßes $\mathfrak{B}$ von S bedeutet. Durch Einwirkung eines Drehstoßes $= Ba$ wird eine „plötzliche" Änderung des Dralls des Körpers vom Betrage $\mathsf{M}k^2\omega$ auf den Betrag $\mathsf{M}k^2\Omega$ hervorgebracht.

Die Gleichungen für die Bewegungsänderung, die eine Scheibe durch einen Stoß $\mathfrak{B}$ im Abstande a von S erfährt, lauten daher

$$\mathsf{M}(U_x - u_x) = B_x, \quad \mathsf{M}(U_y - u_y) = B_y, \quad \mathsf{M}k^2(\Omega - \omega) = Ba, \tag{555}$$

wobei die Gl. (541) für zwei Richtungen der Ebene und außerdem die Gl. (554) herangezogen wurden. In diesen Gleichungen sind wieder U_x, U_y, Ω die Werte der Geschwindigkeiten des Schwerpunktes S und der Winkelgeschwindigkeit *nach* dem Stoß, sowie der Betrag des Impulses B als Unbekannte anzusehen. Ferner sind u_x, u_y, ω die entsprechenden Größen *vor* dem Stoß.

Wenn es sich daher um den Zusammenstoß *zweier*, hier als *ebene Scheiben* zu betrachtender Körper 1 und 2 handelt, die sich in beliebiger Weise bewegen und die an irgendwelchen Punkten A ihrer Ränder aufeinandertreffen (Abb. 252), so erhält man für jeden Körper drei Bewegungsgleichungen von der Form (555), zusammen also *sechs*, in denen die Geschwindigkeiten von S und die Winkelgeschwindigkeiten der beiden Körper *nach* dem Stoße, also die Größen U_{x_1}, U_{y_1}, Ω_1; U_{x_2}, U_{y_2}, Ω_2 *sechs* Unbekannte ausmachen; die Zeiger *1* und *2* sollen andeuten, daß sie sich auf die beiden Körper *1* und *2* beziehen. Zu diesen tritt der Wert von B als *siebente* Unbekannte hinzu. Dabei ist schon die Annahme gemacht, daß die Richtung des Stoßes B *senkrecht* zur gemeinsamen Berührungsebene an der Stoßstelle wirkt, also durch *eine einzige*

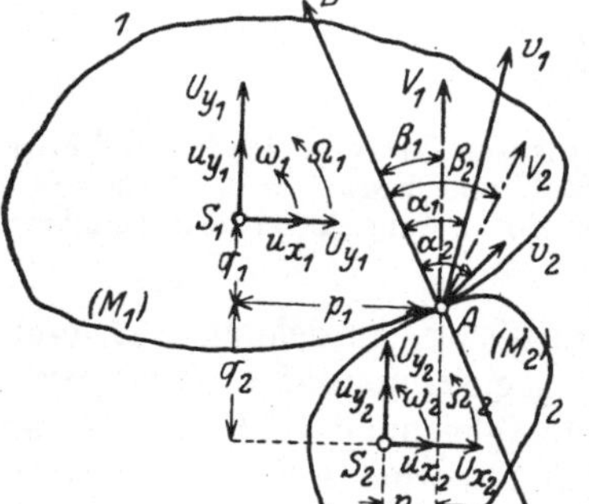

Abb. 252.

Unbekannte gekennzeichnet werden kann, was bei *glatten* Rändern jedenfalls zutreffen wird.

Bei *rauhen* Rändern müßte auch noch eine in der Richtung der Tangente liegende Komponente, ein *Reibungsstoß* $\int_0^\tau R\, dt$ eingeführt werden, der dem Einfluß der Reibung Rechnung trägt.

Zur vollständigen Lösung der vorliegenden Aufgabe brauchen wir daher eine *siebente* Gleichung und diese wird durch eine Festsetzung gewonnen, die eine bloße Verallgemeinerung der in **149** benützten Definition der Stoßzahl in Form der Gl. (547) ist, die zu den *sechs* Bewegungsgleichungen hinzutritt. Diese Festsetzung ist wieder als Ergebnis physikalischer Versuche zu betrachten, ist jedoch, wie schon bemerkt, in vielen praktischen Fällen nur sehr unvollkommen bestätigt worden. Wir drücken sie in der Form aus:

Das Verhältnis der Projektionen der relativen Geschwindigkeit der beiden an der Stoßstelle zusammentreffenden Körperpunkte auf die gemeinsame Normale an der Stoßstelle nach dem Stoße zu den Projektionen der relativen Geschwindigkeit derselben Punkte vor dem Stoße, ist eine Konstante, die nur vom Material der beiden Körper abhängt, als Stoßzahl bezeichnet und als bekannt angesehen wird.

Nach den Bezeichnungen der Abb. 252, in der die Geschwindigkeiten der beiden zusammentreffenden Körperpunkte A *vor* dem Stoße durch $\mathfrak{v}_1$, $\mathfrak{v}_2$ und *nach* dem Stoße durch $\mathfrak{W}_1$, $\mathfrak{W}_2$ und die Winkel gegen die Normale mit α_1, α_2 und β_1, β_2 bezeichnet sind, haben wir daher zu setzen:

$$e = \frac{V_2 \cos \beta_2 - V_1 \cos \beta_1}{v_1 \cos \alpha_1 - v_2 \cos \alpha_2} \qquad (556)$$

Die früher benutzte Gl. (547) ist offenbar nur ein Sonderfall dieser Gleichung für $\alpha_1 = \alpha_2 = \beta_1 = \beta_2 = 0$. In dieser Gleichung müssen die Geschwindigkeiten $\mathfrak{v}$ und $\mathfrak{W}$ vor und nach dem Stoße durch die auf die Bewegung von S und die Drehung um S bezogenen Größen u_x, u_y, ω und U_x, U_y, Ω mit Hilfe der Formeln $v_x = u_x - q\omega$, $v_y = u_y + p\omega$ und $V_x = U_x - q\Omega$, $V_y = U_y + p\Omega$ ausgedrückt werden; sie gibt dann die notwendige *siebente* Gleichung. In diesen letzten Angaben, die für *beide* Körper *1* und *2* anzuschreiben sind, bedeuten p_1, q_1 und

p_2, q_2 die Koordinaten des Stoßpunktes A in bezug auf die beiden Koordinatensysteme durch S_1 und S_2.

Wie früher entspricht $e = 0$, also $V_2 \cos \beta_2 = V_1 \cos \beta_1$, dem vollkommen unelastischen und

$$e = 1 \quad \text{oder} \quad V_2 \cos \beta_2 - V_1 \cos \beta_1 = v_1 \cos \alpha_1 - v_2 \cos \alpha_2$$

dem vollkommen elastischen Stoß.

Der Unterschied gegen die Definition von e in **149** ist also lediglich der, daß es sich hier um die relativen „Geschwindigkeiten *in Richtung der gemeinsamen Stoßnormalen*" handelt, während dort, dem Wesen der Sache nach, von den relativen Geschwindigkeiten schlechthin die Rede war.

Der beim Stoß der beiden Körper entstehende Energieverlust ist sodann

$$\boxed{\begin{aligned} \varDelta\mathsf{T} &= \tfrac{1}{2}\mathsf{M}_1(u_1^2 - U_1^2) + \tfrac{1}{2}\mathsf{M}_1 k_1^2(\omega_1^2 - \varOmega_1^2) \\ &+ \tfrac{1}{2}\mathsf{M}_2(u_2^2 - U_2^2) + \tfrac{1}{2}\mathsf{M}_2 k_2^2(\omega_2^2 - \varOmega_2^2). \end{aligned}} \tag{557}$$

Beispiel 176. Kupplung zweier Scheiben. Werden zwei Scheiben, deren TMe $\mathsf{M}_1 k_1^2$ und $\mathsf{M}_2 k_2^2$ sind, und die lose um ihre gemeinsame Achse mit den Winkelgeschwindigkeiten ω_1 und ω_2 rotieren, durch eine Kupplung plötzlich miteinander verbunden, so ist die Winkelgeschwindigkeit $\varOmega$ der verbundenen Scheiben nach dem Satze von der Erhaltung des Dralls durch die Gleichung bestimmt

$$\mathsf{M}_1 k_1^2 \omega_1 + \mathsf{M}_2 k_2^2 \omega_2 = (\mathsf{M}_1 k_1^2 + \mathsf{M}_2 k_2^2)\,\varOmega.$$

Der hierbei auftretende Drehstoß ist

$$\begin{aligned} D = Ba &= \mathsf{M}_1 k_1^2(\varOmega - \omega_1) = -\mathsf{M}_2 k_2^2(\varOmega - \omega_2) \\ &= \frac{\mathsf{M}_1 \mathsf{M}_2 k_1^2 k_2^2(\omega_2 - \omega_1)}{\mathsf{M}_1 k_1^2 + \mathsf{M}_2 k_2^2}. \end{aligned}$$

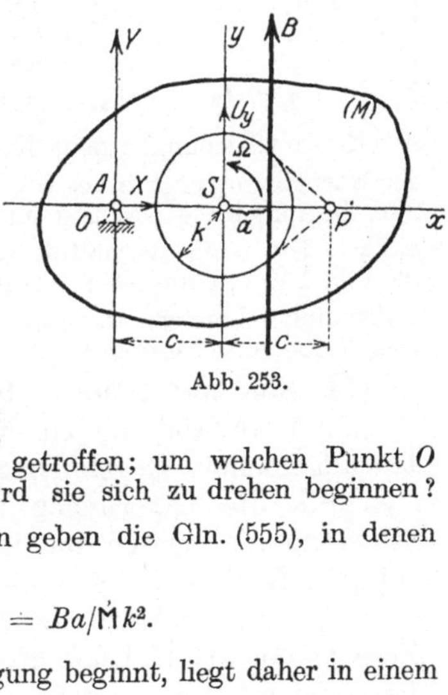

Abb. 253.

Beispiel 177. Anfangsbewegung einer Scheibe. Eine ruhende Scheibe von der Masse M, Abb. 253, wird von einem Stoß $\mathfrak{B}$ im Abstande a von S getroffen; um welchen Punkt O und mit welcher Winkelgeschwindigkeit $\varOmega$ wird sie sich zu drehen beginnen?

Wir legen die y-Achse parallel zu B, dann geben die Gln. (555), in denen $u_x = u_y = \omega = 0$, $B_y = B$ zu setzen ist:

$$U_x = 0, \quad U_y = B/\mathsf{M}, \quad \varOmega = Ba/\mathsf{M}k^2.$$

Der Drehpol O, um den die Scheibe ihre Bewegung beginnt, liegt daher in einem Abstande c von S jenseits S, derart, daß

$$c = \frac{U_y}{\varOmega} = \frac{k^2}{a}, \quad \text{oder} \quad \boxed{ca = k^2.} \tag{558}$$

Legt man daher um S einen Kreis mit dem Halbmesser k, so ist unabhängig von der Größe von B der Drehpol O der „Antipol" der Wirkungslinie $\mathfrak{B}$ in bezug auf den Kreis; d. h. wenn P der Pol von $\mathfrak{B}$ bezüglich des Kreises ist, so ist $\overline{PS} = \overline{SO} = c$. Der Drehpol, um den sich die Scheibe zu drehen beginnt, ist daher identisch mit dem „Schwingungsmittelpunkt" der Scheibe, wenn diese im Fußpunkt des Lotes von S auf den Impulsvektor $\mathfrak{B}$ aufgehängt wird; auch hier sind diese beiden Punkte vertauschbar.

Beispiel 178. Auf einen ruhenden freien *Stab* von der Masse M_1 trifft im Abstande a von S eine kleine (als Punktmasse zu behandelnde) Kugel von der Masse M_2 mit der Geschwindigkeit v_2 auf (Abb. 254). Die Oberflächen der stoßenden Körper sind glatt, die Stoßziffer ist e. Wie groß sind die Geschwindigkeiten der Kugel und des Stabes nach dem Stoß und wie groß ist der Betrag des Stoßes B?

Die Bewegungsgleichungen lauten für den Stab:

$$U_{x_1} = 0, \quad M_1 U_{y_1} = B, \quad M_1 k_1^2 \Omega_1 = Bp,$$

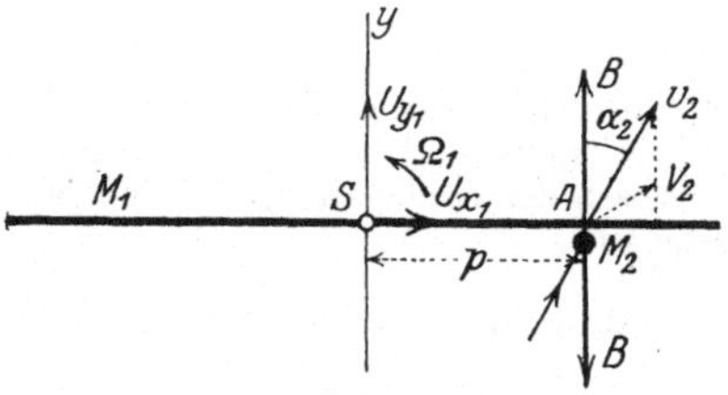

für die Kugel:

$$M_2(V_{x_2} - v_2 \sin \alpha_2) = 0,$$

$$M_2(V_{y_2} - v_2 \cos \alpha_2) = -B.$$

Hierzu tritt die Definitionsgleichung für die Stoßzahl

$$e = \frac{U_{y_2} - (U_{y_1} + p\Omega_1)}{-v_2 \cos \alpha_2}.$$

Abb. 254.

Dies sind zusammen sechs lineare Gleichungen zur Bestimmung der sechs Unbekannten U_{x_1}, U_{y_1}, Ω_1, V_{y_2}, V_{x_2}, B. (Da die Kugel punktförmig ist, haben wir für sie nur zwei Gleichungen anzusetzen.) Durch Auflösung folgt, wenn zur Abkürzung $1 + \dfrac{M_2}{M_1} \dfrac{p^2 + k_1^2}{k_1^2} = N$ eingeführt wird:

$$\begin{cases} U_{x_1} = 0, & U_{y_1} = \dfrac{M_2}{M_1} \dfrac{1 + e}{N} v_2 \cos \alpha_2, & \Omega_1 = \dfrac{M_2 p}{M_1 k_1^2} \dfrac{1 + e}{N} v_2 \cos \alpha_2, \\[2ex] V_{x_2} = \dot{v}_2 \sin \alpha_2, & V_{y_2} = \dfrac{N - 1 - e}{N} v_2 \cos \alpha_2, & B = M_2 \dfrac{1 + e}{N} v_2 \cos \alpha_2. \end{cases}$$

Aus diesen Gleichungen sieht man, daß U_{y_1} jedenfalls positiv ist, also in Richtung der Normalkomponente des Stoßes erfolgt, ebenso Ω_1 sicher positiv ist, d. h. der Stab beginnt seine Drehung im Gegensinne des Uhrzeigers. Dagegen kann V_{y_2} je nach dem Größenverhältnis von N und e sowohl positiv wie negativ ausfallen: ist $N > 1 + e$, dann ist $V_{y_2} > 0$, d. h. die Kugel wird in der Richtung der Normalen nur gebremst; wenn $N < 1 + e$, also $V_{y_2} < 0$ wird sie nach dem Stoß vom Stabe zurückspringen.

151. Stoß auf geführte Körper. Die Übertragung der Bewegungsgln. (555) von **150** auf *gelenkig gelagerte* oder *geführte Körper* bietet nach den allgemeinen Regeln, nach denen sowohl in der Statik wie in der Dynamik die Lagerungen und Führungen behandelt werden, keine Schwierigkeit. Durch die einwirkenden Stöße werden an den Auflagerpunkten Reaktionen geweckt, die jetzt natürlich nicht „Kräfte“ sein können, sondern *Stöße*, also *Führungs-* und *Auflagerstöße* sein müssen; diese treten als Unbekannte zu den an den Stoßstellen auftretenden — den eingeprägten — Stößen hinzu. Für glatte Führungen wird ein solcher Führungsstoß durch *eine* Unbekannte senkrecht zur Führungsrichtung, für ein Gelenk durch *zwei* unbekannte Stoßkomponenten dargestellt. Um diese Zahl der so hinzutretenden unbekannten Führungsstöße vermindert sich die Anzahl der Freiheitsgrade und damit auch der unbekannten Teilgeschwindigkeiten nach dem Stoße; die Bewegungsgln. (555), für *beide* Körper angeschrieben, zusammen mit der Gl. (556) für e reichen somit bei „dynamisch-bestimmten“ Stoßvorgängen stets aus, um die Geschwindigkeiten *nach* dem Stoß und die Führungsstöße zu berechnen

Beispiel 179. Ballistisches Pendel. Die Geschwindigkeit eines *Geschosses* kann dadurch bestimmt werden, daß es in einen mit Sand oder Lehm gefüllten Kasten hineingeschossen wird, der an einer waagrechten Achse drehbar aufgehängt ist (Abb. 255). Durch die Füllmasse wird das Geschoß auf kurzem Wege abgebremst und der dabei auftretende unelastische Stoß auf den Kasten übertragen. Dadurch entsteht ein Ausschlag α des Kastens, der abgelesen werden kann und der ein Maß für die Geschwindigkeit ist.

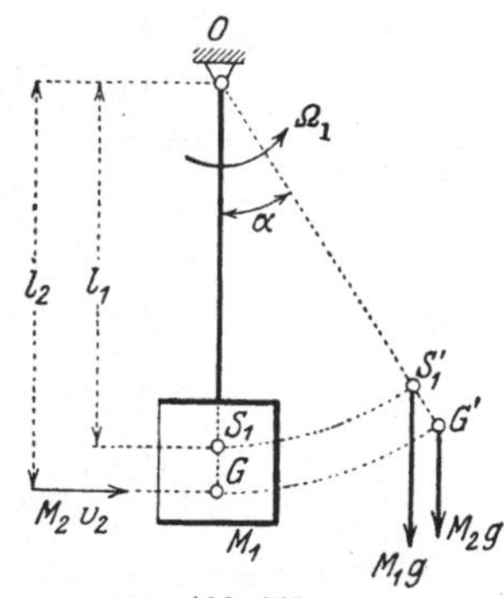

Abb. 255.

Dem auftreffenden Geschoß mit der Masse M_2 entspricht ein Stoß $B = \mathsf{M}_2 v_2$, der im Abstand l_2 auf das Pendel einwirkt. Nehmen wir daher die Momente um O, so fallen die Stoßkräfte in O weg und wir erhalten, wenn das Pendel für die Drehachse O das TM $\mathsf{M}_1 k_1^2$ besitzt und durch den Stoß die Winkelgeschwindigkeit Ω_1 erhält [nach der dritten der Gln. (555)]

$$(\mathsf{M}_1 k_1^2 + \mathsf{M}_2 l_2^2)\, \Omega_1 = \mathsf{M}_2\, v_2\, l_2,$$

und daraus

$$v_2 = \frac{\mathsf{M}_1 k_1^2 + \mathsf{M}_2 l_2^2}{\mathsf{M}_2\, l_2}\, \Omega_1. \tag{558}$$

Wenn die durch das Geschoß auf das Pendel übertragene kinetische Energie den Ausschlag α des Kastens hervorbringt, so gibt die Energiegleichung, wenn wir annehmen, daß das Geschoß (nahe) in der Verlängerung von OS_1 stecken bleibt:

$$\tfrac{1}{2}\,(\mathsf{M}_1 k_1^2 + \mathsf{M}_2 l_2^2)\, \Omega_1^2 = (\mathsf{M}_1 l_1 + \mathsf{M}_2 l_2)\,(1 - \cos \alpha); \tag{559}$$

aus α kann daher Ω_1 und aus Ω_1 nach der vorhergehenden Gleichung die gesuchte Geschoßgeschwindigkeit v_2 gefunden werden.

Eine ähnliche Anwendung tritt bei den Pendelschlagwerken zur Bestimmung der Kerbzähigkeit der Werkstoffe auf.

Beispiel 180. Stoßmittelpunkt. Ein um eine feste Achse A drehbarer, ursprünglich ruhender Körper soll so gestoßen werden, daß seine Achse keine Stoßkraft erfährt. Zunächst ist klar, daß der Stoß B senkrecht zur Verbindungslinie der Achse A mit S erfolgen muß, denn es ist für einen solchen Stoß B nach Abb. 253, wenn mit (X, Y) die Teile des Gelenkstoßes in A bezeichnet werden: $U_x = 0$, daher auch $X = 0$. Ferner geben die beiden anderen Bewegungsgleichungen (555) der Scheibe

$$\mathsf{M}\, U_y = B + Y, \qquad \mathsf{M}\, k^2\, \Omega = B a - Y c.$$

Setzen wir daher auch $Y = 0$, so folgt $U_y = B/\mathsf{M}$, $\Omega = Ba/\mathsf{M}\, k^2$ wie in Beispiel 177, d. h. der Körper muß in jenem Punkt $A \equiv O$ gelagert werden, um den er sich durch den Stoß B zu drehen beginnen würde, wenn er frei wäre. Dieser Punkt, der durch die Gleichung $ac = k^2$ bestimmt ist, nennt man den *Stoßmittelpunkt*. Dieser ist wieder identisch mit dem Schwingungsmittelpunkt des bei A aufgehängten Körpers.

Jeder Arbeiter, der mit Schlagwerkzeugen zu tun hat, weiß, daß es eine Stelle des Hammerstieles gibt, wo dieser angefaßt werden muß, damit der Schlag nicht unangenehme Stoßempfindungen hervorruft.

Beispiel 181. Stöße rotierender Körper aufeinander. Wenn zwei Körper *1* und *2*, die sich um Achsen O_1 und O_2 drehen, an irgendwelchen Punkten A ihrer Oberflächen zum Stoß gelangen, dann geben die Momentengleichungen für diese Achsen und die Gleichung für die Stoßzahl e zusammen *drei* Gleichungen, aus denen die Winkelgeschwindigkeiten nach dem Stoße und der Betrag des Stoßes B gerechnet werden können. In dieser Art können z. B. die bei Zahnrädern oder an Daumenwellen auftretenden Stöße berechnet werden.

Unter Verwendung der Bezeichnungen der Abb. 256 lauten diese Momentengleichungen

$$\mathsf{M}_1 k_1^2(\Omega_1 - \omega_1) = B r_1, \qquad \mathsf{M}_2 k_2^2(\Omega_2 - \omega_2) = - B r_2,$$

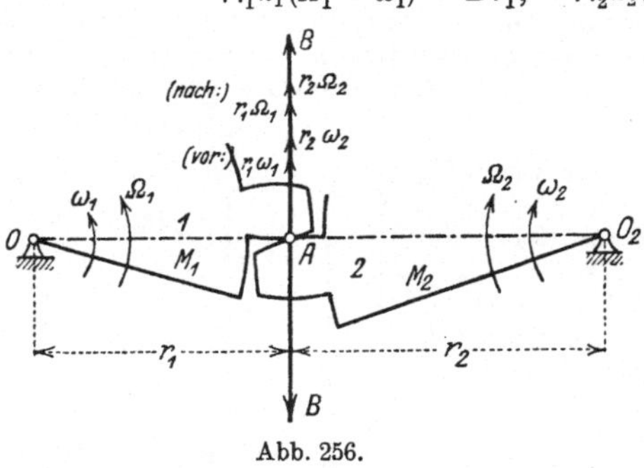

Abb. 256.

Nimmt man hierzu die Stoßgleichung für glatte Flächen

$$e = \frac{r_2 \Omega_2 - r_1 \Omega_1}{r_1 \omega_1 - r_2 \omega_2},$$

so können aus diesen drei Gleichungen Ω_1, Ω_2 und B gerechnet werden.

Für unelastischen Stoß ist $e = 0$, also $r_1 \Omega_1 = r_2 \Omega_2$ und aus den Bewegungsgleichungen folgt dann durch Ausscheidung von B und Ω_2:

$$\frac{\mathsf{M}_1 k_1^2}{r_1} (\Omega_1 - \omega_1) + \frac{\mathsf{M}_2 k_2^2}{r_2} \left(\frac{r_1 \Omega_1}{r_2} - \omega_2\right) = 0.$$

Werden daher die an die Stoßstellen reduzierten Massen $\mathsf{M}_1' = \mathsf{M}_1 k_1^2/r_1^2$, $\mathsf{M}_2' = \mathsf{M}_2 k_2^2/r_2^2$ eingeführt, so erhält man die Winkelgeschwindigkeiten $\Omega_1 \Omega_2$ nach dem Stoß aus den Gleichungen

$$\boxed{r_1 \Omega_1 = r_2 \Omega_2 = \frac{\mathsf{M}_1' r_1 \omega_1 + \mathsf{M}_2' r_2 \omega_2}{\mathsf{M}_1' + \mathsf{M}_2'};} \qquad (560)$$

die Geschwindigkeiten werden daher gerade so berechnet, als ob es sich um einen Stoß *punktförmiger* Körper mit den „reduzierten" Massen M_1', M_2' mit den Geschwindigkeiten der Stoßstelle A handeln würde.

Beispiel 182. Stoß eines rotierenden Körpers 1 gegen einen gerade geführten Körper 2 nach Abb. 257. Die Momentengleichung für den Körper *1* bezüglich O_1 lautet

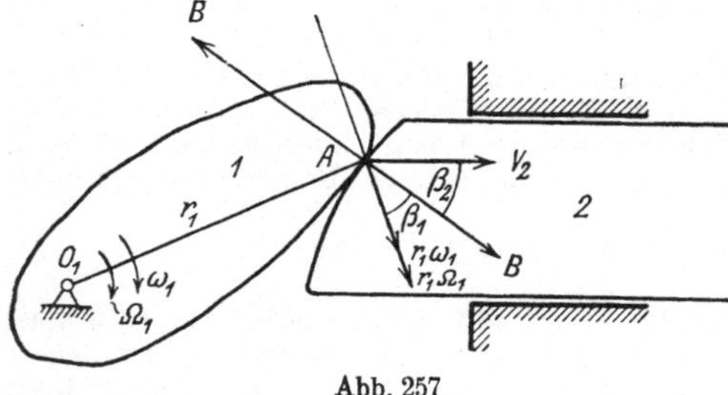

Abb. 257.

$$\mathsf{M}_1 k_1^2(\Omega_1 - \omega_1) = - B r_1 \cos \beta_1,$$

ferner die Gleichung des Stoßes in Richtung der Führung des Körpers 2

$$\mathsf{M}_2 V_2 = B \cos \beta_2.$$

Hierzu tritt endlich die Gleichung für die Stoßzahl

$$e = \frac{V_2 \cos \beta_2 - r_1 \Omega_1 \cos \beta_1}{r_1 \omega_1 \cos \beta_1}.$$

Aus diesen drei Gleichungen, die in Ω_1, V_2 und B linear sind, sind sodann diese drei Größen zu bestimmen.

152. Bewegungen von Seilen oder Ketten von veränderlicher Form.

Eine lehrreiche Anwendung finden die Stoßgesetze bei Seilen oder Ketten, die während der Bewegung ihre Form derart verändern, daß Teile von ihnen zeitlich aufeinanderfolgend in Bewegung geraten, ihre Bewegung verändern, oder in Ruhe versetzt werden. Bei den hierher gehörigen Aufgaben gelangt z. B. ein Seil, das anfänglich zu einem Knäuel aufgewickelt ist, dadurch in Bewegung, daß ein Ende in Bewegung gesetzt wird, oder es bewegen sich zwei Stücke des Seiles mit verschiedenen Geschwindigkeiten gegeneinander, so daß an der Übergangsstelle in jedem Zeitelement ein Längenelement des Seiles von einem Seilstück zum andern übergeht, wobei an dem betreffenden Seilelement ein *unelastischer Stoß* auftritt. Aufgaben dieser Art können auch — in anderer Auffassung — unter dem Gesichtspunkt von Bewegungsaufgaben von Körpern *mit veränderlicher Masse* behandelt werden.

Es sei μ die Liniendichte (Masse je Längeneinheit) des Seils. Die Bewegungsgleichung denken wir uns für ein Seilstück von der Länge x in Impulsform angeschrieben ($m\,dv = K\,dt$), dann ist auf der Kraftseite auch der *Impulsverlust* $-\mu\,dx\,(v-v')$ einzuführen, den das Seilelement von der Länge dx beim stoßartigen Übergang von der Geschwindigkeit v', den es vorher hatte, zur Geschwindigkeit v erfährt. Die um dieses Glied erweiterte Bewegungsgleichung lautet daher

$$\mu\,x\,dv = K\,dt - \mu\,dx\,(v-v');$$

sie kann auch in der Form geschrieben werden:

$$\boxed{\mu\,\frac{d(xv)}{dt} = K + \mu v v'.}\qquad(561)$$

Beim unelastischen Stoß der Masse $\mu\,dx$ und der „endlichen" Masse $\mu\,x$ tritt ein Energieverlust $d\mathsf{E}_v$ auf, der nach Gl. (551) in der Form anzusetzen ist:

$$d\mathsf{E}_v = \tfrac{1}{2}\,\mu\,dx\,(v-v')^2;$$

für ein endliches Seilstück von der Länge x, das von dem einen auf das andere Seilstück übergegangen ist, erhält man daher

$$\boxed{\mathsf{E}_v = \tfrac{1}{2}\int\limits_0^x \mu\,(v-v')^2\,dx.}\qquad(562)$$

Wenn das allmählich in Bewegung gesetzte Seilstück von der Ruhe aus in Bewegung gesetzt wird, so ist $v' = 0$.

Wir erläutern diese Ansätze an einigen einfachen Beispielen.

Beispiel 183. Ein Seil ist an einem Tisch nahe der Tischkante aufgewickelt und hängt mit einem Ende über die Kante hinab. Man bestimme die Bewegung.

Durch das überhängende Ende wird das Seil allmählich in Bewegung gesetzt, die Anfangsgeschwindigkeit ist $v_0 = 0$. Wenn in der Zeit t eine Seillänge x herabgefallen ist, so lautet die Bewegungsgleichung, da $K = \mu g x$ und $v' = 0$ ist.

$$\mu\,x\,\frac{dv}{dt} = \mu g x - \mu v^2, \quad \text{oder} \quad \frac{dv^2}{dx} + \frac{2v^2}{x} = 2g.$$

Diese Gleichung gibt integriert, wenn die auftretende Konstante durch die Anfangsbedingung $x = 0 : v = 0$ bestimmt wird:

$$v^2 = \tfrac{2}{3}\,g x.$$

Die endliche Gleichung, die die Länge x des fallenden Seils in Abhängigkeit von t darstellt, ergibt sich aus $v = dx/dt$ durch eine zweite Integration:

$$x = g t^2/6,$$

gegenüber $g t^2/2$ beim freien Fall des Seilstücks x von unveränderlicher Form.

Der Energieverlust während des Falls des Seils von der Länge x ist nach Gl. (562):

$$\mathsf{E}_v = \tfrac{1}{2}\,\mu \int_0^x v^2\,dx = \tfrac{1}{6}\,\mu g x^2.$$

Beispiel 184. Ein Seil sei zu einem Knäuel aufgewickelt und ein Ende werde festgehalten; man bestimme die Bewegung nach Loslassung des Knäuels.

Sei l die ganze Länge des Seils und sei zur Zeit t ein Stück von der Länge x gerade gestreckt worden, so lautet die Bewegungsgleichung (da $v' = v$):

$$\mu\,(l - x)\,\frac{dv}{dt} = \mu\,(l - x)\,g, \quad \text{also} \quad \frac{dx}{dt} = g,$$

d. h. die Aufwicklung des Seiles erfolgt hier genau so wie beim freien Fall.

Beispiel 185. Auf einer waagrechten Ebene ist ein Seil von der Länge l in einem Knäuel aufgewickelt; an seinem freien Ende ist eine Punktmasse m befestigt, die ebensoviel wiegt wie das Seil. Diese Punktmasse wird mit einer Geschwindigkeit v_0 lotrecht in die Höhe geworfen, die beim freien Wurf einer Höhe h entsprechen würde. Man berechne die Steighöhe H mit Berücksichtigung der Masse des angehängten Seils.

Nach Verlauf der Zeit t sei ein Seilstück x abgewickelt, dann lautet die Bewegungsgleichung

$$\frac{d}{dt}\left[\left(m + \frac{m}{l}\,x\right)v\right] = -\left(m + \frac{m}{l}\,x\right)g,$$

oder nach Ausführung der Differentiation (da $\dot{x} = v$):

$$\frac{dv^2}{dx} + \frac{2\,v^2}{l + x} = -\,2g.$$

Die Lösung lautet mit der Anfangsbedingung $x = 0 : v_0^2 = 2g\,h$:

$$v^2 = \frac{2g}{3\,(l + x)^2}\,[l^2(l + 3h) - (l + x)^3].$$

Daraus ergibt sich die Steighöhe $x = H$ für $v = 0$ in der Form

$$H = \sqrt[3]{l^2(l + 3h)} - l.$$

Beispiel 186. Von einem Seil von der Länge $l + k$ und der Dichte μ ist ein Stück von der Länge k nahe der Kante eines Tisches zu einem Knäuel aufgewickelt, während zu Beginn der Bewegung die Länge l über die Kante frei herabhängt. Man berechne den Energieverlust bis das Seil vollständig abgewickelt ist.

Die Bewegungsgleichung lautet nach Abwickeln eines Seilstückes von der Länge x:

$$\mu\,(l + x)\,\dot{v} = \mu\,(l + x)\,g - \mu v^2,$$

oder

$$\frac{dv^2}{dx} + \frac{2\,v^2}{l + x} = 2g.$$

Die Lösung für die Anfangsbedingung $x = 0 : v = 0$:

$$v^2 = \frac{2g}{3}\left[l + x - \frac{l^3}{(l + x)^2}\right],$$

und der Energieverlust ergibt sich nach Gl. (562):

$$\mathsf{E}_v = \tfrac{1}{2}\,\mu \int_0^k v^2\,dx = \frac{\mu g}{6}\,\frac{k^2(3l + k)}{l + k}\;.$$

X. Mechanische Ähnlichkeit.

153. Dimensionsbetrachtungen. Schon in 5 wurde auf die selbstverständliche Forderung hingewiesen, daß die einzelnen Glieder, die in den Ansatzgleichungen eines mechanischen Problems additiv nebeneinander zu stehen kommen, alle dieselbe Dimension haben müssen. Diese Bemerkung ist zunächst deshalb wichtig, weil sie die Möglichkeit einer ersten Kontrolle jeder Rechnung gegen grobe Versehen liefert. Ihre wesentliche Bedeutung liegt jedoch — darüber hinausgehend — darin, daß sie ermöglicht, die *Form* der Ergebnisse für viele der im vorhergehenden behandelten Einzelprobleme *von vornherein und ohne alle Rechnung* anzugeben. Es ist dazu nur notwendig, sich zu überlegen, welche mechanischen Größen auf die gerade vorliegende Aufgabe Einfluß haben, und wie man diese — mit Rücksicht auf die Dimension jeder einzelnen — zusammenfassen muß, um die gesuchte Größe zu erhalten.

Wenn man z. B. von der Normalbeschleunigung bei der krummlinigen Bewegung nur weiß, daß sie von der Geschwindigkeit v und dem Krümmungshalbmesser ϱ abhängt, so muß sie die Form v^2/ϱ haben, weil nur diese Verbindung von v und ϱ die Dimension einer Beschleunigung hat. Oder: sobald man erkannt hat, daß die Schwingungsdauer T eines Punktpendels von seiner Länge l und der Beschleunigung des Schwerefeldes g abhängt, in dem es sich befindet, so muß T die Form: konst. $\sqrt{l/g}$ haben [siehe Gl. (266)], weil die beiden Größen l und g nur in dieser Zusammensetzung eine Zeit ergeben. Ferner: von der in den Beispielen 71 und 77 gefundenen Grenzgeschwindigkeit kann von vornherein gesagt werden, daß sie von der Beschleunigung g des Schwerefeldes und von der Form und Größe des Körpers abhängen muß, deren Einfluß durch die Konstante k dargestellt ist; nun ist die Dimension von k: $[k] = \dfrac{[C]}{[v^2]} = \dfrac{1}{[L]}$. Aus g und k kommt eine Geschwindigkeit nur durch $\sqrt{g/k}$ heraus, und dies ist der Ausdruck für die gesuchte Grenzgeschwindigkeit. Oder: Da das TM des Schwungrades einer Maschine von N und n abhängt, so muß es durch die Form: konst. N/n^3 gegeben sein, wie Gl. (518) anzeigt. Die in den Formeln auftretenden Zahlenfaktoren [wie 2π in T nach Gl. (266)] werden natürlich durch derartige „Dimensionsbetrachtungen" nicht geliefert.

Die große praktische Wichtigkeit derartiger Betrachtungen tritt insbesondere dann zutage, wenn es sich darum handelt, die Ergebnisse von *im Kleinen* ausgeführten oder sogenannten *Modellversuchen* für die Vorgänge *im Großen* zu verwerten. Um die dabei auftretenden Verhältnisse zu übersehen, denke man sich etwa eine Dampfmaschine nach *denselben* Konstruktionszeichnungen zweimal ausgeführt, einmal in jenen Abmessungen, in denen sie in allen Einzelteilen durchgerechnet wurde, und das andere Mal etwa in doppelter Vergrößerung aller Einzelabmessungen, also in beiden Ausführungen geometrisch ähnlich. Welchen Dampfdruck muß man für diese zweite Maschine anwenden und mit welcher Geschwindigkeit muß man sie laufen lassen, damit sie mit Rücksicht auf die auftretenden Kräfte und Beanspruchungen der einzelnen Teile überhaupt brauchbar sein kann?

Wenn man (wie in diesem Beispiel) die für irgendein Problem erhaltenen Ergebnisse auf andere, damit verwandte Probleme übertragen will, so muß man von der *geometrischen Ähnlichkeit* zu einer *mechanischen Ähnlichkeit* übergehen. Diese ergibt sich, wenn man den Ansatz (**14**) des betreffenden Problems aufschreibt und zusieht, in welcher Weise die einzelnen mechanischen Größen, die auf das Problem Einfluß haben, in die Gleichungen dieses Ansatzes eingehen. Denn wenn die einzelnen in den Ansatzgleichungen auftretenden Größen (Längen, Zeiten, Massen, Geschwindigkeiten, Beschleunigungen usw.) durch Multiplikation mit entsprechenden Zahlenfaktoren so verändert werden, daß die Gleichungen ihre ursprüngliche Form mit den gleichen Werten der Koeffizienten vollständig beibehalten, so wird sich auch die Beschaffenheit der Lösung nicht geändert haben. Wenn man sodann sämtliche Glieder der Ansatzgleichung durch die bei irgendeinem Glied auftretende Vergrößerungszahl dividiert, ergeben sich bei den anderen Gliedern gewisse Quotienten, deren Zahlenwerte die Beschaffenheit der Lösung bestimmen.

Diese *charakteristischen Quotienten*, die sich bei jedem mechanischen Problem angeben lassen, und die jeweils die Beschaffenheit einer ganzen Problemklasse bedingen, nennt man die *Kennzahlen* der betreffenden Problemklasse. Aus der Lösung des Problems für irgendwelche besonderen Werte der einzelnen in das Problem eingehenden Größen sind die Zahlenwerte für diese Problemklasse bestimmt, und wir können sagen:

Zwei mechanische Probleme sind ähnlich, wenn sie geometrisch ähnlich sind und wenn ihre Kennzahlen gleiche Zusammensetzung und gleiche Zahlenwerte besitzen.

Wesentlich ist also, daß die einzelnen in den Kennzahlen auftretenden Größen, nicht jede für sich, sondern nur in der zur Kennzahl zusammengesetzten Form konstante Werte haben müssen. — Jede einzelne „Kraft" geht in die Ansatzgleichung durch einen bestimmten Ausdruck ein, der von anderen Größen, wie Längen, Geschwindigkeiten, Dichten, Zähigkeiten usw. abhängt. Durch die Art dieser Abhängigkeit ist die Zusammensetzung der Kennzahlen bestimmt, wie nunmehr an einigen einfachen Beispielen gezeigt werden soll.

154. Beispiele und Anwendungen. *Beispiel 187.* Betrachten wir die Bewegung zweier voneinander vollständig isolierter Punkte und fragen wir, in welcher Beziehung die die Bewegung kennzeichnenden Größen zueinander stehen müssen, damit die Punkte geometrisch ähnliche Bahnkurven beschreiben. Wenn etwa die beiden Punkte geradlinige Bahnen durchlaufen, so lauten ihre Bewegungsgleichungen $\mathsf{M}_1 b_1 = K_1$, $\mathsf{M}_2 b_2 = K_2$, und die Bedingung der Ähnlichkeit ist offenbar erfüllt, wenn in jedem Augenblick

$$\frac{\mathsf{M}_1 b_1 / K_1}{\mathsf{M}_2 b_2 / K_2} = 1. \tag{563}$$

Wenn wir etwa die Beziehung einführen

$$\frac{\mathsf{M}_1}{\mathsf{M}_2} = \mu, \qquad \frac{b_1}{b_2} = \beta, \qquad \frac{K_1}{K_2} = \varkappa,$$

so lautet diese Gleichung, wenn für die linke Seite der Gl .(563) die Bezeichnung $\varLambda$ eingeführt wird,

$$\varLambda \equiv \frac{\mu\,\beta}{\varkappa} = 1. \tag{564}$$

Die Form von $\varLambda$ kann aus der Bewegungsgleichung des Punktes unmittelbar angeschrieben werden, was im folgenden auch immer geschehen soll.

Führen wir noch die Definitionsgleichung für die Beschleunigung ein,

$$b_1 = \frac{d^2 x_1}{dt^2}, \qquad b_2 = \frac{d^2 x_2}{dt^2}$$

und setzen $x_1/x_2 = \lambda$, $t_1/t_2 = \tau$, so wird $\beta = b_1/b_2 = \lambda/\tau^2$ und die Gl. (564) schreibt sich in der Form

$$\varLambda \equiv \frac{\mu\,\lambda}{\varkappa\,\tau^2} = 1. \tag{565}$$

Alle Bewegungen, für die $\varLambda$ den Wert 1 hat, sind zueinander ähnlich. Würde eine dieser vier Zahlen μ, λ, $\varkappa$, τ geändert werden, während die anderen fest bleiben, so könnte $\varLambda$ nicht konstant bleiben. Dagegen ist es sehr wohl möglich, daß bei festem $\varLambda = 1$ zwei von ihnen geändert werden, und zwar so, daß ihr Produkt oder Quotient je nach der Art, wie sie in Gl. .(565) vorkommen (also etwa $\mu\,\lambda$, $\mu/\varkappa$ oder λ/τ^2), konstant bleibt; *dann bleibt die Ähnlichkeit im mechanischen Sinne auch weiterhin erhalten.*

Wenn also verlangt wird, daß die beiden Körper geometrisch ähnliche Wege durchlaufen, also $\lambda = $ konst. ist, so heißt dies, daß in jedem Augenblicke $\varkappa\,\tau^2/\mu = $ konst. sein muß; d. h. es verhalten sich die zum Durchlaufen entsprechender Wege notwendigen Zeiten wie die reziproken Quadratwurzeln aus den Beschleunigungen. Wenn also $\varkappa/\mu = $ konst., so ist auch $\tau = $ konst.; gleichförmig beschleunigte Bewegungen sind immer miteinander ähnlich.

Beispiel 188. Die Bewegungsgleichung eines Punktes, der von einem festen Zentrum O proportional der Entfernung angezogen wird, lautet

$$\mathsf{M}\,\frac{d^2 x}{dt^2} = -c\,x,$$

wobei c die Anziehungskonstante ist. Die Kennzahl lautet hier

$$\varLambda \equiv c\,\frac{\tau^2}{\mu} = 1, \tag{566}$$

ist also unabhängig von λ; für gleiche c und μ sind daher die zum Durchlaufen entsprechender Strecken notwendigen Zeiten gleich groß. Daher brauchen (bei gleichen Werten von c/μ) Punkte in verschiedenen Entfernungen von O stets dieselbe Zeit, um nach O zu gelangen. Die Anfangsgeschwindigkeiten sind entweder beide gleich Null oder sie sind im Verhältnis von λ zueinander stehend anzunehmen, da die Zeiten jeweils übereinstimmen.

Das gleiche Ergebnis, das auch durch Ausrechnung bestätigt wird, würde man erhalten, wenn man statt der Bewegungsgleichung die zugehörige Energiegleichung verwenden würde.

Beispiel 189. Für das Problem der Anziehung nach dem Newtonschen Gesetz lautet die Differentialgleichung

$$\mathsf{M}\,\frac{d^2 x}{dt^2} = -\mathsf{M}\,\frac{c}{x^2}$$

und die Kennzahl lautet

$$\varLambda \equiv c\,\frac{\tau^2}{\lambda^3} = 1. \tag{567}$$

Da M herausfällt, wird bei gleichem c: $\tau^2 = $ konst. λ^3, d. h. entsprechende Längen, deren Verhältnis λ ist, werden in Zeiten durchlaufen, die sich wie $\lambda^{3/2}$ verhalten.

Dieselbe Form der Kennzahl ergibt sich auch für die Zentralbewegung unter der Annahme des Newtonschen Anziehungsgesetzes: für konstantes c ist in ähnlichen Bahnen $\tau^2/\lambda^3 =$ konst., und dies gibt unmittelbar das dritte Keplersche Gesetz. —

Beispiel 190. Modell der Dampfmaschine. Bezeichnet man durch $G \sim \lambda^3$ und $\mathsf{M} \sim \lambda^3$ die Tatsache, daß die Gewichte und Massen wie die Rauminhalte, d. h. wie die Kuben der Längen variieren, so folgt auch

$$G = \mathsf{M} b \approx \mathsf{M} \frac{L}{T^2} \approx \lambda^3 \frac{\lambda}{\tau^2} \approx \lambda^3$$

und daher ist

$$\tau \approx \sqrt{\lambda}$$

und

$$v \approx \frac{L}{T} \approx \frac{\lambda}{\sqrt{\lambda}} \approx \sqrt{\lambda} \, ,$$

d. h. die Geschwindigkeiten des Modells und der ausgeführten Maschine müssen den Quadratwurzeln aus den linearen Abmessungen proportional sein.

Auch alle Kräfte am Modell und an der Ausführung im großen müssen im Verhältnis λ^3 (nämlich wie die Gewichte) zueinander stehen. Insbesondere folgt für die Kolbenkraft

$$K = pF \approx p\lambda^2 \approx \lambda^3, \qquad \text{d. h.} \qquad p \approx \lambda;$$

d. h. die Dampfdrücke im Modell und in der Ausführung müssen daher ebenfalls im Verhältnis der linearen Abmessungen stehen. Auch alle Führungskräfte und Reibungen stehen dann von selbst im richtigen Verhältnis λ^3. Damit dies auch die inneren Kräfte, d. h. die Spannungen tun, müßte auch für diese das Gesetz

$$\text{Kraft} = \text{Spannung} \cdot \text{Fläche} \approx \sigma\lambda^2 \approx \lambda^3, \qquad \text{d. h.} \qquad \sigma = \lambda$$

gelten, d. h. die Spannungen auf die Flächeneinheit müßten sich wie die linearen Abmessungen verhalten, d. h. es müßten sich die Festigkeiten und (bei gleichen Sicherheiten) auch die zulässigen Spannungen wie die Abmessungen verhalten. Bei gleichen Baustoffen von Modell und Wirklichkeit ist dies offenbar nicht der Fall und daher ist in dieser Hinsicht die ähnliche Vergrößerung eines Modells undurchführbar.

Aus diesem Beispiel erkennt man, daß „Modellversuche" in der Technik nicht immer so möglich sind, daß die Bedingungen der mechanischen Ähnlichkeit *gleichzeitig* für die verschiedenen Gesichtspunkte befriedigt werden können, die bezüglich der verschiedenen mechanischen Eigenschaften für eine technische Anlage gestellt werden.

Beispiel 191. Ein besonderes und praktisch auch wichtiges Beispiel für den Nutzen solcher Dimensionsbetrachtungen kommt in der *Hydraulik* zur Sprache, wenn es sich um die für die sogenannte *turbulente* Flüssigkeitsbewegung geltenden Gesetze handelt. Dort liegt die Sache insofern besonders verwickelt, weil die Erscheinung an sich — rein physikalisch genommen — wenig geklärt ist; überdies ist die mathematische Lösung dieses Problems ganz unbekannt. Trotzdem zeigt es sich, daß man mit Hilfe von Dimensionsbetrachtungen — auch ohne die Lösung zu kennen — doch gewisse Schlüsse über die *Form* der Gesetze ziehen kann, die für dieses Problem gelten. Die hier in Betracht kommende Kennzahl wird als *Reynoldssche Zahl* bezeichnet. Der dabei erzielte Erfolg hat den Wert derartiger Betrachtungen als Hilfsmittel der Theorie unzweifelhaft hervortreten lassen.

Beispiel 192. Reduzierte Drehzahl einer Kolben-Dampfmaschine. Wenn ähnliche Dampfmaschinen mit *gleichen* Dampfdrücken p betrieben werden, so ändert sich die Leistung bei linearer Vergrößerung der Abmessungen im Verhältnis λ nach Gl. (358)

$$\mathsf{N} \sim n\lambda^3.$$

Wird außerdem verlangt, daß die Strömungswiderstände in der Maschine gleich bleiben, so heißt dies, da diese im wesentlichen von den Geschwindigkeiten abhängen, daß auch die Geschwindigkeiten v gleichbleiben sollen; da $v = r\omega = \dfrac{r\pi n}{30}$, so folgt

$$n \approx \frac{1}{\lambda}$$

und aus dem vorigen Ansatze

$$N \approx \lambda^2.$$

Daher bleibt $n\sqrt{N}$ unter den genannten Voraussetzungen ungeändert; dieser Ausdruck wird als *Modelldrehzahl* n_m bezeichnet,

$$\boxed{n_m = n\sqrt{N}} \tag{568}$$

und ist als die „Kennzahl" für die betreffende Maschinenklasse (mit Bezug auf die angegebenen Bedingungen) anzusehen. (Kutzbach.)

Diese „reduzierten" Drehzahlen gestatten die gemeinsamen mechanischen Eigenschaften der betreffenden Maschinenklasse zu erfassen.

Literaturübersicht.

Appell, P.: Traité de Mécanique rationelle, 5 tomes. Gauthier-Villars, Paris 1902 bis 1921.
— et Dautheville: Précis de Mécanique rationelle. Ebenda 1910.
Autenrieth, Ed.: Technische Mechanik, 3. Aufl. Julius Springer, Berlin 1923.
Biezeno, C. B. und Grammel, R.: Technische Dynamik. Julius Springer, Berlin 1939.
Boltzmann, L.: Vorlesungen über die Prinzipe der Mechanik, 2 Bde. Barth, Leipzig 1897, 1904.
Budde, E.: Allgemeine Mechanik der Punkte und starren Systeme, 2 Bde. Reimer, Berlin 1890/91.
Cranz, C.: Lehrbuch der Ballistik, 5 Bde. Teubner, Leipzig 1912—1918.
Christman-Baer: Grundzüge der Kinematik, 2. Aufl. Julius Springer, Berlin 1923.
Duhem, P.: Les origines de la Statique, 2 tomes. Hermann, Paris 1905/6.
Enzyklopädie der mathematischen Wissenschaften, Bd. IV, Mechanik. Teubner, Leipzig 1901—1923.
Föppl, A.: Vorlesungen über technische Mechanik, 6 Bde. Teubner, Leipzig. Zahlreiche Auflagen von 1898 bis 1948.
Grammel, R.: Der Kreisel. Vieweg, Braunschweig 1920.
Grübler, M.: Getriebelehre. Julius Springer, Berlin 1921.
Hamel, G.: Elementare Mechanik, 2. Aufl. Teubner, Leipzig 1922.
— Mechanik I, Grundbegriffe der Mechanik. Aus Natur und Geisteswelt Nr. 684. Teubner, Leipzig 1921.
Handbuch der Physik. Bd. V, VI, VII. Julius Springer, Berlin 1926 bis 1928.
Handbuch der physikalischen und technischen Mechanik. 7 Bde. Joh. Ambr. Barth, Leipzig 1927 bis 1930.
Hertz, H.: Prinzipien der Mechanik. Barth, Leipzig 1894.
Heun, K.: Die kinetischen Probleme der wissenschaftlichen Technik. Teubner, Leipzig 1909.
— Lehrbuch der Mechanik, Bd. 1. Sammlung Schubert, Leipzig 1906.
Hort, W.: Technische Schwingungslehre, 2. Aufl. Julius Springer, Berlin 1922.
Jaumann, G.: Die Grundlagen der Bewegungslehre. Barth, Leipzig 1905.
Kirchhoff, G.: Vorlesungen über analytische Mechanik. Teubner, Leipzig 1897.
Klein, F. und Sommerfeld, A.: Über die Theorie des Kreisels, 4 Bde. Teubner, Leipzig 1897 bis 1910.
Klotter, K.: Einführung in die technische Schwingungslehre, Bd. 1. Julius Springer, Berlin 1938.
Koenigs, G.: Leçons de Cinématique. A. Hermann, Paris 1905.
Kriemler, C. J.: Technische Mechanik, 2. Aufl., Wittwer, Stuttgart 1920.
Lamb, M.: Statics 1912, Dynamics 1914, Higher Mechanics 1920. Cambridge.
Loney, S. L.: Dynamics of a particle and of rigid bodies. Cambridge 1927.
Lorenz, H.: Lehrbuch der technischen Physik, 4 Bde. Oldenbourg, München 1919. — 2. Aufl., 1. Bd. Julius Springer, Berlin 1924—1926.
— Die Dynamik der Kurbelgetriebe. Teubner, Leipzig 1901.
Love, A. E. H.: Theoretische Mechanik, deutsch von H. Polster. Julius Springer, Berlin 1920.
Mach, E.: Die Mechanik in ihrer Entwicklung. 6. Aufl. Brockhaus, Leipzig 1922.
Mohr, O.: Abhandlungen auf dem Gebiete der technischen Mechanik, 3. Aufl. Berlin 1928.
Müller, C. H. und Prange, G.: Allgemeine Mechanik. Hellwing, Hannover 1923.

Polster, H.: Kinematik. Sammlung Göschen, Leipzig 1908.

Radinger, J.: Über Dampfmaschinen mit hoher Kolbengeschwindigkeit, 3. Aufl. Gerold, Wien 1892.

Routh, E. J.: Die Dynamik der Systeme starrer Körper, deutsch von A. Schepp, 2 Bde. Teubner, Leipzig 1898.

— Dynamics of a particle. Cambridge 1898. Statics, 2 vols., Cambridge 1896, 1902.

— Stability of a given state of motion. London 1877.

Schaefer, Cl.: Theoretische Physik, Bd. 1., 2. Aufl. Leipzig 1922.

Schell, W.: Theorie der Bewegung und der Kräfte, 2 Bde., 2. Aufl. Teubner, Leipzig 1879/80.

Schlink, W.: Statik der Raumfachwerke. Teubner, Leipzig 1907.

— Technische Statik. Springer-Verlag, 3. Aufl., Berlin 1948.

Schubert, H.: Theorie des Schlickschen Massenausgleiches bei mehrkurbeligen Dampfmaschinen. Göschen, Leipzig 1901.

Schur, F.: Vorlesungen über graphische Statik. Veit, Leipzig 1915.

Seeliger, R., Henning, F. und v. Mises, R.: Aufgaben aus der theoretischen Physik. Vieweg, Braunschweig 1921.

Stephan, P.: Die technische Mechanik des Maschineningenieurs, 4 Bde. Berlin 1921 bis 1922.

Thomson-Tait: Handbuch der theoretischen Physik, deutsch von H. Helmholtz. Vieweg, Braunschweig 1871.

Tolle, M.: Die Regelung der Kraftmaschinen, 3. Aufl. Julius Springer, Berlin 1922.

Webster, A. G.: Dynamics of particles and of rigid, elastic and fluid bodies, 2nd Ed. Teubner, Leipzig 1912.

Whittaker, E. T.: Analytische Dynamik, deutsch von F. u. K. Mittelsten-Scheid. Julius Springer, Berlin 1924.

Wittenbauer, F.: Graphische Dynamik. Julius Springer, Berlin 1923.

— Aufgaben aus der technischen Mechanik, 3 Bde., mehrere Auflagen von 1907 an. Julius Springer, Berlin.

Namenverzeichnis.

Sachverzeichnis.

Berichtigung.

S. 19, Z. 15 v. u. fehlt Klammer auf (.

S. 20, Z. 3 v. o. lies: Aneinanderreihung.

S. 24, Z. 8 v. o. lies: $\sin \vartheta = 0$, d. h. $\vartheta = 0$ oder π,

    u. Z. 19 v. u. lies: Zeigefinger.

S. 35, Abb. 18 c: im Lageplan ist der Pfeil von S_2 umzukehren.

S. 44, In Gl. (58) lies: konst. statt const.

S. 131, Z. 12 v. u. gehören schräge z (zweimal!)

S. 132, Z. 5 v. o. soll es heißen $\overline{BA'}$.

S. 136, Z. 19 v. o. lies: Ansatz.

S. 138, Z. 22 v. o. lies: „als" statt des zweiten „die".

S. 148, Z. 2 v. o. lies: Abb. 134 statt Abb. 131.

S. 150, Z. 4 v. o. lies: $c x$ statt $\omega^2 x$.

S. 152, Z. 2 v. o. lies: Schwingdauer statt Schwingsdauer.

S. 153, Z. 16 v. u. das Wort „aus" ist zu streichen.

S. 154, Z. 14 v. u. setze ein Komma an das Ende der Zeile.

    Z. 6 v. u. lies: Ω statt ν.

S. 156, Z. 18 v. u. lies: Kraft (Ω) mit der Eigenfrequenz (ω).

S. 158, Z. 22 v. u. lies: $\overline{P v}$ statt $\overline{P v}$.

S. 159, Z. 9 v. u. lies: $v \equiv \dfrac{d s}{d t} =$,   Z. 7. v. u. lies: $b_t \equiv \dfrac{d v}{d t} =$.

S. 164, Z. 5 v. u. fehlt Klammer zu).

S. 185, Z. 3 v. u. lies; $r = ct$ statt $r = vt$.

S. 188, Z. 19 v. o. lies: b statt $\flat$.

S. 214, Z. 5 v. o. lies: schneiden statt scheiden.

S. 225, Z. 10 u. 15 v. o. lies: $\flat$ statt v.

S. 259, Z 4 v. o. ist einzufügen: (Im allgemeinen können die Beiwerte der Koppelungsglieder in den Gln. (422) verschieden sein.)

S. 299, Z. 5 v. o. lies: $\dot{\varphi}^2$ Z. 15 v. o. und 15 v. u. lies: berechnet statt gerechnet.

S. 318, Z. 4 v. o. lies: $\dot{\psi} = \dfrac{v}{\varrho} = \dfrac{1}{10} [\mathrm{sec}^{-1}]$.

S. 323, Z. 15 v. o. lies: Momentengleichung.

    Z. 17 v. u. Das $=$ Zeichen ist zu streichen.

    Z. 4 v. u. lies: betrachtende.

S. 330, Z. 8 v. o. lies: $dv/dt = g$ statt $dx/dt = g$.

S. 343, Z. 21 v. u. rechts, lies: 114 statt 117.